普通高等教育规划教材

食品理化检验

FOOD PHYSICAL AND CHEMICAL TESTING

张拥军 主编

中国质检出版社
中国标准出版社

北 京

图书在版编目（CIP）数据

食品理化检验/张拥军主编．—北京：中国质检出版社，2015．8
ISBN 978-7-5026-4147-4

Ⅰ．①食…　Ⅱ．①张…　Ⅲ．①食品检验　Ⅳ．①TS207．3

中国版本图书馆 CIP 数据核字（2015）第 097464 号

内 容 提 要

本书共分七章，主要介绍了食品理化检验的概念、方法和进展；检验技术基础知识；食品理化检验的分析方法；食品中主要营养成分分析；食品中添加剂质量标准与检验；保健食品功效成分的检验；食品中农药残留、兽药残留、有害元素及有害污染物的检验。本书在参考大量文献和专著的基础上，采用了我国最新出版的国家标准及标准中的分析方法。

本书可作为高等院校食品科学与工程、食品质量与安全、生物工程等有关专业的师生使用，也可作为相关领域食品检验人员的参考资料。

中国质检出版社
中国标准出版社　出版发行
北京市朝阳区和平里西街甲 2 号（100029）
北京市西城区三里河北街 16 号（100045）
网址：www. spc. net. cn
总编室：(010)68533533　发行中心：(010)51780238
读者服务部：(010)68523946
中国标准出版社秦皇岛印刷厂印刷
各地新华书店经销
*
开本 787×1092　1/16　印张 29. 25　字数 741 千字
2015 年 8 月第一版　2015 年 8 月第一次印刷
*
定价 **55. 00** 元

前　言

食品是人类生命活动不可缺少的物质，食品安全是重大的民生问题，关系人民群众身体健康和生命安全，关系社会和谐稳定。近几年随着市场经济的快速发展，食品安全问题层出不穷，几乎涉及人们日常饮食生活的方方面面。劣质奶粉、苏丹红辣酱及鸭蛋、毛发酱油、石蜡火锅底料、毒比目鱼、大便臭豆腐、黑心面粉、注水肉、塑胶珍珠粉圆、膨大水果、瘦肉精、毒大米、毒生姜、地沟油……，“问题食品”之多、涉及范围之广、造成恶果之重，已使众多消费者发出“我们还能吃什么?”的呼吁。

食品安全事件全球范围的发生，使食品安全检测技术被各个国家所重视，很多检测方法被纳入各国的标准方法。目前，我国对食品安全的关注和发展检验食品污染的新技术已提到日程。为规范我国食品安全检验检测工作，在国务院下发的《国务院关于加强食品安全工作的决定》（国发〔2012〕20号）中明确指出：通过不懈努力，使我国食品安全监管体制机制、食品安全法律法规和标准体系、检验检测和风险监测等技术支撑体系更加科学完善，食品安全总体水平得到较大幅度提高。

为了适应新形势的需要，满足轻工类院校食品专业、农产品加工专业及从事食品工业科技人员的需求，在中国质检出版社的大力支持下，我们组织编写了本书。

本书由张拥军主编，孟祥河、肖功年为副主编，参加编写的人员有：张拥军、孟祥河、肖功年、朱丽云。编写分工为：第一、二、五章由张拥军编写，第三、四章由张拥军、孟祥河编写，第六章由肖功年编写，第七章由张拥军、朱丽云编写。几位教师充分利用自己丰富的教学经验，参阅和吸收了国内外大量先进技术和相关知识，并进行了归纳整理。全书由张拥军负责编审统稿。

由于食品理化检验技术和方法异常繁多，且发展迅速，限于作者的专业水平，加之时间仓促，书中错误和遗漏之处在所难免，真诚期待广大读者批评、指正（yjzhang@ vip. 163. com，0571 －87676199）。

张拥军

2015 年 6 月于杭州

目　录

第1章 导 论

教学目标：本章要求掌握食品、食品理化检验、食品污染的概念，食品理化检验的任务，食品快速检测方法的体现；熟悉食品污染类型，食品理化检验的技术内涵及方法，熟悉 GMP、SSOP 及 HACCP 的内含及三者关系；了解食品检验方法的现状及目前最新的食品检验方法。

1.1 食品理化检验的概念与任务

食品是人类赖以生存的能源和发展的物质基础。《中华人民共和国食品安全法》第九十九条规定："食品是指各种供人类食用或饮用的成品和原料以及按照传统既是食品又是药品的物品，但是不包括以治疗为目的的物品。"随着现代科学技术的发展和生活水平的提高，人们对食品中所含营养素的种类、组成、构造、性质、数量以及毒害物质对人体所造成的危害日益重视。食品理化检验是衡量食品品质的重要手段，也是保证和提高食品质量必不可少的关键环节。食品理化检验是依据物理、化学、生物化学等学科的基本理论，运用各种科学技术，按照制定的技术标准，对食品生产过程中的物料（原料、辅料、半成品、成品、副产品等）的主要成分及其含量和有关工艺参数进行检测，从而研究和评定食品品质及其变化，并保障食品安全的一门科学。食品理化检验是一项极为重要的工作，它在保证人类健康和社会进步方面有着重要的意义和作用。

《中华人民共和国食品安全法》规定："食品应无毒、无害、符合应当有的营养要求，对人体健康不造成任何急性、亚急性或者慢性危害。"无毒无害是指正常人在正常食用情况下摄入可食状态的食品，不会对人体造成危害。但无毒无害也不是绝对的，允许少量含有，但不得超过国家规定的限量标准。食品符合应当有的营养要求，营养要求不但应包括人体代谢所需要的蛋白质、脂肪、碳水化合物、维生素、矿物质等营养素的含量，还应包括该食品的消化吸收率和对人体维持正常的生理功能应发挥的作用。其中食品的安全性是食品必须具备的基本要求。

然而在社会不断进步、科技迅速发展的今天，食品存在着越来越多的不安全的因素。食品安全问题不像一般的急性传染病那样，会随着国家经济的发展、人民生活水平的提高、卫生条件的改善及计划免疫工作的持久开展而得到有效的控制。相反的，随着食物和食品生产的机械化和集中化，以及化学品和新技术的广泛使用，新的食品安全问题会不断涌现。因此，食品安全控制不是一项权宜之计，也不是单独某一个政府部门能搞好的，而是一项需要有多个政府部门共同负责的长期任务。

1996 年世界卫生组织（World Health Organization，WHO）在其发表的《加强国家级食品安全性计划指南》中将食品卫生与食品安全两个概念加以区别。食品安全被解释为"对食品按其原定用途进行生产和/或食用时不会对消费者造成损害的一种担保”，它主要是指在食品的生产和消费过程中加入的有毒、有害物质或因素还不足以对人体造成危害，从而保证人体按正常剂量和以正确方式摄入这样的食品时，在会造成急性可慢性的危害，这种危害包括对摄入者本身及其后代的不良影响。食品卫生是指“为确保食品安全性和适合性在食物链的所有阶段必须创造的一切条件和采取的措施”。前者是目标，后者是达到目标的保障。在评价一种食品是否安全时，依靠一定的检测手段提供科学的依据，确定食品中的有害物质的含量和毒性，通过风险评估来考虑其是否造成对人体的实际危害。

食品中的有害因素大多数并非食品的正常成分，而是通过一定的途径进入食品，也即食品污染，它是指食物受到有害物质的侵袭，造成食品安全性、营养性或感官性状发生改变的过程。一般来说，食品污染主要有生物性污染、化学性污染和物理性三大类，如图1－1所示，其中以生物性污染（通常指食品被有害的细菌、病毒、寄生虫和真菌污染）引起食源性疾病的现象较为普遍，但近些年化学性污染（如甲醇、甲醛、亚硝酸盐重金属、有机磷农药及化学防腐剂等）也急剧增加，食物中毒事件时有发生。当人们拎着菜篮子走进家门的时候，菜篮子里的各种农副产品已经通过了生产（种植、养殖）、加工、物流（贮存、运输）、销售等多道环节。可以说，从农田到餐桌整个过程中的任何环节都有可能受到有害物质的污染。食品卫生学的任务之一就是研究环境中的有害物质污染食品的途径，以采取有效的预防措施，保障食品的安全，保护消费者的健康。

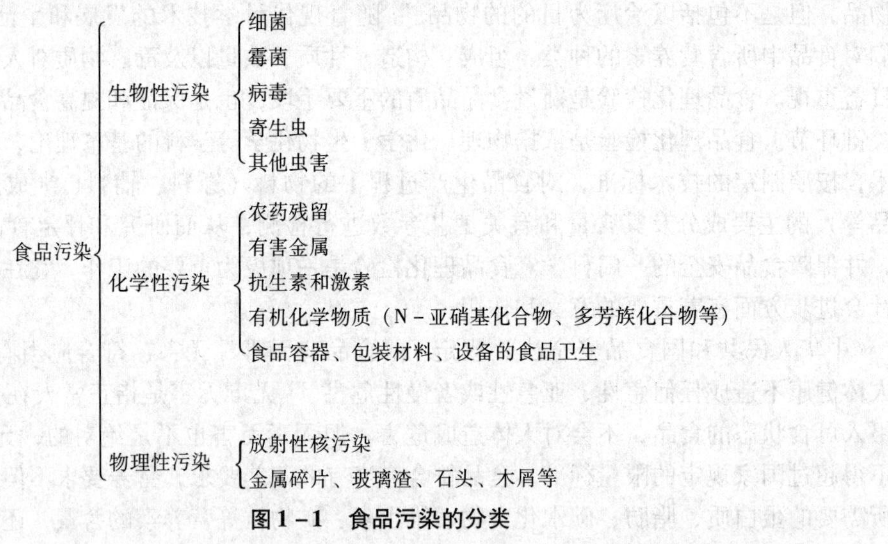

图1－1 食品污染的分类

生物性污染是指食品在生产、加工、包装、储藏、运输、经营、烹饪等过程中受到寄生虫或微生物的污染。食品的生物性污染包括细菌、病毒、寄生虫和其他虫害等，它们通过各种途径污染食品，并由于食物存在细菌、病毒和寄生虫生长发育所需要的营养成分，所以可以在食品中生存甚至增殖。食品的生物污染中最常见的是细菌性污染，它不仅可以造成食品的腐烂变质，引起食品的食用价值和营养价值的降低，而且细菌或其毒素可以经由消化道进入人体引起机体损伤。致病性细菌、病毒和寄生虫的污染还可引起介食品传播的传染病和寄生虫病，对人体健康造成伤害。

食品的化学性污染指外来化学物质对食品的污染，这些污染物包括环境污染物、无意添加和有意添加的污染物以及在食品生产过程中产生的有毒有害物质。环境污染物主要来源于工业“三废”和生活污染，工业“三废”即废气、废水和废物。废气通过沉降作用可以直接降落到食品上，也可以降落到水体与土壤中，并通过作物根系吸收进入食品或由水产养殖进入食品。环境污染物污染食品的特点是有时尽管污染物的浓度很低，但通过生物链的生物放大作用使食品中的浓度大大提高，造成机体的伤害。无意添加和有意添加的污染物指添加剂、食品的掺杂掺假等。化学性污染具体指农药残留，有害金属，有机化学物质如N－亚硝基化合物污染（N－亚硝胺和N－亚硝酰胺）、多芳族化合物污染（苯并芘［B(a)P］、杂环胺类化合物）等，抗生素和激素等对食品的污染，食品容器、包装材料、设备的食品卫生。

食品的物理性污染主要指放射性污染、金属碎片、玻璃渣、石头、木屑等。其中放射性污染包括食品中的天然放射性核素（由于生物体和其所处的外环境之间固有的物质交换过程，在绝大多数动植物性食品中都不同程度的含有天然放射性物质，亦即食品的放射性本底）；环境中人为的放射性核素污染主要来源于核爆炸、核废物的排放及意外事故等几个方面。

原则上食品应当安全、无毒，但我们生存的环境充满了各种各样的有毒有害物质，因此追求食品的绝对安全是不可能的，也无此必要。因为那样我们将无法求得足够的食物以维持人类的生存，我们只能尽量减少其危害或消除某些可能消除的危害因素。食品理化检验的主要任务包括：①依据物理、化学、生物学的一些基本理论，运用各种技术手段，按照制定的各类食品的技术标准，对加工过程的原料、辅料、半成品和成品进行质量检验，以保证生产出质量合格的产品。②指导生产和研发部门改革生产工艺、改进产品质量以及研发新一代食品，提供其原料和添加剂等物料准确含量，研究它们对研发产品加工性能、品质、安全性的影响，确保新产品的优质和食用安全。③对产品在贮藏、运输、销售过程中，食品的品质、安全及其变化进行全程监控，以保证产品质量，避免产品产后可能产生对人类食用的危害。

1.2 食品理化检验的内容与方法

在第二次世界大战后，全球经济的复苏使现代工业有了飞速发展，使人类生活水平有了很大提高。但同时由于盲目发展生产，造成的环境污染问题日益突出，引起了几次震惊世界的“公害事件”，如日本稻米引起的“痛痛病”事件，多氯联苯污染造成的“米糠油”事件，甲基汞污染鱼导致的“水俣病”事件等都是由于环境污染物通过食品进入机体后所引起的，都曾对受害人群的生命和健康造成了极其严重的后果。为保证食品安全，人类在食品污染方面进行了大量研究，包括食品污染物的种类来源、性质、危害风险调查、含量水平的检测、预防措施以及监督管理措施等。

这一时期，由于现代食品的出现和环境污染的日趋严重，发生或发现了各种来源不同、种类各异的食品污染因素，如黄曲霉毒素、单端孢霉烯族化合物、酵米面黄杆菌等几种食物中毒病原菌；化学农药广泛应用所造成的污染、残留；多环芳烃化合物、N－亚硝基化合物、蛋白质热聚产物等多种污染食品的诱变物和致癌物；食品容器包装材料中污染物有毒金属和塑料、橡胶、涂料等高分子物质的单体及加工中所用的助剂；食品添加剂的使用也陆续发现一些毒性可疑及有害禁用的品种。另一类食品污染因素是食品的放射性污染。对这些污染因素的性质和作用的认识以及它们在食品中的含量水平的检测，制订有害化学物质在食品中的残留限量，使食品理化检验方法得到进一步发展。

食品理化检验是运用现代分析技术，以准确的结果来评价食品的品质，分析项目也由于对食品价值的侧重不同而有所差异。有的重点放在营养方面，有的重点放在毒害物质的检测上。因此食品理化检验的范围很广，主要包括下面一些内容：

（1）营养成分分析

食品的营养素按照目前新的分类方法包括三大类：宏量营养素（如蛋白质、脂类、碳水化合物）；微量营养素（如维生素，包括脂溶性维生素和水溶性维生素；矿物质，包括常量元素和微量元素）；其他膳食成分（如膳食纤维、水及植物源食物中的非营养素类物质）。衡量食品品质的重要标准之一是食品必须含有适量的营养素，根据这些物质的含量，就可以用营养学和生物化学的知识来确定食品的主要营养价值。这些物质的分析是食品理化检验的主要内容。近年来，人们日益重视在食品中含量低而对营养价值有重要作用的微量成分，例如维生素及一些维持生命所必需的微量矿物质元素。此类物质的分析在食品理化检验中所占地位越来越重要。除此之外，氨基酸分析在食品理化检验中占有相当大的比重。食品中一般有20种氨基酸，其中8种是必需氨基酸。这些氨基酸是人类生命过程所不可缺少的。随着人们文化知识的普及和提高，人们对氨基酸在人类生命活动中的作用日益重视，从而导致对食物中氨基酸种类及其数量分析日渐增多，尤其对于一些新开发的食品资源，已成为必检项目。

（2）毒害物质测定

提高食品的卫生质量标准，防止有毒有害物质对食品的污染，是关系到国计民生的大事。世界各国及联合同食品及农业组织和世界卫生组织（FAO/WHO）对此问题高度重视，相继制定很多法规。对食品中有毒有害物质的测定已成为日常对食品的物理、化学分析的重要内容之一。食品中毒害物质主要包括以下几种：①农药污染。这类毒害物质通过食物链作用，最后富集到人体组织中，大部分贮存在脂肪中，如BHC、DDT等，毒性较强，严重损害人体健康。②重金属污染。这类污染主要来自于工业“三废”和食品的生产、包装和贮运过程，如汞、铅、锡、铜、砷等。③来源于包装材料的有毒有害物质。如聚氯乙烯及某些添加剂、印刷油墨中的多氯联苯、包装纸中的荧光增白剂等。④其他化学物质污染。如食品在熏烤等加工过程中产生的3，4－苯并芘、亚硝胺化合物等，这些物质具有较强的致癌作用。对于毒害物质开展物理和化学分析工作，有利于找出污染根源，便于找出有效的治理措施，防止食品污染，确保食品质量，保证人民身体健康。

（3）食品的辅助材料及添加剂分析

食品添加剂种类繁多，按其来源不同可划分为天然食品添加剂和化学合成食品添加剂两大类。目前所使用的多为化学合成食品添加剂，其品种和质量规格及使用量由国家规定。食品添加剂是为改进食品的色、香、味或为防止食品变质，延长食品贮藏期而加入的。但若品种和数量使用不当，反而使食品质量变差甚至造成人体中毒。本世纪以来，随着食品工业和化工技术的发展，世界各国大量使用食品添加剂，因此对食品添加剂的分析和监督日显重要和必须。

食品理化检验方法主要有物理分析法、化学分析法、仪器分析法和食品感官鉴定等。①物理分析法，是食品理化检验中的重要组成部分。它是利用食品的某些物理特性，如比重法、折光法、旋光法等方法，来评定食品品质及其变化的一门科学。食品物理分析法具有操作简单，方便快捷，适用于生产现场等特点。②化学分析法，是以物质的化学反应为基础的分析方法。它是一种历史悠久的分析方法，在国家颁布的很多食品标准测定方法或推荐的方法中，都采用化学分析法。有时为了保证仪器分析方法的准确度和精密度，往往用化学分折方法的测定结果进行对照。因此，化学分析法仍然是食品分析的最基本、最重要的分析方法。③仪器分析法，是目前发展较快的分析技术，它是以物质的物理、化学性质为基础的分析方法。它具有分析速度快、一次可测定多种组分、减少人为误差、自动化程度高等特点。目前已有多种专用的自动测定仪。如对蛋白质、脂肪、糖、纤维、水分等的测定有专用的红外自动测定仪；用于牛奶中脂肪、蛋白质、乳糖等多组分测定的全自动牛奶分析仪；氨基酸自动分析仪；用于金属元素测定的原子吸收分光光度计；用于农药残留量测定的气相色谱仪；用于多氯联苯测定的气相色谱—质谱联用仪；对黄曲霉毒素测定的薄层扫描仪；用于多种维生素测定的高效液相色谱仪等。④食品的感官评定，人们选择食品往往是从个人的喜爱出发，凭感官印象来决定取舍。研究不同人群对味觉、嗅觉、视觉、听觉和口感等感觉，对消费者和生产者都是极其重要的。因此，食品的色、香、味、形态特征是食品的重要技术指标，是不可忽视的鉴定项目。此外，在实际分析工作中，样品的预处理技术和方法，如样品溶液的制备技术、被测组分的分离纯化、干扰物质的消除方法以及分析方法的选择等，都与分析结果的准确度和精密度有关，这些技术都是研究方法的内容，都是不可忽略的重要问题。

食品理化检验的分析方法尽管多种多样，但其完整的分析过程一般分为：①确定分析项目、内容。②科学取样与样品存储。③选择合适的分析技术，建立适当的分析方法。④样品制备。⑤根据选择的分析方法，进行分析测定，取得分析数据。⑥分析数据与标准样比较，以校正分析结果。⑦经数学统计处理，从分析数据中提取有用信息。⑧将分析结果表达为分析工作者需要的形式。⑨对分析结果进行解释、研究和应用。从上述分析过程的流程可见，对于食品理化检验首先必须了解待分析样品的性质和分析的目的，明确分析需要取得的信息，以确定采用何种分析技术，制定相应的分析方法（上述①~③项）。然后通过分析，取得分析样品需要的原始分析信息（上述④~⑤项）。根据原始分析数据，提取有价值的信息，进行数学处理，提供分析结果以及对分析结果进行解释、研究和利用（上述⑥~⑨项）。

此外，随着食品污染认识的不断深入，食品质量控制技术也得到了不断的完善和进步，ISO 22000：2005 是由 ISO/TC34 农产食品技术委员会制定的一套专用于食品链内的食品安全管理体系、食品的良好操作规范（Good Manufacture Practice，GMP）、卫生标准操作程序（Sanitation Standard Operation Procedure，SSOP）、食品危害分析和关键控制点（Hazard Analysis and Critical Control Point，HACCP），成为食品安全生产的有利控制手段。

1.3 食品理化检验方法的现状与进展

1.3.1 食品理化检验方法现状

食品安全要得到保障，必须要有质量监督。质量监督离不开标准，通过食品标准来衡量食品质量。食品质量是指食品的食用性能及特征符合有关标准的规定和满足消费者要求的程度。食品的食用性能是指食品的营养价值、感官性状、卫生安全性。食品质量的体现要通过由有关权威部门发布的食品质量要求或食品质量的主要指标检测确定，即食品质量标准。食品质量必须满足消费者在心理、生理和经济上的要求，主要包括卫生安全、营养保健、感官享受、物美价廉等的需要，特别是安全与营养。要全面、正确评价食品质量必须获得食品中有害成分的种类和含量、营养成分的种类和含量、物理特性、感官指标。食品安全质量是食品质量的重要组成。食品安全是食品应具备的首要条件，其安全指标是构成食品质量的基础。食品安全的一项重要研究内容是如何采用最快捷、最经济、最准确的检验方法。就目前的发展趋势看食品安全检测方法首先要体现快速，因为食品在生产、储存、运输及销售等各个环节，都有可能受到污染，都需要控制安全质量。食品生产经营企业、质控人员、质检人员、进出口商检、政府管理部门都希望能够得到准确而又及时的监控结果。总之，准确、省时、省力和省成本的快速检验方法是多方面都迫切需要的。

什么样的方法算是快速呢？快速检验方法首先是能缩短检测时间，以及在样品制备、实验准备、操作过程简化和自动化上简化方法。可以从三个方面来体现：①实验准备简化，使用的试剂较少，容易得到，配好后的试剂保存期较长，能够制成稳定的混合试剂或辅基，如干燥纸片、试粉等是快速分析的较佳选择。②样品经简单前处理后即可测试，或采用先进快速的样品处理方式，如重金属检测中的微波消解、快速先进的滤膜或滤柱技术等。③简单、快速和准确的分析方法，能对处理好的样品在很短的时间内测试出结果，如硝酸盐试纸、酶联免疫试剂盒等。总之，当试剂采购备齐后，从试剂配制开始，包括样品处理时间在内，能够在几分钟或十几分钟内得到检验结果是最理想的，但这种方法目前还很少。作为理化检验，能够在2h内得出检验结果即可认为是较快的方法。随着高科技发展和研究的深入，大量快速和采用现代技术的检验方法不断出现，这些新的方法，一般都缩短了传统检验方法的时间，能够较快地得到检验结果，并且操作相对简单。

1.3.2 食品理化检验技术进展

食品安全事件全球范围的发生，使食品安全检验技术被各个国家所重视，很多检验方法被纳入各个国家的标准方法。随着近代科学技术的进步，尤其是电子技术、计算机技术和激光技术的应用，理化分析的理论和测试技术也有了飞跃的发展，应用机械、光学和电子技术的新物理分析方法也不断涌现，从而在理化分析范畴内形成了一个较完整的领域。同时由于分析技术正向智能化数字化方向发展，使理化分析的快速、灵敏、准确等特点更加明显，多种技术的结合与联用使仪器分析应用更加广泛。如基于微电子技术和计算机技术的应用实现分析仪器的自动化，通过计算机控制器和数字模型进行数据采集、运算、统计、分析、处理，提高分析仪器数据处理能力，数字图像处理系统实现分析仪器数字图像处理功能的发展；分析仪器的联用技术向测试速度超高速化、分析试样超微量化、分析仪器超小型化的方向发展。这些进展有力推动了理化分析的发展，使得食品理化分析正处在一个崭新的发展时代。这些新技术的特点是：①高通量分析，在单位时间内分析大量样品。②极端条件分析，实现单分子单细胞分析。③在线、实时、现场或原位分析。④联用技术，将两种以上分析技术联接，完成更复杂的分析任务。⑤阵列技术，阵列方法大幅度提高分析速度或样品处理量，将并行阵列技术与集成和芯片制作相结合。食品理化分析技术将向新的领域进发，主要有以下几个方面。

（1）研究并建立一系列样品预处理技术平台

预处理技术平台以解决农产品、食品样品所特有的多杂质、多组分、多干扰条件下的多残留分析。在这方面发展最有前途的有：①超临界流体提取（SFE）。它是当前发展最快的分析技术之一，国外很多实验室已经用来作为液体和固体样品的前处理技术。②固相微萃取技术（SPME）和固相萃取技术（SPE）。这两项技术已被广泛应用于农药残留检测工作中，它克服了一般柱层析的缺点，具有高效、简便、快速、安全、重复性好和便于前处理自动化等特点。③基质固相分散萃取技术（MSPDE）。这项技术由 Staren Barker 首次提出，其优点是不需要进行组织匀浆、沉淀、离心、pH 调节和样品转移等步骤，适用于农药的多残留分析。

（2）研究并建立新的质谱联用技术

气相色谱－嗅闻（Gas Chromatographic－Olfactory，GC－O）技术是将气相色谱（GC）结合嗅闻仪（Olfactory Port）对样品中挥发性组分进行分析的一项技术，是从复杂混合物中筛选出香味活性组分有效的方法。它的原理是一种基于色谱洗出液的感官评价方法，即在 GC/MS 基础上在气相色谱柱末端安装分流，使分离的挥发性物质进入嗅闻端，将人的鼻子作为检测器，通过描述香味特征，记录香气物质强度、持续时间来辨别对总体香气的贡献。此技术中，经过培训的闻香员类似于检测器，直接对色谱分离的物质进行感官分析。此外，全新的超高效液相色谱－质谱（UPLC－MS）联用技术的问世推动了色谱分离分析技术的发展，也带来了食品科学的进步。超高效液相色谱（UPLC）与质谱（MS）分别基于物质在两相之间的分配差异和带电粒子质荷比的差异而达到分离。两者联用可组成正交二维分离分析系统。UPLC 是当前质谱检测器的最佳液相色谱入口，除 UPLC 本身带来的速度、灵敏度和分离度的改善外，UPLC 超强的分离能力也有助于目标化合物和与之竞争电离的杂质更好的分离，从而可以使质谱检测器的灵敏度因离子抑制现象的减弱或克服而得到进一步的提高。同传统的高效液相色谱和质谱联用（HPLC－MS）相比，UPLC－MS 系统显著提高了定量分析的重复性和可靠性以及定性分析的准确性。UPLC 与 MS 联用，可以最大限度的发挥两者的优势，具有卓越的分离性能和高通量的检测水平，可以成为复杂体系分离分析以及化合物结构鉴定的良好平台，为研究测试分析工作带来了便利，因此也受到了食品安全分析检测工作者的重视，开始应用于食品安全分析检测各个领域。

（3）电感耦合等离子体－质谱法（Inductively Coupled Plasma－Mass Spectronetry，ICP－MS）

该技术是将供试品以水溶液的气溶胶形式引入氧气流中，然后进入由射频能量激发的处于大气压下的氧量手离子体中心区，等离子体的高温使样品去溶剂化、气化、原子化和电离。部分等离子体经过压力区进入真空系统，在真空系统内，使所形成的正离子在电场作用下，按其质荷比 m/e，其相对丰度显示在质谱图上。自然界中的每种元素都存在一个或几个同位素，每个特定同位素离子给出的信号与该元素在样品中的浓度呈线性关系。多数化合物能产生特征的质谱图，可由此对物质进行鉴定和结构分析的方法。ICP－MS 具有多元素同时分析、检出限低、精密度高、干扰少、简便快捷等特点，已广泛应用食品安全领域，尤其是重金属元素 Sb、As、Cd、Pb 和 Cr 等及微量元素 Al、Ba、K、Fe 和 Mg 的测定。ICP－MS 作为一种灵敏度非常高的元素分析仪器，可以同时测量溶液中含量在万亿分之几（ppt）至百万分之几（ppm）内的微量元素，尤其是重金属元素。

（4）X 射线荧光光谱分析技术

该技术利用初级 X 射线光子或其他微观离子激发待测物质中的原子，使之产生荧光（次级 X 射线）而进行物质成分分析和化学态研究的方法。当原子受到 X 射线光子（原级 X 射线）或其他微观粒子的激发使原子内层电子电离而出现空位，原子内层电子重新配位，较外层的电子跃迁到内层电子空位，并同时放射出次级 X 射线光子，此即 X 射线荧光。较外层电子跃迁到内层电子空位所释放的能量等于两电子能级的能量差，因此，X 射线荧光的波长对不同元素是特征的。按激发、色散和探测方法的不同，分为 X 射线光谱法（波长色散）和 X 射线能谱法（能量色散）。X 射线荧光分析法用于物质成分分析，检出限一般可达 3^{-10}g/g ~ 10^{-6} g/g，对许多元素可测到 10^{-9} g/g ~ 10^{-7} g/g，用质子激发时，检出可达 10^{-12}g/g。该技术具有检出限小，可检测元素范围大、辐射少、背景低、信噪比高、强度测量的再现性好、便于进行无损分析、分析速度快、应用范围广（分析范围包括原子序数 Z ≥3 的所有元素）等特点。除用于物质成分分析外，还可用于原子的基本性质如氧化数、离子电荷、电负性和化学键等的研究。

（5）核磁共振（Nuclear Magnetic Resonance，NMR）

核磁共振技术是基于原子核磁性的一种波谱技术，20 世纪中期由荷兰物理学家 Goveter 最先发现，后由美国物理学家 Bloch 和 Purell 加以完成。NMR 技术最初只应用于物理科学领域，随着超导技术、计算机技术和脉冲傅立叶变换波谱仪的迅速发展，NMR 技术已成为当今鉴定有机化合物结构和研究化学动力学等的极为重要的方法，其功能及应用领域正在逐渐扩大。NMR 技术在食品科学领域中的研究应用始于 20 世纪 70 年代初期，它可在不侵入和破坏样品的前提下，对样品进行快速、实时、全方位和定量的测定分析，因此 NMR 技术在食品中的应用和发展也越来越广泛。食品组成成分的物理、化学状态及其三维结构决定了食品的多汁性、松脆度、质感稳定性等，通常无法用常规分析方法对其进行研究。而对大多数食品来说水分、油脂和碳水化合物等组分可以反映食品在组织结构、分子结合程度，以及在加工储藏过程中内部变化等方面的重要信息。NMR 技术可通过食品的组分来研究食品的物理、化学状态及其三维结构，食品的冷冻、干燥凝胶、再水化等过程。运用非破坏性的核磁共振波谱技术研究食品的物理、化学性质已成为食品研究的一种趋势。目前，NMR 技术在食品污染物的分析和农药残留、氨基酸的测定、食品中的 pH 及氧化还原反应以及乳制品中微生物的测定等方面的研究都开始迅速发展。但是，NMR 技术也存在仪器造价昂贵和讯号分析具有专门性与复杂性等缺点，且在实际应用中也还存在一些问题，有待于进一步深入研究，这些都限制了此种仪器在食品检验领域中的普及和新仪器的开发。因此，在今后的相关研究中，应该集中解决这些限制条件，进一步完善 NMR 技术，不断开发仪器新功能，并进一步降低成本，NMR 技术将在食品分析检测研究中得到更为广泛的应用。

（6）生物传感器技术

生物传感器是一类以生物材料为敏感识别元件，将化学量转化为其他可测定的物理量（如电流、电压、光、热等）的装置，是现代生物技术与微电子学、化学等多学科交叉结合的产物。最早由英国学者 Clark 和 Lyons 在 1962 年提出，1967 年，Updike 和 Hicks 成功地研制出葡萄糖酶传感器，到 20 世纪 70 年代不断有新的生物传感器被研制出来，如微生物传感器、免疫传感器、组织传感器和基因传感器等。生物传感器技术在检测农产品中激素、农药等残留时具有精确度和灵敏度高、特异性强、响应和检测迅速、操作简单、携带方便等优点。目前国内外已成功研制和开发了检测激素、抗生素、农药的多种生物传感器，有的已经普及。

（7）建立良好的实验室规范和标准化操作规程

中国不仅在新技术应用方面同国外存在较大差距，而且尚没有被国际认可的 GLP 实验室和标准操作规程。在此领域国外发展很快，美国 FDA、EPA 率先制定并实行了安全性评价良好实验室规范（GLP），英、日、德和经济合作与发展组织（OECD）等国家和组织也相继制定了各自的农药污染安全评价试验 GLP。除了美、欧、日、韩等发达国家外，印度、巴基斯坦等第三世界国家也先后建立了自己的 GLP 实验机构，农药安全性评价试验的 GLP 体制已为全世界所接受。我国在这一领域需要加快步伐。

目前我国食品安全管理体系中无论是在判定技术标准，还是检测技术方面都不同程度地相对滞后，很多方法缺乏国家级权威检测标准。我国食品安全快速检测技术今后发展方向是：对食品安全的关键技术攻关，研究开发当前急需的食源性危害快速检测、监测、控制及评价技术。我国加入世界贸易组织后面临着食品安全性的严峻形势，因此当前迫切的任务是要与国际接轨，一方面用国际先进的检测手段完善食品安全体系，另一方面要迎头赶上，开发研制具有我国知识产权的先进检测设备和方法，用现代的检测技术装备我国的食品安全管理体系。

目前国际国内都在积极制定食品安全控制体系，从食品原料、加工到消费过程都必须考虑质量和安全因素。总之，食品安全检验技术正在迅猛发展，不同领域进展不尽相同，但其应用价值日显突出。

第2章 检验技术基础知识

教学目标： 本章要求掌握检验技术的基本原则，熟悉检验技术操作的基本要求；掌握采样要求、样品的制备方法；熟悉采样数量和方法；样品的保存方法；掌握样品前处理的目的，传统的几种前处理方法，重点掌握蒸馏法和提取法，熟悉一个好的前处理方法需具备的条件；前处理新技术中，重点掌握微波萃取的定义及萃取原理和特点，熟悉微波萃取与传统热萃取的区别，了解微波萃取有哪些应用；掌握超临界流体的含义、主要特性及萃取原理、超临界流体萃取的特点，熟悉超临界流体的萃取流程，了解超临界流体萃取技术的应用及发展前景；熟悉超声波萃取、加速溶剂萃取、膜分离技术、分子蒸馏技术以及分子印迹技术的原理及特点。

2.1 检验技术基本原则和要求

在检验工作中，必须遵循一个总的原则，即质量、安全、快速、可操作和经济的原则。

2.1.1 基本原则

(1) 质量原则

该原则要求食品安全快速检验技术保证检测质量，方法成熟、稳定，具有较高的精密度、准确度和良好的选择性，从而确保实验数据和结论的科学性、可信性和重复性。

(2) 安全原则

该原则要求食品安全快速检验技术所使用的方法不应对操作人员造成危害及环境污染或形成安全隐患。

(3) 快速原则

食品安全快速检验技术的检验对象多为现场检验或大量样品的筛选，这就要求食品安全快速检验技术所使用的检验方法反应速度快，检测效率高。

(4) 可操作原则

由于使用食品安全快速检验技术的人员是基层质检部门的技术人员，因此食品安全快速检验技术所选用的方法其原理可以复杂，但操作必须简单明确，具有基本专业基础的人员经过短期培训都可以理解和掌握。

(5) 经济原则

该原则要求食品安全快速检测方法所要求的条件易于达到，以便方法的推广普及。

2.1.2 检验技术操作的一般要求

2.1.2.1 检验方法的一般要求

(1) 称取：用天平进行的称量操作，其准确度要求用数值的有效数位表示，如“称取20.0g……”指称量准确至±0.1g；“称取20.00g……”指称量准确至±0.01g。

(2) 准确称取：用天平进行的称量操作，其准确度为±0.000 1g。

(3) 恒量：在规定的条件下，连续两次干燥或灼烧后称定的质量差异不超过规定的范围。

(4) 量取：用量筒或量杯取液体物质的操作。

(5) 吸取：用移液管、刻度吸量管取液体物质的操作。

(6) 试验中所用的玻璃量器如滴定管、移液管、容量瓶、刻度吸管、比色管等所量取体积的准确度应符合国家标准对该体积玻璃量器的准确度要求。

(7) 空白试验：除不加试样外，采用完全相同的分析步骤、试剂和用量（滴定法中标准滴定液的用量除外），进行平行操作所得的结果。用于扣除试样中试剂本底和计算检验方法的检出限。

2.1.2.2 检验方法的选择

(1) 标准方法如有两个以上检验方法时，可根据所具备的条件选择使用，以第一法为仲裁方法。

(2) 标准方法中根据适用范围设几个并列方法时，要依据适用范围选择适宜的方法。在GB 5009.3、GB/T 5009.6、GB/T 5009.20、GB/T 5009.26、GB/T 5009.34中由于方法的适用范围不同，第一法与其他方法属并列关系（不是仲裁方法）。此外，未指明第一法的标准方法，与其他方法也属并列关系。

2.1.2.3 试剂的要求及其溶液浓度的基本表示方法

(1) 检验方法中所使用的水，未注明其他要求时，系指蒸馏水或去离子水。未指明溶液用何种溶剂配制时，均指水溶液。

(2) 检验方法中未指明具体浓度的硫酸、硝酸、盐酸、氨水时，均指市售试剂规格的浓度（参见附录A）。

(3) 液体的滴是指蒸馏水自标准滴管流下的一滴的量，在20℃时20滴约相当于1mL。

2.1.2.4 配制溶液的要求

(1) 配制溶液时所使用的试剂和溶剂的纯度应符合分析项目的要求。应根据分析任务、分析方法、对分析结果准确度的要求等选用不同等级的化学试剂。

(2) 试剂瓶使用硬质玻璃。一般碱液和金属溶液用聚乙烯瓶存放。需避光试剂贮于棕色瓶中。

2.1.2.5 溶液浓度表示方法

(1) 标准滴定溶液浓度的表示（参见附录B），应符合GB/T 601—2002的要求。

（2）标准溶液主要用于测定杂质含量，应符合 GB/T 602—2002 的要求。

（3）几种固体试剂的混合质量份数或液体试剂的混合体积份数可表示为（1+1）、（4+2+1）等。

（4）溶液的浓度可以质量分数或体积分数为基础给出，表示方法应是“质量（或体积）分数是0.75”或“质量（或体积）分数是75%”。质量和体积分数还能分别用5μg/g或4.2mL/m^3 这样的形式表示。

（5）溶液浓度可以质量、容量单位表示，可表示为克每升或以其适当分倍数表示（g/L或mg/mL等）。

（6）如果溶液由另一种特定溶液稀释配制，应按照下列惯例表示：

“稀释 $V_1 \rightarrow V_2$”表示，将体积为 V_1 的特定溶液以某种方式稀释，最终混合物的总体积为 V_2；

“稀释 $V_1 + V_2$”表示，将体积为 V_1 的特定溶液加到体积为 V_2 的溶液中（1+1）、（2+5）等。

2.1.2.6　温度和压力的表示

（1）一般温度以摄氏度表示，写作℃；或以开氏度表示，写作 K（开氏度 = 摄氏度 + 273.15）。

（2）压力单位为帕斯卡，表示为 Pa（kPa、MPa）。

1atm = 760mmHg

= 101 325Pa = 101.325kPa = 0.101 325MPa（atm 为标准大气压，mmHg 为毫米汞柱）

2.1.2.7　仪器设备要求

（1）玻璃量器

检验方法中所使用的滴定管、移液管、容量瓶、刻度吸管、比色管等玻璃量器均应按国家有关规定及规程进行检定校正。

玻璃量器和玻璃器皿应经彻底洗净后才能使用，洗涤方法和洗涤液配制参见附录 A。

（2）控温设备

检验方法所使用的马弗炉、恒温干燥箱、恒温水浴锅等均应按国家有关规程进行测试和检定校正。

（3）测量仪器

天平、酸度计、温度计、分光光度计、色谱仪等均应按国家有关规定进行测试和检定校正。

（4）检验方法中所列仪器

为该方法所需要的主要仪器，一般实验室常用仪器不再列入。

2.1.2.8　样品的要求

（1）采样应注意样品的生产日期、批号、代表性和均匀性（掺伪食品和食物中毒样品除外）。采集的数量应能反映该食品的卫生质量和满足检验项目对样品量的需要，一式三份，供检验、复验、备查或仲裁，一般散装样品每份不少于0.5kg。

（2）采样容器根据检验项目，选用硬质玻璃瓶或聚乙烯制品。

（3）液体、半流体饮食品如植物油、鲜乳、酒或其他饮料，如用大桶或大罐盛装者，应先充分混匀后再采样。样品应分别盛放在 3 个干净的容器中。

（4）粮食及固体食品应自每批食品上、中、下 3 层中的不同部位分别采取部分样品，混合后按四分法对角取样，再进行几次混合，最后取有代表性样品。

（5）肉类、水产等食品应按分析项目要求分别采取不同部位的样品或混合后采样。

（6）罐头、瓶装食品或其他小包装食品，应根据批号随机取样，同一批号取样件数，250g 以上的包装不得少于 6 个，250g 以下的包装不得少于 10 个。

（7）掺伪食品和食物中毒的样品采集，要具有典型性。

（8）检验后的样品保存：一般样品在检验结束后，应保留 1 个月，以备需要时复检。易变质食品不予保留，保存时应加封并尽量保持原状。检验取样一般皆系指取可食部分，以所检验的样品计算。

（9）感官不合格产品不必进行理化检验，直接判为不合格产品。

2.1.2.9　检验要求

（1）严格按照标准方法中规定的分析步骤进行检验，对试验中不安全因素（中毒、爆炸、腐蚀、烧伤等）应有防护措施。

（2）理化检验实验室应实行分析质量控制。

（3）检验人员应填写好检验记录。

2.1.2.10　分析结果的表述

（1）测定值的运算和有效数字的修约应符合 GB/T 8170、JJF 1027 的规定，技术参数和数据处理见附录 C。

（2）结果的表述；报告平行样的测定值的算术平均值，并报告计算结果表示到小数点后的位数或有效位数，测定值的有效数的位数应能满足卫生标准的要求。

（3）样品测定值的单位应使用法定计量单位。

（4）如果分析结果在方法的检出限以下，可以用“未检出”表述分析结果，但应注明检出限数值。

2.2　样品的采集、制备与保存

食品检验的一般程序为：样品的采集、制备和保存，样品的预处理，成分分析，分析数据处理及分析报告的撰写。其中，样品的采集、制备和保存是食品检验的第一个步骤，也是比较关键的步骤。

2.2.1　采样的目的与要求

采样就是从整批产品中抽取一定量具有代表性样品的过程，而对样品进行检验的结果用来说明整批食品的性状。因此，采样时首先要正确采样，采样中应遵守两个原则：

（1）采集的样品要有代表性和均匀性，能反应全部被测食品的组分，质量和卫生状况。

（2）采样过程中要设法保持原有的理化指标，防止成分逸散或带入杂质。

食品采样检验的目的在于检验样品感官性质上有无变化，食品的一般成分有无缺陷，加入的添加剂等外来物质是否符合国家的标准，食品的成分有无掺假现象，食品在生产运输和贮藏过程中有无重金属，有害物质和各种微生物的污染以及有无变化和腐败现象。由于分析检验时采样很多，其检验结果要代表整箱或整批食品的结果，故样品的采集是检验分析中的重要环节的第一步，采取的样品必须代表全部被检验的物质，否则以后样品处理及检验计算结果无论如何严格准确也是没有任何价值。

另外，采样时要认真填写采样记录。写明样品的生产日期、批号、采样条件、包装情况等，外地调入的食品应结合运货单、兽医卫生人员证明、商品检验机关或卫生部门的化验单、厂方化验单了解起运日期、来源地点、数量、品质情况，并填写检验项目及采样人。

2.2.2 采样数量和方法

食品种类繁多，有罐头类食品，有乳制品、蛋制品和各种小食品（糖果、饼干类）等，食品的包装类型也很多，有散装的（比如粮食、食糖），还有袋装的（如食糖），桶装（蜂蜜）听装（罐头、饼干），木箱或纸盒装（禽、兔和水产品）和瓶装（酒和饮料类）等，且食品采集的类型也不一样，有的是成品样，有的是半成品样品，有的还是原料类型的样品，尽管商品的种类不同，包装形式也不同，但是采取的样品一定要具有代表性，能反映该食品的卫生质量和满足检验项目对试样量的需要，对于各种食品，取样方法中都有明确的取样数量和方法说明。

采样数量应一式三份，供检验、复验、备查或仲裁。鉴于采样的数量和规则各有不同，一般可按下述方法进行。

（1）液体、半流体饮食品。如植物油、鲜乳、酒或其他饮料，如用大桶或大罐盛装者，应先行充分混匀后采样。样品应分别盛放在3个干净的容器中，盛放样品的容器不得含有待测物质及干扰物质。

（2）粮食及固体食品应自每批食品的上、中、下3层中的不同部位分别采取部分样品混合后按四分法对角取样，再进行几次混合，最后取有代表性样品。

（3）肉类、水产等食品应按分析项目要求分别采取不同部位的样品或混合后采样。

（4）罐头、瓶装食品或其他小包装食品，应根据批号随机取样。掺伪食品和食物中毒的样品采集，要具有典型性。

2.2.3 检验样品的制备

样品制备的目的，在于保证样品十分均匀，在分析时取任何部分都能代表全部被测物质的成分，根据被测物的性质和检测要求，一般采用以下几种方法将样品混匀。

（1）对于液体、浆体、悬浮液体样品，用玻璃棒、电动搅拌器、电磁搅拌摇动或搅拌。

（2）对于固体样品，切细或搅碎。也可采用研磨或用捣碎机混匀。

（3）对于带核、带骨头的样品，在制备前应该先去核、去骨、去皮，再用高速组织捣碎机进行样品的制备。

由于采样得到的样品数量不能全用于检验，必须再在样品中取少量样品进行检验。混匀的样品再进一步使用四分法制备。即将各个采集回来的样品进行充分混合均匀后，堆为一堆，从正中划“十”字，再将“十”字的对角两份分出来，混合均匀再从正中划一“十”字，这样直至达到所需要的数量为止即为检验样品。如图 2－1 所示。

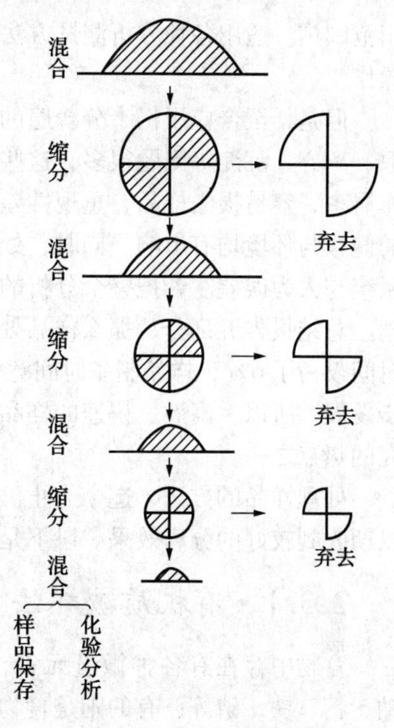

图 2－1　四分法取样图解

2.2.4　样品的保存

所采样品在分析之前应妥善保存，不使样品发生受潮、挥发、风干、变质等现象，以保证其中的成分不发生变化。

检品采集后应迅速化验。检验样品应装入具磨口玻璃塞的瓶中。易于腐败的食品，应放在冰箱中保存，容易失去水分的样品，应首先取样测定水分。

一般样品在检验结束后应保留 1 个月，以备需要时复查，保留期限从检验报告单签发日起计算。易变质食品不予保留。保留样品应加封存放在适当的地方，并尽可能保持其原状。

感官不合格产品不必进行理化检验，直接判为不合格产品。

2.3　样品的前处理方法

样品经采集，制备得到试样以后，进行食品理化检验时，常常利用食品中的欲测定成分发生某种特殊的、可以观察到的化学反应或物理化学变化，以此来判定被测物质存在与否和含量的多少。但是，由于食品的成分很复杂，往往由于杂质（或其他成分）的干扰，掩盖了反应的外观变化，或者阻止了反应的进行，使检验者对被测物质的存在和数量无法进行判断，达不到定性定量的目的。

一般各种样品采样后直接进行分析的可能性极小，都要经过制备与前处理后才能测定。其目的是：①除去样品中基体与其他干扰物。②浓缩痕量的被测组分，提高方法的灵敏度，降低最小检测极限。③通过衍生化与其他反应使被测物转化为检测灵敏度更高的物质或与样品中干扰组分能分离的物质，提高方法的灵敏度与选择性。④缩减样品的重量与体积，便于运输与保存，提高样品的稳定性，不受时空的影响。⑤保护分析仪器及测试系统，以免影响仪器的性能与使用寿命。

有些样品的检测项目在测定前对其进行分析前处理比较费时，操作过程十分繁琐，技术要求高，直接影响测定结果。这就要求我们对样品的前处理应加以特别重视，对不同的样品及测定项目的不同，应选择适当的方法以满足测定要求。

一个理想的样品制备与处理方法应具备以下各项条件：①能最大限度地除去干扰被测组分的物质，这是评价样品处理方法是否有效的首要条件。②被测组分的回收率高。较低的回收率通常伴随着较大的方法误差，重现性也差。③操作简便。步骤越多越复杂，引起方法系统误差与人为误差的几率也越高，方法的总误差也越大。④成本低廉。避免使用昂贵的仪器、设备与试剂。⑤不用或少用对环境及人体有影响的试剂，尤其是卤代烃类的溶剂。⑥应用范围广。适用各种分析测试方法，甚至联机操作，便于过程自动化。⑦适用于野外或现场操作。

但是，至今应用仍十分普遍的各种经典样品制备与处理方法如 Sohxlet 萃取、液－液萃取、离心、沉淀等问题很多，这些方法往往要重复多次进行，十分枯燥、冗长，而且手工操作居多，容易损失样品，重现性差，引入误差的机会多。此外，其溶剂用量大，对操作人员的健康与环境均有影响。同时，处理复杂样品还要多种方法配合，操作步骤更多，更易产生系统与人为误差。若把整个分析的全过程划分为取样、样品制备与处理、分析测定、数据处理、总结报告五部分，那么样品处理所需的时间竟占整个分析过程的 61%，而分析测定的时间仅占了 6%，样品制备时间竟是分析测定的 10 倍，极大地阻碍了现代分析化学的进一步发展。所以，高效、快速的样品制备与自动化的前处理方法的研究已成为现代分析化学研究的热点之一。

处理样品的方法，迄今为止已经有十几种。具体运用时，往往采用几种方法配合使用，以期收到较好的分离效果。以下是样品前处理中常用的几种方法。

2.3.1 有机质破坏法

食物中存在有各种微量元素，这些元素的来源，有的是食物中的正常成分。例如钾、钠、钙、铁、磷等；有的则是食物在生产、运输、销售过程中，由于受到污染引入的，如铅、砷、铜等元素。这些金属离子，常常与食物中的蛋白质等有机物质结合成为难溶的或难以离解的有机金属化合物。在进行检验时，由于没有这些元素的离子存在，而无法进行离子反应。因此，在进行检验之前，必须对样品进行有机质破坏。

有机质破坏，即将有机质以长时间的高温处理，并且常常伴随与若干强氧化剂作用，使有机质的分子结构受到彻底破坏。其中所含的碳、氢、氧元素生成二氧化碳和水逸出，有机金属化合物中的金属部分生成了简单的无机金属离子化合物。

有机质破坏法，除应用于检验食品中微量金属离子外，也可以用于检验食品中的非金属离子，如硫、氮、氯、磷等。

有机质破坏的方法，分为干法和湿法两大类，各类又分许多方法，使用时应该注意选择，其原则是：

（1）方法简便，使用试剂越少越好。

（2）样品破坏耗时短，有机质破坏越彻底越好。

（3）破坏后的溶液容易处理，不影响以后的测定步骤，被测元素不因破坏而受损失。

2.3.1.1 干法

将样品置坩埚中，小心炭化（除去水分和黑烟）后再以 500℃～600℃高温灰化，如不易灰化完全，可加入少量硝酸润湿残渣，并蒸干后，再行灰化。

为了缩短灰化时间，促进灰化完全，防止金属挥散损失，常常向样品中加入氧化剂，如硝酸铵、硝酸镁、硝酸钠、碳酸钠等帮助灰化。破坏后的灰分，用稀盐酸溶解后过滤，滤液供测定用。

干法的优点在于破坏彻底，操作简便，使用试药少，适用于除砷、汞、锑、铅等以外的金属元素的测定，因为破坏温度一般较高，这几种金属往往容易在高温下挥散损失。

2.3.1.2 湿法

在酸性溶液中，利用硫酸、硝酸、过氯酸、过氧化氢、高锰酸钾等氧化剂使有机质分解的方法，叫湿法（又称消化）。本法的优点是加热温度比干法破坏温度低，减少了金属挥散损失的机会，应用较为广泛。

湿法按使用氧化剂的不同，分以下几类：

（1）硫酸－硝酸法

在盛有样品的克氏瓶中加数毫升浓硝酸，小心混匀后，先用小火使样品溶化，再加浓硫酸适量，渐渐加强火力，保持微沸状态。如加热过程中发现瓶内溶液颜色变深（表示开始炭化），或无棕色气体时，必须立即停止加热，待瓶稍冷再补加数毫升硝酸，继续加热。如此反复操作至瓶内容物无色或仅微带黄色时，继续加热至发生三氧化硫白烟。放冷，加水20mL，煮沸除去残留在溶液中的硝酸和氮氧化物，直至产生三氧化硫白烟。放冷，将硝化液用水小心稀释后，转入容量瓶中，用水洗涤克氏瓶，洗液并入容量瓶、冷至室温，加水至刻度，混匀供测定用。

（2）高氯酸－硝酸－硫酸法

取适量样品于克氏瓶中，同硫酸－硝酸法操作，唯中途反复加硝酸、高氯酸（3：1）混合液。

（3）高氯酸（或过氧化氢）－硫酸法

取适量样品于克氏瓶中，加浓硫酸适量，加热消化至呈淡棕色，放冷，加数毫升高氯酸（或过氧化氢），再加热消化。如此反复操作至破坏完全，放冷后以适量水稀释，无损地转入容量瓶中，供测定用。

（4）硝酸－高氯酸法

向样品瓶中加数毫升浓硝酸，小心加热至剧烈反应停止后，再加热煮沸近于干涸，加入20mL硝酸－高氯酸（1：1）混合液，缓缓加热，反复添加硝酸－高氯酸混合液至瓶内容物破坏完全，小心蒸发至近于干涸，加入适量稀盐酸溶解残渣，必要时过滤，滤液于容量瓶中固定体积后供测定用。

注意事项：消化过程中要维持一定量的硝酸或其他氧化剂，避免发生炭化还原金属。破坏样品的同时必须做空白试验，以抵消试剂中所含微量元素引入的误差。

2.3.2 沉淀法

利用被测物质或者杂质能与试剂生成沉淀的反应，经过过滤等操作，使被测成分同杂质分离。

（1）铅盐沉淀法

铅盐沉淀法为分离某些成分的经典方法之一。由于醋酸铅及碱式醋酸铅在水及醇溶液中，能与多种成分生成难溶的铅盐或络盐沉淀，故可利用这种性质使有效成分与杂质分离。中性醋酸铅可与酸性物质或某些酚类物质结合成不溶性铅盐。因此，常用以沉淀有机酸、氨基酸、蛋白质、黏液质、鞣质、树脂、酸性皂甙、部分黄酮等。可与碱式醋酸铅产生不溶性铅盐或络合物的范围更广。通常将水或醇提取液先加入醋酸铅浓溶液，静置后滤出沉淀，并将沉淀洗液并入滤液，于滤液中加碱式醋酸铅饱和溶液至不发生沉淀为止，这样就可得到醋酸铅沉淀物、碱式醋酸铅沉淀物及母液3个部分。然后将铅盐沉淀悬浮于新溶剂中，通以硫化氢气体，使分解并转为不溶性硫化铅而沉淀。含铅盐母液亦须先如法脱铅处理，再浓缩精制。

硫化氢脱铅比较彻底，但溶液中可能存有多余的硫化氢，必须先通入空气或二氧化碳让气泡带出多余的硫化氢气体，以免在处理溶液时参与化学反应。新生态的硫化铅多为胶体沉淀，能吸附药液中的有效成分，要注意用溶剂处理收回。脱铅方法，也可用硫酸、磷酸、硫酸钠、磷酸钠等除铅，但硫酸铅、磷酸铅在水中仍有一定的溶解度，除铅不彻底。用阳离子交换树脂脱铅快而彻底，但要注意药液中某些有效成分也可能被交换上去，同时脱铅树脂再生也较困难。还应注意脱铅后溶液酸度增加，有时需中和后再处理溶液，有时可用新制备的氢氧化铅、氢氧化铝、氢氧化铜或碳酸铅、明矾等代替醋酸铅、碱式醋酸铅。例如在黄芩水煎液中加入明矾溶液，黄芩甙就与铝盐络合生成难溶于水的络化物而与杂质分离，这种络化物经用水洗净就可直接供药用。

(2) 试剂沉淀法

在生物碱盐的溶液中，加入某些生物碱沉淀试剂，则生物碱生成不溶性复盐而析出。水溶性生物碱难以用萃取法提取分出，常加入雷氏铵盐使生成生物碱雷氏盐沉淀析出。又如橙皮苷、芦丁、黄芩苷、甘草皂苷均易溶于碱性溶液，当加入酸后可使之沉淀析出。某些蛋白质溶液，可以变更溶液的 pH 利用其在等电点时溶解度最小的性质而使之沉淀析出。此外，还可以用明胶、蛋白质溶液沉淀鞣质；胆甾醇也常用以沉淀洋地黄皂甙等。

2.3.3　蒸馏法

利用液体混合物中各组分挥发度的不同，分离出纯组分的方法叫蒸馏。在食品分析中经常用来分离液体混合物，得到欲测组分。

蒸馏与蒸发有本质区别。进行蒸发的溶液，是由易挥发的溶剂和不挥发的溶质组成，经蒸发后除去一部分溶剂而得到浓缩溶液或结晶产品；进行蒸馏的溶液，溶剂和溶质均具有挥发性，在蒸馏过程中两者同时变成蒸气，只是蒸气中含量不同，蒸馏可全部或部分地分离出欲测成分。但两者均可达到提纯物质的目的。

蒸馏的方法主要有常压蒸馏、减压蒸馏和水蒸气蒸馏。如用水蒸气蒸馏时，将水蒸气通入盛装样品的烧瓶，样品中的被测成分即被水蒸气携带出来，经过冷凝，馏液收集于接收器中，干扰性杂质仍留在样品瓶中。粮食类及酒类食品中氰化物的测定即是采用水蒸气蒸馏方法。

2.3.4　吸附法

聚酰胺、硅胶、硅藻土、氧化铝等吸附剂对被测成分均有适当的吸附能力，达到与其他干扰成分的分离，如对着色剂有较强的吸附能力，其他杂质则难于被吸附。在鉴定食品中着色剂的操作步骤中，常常应用吸附法处理样品。样品液中的着色剂被吸附剂吸附后，经过过滤、洗涤，再用适当的溶媒解吸，从而得到比较纯净的着色剂溶液。吸附剂可以直接加入样品中吸附色素，亦可将吸附剂装入玻璃管中做成吸附柱或涂布成薄层板使用。

2.3.5　透析法

食品中所含的干扰性物质，如蛋白质、树脂、鞣质等是高分子物质，其分子粒径远远比被测成分的分子粒径大。透析法就是利用被测成分分子在溶液中能通过透析膜，而高分子杂质不能通过透析膜的原理来达到分离的目的。

透析膜的膜孔有大小之分，为了使透析成功，必须注意根据分离成分的分子颗粒大小，选择合适的透析膜。最常用的透析膜是玻璃纸膜，其他如羊皮纸膜、火棉胶膜、肠衣等亦可采用。

例如从食品中分离糖精，可以选用玻璃纸作透析膜。将样品液包入袋形玻璃纸中，扎好袋口悬于盛水的烧杯中进行透析，为了加速透析进行，操作时可以搅拌或适当加温。糖精的分子比膜孔小，即通过玻璃纸的膜孔进入水中，蛋白质等杂质的分子比膜孔大，仍然停留在纸袋里面，待透析平衡后，纸袋外面的溶液即可供糖精测定，以此达到糖精与高分子杂质分离的目的。

2.3.6 提取法

使用无机溶媒如水、稀酸、稀碱溶液，以及使用有机溶媒如乙醇、乙醚、氯仿、丙酮、石油醚等，从样品中提取被测物质或除去干扰杂质，是常用的处理食品样品的方法。

被提取的样品，可以是固体、液体，也可以是半流体。用液体溶媒浸泡固体样品，以提取其中的溶质，习惯上又称为浸取。用液体溶媒（常为有机溶媒）提取与它互不相溶或部分相溶的液体样品中的溶质（被测物质或者杂质），称为萃取。

分配定律，在温度和压力不发生变化的条件下，互不相溶或部分相溶的两种液体，如有机溶媒和样品水溶液，在彼此达到平衡时分为二液层。样品溶液中所含的被测成分和杂质各自以一定的浓度比溶解（分配）在二液层中。设样品水溶液经有机溶媒第一次提取后，达到平衡时，被测成分在有机溶媒层中浓度为 c_1，在水溶液中浓度为 c_2；如经有机溶媒第二次提取后，相应浓度为 c'_1 和 c'_2；而第三次提取后相应浓度为 c''_1 和 c''_2，计算公式见式(2-1)。

$$\frac{c_1}{c_2}=\frac{c'_1}{c'_2}=\frac{c''_1}{c''_2}=K_1 \quad (2-1)$$

K 值在恒温恒压下是常数，称为分配系数。分配系数可用两种数值表示，除式（2-1）一种表示外，还可如式（2-2）表示。

$$\frac{c_2}{c_1}=\frac{c'_2}{c'_1}=\frac{c''_2}{c''_1}=K_2 \quad (2-2)$$

当被测成分与杂质不发生作用时，它们均可各自按其分配系数存在于有机溶媒和水层中。

利用萃取的方法，从样品溶液中获得所需要的被测物质时，萃取的效率由萃取溶媒的选择和萃取的方法来决定。

（1）溶媒的选择

应该选择对被测物质有最大溶解度，而对杂质有最小溶解度的溶媒。即使被测物质在溶媒中有最大的分配系数，而杂质却只有最小的分配系数。使用这样的溶媒进行萃取后，被测物质进入有机溶媒层，即同留在样品溶液中的杂质分离开来。还应注意考虑两种液体分层的难易以及是否会产生泡沫等问题。

（2）萃取的方法

设萃取前样品溶液体积为 V_0(mL)，其中含被测物质 g_0(g)，第一次用来萃取的有机溶媒为 V_1(mL)，萃取后在样品溶液内剩下的被测物质为 g_1(g)。以后每次都用与第一次萃取相同体积的有机溶媒 V_1(mL)，经过几次萃取后，按分配定律计算出，在原样品液中剩下的被测物质的质量按式（2－3）计算。

$$g_1 = g_0\left(\frac{KV_0}{V_1 + KV_0}\right)^n \tag{2-3}$$

式（2－3）说明，萃取次数越多，即 n 的方次越大，g_n 就越小，即留在原样品中的被测物质就越少，被萃取出来的被测物质就越多。

如用一次提取，即一次使用 nV_l(mL) 有机溶媒萃取，则在原样品液中剩下的被测物质的质量按式（2－4）计算。

$$g_1 = g_0\frac{KV_0}{nV_1 + KV_0} \tag{2-4}$$

显然，$\frac{KV_0}{nV_1 + KV_0} > \left(\frac{KV_0}{V_1 + KV_0}\right)^n$，即一次用多量溶媒萃取出来的被测物质不及每次用少量溶媒而分多次萃取的多。

虽然萃取次数越多，萃取越完全，但在实际操作中，如果溶媒选择恰当，每次用量不宜太少，通常分 4～5 次萃取已经足够。萃取次数太多，不仅手续麻烦，且每次分离时，容易造成损耗。一般是第一次萃取所用溶媒的体积约与原样品液体积相等或为其一半，第二次至以后各次萃取，为第一次溶媒用量的一半即可。

提取法处理样品的使用范围较广泛。例如测定固体食品中脂肪含量，即是用乙醚反复浸取样品中的脂肪，而杂质不溶于乙醚，然后使乙醚挥发掉，称出脂肪的重量。又如在测定黄曲霉毒素 B_1 时色素等进入甲醇—水溶液层，再用氯仿萃取甲醇—水溶液，色素等杂质不被氯仿萃取仍留在甲醇—水溶液层，而黄曲霉毒素 B_1 则溶解在氯仿层中，经过这样处理之后，黄曲霉毒素 B_1 即与脂肪色素等干扰杂质分离开，避免了脂肪色素等对黄曲霉毒素 B_1 测定的干扰。

2.4 样品前处理新技术

2.4.1 微波萃取技术

微波萃取（Micro Amplitude Extraction，MAE）又称微波辅助提取，是指使用适合的溶剂在微波反应器中从天然药用植物、矿物、动物组织中提取各种化学成分的技术和方法。微波萃取技术是食品和中药有效成分提取的一项新技术，较超临界萃取起步晚，微波技术应用于有机化合物萃取的第一篇文献发表于 1986 年，R. N. Gedye 等人将样品放置于普通家用微波炉里通过选择功率档、作用时间和溶剂类型，只需短短的几分钟就可萃取传统加热需要几个小时甚至十几个小时的目标物质。微波辐射技术应用研究的前景再次激发了人们探索的兴趣。20 世纪 90 年代初，由加拿大环境保护部和加拿大 CWT－TRAN 公司携手开发了微波萃取系统（Microwave Assisted Process，MAP），现已广泛应用到香料、调味品、天然色素、中草药、化妆品和土壤分析等领域，并且于 1992 年开始陆续取得了美国、墨西哥、日本、西欧、韩国的专利许可。随加拿大 CWT－TRAN 公司之后，法国 PRO LABO 公司于 1994 年成功地研制出了萃取和有机反应两用微波仪 SOX－100，有力地促使了微波辐射技术在有机化学反应中的应用研究。

2.4.1.1 微波萃取的原理

微波是指波长在 1mm ~ 1m 之间、频率在 300MHz ~ 300 000MHz 之内的电磁波，它介于红外线和无线电波之间。通常，一些介质材料由极性分子和非极性分子组成。在微波电磁场作用下，极性分子从原来的热运动状态转向依照电磁场的方向交变而排列取向，产生类似摩擦热。在这一微观加热过程中交变电磁场的能量转化为介质内的热能，使介质温度出现宏观上的升高，这就是对微波加热最通俗的解释。由此可见微波加热是介质材料自身损耗电磁场能量而发热。水是吸收微波最好的介质，凡含水的物质必定吸收微波，有一部分介质虽然是非极性分子组成，但也能在不同程度上吸收微波。

微波萃取的机理主要为两方面，一方面微波辐射过程是高频电磁波自由透过对微波透明的溶剂，到达植物物料的内部维管束和腺细胞内，由于吸收微波能，细胞内部温度迅速上升，使其细胞内部压力超过细胞壁膨胀承受能力，细胞破裂。细胞内有效成分自由流出，传递至溶剂周围被溶解，通过进一步过滤和分离，便获得萃取物料。另一方面，微波所产生的电磁场，加速被萃取部分成分向萃取溶剂界面扩散速率，用水作溶剂时，在微波场下，水分子高速转动成为激发态，这是一种高能量不稳定状态，或者水分子汽化，加强萃取组分的驱动力，或者水分子本身释放能量回到基态，所释放的能量传递给其他物质分子，加速其热运动，缩短萃取组分的分子由物料内部扩散到萃取溶剂界面的时间，从而使萃取速率提高数倍，同时还降低了萃取温度，最大限度保证萃取的质量。也可以这样解释，由于微波的频率与分子转动的频率相关联，所以微波能是一种由离子迁移和偶极子转动引起分子运动的非离子化辐射能。当它作用于分子上时，促进了分子的转动运动，分子若此时具有一定的极性，便在微波电磁场作用下产生瞬时极化，并以 24.5 亿次/s 的速度做极性变换运动，从而产生键的振动、撕裂和粒子之间的相互摩擦、碰撞，促进分子活性部分（极性部分）更好地接触和反应，同时迅速生成大量的热能，促使细胞破裂，使细胞液溢出来并扩散到溶剂中。

2.4.1.2 微波萃取的特点

与传统的样品预处理技术如水蒸气蒸馏、索氏抽提、超声波萃取相比，微波萃取具有以下特点：

（1）质量稳定，可有效地保护食品、药品以及其他化工物料中的有用成分，产品质量好。

（2）对萃取物具有高选择性，产率高。

（3）萃取快，省时（可节省 50% ~90% 的时间）。

（4）溶剂用量少（可较常规方法少 50% ~90%），无污染，属于绿色工程。

（5）后处理方便。

（6）生产线组成简单，节省投资。

（7）低耗能。

2.4.1.3 微波萃取与传统热萃取的区别

传统热萃取是以热传导、热辐射等方式由外向里进行，而微波萃取是通过偶极子旋转和离子传导两种方式里外同时加热，极性分子接受微波辐射的能量后，通过分子偶极的每秒数 10 亿次的高速旋转产生热效应，这种加热方式称为内加热（相对地，把普通热传导和热对流的加热过程称为外加热）。与外加热方式相比，内加热具有加热速度快、受热体系温度均匀等特点。微波辐射技术在食品萃取工业和化学工业上的应用研究虽然起步晚，只有短短十几年的时间，但已有的研究成果和应用成果足以显示其无与伦比的优越性。

2.4.1.4 微波萃取的应用

随着微波萃取技术的研究与发展，微波萃取在很多行业都有广泛的应用。到目前为止，已见报导的微波萃取技术主要应用于土壤分析、食品化学、农药提取、中药提取、环境化学，以及矿物冶炼等方面。由于微波萃取具有快速高效分离及选择性加热的特点，微波萃取逐渐由一种分析方法向生产制备发展。

2.4.1.4.1 微波萃取在中药有效成分提取中的应用

（1）用于挥发油的提取

用微波萃取法萃取佩兰挥发油提取时间由传统方法的5h降低至20min，缩短为原时间的1/15。将破碎的薄荷叶放入盛有正己烷的容器中，经微波短时间处理后，显微镜下观察发现薄荷叶面上的脉管和腺体破碎，说明微波处理具有一定的选择性，而且与传统的乙醇浸提相比较，微波处理得到的薄荷油几乎不含叶绿素和薄荷酮。

（2）用于生物碱的提取

范志刚等以紫外分光光度法测定麻黄碱含量作为评价指标，采用微波技术对麻黄中麻黄碱的浸出量进行了考察，结果麻黄碱提取率由常规煎煮法的0.183%提高到0.485%，提示将微波技术应用于中药材有效成分的浸出是一种省时、便捷的方法。

（3）用于黄酮的提取

陈斌等研究了微波萃取葛根异黄酮的工艺，结果微波提取葛根异黄酮可使其浸出率达到96%以上，其效率较一般热浸法提取大大提高，且提取温度较低。

（4）用于皂苷的提取

黎海彬研究微波辅助水提取罗汉果皂苷，考察了微波辐射功率、辐射时间、固液比及水浴浸提时间等因素对罗汉果皂苷提取率的影响，结果表明：微波辅助水提取法的罗汉果皂苷平均提取率为70.5%，比常规水提取法罗汉果皂苷提取率高出45%，而时间缩短了一半。

（5）用于有机酸的提取

郭振库等的试验确定了35%乙醇作溶剂，溶剂倍量30，控制压力0.10Mpa，加热时间1min，70%微波功率（微波炉的最大功率850W）为微波最佳提取条件。在微波辅助提取和超声波提取方法的最佳提取条件下，微波法的提取率和重复性好于超声波。微波法提取不仅所需时间短，而且提取率比超声波法提高近20%。

2.4.1.4.2 微波萃取在农药残留中的应用

一般样品中的农残含量很低，等样品量用微波法萃取只需较少的萃取溶剂（约1/10）即可，实际上提高了分析方法的灵敏度。但微波萃取不同基体中的农药残留，需要选用与常规法不同的萃取溶剂，以使溶剂不仅能较好地吸收微波能，而且可有效地从样品中把农药残留成分萃取出来。Silgoner和其同事的研究表明，用异辛烷、正已烷/丙酮、苯/丙酮（2：1）、甲醇/乙酸、甲醇/正已烷、异辛烷/乙腈等作溶剂，在土壤或沉积物有一定湿度的条件下，微波萃取方法仅用3min，就可获得与Soxhlet提取法用6h才能取得的相同的有机氯农药残留回收率。影响密闭容器微波萃取不同样品中农药残留的条件，除了溶剂外，还有萃取温度、萃取时间和溶剂体积等条件，经过实验选择最佳萃取条件，萃取土壤中12种农药残留

（艾氏剂、α－六六六、β－六六六、4，4’－DDT、狄氏剂、硫丹Ⅰ、硫丹Ⅱ、异狄氏剂、七氯、环氧七氯、七氯苯、七氯环戊二烯）的回收率结果与常规 EPA 法进行对照，结果表明微波萃取 10min 的回收率和精密度均好于 EPA 规定的索氏法。已应用微波法萃取农药残留的其他样品有肉类、鸡蛋和奶制品，土壤、砂子、吸尘器所得灰尘、水和沉积物，猪油，蔬菜（甜菜、黄瓜、莴苣、辣椒和西红柿），大蒜和洋葱。

2.4.1.4.3　微波萃取在有机污染物中的应用

土壤、河泥、海洋沉积物、环境灰尘以及水中的有机污染物一般指高聚物、多环芳烃、氯化物、苯、除草剂、润滑油和酚类等。微波萃取不同基体中有机污染物的优点是只需常规萃取方法 1/10 的溶剂，约萃取 5～20min 即可。应用微波萃取有机污染物的技术有两种，其中一种是采用多模腔体，此法的特点是一次可以制备多达 14 个样品，萃取时间短。已用于土壤样品中多环芳烃，酚类化合物，河泥、海洋沉积物、环境灰尘中有机污染物，水中的多氯联苯和其他有机污染物。张展霞等人用水和有机溶剂的混合物作微波萃取试剂，进一步降低了试剂的消耗。

2.4.1.4.4　微波萃取的其他应用

除了前述的几个主要方面的应用外，微波萃取还被用于蘑菇、土壤、自然污染和人为污染的谷物等中的真菌毒素、脂肪酸和霉变物中有害物质的萃取分离；食品中芳香油和游离氨基酸；猪肉中硫胺二甲嘧啶、蛋黄和蛋白中氯霉素药残；橡胶配方中加速凝固剂、聚烯烃中稳定剂和添加剂；富勒烯油烟中 C_{60} 和 C_{70} 的提取等也都采用了微波萃取技术。

2.4.1.5　结语

微波提取技术对于中药的提取分离精制及天然保健品的制备和生产将具有重要的应用价值和广阔的应用前景，但在应用中应注意以下几个问题：

（1）微波对不同的植物细胞或组织有不同的作用，对细胞内产物的释放也有一定的选择性。因此应根据产物的特性及其在细胞内所处的位置的不同，选择不同的处理方式。

（2）微波提取仅适用于对热稳定的产物，如生物碱、黄酮苷类等，而对于热敏感的物质如蛋白质、多肽等，微波加热能导致这些成分的变性、甚至失活。

（3）由微波加热原理可知，微波提取要求被处理的物料具有良好的吸水性，否则细胞难以吸收足够的微波能将自身击破，使其内容物难以释放出来。

（4）微波提取对有效成分含量提高的报道较多，但对有效成分的药理作用和药物疗效有无影响，尚需作进一步研究。

（5）微波萃取技术在中药中的应用，大多在实验室中进行工业化生产还不太普及，但微波萃取技术的工程放大问题已受到重视，这将推动微波萃取技术在工业化领域的应用。

2.4.2　超临界流体萃取技术

多少年来，化学分析（GC、GC－MS、LC、LC－MS、FT－IR）的样品前处理大都采用有机溶剂来萃取样品。其中包括索氏萃取（Soxhlet Extraction），它一直是实验室中最广泛使用的手段，但同时也发现了越来越多的弊病。加上近年来，各国政府对有机溶剂的使用和处理有更严格规定，业界迫切地寻找可取代索氏萃取的新方法。

Zosel 在 20 世纪 60 年代首先提出采用超临界萃取技术脱出咖啡豆中的咖啡因，并使其工业化。超临界流体萃取（Supercritical Fluid Extraction，SFE）技术是一种清洁、高效并且有较好的选择性的新型绿色分离方法，在植物中有效药物成分的提取与分离、生产高经济附加值、热敏性、难分离的物质和微量杂质的脱除方面展现出勃勃生机。

2.4.2.1　超临界流体的含义及其萃取原理

任何一种物质都存在三种相态——气相、液相、固相。三相呈平衡态共存的点叫三相点。液、气两相呈平衡状态的点叫临界点。在临界点时的温度和压力称为临界温度和临界压力。不同的物质其临界点所要求的压力和温度各不相同。图2－2是纯流体的典型压力－温度曲线图。图中，*AT*表示气－固平衡的升华曲线，*BT*表示固－液平衡的熔融曲线，*CT*表示气－液平衡的蒸气压曲线。点*T*是气、液、固三相共存的三相点。

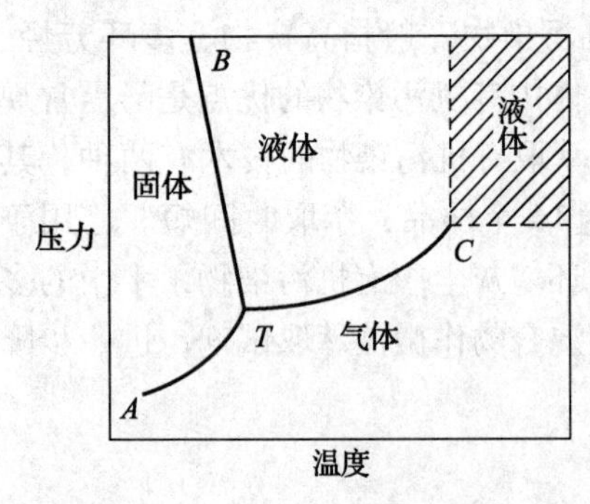

图2－2　压力－温度曲线图

当纯物质沿气－液饱和线升温，达到*C*点时，气－液界面消失，体系的性质变得均一，不再分为气体和液体，点*C*称为临界点。与该点对应的温度和压力分别称为临界温度T_c和临界压力p_c。图2－2中高于临界温度和临界压力的有阴影线的区域属于超临界流体状态。为避免与通常所称的气体和液体状态相混淆，特别称它为流体态。

在临界点附近，流体的性质对温度和压力的变化极为敏感，微小的温度和压力的变化都会引起超临界流体性质极大的变化。处于临界温度以上当压力不高时，流体性质与气体的性质相近，压力较高时则与液体的性质更接近，由此使得超临界流体（Supercritical Fluid, SCF）性质介于气液两相之间，并易于随压力改变的特点，其主要表现在：有近似气体的流动行为、黏度小、扩散系数大，但相对密度较大，其溶解度远大于气体，同时表现出一定的液体行为。此外，超临界流体的电性质介于“强极性与弱极性”之间，极化率和分子行为与气液两相均有着明显的区别。表2－1是气体、液体和超临界流体性质的比较。

从表中可见，SCF不同于一般的气体，也有别于一般液体，它本身具有许多特性：

（1）其扩散系数比气体小，但比液体高一个数量级；

（2）黏度接近气体；

（3）密度类似液体；压力的细微变化可导致其密度的显著变动；

（4）压力或温度的改变均可导致相变。

表2－1　超临界流体的传递特性气体、液体和SCF物理特征比较

状态/物质	密度/($g \cdot cm^{-3}$)	黏度/($g \cdot cm^{-1} \cdot s^{-1}$)	扩散系数/($cm^2 \cdot s^{-1}$)
气态	$(0.6\sim2)\times10^{-3}$	$(1\sim3)\times10^{-4}$	$0.1\sim0.4$
液态	$0.6\sim1.6$	$(0.2\sim3)\times10^{-2}$	$(0.2\sim2)\times10^{-5}$
超临界流体	$0.2\sim0.9$	$(1\sim9)\times10^{-4}$	$(2\sim7)\times10^{-4}$

由以上特性可以看出，超临界流体兼有液体和气体的双重特性，密度大，扩散系数大，黏稠度低，有极高的溶解能力，能深入到提取材料的基质中，发挥非常有效的萃取功能。而且这种溶解能力随着压力的升高而急剧增大，这些特性使得超临界流体成为一种好的萃取剂。而超临界流体萃取，就是利用超临界流体的这一强溶解能力特性，从动、植物中提取各

种有效成分，再通过减压将其释放出来的过程。与液体溶剂萃取相比，可以更快地完成传质，达到平衡，促进高效分离过程的实现。

2.4.2.2　常用超临界流体萃取剂的临界特性

可作为超临界流体的物质很多，如二氧化碳、一氧化氮、水、乙烷、庚烷、氨、六氟化硫等。为使超临界流体萃取过程能最大量的分离有用物质或除去有害无用物质，必须要求超临界流体有良好的选择性和最大的溶解性。具体要求包括：①操作温度和超临界流体的临界温度接近。②超临界流体的化学性质与待分离溶质的化学性质接近。③由于溶质在超临界流体中的溶解度大致上随流体的密度和温度的增加而增大，故平衡温度和压力十分重要。

到目前为止，在已研究的萃取剂中，由于二氧化碳的临界温度（$T_c = 31.3℃$）接近室温，临界压力（$p_c = 7.37MPa$）也不高；且化学性质稳定，不易与溶质发生化学反应；无臭、无味、无毒、不会造成二次污染；纯度高、价格适中，便于推广应用；沸点低，易于从萃取后的馏分中除去，后处理较为简单；萃取过程无需加热，适用于对热不稳定的化合物的萃取，所以在实践中应用最多。由于被萃取物的极性、沸点、相子分子质量等不同，二氧化碳对其萃取能力具有选择性，只要改变压力和温度条件，就可以溶解不同的物质成分，携带着溶质的二氧化碳通过改变压力温度条件将溶质析出在分离器中，然后又重新进入萃取器进行萃取。整个过程（包括萃取和分离）在一个高压密闭容器中进行，不可能有任何一种细菌存活，也不可能有任何一种外来杂质污染物料，同时系统中各段温度一般在萃取生物活性物质时都不超过65℃，从而可以保证其中的热敏性物质不被破坏。各种溶剂的临界特性如表2－2所示。

表2－2　常用萃取剂的临界特性

流体	分子式	临界压力/MPa	临界温度/℃	临界密度/$(g \cdot cm^{-3})$
二氧化碳	CO_2	7.29	31.2	0.433
水	H_2O	21.76	374.2	0.332
氨	NH_3	11.25	132.4	0.235
乙烷	C_2H_6	4.81	32.2	0.203
乙烯	C_2H_4	4.97	9.2	0.218
氧化二氮	N_2O	7.17	36.5	0.450
丙烷	C_3H_8	4.19	96.6	0.217
戊烷	C_5H_{12}	3.75	196.6	0.232
丁烷	C_4H_{10}	3.75	135.0	0.228

2.4.2.3　超临界CO_2的溶解能力

超临界状态下，CO_2对不同溶质的溶解能力差别很大，这与溶质的极性、沸点和相对分子质量密切相关，一般说来有以下规律：

（1）亲脂性、低沸点成分可在低压萃取（10^4kPa），如挥发油、烃、酯等。

（2）化合物的极性基团越多，就越难萃取。

(3) 化合物的相对分子质量越高，越难萃取。

2.4.2.4 超临界流体夹带剂的选择

实践证明，单一组分的超临界溶剂具有较大的局限性，其缺点是：

(1) 某些物质在纯超临界流体中溶解度低，如超临界二氧化碳只能有效地萃取亲脂性物质，对极性物质在合理的温度与压力下几乎不能萃取。

(2) 选择性不高。

(3) 溶质溶解度对温度、压力变化不够敏感使分离耗能增加。

为了提高对被萃取组分的选择性和溶解性，常在纯溶剂中加入5%左右的与萃取物亲和力强的夹带剂（Entrainer）。常用的夹带剂有甲醇、乙醇、异丙醇、水、乙腈、四氢呋喃和二氯甲烷等。最近报道在二氧化碳中加入氮气、氩气、氦气等惰性气体，使萃取物在二氧化碳中的溶解度显著下降。

2.4.2.5 超临界流体萃取的特点

超临界流体萃取与普通液-液萃取或液-固萃取相似，也是在两相之间进行的一种萃取方法。不同之处在于后者萃取剂为液体，前者萃取剂为超临界流体。超临界流体特殊的物理性质决定了超临界流体萃取技术，其具有以下突出的优点：

(1) 可以在接近室温（35℃～40℃）及CO_2气体笼罩下进行提取，有效地防止了热敏性物质的氧化和逸散。因此，在萃取物中保持着药用植物的全部成分，而且能把高沸点，低挥发度、易热解的物质在其沸点温度以下萃取出来。

(2) 使用SFE是最干净的提取方法，由于全过程不用有机溶剂，因此萃取物绝无残留溶媒，同时也防止了提取过程对人体的毒害和对环境的污染，是100%的纯天然提取。

(3) 萃取和分离合二为一，当饱含溶解物的CO_2-SCF流经分离器时，由于压力下降使得CO_2与萃取物迅速成为两相（气液分离）而立即分开，不仅萃取效率高而且能耗较少，节约成本。

(4) CO_2是一种不活泼的气体，萃取过程不发生化学反应，且属于不燃性气体，无味、无臭、无毒，故安全性好。

(5) CO_2价格便宜，纯度高，容易取得，且在生产过程中循环使用，从而降低成本。

(6) 压力和温度都可以成为调节萃取过程的参数。通过改变温度或压力达到萃取目的。压力固定，改变温度可将物质分离；反之温度固定，降低压力使萃取物分离，因此工艺简单易掌握，而且萃取速度快。

(7) 时间短，由于超临界流体具有很强的穿透能力和高溶解度，它能快速地将提取物从载体中萃取出。因此，可在30min内得到所需的萃取物。

但SFE预处理技术仍存在一些不足：它的萃取对象多数仍局限于非极性或弱极性物质，对含有羟基、羧基等极性基团的物质则难以萃取或无法萃取。尽管可用加入其他试剂的方法来提高萃取剂的极性，增大对极性物质的溶解度，但应用范围仍十分有限；对于食品中的糖、氨基酸、蛋白质、核酸、纤维素等相对分子质量较大的物质的分析，用SFE预处理样品也不甚理想。如何将萃取对象扩大到极性物质甚至离子型物质是SFE预处理技术今后需要突破的一个重要问题。

2.4.2.6　SFE 装置与操作技术

2.4.2.6.1　仪器的组成

超临界萃取仪的基本结构有 4 部分：超临界流体供给系统（泵）、萃取器、控制器和样品收集系统。

如图 2－3 所示，从钢瓶放出的 CO_2 在一定温度下经高压柱塞泵压缩形成 CO_2 液体，再经阀门进入载有萃取物的高温萃取仪中，在超临界温度和压力下的 CO_2 流经萃取样品进行超临界萃取。随后 CO_2 携带萃取物经限流管一同从萃取池流出并进入收集管内的收集液中，CO_2 自然蒸发。CO_2 超临界流体从样品管上部进入，在一定温度和压力下萃取样品，连同被提取物一并从下部出口流出，进入限流管如图 2－4 所示。超临界流体萃取工作流程见图 2－5 及图 2－6。

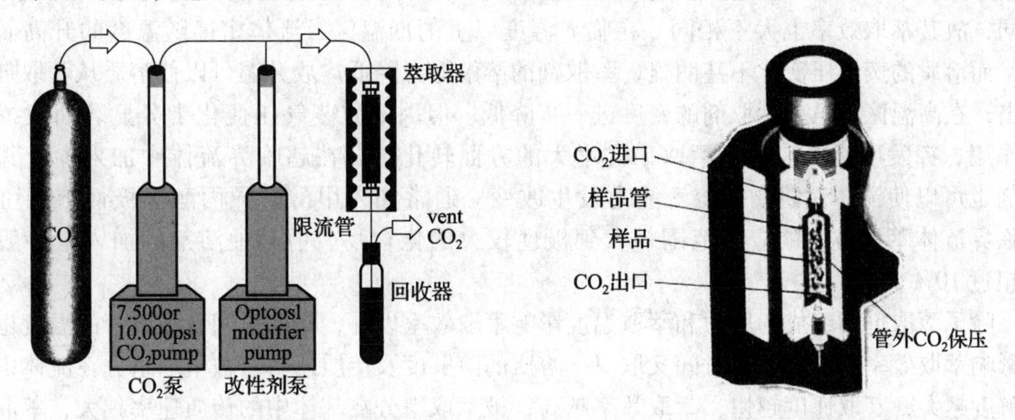

图 2－3　超临界液体萃取流程图　　**图 2－4　萃取器示意图**

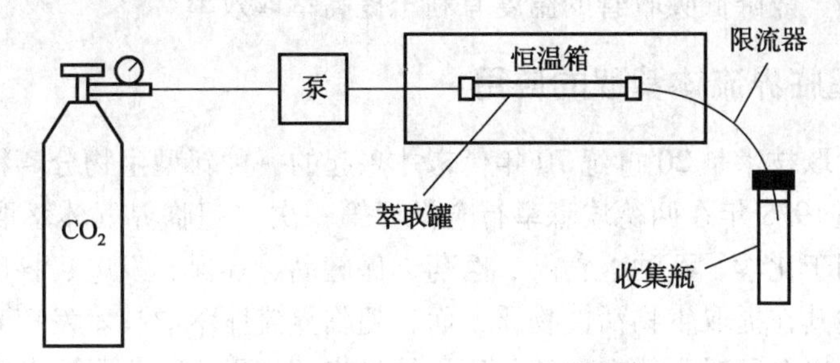

图 2－5　超临界流体萃取流程示意图

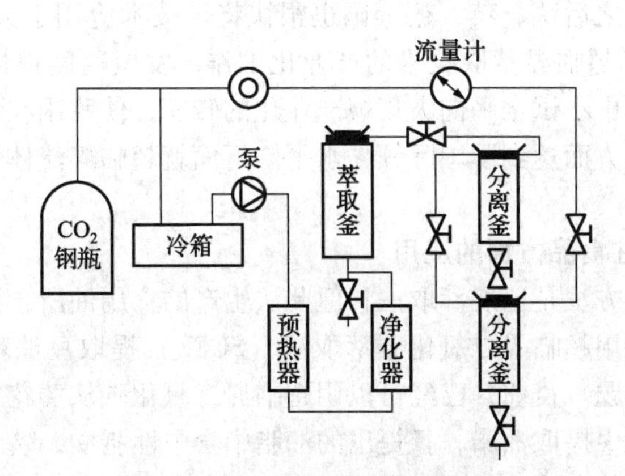

图 2－6　实验室超临界流体萃取流程

当 CO_2 超临界液体与萃取物（如农药残留）的极性差异较大，而不能有效对样品进行萃取时，可利用另一个泵加入改性剂（夹带剂）以提高 CO_2 的极性，增加极性样品的萃取效率。

目前市售的超临界流体萃取仪品种较多，性能各异，但基本工作原理都是一致的。

2.4.2.6.2 影响萃取效率的因素

超临界流体萃取受多种因素影响：①压力的变化会导致溶质在超临界流体中溶解度的急剧变化。正是利用这种特性，实际操作中通过适当变换超临界流体的压力，便可将样品中的不同组分按其在萃取剂中溶解度的不同先后进行萃取。先在低压下将溶解度较大的组分萃取，再逐渐增大压力，使难溶物质逐渐与基体分离。如果按程序作超临界萃取，不但可将不同组分先后萃取，还可将它们有效分离。②温度不同，超临界流体的密度和溶质的蒸气压也不同，故其萃取效率也大不相同。在临界温度以上的低温区，流体密度随温度的升高而降低，而溶质的蒸气压变化不甚明显，萃取剂的溶解能力降低。故升温可以使溶质从萃取剂中析出；在高温区，虽然萃取剂的密度进一步降低，但因溶质蒸气压变化十分显著而发挥主导作用，挥发度增大，故使萃取率向增大的方面转化。③在超临界流体中加入少量其他溶剂也可以使流体对溶质的溶解能力发生改变。通常加入甲醇、异丙醇等极性溶剂可使超临界流体萃取技术的应用范围扩大到极性较大的化合物。但其他溶剂的加入量一般不要超过 10% 。

除了萃取剂的组成、压力和萃取温度影响萃取效率以外，萃取时间及吸收管的温度也明显影响萃取效率。其中萃取时间又取决于溶质的溶解度及传质速率。被萃取组分在流体中的溶解度越大，萃取速度越快，萃取效率越高；被萃取组分在基体中的传质速率越大，萃取越完全，效率也越高。吸收管的温度之所以影响萃取效率是因为被萃取的组分在吸收管内溶解或吸附时必然放热，故降低吸收管的温度有利于提高萃取效率。

2.4.2.7 超临界流体萃取的应用

超临界流体萃取技术是 20 世纪 70 年代末才兴起的一种新型生物分离精制技术，近年来发展迅速，特别是 1978 年在西德埃森举行全世界第一次“超临界气体萃取”的专题讨论会以来，被广泛应用于化学、石油、食品、医药、保健品、环保、发电、核废料处理及纺织印染等诸多领域。尤其在提取生物活性物质方面，超临界流体萃取技术发挥着独特的作用，所产生的废料可提取出多种对人体有益的物质。最早将超临界 CO_2 萃取技术应用于规模生产的是美国通用食品公司，之后法、英、德等国也很快将该技术应用于大规模生产中。20 世纪 90 年代初，我国开始了超临界萃取技术的产业化工作，发展速度很快。实现了超临界流体萃取技术从理论研究、中小试水平向大规模产业化的转变，使我国在该领域的研究、应用已同国际接轨，并在某些方面达到了国际领先水平。下面就超临界流体萃取技术的应用情况作一简单介绍。

2.4.2.7.1 SFE 在食品方面的应用

传统的食用油提取方法是乙烷萃取法，但此法生产的食用油所含溶剂的量难以满足食品管理法的规定，美国采用超临界二氧化碳萃取法（SCFE）提取豆油获得成功，产品质量大幅度提高，且无污染问题。目前，已经可以用超临界二氧化碳从葵花籽、红花籽、花生、小麦胚芽、棕榈、可可豆中提取油脂，且提出的油脂中含中性脂质，磷含量低，着色度低，无臭味。这种方法比传统的压榨法的回收率高，而且不存在溶剂法的溶剂分离问题。专家们认为这种方法可以使油脂提取工艺发生革命性的改进。

天然香精香料的提取。用 SCFE 法萃取香料不仅可以有效地提取芳香组分，而且还可以提高产品纯度，能保持其天然香味，如从桂花、茉莉花、菊花、梅花、米兰花、玫瑰花中提取花香精，从胡椒、肉桂、薄荷提取香辛料，从芹菜籽、生姜，莞荽籽、茴香、砂仁、八角、孜然等原料中提取精油，不仅可以用作调味香料，而且一些精油还具有较高的药用价值。

啤酒花是啤酒酿造中不可缺少的添加物，具有独特的香气、清爽度和苦味。传统方法生产的啤酒花浸膏不含或仅含少量的香精油，破坏了啤酒的风味，而且残存的有机溶剂对人体有害。超临界萃取技术为酒花浸膏的生产开辟了广阔的前景。美国 SKW 公司从啤酒花中萃取啤酒花油，已形成生产规模。

天然色素的提取。目前国际上对天然色素的需求量逐年增加，不少发达国家已经规定了不许使用合成色素的最后期限，在我国合成色素的禁用也势在必行。溶剂法生产的色素纯度差、有异味和溶剂残留，无法满足国际市场对高品质色素的需求。超临界萃取技术克服了以上这些缺点，目前用 SCFE 法提取天然色素（辣椒红色素）的技术已经成熟并达到国际先进水平。

咖啡中含有的咖啡因，多饮对人体有害，因此必须从咖啡中除去。工业上传统的方法是用二氯乙烷来提取，但二氯乙烷不仅提取咖啡因，也提取掉咖啡中的芳香物质，而且残存的二氯乙烷不易除净，影响咖啡质量。西德 Max - plank 煤炭研究所的 Zesst 博士开发的从咖啡豆中用超临界二氧化碳萃取咖啡因的专题技术，现已由德国的 Hag 公司实现了工业化生产，并被世界各国普遍采用。这一技术的最大优点是取代了原来在产品中仍残留对人体有害的微量卤代烃溶剂，咖啡因的含量可从原来的 1% 左右降低至 0. 02%，而且 CO_2的良好的选择性可以保留咖啡中的芳香物质。

美国 ADL 公司最近开发了一个用 SCFE 技术提取酒精的方法，还开发了从油腻的快餐食品中除去过多的油脂，而不失其原有色香味及保有其外观和内部组织结构的技术，且已申请专利。

2. 4. 2. 7. 2　SFE 在医药保健品方面的应用

德国 Saarland 大学的 Stahl 教授对许多药用植物采用 SCFE 法对其有效成分（如各种生物碱、芳香性及油性组分）实现了满意的分离。

在抗生素药品生产中，传统方法常使用丙酮、甲醇等有机溶剂，但要将溶剂完全除去又不使药物变质非常困难，若采用 SCFE 法则完全可以符合要求。美国 ADL 公司从 7 种植物中萃取出了治疗癌症的有效成分，使其真正应用于临床。

许多学者认为摄取鱼油和 ω - 3 脂肪酸有益于健康。这些脂类物质也可以从浮游植物中获得。这种途径获得的脂类物质不含胆固醇，J. K. Polak 等人从藻类中萃取脂类物质获得成功，而且叶绿素不会被超临界 CO_2萃出，因而省去了传统溶剂萃取的漂白过程。

另外，用 SCFE 法从银杏叶中提取的银杏黄酮，从鱼的内脏，骨头等提取的多烯不饱和脂肪酸（DHA，EPA），从沙棘籽提取的沙棘油，从蛋黄中提取的卵磷脂等对心脑血管疾病具有独特的疗效。日本学者宫地洋等从药用植物蛇床子、桑白皮、甘草根、紫草、红花、月见草中提取了有效成分。

2. 4. 2. 7. 3　SFE 在中草药有效成分提取方面的应用

中药为我国传统医药，用中药防病治病在我国具有悠久的历史。由于化学药品的毒副作用逐渐被人们所认识及合成一个新药又需巨大的投资，西医西药对威胁人类健康的常见病、疑难病的治疗药物还远远不能满足临床的需要，因此，全世界范围内掀起了中医中药热。目前中药生产中的大桶煮提、大锅蒸熬及匾、勺、缸类生产器具当家的状况大为改善，进而出现不锈钢多功能提取罐、外循环蒸发、多效蒸发器、流化干燥器等设备，中成药的剂型也有较大的发展，由丸、散、膏、丹剂为主发展成为具有颗粒剂、片剂、胶囊剂、口服液及少量粉针等剂型。中药产值比1979年翻了5番，约占医药工业产值的30%以上。

然而，我国现阶段创制的中成药还难以在国外注册、合法销售与使用。从目前全世界天然药物的贸易额来看，中国仅占1%左右，与天然药物主产国的地位极不相称。其原因主要是产业现代工程技术水平不高，制备工艺和剂型现代化方面还很落后；生产过程的许多方面缺乏科学的、严格的工艺操作参数，不仅导致了消耗高、效率低，而且还出现有效成分损失、疗效不稳定、剂量大服用不方便、产品外观颜色差、内在质量不稳定；同时还出现缺少系统的量化指标，大多数产品缺乏疗效基本一致的内在质量标准；许多复方制剂还难以搞清楚其作用的物质基础。“丸、散、膏、丹，神仙难辨”的状况尚未根本改变。要改变这种现状，让西方医药界接受中药，增强中药在国际市场上的竞争地位，主要途径是，以中药理论为指导，采用先进的技术，实现中药现代化。中药产品现代化的重点可简单地用八个字来描述，即“有效、量小、安全、可控”。实际上，它涉及范围十分广泛，要解决的问题比较复杂，但首先最关键的问题就是要提取分离工艺、制剂工艺现代化，质量控制标准化、规范化。在国家有关部门的主持下，1998年3月底，来自大陆及香港20多个单位的60多位专家学者聚集厦门大学，探讨了中药现代化问题，特别是中药复杂体系中重大科学基础问题，超临界流体技术同时也被提出来。美国EPA已逐步将超临界流体萃取技术作为替代溶剂萃取的标准方法。尽管如此，超临界流体技术也仅仅是多种可用于中药现代化中的先进技术之一，而且国外或国内大多数从事SFE技术的单位研究开发应用缺乏系统性，大多只停留在中药有效成分或中间原料提取方面，这仅仅是用于中药的一个方面。中药的研究与开发具有特殊性，即必须具有药理临床效果，因此，SFE技术用于中药必须结合药理临床研究。只有工艺上优越，药理临床效果又保证或更好，SFE技术在该领域的生命力或潜力才能真正体现。

2.4.2.7.4 SFE在化工方面的应用

在美国超临界技术还用来制备液体燃料。以甲苯为萃取剂，在$p_c = 1.01 \times 10^4$kPa，$T_c = 400℃ \sim 440℃$条件下进行萃取，在SCF溶剂分子的扩散作用下，促进煤有机质发生深度的热分解，能使1/3的有机质转化为液体产物。此外，从煤炭中还可以萃取硫等化工产品。

美国最近研制成功用超临界二氧化碳既作反应剂又作萃取剂的新型乙酸制造工艺。俄罗斯、德国还把SCFE法用于油料脱沥青技术。

2.4.2.7.5 SFE在生物工程方面的应用

近年来的研究发现超临界条件下的酶催化反应可用于某些化合物的合成和拆分。另外在超临界或亚临界条件下的水可作为一种酸催化剂，对纤维素的转化起催化作用，使其迅速转化为葡萄糖。

1988年Bio-Eng. Inc. 开发了超临界流体细胞破碎技术（CFD）。用超临界CO_2作介质，高压CO_2易于渗透到细胞内，突然降压，细胞内因胞内外较大的压差而急剧膨胀发生破裂。超临界流体还被用于物质结晶和超细颗粒的制备当中。

2.4.3　超声波萃取技术

超声波萃取（Ultrasound Extraction，UE），亦称为超声波辅助萃取、超声波提取，是近年来发展起来的一种新型分离技术。与常规的萃取技术相比，超声波萃取技术快速、价廉、安全、高效等特点，如在中药提取过程中，有些中药药材具有热不稳定性，超声波提取温度低，不破坏中药材中某些具有热不稳定的药效成分。近年来，超声波技术用于天然产物有效成分的提取是一种非常有效的方法和手段。利用超声波具有的机械效应，空化效应和热效应，通过增大介质分子的运动速度、增大介质的穿透力以提取生物有效成分。

2.4.3.1　超声波萃取法的原理及特点

超声波是指频率为 20kHz ~ 50MHz 的电磁波，需要能量载体——介质来进行传播。超声波萃取是利用超声波辐射压强产生的强烈空化效应、高加速度、击碎和搅拌作用等多级效应，增大物质分子运动频率和速度，增加溶剂穿透力，从而加速目标成分进入溶剂，促进提取的进行。超声波穿过介质时，会产生膨胀和压缩两个过程。超声波能产生并传递强大的能量，给予介质极大的加速度。这种能量作用于液体时，膨胀过程会形成负压。如果超声波能量足够强，膨胀过程就会在液体中生成气泡或将液体撕裂成很小的空穴。这些空穴瞬间即闭合，闭合时产生高达 3 000MPa 的瞬间压力，称为空化作用。这样连续不断产生的高压就像一连串小爆炸不断地冲击物质颗粒表面，使物质颗粒表面及缝隙中的可溶性活性成分迅速溶出。同时在提取液中还可通过强烈空化，使细胞壁破裂而将细胞内容物释放到周围的提取液体中。超声空穴提供的能量和物质间相互作用时，产生的高温高压能导致游离基和其他组分的形成。据此原理，超声波处理纯水会使其热解成氢原子和羟基，两者通过重组生成过氧化氢，当空穴在紧靠固体表面的液体中发生时，空穴破裂的动力学明显发生改变。在纯液体中，空穴破裂时，由于它周围条件相同，因此总保持球形；然而紧靠固体边界处，空穴的破裂是非均匀的，从而产生高速液体喷流，使膨胀气泡的势能转化成液体喷流的动能，在气泡中运动并穿透气泡壁。喷射流在固体表面的冲击力非常强，能对冲击区造成极大的破坏，从而产生高活性的新鲜表面。利用超声波的上述效应，从不同类型的样品中提取各种目标成分是非常有效的。

目前超声波本身在化学领域已经有了广泛的应用，将其应用于各种分离也显示了许多优越性。超声波作用于液 - 液、液 - 固两相，多相体系，表面体系以及膜界面体系会产生一系列的物理化学作用，并在微环境内产生各种附加效应如湍动效应、微扰效应、界面效应和聚能效应等，从而引起传播媒质特有的变化。这些作用能提供更多活性中心，也可促进两相传质维持浓度梯度以及促进反应。这些特点是某些常规手段不易获得的，超声波萃取正是利用了这些特点。

2.4.3.2　超声波萃取的特点

（1）适用范围广，各类药材均可用超声波萃取，与溶剂和目标萃取物的性质关系较小。

（2）同时提高了破碎速度，缩短了时间，极大的提高了提取效率，有利于中药资源的充分利用，且提取物中有效成分含量高，有利于进一步精制和分离。

（3）常压萃取、操作方便、提取完全，能充分利用中药资源，且减少提取溶剂的使用量，不易对提取物造成污染。

（4）萃取温度低，避免了常规方法提取加热时间长对一些药材中的热敏性强的成分结构造成破坏，而影响所提成分的质量。

（5）超声波提取是一个物理过程，在整个浸提过程中无化学反应发生，浸提的生物活性物质在短时间内保持不变，能够有效成分及产品质量的稳定性，提高产品品质。

（6）提取分离后，在某种超声作用下还可能出现新的成分，为药学研究药材中的新的化学成分创造了条件。

（7）工艺流程简单，可加速中药产品的生产速度、降低企业生产成本、提高企业的经济效益。

2.4.3.3　超声波萃取技术的应用

早在20世纪50年代，人们就把超声波用于提取花生油和啤酒花中的苦味素、鱼组织中的鱼油等。目前，超声波萃取技术已广泛用于食品、药物、工业原材料、农业环境等样品中有机组分或无机组分的分离和提取。

2.4.3.3.1　在食品工业中的应用

在食品工业中，超声波萃取技术是一项边缘、交叉的学科技术，已引起很多国家科技工作者的广泛关注。

（1）油脂浸取

超声场强化提取油脂可使浸取效率显著提高，还可以改善油脂品质，节约原料，增加油的提取量。植物油脂的提取目前使用最多的是溶剂浸出法，将超声技术作为一种辅助手段应用到溶剂浸出法中，会使含油细胞更容易破裂，油脂分子更容易释放出来，提高了提取效率，而且还可使植物油中的生理活性成分得以保持，提高了油脂的营养价值。如Romdhane等人研究了超声波提取除虫菊醋，认为超声波能够加速反应速度和提高回收率；Corodenrd等用超声波萃取技术提取葵花籽中油脂，使产量提高27%～28%，在棉籽量相同时，用乙醇提取棉籽油，若使用强度为1.39W/cm^{2}超声波处理，1h内提取的油量，比不用超声波时提高了8.3倍；Li等人研究了超声提取大豆油，随着超声强度的增加，回收率也增加。超声波也可用于动物油的加工，动物油脂的提取通常使用熬炼法，熬炼法出油率低，且熬炼时间过长，会使部分脂肪分解导致油脂酸败，熬炼温度过高容易使组织焦化，影响产品的感官性状。使用超声波法提取不但可以缩短提取时间，提高出油率，而且还能使内部的维生素免受破坏。如前苏联学者分别用300kHz、600kHz、800kHz和1 500kHz的超声波提取鳕鱼肝油，在2～5min内能使组织内油脂几乎全部提取出来，所含维生素未受破坏，且油脂品质优于传统方法。

（2）多糖提取

超声波技术在提取多糖方面效果显著。张桂等人研究了利用超声波萃取枸杞多糖的提取工艺，实验证明，超声波萃取枸杞多糖是可行的，最佳萃取条件为50℃，1∶60的料水比，超声波前浸泡2.5h，超声波萃取5min，最高提取率为50.36%，比传统法的结果要高30%左右。于淑娟等对超声波催化酶法提取灵芝多糖的机理、优化方案及降解产品的组分和结构进行了系统的研究，同时也对虫草多糖、香菇多糖、猴头多糖的提取进行了研究，与传统工艺相比，超声波强化提取操作简单，提取率高，反应过程无物料损失和无副反应发生。赵兵等对循环气升式超声破碎鼠尾藻提取海藻多糖研究发现，超声波在室温下作用20min，即可达到100℃搅拌4h的多糖提取率，明显高于80℃搅拌4h的多糖提取率。通过比较，用超声波和不用超声波提取鼠尾藻中的多糖研究也证实了超声波提取是一种有效的强化提取方法。

(3) 蛋白质提取

超声波技术在提取蛋白质方面也有显著效果。用常规搅拌法从处理过的脱脂大豆料胚中提取大豆蛋白质，很少能达到蛋白质总含量的 30%，且难于提取出热不稳定的 7S 蛋白成分，但用超声波既能将上述料胚在水中将其蛋白质粉碎，也可将 80% 的蛋白质液化，还可提取热不稳定的 7S 蛋白成分。袁道强等人研究发现，与普通的碱溶酸沉法相比，超声波法提取小麦胚芽蛋白的提取率提高了 26.99%，超声处理没有改变蛋白质的一级结构。梁汉华等通过对不同浓度大豆浆体、磨前经热处理大豆浆体及其分离出的豆渣进行超声波处理等一系列试验。结果表明，经超声波处理过的大豆浆体，与不经处理的比较，其豆奶中蛋白质含量均有显著的提高，提高的幅度在 12% ~20%，这说明超声波处理确实有提高蛋白质萃取率的作用。超声波处理还可提高浆体的分离温度，降低浆体黏度，可用于直接生产高浓度（高蛋白）的豆奶产品。

(4) 天然香料提取

超声波技术也可用于天然香料的提取。杨海燕等用超声波萃取宽叶撷草天然香料，并将用超声波萃取与不用超声波萃取的结果进行了对比，结果表明采用超声波的滤液上及光度吸光度比不用超声波的滤液吸光度高 12% ~40%，说明超声波对萃取率有明显的影响。Selhuraman 等用超声波强化超临界流体萃取（SSFE）辣椒中的辣椒素，取得了很好的效果。有文献报道，从橘皮中萃取橘皮精油，以二氯甲烷为溶剂，用 20kHz 超声波萃取 10min 的精油提取率比水蒸气蒸馏 2h，索氏提取 2h 的提取率高 2 倍以上。

2.4.3.3.2　在天然药物活性成分提取中的应用

由于天然产物和活性成分常用的提取方法存在有效成分损失大、周期长、提取率不高等缺点，而超声波提取可缩短提取时间，提高有效成分的提出率和药材的利用率，并且可以避免高温对提取成分的影响。超声波萃取技术的萃取速度和萃取产物的质量使得该技术成为天然产物和生物活性成分提取的有力工具。印度、美国、前苏联等国已对植物胡椒叶、金鸡纳等药用植物进行了超声波提取的研究，并取得了良好效果。近年来，国内在这方面的工作取得了显著的进展。如王振宇等分别探讨了超声波真空冻干提取工艺和常规提取工艺对美国库拉索芦荟中活性物质的影响，表明超声波提取配合冻干干燥工艺制得的芦荟凝胶制剂纯度高、活性强，经测定，其过氧化物酶、蛋白质、有机酸高于常规工艺，保留了芦荟凝胶中的大部分活性成分。李颖等利用超声波技术用甲醇、乙醚、已烷混合溶剂冰浴提取银州柴胡全草、根、茎及叶中挥发性活性成分，并进行高分辨 GC - MS 分析，鉴定出 116 种成分。

此外，应用超声提取的天然活性物质还有：千金子脂肪油，元宝枫叶总黄酮，紫薯中的花青素色素，苦辣中的苦辣醇、苦辣酮和苦辣二醇等，杜仲叶中的有效成分，密蒙花黄色素，苦杏仁油，豚草茎中的绿原酸等。这些进一步证明了超声提取技术的先进性、科学性，可用于多种有效物质的提取，为食品工业应用超声波萃取技术提供了有益的借鉴。

2.4.4　加速溶剂萃取技术

加速溶剂萃取（Accelerated Solvent Extraction，ASE）是一种利用高温高压条件下未及临界点液体作萃取溶剂的萃取方法，即加压液体萃取（PLE）、加压溶剂萃取（PSE）、高压溶剂萃取（HPSE）、加压热溶剂萃取（PHSE）、高温高压溶剂萃取（HPHTSE）、加压热水萃取（PHWE）和次临界液体萃取（SSE）。ASE 是一种样品准备的新技术，是一种高温（50℃ ~200℃）、高压（10MPa ~15MPa）条件下的固液萃取技术。同传统萃取方法相比，优势是溶剂使用量极少、萃取量高、自动化和萃取时间短。ASE 作为新出现的高效、快速、安全的前处理技术得到了食品安全检测人员的极大关注，该方法不但可以满足同时处理大量样品的需要，而且方法回收率较高、分析结果快速准确，同时相对标准偏差也在食品安全检测允许的范围内。ASE 在食品分析的样品准备工作中具有不可替代的重要作用。

2.4.4.1 加速溶剂萃取过程与原理

如图 2 - 7 所示，将样品加入含有溶剂的萃取池，保持一定的压力和温度（静态萃取），向萃取池中注入清洁溶剂，然后由压缩氮气将萃取的样品从样品池吹入收集器。固体样品萃取在 50℃ ~200℃、0.345MPa ~2.07MPa 压力条件下只需要 5min ~10min 即可完成。

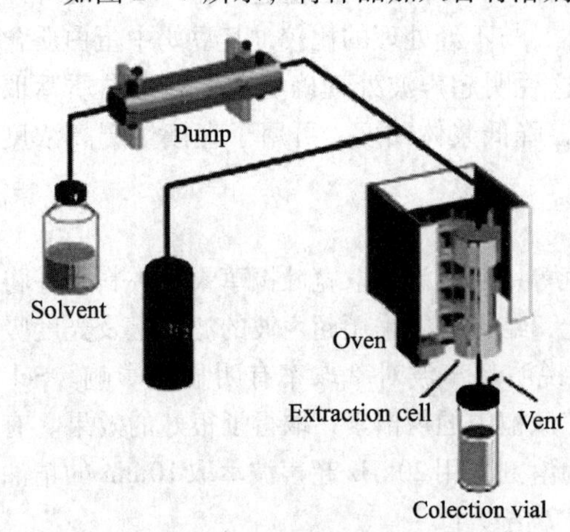

图 2 - 7 加速溶剂萃取过程示意图

加速溶剂萃取的基本原理是利用升高温度和压力，增加物质溶解度和溶质扩散效率，提高萃取效率。温度的升高能够提高溶剂的溶解能力，降低溶剂的黏度和溶剂基质的表面强度，克服溶剂与基质之间的作用力（范德华力，氢键等），提高目标物质的扩散能力，降低传质阻力，加快萃取过程。升高压力可提高溶剂沸点，使之保持液态，促进溶剂进入基质微孔，与基质更好地接触。

2.4.4.2 加速溶剂萃取的特点

加速溶剂萃取（ASE）是近年广泛应用的样品前处理技术，与传统的萃取方法相比，ASE 具有几项显著的优点：

（1）萃取时间短，仅在 20min 内即可完成。

（2）溶剂用量少，15mL ~45mL 溶剂用量。

（3）萃取效率高，同时使用多元溶剂萃取。

（4）安全，全自动地进行大量样品处理，减少了对操作者的毒害，同时 ASE 萃取的整个操作处于密闭系统，减少溶剂挥发对环境的污染，和环境的相容性好。目前，该技术已经被美国国家环保局批准为 EPA3545 号标准方法。表 2 - 3 是几种传统的萃取方法与 ASE 方法的比较。

表 2 - 3 传统萃取方法与 ASE 方法的比较

萃取方法	样品质量/g	溶剂体积/mL	$V_{溶剂}:V_{样品}$	萃取时间/min	一次处理样品数/个
ASE	10 ~30	15 ~45	1.5：1	12 ~20	12 ~24
索氏提取	10 ~30	300 ~500	（16 ~300）：1	240 ~2700	3 ~5
超声提取	30	300 ~400	（10 ~130）：1	30 ~60	3 ~5
微波萃取	5	30	6：1	30 ~60	3 ~5
液液分配萃取	50	300	6：1	30	2 ~4

2.4.4.3　加速溶剂萃取的影响因素

ASE 萃取效率决定于样品基质、待测物的性质及待测物在基质中的位置。在萃取过程中，待测物在固体样品中吸附经过 3 步。先是从固体颗粒的吸附，然后通过颗粒孔隙中的溶剂扩散出来，最后转移到流动液体中。每一步都有很多影响因素，主要分为温度变化和压力变化。一般来说，一个良好的萃取方法是快速简便、待测物无损失和降解、能得到定量的回收率、自动的萃取、少污染。

2.4.4.3.1　温度和压力的影响

温度是加速溶剂萃取最重要的影响因素之一。溶剂对溶质的溶解度随温度的升高而增大。温度升高，可以降低溶质与基体间的相互作用力，使待提取物质更容易进入到溶剂中。同时随着温度的升高，液体与气体的体积质量差减小，使表面分子所受的指向液体内部的拉力减小，从而降低了溶剂的表面张力，使溶剂更好的渗透到样品基质的内部，增大溶剂与待测物质的接触面积，提高萃取效率。Pitzer 研究表明，当温度从 50℃升至 150℃时，蒽在氯甲烷中的溶解度提高约 15 倍，烃类（如正十二烷）的溶解度提高了数百倍。

压力是加速溶剂萃取的另一个重要影响因素。液体对溶质的溶解能力远大于气体，当温度大于物质的沸点时，物质便以气态形式存在，因此要在高温下保持溶剂的液体状态就需要增大压力。加压不仅可以使溶剂在高温下保持液体状态，还可以促使溶剂进入到样品基质内部，以便与溶质接触，增加溶质进入到溶剂中的机会。升温过程中，高的压力可使溶剂在远高于其沸点之上仍保持液体状态，促使溶剂进入样品颗粒空穴，提高提取效率。但从食品中萃取多环芳烃时，未发现压力与提取率之间关联性。添加有玉米烯酮（ZON）和 α－玉米烯酮（α－ZOL）的小麦样品，在 0.69MPa～1.38MPa 压力下，以甲醇－乙腈（体积比为 50∶50）为萃取溶剂于 70℃静态萃取 5min，提取率分别为 86%（ZON）和 91%（α－ZOL）。在 0.69MPa，1.035MPa，1.38MPa 压力下得到的提取率并无明显差异。但在 1.38MPa 压力下得到的是暗色萃取液，由于其他基质化合物的共萃取而引起色谱峰变宽。

2.4.4.3.2　溶剂的种类与组成的影响

选择合适的溶剂是加速溶剂萃取技术发展的关键。选择萃取溶剂时，通常应考虑其理化特性，如沸点、极性、比重和毒性等。除强酸、强碱以及燃点温度为 40℃～200℃的溶剂（如二硫化碳、二乙醚和 1，4－二氧杂环乙烷）之外，宽范围的溶剂可用于加速溶剂萃取。水作为良好的溶剂已用于加速溶剂萃取，如从肌肉样品中萃取土霉素（OTC）、四环素（TC）氯四环素（CTC）、二甲胺四环素（MINO）、甲烯土霉素（MTC）、强力霉素（DOX）等。但基质为肝脏时，萃取后的杂质将干扰土霉素（OTC）和四环素（TC）的测定，而采用水－乙腈混合溶剂从肝脏样品中萃取氯四环素（CTC）和二甲胺四环素（MINO）也不理想，使用 TCA－乙腈（体积比为 1∶2）混合溶剂，可消除干扰，获得稳定的回收率。

使用极性较强的溶剂如乙腈，甲醇，乙酸乙酯和水等可较好地用于湿样品的萃取理论上，萃取溶剂的极性应与目标物质的极性相匹配。但在某些情况下，极性溶剂和非极性溶剂的混合物可提高提取率，如以正己烷－乙腈（体积比为 1∶9）混合溶目标物质剂萃取双甲醚和 2,4－二甲基苯胺得到了最佳的效果。

2.4.4.3.3　分散剂与改进剂的影响

样品在加入萃取池之前，应进行研磨和筛分，降低粒子尺寸，促进目标物质向溶剂中的扩散。为了确保溶剂和样品基质的良好接触，通常要求在预处理样品中添加惰性物质以避免样品粒子的聚合。EDTA-水洗砂子，碱式氧化铝、硫酸钠、石英砂和硅藻土已作为样品混合剂用于加速溶剂萃取。加入某些有机、无机改进剂和添加剂可改变溶剂在升温时的理化特性，以增强目标物质在溶剂中的溶解性及其与溶剂间的作用。表面活性剂作为改进剂已用于从鱼组织中萃取多环芳烃。甲醇溶剂中加入环庚三烯酮酚改进剂可使一丁基三氯锡的提取率提高60%。一丁基三氯锡的提取率受2个对立因素的影响：一方面，三氯一丁基锡与环庚三烯酚酮络合生成低极性的分子，其在中等极性溶剂中具有低的溶解度，导致提取效率降低。另一方面，目标物质分子因被屏蔽而阻碍了其与蛋白基质的结合，提高了提取效率。

2.4.4.3.4　样品基质组成的影响

基质的影响取决于样品的组成。食品样品在其理化特性、目标化合物的种类、粒径等方面差异很大。使用同样的加速溶剂萃取条件，不同基质样品中同一目标物质的提取效率也存在较大差异。如在100℃，用庚烷从植物饲料、家禽饲料、鲭油和猪肉脂肪中萃取多氯联苯时，其平均回收率分别为110%、89%、81%和77%。为了提高目标物质在萃取过程中的溶解性，应选择合适的条件以降低有机组分和目标物质的相互作用。

2.4.4.3.5　萃取模式的影响

加速溶剂萃取可采取静态和动态2种操作模式，萃取温度和时间是静态模式的2个临界因子。静态萃取过程中，为了实现目标物质从样品中预期离析，提高提取率，可采取多次循环萃取。动态萃取模式可改善质量传输，但因较高的溶剂消耗而导致少有使用。动态（1mL/min）和静态（8min）这2种模式已用于萃取磺胺类药物。使用静态模式，目标物质的萃取效率取决于分配平衡常数和化合物在升温条件下的溶解性。高浓缩的样品和低溶解度的目标物质因溶剂用量所限而不能被定量萃取。静态动态模式已用于从水果和蔬菜中提取N-甲氨基甲酸盐。

2.4.4.4　加速溶剂萃取技术在食品安全检测领域的应用

2.4.4.4.1　食品中药物残留萃取

在食品安全检测领域，农、兽药残留是最受民生关注和检测机构日常开展的检验项目，食品中农、兽药种类复杂，不同种类的食品（如蔬菜、水果、肉类等）使用农药种类不同，一种食品还可能使用多种农药。因此，食品中农、兽药残留检测不仅要快速准确，而且还要实现多残留同时检测。表2-4为近年来主要报道的ASE方法在农、兽药残留检测中的应用。

表2-4　ASE方法在农、兽药残留检测中的应用

样品名称	萃取被测物质名称	前处理方法	应用仪器	方法回收率/%
茶叶	有机磷、有机氯、拟除虫菊酯类共33种农药	ASE-GPC-SPE小柱净化	GC-MS	70~120
太子参	乙草胺、丁草胺、S-异丙甲草胺	ASE优化	GC-MS	80.2~104.1
梨、哈密瓜、马铃薯、卷心菜	8类28种农药残留	ASE优化	GC	>70

续表

样品名称	萃取被测物质名称	前处理方法	应用仪器	方法回收率/%
水果、蔬菜	有机氯农药	ASE	GC	88～108.6
花生	5 种有机磷农药	ASE	GC－NPD	88.2～104.5
广东凉茶颗粒冲剂	有机氯农药	ASE	GC－NCI－MS	86～105
茶叶	八氯二丙醚	ASE－硅藻土浓硫酸净化	GC－ECD	90.2
蔬菜、水果	有机磷、氨基甲酸酯及菊酯类共 22 种农药	ASE－CPC	GC－MS	70.5～107.5
食用菌	有机磷、有机氯、拟除虫菊酯类共 25 种农药	ASE－SPE	GC－MS/MS	70～108
动物组织、婴儿食品	13 种磺胺类抗生素	ASE	LC－MS/MS	70～101
动物组织	6 种磺胺类抗生素	ASE	LC－MS/MS	>80
鱼肉	喹诺酮、磺胺与大环内酯类 22 种抗生素药物	ASE 优化－HLB 固相萃取柱净化	LC－MS/MS	72～120

2.4.4.4.2　食品中持久性有机污染致癌物质萃取

持久性有机污染物（Persistent Organic Pollutants，POPS）指人类合成的能持久存在于环境中、通过生物食物链累积、并对人类健康造成有害影响的化学物质。它具备 4 种特性：高毒、持久、生物积累性和亲脂憎水性。而位于生物链顶端的人类，则把这些毒性放大到了 7 万倍。近年来，以二噁英、多氯联苯、多环芳烃为代表的持久性有机污染致癌物质一直为世界各国政府和组织所关注。ASE 方法因其快速高效在食品中持久性污染物残留检测中也得到了深入应用。表 2－5 为 ASE 方法在持久性有机污染物残留检测中的应用。

表 2－5　ASE 方法在持久性有机污染物残留检测中的应用

样品名称	萃取被测物质名称	前处理方法	应用仪器设备	方法回收率/%
水产品和肉松	20 种指示性多氯联苯单体（PCBs）	ASE－混合硅胶柱与氧化铝柱净化	GC－MS	86.4～125.1
鱼肉	12 种二恶英类多氯联苯（PCBs）	ASE－FMS 净化	HRGC－HRMS	66～103.8
小麦	7 种多氯联苯	ASE－GPC	GC/ECD	69.8～87.4
贝类	7 种多氯联苯	ASE－GPC－SPE	GC/ECD	102～110
小麦	8 种多环芳烃	ASE－GPC	GC－MS	70.6～117.7
玉米	15 种多环芳烃	ASE－SPE	HPLC	69.3～115.3
熏制食品	15 种多环芳烃	ASE－DLLME	GC－MS	85.5～99.9
奶粉	二恶英	ASE－FMS 净化	HRGC－HRMS	86.2～116.3

2.4.4.4.3　其他种类污染物残留萃取

加速溶剂萃取（ASE）技术因其具有提取效率高，操作简单快捷的特点，目前也广泛应用于食品中无机污染物、防腐剂等其他种类污染物残留检测的前处理实验中。与传统的萃取方法相比，加速溶剂萃取法在回收率和提取率等方面确实有很大的优越性，表2－6列举了几类近年来报道的ASE方法在其他种类污染物残留检测中的应用。

表2－6　ASE方法在其他种类污染物残留检测中的应用

样品名称	萃取被测物质名称	前处理方法	应用仪器设备	方法回收率或检出限
肉制品	硝酸盐及亚硝酸盐	ASE	离子色谱仪	2.33μg/L、1.62μg/L
动物产品	双酚A、壬基酚和辛基酚	ASE－SPE	LC－MS/MS	88%～101%
蔬菜	高氯酸盐	ASE	离子色谱仪	96.3%～103.3%
烟草	12种无机阴离子和有机酸	ASE	离子色谱仪	84.7%～103.6%

2.4.5　膜分离技术

膜分离技术是一种新型高效、精密的分离技术，它是材料科学与介质分离技术的交叉结合。自18世纪以来人们对生物膜有了初步的认识，在近300年的发展与认识中，对膜分离技术的基本理论有了广泛的认识。1748年Abble Nelkt发现水能自然地扩散到装有酒精溶液的猪膀胱内，首次揭示了膜分离现象，但是直到20世纪60年代中期，膜分离技术才应用在工业上。1861年Schmidt首先提出超过滤的概念，他指出，当溶液用比滤纸孔径更小的棉胶膜或赛璐玢膜过滤时，如果对接触膜的溶液施加压力并使膜两侧产生压力差，那么它可以过滤分离溶液中如细菌、蛋白质、胶体那样的微小粒子，这种过滤精度要比通常的滤纸过滤高的多，因此称这种膜过滤法为超过滤。在截留相对分子质量这一重要概念提出后，关于截留各种不同相对分子质量的超过滤膜，是Machaelis等用各种比例的酸性和碱性高分子电解质混合物，以水－丙酮－溴化钠为溶剂首先制成的。此后，一些国家又相继用各种高分子材料研制了具有不同用途的超过滤膜，并由美国Amicon公司首先进行了商品化生产。将各种形状的大面积的超过滤膜放在耐压装置中的膜组件中，随着反渗透组件的研制而发展起来的。

20世纪60年代初，Loeb，和Sourirajan等在对反渗透的理论和应用的研究上取得了重大突破，膜分离技术迅速崛起，发展日新月异。由于膜分离技术能耗低、无污染等特点，与传统分离技术的高能耗，污染环境形成鲜明的对比，使得膜分离技术成为分离科学中重要的组成部分，广泛的应用于食品、化工、医药卫生、水处理、生物等领域。

2.4.5.1　膜分离的概念与分类

膜分离是在外界能量或化学位差的推动下，利用功能性分离膜作为过滤介质，使混合物中的一部分通过功能性分离膜，一部分被截留，并且各组分透过膜的迁移率不同，达到对混合物进行分离、提纯和浓缩的目的，实现液体或气体高度分离纯化的现代高新技术之一。和普通过滤介质相比较，分离膜具有更小的孔径和更窄的孔径分布，主要是采用天然或人工合成高分子薄膜。现已应用的有反渗透、纳滤、超过滤、微孔过滤、透析电渗析、气体分离等，正在开发研究中膜过程有：膜蒸馏、支撑液膜、膜萃取、膜生物反应器、控制释放膜、仿生膜以及生物膜等过程。

根据材料的不同，可分为无机膜和有机膜：无机膜主要是微滤级别的膜，以金属膜、金属氧化物膜、陶瓷膜、多孔玻璃膜等为主；有机膜是由高分子材料做成的，如醋酸纤维素、芳香族聚酰胺、聚醚砜、聚烯烃、硅橡胶、聚氟聚合物等。

按所使用膜的类型，可分为液膜分离和合成膜分离：液膜分离过程分为乳化液膜和固定液膜的分离过程；合成膜的分离过程包括微过滤、超过滤、反渗透、气体渗透分离、渗透蒸发、渗析及电渗析等过程。

根据分离膜孔径从大到小的顺序，可以分为微滤（Microfiltration）、超滤（Ultrafiltration）、纳滤（Nanofiltration）和反渗透（Reverseosmosis）等。微孔滤膜孔径在 0.01μm ~ 1μm 左右，可以有效除去水中的大部分微粒、细菌等杂质。微滤在20世纪30年代硝酸纤维素微滤膜商品化，20世纪60年代主要开发新品种。虽然早在100多年前已在实验室制造微孔滤膜，但是直到1918年才由 Zsigmondy 提出商品微孔过滤膜的制造法，并报道了在分离和富集微生物、微粒方面的应用。1925年在德国建立世界上第一个微孔滤膜公司“Sartorius”，专门经销和生产微孔滤膜。第二次世界大战后，美国对微孔滤膜的制造技术和应用技术进行了广泛的研究。研究微孔滤膜主要是发展新品种，扩大应用范围。使用温度在 -100℃ ~260℃。

超滤膜孔径在几十纳米附近，能够很容易地实现蛋白质等大分子的分级、纯化，能够除去水中的病毒和热原体。超滤从20世纪70年代进入工业化应用后发展迅速，已成为应用领域最广的技术。日本开发出孔径为5nm ~ 50nm 的陶瓷超滤膜，截留分子量为2kDa，并成功开发直径为1mm ~ 2mm，壁厚200um ~ 400um 的陶瓷中空纤维超滤膜，特别适合于生物制品的分离提纯。

纳滤膜和反渗透膜孔径更小，大约在几个埃（1×10^{-10}m），能够从水中脱除离子，达到海水和苦咸水淡化目的。一般认为，当分离膜孔径小于 0.01μm 以后，分离作用的实现，不仅仅依靠孔径大小的“筛分”效果，分子或离子渗透通过膜材料时，渗透物和分离膜间的表面相互作用逐渐占据主要地位。气体分离膜和渗透汽化膜的分离作用是依靠不同渗透组分在膜中溶解度和扩散系数不同来实现，通常可用溶解扩散机理进行定量描述。例如，使用聚乙烯醇和聚丙烯腈为原料的渗透汽化 PVA/PAN 复合膜，能够从乙醇水溶液中脱除微量的水生产无水乙醇，与萃取精馏、恒沸精馏相比，制取无水乙醇的能耗大约降低1/3左右。

膜分离过程可简化为渗透过程。渗透的基本问题是膜内传递的概念。物质在膜内的传质通量可概括为：传质通量 = 渗透系数 × 传递推动力。式中传质通量为单位时间内单位膜面积的物质透过量；渗透系数为单位时间内单位膜面积在单位推动力作用下的物质透过量；传递推动力有多种，各有其计量单位。渗透系数不仅取决于渗透物质的属性，也取决于膜材料的化学属性和膜的物理构型。膜分离过程示意如图2-8所示。

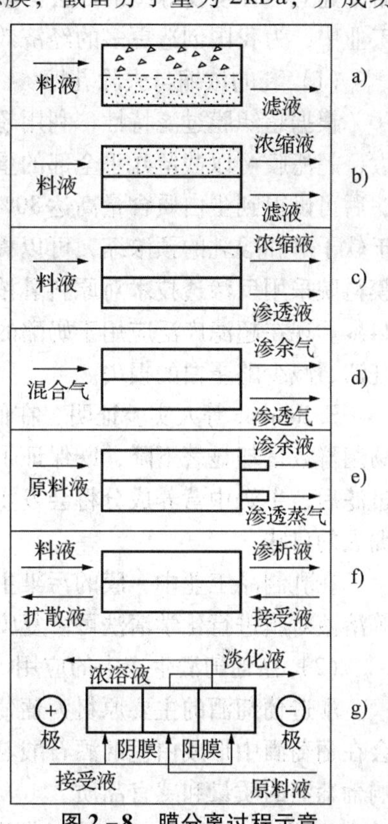

图2-8 膜分离过程示意

a）—微过滤；b）—超过滤；c）—反渗透；d）—气体渗透分离；e）—渗透蒸发；f）—渗板；g）—电渗析

2.4.5.2 膜分离技术特点

膜分离技术具有如下特点：

(1) 膜分离过程不发生相变化，因此膜分离技术是一种节能技术。

(2) 膜分离过程是在压力驱动下，在常温下进行分离，特别适合于对热敏感物质，如酶、果汁、某些药品的分离、浓缩、精制等。

(3) 膜分离技术适用分离的范围极广，从微粒级到微生物菌体，甚至离子级都有其用武之地，关键在于选择不同的膜类型。

(4) 膜分离技术以压力差作为驱动力，因此采用装置简单，操作方便。当然，膜分离过程也有自身的缺点，如易浓差极化和膜污染、膜寿命有限等，而这些也正是需要我们克服或者需要解决的问题所在。

2.4.5.3 膜分离技术的应用现状

膜分离技术具有高效、节能，工艺过程简单，投资少，污染小等优点，因而在食品、化工、电子、医药、纺织、生物工程、环境治理、冶金等方面具有广泛的应用前景。

2.4.5.3.1 膜分离技术在食品行业中的应用

进入21世纪，我国食品工业迅速发展，伴随着经济的发展，国家提出可持续发展的战略，建立与环境友好型的社会。膜分离技术由于它环保型、节约型等特点，广泛应用于食品工业中，为我国创造更多的经济效益和环境效益。

(1) 乳的浓缩与去除乳糖

根据超滤膜过滤特性，利用超滤膜可以将牛奶中一些组分分离。蛋白质相对分子质量较大，超滤膜可以截留几乎全部的蛋白质，而水、乳糖、可溶性盐类等组分可以自由通过，过滤后可以得到蛋白质含量高达80%的脱脂浓乳。Jevons等人的研究表明，将超滤与反渗透用于软干酪和酸乳的预浓缩，可以提高其原料乳浓度，有效的提高奶酪的产量。2007年甘肃膜科院采用反渗透技术对原料乳浓缩的研究，可以将原料乳中的非脂乳固体从12%浓缩至24%。现在超滤广泛应用于奶酪的生产中，经超滤使乳浓缩，可减少后续生产过程中产生的乳清，减少酪蛋白的损失。

E. Renner等人实验证明，在低温保藏条件下，乳酸菌对截留物的变化并不敏感，而大肠菌群数量却显著下降，既保证了牛奶的风味，又提高了产品的质量。根据膜的截留特性，过滤后，牛奶中营养成分将会发生变化，其中原奶中90%左右的乳糖将被除去，这符合亚洲人的口味。

在乳制品工业中，膜的污染主要来源于蛋白质在膜面的吸附，使用硝酸、磷酸和过乙酸等溶液对膜进行化学清洗可恢复膜的通量。

(2) 在葡萄酒生产中的应用

酿造葡萄酒的主要原料为葡萄，葡萄中含有较高浓度的酒石酸和酒石酸钾，若不除去，会在葡萄酒中形成白色的酒石酸氢钾。酒石吸附大量的色素和多酚类化合物，生成沉淀，影响葡萄酒的质量和感官品质。

此外，葡萄酒是一种低度营养酒，酒类饮品中在酒精含量16%以上，才具有较好的杀菌和抑制细菌生长的作用，而一些葡萄酒的酒精含量小于16%，容易使灌装的葡萄酒品质发生变化，易出现再发酵的现象。因此对灌装的葡萄酒要进行严格过滤，绝对无菌，同时保证在整个生产工艺流程中保持为无菌操作。膜过滤在葡萄酒生产行业中应用广泛，是必不可少的操作单元。

膜过滤的核心部件为膜滤芯，过滤介质是由纤维、静电强化树脂组成的，其主要特点：过滤精度高，效率高，可多次反冲洗等。目前常用反渗透和超滤技术使葡萄酒澄清，除去葡萄汁中的野生酵母和杂菌，以及果胶等固形物质。在葡萄酒过滤过程，一般采用滤芯的精度为0.2μm－0.45μm，可以滤除酒液中的酵母和细菌，防止在贮藏时再次发酵。如邵文尧等用超滤膜除酒石与硅藻土为介质过滤除去酒石的对比研究中，对葡萄酒中单宁、色度的分离优于硅藻土过滤，并且对微生物过滤的效果好。经超滤膜处理过的葡萄酒香气保留较好。同时，可以减少葡萄酒的损失，增加成品酒产量。

（3）在纯净水处理中的应用

水处理设备与最终水质有密切关系。只用传统的沙滤棒或硅藻土过滤手段，不可能达到精细的过滤等级和绝对地去除微生物。而应用膜分离手段则可能达到极好的分离效果。在膜技术发达国家，饮料生产领域95%以上采用微孔滤膜为分离途径之一，在我国，微滤、超滤技术在饮料生产中都已得到较广泛应用。在饮料行业中要达到净化、澄清的目的，用0.45μm的微孔膜过滤元件进行流程过滤即可满足要求。由于微孔膜过滤后除去的是饮料中的杂质、悬浮物及生物菌体等，而水中的微量元素和营养物质却毫无损失，所以特别适用于某些需保持特殊成分或风味的饮料的净化过滤，如天然饮用矿泉水。应用膜分离过程制备饮用水和超纯水已实现工业化。

纳滤膜（NF）分离可应用于水质的软化、降低溶解性总固体（Total Dissolved Solids，TDS）浓度、去除色度和有机物。一般来说，不同NF膜对有机物去除率相差不太大，但是它们对于无机物的去除率却有显著差异。理想NF膜的条件应该是能完全除去有害有机物，同时适度除去多余的无机物（理想的产品水TDS为300mg/L，最大不超过500mg/L）。纳滤膜对一价离子的截留率可低至40%，对二价离子的截留率可高至90%以上，且截留相对分子质量约为200Da～1 000Da的中性溶质。因此，纳滤在水的软化、低分子有机物的分级、除盐等方面具有独特的优势。对于饮用水的软化，先经过二步NF分离过程（Film－tech公司的NF－70膜，操作压力为0.5MPa～0.7MPa，脱除85%～95%的硬度以及70%的一价离子），水质硬度降低了10倍～20倍。然后进行氯处理，就可制成标准饮用水。

（4）在果汁浓缩中的应用

目前，常规的果汁浓缩采用多级真空浓缩法，果汁中含有大量的芳香成分、蛋白质和糖等物质，在热作用下，容易导致芳香成分的挥发和果汁褐变。目前能替代传统浓缩的技术只有膜分离技术，多采用反渗透技术，它可以有效的提高产品的质量，减少能量损耗。反渗透技术可防止浓缩过程中芳香成分的挥发以及褐变反应，使浓缩后的果汁具有良好的风味和口感。有数据表明，采用反渗透法，果汁中芳香成分可保留30%～60%之间。分离时的操作条件影响果汁风味物质的截留，通常操作温度升高会使风味物质的透过率增加。操作压力增加，缩短了操作时间，减少了因挥发和膜吸附造成的风味成分损失，使截留液中的风味物质相对增多。Alvarez等利用螺旋平板式聚酰胺膜对苹果汁进行研究时，当操作压力由3.5MPa升至5MPa时，1－乙基2－甲基丁酸的截留率增加了20%。

2.4.5.3.2　在化工及石油工业中的应用

在化工及石油工业领域已开发应用的主要四大膜分离技术为：反渗透、超滤、微滤和电渗，这些膜过程的装置设计都较为成熟，已有大规模的工业应用和市场。由于各国普遍重视环境保护和治理，因而微滤和超滤分离在化工生产中的应用非常常见，广泛应用于水中细小微粒，包括细菌、病毒及各种金属沉淀物的去除等。气体分离在化工和石油化工方面的应用也颇具意义，在石油化工中，膜技术广泛用于有机废气的处理、脱除天然气中的水蒸气和酸性气体、天然气中的氦的提取、合成氨池放气中回收氢气、制取富氧空气、催化裂化干气的氢烃分离等。膜分离技术在化工、石油天然气工业中具有十分广阔的前景，它对于生产设备的优化及提高经济效益也都有着十分重要的作用。尽管此项技术有待于进一步的探索研究，但作为一门新兴科学在不远的将来终究会在化工及石油天然气中发挥巨大的作用。

2.4.5.3.3 膜分离在气体分离领域的应用

1979 年 Monsanto 公司首次研制成功 Prism 中空纤维 N_2/H_2 分离系统，用于合成氨驰放气中氢气回收。1985 年美国 Generon 公司又向市场推出以富氮为目的空气分离器。目前，气体膜分离装置的制造厂商 20 多家，1995 年销售额 15 亿美元，预计在 2005 年前每年将以 15% 的速度增长，明显高于其他分离膜品种的市场增长率。

如膜分离技术用于天然气的脱湿纯化过程。从油气田开采出的天然气中通常含有一定量的水蒸气，当外界环境发生变化时，冷凝后形成液态水，固化成冰，增加远距离天然气输送过程能耗，减小管路输送能力，严重情况还会阻塞管路和阀门，影响正常输气工作。另外，水分子的存在加速天然气中酸性气体（H_2S，CO_2 等）对管路和设备的腐蚀。脱水过程是实现远距离输送天然气的技术关键。与传统的天然气脱湿技术（化学吸收、物理吸附和冷冻干燥）相比，膜分离过程具有操作连续、无需再生、无二次污染、设备操作灵活方便、集成度高和节省空间等明显技术优势。

2.4.5.3.4 在生物技术中的应用

在生物技术方面，膜技术也有各种应用。其中应用最广泛的是微滤和超滤技术。例如：从植物或动物组织萃取液中进行酶的精制；从发酵液或反应液中进行产物的分离、浓缩等。膜技术应用于蛋白质加水分解或糖液生产，有助于稳定产品质量，提高产品的收率和降低成本。超滤在血浆蛋白的分离、浓缩、脱醇以及除内毒素等方面也有应用。刘霆等用聚醚砜中空纤维超滤膜血浆器进行血浆分离的动物实验，结果表明，膜式血浆分离器适用面宽，装置简单，能耗小，可常温分离。由于应用分离膜可以在室温下进行物理化学分离，所以它特别适合于热敏性生物物质的分离。可以想象膜分离技术在生物技术方面将会得到越来越广泛的应用。但膜技术用于生物技术也有一些问题，其中最主要的是：与色谱法比较，分离精度不高；同时多组分分离做不到；膜上容易形成附着层，使膜的通量显著下降；操作结束后，膜清洗困难；膜的耐用性差。这几点是影响膜技术在生物工程领域应用的最主要的原因。因此，如何改进和解决上述问题就成为膜分离技术在该领域应用的主要研究方向。

2.4.5.4 结语

膜分离技术已经被国际公认为是未来最有前途的一项高新技术，是人们所掌握的最节能的物质分离和浓缩技术之一。目前膜分离技术在各个方面的应用研究很活跃，但膜的污染、堵塞，原料液的黏度高，使膜通量衰减严重，无法继续分离，影响了膜分离在实际操作中迅速应用发展。要实现生物制品提纯的规模性应用，还要取决于相关方面的发展，如膜污染机制研究，对性能优良、抗污染膜材料的研究。将来多种类型的膜分离技术在生化产品应用中协同发展，取长补短，超滤、纳滤、微滤技术联用，实行多级分离是其发展趋势。可以预见，21 世纪的膜技术将在同其他各学科交叉结合的基础上，形成一门比较完整、系统的学科。

2.4.6　分子蒸馏技术

分子蒸馏（Molecular Distillation）技术是一种新型的特殊的液－液分离技术，是在10^{-2} mmHg～10^{-4}mmHg的高真空下进行的一种特殊的蒸馏技术。在此条件下，蒸发面和冷凝面的间距小于或等于被分离物料的蒸汽分子的平均自由程，所以又叫短程蒸馏（Short-path Distillation）。自20世纪20年代以来，随着人们对真空状态下气体运动理论的深入研究正在飞速发展，分子蒸馏技术已广泛应用于石油化工、精细化工、食品工业、医药保健等行业的物质分离和提纯，尤其是高相对分子质量、高沸点、高黏度的物质及热稳定性的有机化合物的浓缩和纯化，由于世界各国的不断研究开发和应用，正在涉及国民经济的更多领域。

2.4.6.1　分子蒸馏技术的原理

分子蒸馏技术突破了常规蒸馏依靠沸点差分离物质的原理，依靠不同的物质分子逸出后的运动平均自由程的差别来实现物质的分离。一个分子在相邻两次碰撞之间所经过的路程叫分子运动的自由程。在某特定时间间隔内，分子自由程的平均值称为平均自由程。在一定条件下，某一分子的平均自由程与该分子所处体系的温度成正比，而与体系的压力和该分子的有效直径成反比。

从理想气体的分子动力学理论可推导出分子平均自由程的定义式见式（2－5）。

$$\lambda = \frac{RT}{\sqrt{2}\pi d^2 N_A P} \tag{2-5}$$

式中：λ——分子平均自由程，m；

d——分子直径，m；

T——蒸发温度，K；

P——真空度，Pa；

R——气体常数8.314；

N_A——阿伏加德罗常数6.02×10^{23}。

混合液体在高真空度下加热，某些分子在获得足够能量后可在低于常压沸点的温度下逸出液面。因为轻、重分子运动的平均自由程不同，因此不同物质的分子从液面逸出后移动距离不同。若能在恰当的位置设置一块冷凝板，则轻分子可在到达冷凝板后被冷凝排出，而重分子达不到冷凝板沿混合液排出，从而可实现轻重分子分离的目的。分离过程如图2－9所示。

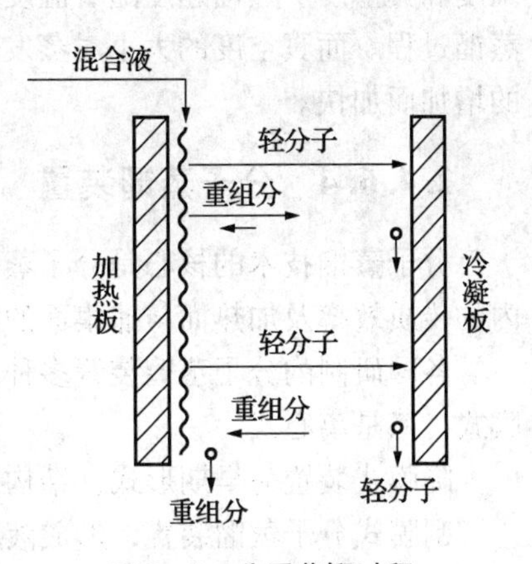

图2－9　分子蒸馏过程

2.4.6.2　分子蒸馏技术的特点

由分子蒸馏的基本原理可以看出，分子蒸馏是一种区别于常规蒸馏的非平衡状态下的特殊蒸馏。与常规蒸馏相比，分子蒸馏有如下无法比拟的特点：

（1）操作温度低。常规蒸馏是依靠物料混合物中不同物质的沸点差进行分离的，而分子蒸馏是靠不同物质的分子运动平均自由程的差别来进行分离的，并不要求物料一定要达到沸腾状态，只要分子从液相中挥发逸出，就可以实现分离。因为分子蒸馏是在远离沸点下进行操作，因此产品的能耗小。

（2）蒸馏压强低。分子运动平均自由程与系统压力成反比，只有加大真空度，才能获得足够大的平均自由程研究指出，分子蒸馏的真空度高达 0.1Pa ~ 100Pa。

（3）不可逆性。普通蒸馏是蒸发与冷凝的可逆过程，液相和气相间可以形成互相平衡状态。而分子蒸馏过程中，从蒸发表面逸出的分子直接飞射到冷凝面上，中间不与其他分子发生碰撞，理论上没有返回蒸发面的可能性，所以，分子蒸馏是不可逆的。

（4）没有沸腾、鼓泡现象。普通蒸馏有鼓泡、沸腾现象，分子蒸馏是液层表面上的自由蒸发，在低压力下进行，液体中无溶解的空气，因此在蒸馏过程中不能使整个液体沸腾，没有鼓泡现象。

（5）受热时间短。降低热敏性物质的热损伤，由于分子蒸馏是利用不同物质分子运动平均自由程的差别而实现分离的，其基本要求是加热而与冷凝而的距离必须小于轻分子的运动平均自由程，这个距离通常很小，因此轻分子由液而逸出后几乎未发生碰撞即射向冷凝面，所以受热时间极短。研究测定指出，分子蒸馏受热时间仅为几秒或几十秒，从而在很大程度避免了物质的分解或聚合。

2.4.6.3 影响分子蒸馏速度的因素

在理想的分子蒸馏过程中，从蒸发表面逸出的分子全部凝集在冷凝面上，此时蒸馏速度应等于蒸发速度。实际上，由于物料性质、设备形式及操作条件等多种因素影响，分子蒸馏速度远小于理想值。一般的分子蒸馏操作不能完全满足平均分子自由程大于或等于冷凝两面之间的条件，实际上介于普通蒸馏与分子蒸馏之间。因此，影响分子蒸馏速度的主要因素是温度和真空度。蒸馏速度随着温度的升高而上升，对热稳定性良好的物质，升高温度可加速蒸馏过程。而真空度的大小对蒸发速度也有很大影响，在一定条件下，蒸馏速度随着真空度的增加而加快。

2.4.6.4 分子蒸馏装置

分子蒸馏技术的核心是分子蒸馏装置。分子蒸馏装置在结构设计中，必须充分考虑液面内的传质效率及加热面与捕集面的间距。一般由加热器、捕集器、高真空系统组成。

各国研制的分子蒸馏装置多种多样，从结构上大致可分为三大类：一是降膜式，二是刮膜式，三是离心式。

降膜式装置为早期形式，结构简单，但由于液膜厚，效率差，现世界各国很少采用。

刮膜式分子蒸馏装置，形成液膜薄，分离效率高，但较降膜式结构复杂。

离心式分子蒸馏装置通过离心力成膜，厚度较薄，蒸发效率高。但结构复杂，制造及操作难度大。

2.4.6.5 分子蒸馏技术在食品工业上的应用

分子蒸馏是一项应用广泛的高科技分离技术，随着分子蒸馏技术的广泛应用，人们对其过程的理论研究也越来越深入。早在 20 世纪 60 年代，国外一些工业比较发达的国家，如美国、日本、德国等就已开展分子蒸馏技术的研究与开发，我国在 20 世纪 80 年代末才开展刮膜式分子蒸馏装置和工艺应用研究。

由于是在高真空下进行，其操作温度就可以远低于物质常压下的沸点温度，同时物料的时间也大幅度缩短，避免了长时间加热对物质本身造成的破坏。基于以上优势，分子蒸馏广泛用于浓缩或纯化高相对分子质量、高沸点、高黏度的物质及热稳定性较差的有机化合物。迄今为止，分子蒸馏技术已经成功地应用于石油化工、食品、化妆品、制药等行业。由于分子蒸馏技术不仅能够保持食品的原有风味，而且具有物料受热时间短、产物纯净、安全可靠、分离程度更高等特点，特别适用于热敏性物料的提取和纯化，在食品领域中更是得到了广泛的应用。

(1) 天然维生素 E 的提取

维生素 E 是一种脂溶性维生素，是体内最重要的抗氧化剂之一。维生素 E 可抑制眼睛晶状体内的过氧化脂反应，使末梢血管循环，预防近视发生和发展，同时可抑制脂肪和含油食品的褐变，保持食品的纯天然性。目前，天然维生素 E 的提取方法有多种，利用有机试剂萃取法操作简单，但产品得率及提取纯度较低；超临界萃取技术提取效率较高，无溶剂残留，但设备较昂贵，一次性投资大。分子蒸馏技术操作简单，分离效率高，保持食品原有风味，具有更加广阔的应用前景。如 Jung 等采用分子蒸馏法从菜籽油脱臭馏出物中提取维生素 E，在蒸馏温度 200℃，刮膜速率 150r/min，进料流速 90mL/h，压力 2.66Pa 条件下，可把维生素 E 含量提纯到 50% 以上；Shao 等利用分子蒸馏技术纯化菜籽油脱臭馏出物，维生素 E 回收率可接近 90%。

(2) 高碳醇的纯化

高碳脂肪醇是指 6 个碳原子以上的直链饱和醇，是合成表面活性剂、增塑剂及其他多种食品添加剂的基础原料。当前最受关注的是三十烷醇和二十八烷醇。它们具有增进耐力和精力、降血脂、改善心肌功能、减轻肌肉疼痛等功效，某些国家也将其作为营养保健剂，发展前景良好。如 Chen 等对米糠蜡中二十八烷醇和三十烷醇精制工艺进行了研究，试验表明，在蒸馏温度 150℃、压力 0.5Torr 条件下，二十八烷醇和三十烷醇含量从原料的 25.4%、51.5% 分别提高到 37.6%（蒸馏物）和 72.6%（残留物）。

(3) 分子蒸馏在香精香料中的应用

香精油应用广泛，可应用于清凉饮料、糖果、饼干、点心、冰淇淋等食品行业，以及日化工业的古龙香水、牙膏香精及家用清洁剂等；香精油具有祛痰、止咳、促进肠胃蠕动、促进消化液分泌、镇痛、溶解胆结石及消炎抗菌等作用，因此又是重要的化工及医学原料。

天然提取精油往往是由萜烯类、含氧化合物及一些非挥发性物质组成百余种组分的混合物。萜烯类是大部分精油的主要成分，主要有柠檬烯、香叶烯、石竹烯、松油醇、柠檬醛、芳樟醇、月桂烯等，但是萜烯类组分对精油香气并不起作用，且极易挥发，不稳定，增大了精油在运输和贮存过程中的成本。除此之外，萜烯类物质微溶于乙醇，给香精香料行业以及香水行业带来了极大的不方便，因此，工业上常常选择将萜烯类物质去除，以增加产品的稳定性、减少生产成本、且富集后的香气也会增强。分子蒸馏技术在天然精油的纯化方面也有广泛的用途。如利用短程降膜式分子蒸馏器对藿香油、茉莉净油、大花茉莉净油和香根油等进行了脱色和提纯研究。其中，制成的特级藿香油（分子蒸馏级）已形成产品。分子蒸馏藿香油与原油性质的对比见表 2-7。

(4) 天然色素的提取和分离

天然色素因安全无毒、色泽自然、营养价值高、药理功效好等优点，而得到广泛应用和快速发展。如 Batistella 等利用分子蒸馏技术从棕榈油中分离出类胡萝卜素，产量高达 3 000mg/kg。王芳芳等运用分子蒸馏技术对溶剂提取法获得的辣椒红色素粗制品进行精制处理的同时，还兼有脱辣、脱臭、脱溶剂等效果，这不仅提高了产品质量，还大大降低了生产成本。

表 2-7　特级藿香油（分子蒸馏级）与原油

测试项目	特级藿香油	原　油
外观	浅黄或黄绿色透明油状	深棕红色~深褐绿色
香气	具有浓郁、柔和、广藿香特征香	香气粗糙，头香带杂气
溶解度（20℃）	能溶于8倍体积90%乙醇中	只能溶于12倍体积90%乙醇中
藿香醇含量/%	30~36	21~27

（5）单甘酯的纯化

单硬脂酸甘油酯（简称单甘酯）是一种重要的食品添加剂，作为乳化剂添加到冰激凌、奶粉、巧克力等食品中，能改善食品加工工艺、提高食品品质、延长食品保质期。目前单硬脂酸甘油酯的市场需求量很大，国内消费单硬脂酸甘油酯约为170 000t，其中新开发的高纯度（<90%以上）的单硬脂酸甘油酯的消费量逐年增加，市场前景相当可观。

目前合成单硬脂酸甘油酯的主要方法为化学法，使用牛油或其他天然油脂的甘油解法应用最为广泛，产物为单硬脂酸甘油酯和二硬脂酸甘油酯的混合物。其中单硬脂酸甘油酯的含量仅为45%左右。通常，分子精馏后单硬脂酸甘油酯含量能够达到90%以上。因此，现今多采用分子蒸馏技术获得高纯的（<90%以上）单甘酯以满足工业的需求。

2.4.6.6　结语

目前，分子蒸馏技术虽然已经展示广阔的前景，但是这种分离技术还远未广泛应用。其原因是：首先，至今为止用以揭示分子蒸馏技术的数学模型尚未建立完善，因此必须研究液膜流动、液膜内部热量和质量传递过程的分析，建立描述主体和表面温度以及组成之间关系的数学模型。其次，至今还没有提出可供分子蒸馏技术计算的可靠方法，实际的工业应用仍依赖于放大实验和实践经验，从而限制了分子蒸馏技术在应用上的突破。因此，今后须将模型研究和试验验证结合起来。

在提倡崇尚自然、回归自然，天然绿色食品越来越受青睐的当今社会，分子蒸馏技术在食品工业上的应用会不断拓展和发展，特别是食品油脂、食品添加剂、保健食品方面的应用也将有更广阔的发展前景。

2.4.7　固相萃取技术

固相萃取技术问世于20世纪70年代中期，基于液相色谱的原理，并与色谱分析原理相一致。1979年，St Onge等人首次提出固相萃取（Solid-Phase Extraction）的定义，在过去的20多年中，固相萃取作为化学分离和纯化以及样品预处理技术的一个强有力工具得到了蓬勃的发展。从痕量样品的前处理到工业规模的化学分离，固相萃取在制药、精细化工、生物医学、食品分析、有机合成、环境和其他领域起着越来越重要的作用。

2.4.7.1　固相萃取法的原理及特点

固相萃取法是利用选择性吸附与选择性洗脱的液相色谱法分离原理，使液体样品通过吸附剂，保留其中某一组分，再选用适当溶剂冲去杂质，然后用少量溶剂迅速洗脱，从而达到快速分离净化与浓缩的目的。

2.4.7.1.1　固相萃取的原理

固相萃取是一个包括液相和固相的物理萃取过程。在固相萃取中，固相对分离物的吸附力比溶解分离物的溶剂更大。当样品溶液通过吸附剂床时，分离物浓缩在其表面，其他样品成分通过吸附剂床，通过只吸附分离物而不吸附其他样品成分的吸附剂，可以得到高纯度和浓缩的分离物。固相萃取的主要分离模式与液相色谱相同，可分为正相（吸附剂极性大于洗脱液极性），反相（吸附剂极性小于洗脱液极性），离子交换和吸附。

正相固相萃取所用的吸附剂都是极性的，用来萃取（保留）极性物质。在正相萃取时目标化合物如何保留在吸附剂上，取决于目标化合物的极性官能团与吸附剂表面的极性官能团之间相互作用，其中包括了氢键，π－π键相互作用，偶极－偶极相互作用和偶极－诱导偶极相互作用以及其他的极性－极性作用。正相固相萃取可以从非极性溶剂样品中吸附极性化合物。

反相固相萃取所用的吸附剂通常是非极性的或极性较弱的，所萃取的目标化合物通常是中等极性到非极性化合物。目标化合物与吸附剂间的作用是疏水性相互作用，主要是非极性－非极性相互作用，是范德华力或色散力。

离子交换固相萃取所用的吸附剂是带有电荷的离子交换树脂，所萃取的目标化合物是带有电荷的化合物，目标化合物与吸附剂之间的相互作用是静电吸引力。

2.4.7.1.2　固相萃取的特点

（1）萃取过程简单快速，只需5min～10min，是液－液萃取法的1/10，简化了样品预处理操作步骤，缩短了预处理时间。

（2）所需有机溶剂也只有液－液萃取法的10%，减少杂质的引入，降低了成本，并减轻有机溶剂对身体、环境的影响。

（3）可选择不同类型的吸附剂和有机溶剂用以处理各种不同类的有机污染物。

（4）出现乳化现象，提高了分离效率。

（5）重现好，有些待测物回收率可达99%以上。

（6）易于自动化操作，易于与其他仪器联用，实现在线分析。

（7）处理过的样品易于贮藏、运输、便于实验室间进行质量控制。

2.4.7.2　固相萃取常用的吸附剂

鉴于固相萃取实质上是一种液相色谱的分离，故原则上讲，可作为液相色谱柱填料的材料都可用于固相萃取。但是，由于液相色谱的柱压可以较高，要求柱效较高，故其填料的粒度要求较严格，过去常用10μm粒径填料，现在高效柱多用5μm粒径填料，甚至用了3μm粒径填料（随着HPLC泵压的提高，填料的粒径在逐渐减小），对填料的粒径分布要求也很窄。固相萃取柱上加压一般都不大，分离目的只是把目标化合物与干扰化合物和基体分开即可，柱效要求一般不高，故作为固相萃取吸附剂的填料都较粗，一般在40μm即可用，粒径分布要求也不严格，这样可以大大降低固相萃取柱的成本。常用于固相萃取的吸附剂见表2－8。

固相萃取中吸附剂（固定相）的选择主要是根据目标化合物的性质和样品基体（即样品的溶剂）性质。目标化合物的极性与吸附剂的极性非常相似时，可以得到目标化合物的最佳保留（最佳吸附）。两者极性越相似，保留越好（即吸附越好），所以要尽量选择与目标化合物极性相似的吸附剂。例如：萃取碳氢化合物（非极性）时，要采用反相固相萃取（此时是非极性吸附剂）。当目标化合物极性适中时，正、反相固相萃取都可使用。吸附剂的选择还要受样品的溶剂强度（即洗脱强度）的制约。

表 2－8　常用于固相萃取的吸附剂

吸附剂	简称	主要机理	次要机理
硅胶上接辛烷基	C_8	非极性	极性
硅胶上接十八烷基	C_{18}	非极性	极性
硅胶上接苯基	PH	非极性	极性
氰基	CN	非极性/极性	—
二醇	2OH	非极性/极性	—
硅胶上接丙氨基	NH_2	极性/阴离子	非极性
硅胶	Si	极性	—
硅胶上接磺酸钠盐	SCX	非极性/阳离子	极性
硅胶上接卤化季铵盐	SAX	阴离子交换	极性/非极性

2.4.7.3　固相萃取的操作程序

最简单的固相萃取装置就是一根直径为数毫米的小柱，小柱可以是玻璃的，也可以是聚丙烯、聚乙烯、聚四氟乙烯等塑料的，还可以是不锈钢制成的。小柱下端有一孔径为 20μm 的烧结筛板，用以支撑吸附剂。在筛板上填装一定量的吸附剂（100mg ~ 1 000mg，视需要而定），然后在吸附剂上再加一块筛板，以防止加样品时破坏柱床（没有筛板时也可以用玻璃棉替代）。目前已有各种规格的、装有各种吸附剂的固相萃取小柱出售，使用起来十分方便。

固相萃取的一般操作程序如下：

（1）活化吸附剂。在萃取样品之前要用适当的溶剂淋洗固相萃取小柱，以使吸附剂保持湿润，可以吸附目标化合物或干扰化合物。不同模式固相萃取小柱活化用溶剂不同。

反相固相萃取所用的弱极性或非极性吸附剂，通常用水溶性有机溶剂，如甲醇淋洗，然后用水或缓冲溶液淋洗，也可以在用甲醇淋洗之前先用强溶剂（如已烷）淋洗，以消除吸附剂上吸附的杂质及其对目标化合物的干扰；正相固相萃取所用的极性吸附剂，通常用目标化合物所在的有机溶剂（样品基体）进行淋洗。

离子交换固相萃取所用的吸附剂，在用于非极性有机溶剂中的样品时，可用样品溶剂来淋洗；在用于极性溶剂中的样品时，可用水溶性有机溶剂淋洗后，再用适当 pH 并含有一定有机溶剂和盐的水溶液进行淋洗。

为了使固相萃取小柱中的吸附剂在活化后到样品加入前能保持湿润，应在活化处理后在吸附剂上面保持大约 1mL 活化处理用的溶剂。

（2）上样。将液态或溶解后的固态样品倒入活化后的固相萃取小柱，然后利用抽真空、加压或离心的方法使样品进入吸附剂。

（3）洗涤和洗脱。在样品进入吸附剂，目标化合物被吸附后，可先用较弱的溶剂将弱保留干扰化合物洗掉，然后再用较强的溶剂将目标化合物洗脱下来，加以收集。淋洗和洗脱同前所述一样，可采用抽真空，加压或离心的方法使淋洗液或洗脱液流过吸附剂。

为了方便固相萃取的使用，很多厂家除了生产各种规格和型号的固相萃取小柱之外，还研制开发了很多固相萃取的专用装置，使固相萃取使用起来更加方便简单。如 Supelco 公司提供了给单个固相萃取小柱加压的单管处理塞，可方便的与固相萃取小柱配套使用。又如，为了能使多个固相萃取小柱同时进行抽真空，Supelco 公司提供了 12 孔径和 24 孔径的真空多歧管装置，可同时处理多个固相萃取小柱。我国中科院大连化学物理研究所，国家色谱研究分析中心也研制开发了真空固相萃取装置。

2.4.8 固相微萃取技术

固相微萃取（Solid-Phase Micro Extraction，SPME）是近年来国际上兴起的一项试样分析前处理新技术。1990 年由加拿大 Waterloo 大学的 Arhturhe 和 Pawliszyn 首创，1993 年由美国 Supeleo 公司推出商品化固相微萃取装置，1994 年获美国匹兹堡分析仪器会议大奖。

1989 年，Pawlizyn 在 SPE 的基础上发展了固相微萃取技术。均匀涂渍在硅纤维上的圆柱状吸附剂涂层在萃取时既继承了 SPE 的优点，又有效克服了其缺陷，操作简单，重现性好，从萃取到进样完全不使用有机溶剂，解吸快速、完全，不需要对气相色谱仪进行改装。SPME 技术集萃取、浓缩和进样于一体，其一问世即引起关注，1992 年实现了商品化，并获得了 1994 年匹兹堡分析大会发明奖，至今已得到了较大的发展和应用。

2.4.8.1 固相微萃取的原理和萃取模式

2.4.8.1.1 固相微萃取的原理

固相微萃取是与固相萃取原理相似，但操作完全不同的一种样品制备与前处理技术。固相微萃取主要针对有机物进行分析，根据有机物与溶剂之间“相似者相溶”的原则，利用石英纤维表面的色谱固定相对分析组分的吸附作用，将组分从试样基质中萃取出来，并逐渐富集，完成试样前处理过程。在进样过程中，利用气相色谱进样器的高温，液相色谱、毛细管电泳的流动相将吸附的组分从固定相中解吸下来，由色谱仪进行分析。

2.4.8.1.2 固相微萃取的萃取模式

SPME 装置形似一只气相色谱的微量注射器，由手柄和萃取头两部分构成，如图 2－10 所示。萃取头是一根长 1cm 涂渍有不同固定相的熔融石英纤维，通过不锈钢管将它安装到微量注射器上。平时萃取头收于注射器针头内，使用时以针头插入样品瓶中，推出萃取头，使萃取头浸渍在样品中或置于样品上空进行萃取。待有机物在两相达到吸附平衡后，将萃取头收回针头内，撤离进样器，完成萃取过程。进样时，将该注射器直接插入气相色谱仪的进样室，推出萃取头直接在进样口进行热解析即可。

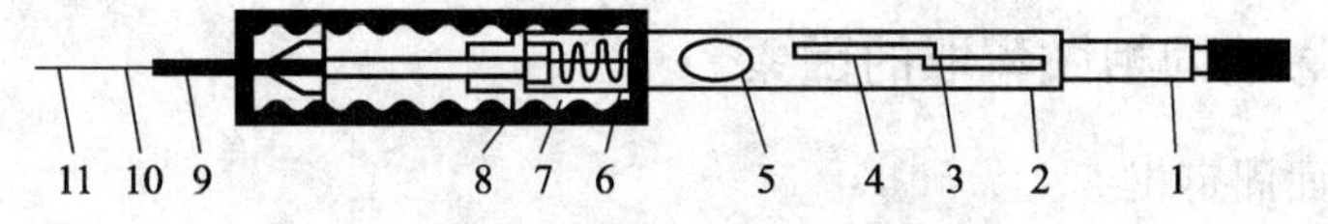

图 2－10 固相微萃取装置图

1—压杆；2—筒体；3—压杆卡持螺钉；4—Z 形槽；5—筒体视窗；6—调节针头长度的定位器；7—拉伸弹簧；8—密封隔膜；9—注射针管；10—纤维联接管；11—熔融石英纤维

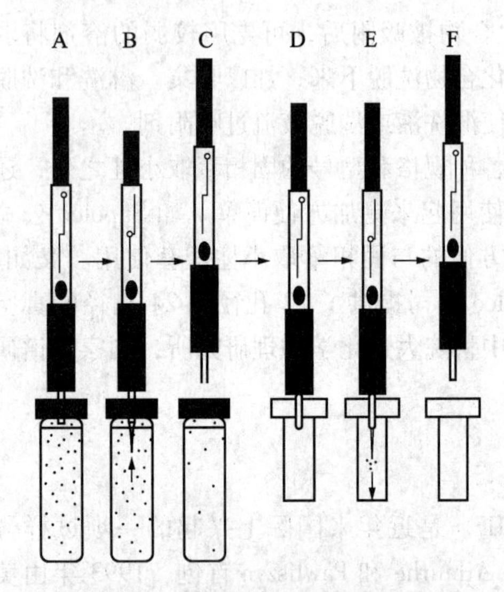

图2-11 固相微萃取器操作示意图

A—萃取器插入样品瓶；B—露出石英纤维进行萃取；C—石英纤维退入针头，拔出萃取器；D—萃取器插入GC进样口；E—露出石英纤维进行脱附；F—石英纤维退入针头，拔出萃取器

图2-11是美国Supelco公司生产的人工操作的固相萃取器的操作示意图，当针头插入样品溶液中后，光导纤维从针头露出浸入溶液，经过一定时间吸附达平衡后，它退回到针头内，针头从样品溶液抽出再插入气相色谱仪进样口进样。因此，固相微萃取是一种简便、快速、无溶剂的样品前处理技术。

2.4.8.2 固相微萃取的主要特点

（1）固相微萃取集取样、萃取、浓缩和进样于一体，操作方便，测定快速高效。

（2）固相微萃取无需任何有机溶剂，是真正意义上的固相萃取，避免了对环境的二次污染。

（3）固相微萃取仪器简单，使用的是一支携带方便的类似于微量进样器的萃取器，特别适于现场分析，也易于操作。而传统的萃取方法通常需要很长的时间，操作步骤复杂，还要消耗大量的有机溶剂。相比之下，SPME技术能很好的解决传统方法的不足，同时还能得到更低的检测限和更好的精确度。

2.4.8.3 固相微萃取法与其他萃取方法的比较

固相微萃取法与溶剂萃取、固相萃取法的比较见表2-9。

表2-9 三种萃取方法的比较

项　目	溶剂萃取	固相萃取	固相微萃取
萃取时间/min	60~180	20~60	5~20
样品体积/mL	50~100	10~50	1~10
所用溶剂体积/mL	50~100	3~10	0
应用范围	难挥发性物质	难挥发性物质	挥发性与难挥发性物质
检测限	ng/L	ng/L	ng/L
费用	高	高	低
操作	麻烦	简便	简便

2.4.8.4 影响固相微萃取的因素

（1）纤维表面固定相

选用何种固定相应当综合考虑分析组分在各相中的分配系数、极性与沸点，根据“相似者相溶”的原则，选取最适合分析组分的固定相。但这并不是绝对的，需要在实验中根据所分析的组分具体研究，例如，根据香味组成成分的化学性质使用非极性的PDMS（聚二甲基硅氧烷）与极性的PA（聚丙烯酸酯）均可，但Steffen等在对橘子中17种香味进行分析时发现虽然二者效果相近，可PA比PDMS萃取时间长20min，且检测不出于香叶烯，而Verhoeven等却在草莓香味分析中发现PA效果更好，Fisher使用PDMS和PA检测由软木塞对酒带来污染物时发现前者比后者的萃取效率高10%。此外，还需考虑石英纤维表面固定相的体积，即石英纤维长度和涂层膜厚，如非特殊定做，一般石英纤维长度为1cm，膜的厚度通常在10mm~100mm之间，小分子或挥发性物质常用厚膜，大分子或半挥发性物质常用薄膜，综合考虑试样的挥发性还可选择中等厚度，如Field在检测啤酒花中香精油时发现使用PDMS 100mm比30mm膜厚萃取效率要高10~20倍，Young在使用PDMS 20mm，30mm，100mm检测有机氯农药中得出30mm效果最好的结论。具体选择可以查阅有关文献并需要结合试样情况进行摸索。

（2）试样量、容器体积

由于固相微萃取是一个固定的萃取过程，为保证萃取的效果需要对试样量，试样容器的体积进行选择，Denis在利用顶空法检测14种半挥发性有机氯农药的研究中指出，试样量与试样容器的体积对于保证结果有很大关系，试样量与试样容器体积之间存在有匹配关系，试样量增大的情况下，重现性明显变好，检出量提高。

（3）萃取时间

萃取时间是从石英纤维与试样接触到吸附平衡所需要的时间。为保证试验结果重现性良好，应在试验中保持萃取时间一定。影响萃取时间的因素很多，例如分配系数、试样的扩散速度、试样量、容器体积、试样本身基质、温度等。在萃取初始阶段，分析组分很容易且很快富，集到石英纤维固定相中，随着时间的延长，富集的速度越来越慢，接近平衡状态时即使时间延长对富集也没有意义了，因此在摸索实验方法时必须做富集一时间曲线，从曲线上找出最佳萃取时间点，即曲线接近平缓的最短时间。一般萃取时间在5min~60min以内，但也有特殊情况。

（4）使用无机盐

向液体试样中加入少量氯化钠、硫酸钠等无机盐可增强离子强度，降低极性有机物在水中的溶解度即起到盐析作用，使石英纤维固定相能吸附更多的分析组分。一般情况下可有效提高萃取效率，但并不一定适用于任何组分，如Boyd-Boland在对22种含氮杀虫剂检验中发现使用多数组分在加入氯化钠后会明显提高萃取效果，但对恶草灵、乙氧氟、甲草醚等农药无效；Fisher在分析酒中污染物时，加入无机盐的比不加的分析结果高25%。加入无机盐的量需要根据具体试样和分析组分来定。

（5）改变pH

改变pH同使用无机盐一样能改变分析组分与试样介质、固定相之间的分配系数，对于改善试样中分析成分的吸附是有益的。由于固定相属于非离子型聚合物，故对于吸附中性形式的分析物更有效。调节液体试样的pH可防止分析组分离子化，提高被固定相吸附的能力。例如，Garcia在实际检测中发现，pH 4时对酒香味组成成分检测效果最好；Pan在分析极性化合物脂肪酸时选用了一系列pH，其中pH 5.5效果最佳。

（6）衍生化

衍生化反应可用于减小酚、脂肪酸等极性化合物的极性，提高挥发性，增强被固定相吸附的能力。在固相微萃取中，或向试样中直接加入衍生剂，或将衍生剂先附着在石英纤维固定相涂层上，使衍生化反应得以发生。如对短链脂肪酸衍生化常用溴化五氟苯甲烷或重氮化五氟苯乙烷，对长链脂肪酸衍生化常用季铵碱和季铵盐，对短链和长链脂肪酸使用重氮甲烷和芘基重氮甲烷均有效。

2.4.8.5 结语

固相微萃取技术很容易掌握，如在对美国、加拿大、德国、意大利等6个国家11家实验室进行的一次含量在 μg/kg 级有机氯、有机磷、有机氮农药考核中，无论是曾用过还是第一次使用，分析结果均无差异。目前利用固相微萃取技术开展的工作尚有一定的局限性，主要使用在分析挥发性、半挥发性物质，因此文献报道较多与气相色谱联用的技术有关，与液相色谱和毛细管电泳联用的技术尚不很成熟，文献报道较少。虽然固相微萃取技术近几年刚起步，但由于具有方法简单、无需试剂、提取效果好、变异系数小等诸多优点，已在环境、食品、生化、医学等领域有所应用。鉴于食品有干扰成分较多的特点，该技术在食品卫生检验中广泛应用还需要进一步做工作。

2.4.9 分子印迹技术

分子印迹聚合物（Molecularly Imprinted Polymers，MIP）的制备技术称为分子印迹技术（或称分子印迹，Molecular Imprinting Technology，MIT）。简单地说，就是仿照抗体的形成机理，在印迹分子（Imprinted Molecule）周围形成一个高交联的刚性高分子，除去印迹分子后在聚合物的网络结构中留下具有结合能力的反应基团，对印迹分子表现出高度的选择识别性能。德国的 Wulff 是这方面的先驱之一。20 世纪 90 年代以来，分子印迹技术得到迅速发展，分子印迹技术在很多领域都有广泛的应用，包括本体聚合、原位聚合、沉淀聚合、悬浮聚合、溶胀聚合和表面聚合等制备技术。

2.4.9.1 基本原理

当模板分子（印迹分子）与聚合物单体接触时会形成多重作用点，通过聚合过程这种作用就会被记忆下来，当模板分子除去后，聚合物中就形成了与模板分子空间构型相匹配的具有多重作用点的空穴，这样的空穴将对模板分子及其类似物具有选择识别特性，如图 2-12 所示。

其基本步骤如下，首先在一定溶剂（也称致孔剂）中，模板分子与功能单体依靠官能团之间的共价或非共价作用形成主客体配合物；然后加入交联剂，通过引发剂引发进行光或热聚合，使主客体配合物与交联剂通过自由基共聚合在模板分子周围形成高联的刚性聚合物；最后将聚合物中的印迹分子洗脱或解离出来。这样在聚合物中便留下了与模板分子大小和形状相匹配的立体孔穴，同时孔穴中包含了精确排列的与模板分子官能团互补的由功能单体提供的功能基团，如果构建合适，这种分子印迹聚合物就像锁一样对此钥匙具有选择性。这便赋予该聚合物特异的“记忆”功能，即类似生物自然的识别系统，这样的空穴将对模板分子及其类似物具有选择识别特性。

2.4.9.2 分子印迹聚合物的研究进展

分子印迹聚合物兼备了生物识别体系和化学识别体系的优点，具有抗恶劣环境、选择性高、稳定性好、机械强度高、制备简单等特点，可选择性识别富集复杂样品中的目标物。因此，MIP 被广泛应用于固相萃取、固相微萃取、膜萃取等样品前处理技术。同时，离子印迹

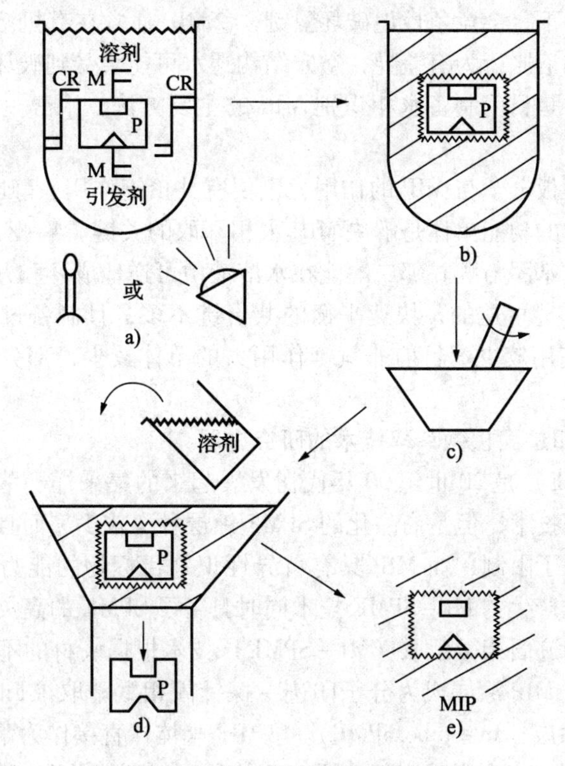

图2-12　分子印迹技术的原理简图

a）—在印迹分子和交联剂存在下通过光和热启动集合作用；b）—形成聚合物；c）—研磨聚合物；
d）—抽提印迹分子；e）—得到选择性聚合物MIP。其中，M—单体，CR—交联剂，P—印迹分子

及配位印迹样品前处理技术也得到了发展。

2.4.9.2.1　分子印迹固相萃取技术的研究进展

自1994年Sellergren首次报道在固相萃取（SPE）中使用MIP材料以来，分子印迹固相萃取技术（Molecularly Imprinted-Solid-Phase Extraction，MI-SPE）发展非常迅速，已经出现商品化的产品。近年来又出现了纳米分子印迹聚合物、水相识别分子印迹聚合物等新型MIP材料的研究报道，以下介绍新型MIP材料在固相萃取中应用的进展情况。

（1）纳米分子印迹聚合物在固相萃取中的应用

由于纳米MIP具有比表面积大、结合位点多、吸附容量大，尺寸小、印迹位点有良好的可接近性、传质较快，模板分子在洗脱过程中所需要的扩散距离小、容易洗脱完全等优点，其在固相萃取中的应用研究备受关注。如2007年LaiEPC等将基于聚吡咯的MIP与碳纳米管通过电聚合方法沉积于注射器针头内，制得固相萃取小管，建立微固相萃取-高效液相色谱/荧光检测（μSPE-HPLC/FD）方法检测红酒中的双酚A，分析全过程只需要40min，检出限达0.04ng/mL。纳米MIP作为SPE吸附剂优势显著，但相关应用研究仍在起步阶段，很少涉及实际样品。主要由于纳米MIP容易团聚，难以单独作为吸附剂使用，且其粒度很细，不易装填成柱或制备成整体柱，制约了纳米MIP在SPE中的应用。

（2）水相识别分子印迹聚合物在固相萃取中的应用

绝大多数的实际样品都是富水样品，而MIP在水中选择性普遍较差，限制了MI-SPE的应用。导致MIP水相印迹效果差的主要原因是：①水是氢键的给体，也是氢键的受体，在

大量水分子存在的条件下，会竞争性地破坏氢键。②MIP 通常在有机溶剂中合成，由于 MIP 在水与在有机溶剂中的溶胀行为有差异，空穴结构遇水可能会受到破坏。采用水或高极性溶剂体系作为反应介质，是目前制备水相识别 MIP 的主要方法，甲醇 - 水混合溶剂是常见的制备体系。

除氢键作用外，模板分子与 MIP 的作用力主要有共价键作用、静电作用、疏水作用等，引入具有非氢键作用力的功能单体是解决 MIP 水相萃取的关键。4 - 乙烯基苯硼酸是典型的共价型功能单体，硼酸基团与顺式邻二醇能在水溶液中可逆地成环和开环，已经广泛用于核苷、糖类 MIP 的制备。能可逆的，快速平衡的共价键不多，且制备过程需要有机合成的步骤，因此共价型 MIP 使用较少。目前非氢键作用力的单体较少，部分单体不易得到、价格昂贵，有待进一步拓展。

2.4.9.2.2 分子印迹固相微萃取技术的研究进展

固相微萃取（SPME）是 20 世纪 90 年代初发展起来的集采样、萃取、浓缩、进样于一体的无溶剂样品前处理技术，但是商品化的 SPME 涂层种类较少，而且选择性有限，在复杂样品分析中的应用受到了限制，而 MIP 具有特异性识别目标物的能力，适合作为高选择性的涂层材料，两者结合产生的 MI - SPME 技术同时具备了 SPME 的高灵敏性和 MIP 的高选择性。目前报道的分子印迹固相微萃取（MI - SPME）技术根据底材的不同主要有以下几种形式：①在纤维表面涂覆 MIP 涂层成为分子印迹 - 探针固相微萃取（FiberMI - SPME）。②在毛细管内壁涂覆 MIP 涂层（In - tube SPME）。③MIP 整体棒直接作为萃取材料。④在吸附搅拌棒表面涂覆 MIP 涂层。⑤在微球表面涂覆 MIP 涂层。以下简单介绍其中两种的研究进展：

（1）分子印迹 - 探针固相微萃取的研究进展

分子印迹 - 探针固相微萃取是在针状纤维上涂布上一层 MIP，再通过各种方式固定纤维做成萃取装置。2001 年 Koster 等首次报道了 FiberMI - SPME，以氨哮素（Clenbuterol）为模板分子，利用聚合反应使 MIP 涂布在纤维上，该涂层对于水中氨哮素及结构类似物的萃取是非选择性的，但使用适当的有机溶剂（乙腈）洗脱可以进行选择性萃取。将这种针状 MIP 涂层应用于加标尿液中波洛母特罗（Brombuterol）的分析，取得了较为满意的结果。李攻科课题组在 Fiber MI - SPME 方面进行了较多的研究工作，如胡小刚等使用多次涂布的方法在光纤维上制备了 MIP 涂层，能与 HPLC 在线联用，分析生物样品中痕量的三嗪类除草剂、四环素类抗生素以及心得安类 β - 受体阻滞剂。除草剂和抗生素检出限均低于欧盟要求的最大限量，心得安检测灵敏度满足人体血液或血浆痕量分析的要求。由于纤维容易折断，因此这类涂层的机械稳定性不好，使用时需要非常小心，可通过使用不锈钢等比较坚固的底材来替代纤维萃取装置，改善稳定性。

（2）分子印迹 - 吸附萃取搅拌棒的研究进展

吸附萃取搅拌棒（Stir Bar Sorption Extraction，SBSE）是固相微萃取的另一种形式，在搅拌的同时可以完成萃取，避免了外加搅拌子的竞争吸附。由 Baltussen 等人于 1999 年提出，2000 年 Gerstel GmbH 公司推出了商品化装置。SBSE 将涂层固定在内置磁芯的封端玻璃毛细管外层，由于萃取固定相的体积比 SPME 纤维大 50 倍以上，比 SPME 纤维具有更高的萃取容量和萃取效率。

目前，商用搅拌棒涂层仅限于聚二甲基硅氧烷（Polydimethylsiloxane，PDMS），最近也出现了一些新型搅拌棒涂层。如 Zhu 等人以久效磷为模板的分子印迹吸附萃取搅拌棒涂层，采用相转移的方法，在商用 PDMS 涂层的表面形成久效磷和尼龙 -6 凝胶。该分子印迹吸附萃取搅拌棒对模板分子及 9 种有机磷化合物表现出良好的选择性，并用于土壤样品中久效磷及 3 种类似物的分析。Zhu 等人还用同样的方法制备了 *L* – 谷胺酰胺印迹尼龙 – 6 涂层，并应用于氨基酸对映体的选择性研究。有关分子印迹吸附萃取搅拌棒涂层研究的报道很少，在搅拌的同时存在涂层的磨损和流失等问题，其制备工艺有待进一步改进。吸附萃取搅拌棒已实现了与气相色谱在线联用，目前有与液相色谱在线联用的研究报道。

第3章　食品理化检验的分析方法

教学目标：本章要求掌握食品检验的概念，了解食品检验技术在食品科学研究中的作用。掌握食品感官检验的有关概念和食品感官检验类型及特点，熟悉食品感官检验标准化的建立，了解食品感官检验的作用和影响因素；掌握定性分析的概念，定量分析的类型，了解各定量分析在食品检验中的应用；了解和熟悉比色和分光光度法的基本原理，72型及72－1型分析光度计的构造特点；了解原子分光光度计的工作原理、构造特点及使用；了解近红外光谱的原理、技术特点；掌握层析法的基本原理、分类及几种层析技术的分离原理；熟悉仪器分析的分类，吸附层析常用的吸附剂及洗脱剂，凝胶层析、离子交换层析、纸层析及薄层层析的操作，了解凝胶层析中使用的几个参数及常用的几种凝胶剂，离子交换层析中常用的交换剂；了解酶联免疫吸附分析法的基本原理、特点及应用。

在食品理化检验工作中，对食品品质的好坏进行评价，就必须对食品进行分析检验，品质鉴定。食品检验是运用物理、化学、生物化学的学科的基本理论及各种科学技术，对食品生产过程中的物料（原料、辅料、半成品、成品、副产品等）的主要成分及其含量和有关工艺参数进行检验，其作用主要有两种：①控制和管理生产，保证和监督食品的质量。通过对食品生产所用原料、辅助材料的检验，可了解其质量是否符合生产的要求，确定工艺参数，工艺要求以控制生产过程。为制订生产计划，进行经济技术核算提供基本数据。②为食品新资源的开发、新技术和新工艺的探索等提供可靠的依据。在食品科学研究中食品检验技术是不可缺少的手段，不论是理论研究还是应用性研究都离不开食品检验技术。比如：食品资源的开发、新产品的试制、新设备的使用、生产工艺的改进、产品包装的更新、贮运技术的提高等方面的研究中，都需要以分析检验技术为依据。

在食品检验中，由于测定的目的不同与被检物质的性质各异，所用的方法也较多，但最常用的方法有：感官检验法、物理检查法、分析化学（包括化学分析和仪器分析）法、微生物检验法和酶分析法等。

3.1　感官检验法

3.1.1　感官检验的定义

感官检验（Sensory Test），也称感官分析（Sensory Analysis）、感官评价（Sensory Evaluation），是依靠人的感觉器官检查、分析产品感官特性的一种分析检验方法。最早的感官检验可以追溯到20世纪30年代左右，而它的蓬勃发展还是由于20世纪60年代中期到70年代开始的全世界对食品和农业的关注、能源的紧张、食品加工的精细化、降低生产成本的需要以及产品竞争的日益激烈和全球化。

目前被广泛接受和认可的定义源于 1975 年美国食品科学技术专家学会感官评价分会（Sensory Evaluation Division of the Institute of Food Technologists）的说法：感官评价是用于唤起、测量、分析和解释通过视觉、嗅觉、味觉和听觉而感知到的食品及其他物质的特征或者性质的一种科学方法。这个定义中有两点含义：①感官评价是包括所有感官的活动。在很多情况下，人们对感官检验的理解限定在“品尝”一个感官上，实际上，对某个产品的感官反应是多种感官反应结果的综合。②感官检验是建立在几种理论综合的基础之上的，这些理论包括实验的、社会的、心理学、生理学和统计学。

在国际范围内，最新的感官评价方法与理论的研究文章一般发表在 Chemical Senses，Journal of Sensory Studies，Journal of Texture Studies，Food Quality and Preference 以及 Institute of Food and Technologists 出版的 Journal of Food Science 和 Food Technolohy 两本期刊上。

3.1.2　食品感官检验

食品感官评价是凭借人体自身感觉器官（眼、耳、鼻、口、手等）的感觉（即视觉、听觉、嗅觉、味觉和触觉等）对食品的感官性状（色、香、味和外观形质）进行综合性的鉴别和评价的一种分析、检验方法，并且通过科学、准确的评价方法，使获得的结果具有统计学特性。感官检验在判定食品卫生质量上是最简易的、也是历史最悠久的检验方法。食品作为一种刺激物，能刺激人体的多种感觉器官而产生各种感官反应，一般可将这些感官反应分为：化学感觉（味觉、嗅觉）、物理感觉（触觉、运动感觉）、心理感觉（视觉、听觉），这就是人们通常所说的食品的色、香、味等感官性状。如食品的酸、咸、甜、苦、辣、鲜、涩等形成的味觉，食品的嫩、爽、滑、烂、脆、酥、韧等形成的触觉，食品的香味、臭味等形成的嗅觉，食品的外形、明度、色调、饱和度等形成的视觉等。

食品感官评价是在食品理化分析的基础上，集心理学、生理学、统计学知识发展起来的，简便易行、直观实用，而且灵敏度较高，结果可靠，并且解决了一般理化分析所不能解决的复杂的生理感受问题，是食品消费和进行食品质量控制过程中不可缺少的重要方法，同时也是食品的生产、销售和管理人员以及广大消费者必须懂得的一门技能。此方法目前已被国际上普遍承认和采用，并在食品质量分析和检验、新产品研制、产品评优及市场预测等方面得到日益广泛的应用。

3.1.2.1　食品感官检验的类型

食品感官分析可分为两种类型，即分析型及偏爱型，其基本特性见表 3－1。

表 3－1　食品感官分析类型

	分析型	偏爱型
分析工具评价基准	感官/标准化	感官/个人反应
分析的特性	区别性、描述性、定量化	接受、偏爱
评价员结果	必须选择及培训/客观	无需培训/主观
应用	分析及描述性检验	市场调查

3.1.2.2　食品感官检验的内涵

食品感官检验是一种根据客观情况进行主观意识判断分析的方法，从感官检验的角度来分析食品应包括以下3方面的内容。

（1）安全性

食品是人类赖以生存的最基本条件之一，食物是否安全、是否有毒，人类在这方面已积累了大量的经验和知识，神农尝百草就是一个佐证。另有一些明显影响安全性的因素，也同样影响食品的感官质量，例如食品腐败变质后丧失原有的营养和风味，甚至产生难闻气味；又如含氰甙类植物（木薯、苦杏仁等）的食物多半有苦味或辣味。这种不良的感官性状其实就是安全性的表现。

（2）营养质量

营养质量主要是指食品中的蛋白质、碳水化合物、脂肪等营养物质的质量和含量，营养质量一般并不直接表现在感官质量上，而是通过间接的形式表现出来。人类在漫长的进化过程中，营养质量逐渐和感官质量建立了特殊的神经反应的联系。一般来说，香的食品多数是富含营养的，甜的食品多数是富含热能的。当然必须指出，感官性状良好的食品并不一定都富于营养。

（3）可接受性

可接受性一般指食品的外观、形状、价格等对人体产生的正或负的感受。对于人以外的动物，对食物的选择性往往立足于营养质量与安全性基础上。感官检验作为生物体进化过程的产物，必然有其差异性和区域性，即不同种属之间、不同个体之间其感官检验的结果可能完全不同。如将精致的蟹粉狮子头和新鲜的生肉同时让老虎选择时，没人会怀疑老虎选择生肉一样，人类选择熟食的同时，其体内的消化系统、生理结构及感官检验系统都逐渐适应了这一变迁。另外，不同地区、不同民族的饮食有着显著的不同也验证了这一点。

3.1.2.3　食品感官检验的特点

在国家食品质量标准中，衡量食品质量的指标有3方面，即感官、理化和卫生质量指标。感官质量指标主要是对食品的外观质量特性，如色泽、气味、滋味、透明度、稠度、组织结构等进行检验；理化质量指标规定了食品营养成分及含量要求；卫生质量指标规定了微生物、微量元素及有害成分的含量限定。从整体上说，三者之间是相互补充的，理化和卫生质量作为食品内在质量指标足以构成感官质量的骨架，是塑造感官质量的物质基础，食品的感官特性是理化、卫生质量的表现形式。当然感官检验不同其他检验，又有其自身的特点。

（1）简易性、直接性、迅捷性

感官检验比任何仪器分析都要快捷、迅速、且所需费用较低。人只要有正常的感官功能就能进行食品的感官检验，可以说感官检验是人体必备的正常的功能。以视觉为例，人一眼就可以看出食品是否腐烂、是否霉变、果汁是否混浊等。而相比于感官检验，仪器分析则具有复杂性、间接性、滞后性的特点。当感官质量符合要求，而内在质量达不到标准规定，只要对人身健康无害，产品可降级或降价销售；相反，感官质量不符合要求，即使内在质量再好，消费者也难以接受。

（2）准确性

感官检验也有其准确性的一面。例如，粥久置会产生馊味，用仪器就很难测定，甚至无法测定，但用味觉或嗅觉就很容易检出。因此，现在越来越多的食品质量划分等级规定为优级品、一级品、二级品、合格品，这些质量等级都是在理化和卫生指标合格的基础上通过感官检验而获得的。仪器分析主要是针对食品的物理、化学以及微生物的指标而进行的，但其检验的对象必须对原始的感官检验判定结果有高度的符合率，这种仪器分析方式才能成立。如对肉的新鲜度的判定，须从游离酸、硫化氢、pH、黏度等多项指标验证中才能初步确认挥发性盐基氮与肉的不新鲜度或腐败程度基本相关，从而确定其为肉类的新鲜度理化指标。另外，对于味觉食品，如酒类和茶叶等，目前其质量的优劣主要依据感官性状的差异而评定的。在此意义上，感官检验的准确性与科学性是不容怀疑的。

(3) 综合性

感官检验从生理角度来言，它是机体对食品所产生刺激的一种反应。就其过程来说是相当复杂的，首先是通过感官接受来自食品的刺激，同时混杂个人的嗜好与偏爱，进而在人体神经中枢综合处理来自各方的信息（这种信息还包括：广告效应、价格高低、个体的经验与希望等），最后付之于行动的过程。感官检验的这一特性是其他检验无法做到的。

食品无不具有其自身的风味，风味本身就是食品在视觉、嗅觉、味觉和口感上的综合感觉，也只有人作为一个特殊的精密仪器才能全方位地品评。对食品而言，无论其营养价值、组成成分等如何，其可接受性最终往往是由感官检验结果来下结论。人们常用理化检验来测定食品中各组分的含量，特别是与感觉有关的组分，如糖、氨基酸、卤素等，这只是对组分含量的测定，并未考虑组分之间的相互作用和对感觉器官的刺激情况，缺乏综合性判断。人的感官是十分有效而敏感的综合检测器，可以克服理化方法的一些不足，对食品的各项质量指标做出综合性的感觉评价，并能加以比较和准确表达。

(4) 其他

感官检验尚具有一些理化和卫生检验无法比拟的优点，如在食品嗜好性试验、市场信息预测、新产品研制等中，感官检验都发挥着仪器分析所不能达到的作用。如在新产品的开发过程中，为了使新产品能够更好地符合消费者的审美观和需要，也必须通过消费者的感官检验来引导其开发。

3.1.2.4 食品感官检验的影响因素

食品感官检验是一种根据客观情况进行主观意识判断的方法，因此必会受到多种因素所影响，从而使所得的评判结果产生偏差，影响食品感官检验的因素主要如下。

(1) 食品本身。食品本身的形状、气味、色泽等会影响人的心理，使评判结果产生差异。

(2) 检验人员的动机和态度。检验人员对食品感官检验工作感兴趣，且能认真负责时，检验结果往往比较有效，如果检验人员态度不端正，就有可能导致检验结果失真。

(3) 检验人员的习惯。人们的饮食习惯会影响感官检验结果。

(4) 检验形式。感官检验可分为分析型和嗜好型。不同类型有不同的检验方式，人们对不同的检验形式会产生不同的心理，因此应根据不同的类型选择合适的检验形式。

(5) 提示误差。在检验过程中，人的脸部表情、声音等都将使检验人员之间产生互相提示，使评判结果出现误差，这在厨师等级评定的检验过程中尤为突出。

(6) 检验室的环境。环境条件不适当时，会使检验人员产生不舒适感，从而导致检验结果偏差。

(7) 年龄和性别。年龄和性别因素也会造成检验结果的不同。

（8）身体状况。许多疾病（如病毒性感冒）患者会丧失、降低或改变其感官感觉的灵敏性，另外睡眠状况、是否抽烟及不同的饱腹感也会影响检验结果。

（9）实验次数。如果对同一食品品尝次数过多,常会引起感官的疲劳,降低感官敏感性。

（10）评判误差。一是不合适的评判尺度定义会引起结果的偏差；二是对比效应，提供试样的食用顺序也会影响检验结果；三是记号效应，对物品所作的记号也会影响判断结果，在有的国家偶数较受欢迎，而有的国家奇数则较受欢迎。

正因为食品感官检验存在着众多的影响因素，从而使得食品的掺杂、掺假、伪造手段复杂，方式多变。常见的掺杂、掺假、伪造方法主要有：①以次充好，即用廉价的次等的或已失去营养价值的食品全部代替或代替其中的一部分。②粉饰伪装，即为了掩饰食品的外观质量缺陷或为了提高食品中某些成分含量，而添加其他非本身成分物质。③加杂增重，即为了增加食品重量而掺入非食品类异杂物质。④全部伪造，即用假原料制成假食品。以上无论哪一种方法，说到底其实都是对人感觉器官的蒙骗，是对感官检验的误导。

3.1.2.5 食品感官检验标准化的建立

目前对许多食品往往只重视其理化指标和卫生指标，而忽视感官指标。即使有感官检验，由于其自身的特性，从而使得感官指标的评价也往往是模糊的、不严格的，尤其缺乏客观性、可比性和科学性，所以有必要对食品感官检验建立标准化程序。食品感官检验标准化的建立应包括术语、方法、设备、检验条件、人员培训等诸方面的标准化。食品感官检验标准化是我国当前食品检验中的一个薄弱环节，只有一个统一的食品感官检验标准化的建立，才能使感官检验更具科学性，也只有这样，才能更好地与国际同行接轨。

下面以自发小麦粉制品的品质评分为例说明。自发小麦粉是一种以小麦粉为原料，添加食用疏松剂，不需发酵便可制作馒头（包子、花卷）以及蛋糕等膨松食品的方便食料。自发小麦粉制品的品质评分是将自发小麦粉按其馒头制作试验方法进行馒头制作试验，由五位有经验的或经过训练的人员组成的评议小组对自发小麦粉馒头进行外观鉴定、品尝评比以及比容测定，并根据自发小麦粉馒头的质量评分标准分别给各种馒头打分。

3.1.2.5.1 术语

使用专门的、统一的术语（由权威部门组织制定）。

3.1.2.5.2 方法

明确感官检验类型及食品性质和检验人员本身3方面的因素，选择合适的检验方法。其检验方法的主要形式见表3－2，自发小麦粉馒头可采用分级分析等方法。

表3－2 感官分析方法

名 称	适 用
差别分析	分辨样品之间的差别，其中包括两个样品或者多个样品之间的差别试验
阈值分析	通过稀释，确定感官分辨某一质量指标的最小值
排列分析	对某个食品质量指标，按大小或者强弱顺序对样品进行排列，并记上1，2，…
分级分析	按照特定的分级尺度，给出样品合适的级数值
描述性分析	对样品与标准品之间进行比较，并且给予较为准确的描述
消费者分析	由顾客根据个人的爱好对食品进行评判

3.1.2.5.3　检验条件

（1）评审员

人数：根据检验类型、目的确定，最少不得少于 5 人。

年龄：因不同年龄的感官感觉敏感度不同，一般年轻人的感官敏感度高于老年人，而老年人比年轻人富有经验，所以在检验团中应控制合理的年龄构成比，发挥年轻人和老年人各自的优势。

性别：性别的不同也会使感官敏感度有所差异。例如女性对甜味比较敏感，而男性对酸味比较敏感，在确定检验团人选时这一点也应加以考虑。

其他方面：一是对食品感官检验工作有兴趣，无食品偏爱习惯；二是经常参加食品感官检验工作，感觉敏锐，有较好的分辨能力，并定时接受训练；三是身体健康。

（2）食品试样

自发小麦粉馒头的制作试验及比容测定方法：取 300g 自发小麦粉，加入一定量的水（自来水，水温 15℃ ±1℃），用 PHMG5 多功能混合机慢速档和面，面粉成团时开始计时，5min 后取出面团，把它分切成质量大致相同的 6 份，成型后于调温调湿箱（30℃，相对湿度 75%）中醒发 10min，然后放入已煮沸的蒸锅中蒸 20min 至熟，取出冷却。比容的测定用感量为 0.01g 天平称取馒头的质量，以 g 计；用食品体积仪测定其体积，以 mL 计；最后，把馒头的体积除以它的质量即为比体积，以 mL/g 计。

自发小麦粉馒头的质量评分标准见表 3－3。

表 3－3　自发小麦粉馒头的质量评分标准

项　目		满分/分	评　分　标　准
比体积/($mL \cdot g^{-1}$)		30	比体积大于 2.30，得分为满分；比体积每下降 0.10，得分扣 2 分
外观	形状	10	挺立，完整（7～10 分）；中等（4～6 分）； 平塌、扭曲不完整（0～3 分）
	颜色	5	白、奶白色（4～5 分）；中等（2～3 分）； 黄色、灰色或其他不正常色（0～1 分）
	光泽	5	光亮（4～5 分）；中等（2～3 分）；暗淡（0～1 分）
内部结构		20	气孔细密均匀（14～20 分）；中等（7～13 分）； 气孔大而不均匀（0～6 分）
口感	弹、韧性	15	弹性好，有咬劲（11～15 分）； 中等（6～10 分）；弹性、咬劲均差（0～5 分）
	黏性	10	爽口、不黏牙（7～10 分）；稍有黏牙（4～6 分）；黏牙（0～3 分）
口味		5	醇香味、正常面粉香味（3～5 分）；有可接受的异味（0～2 分）

（3）容器

形状：视具体食品样品而定；

容量：视样品提取量而定，但各容器之间应大小一致；

色彩：各容器颜色一致即可，为避免干扰样品颜色，尽量用白色；

材质：原则上不加限制，但条件许可，尽可能使用一次性纸制或塑料制器皿，盛放样品的器皿不应有异味。

（4）环境

室温：保持在20℃~22℃；

湿度：保持在60%~62%；

换气：空气流速保持在0.1m/s~0.2m/s；

照明：多数检验不要求特殊的照明，照明的目的是为了有充分的、舒适的照明度，故要设置一个良好的照明系统。为了掩蔽色彩和其他外观上不相干差异，可根据实际情况采用特殊的照明效果；

单室法或圆室法：为了避免检验人员相互之间的干扰，室内应划分成几个小间。一般的感官检验室为6~7个小间。如果地方有限，也可用折叠式板放在实验台上进行间隔。

3.1.2.5.4 判断

判断的内容主要是判断食品的各项质量指标，一般为食品的颜色、外表、风味、质地、组织及包装等。判断过程中的几个注意点：①进行气味检验时，要求小组成员不要使用化妆品，当检验人员需用手拿容器时，要求使用没有香气的肥皂洗手。②为了检验人员午后正常地检验，在午餐中应避免进食辛辣、香料加得较多的食品。③由于食品是个综合体，各个质量指标之间会相互影响，对食品单一指标的评判结果与多个指标的评判结果会产生很大的差异，因此，在一般情况下，应尽可能减少一次试验中的评判指标数。④进食后1h不可做检验，一般要等到2h~3h；吸烟、嚼口香糖或喝含酒精料的人至少要等20min后方可参与检验。⑤检验人员生病，特别是感冒期间不能进行检验工作。⑥在尝味检验时，检验人员必须在下一个检验开始之前预先用清水漱口。

3.1.2.5.5 分析

食品感官检验与其他实验学科一样，符合上述方法和要求得出的每位选手的得分，也需要进行试验结果的分析，然后从一大堆实验数据中得出某些有效的结论，尽可能消除误差和偏见，科学地辨别真伪，增强评分的公正性。目前分析的方法主要采用统计学方法，可根据不同的检验类型选择不同的统计分析方法，如对于差别试验的评判结果，可以通过查表法得到概率值P，再与显著性水平比较，从而得出结论；对于排列试验的统计分析，主要有查表法和应用χ^2分布表来进行统计分析；方差分析可以用来检验影响感官鉴定结果的因素是否显著等。

3.2 物理检查法

本法是根据食品的相对密度、折光率、旋光度、黏度、浊度等物理常数与食品的组分及含量之间的关系进行检验的方法。物理检查法是食品分析及食品工业生产中常用的检验方法。

3.2.1 相对密度检验法

3.2.1.1 密度与相对密度

密度是指物质在一定温度下单位体积的质量，以符号ρ表示，其单位为g/cm^3。相对密度是指某一温度下物质的质量与同体积某一温度下水的质量之比，以符号 d 表示，无量纲。因为物质一般都具有热胀冷缩的性质（水在4℃以下是反常的），所以密度和相对密度的值都随温度的改变而改变。故密度应标出测定时物质的温度，表示为 ρ_t，如 ρ_{20}。相对密度应标出测定时的物质的温度及水的温度，表示为 $d_{t_2}^{t_1}$，如 d_4^{20}、d_{20}^{20}，其中 t_1 表示物质的温度，t_2 表示水的温度。

密度和相对密度之间有如下关系：

$$d_{t_2}^{t_1} = \frac{t_1 \text{ 温度下物质的密度}}{t_2 \text{ 温度下水的密度}}$$

因为水在4℃时的密度为1.000g/cm^3，所以物质在某温度下的密度 ρ_t 和物质在同一温度下对4℃水的相对密度 d_4^t 在数值上相等，两者在数值上可以通用。故工业上为方便起见，常用 d_4^{20}，即物质在20℃时的质量与同体积4℃水的质量之比来表示物质的相对密度，其数值与物质在20℃时的密度 ρ_{20} 相等。

3.2.1.2　测定相对密度的意义

相对密度是物质重要的物理常数，各种液态食品都具有一定的相对密度，当其组成成分及浓度发生改变时，其相对密度往往也随之改变。通过测定液态食品的相对密度，可以检验食品的纯度、浓度及判断食品的质量。

蔗糖、酒精等溶液的相对密度随溶液浓度的增加而增高，通过实验已制定了溶液浓度与相对密度的对照表，只要测得了相对密度就可以由专用的表格上查出其对应的浓度。

对于某些液态食品（如果汁、番茄酱等），测定相对密度并通过换算或查专用经验表格可以确定可溶性固形物或总固形物的含量。

正常的液态食品，其相对密度都在一定的范围内。例如：全脂牛乳为1.028～1.032，植物油（压榨法）为0.9090～0.9295。当因掺杂、变质等原因引起这些液体食品的组成成分发生变化时，均可出现相对密度的变化。如牛乳的相对密度与其脂肪含量、总乳固体含量有关，脱脂乳相对密度升高，掺水乳相对密度下降。油脂的相对密度与其脂肪酸的组成有关，不饱和脂肪酸含量越高，脂肪酸不饱和程度越高，脂肪的相对密度越高；游离脂肪酸含量越高，相对密度越低；酸败的油脂相对密度升高。因此，测定相对密度可初步判断食品是否正常以及纯净程度。需要注意的是，当食品的相对密度异常时，可以肯定食品的质量有问题；当相对密度正常时，并不能肯定食品质量无问题，必须配合其他理化分析，才能确定食品的质量。总之，相对密度是食品生产过程中常用的工艺控制指标和质量控制指标。

3.2.1.3　液态食品相对密度的测定方法

测定液态食品相对密度的方法有密度瓶法、相对密度天平法、相对密度计法等。

3.2.1.3.1　密度瓶法（GB/T 5009.2—2003）

在20℃时分别测定充满同一密度瓶的水及试样的质量即可计算出相对密度，由水的质量可确定密度瓶的容积即试样的体积，根据试样的质量及体积即可计算密度。

(1) 仪器

附温度计的密度瓶，如图3－1所示。

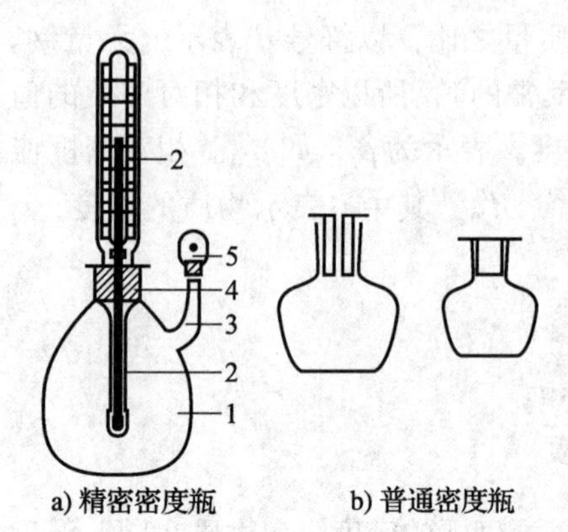

图 3-1　密度瓶

1—密度瓶；2—温度计；3—支管；4—瓶塞；5—支管上小帽

（2）分析步骤

取洁净、干燥、准确称量的密度瓶，装满试样后，置20℃水浴中浸0.5h，使内容物的温度达到20℃，盖上瓶盖，并用细滤纸条吸去支管标线上的试样，盖好小帽后取出，用滤纸将密度瓶外擦干，置天平室内0.5h，称量。再将样品倾出，洗净密度瓶，装满水，以下按上述自“置20℃水浴中浸0.5h……”起依法操作。密度瓶内不能有气泡，天平室内温度不能超过20℃，否则不能使用此法。

（3）结果计算

试样在20℃时的相对密度按式（3-1）进行计算。

$$d = \frac{m_2 - m_0}{m_1 - m_0} \tag{3-1}$$

式中：m_0——密度瓶的质量，g；

m_1——密度瓶加水的质量，g；

m_2——密度瓶加液体试样的质量，g；

d——试样在20℃时的相对密度。

（4）精密度

在重复性条件下获得的两次独立测定结果的绝对差值不得超过算术平均值的5%。

（5）说明

本方法适用于样品量较少的液体食品，对挥发性食品也适用，结果较准确。

操作中应注意：水及样品液必须完全装满密度瓶，且不得有气泡。取出时不得用手直接接触密度瓶的球部，最好戴隔热手套拿取密度瓶的颈部或用工具夹取。水浴中的水必须保持清洁无油污，防止密度瓶外壁污染。

3.2.1.3.2　相对密度天平法（GB/T 5009.2—2003）

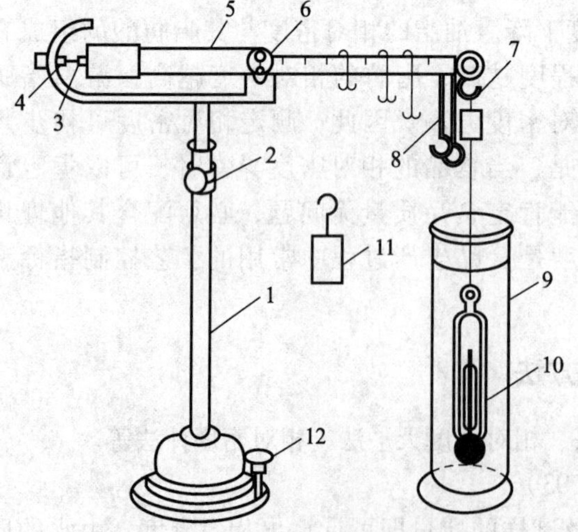

图 3-2　韦氏相对密度天平

1—支架；2—升降调节旋钮；3、4—指针；5—横梁；6—刀口；7—挂钩；8—游码；9—玻璃圆筒；10—玻锤；11—砝码；12—调零旋钮

相对密度天平法即韦氏比重天平法。在20℃时，分别测定玻锤在水及试样中的浮力，由于玻锤所排开的水的体积与排开的试样的体积相同，即可计算出试样的相对密度，根据水的密度及玻锤在水中与试样中的浮力，即可计算出试样的相对密度。

（1）仪器

韦氏相对密度天平，如图3-2所示。

由支架1、横梁5、玻锤10、玻璃圆筒9、砝码11及游码8组成。横梁5的右端等分为10个刻度，玻锤10在空气中重量准确为15.00g，内附温度计，温度计上有一道红线或一道较粗的黑线用来表示在此温度下玻锤能准确排开5g水质量。此相对密度天平为水在该温度时的相对密度为1。玻璃圆筒用来盛试样。砝码11的质量与玻璃锤相同，用来在空气中调节相对密度天平的零点。游码组8本身质量为5g，0.5g，0.05g，0.005g，在放置相对密度天平横梁上时，表示质量的比例为0.1，0.01，0.001，0.0001。它们在各个位置的读数如图3－3所示。

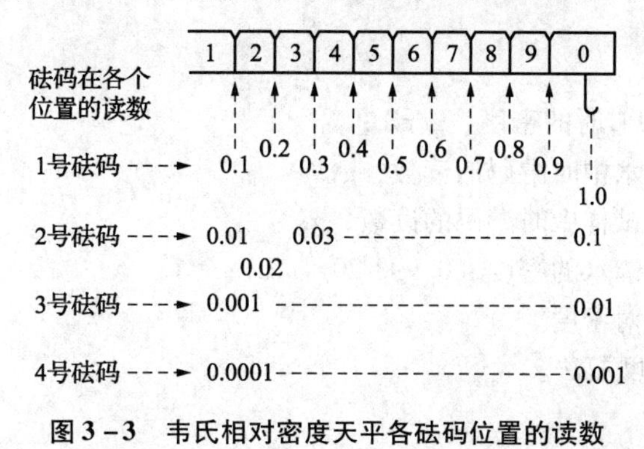

图3－3　韦氏相对密度天平各砝码位置的读数

（2）分析步骤

测定时将支架置于平面桌上，横梁架于刀口处，挂钩处挂上砝码，调节升降旋钮至适宜高度，旋转调零旋钮，使两指针吻合。然后取下砝码，挂上玻锤，在玻璃圆筒内加水至4/5处，使玻锤沉于玻璃圆筒内，调节水温至20℃（即玻锤内温度计指示温度），试放4种游码，至横梁上两指针吻合，读数为P_1，然后将玻锤取出擦干。加欲测试样于干净圆筒中，使玻锤浸入至以前相同的深度，保持试样温度在20℃，试放4种游码，至横梁上两指针吻合，记录读数为P_2。玻锤放入圆筒内时，勿使碰及圆筒四周及底部。

例如，平衡时，第1号砝码挂在8分度，2号在6分度，3号在5分度，4号在3分度，则读数为0.865 3，如图3－4a）所示。

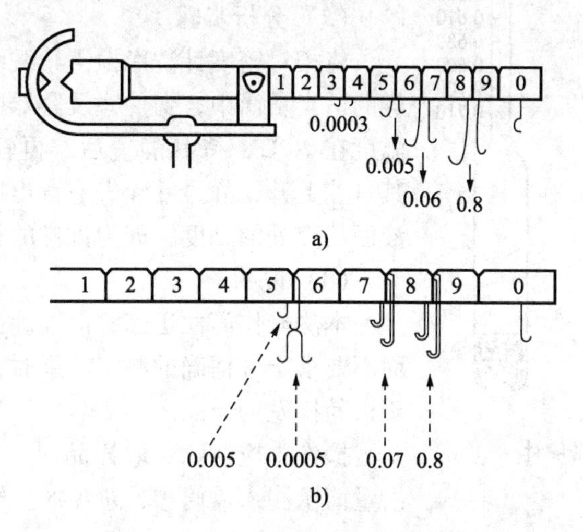

图3－4　韦氏相对密度天平读示例

如果有两个砝码同挂在一个位置上，则读数时应该注意它们的关系，如图3－4b）所示，应读为0.875 5。

（3）结果计算

试样在20℃时的密度按式（3－2）进行计算。

$$\rho_{20}=\frac{P_2}{P_1}\times\rho_0 \quad (3-2)$$

试样的相对密度按式（3－3）进行计算。

$$d=\frac{P_2}{P_1} \quad (3-3)$$

式中：ρ_{20}——试样在20℃时的密度，g/mL；

P_1——玻锤浸入水中时游码的读数，g；

P_2——玻锤浸入试样中时游码的读数，g；

ρ_0——20℃时蒸馏水的密度（0.998 20g/mL）；

d——试样的相对密度。

计算结果表示同密度瓶法。

（4）精密度

在重复性条件下获得的两次独立测定结果的绝对差值不得超过算术平均值的5%。

（5）说明

一定体积的物体在各种液体中所受到的浮力与该液体的密度成正比。

操作时必须先检查比重天平的安装是否正确，横梁应呈水平状态。调节温度不可高于或低于指定温度，否则不准确。经用该温度蒸馏水调节好的螺旋，以后测定样品时不可再动。

3.2.1.3.3　相对密度计（比重计）法（GB/T 5009.2—2003）

（1）仪器

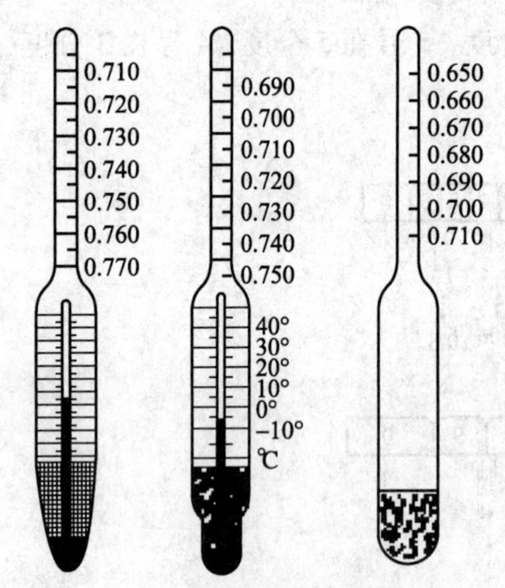

图3－5　相对密度计

相对密度计，上部细管中有刻度标签，表示相对密度读数，下部球形内部装有汞或铅块。如图3－5所示。

（2）分析步骤

将相对密度计洗净擦干，缓缓放入盛有待测液体试样的适当量筒中，勿使碰及容器四周及底部，保持试样温度在20℃，待其静置后，再轻轻按下少许，然后待其自然上升，静置并无气泡冒出后，从水平位置观察与液面相交处的刻度，即为试样的相对密度。

（3）说明

本法操作简便迅速，但准确性较差。在有大量样品而不要求十分精确的测定结果时，可采用此法。不适用于极易挥发的样品。

操作中应注意：取样品时，须将样品充分混匀后，沿量筒壁注入量筒中，避免产生气泡。要求液体温度为20℃，若不是20℃，可根据液体的温度进行校正。读取相对密度值时，相对密度计不可与量筒壁接触，读数应以相对密度计与液体形成弯月面下缘为准。

3.2.1.3.4　波美度法

（1）仪器

波美计的构造与相对密度计相似。

（2）操作方法

同相对密度计法。

(3) 波美度（$°B'e$）与相对密度（γ_{20}^{20}）的换算按式（3-4）和式（3-5）。

$$°B'e = 145 - \frac{145}{\gamma_{20}^{20}} \tag{3-4}$$

$$\gamma_{20}^{20} = \frac{145}{145 - °B'e} \tag{3-5}$$

例如。已知相对密度1.45，求波美度代入公式：

$$°B'e = 145 - \frac{145}{1.45} = 45$$

3.2.2　折光法

通过测量物质的折光率来鉴别物质组成，确定物质的纯度、浓度及判断物质的品质的分析方法称为折光法。

3.2.2.1　光的折射与折光率

光线从一种介质（如空气）射到另一种介质（如水）时，除了一部分光线反射回第一种介质外，另一部分进入第二种介质中并改变它的传播方向，这种现象叫光的折射。对某种介质来说，入射角正弦与折射角正弦之比恒为定值，它等于光在两种介质中的速度之比，此值称为该介质的折光率。

物质的折光率是物质的特征常数之一，与入射光的波长、温度有关，一般在折光率 n 的右上角标注温度，右下角标注波长。

3.2.2.2　测定折光率的意义

折光率是物质的一种物理性质。它是食品生产中常用的工艺控制指标，通过测定液态食品的折光率，可以鉴别食品的组成、确定食品的浓度、判断食品的纯度及品质。

蔗糖溶液的折光率随浓度增大而升高，通过测定折光率可以确定糖液的浓度及饮料、糖水罐头等食品的糖度，还可以测定以糖为主要成分的果汁、蜂蜜等食品的可溶性固形物的含量。

各种油脂具有其一定的脂肪酸构成，每种脂肪酸均有其特定的折光率。含碳原子数目相同时，不饱和脂肪酸的折光率比饱和脂肪酸的折光率大得多；不饱和脂肪酸相对分子质量越大，折光率也越大；酸度高的油脂折光率低。因此测定折光率可以鉴别油脂的组成和品质。

正常情况下，某些液态食品的折光率有一定的范围，如正常牛乳乳清的折光率在1.341 99～1.342 75之间，当这些液态食品因掺杂、浓度改变或品种改变等原因而引起食品的品质发生了变化时，折光率常常会发生变化。所以测定折光率可以初步判断某些食品是否正常。如牛乳掺水，其乳清折射率降低，故测定牛乳乳清的折射率即可了解乳糖的含量，判断牛乳是否掺水。

必须指出的是，折光法测得的只是可溶性固形物含量，因为固体粒子不能在折射仪上反映出它的折光率。含有不溶性固形物的样品，不能用折光法直接测出总固形物。但对于番茄酱、果酱等个别食品，已通过实验编制了总固形物与可溶性固形物关系表，先用折光法测定可溶性固形物含量，即可查出总固形物的含量。

3.2.2.3 常用的折光仪

折光仪是利用临界角原理测定物质折射率的仪器，大多数的折光仪是直接读取折射率，不必由临界角间接计算。除了折射率的刻度尺外，通常还有一个直接表示出折射率相当于可溶性固形物百分数的刻度尺，使用很方便。其种类很多，食品工业中最常用的是阿贝折光仪和手提式折光仪。两者的光学原理相同，只是手提式折光仪操作简单，便于携带，常用于生产现场检验。

3.2.3 旋光法

应用旋光仪测量旋光性物质的旋光度以测定其含量的分析方法叫旋光法。

3.2.3.1 偏振光的产生

光是一种电磁波，是横波，即光波的振动方向与其前进方向互相垂直。自然光有无数个与光的前进方向互相垂直的光波振动面，若使自然光通过尼克尔棱镜，由于振动面与尼克尔棱镜的光轴平行的光波才能通过尼克尔棱镜，所以通过尼克尔棱镜的光，只有一个与光的前进方向互相垂直的光波振动面，这种仅在一个平面上振动的光叫偏振光。产生偏振光的方法很多，通常是用尼克尔棱镜或偏振片。

3.2.3.2 光学活性物质、旋光度与比旋光度

分子结构中凡有不对称碳原子，能把偏振光的偏振面旋转一定角度的物质称为光学活性物质。许多食品成分都具有光学活性，如单糖、低聚糖、淀粉以及大多数的氨基酸等。其中能把偏振光的振动平行向右旋转的，称为“具有右旋性”，以“（+）”表示；反之，称为“具有左旋性”，以“（-）”表示。

偏振光通过光学活性物质的溶液时，其振动平面所旋转的角度叫作该物质溶液的旋光度，以 α 表示。旋光度的大小与光源的波长、温度、旋光性物质的种类、溶液的浓度及液层的厚度有关。对于特定的光学活性物质，在光源波长和温度一定的情况下，其旋光度 α 与溶液的浓度 c 和液层的厚度 L 成正比。如式（3-6）。

$$\alpha = KcL \tag{3-6}$$

当旋光性物质的浓度为1g/mL，液层厚度为1dm时所测得的旋光度称为比旋光度，以 $[\alpha]_\lambda^t$ 表示。由式（3-6）可知：

$$[\alpha]_\lambda^t = K \times 1 \times 1 = K$$

即：

$$[\alpha]_\lambda^t = \frac{\alpha}{L \cdot c} \text{或} c = \frac{\alpha}{[\alpha]_\lambda^t \cdot L} \tag{3-7}$$

式中：$[\alpha]_\lambda^t$——比旋光度，°；

T——温度，℃；

λ——光源波长，nm；

α——旋光度，°；

L——液层厚度或旋光管长度，dm；

c——溶液浓度，g/mL。

比旋光度与光的波长及测定温度有关。通常规定用钠光D线（波长589.3nm）在20℃

时测定，在此条件下，比旋光度用 $[\alpha]_D^{20}$ 表示。因在一定条件下比旋光度 $[\alpha]_\lambda^t$ 是已知的，L 为一定，故测得了旋光度 α 就可计算出旋光质溶液中的浓度 c。

3.2.3.3　变旋光作用

具有光学活性的还原糖类（如葡萄糖、果糖、乳糖、麦芽糖等），在溶解之后，其旋光度起初迅速变化，然后渐渐变得较缓慢，最后达到恒定值，这种现象称为变旋光作用。这是由于有的糖存在两种异构体，即 α 型和 β 型，它们的比旋光度不同。这两种环型结构及中间的开链结构在构成一个平衡体系过程中，即显示出变旋光作用。因此，在用旋光法测定蜂蜜，商品葡萄糖等含有还原糖的样品时，样品配成溶液后，宜放置过夜再测定。若需立即测定，可将中性溶液（pH7）加热至沸，或加几滴氨水后再稀释定容；若溶液已经稀释定容，则可加入碳酸钠干粉至石蕊试纸刚显碱性。在碱性溶液中，变旋光作用迅速，很快达到平衡。但微碱性溶液不宜放置过久，温度也不可太高，以免破坏果糖。

3.2.3.4　旋光计

（1）普通旋光计

最简单的旋光计是由两个尼克尔棱镜构成，一个用于产生偏振光，称为起偏器；另一个用于检验偏振光振动平面被旋光质旋转的角度，称为检偏器。当起偏器与检偏器光轴互相垂直时，即通过起偏器产生的偏振光的振动平面与检偏器光轴互相垂直时，偏振光通不过去，故视野最暗，此状态为仪器的零点。若在零点情况下，在起偏器和检偏器之间放入旋光质，则偏振光部分或全部地通过检偏器，结果视野明亮。此时若将检偏器旋转一角度使视野最暗，则所旋角度即为旋光质的旋光度。

（2）检糖计

专用于糖类的测定，刻度数值直接表示为蔗糖的百分含量（kg/L），其测定原理与旋光计相同。最常用的是国际糖度尺，以°S 表示。其标定方法是：在 20℃时，把 26.000g 纯蔗糖（在空气中以黄铜砝码称出）配成 100mL 的糖液，在 20℃用 200mm 观测管以波长 λ = 589.4400nm 的钠黄光为光源测得的读数定为 100°S。1°S 相当于 100mL 糖液中含有 0.26g 蔗糖。读数为 x°S，表示 100mL 糖液中含有 0.26xg 蔗糖。国际糖度与角旋度之间的换算关系如下：

$$1°S = 0.346\,26°;1° = 2.888°S$$

（3）WZZ 型自动旋光计

普通旋光计和检糖计，虽然具有结构简单、价格低廉等优点，但也存在着以肉眼判断终点、有人为误差、灵敏度低及须在暗室内工作等缺点。WZZ－1 型自动旋光计采用光电检测器及晶体管自动示数装置，具有体积小、灵敏度高、没有人为误差、读数方便、测定迅速等优点，目前在食品分析中应用十分广泛。

3.2.4　压力测定法

在某些瓶装或罐装食品中，容器内气体的分压常常是产品的重要质量指标。如罐头生产中，要求罐头要有一定的真空度，即罐内气体分压与罐外气压差应小于零，为负压。这是罐头产品必须具备的一个质量指标，而且对于不同罐型、不同的内容物、不同的工艺条件，要求达到的真空度不同。瓶装含气饮料，如碳酸饮料、啤酒等，其 CO_2 含量是产品的一个重要理化指标。

这类检测通常采用压力测定的简单仪表，如真空计或压力计对容器内的气体分压进行检测。

3.2.5 固态食品的比体积

固态食品如固体饮料、麦乳精、豆浆晶、面包、饼干、冰淇淋等，其表观的体积与质量之间关系，即比体积是其很重要的一项物理指标。

比体积是指单位质量的固态食品所具有的体积（mL/100g 或 mL/g）。还有与此相关的类似指标，如固体饮料的颗粒度（%）、饼干的块数（块/kg）、冰淇淋的膨胀率（%）等。这些指标都将直接影响产品的感官质量，也是其生产工艺过程质量控制的重要参数。

固态食品比体积的测定都较为简单，下面将介绍常见固态食品比体积及其相关指标的测定。

3.2.5.1 固体饮料颗粒度测定

称取颗粒饮料（100 ±0.1）g 于 40 目标准筛上，圆周运动 50 次，将未过筛的样称量。按式（3 -8）计算。

$$W=\frac{m_1}{m_2}\times 100\% \qquad (3-8)$$

式中：W——颗粒度，%；

m_1——未过筛被测样品质量，g；

m_2——被测样品总质量，g。

3.2.5.2 冰淇淋膨胀率的测定

利用乙醚试剂消泡的原理，将一定体积的冰淇淋试样解冻后消泡，测出冰淇淋中所包含的空气的体积，从而计算出冰淇淋的膨胀率。

（1）准确量取体积为 $50cm^3$ 的冰淇淋样品，放入插在 250mL 的容量瓶内的玻璃漏斗中，缓慢加入 200mL 40℃ ~50℃的蒸馏水，将冰淇淋全部移入容量瓶中，在温水中保温，待泡沫消除后冷却。

（2）用吸管吸取 2mL 乙醚，注入容量瓶中，去除溶液中的泡沫。然后以滴定管滴加蒸馏水于容量瓶中直至刻度为止，记录滴加蒸馏水的体积（mL）（加入乙醚体积和从滴定管滴加的蒸馏水的体积之和，相当于 50cm。冰淇淋中的空气量）。

（3）按式（3 -9）计算。

$$膨胀率=\frac{V_1+V_2}{50-(V_1+V_2)}\times 100\% \qquad (3-9)$$

式中：V_1——加入乙醚的体积，mL；

V_2——滴加蒸馏水的体积，mL。

3.3 化学分析法

本法是当前食品卫生检验工作中应用最广泛的方法，根据检查目的和被检物质的特性，可进行定性和定量分析。

3.3.1　定性分析

定性分析的目的，在于检查某一物质是否存在。它是根据被检物质的化学性质，经适当分离后，与一定试剂产生化学反应，根据反应所呈现的特殊颜色或特定性状的沉淀来判定其存在与否。

3.3.2　定量分析

定量分析的目的，在于检查某一物质的含量。可供定量分析的方法颇多，除利用重量和容量分析外，近年来，定量分析的方法正向着快速、准确、微量的仪器分析方向发展，如光学分析、电化学分析、层析分析等。

3.3.2.1　重量分析

本法是将被测成分与样品中的其他成分分离，然后称量该成分的重量，计算出被测物质的含量。它是化学分析中最基本、最直接的定量方法。尽管操作麻烦、费时，但准确度较高，常作为检验其他方法的基础方法。

重量分析的基本过程为：

试样──→被测组分分离──→称量──→计算含量

↓　↓　↓

挥发法　萃取法　沉淀法

目前，在食品卫生检验中，仍有一部分项目采用重量法，如水分、脂肪含量、溶解度、蒸发残渣、灰分等的测定都是重量法。由于红外线灯、热天平等近代仪器的使用，使重量分析操作已向着快速和自动化分析的方向发展。

根据使用的分离方法不同，重量法可分为以下 3 种。

(1) 挥发法

是将被测成分挥发或将被测成分转化为易挥发的成分去掉，称残留物的重量，根据挥发前和挥发后的重量差，计算出被测物质的含量。如测定水分含量。

(2) 萃取法

是将被测成分用有机溶媒萃取出来，再将有机溶媒挥发去除，称残留物的重量，计算出被测物质的含量。如测定食品中脂肪含量。

(3) 沉淀法

是在样品溶液中，加一适当过量的沉淀剂，使被测成分形成难溶的化合物沉淀出来，根据沉淀物的重量，计算出该成分的含量。如在化学中经常使用的测定无机成分。

使用沉淀法分析某物质的含量时，存在沉淀形式和称量形式两种状态。往试液中加入适当的沉淀剂，使被测组分沉淀出来，所得的沉淀称为沉淀形式；沉淀经过滤、洗涤、烘干或灼烧之后，得到称量形式，然后再由称量形式的化学组成和重量，便可算出被测组分的含量。沉淀形式与称量形式可以相同，也可以不同，如测定 Cl^- 时，加入沉淀剂 $AgNO_3$ 得到 AgCl 沉淀，此时沉淀形式和称量形式相同，但测定 Mg^{2+} 时，沉淀形式为 $MgNH_4PO_4$，经灼烧后得到的称量形式为 $Mg_2P_2O_7$，则沉淀形式与称量形式不同。

沉淀重量法对沉淀形式的要求：①沉淀的溶解度要小。沉淀的溶解度必须很小，才能使被测组分沉淀完全，根据一般分析结果的误差要求，沉淀的溶解损失不应超过分析天平的称量误差，即0.2mg。②沉淀应易于过滤和洗涤。③沉淀必须纯净。沉淀应该是纯净的，不应混杂质沉淀剂或其他杂质，否则不能获得准确的分析结果。④应易于转变为称量形式。

沉淀重量法对称量形式的要求：①要有足够的化学稳定性。沉淀的称量形式不应受空气中的 CO_2、O_2的影响而发生变化，本身也不应分解或变质。②应具有尽可能大的相对分子质量：称量形式的相对分子质量大，则被测组分在称量形式中的含量小，称量误差也小，可以提高分析结果的准确度。

3.3.2.2 容量分析

是将已知浓度的操作溶液（即标准溶液），由滴定管加到被检溶液中，直到所用试剂与被测物质的量相等时为止。反应的终点，可借指示剂的变色来观察。根据标准溶液的浓度和消耗标准溶液的体积，计算出被测物质的含量。根据其反应性质不同，容量分析可分为下列4类。

（1）中和法

利用已知浓度的酸溶液来测定碱溶液的浓度，或利用已知浓度的碱溶液来测定酸溶液的浓度。终点的指示是借助于适当的酸、碱指示剂如甲基橙和酚酞等的颜色变化来决定。

（2）氧化还原法

利用氧化还原反应来测定被检物质中氧化性或还原性物质的含量。

碘量法：是利用碘的氧化反应来直接测定还原性物质的含量或利用碘离子的还原反应，使与氧化剂作用，然后用已知浓度的硫代硫酸钠滴定析出的碘，间接测定氧化性物质的含量。如测定肌醇的含量。

高锰酸钾法：是利用高锰酸钾的氧化反应来测定样品中还原性物质的含量。用高锰酸钾作滴定剂时，一般在强酸性溶液中进行。如测定“食品中还原糖的含量”。

另外，属于氧化还原法的，还有重铬酸钾法和溴酸盐定量法等。

（3）沉淀法

利用形成沉淀的反应来测定其含量的方法。如氯化钠的测定，利用硝酸银标准溶液滴定样品中的氯化钠，生成氯化银沉淀，待全部氯化银沉淀后，多滴加的硝酸银与铬酸钾指示剂生成铬酸银溶液呈橘红色即为终点。由硝酸银标准滴定溶液消耗量计算氯化钠的含量。

（4）络合滴定法

在食品卫生检验中主要是应用氨羧络合滴定中的乙二胺四乙酸二钠（EDTA）来直接滴定的方法。它是利用金属离子与氨羧络合剂定量地形成金属络合物的性质，在适当的 pH 范围内，以 EDTA 溶液直接滴定，借助于指示剂与金属离子所形成络合物的稳定性较小的性质，在达到当量点时，EDTA 自指示剂络合物中夺取金属离子而使溶液中呈现游离指示剂的颜色，用以指示滴定终点的方法。例如食盐中镁的测定即采用此法。

3.4 物理化学分析法

物理化学分析法的种类很多，如图3-6所示，本书只涉及其中光学分析法中的吸收光谱与发射光谱以及色谱分析。

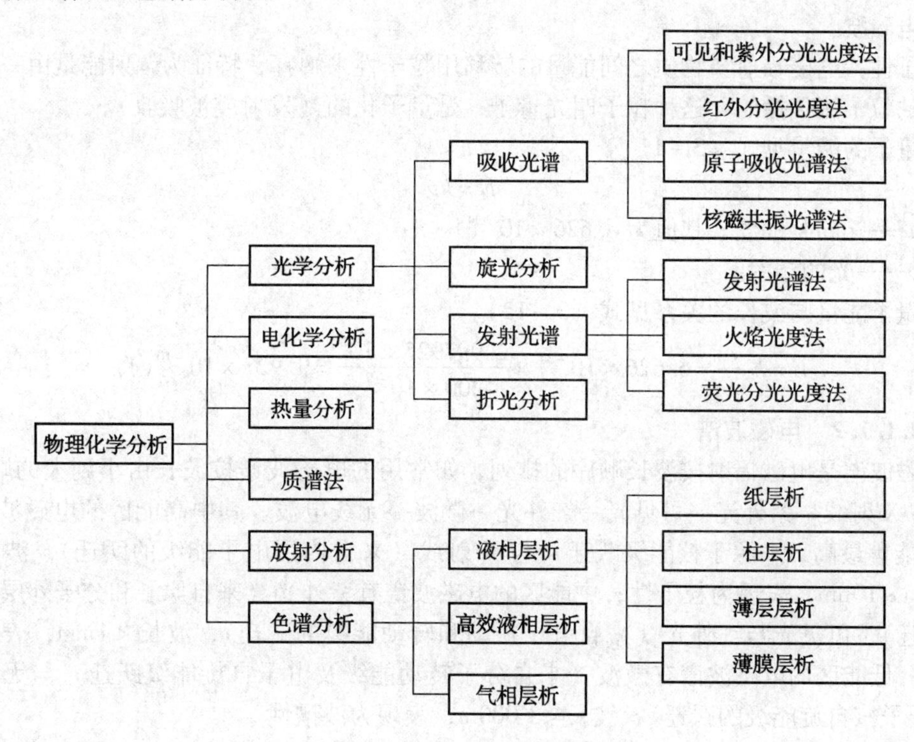

图3-6　物理化学分析法的分类

3.4.1　光学分析法

光学分析法是依据物质发射的电磁辐射或物质与电磁辐射相互作用而建立起来的各种分析法，分为光谱法和非光谱法。其中光谱法是利用物质与电磁辐射作用时，物质内部发生量子化能级跃迁而产生的吸收、发射或散射辐射等电磁辐射的强度随波长变化的定性、定量分析方法，按能量交换方向分为吸收光谱法与发射光谱法，按作用结果不同分为原子光谱（线状光谱，如原子吸收、原子发射、原子荧光光谱法等）与分子光谱（带状光谱，如红外吸收、紫外-可见吸收光谱等）；非光谱法是利用物质与电磁辐射的相互作用测定电磁辐射的反射、折射、干涉、衍射和偏振等基本性质变化的分析方法，分为折射法、旋光法、比浊法、X射线衍射法。

3.4.1.1　相关概念

3.4.1.1.1　电磁波

电磁波（又称电磁辐射）是以巨大速度通过空间、不需要任何物质作为传播媒介的一种能量，具有波、粒二向性。

波动性：其特征是每个光子具有一定的波长，可以用波的参数如波长、频率、周期及振幅等物理量来描述。由于在真空中，所有电磁波均以同样的最大速度 c 传播，各种辐射在真空中有固定的波长见式（3-10）。

$$\lambda = \frac{c}{\nu} \tag{3-10}$$

但电磁波在任何介质中的传播速度都比在真空中小，通常用真空中的 λ 值来标记各种不同的电磁波。

粒子性：电磁辐射与物质之间能量的转移用粒子性来解释，特征为辐射能是由一颗一颗不连续的粒子流传播的，这种粒子叫光量子，是量子化的（发射或被吸收）。

光量子的能量见式（3－11）。

$$E=h\nu \tag{3-11}$$

式中：h——plank 常数，其值为 6.626×10^{-34} J · S；

ν——光的频率。

光量子能量与波长的关系见式（3－12）。

$$E=h\frac{c}{\lambda}=6.626\times10^{-34}\times\frac{2.997925\times10^{8}}{200\times10^{-9}}=9.923\times10^{-10}(\mathrm{J}) \tag{3-12}$$

3.4.1.1.2 电磁波谱

电磁波谱是电磁辐射按波长顺序的排列，如常用的电磁波谱按波长由小到大的顺序为：γ 射线→X 射线→紫外光→可见光→红外光→微波→无线电波。其中高能区的电磁波谱有 γ 射线（能量最高，来源于核能级跃迁）与 X 射线（来自内层电子能级的跃迁），波长范围 0.005nm～10nm，表现为粒子性；中能区的电磁波谱有紫外光（来自原子和分子外层电子能级的跃迁）、可见光与红外光（来自分子振动和转动能级的跃迁），波长 <1mm，表现为光学光谱；低能区的电磁波谱有微波（来自分子转动能级及电子自旋能级跃迁）与无线电波（来自原子核自旋能级的跃迁），波长 <1 000m，表现为波谱性。

3.4.1.2 分光光度法

是根据物质分子对紫外及可见光谱区光辐射的吸收特征和吸收程度进行定性、定量的分析方法。

3.4.1.2.1 吸收光谱的产生

（1）分子能级与电磁波谱

分子及分子中包含的原子和电子都是运动着的物质，都具有能量，且都是量子化的。在一定的条件下，物质分子内部运动状态有三种形式：①电子运动，电子绕原子核作相对运动。②原子运动，分子中原子或原子团在其平衡位置上作相对振动。③分子转动，整个分子绕其重心作旋转运动。故分子的能量总和见式（3－13）。

$$E_{分子}=E_{\mathrm{e}}+E_{\mathrm{v}}+E_{\mathrm{j}}+\cdots+(E_0+E_{平}) \tag{3-13}$$

分子中各种不同运动状态都具有一定的能级：电子能级 E（基态 E_1 与激发态 E_2）、振动能级 $V=0$，1，2，3，…与转动能级 $J=0$，1，2，3，…。E_0 为分子内在的不随分子运动而设定的能量，平动能 $E_{平}$ 只是温度的函数。

当分子吸收一个具有一定能量的光量子时，就有较低的能级基态能级 E_1 跃迁到较高的能级及激发态能级 E_2，被吸收光子的能量必须与分子跃迁前后的能量差 ΔE 恰好相等，否则不能被吸收，如式（3－14）。

$$\Delta E=E_2-E_1=\varepsilon_{光子}=h\nu=\Delta E_{\mathrm{e}}+\Delta E_{\mathrm{v}}+\Delta E_{\mathrm{j}} \tag{3-14}$$

分子的三种能级跃迁情况如图 3－7 所示。

分子的能级跃迁是分子总能量的改变。当发生电子能级跃迁时，则同时伴随有振动能级和转动能级的改变，因此，分子的“电子光谱”是由许多线光谱聚集在一起的谱带，称为“带状光谱”。

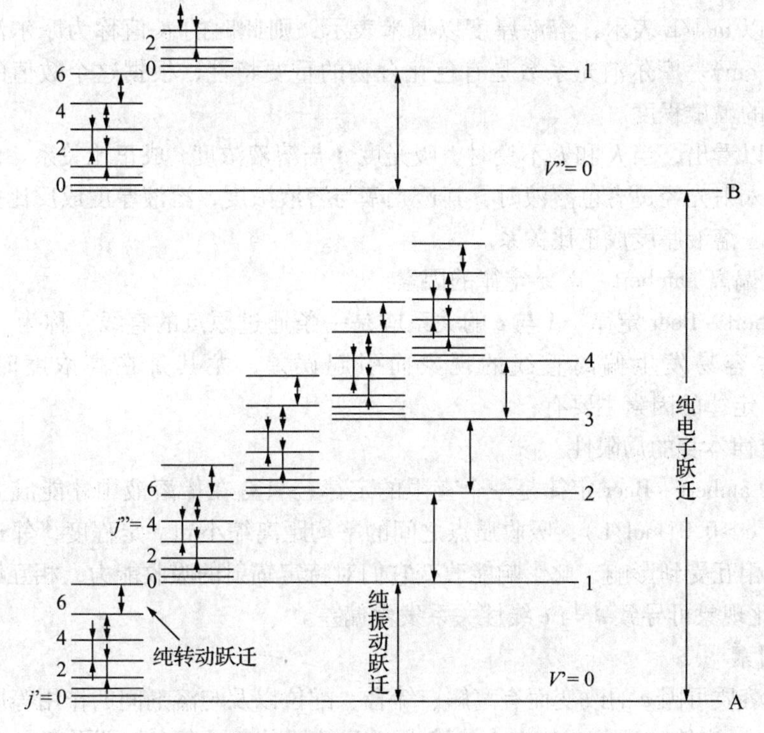

图3－7　双原子分子的三种能级跃迁示意图

（2）紫外－可见吸收光谱的产生

是由于分子吸收紫外－可见光区的电磁辐射，分子中价电子（或外层电子）的能级跃迁而产生（吸收能量＝两个跃迁能级之差）。

3.4.1.2.2　分光光度法的基本原理

（1）Lambert－Beer 定律

Lambert－Beer 定律是说明物质对单色光吸收的强弱与吸光物质的浓度和液层厚度间的关系的定律，是光吸收的基本定律和紫外－可见分光光度法定量的基础。

当单色光在经过有色溶液时，透过溶液的光强度不仅与溶液的浓度有关，还与溶液的厚度以及溶液本身对光的吸收性能有关。即各种颜色的溶液对某种单色光的吸收率有其自己的常数，Lambert－Beer 定律数学表达式一般用式（3－15）表示。

$$T = \frac{I_t}{I_o}, A = \lg \frac{I_o}{I_t} = KcL \quad (3-15)$$

式中：T——透光率；

I_o——入射光强度；

I_t——透过光强度；

A——吸光度；

K——某种溶液的吸收（消）光系数；

c——溶液的浓度；

L——光径，即溶液的厚度。

消光系数 K 是一常数，其物理意义是吸光物质在单位浓度、单位厚度时的吸光度。K 在标准曲线上为斜率，是定量的依据。某种有色溶液对于一定波长的入射光，具有一定数值。若溶液的浓度以 mol/L 表示，溶液厚度以厘米表示，则此时的 K 值称为摩尔消光系数，单位为 L/(mol · cm)。摩尔消光系数是有色化合物的重要特性，根据这个数值的大小，可以估计显色反应的灵敏程度。

从上式可以看出，当 K 和 L 不变时，吸光度 A 与溶液浓度 c 成正比关系。由上述公式可知，一束单色入射光经过有色溶液时，其透光率与溶液浓度、溶液厚度成反比关系；而吸光度与溶液浓度、溶液厚度成正比关系。

（2）引起偏离 Lambert - Beer 定律的因素

根据 Lambert - Beer 定律，A 与 c 的关系应是一条通过原点的直线，称为“标准曲线”。但事实上往往容易发生偏离直线的现象而引起误差，尤其是在高浓度时。导致偏离 Lambert - Beer 定律的因素主要有：

① 吸收定律本身的局限性

事实是，Lambert - Beer 定律是一个有限的定律，只有在稀溶液中才能成立。由于在高浓度时（通常 $c > 0.01$mol/L），吸收质点之间的平均距离缩小到一定程度，邻近质点彼此的电荷分布都会相互受到影响，此影响能改变它们对特定辐射的吸收能力，相互影响程度取决于 c，因此，此现象可导致 A 与 c 线性关系发生偏差。

② 化学因素

溶液中的溶质可因 c 的改变而有离解、缔合、配位以及与溶剂间的作用等原因而发生偏离 Lambert - Beer 定律的现象。如在水溶液中，Cr 的两种离子存在如下平衡：

$$Cr_2O_4{}^{2-} + H_2O \rightleftharpoons 2CrO_4{}^{2-} + 2H^+$$

$Cr_2O_4^{2-}$、CrO_4^{2-} 有不同的 A 值，溶液的 A 值是 2 种离子的 A 之和。但由于随着浓度的改变（稀释）或改变溶液的 pH，$[Cr_2O_4{}^{2-}]/[CrO_4{}^{2-}]$ 会发生变化，使 $c_{总}$ 与 $A_{总}$ 的关系偏离直线。消除方法是控制条件。

③ 仪器因素（非单色光的影响）

Lambert - Beer 定律的重要前提是“单色光”，即只有一种波长的光。实际上，真正的单色光却难以得到，“单色光”仅是一种理想情况，即使用棱镜或光栅等所得到的“单色光”实际上是有一定波长范围的光谱带，“单色光”的纯度与狭缝宽度有关，狭缝越窄，所包含的波长范围也越窄。

④ 其他光学因素

如散射和反射（浑浊溶液由于散射光和反射光而偏离 Lambert - Beer）及非平行光等。

3.4.1.2.3 分光光度法测定原理

分光光度法是以棱镜或光栅为分光器，并用狭缝分出很窄的一条波长的光。这种单色光的波长范围一般都在 5nm 左右，因而其测定的灵敏度、选择性和准确度都比比色法高。由于单色光的纯度高，因此若选择最合适的波长进行测定，可以很好的校正偏离 Lambert - Beer 定律的情况。

分光光度法的最大优点是可以在一个试样中同时测定两种或两种以上的组分不必事先进行分离。因为分光光度法可以任意选择某种波长的单色光，因此可以利用各种组分吸光度的加和性，在指定条件下进行混合物中各自含量的测定。

3.4.1.2.4 比色条件的选择

比色分析是利用生成有色化合物的反应来进行分析的方法。因此首先要选择合适的显色反应，然后进行比色测定。比色测定条件包括“显色”和“测定”两部分。在解决以上问题时，必须从显色反应灵敏度与选择性两方面考虑。

3.4.1.2.4.1　显色反应

在比色分析中，生成有色化合物的反应有络合反应，氧化还原反应等。其中以络合反应应用最广泛。故比色分析中所用显色剂大多是络合剂。用于分析的显色反应，必须满足以下条件。

（1）显色反应选择性要高。生成的有色络合物的颜色必须较深。

（2）有色络合物的吸收光系数越大，比色测定的灵敏度就越高。

（3）有色络合物的离解常数要小。有色络合物的离解常数越小，络合物就越稳定，从而使比色测定的准确度就越高，并且还可以避免或减少试样中其他离子的干扰。

（4）有色络合物的组成要恒定。选择良好的显色剂是提高比色测定灵敏度和准确度的重要因素。但是更重要的是要从理论上了解和分析显色所需要的条件。

3.4.1.2.4.2　显色条件的选择

（1）显色剂的用量。在一般情况下，为避免有色络合物的离解或显色剂本身的颜色所造成的误差，加入显色剂的量应固定，而且需过量。在制备标准管和样品管时，各管加入显色剂的量应完全相同。

（2）选择适当的溶剂。很多有色络合物在有机溶剂中的离解度比在水中要小的多。因此，采用有机溶剂，可增加颜色的稳定性并提高灵敏度。

（3）选择溶液的pH。在比色分析中，显色反应不同，溶液显色受pH的影响也就不同，生成有色络合物所用的显色剂，大多数是一些弱酸型有机络合剂，溶液的酸度直接影响有色络合物的形成和离解。因此，需要选择和控制溶液的pH，所形成的有色络合物才稳定。

氧化还原反应的方向，与溶液的pH有密切关系。有的显色剂（如茜素）本身具有指示剂性质，当溶液的pH改变时，颜色也会发生变化。因此，在某些分析中，必须注意选择和控制溶液的pH。

（4）选择溶液颜色的稳定时间。有的颜色反应在加入试剂后立即完成，但有的反应则需要经过一定时间才能显色完全；随后，由于种种原因，可以使溶液的颜色渐退，做一个溶液光密度与放置时间的关系曲线，就可以观察出反应速度和显色溶液的稳定性。从中选择在溶液颜色达到最深（即光密度最大）且较稳定的时间范围内进行比色。

（5）温度对显色的影响。有些显色反应在室温下进行得很慢，需要加热到一定温度，在一定的时间内，产生可测定的颜色。有些显色反应，在升高温度时，会加速颜色的消退。

（6）确定比色浓度的范围。根据Lambert－Beer定律，溶液在同样厚度的液层中，光密度与浓度成正比。但在比色测定时，溶液的颜色太浅或太深，都使定量测定产生困难，如勉强进行测定，则会产生较大误差，故必须确定比色浓度的范围。

当有色溶液在吸收曲线最大吸收峰的波长下，能吸收光线的5%时，可认为是适于测定浓度的下限；能吸收光线的90%时，则为适于测定浓度的上限。若液层厚度为1cm，即可求出上限和下限的光密度。

浓度下限的光密度见式（3－16）。

$$D_1 = \lg \frac{I_o}{I_{t_1}} = \lg \frac{100}{95} = 2 - 1.98 = 0.02 \tag{3-16}$$

浓度上限的光密度见式（3－17）。

$$D_2 = \lg\frac{I_o}{I_{t_2}} = \lg\frac{100}{10} = 2 - 1.00 = 1.00 \qquad (3-17)$$

当知道了吸光系数的数值时，就可应用公式计算适于比色测定的浓度 c。求下限浓度以0.02代入，求上限浓度以1代入即可。如铅－双硫腙吸光系数为50 000，则：

下限浓度为：$\frac{0.02}{50\,000} = 4\times10^{-7}$ （g/L）

上限浓度为：$\frac{1}{50\,000} = 2\times10^{-5}$ （g/L）

3.4.1.3　常用的分光光度计

3.4.1.3.1　72型分光光度计

（1）72型分光光度计工作原理

国产72型分光光度计是目前应用比较广泛的可见光范围的分光光度计。它主要由3大部件组成，即单色光器（包括光源、单色光器、光电池和比色皿定位装置）、多次光电反射式检流计和磁饱和稳压器，另外附有一盒比色皿。

72型分光光度计的工作原理与光电比色计相似，区别仅在于它是利用分光能力强的棱镜代替滤光片。白光经棱镜分光后可得波长范围很窄的各种单色光，可连续测定物质在各种波长时的吸收情况，得到被测溶液的吸收曲线和吸收峰（λ_{max}），然后再在此 λ_{max} 处进行比色测定。

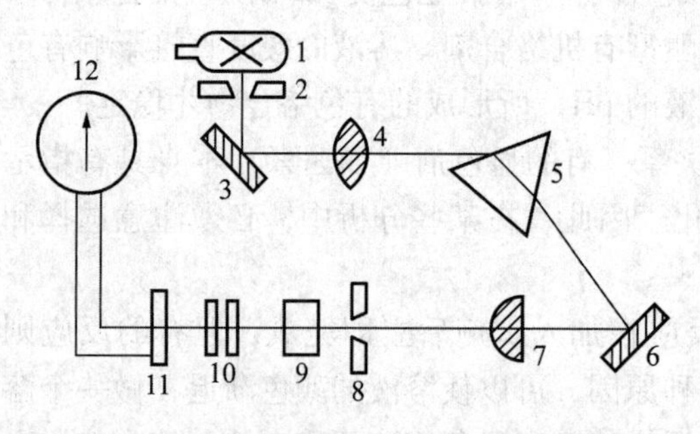

图3－8　72型分光光度计光学系统示意图

1—光源；2—进光狭缝；3—反射镜；4—透镜；5—棱镜；6—反射镜；7—透镜；8—出光狭缝；9—比色器；10—光量调节器；11—光电池；12—检流计

图3－8是72型分光光度计的光学系统示意图。

从光源1发出的白光经过光狭缝2，反射镜3和透镜4后，成为平行光束进入棱镜5。经棱镜色散后的光谱被镀铝反射镜6反射，经透镜7，射到一个可旋动的转盘上，由波长调节器控制，旋动波长调节器时，就可以在出光狭缝8的后面得到所需波长的单色光。此单色光通过比色器9和光量调节器10，射到硒光电池11上，然后在检流计12上读数。

（2）72型分光光度计的使用

如图3－9将单色光器与稳压器的输出接线柱连接，再按照导电片上套管的颜色把单色光器与灵敏检流计连接，红色套管的导电片接在“＋”处，绿色套管的导电片接在“－”处，第三个导电片接地线，稳压器和检流计分别接220V电流电源。使用时应按如下步骤：

① 将仪器按图示接好后，先使检流计的电源开关，稳压器的电源开关以及单色光器的光源开关都放在“关”的位置上，然后再把稳压器及检流计分别接通220V交流电源。

② 将检流计的电源开关打开，光“线”即出现于标尺上，以检流计的零位调节器将光“线”准确的调到百分透光度标尺的“0”点上。

③ 将稳压器的输出电压接到所需电压的接线柱上（10V或5.5V），再打开稳压器的电源开关和单色光器的电源开关，把光路闸门扳到红点上，此时光源的光即进入仪器的分光部

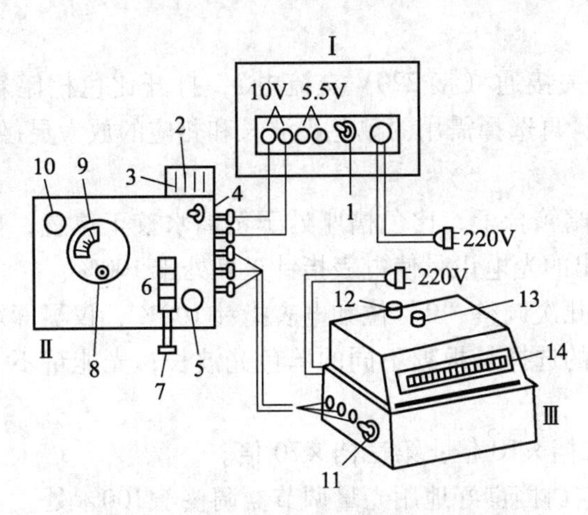

图3-9　72型分光光度计安装示意图

Ⅰ—单色光器；Ⅱ—稳压器；Ⅲ—检流计。

1—光源开关；2—光源罩；3—光路闸门；4—光源开关；5—光量调节器旋钮；6—比色槽架；

7—比色皿架拉杆；8—波长调节器旋钮；9—波长盘；10—干燥剂盒；11—检流计电源开关；

12—零点粗调节器；13—零点细调节器；14—检流计标尺

分。按顺时针方向旋转光量调节器到光门全部打开，使硒光电池得到最大的受光面积，隔10min，待硒光电池稳定后再开始使用仪器。

④ 把波长调节器调到所需要的波长刻度处。

⑤ 将单色光器的光路闸门扳到黑点上，再一次校正检流计的光“线”是否在百分透光度标尺的“0”点上（当单色光源被挡住即完全没有透过时的百分透光度应为“0”）。

⑥ 将装参比溶液的比色皿放到比色皿架上并置于光路中，盖上盖子，把光路闸门扳到红点后，旋动光量调节器使检流计上的光“线”准确的调到百分透光度“100”处（以参比溶液的百分透光度读数即为该溶液的吸光度）。

（3）注意事项

① 使用时连续照光时间不要太长，防止光电池疲劳，不测定时应关闭单色器光源的光路闸门（扳向黑点上）。

② 拿比色皿时，只能拿在毛玻璃的两面，并且必须用擦镜纸擦干并保护其透光面，使上面没有斑痕。

③ 比色皿用蒸馏水洗净后，测定时还要用被测溶液冲洗几次，避免测定时溶液浓度改变。

3.4.1.3.2　72-1型分光光度计

（1）72-1型分光光度计构造特点

72-1型分光光度计较72型分光光度计有很大改进。前者用体积很小的晶体管稳压电源代替了笨重的磁饱和稳压器，用真空光电管代替了光电池作为光电转换元件，真空光电管配有放大器将微弱光电流放大后送入指针式微安表，以此代替体积较大而且容易损坏的灵敏光电检流计。由于系统进行了很大的改进，因而可以将所有部件组装成一个整体，仪器体积减小，稳定性和灵敏性都有所提高。

（2）72-1型分光光度计的操作方法

① 在仪器尚未接通电源时，电表的指针必须位于“0”刻线上，否则应用电表上的校正

螺丝进行调节。

② 将仪器的电源开关接通（接 220V 交流电），打开比色槽暗箱盖，使电表指针处于“0”位，预热 20min 后，再选择需用的单色光波长和相应的放大灵敏度档，用调“0”电位器校正电表“0”位。

③ 将仪器的比色槽暗箱合上，比色槽座处于蒸馏水校正位置，使光电管见光，旋转光量调节器调节光电管输出的光电讯号使电表指针正确处于 100% 。

④ 按上述方式连续几次调整“0”位和电表指针 100% ，仪器即可进行测定工作。

⑤ 放大器灵敏度档的选择是根据不同的单色光波长；光能量不一致时分别选用，其各档的灵敏度范围是：

第一档 ×1 倍；第二档 ×10 倍；第三档 ×20 倍。

选用的原则是能使空白档良好地用光量调节器调整于 100% 处。

⑥ 空白档可以采用空气空白，蒸馏水空白或其他有色溶液或中性吸光玻璃作对比。空气调节于 100% 处，能提高吸光读数以适应溶液的高含量测定。

⑦ 根据溶液中被测物含量不同可以酌情选用不同规格光程长度的比色槽，目的是使电表读数处于 0. 8 吸光度之内。

3. 4. 1. 3. 3　紫外－可见分光光度计

紫外－可见分光光度计既是一种历史悠久、传统的分析仪器，又是一种现代化的集光、机、电、计算机为一体的高技术产品，它的应用非常广泛，在有机化学、生物化学、药品分析、食品检验、医疗卫生、环境保护、生命科学等各个领域和科研生产工作中都已得到了极其广泛的应用，特别是在生命科学突飞猛进的今天，紫外－可见分光光度计又是生命科学的眼睛，它已被国内外许多专家学者认定为生命科学仪器中的主干产品之一。

前面介绍的 72 型分光光度计，工作波段在 400nm ~ 800nm 范围内，只能测定物质在可见光区的吸收光谱。而紫外－可见分光光度计工作波段在 200nm ~ 800nm 范围内，可测定物质在紫外区及可见光区的吸收光谱，因而它的应用范围更为广泛。

3. 4. 1. 3. 3. 1　紫外－可见分光光度计的主要部件

（1）光源

光源的作用是提供激发能，使待测分子产生吸收。要求能够提供足够强的连续光谱、有良好的稳定性、较长的使用寿命，且辐射能量随波长无明显变化，有以下两种。

① 钨灯或卤钨灯，利用固体灯丝材料高温放热产生的辐射作为光源的热辐射光源，发射光 λ 范围宽，但紫外区很弱，通常取此 $\lambda > 350$nm，光为可见区光源，卤钨灯的使用寿命及发光效率高于钨灯。

② 氢灯或氘灯，气体放电光源是指在低压直流电条件下，氢或氘气放电所产生的连续辐射，发射 150nm ~ 400nm 的连续光谱，用作紫外区同时配有稳压电源、光强补偿装置、聚光镜等。

（2）单色器

① 色散元件，把混合光分散为单色光的元件，是单色器的关键部分，常用的元件有棱镜（由玻璃或石英制成，对不同 λ 的光有不同的折射率）、光栅（由抛光表面密刻许多平行条痕或槽而制成，利用光的衍射作用和干扰作用使不同 λ 的光有不同的方向，起到色散作用）。

② 狭缝，其入口狭缝限制杂散光进入，出口狭缝使色散后所需 λ 的光通过。

③ 准直镜，以狭缝为焦点的聚光镜其作用是将来自于入口狭缝的发散光变成单色光，把来自于色散元件的平行光聚集于出口狭缝。

（3）吸收池

一般无色、透明、耐腐蚀的池皿光学玻璃吸收池只能用于可见区，石英吸收池可用于紫外及可见区。定量分析时，吸收池应配套（即同种溶液测定 $\Delta A<0.5\%$）。

（4）检测器

将接受到的光信号转变成电信号的元件，常用的有以下几种。

① 光电管，真空管内装有一个用镍制成的丝状阳极及一个由金属制成半圆筒状阴极，凹面涂光敏物质。国产光电管中，紫敏光电管用锑、铯做阴极，适用范围 200nm ~ 625nm，红敏光电管用银、氧化铯作阴极，适用范围 625nm ~ 1 000nm。

② 光电倍增管，原理与光电管相似，结构上有差异，其特点是在紫外－可见区的灵敏度高，响应快。但强光照射会引起不可逆损害，因此高能量检测不宜，需避光。

③ 二极管阵列检测器，不使用出口狭缝，在其位置上放一系列二极管的线形阵列，则分光后不同波长的单色光同时被检测。其特点是响应速度快，但灵敏度不如光电倍增管，因后者具有很高的放大倍数。

（5）显示器

仪器上的电表指针、数字显示、荧光屏显示等，显示方式有 A、T（%）、c 等。

3.4.1.3.3.2　常见的紫外－可见分光光度计

紫外－可见分光光度计的类型很多，但可归纳为 3 种类型，即单光束分光光度计、双光束分光光度计和双波长分光光度计。

（1）单光束分光光度计

经单色器分光后的一束平行光，轮流通过参比溶液和样品溶液，以进行吸光度的测定。这种简易型分光光度计结构简单，操作方便，维修容易，适用于常规分析。

（2）双光束分光光度计

经单色器分光后经反射镜分解为强度相等的两束光，一束通过参比池，一束通过样品池。光度计能自动比较两束光的强度，此比值即为试样的透射比，经对数变换将它转换成吸光度并作为波长的函数记录下来。

从一个单色器获取一个波长的单色光用切光器分成二束强度相等的单色光实际测量到的吸光度 A 应为 ΔA（A_S-A_R）见式（3－18）。

$$\Delta A=A_S-A_R=\lg\frac{I_0}{I_S}-\lg\frac{I_0}{I_R}=\lg\frac{I_R}{I_S} \tag{3-18}$$

式中，A_S 与 A_R 分别为样品池与参比池的吸光度，I_S 与 I_R 分别为透过样品池与参比池的光强度。

双光束分光光度计一般都能自动记录吸收光谱曲线。由于两束光同时分别通过参比池和样品池，还能自动消除光源强度变化所引起的误差。

（3）双波长分光光度计

由同一光源发出的光被分成两束，分别经过两个单色器，得到两束不同波长（λ_1 和 λ_2）的单色光，如图 3－10 所示；利用切光器使两束光以一定的频率交替照射同一吸收池，然后经过光电倍增管和电子控制系统，最后由显示器显示出两个波长处的吸光度差值 ΔA（$\Delta A=A_{\lambda_1}-A_{\lambda_2}$），如式（3－19）。

$$A_{\lambda_1}=\lg\frac{I_0(\lambda_1)}{I_1(\lambda_1)}+A_{s(1)}=\varepsilon_{\lambda_1}\cdot b\cdot c+A_{s(1)},\quad A_{\lambda_2}=\lg\frac{I_0(\lambda_2)}{I_t(\lambda_2)}+A_{s(2)}=\varepsilon_{\lambda_1}\cdot b\cdot c+A_{s(2)}\qquad(3-19)$$

一般情况下 λ_1 与 λ_2 相差很小，可视为相等，通过吸收池后的光强度差为：

$$\Delta A=\lg\frac{I_0(\lambda_1)}{I_0(\lambda_2)}=A_{\lambda_1}-A_{\lambda_2}=(\varepsilon_{\lambda_1}-\varepsilon_{\lambda_2})b\cdot c\qquad(3-20)$$

式（3－20）表明，试样溶液中被测组分的浓度与两个波长 λ_1 和 λ_2 处的吸光度差 ΔA 成比例，这是双波长法的定量依据。

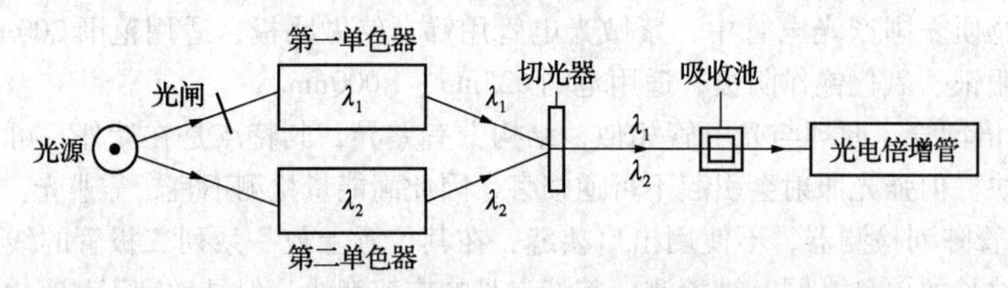

图 3－10　双波长分光光度计以双波长单光束方式工作时的光学系统图

对于多组分混合物、混浊试样（如生物组织液）分析，以及存在背景干扰或共存组分吸收干扰的情况下，利用双波长分光光度法，往往能提高方法的灵敏度和选择性。利用双波长分光光度计，能获得导数光谱。通过光学系统转换，可使双波长分光光度计能很方便地转化为单波长工作方式。如果能在 λ_1 和 λ_2 处分别记录吸光度随时间变化的曲线，还能进行化学反应动力学研究。

动力学分光光度法是利用反应速度参数测定待测物型体原始浓度的方法。设有一反应速度较慢的显色反应，因催化剂 H 的存在而加速，化学反应式如下。

$$\mathrm{d}D+\mathrm{e}E\xrightleftharpoons{H}\mathrm{f}F+\mathrm{g}G$$

若 F 为在紫外－可见区有吸收的化合物，则 F 的生成反应速度可见式（3－21）。

$$\mathrm{d}C_{\mathrm{F}}/\mathrm{d}t=k_{\mathrm{f}}C_{\mathrm{D}}^{\mathrm{d}}C_{\mathrm{E}}^{\mathrm{e}}C_{\mathrm{H}}\qquad(3-21)$$

准零级法或初始速度法是指只在占完成反应总时间的 1% ～2% 的起始期间内测量速度数据，此时反应物 D，E 消耗不大，近似等于起始浓度 $[D]_0$，$[E]_0$，为常数。同时形成产物的量可以忽略不计。若逆反应可以不考虑，催化剂 H 的量也可视为不变。则式（3－21）可变为式（3－22）。

$$\mathrm{d}C_{\mathrm{F}}/\mathrm{d}t=k'C_{\mathrm{H}}\qquad(3-22)$$

其中 C_{H} 为常数，积分得：　$C_{\mathrm{F}}=k'C_{\mathrm{H}}t$

因此，吸光度见式（3－23）。

$$A=\varepsilon bC_{\mathrm{F}}=\varepsilon k'C_{\mathrm{H}}t=kC_{\mathrm{H}}t\qquad(3-23)$$

上式为动力学分光光度法的基本关系式。

动力学分光光度法的特点是灵敏度高（10^{-6} g/mL ~ 10^{-9} g/mL，有的可达 10^{-12} g/mL）。但由于影响因素多，不易严格控制，测定误差较大。

3.4.1.3.3.3　紫外－可见分光光度法的应用

（1）定性分析

① 判断异构体：紫外吸收光谱的重要应用在于测定共轭分子。共轭体系越大，吸收强

度越大，波长红移。

② 判断共轭状态：可以判断共轭生色团的所有原子是否共平面等。如二苯乙烯（ph－CH＝CH－ph）顺式比反式不易共平面，因此反式结构的最大吸收波长及摩尔吸光系数要大于顺式。顺式：$\lambda_{max}=280nm$，$k=13\ 500$；反式：$\lambda_{max}=295nm$，$k=27\ 000$

③ 已知化合物的验证：与标准谱图比对，紫外－可见吸收光谱可以作为有机化合物结构测定的一种辅助手段。

（2）单组分定量分析

紫外－可见吸收光谱是进行定量分析最广泛使用的、最有效的手段之一。尤其在医院的常规化验中，95%的定量分析都用此法。其用于定量分析的优点是：

① 可用于无机及有机体系。

② 一般可检测 $10^{-4}mol/L \sim 10^{-5}mol/L$ 的微量组分，通过某些特殊方法（如胶束增溶）可检测 $10^{-6}mol/L \sim 10^{-7}mol/L$ 的组分。

③ 准确度高，一般相对误差1%～3%，有时可降至百分之零点几。

（3）混合物分析

据吸光度的加和性，测定混合物中 n 个组分的浓度，可在 n 个不同波长处测量 n 个吸光度值，列出 n 个方程组成的联立方程组。

（4）平衡常数的测定

在化学平衡研究、分子识别中常常需要测定酸解离常数、pH、氢键结合度等等。对均一水溶液中酸解离及其与金属的络合平衡进行设定后，以 $[H^+]\ DA_L$ 对 DA_L 作图得直线，从直线斜率可求得表观酸解离常数 K_a^{app}，见式（3－24）。

$$K_a^{app}=K_a\frac{1+K_{ML}[M^+]}{1+K_{MHL}[M^+]} \qquad (3-24)$$

（5）络合物结合比的测定

通过紫外－可见吸收光谱的测定，可以求得主客体络合物的结合比。常用方法有：摩尔比法、连续变换法或Job法、斜率比法、B－H方程（Benesi－Hildbrand Method）等。

3.4.1.4　原子吸收分光光度计法

原子吸收分光光度计法（又称原子吸收光谱分析）是最近十几年来迅速发展起来的一种新的分析微量元素的仪器分析技术，进行这种分析的仪器叫原子吸收分光光度计，在食品分析中常用来进行铜、铅、镉等微量元素的测定。

3.4.1.4.1　原理

由一种特制的光源（元素的空心阴极灯）发射出该元素的特征谱线（具有规定波长的光），谱线通过将试样转变为气态自由原子的火焰或电加热设备，则被待测元素的自由原子所吸收产生吸收信号。所测得的吸光度的大小与试样中该元素的含量成正比，见式（3－25）。

$$T=\frac{I_t}{I_o},\ A=\lg\frac{I_o}{I_t}=KcL \qquad (3-25)$$

式中：T——透光率；

I_o——入射光强度；

I_t——透过光强度；

A——吸光度；

K——原子吸收系数；

c——被测元素在试样中的浓度；

L——原子蒸气层的厚度。

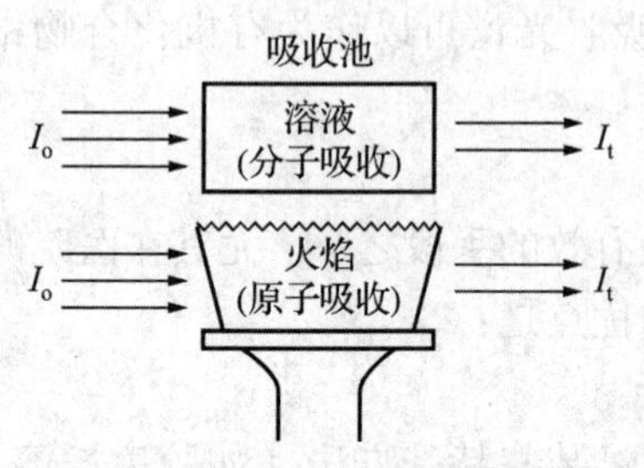

图 3 - 11　原子吸收过程与溶液中分子吸收过程的比较

其过程和分光光度法很相似，只是它们的吸收池不一样，一个是溶液的分子，一个是火焰（或电加热设备）中的自由原子，如图 3 - 11 所示。

每个元素的空心阴极灯都发出该元素特有的、具有准确波长的光，这些光称为元素的吸收谱线（或称元素的共振线）。有很多元素有好几条吸收谱线，谱线的波长为 nm。

原子吸收分析主要分为两类：一类由火焰将试样分解成自由原子，称为火焰原子吸收分析；另一类依靠电加热的石墨管将试样气化及分解，称为石墨炉无火焰原子吸收分析。其中火焰原子吸收法已较成熟。

这里就火焰原子吸收分光光度计进行简单介绍。

3.4.1.4.2　主要结构

原子吸收分光光度计分为光源、原子化器、分光系统、检测系统 4 个主要部分如图 3 - 12 所示。

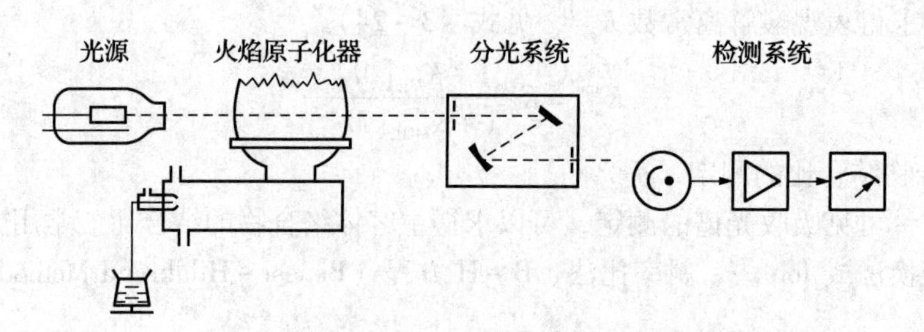

图 3 - 12　原子吸收分光光度计示意图

（1）空心阴极灯

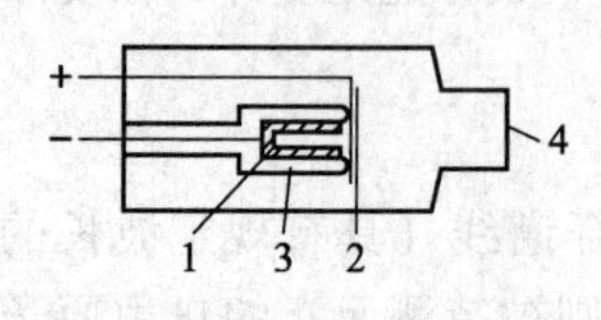

图 3 - 13　空心阴极灯

1—阴极；2—阳极；3—屏蔽管；4—窗口

空心阴极灯是原子吸收光谱仪的光源，其结构如图 3 - 13 所示，其中最主要的部分是空心（杯形）阴极，由待测元素本身或由其合金制成。所以测定某个元素就要用该元素的灯，是一种元素一种灯。整个灯熔封后充以低压氖或氩气，成为一种特殊形式的辉光放电管。当两极加电导通后，氖或氩电离。碰撞阴极内壁溅射出待测元素的原子，这些原子再与氖或氩电子、离子等碰撞被激发发光，辐射出待测元素的特征谱线（元素共振线）。谱线通过火焰，被待测原子吸收，产生吸收信号。

（2）火焰原子化器

原子吸收测定需将试样转变成自由原子蒸气。转变的方式是通过热离解，即通过火焰或电加热的设备提供能量。火焰是最普遍使用的方法。

火焰原子化器的装置是燃烧器，大致可分两种：一种是全喷雾型燃烧器，将样液直接喷雾进入喷雾室，除掉大的雾粒，仅将细小而均匀的雾粒送入火焰。另一种预混合型燃烧器由喷雾器、喷雾室及火焰头构成。样液被加压的助燃气体经毛细管带入喷雾室内，在喷雾室内与燃料气体混合，再送入火焰之中。喷雾器是原子吸收分光光度计的重要部分，喷雾颗粒越细，就越容易干燥、气化，也就会产生更多的原子蒸气，测定灵敏度就越高。

原子吸收使用最广泛的燃料气体、助燃气体是空气－乙炔焰，可用于大多数元素的分析。空气－氢气焰适用于远紫外部分分析线的元素分析。空气－丙烷焰可用于镉、铜、铅等部分元素的分析。利用电热使被测元素原子化的方法有多种，常用的是石墨炉原子化器，是用高纯度石墨做成的管，通过电源装置供电，使样液在石墨管内干燥、灰化、原子化。

（3）光学系统

光学系统的主要部件是单色器，由光栅和反射镜等组成，在单色器的光入射口及出射口装有入射狭缝及出射狭缝，单色器的作用是将所需要的分析线，与光源的其他发射线分开，通过改变狭缝宽度获得单一的分析线。

（4）检测系统

检测系统主要包括检测器、放大器及指示计。

检测器多使用光电倍增管。光源发出的光通过火焰被吸收一部分之后，经单色器分光将待测分析线发出的信号输入到光电倍增管，变成电讯号，经过放大器放大后送至指示计，在指示计上以吸光度或百分透光率表示出来。

3.4.1.4.3　原子吸收分光光度计的使用

3.4.1.4.3.1　仪器操作方法

（1）接通电源，打开电源开关，使测光部分通电。

（2）空心阴极灯点灯，设定适当的电流值，如要继续测定其他元素时，欲测元素的灯要点灯预热，一般空心阴极灯，点灯后约 30min 稳定。

（3）调节波长旋钮至分析线波长。

（4）打开燃料气体及助燃气体开关，同时点火。测定完了时应先关闭燃料气体开关。

（5）喷雾溶剂于火焰中，调节仪器零点。

（6）喷雾样液于火焰中，读取吸收度或透光率。

详细的操作手续，应参照各仪器使用说明书。

3.4.1.4.3.2　注意事项

在原子吸收分光光度法中存在着四种情况的干扰，在分析中，要注意消除这些干扰。

（1）电离干扰。这种主要出现于一些电离电位低的元素。如碱金属及碱土金属。它们在火焰中有较大强度的电离，有时可达 70% ～80%，电离作用的结果，使与原子吸收的基态原子数减少，从而降低吸收的灵敏度。

（2）化学干扰。这种干扰是由于待测元素的化学性质及其在火焰中参与反应所引起的干扰。这是原子吸收法所常遇到的一种主要干扰，这种干扰多出现在碱土金属的测定中。

（3）物理干扰。由于溶液物理性质变化（黏度、表面张力），使喷雾效率发生变化而引起的。一般说来，大量的基础盐类和酸类都会使喷雾效率降低。

（4）光谱干扰。

① 由于空心阴极灯中存在的谱线相近，共振线不能分开，或灯内充入气体的谱线产生干扰。这种干扰会导致灵敏度下降和工作曲线弯曲。

② 光源辐射线的轮廓与火焰中非测定元素的吸收线明显重叠时产生干扰。

③ 分子吸收，当喷雾高浓度的盐类溶液时，无被测元素亦能出现吸收，在短波区内尤其显著。此外，碱金属的卤化物和氧化物也产生分子吸收。

3.4.1.5 汞蒸气测量仪

3.4.1.5.1 原理

根据汞蒸气（汞原子）对波长 253.7nm 的紫外线具有最大吸收作用，汞蒸气的吸收强度和汞蒸气的浓度呈线性关系，基本符合 Lambert – Beer 定律。见式（3 – 26）。

$$D = \lg \frac{I_o}{I_t} = KcL \tag{3-26}$$

式中各项含意同光电比色法。

由式（3 – 26）式可知，测出管道的输入和输出的光线强度，就可知道管道内汞蒸气浓度。

3.4.1.5.2 基本结构

以国产 590 型汞蒸气测量仪为例介绍其工作原理及基本结构，汞蒸气测量仪的基本结构如图 3 – 14 所示。

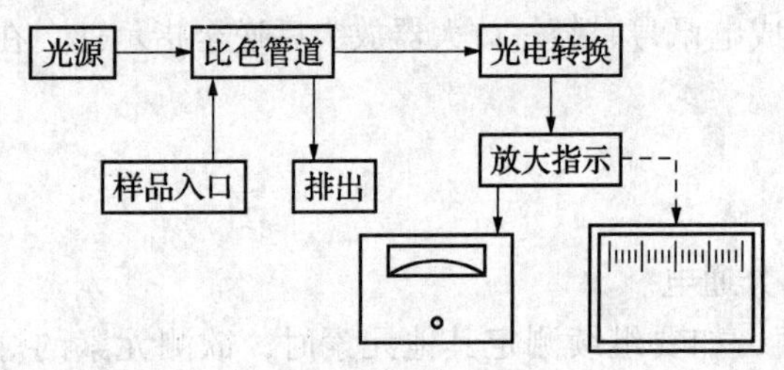

图 3 – 14 汞蒸气测量仪方块结构示意图

当光源（冷阴极汞灯）发出的 253.7nm 波长紫外线经过比色管道射入光电管时，其紫外线的强度将随管道内汞蒸气的浓度而作相应的变化。从比色管道射出的紫外线，经过透镜会聚至光电管上，然后，经过阻抗转换装置把微弱的光电流放大后去驱动电流表，将汞蒸气浓度的变化反应出来。比色管道内的被测气体，依靠仪器内部的抽气泵抽入和排出。

（1）光源

光源灯的管壁材料是石英，内部抽真空后，放入汞珠少许，当通入高压电后，管内的汞蒸气被冲击而起辉，放射出能量较大的紫外线，其光谱能量约有 90% 集中于 253.7nm 附近。为防止流动气体及杂光对仪器测量工作的影响，光源灯封装于暗盒内。

（2）比色管道

管内壁要求光滑，以尽可能减少汞蒸气的吸收，减少紫外线在管道壁损失。

（3）抽气泵

使用微型薄膜泵，用于鼓动汞蒸气进入比色管道，测定完毕时，用于鼓动清洁空气，将汞蒸气吹出管外。

（4）光电转换放大装置

透过比色管道的紫外光经真空光电管或光敏电阻后，产生微弱的光电流信号，经放大器放大后，被指示在仪器面板上的电流表上。

3.4.1.5.3 测定方法

配制一系列含汞不同浓度的标准液，分别测其最大峰值，绘制标准曲线。

取标准液，加氯化亚硒溶液使汞盐还原成元素态汞，然后，以 2L/min 流量的空气吹入比色管道中，从仪器电表读取最大峰值或光密度值。

另取经处理后含汞离子的样品液，与标准管同法操作读取最大峰值或光密度值。

同法做空白试验。

按式（3-27）计算汞的质量浓度（mg/L）。

$$\rho(\mathrm{Hg})=\frac{\text{样品管读数}-\text{空白管读数}}{\text{标准管读数}-\text{空白管读数}}\times\text{标准管汞含量(mg)}\times\frac{1\,000}{\text{取样品液(mL)}}\quad(3-27)$$

3.4.1.6　分子发光分析法

某些物质的分子吸收一定的能量跃迁到较高电子激发态后，如果在返回到基态的过程中伴随有光辐射，这种现象称分子发光（Molecular Luminescence）。根据分子受激发时所吸收的能源性质的不同，分子发光可分为光致发光（荧光和磷光）、电致发光、化学发光、生物发光等。我们所使用的荧光计是采用光致发光中荧光分析法。

3.4.1.6.1　分子荧光的发生过程

3.4.1.6.1.1　分子的激发态——单线激发态和三线激发态

大多数分子含有偶数电子，在基态时，这些电子成对地存在于各个原子或分子轨道中，成对自旋，方向相反，电子净自旋等于零：$S=1/2+(-1/2)=0$，其多重性 $M=2S+1=1$（M 为磁量子数），因此，分子是抗（反）磁性的，其能级不受外界磁场影响而分裂，称为“单线态”。

当基态分子的一个成对电子吸收光辐射后，被激发跃迁到能量较高的轨道上，通常它的自旋方向不改变，则激发态仍是单线态，即“单线激发态”。如果电子在跃迁过程中，还伴随着自旋方向的改变，这时便具有两个自旋不配对的电子，电子净自旋不等于零，而等于1，$S=1/2+1/2=1$，其多重性 $M=2S+1=3$，即分子在磁场中受到影响而产生能级分裂，这种受激态称为“三线激发态”。“三线激发态”比“单线激发态”能量稍低。但由于电子自旋方向的改变在光谱学上一般是禁阻的，即跃迁几率非常小。

3.4.1.6.1.2　分子去活化过程及荧光的发生

一个分子的外层电子能级包括 S_0（基态）和各激发态 S_1，S_2，…，T_1，T_2…，每个电子能级又包括一系列能量非常接近的振动能级，处于激发态的分子不稳定，在较短的时间内可通过不同途径释放多余的能量（辐射或非辐射跃迁）回到基态，这个过程称为“去活化过程”。这些途径有以下几种，如图3-15所示。

（1）振动弛豫

在溶液中，处于激发态的溶质分子与溶剂分子间发生碰撞，把一部分能量以热的形式迅速传递给溶剂分子（环境），在 10^{-13}s～10^{-11}s 时间回到同一电子激发态的最低振动能级。

（2）内转换

当激发态 S_2 的较低振动能级与 S_1 的较高振动能级的能量相当或重叠时，分子有可能从 S_2 的振动能级以无辐射方式过渡到 S_1 的能量相等的振动能级上，这一无辐射过程称为“内转换”，其过程同样也发生在三线激发态的电子能级间。

（3）外转换

激发态分子与溶剂分子或其他溶质分子相互作用（如碰撞）而以非辐射形式转移掉能量回到基态的过程称为“外转换”。

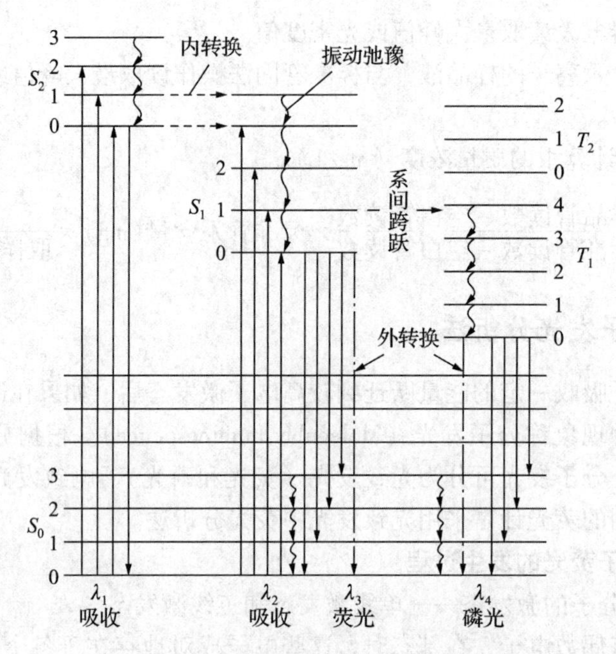

图 3-15　分子吸收和发射过程的能级图

(4) 系间跨跃

当电子单线激发态的最低振动能级与电子三线激发态的较高振动能级相重叠时，发生电子自旋状态改变的 $S \rightarrow T$ 跃迁，这一过程称为“系间跨跃”。一般含有高原子序数的原子如 Br_2、I_2的分子中，由于分子轨道相互作用大，此过程最为常见。

(5) 荧光发射

当激发态的分子通过振动弛豫→内转换→振动弛豫到达第一单线激发态的最低振动能级时，第一单线激发态最低振动能级的电子可通过发射辐射（光子）跃回到基态的不同振动能级，此过程称为“荧光发射”。

如果荧光几率较高，则发射过程较快，需 10^{-8}s（它代表荧光的寿命）。由于不同电子激发态（S）的不同振动能级相重叠时，内转换发生速度很快，在 10^{-11}s ~ 10^{13}s 内完成，所以通过重叠的振动能级发生内转换的几率要比由高激发态发射荧光的几率大的多，因此，尽管使分子激发的波长有短（λ_1）有长（λ_2），但发射荧光的波长只有 λ_3（$> \lambda_1 > \lambda_2$）。

(6) 磷光发射

第一电子三线激发态最低振动能级的分子以发射辐射（光子）的形式回到基态的不同振动能级，此过程称为“磷光发射”。

磷光的波长 λ_4较荧光的波长 λ_3稍长，发生过程较慢，约 10^{-4}s ~ 10s。由于三线态→单线态的跃迁是禁阻的，三线态寿命比较长（10^{-3}s ~ 10s 左右），若没其他过程竞争时，磷光的发生就有可能。由于三线态寿命较长，因而发生振动弛豫及外转换的几率也高，失去激发能的可能性大，以致在室温条件下很难观察到溶液中的磷光现象。因此，试样采用液氮冷冻降低其他去活化才能观察到某些分子的磷光。

总之处于激发态的分子，可以通过上述不同途径回到基态，哪种途径的速度快，哪种途径就优先发生。

3.4.1.6.2　激发光谱与荧光（发射）光谱

（1）激发光谱

将激发荧光的光源用单色器分光，连续改变激发光波长，固定荧光发射波长，测定不同波长激发光下物质溶液发射的荧光强度（F），作 $F—\lambda$ 光谱图称激发光谱。从激发光谱图上可找到发生荧光强度最强的激发波长 λ_{ex}，选用 λ_{ex} 可得到强度最大的荧光。

（2）荧光光谱

选择 λ_{ex} 作激发光源，用另一单色器将物质发射的荧光分光，记录每一波长下的 I，作 $I-\lambda$ 光谱图称为荧光光谱。荧光光谱中荧光强度最强的波长为 λ_{em}，λ_{ex} 与 λ_{em} 一般为定量分析中所选用的最灵敏的波长。

3.4.1.6.3　荧光分析法

以测定荧光强度来确定物质含量的方法，叫荧光分析法，所使用的仪器叫荧光分析仪（荧光计）。

3.4.1.6.3.1　荧光分析仪的使用原理

当光源发出的紫外线强度一定，溶液厚度一定，在溶液的低浓度的条件下，对同一物质来说，溶液浓度与该溶液中的物质所发出的荧光强度成正比关系，见式（3-28）。

$$I_F = Ac \tag{3-28}$$

式中：I_F——物质被紫外线照射后所发射出的荧光强度；

A——物质对紫外线的吸收系数；

c——溶液浓度。

在测定某物质样品溶液的荧光强度时，与比色法一样要制作标准溶液并测出其荧光强度。样品溶液的浓度，荧光强度与标准溶液的浓度、荧光强度呈正比关系，见式（3-29）和式（3-30）。

$$\frac{c_s}{I_{Fs}} = \frac{c_x}{I_{Fx}} \tag{3-29}$$

$$c_x = \frac{c_s I_{Fx}}{I_{Fs}} \tag{3-30}$$

式中：c_s——标准溶液的浓度；

c_x——样品溶液的浓度；

I_{Fs}——标准溶液的荧光强度；

I_{Fx}——样品溶液的荧光强度。

3.4.1.6.3.2　荧光分析仪的构造特点

用于测量荧光的仪器由激发光源、样品池、用于选择激发光波长和荧光波长的单色器以及检测器四部分组成。其中，在紫外-可见区范围，通常的激发光源是氙灯和高压汞灯，荧光用的样品池须用低荧光的材料制成，通常用石英，单色器采用光栅，检测器由光电管和光电倍增管作检测器。由光源发射的光经第一单色器得到所需的激发光波长，通过样品池后，一部分光能被荧光物质所吸收，荧光物质被激发后，发射荧光。

在荧光分析过程中，有两种光线同时存在，即紫外线和荧光。为了消除入射光和散射光的影响，荧光计中的光学系统安排不同于比色计，荧光的测量通常在与激发光成直角的方向

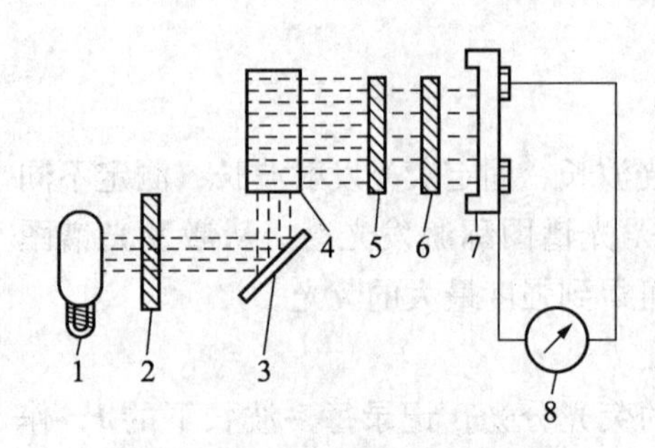

图 3－16　荧光计的光学系统

1—汞灯；2—滤光片 1；3—反射镜；
4—比色槽；5—滤光片 2；6—滤光片 3；
7—光电池；8—检流计

上进行，如图 3－16 所示。荧光计中的光源不是比色计的钨丝灯，而是用能产生紫外线的高压汞灯。为消除可能共存的其他光线的干扰，如由激发所产生的反射光、Raman 光以及为将溶液中杂质滤去，以获得所需的荧光，在样品池和检测器之间设置了第二单色器。荧光作用于检测器上，得到响应的电信号。

3. 4. 1. 6. 3. 3　荧光分析仪的操作方法

（1）比较法

先配制一份标准溶液，其浓度应略大于样品溶液，浓度越接近，误差越小。以此标准溶液为准，调节透光度在 20～60 之间某一数值上，然后测定样品溶液和空白溶液的透光度。按式（3－31）计算样品溶液的浓度。

$$c_x = \frac{x - y}{50 - y} \times c_s \qquad (3-31)$$

式中：c_x——样品溶液的浓度；

c_s——标准溶液的浓度；

x——样品溶液透光度；

y——空白溶液透光度；

50——假设标准溶液的透光度。

（2）标准曲线法

先配制一系列浓度由小到大的标准管 c_0，c_1，c_2，…，c_n，c_0为空白溶液管，c_n为浓度最大的标准管。

以空白溶液 c_0为起始浓度，置荧光计透光度于 10 或 20 处，调节光栅使检流计指零，以后光栅不再转动，然后再测出一系列浓度逐高的标准溶液的透光度，以浓度对透光度作出标准曲线。

或者以浓度最大的标准管内溶液 c_n为起始浓度，置荧光计透光度为 100，调节光栅使检流计指零，光栅不再转动，然后测出一系列浓度逐低的标准溶液的透光度，作出标准曲线。

3. 4. 1. 6. 3. 4　荧光分析的注意事项

（1）荧光的减退。荧光物质经紫外线长时间照射及空气的氧化作用，可使荧光逐渐减退。

（2）pH 的影响。大多数荧光反应，都受溶液酸碱度的影响，故荧光分析需要由实验来确定适宜的溶液中进行。所用酸的种类，也能影响荧光的强度。

（3）溶剂。许多有机物及金属的有机络合物，在乙醇溶液中的荧光比在水溶液中强。乙醇、甘油、丙酮、氯仿及苯都是常用的溶剂。荧光分析所用的有机试剂，在有机溶液中大多有荧光，应设法避免。一般避免的办法，可稀释或加一部分水。

（4）试剂的浓度。有些试剂能吸收紫外线，有颜色的试剂还有吸收荧光的作用，因此，分析时所加试剂的量不可太多。

（5）荧光的强度。达到最高峰所需要的时间不同，有的反应加入试剂后，荧光强度立即达到最高峰，有的反应需要经过 15min～30min，才能达到最高峰。

（6）盐类的影响。能与试剂发生反应的其他金属盐类都应事先除去。碱金属与铵盐虽不与试剂反应，但量太大时亦有妨碍；强氧化剂、还原剂和络合剂均不应存在于溶液中。

(7) 有机溶液中用蒸馏水提纯。橡皮塞、软木塞及滤纸中也常有能溶于溶剂的一些带荧光的物质。不能用手指代替玻璃塞摇动试管。

荧光分析法的灵敏度高，可以测定1mL中含10^{-6}g的物质，但由于干扰物质太多，处理时带来很多麻烦，故在使用时受到很大限制。

3.4.1.6.3.5　荧光光谱法的特点

荧光光谱法的灵敏度和选择性较高，与紫外-可见分光光度法相比，其灵敏度可高出2~4个数量级，其检测下限通常可达0.001μg/cm^3~0.1μg/cm^3。缺点是应用范围小，因为本身能发荧光的物质相对较少，用加入某种试剂的方法将非荧光物质转化为荧光物质进行分析，其数量也不多；另一方面，由于荧光分析的灵敏度高，测定对环境因素敏感，干扰因素较多。荧光分析法主要应用于有机物、生化物质、药物的测定（200多种），有机化合物如多环胺类、萘酚类、吲哚类、多环芳烃、氨基酸、蛋白质等，药物如吗啡、喹啉类、异喹啉类、麦角碱、麻黄碱等，另外还可测定60余种元素。

3.4.1.7　近红外光谱分析

现代近红外光谱（NIR）分析技术是近年来一门发展迅猛的高新分析技术，越来越引人注目，在分析化学领域被誉为分析巨人（Giant）。这个巨人出现带来了又一次分析技术革命，使用传统分析方法测定一个样品的多种性质或浓度数据，需要多种分析设备，耗费大量人力、物力和大量时间，因此成本高且工作效率低，远不能适应现代化工业的要求。与传统分析技术相比，近红外光谱分析技术它能在几秒至几分钟内，仅通过对样品的一次近红外光谱的简单测量，就可同时测定一个样品的几种至十几种性质数据或浓度数据。而且，被测样品用量很小、无破坏和无污染，因此，具有高效、快速、成本低和绿色的特点。NIR分析技术的应用，显著提高化验室工作效率，节约大量费用和人力，将改变化验室面貌。在线NIR分析技术能及时提供被测物料的直接质量参数，与先进控制技术配合，进行质量卡边操作，产生巨大经济效益和社会效益。如法国Lavera炼油厂每年加工100万吨汽油，在线NIR节约辛烷值0.3，每年净增效益200万美元。中国石化集团公司沧州炼油厂使用NIR-2000近红外光谱仪，一年为厂节省上百万元人民币。因此，它已成为国际石化等大型企业提高其市场竞争能力所依靠的重要技术之一。NIR配合先进控制（APC）推广应用将显著提高工业生产装置操作技术水平，推进工业整体技术进步。

现代近红外光谱分析技术是综合多学科（光谱学、化学计量学和计算机等）知识的现代分析技术。实用的成套近红外光谱分析技术包括近红外光谱仪、化学计量学光谱分析软件和被测样品的各性质或浓度的分析模型。

3.4.1.7.1　近红外光谱的分析原理和测定过程

近红外光是指波长在700nm~2 500nm范围内的电磁波。有机物以及部分无机物分子中化学键结合的各种基团（如C═C，N═C，O═C，O═H，N═H）的运动（伸缩、振动、弯曲等）都有它固定的振动频率。当分子受到红外线照射时，被激发产生共振，同时光的能量一部分被吸收，测量其吸收光，可以得到极为复杂的图谱，这种图谱表示被测物质的特征。不同物质在近红外区域有丰富的吸收光谱，每种成分都有特定的吸收特征，这就为近红外光谱定量分析提供了基础。在近红外光谱范围内，测量的主要是含氢基团（C—H，O—H，N—H，S—H）振动的倍频及合频吸收。与其他常规分析技术不同。现代近红外光谱技术是一种间接分析技术，是通过校正模型的建立实现对未知样本的定性或定量分析。

图 3－17 给出了近红外光谱分析模型建立及应用的框图。其分析方法的建立主要通过以下几个步骤完成：一是选择有代表性的训练集样品并测量其近红外光谱；二是采用标准或认可的参考方法测定所关心的组成或性质数据；三是根据测量的光谱和基础数据通过合理的化学计量学方法建立校正模型；在光谱与基础数据关联前，为减轻以至于消除各种因素对光谱的干扰，需要采用合适的方法对光谱进行预处理（导数光谱的应用可消除基线漂移的影响，二阶导数可消除基线倾斜所造成的误差）；四是未知样本组成性质的测定，在对未知样本测定时，根据测定的光谱和校正模型适用性判据，要确定建立的校正模型是否适合对未知样本进行测定。如适合，则测定的结果符合模型允许的误差要求，否则只能提供参考性数据。

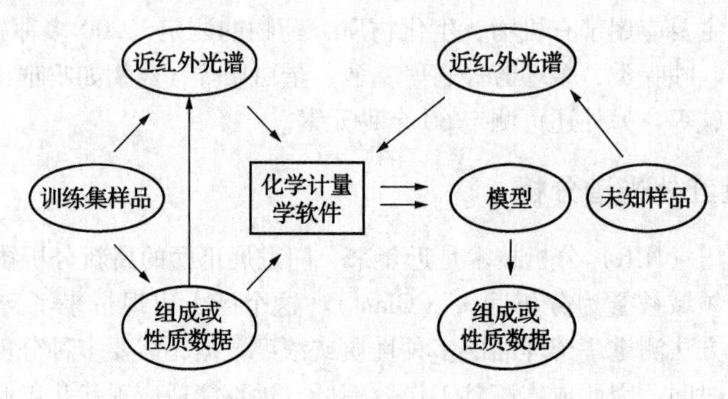

图 3－17　近红外光谱分析模型

3.4.1.7.2　近红外光谱的技术特点

3.4.1.7.2.1　近红外光谱的优点：

（1）分析速度快。光谱的测量过程一般可在 1min 内完成（多通道仪器可在 1s 之内完成），通过建立的校正模型可迅速测定出样品的组成或性质。

（2）分析效率高。通过一次光谱的测量和已建立的相应的校正模型，可同时对样品的多个组成或性质进行测定。

（3）分析成本低。近红外光谱在分析过程中不消耗样品，自身除消耗一点电外几乎无其他消耗，与常用的标准或参考方法相比，测试费用可大幅度降低。

（4）测试重视性好。由于光谱测量的稳定性，测试结果很少受人为因素的影响，与标准或参考方法相比，近红外光谱一般显示出更好的重视性。

（5）光谱测量方便。由于近红外光较强的穿透能力和散射效应，根据样品物态和透光能力的强弱可选用透射或漫反射测谱方式。通过相应的测样器件可以直接测量液体、固体、半固体和胶状类等不同物态的样品。本品测量无需预处理。

（6）便于实现在线分析。由于近红外光在光纤中良好的传输特性，通过光纤可以使仪器远离采样现场，将测量的光谱信号实时地传输给仪器，调用建立的校正模型计算后可直接显示出生产装置中样品的组成或性质结果。另外通过光纤也可测量恶劣环境中的样品。

（7）典型的无损分析技术。光谱测量过程中不消耗样品，从外观到内在都不会对样品产生影响。鉴于此，该技术在活体分析和医药临床领域正得到越来越多的应用。

3.4.1.7.2.2　近红外光谱分析技术的缺点：

虽然近红外光谱分析技术在在线检测农产品、食品品质上的研究已将近持续了 10 年，但大多数还只是在实验室范围内进行在线检测，形成真正的商业化产品的很少。目前，农产品、食品品质的在线检测研究还存在着以下几个方面的问题。

（1）近红外光谱很容易受到各个因素的影响（如样品的温度、样品检测部位以及装样条件等）。而对于在线检测来说，样品是运动的，因而近红外光谱更容易受到影响，如何获得较稳定的光谱仍是一个问题。

（2）在线检测研究中所应用的模型大多为 PLS 或是神经网络模型，而这些模型都是抽象的，不可描述的。对可描述模型的研究以及可描述模型在在线检测中的应用研究有所欠缺。

3.4.1.7.3　近红外光谱仪器基本类型

近红外光谱仪器一般由光源、分光系统、测样部件、检测器和数据处理五部分构成。根据光的分光方式近红外光谱仪可分为滤光片型、光栅扫描型、固定光路多通道检测、傅里叶变换和声光调谐等几种类型。

3.4.1.7.4　近红外光谱数据处理技术

现代近红外光谱分析技术包括近红外光谱仪、化学计量学软件和应用模型三部分。三者的有机结合才能满足快速分析的技术要求。因此，校正模型的建立方法是主要的研究领域。常用的校正方法包括多元线性回归（MLR）、主成分分析（PCR）、逐步回归（SMR）、偏最小二乘法（PLS）、人工神经网络（ANN）方法等。在定量分析中，多元线性回归（MLR）和逐步回归（SMR）分析方法是进行多组分分析的常用方法，选择合适的波长点和波长间隔，可用统计分析的方法验证分析结果，但由于在分析样品时只用了一些特征波长点的光谱信息，其他点的信息被丢失，故这两种方法易产生模型的过适应性。偏最小二乘法（PLS）和主成分分析（PCR）方法则是两种全光谱分析方法，他们利用了全部光谱信息，将高度相关的波长点归于一个独立变量中，根据为数不多的独立变量建立回归方程，通过内部检验来防止过模型现象，比 MLR 和 SMR 分析精度提高，消除了线性相关的问题，很适合在 NIR 中使用。人工神经网络方法（ANN）是近几年得到迅速推广的一种算法，在 NIR 分析中也显出了优越性。复杂的 NIR 谱图可以方便地建立起 ANN 定量分析模型。就目前来说，PLS 是近红外光谱分析上应用最多的回归方法。

3.4.1.7.5　近红外光谱技术的应用

近红外光谱分析仪是一项集仪器，化学计量学软件，模型，三位于一体的成套技术。近红外光谱产生分子振动，主要反映 C—H，O—H，N—H，S—H 等化学键的信息。因此近红外光谱能测量绝大多数种类的化合物及混合物，具有广泛的应用价值，其应用除传统的农副产品的分析外已扩展到众多的其他领域，主要有石油化工和基本有机化工、高分子化工、制药与临床医学、生物化工、环境科学、纺织工业和食品工业等领域。

在农业领域，近红外光谱可通过漫反射方法、将测定探头直接安装在粮食的谷物传送带上，检验种子或作物的质量，如水分、蛋白含量及小麦硬度的测定；还用于作物及饲料中的油脂、氨基酸、糖、灰粉等含量的测定以及谷物中污染物的测定；近红外光谱还被用于植物的分类、棉花纤维、饲料中蛋白及纤维素的测定，并用于监测可耕土壤中的物理和化学变化。

在食品分析中，近红外光谱不仅作为常规方法用于食品的品质分析，而且已用于食品加工过程中组成变化的监控和动力学行为的研究，如用 NIR 评价微型磨面机在磨面过程化学成分的变化；在奶酪加工过程中优化采样时间，研究不同来源的奶酪的化学及物理动力学行为；通过测定颜色变化来确定农产品的新鲜度、成熟度，了解食品的安全性；通过检测水分含量的变化来控制烤制食品的质量；检测苹果、葡萄、梨、草莓等果汁加工过程中可溶性和总固形物的含量变化；在啤酒生产线上，监测发酵过程中酒精及糖分含量变化。

在药物分析中，近红外光谱的应用始于 20 世纪 60 年代后期。在当时药物成分一般通过萃取以溶液形式测定。随着漫反射测试技术的出现，无损药物分析在近红外光谱分析中占有非常重要的位置。现在近红外光谱已广泛用于药物的生产过程控制。近红外光谱在医药分析中的应用包括：药物中活性成分的分析，如药剂中菲那西丁、咖啡因的分析。近红外光谱在活性成分分析时缺陷是难以满足低含量成分分析的要求，一般认为检测限为 0. 1%。药物固态剂量分析，近红外光谱技术的这一应用被认为是药物分析的重大进步，它使近红外光谱技术不在仅局限在实验室当中，而是进入过程分析，聚合物光谱技术已用于制药过程的混合、造粒、封装、粉磨压片等过程。无探伤测定片剂分析，这在成品药物的质量检验中非常重要，由于容易实现在线和现场分析，从而避免出现批次药物不合格的损失。

在生命科学领域，近红外光谱用于生物组织的表征，研究皮肤组织的水分、蛋白和脂肪，以及乳腺癌的检查，除此之外，近红外光谱还用于血液中血红蛋白、血糖及其他成分的测定及临床研究，均取得较好的结果。

3. 4. 2 层析法

又称色谱法，色层法及层离法。是一种广泛应用的物理化学分离分析方法。1906 年俄国茨维特（M. Tswett）将绿叶提取汁加在碳酸钙沉淀柱顶部，继用纯溶剂淋洗，从而分离出叶绿素。此项研究发表在德国《植物学》杂志上，但未能引起人们注意。直到 1931 年德国的库恩和莱德尔再次发现本法并显示其效能，人们才从文献中追溯到茨维特的研究和更早的有关研究，如 1850 年韦曾利用土壤柱进行分离；1893 年里德用高岭土柱分离无机盐和有机盐等。现在层析法已成为生物化学、分子生物学及其他学科领域有效的分离分析工具之一。不仅用于分离有色物质，而且在多数情况下，可用于分离无色物质。色谱法的名称虽仍沿用，但已失去原来的含义。

在食品卫生检验中，现已发展了许多准确而灵敏的测定方法，但在分析混合物时，就会遇到困难。我们已经接触过不少分离方法，如结晶、蒸馏、沉淀、萃取等。层析法比这些分离法优越，主要是分离效率高，操作又不太麻烦。层析法的分离原理，是利用混合物中各组分在不同的两相中溶解，吸附和亲和作用的差异，使混合物的各组分达到分离。

层析法是利用不同物质理化性质的差异而建立起来的技术。所有的层析系统都由两个相组成：一是固定相，可以是固体物质或者是固定于固体物质上的成分；另一是流动相，即可以流动的物质，如水和各种溶媒。当待分离的混合物随溶媒（流动相）通过固定相时，由于各组分的理化性质存在差异，与两相发生相互作用（吸附、溶解、结合等）的能力不同，在两相中的分配（含量对比）不同，而且随溶媒向前移动，各组分不断地在两相中进行再分配。与固定相相互作用力越弱的组分，随流动相移动时受到的阻滞作用小，向前移动的速度快。反之，与固定相相互作用越强的组分，向前移动速度越慢。分部收集流出液，可得到样品中所含的各单一组分，从而达到将各组分分离的目的。

3.4.2.1　层析法的分类

层析法有多种类型，也有多种分类方法。

3.4.2.1.1　按两相所处的状态分类

层析法中液体作为流动相的，称为液相层析或液体层析；用气体作为流动相的，称为气相层析或气相色谱。

固定相也有两种状态，以固体吸附剂作为固定相和以附载在固体担体上的液体作为固定相，故层析法按两相所处的状态一般可分为 4 种，见表 3－4。

表 3－4　按两相所处状态分类

固定相	流动相	
	液体	气体
液体	液－液层析法	气－液层析法
固体	液－固层析法	气－固层析法

近年来又发展起一种新的色谱技术——超临界流体色谱法（Supercritical Fluid Chromatography，SFC），是超临界流体作为流动相（固定相与液相色谱类似）的色谱方法。超临界流体即为处于临界温度及临界压力以上的流体，它具有对分离十分有利的物化性质，其扩散系数和黏度接近于气体，因此溶质的传质阻力较小，可以获得快速高效的分离，其密度和溶解度又与液体相似，因而可在较低的温度下分析沸点较高、热稳定性较差的物质。超临界流体色谱法兼有气相色谱法和液相色谱法的优点，具有良好的应用前景，但目前尚未像气相色谱和液相色谱那样被广泛应用。

3.4.2.1.2　按层析过程的机理分类

（1）吸附层析

利用吸附剂表面对不同组分吸附性能的差异，达到分离检测的目的。

（2）分配层析

利用不同组分在流动相和固定相之间的分配系数（或溶解度）不同，而使之分离的方法。

（3）离子交换层析

利用不同组分对离子交换剂结和力的不同，而进行分离的方法。

（4）凝胶层析

利用某些凝胶对不同组分因分子大小不同而阻滞作用不同的差异，进行分离的方法。

（5）亲和层析法

固定相只能与一种待分离组分专一结合，以此和无亲和力的其他组分分离。

3.4.2.1.3　按操作形式不同分类

（1）柱层析

将固定相装于柱内，使样品沿一个方向移动而达到分离。

（2）纸层析

用滤纸作液体的载体（担体），点样后用流动相展开，以达到分离检测的目的。

（3）薄层层析

将适当粒度的吸附剂涂成薄层，以纸层析类似的方法进行物质的分离和检测。

3.4.2.2　吸附层析法

吸附柱层析（Adsorption Chromatography）是最早建立的。所谓吸附是溶质在液－固或气－固两相的交界面上集中浓缩的现象，它发生在固体表面上。吸附剂是一些具有表面活性的多孔性物质，如硅胶、氧化铝、活性炭等，皆具有吸附性能。如将一种吸附剂装入一根玻璃管中，将含有数种溶质的溶液通过吸附剂，由于各种溶质被吸附剂吸附的强弱不同，并借助于洗脱剂的推动，将各种物质进行分离。

设溶液中 A + B + C 3 种物质，而它被吸附的强弱是 A > B > C。

将上述溶液倾入层析柱中，不断用溶剂洗脱，则溶质在层析柱中便发生吸附→解吸→再吸附→再解吸的过程。由于溶质 C 的吸附能力最弱，所以它能被溶剂逐步推到最下层，其次是溶质 B，最后是溶质 A。如果 A、B、C 3 种物质是有色的，就应在层析柱上可看到 3 个互相分开的颜色带，如图 3－18 所示。如果它们都是无色的，则可继续用溶剂洗脱出来，采用分段收集的方法，将 A、B、C 3 种物质分别收集起来，然后再按其他方法进行定性和定量。

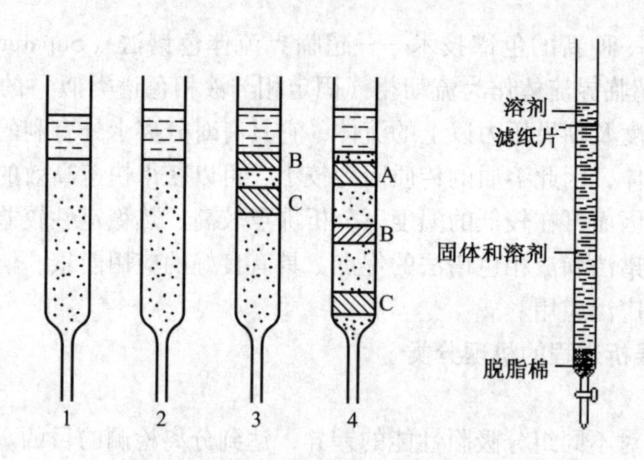

图 3－18　三元混合物的柱层析

吸附剂、溶剂与被分离物质的关系是：液－固吸附层析是运用较多的一种方法，特别适用于很多中等相对分子质量的样品（相对分子质量小于 1 000 的低挥发性样品）的分离，尤其是脂溶性成分——一般不适用于高相对分子质量的样品如蛋白质、多糖或离子型亲水性化合物等的分离。吸附层析的分离效果决定于吸附剂、溶剂和被分离化合物的性质这 3 个因素。

3.4.2.2.1　吸附剂

常用的吸附剂有硅胶、氧化铝、活性炭、硅酸镁、聚酰胺、硅藻土等。

（1）硅胶

层析用硅胶为一多孔性物质，分子中具有硅氧烷的交链结构，同时在颗粒表面又有很多硅醇基。硅胶吸附作用的强弱与硅醇基的含量多少有关。硅醇基能够通过氢键的形成而吸附水分，因此硅胶的吸附力随吸着的水分增加而降低。若吸水量超过 17%，吸附力极弱不能用作为吸附剂，但可作为分配层析中的支持剂。对硅胶的活化，当硅胶加热至 100℃ ~ 110℃时，硅胶表面因氢键所吸附的水分即能被除去。当温度升高至 500℃时，硅胶表面的硅醇基也能脱水缩合转变为硅氧烷键，从而丧失了因氢键吸附水分的活性，就不再有吸附剂的性质，虽用水处理亦不能恢复其吸附活性。所以硅胶的活化不宜在较高温度进行（一般在170℃以上即有少量结合水失去）。

硅胶是一种酸性吸附剂，适用于中性或酸性成分的层析。同时硅胶又是一种弱酸性阳离子交换剂，其表面上的硅醇基能释放弱酸性的氢离子，当遇到较强的碱性化合物，则可因离子交换反应而吸附碱性化合物。

（2）氧化铝

氧化铝可能带有碱性（因其中可混有碳酸钠等成分），对于分离一些碱性中草药成分，如生物碱类的分离颇为理想。但是碱性氧化铝不宜用于醛、酮、醋、内酯等类型的化合物分离。因为有时碱性氧化铝可与上述成分发生次级反应，如异构化、氧化、消除反应等。除去氧化铝中碱性杂质可用水洗至中性，称为中性氧化铝。中性氧化铝仍属于碱性吸附剂的范畴，适用于酸性成分的分离。用稀硝酸或稀盐酸处理氧化铝，不仅可中和氧化铝中含有的碱性杂质，并可使氧化铝颗粒表面带有 NO^{3-} 或 Cl^- 的阴离子，从而具有离子交换剂的性质，适合于酸性成分的层析，这种氧化铝称为酸性氧化铝。供层析用的氧化铝，用于柱层析的，其粒度要求在100目~160目之间。粒度大于100目，分离效果差；小于160目，溶液流速太慢，易使谱带扩散。样品与氧化铝的用量比，一般在1:20~1:50之间，层析柱的内径与柱长比例在1:10~1:20之间。

在用溶剂冲洗柱时，流速不宜过快，洗脱液的流速一般以每0.5h~1h内流出液体的毫升数与所用吸附剂的重量（g）相等为合适。

（3）活性炭

是使用较多的一种非极性吸附剂。一般需要先用稀盐酸洗涤，其次用乙醇洗，再以水洗净，于80℃干燥后即可供层析用。层析用的活性炭，最好选用颗粒活注炭，若为活性炭细粉，则需加入适量硅藻土作为助滤剂一并装柱，以免流速太慢。活性炭主要且于分离水溶性成分，如氨基酸、糖类及某些甙。活性炭的吸附作用，在水溶液中最强，在有机溶剂中则较低弱。故水的洗脱能力最弱，而有机溶剂则较强。例如以醇-水进行洗脱时，则随乙醇浓度的递增而洗脱力增加。活性炭对芳香族化合物的吸附力大于脂肪族化合物，对大分子化合物的吸附力大于小分子化合物。利用这些吸附性的差别，可将水溶性芳香族物质与脂肪族物质分开，单糖与多糖分开，氨基酸与多肽分开。

（4）聚酰胺（polyamide，PA）

是由酰胺聚合而成的一类高分子物质，又叫尼龙、锦纶。色谱中常用的聚酰胺有：尼龙-6（己内酰胺聚合而成）和尼龙-66（己二酸与己二胺聚合而成）。既亲水又亲脂，性能较好，水溶性物质和脂溶性物质均可分离。锦纶11与1010的亲水性较差，不能使用含水量高的溶剂系统。原理为：① 氢键吸附，即酚、酸的羟基与聚酰胺中羰基形成氢键；芳香硝基类化合物的硝基与聚酰胺中游离氨基形成氢键；脱吸附通过溶剂分子形成新氢键取代原有氢键而完成。② 双重层析原理，聚酰胺既有非极性的脂肪键，又有极性的酰胺键。当用含水极性溶剂作流动相时，聚酰胺作为非极性固定相，其色谱行为类似反相分配色谱，所以苷比苷元容易洗脱；当用非极性氯仿-甲醇作为流动相时，聚酰胺则作为极性固定相，其色谱行为类似正相分配色谱，所以苷元比其苷容易洗脱。聚酰胺层析可用于黄酮、酚类、有机酸、生物碱、萜类、甾体、苷类、糖类、氨基酸衍生物、核苷类等的化合物的分离，尤其是对黄酮类、酚类、醌类等物质的分离远比其他方法优越。其特点为，对黄酮等物质的层析是可逆的；分离效果好，可分离极性相近的类似物，其柱层析的样品容量大，适用于制备分离。

（5）大孔树脂

是以苯乙烯和丙酸酯为单体，加入乙烯苯为交联剂，甲苯、二甲苯为致孔剂，相互交联聚合形成了多孔骨架结构。不同于离子交换树脂，大孔吸附树脂为吸附性和筛选性原理相结合的分离材料，吸附性是由于范德华力或产生氢键的结果，筛选性是由于其本身多孔性结构所决定。因此，有机化合物根据吸附力的不同及分子量的大小，在树脂的吸附机理和筛分原理作用下实现分离。大孔树脂按其极性和所选用的单体分子结构分为：① 非极性大孔树脂，为苯乙烯、二乙烯苯聚合物，也称芳香族吸附剂，如 HPD－100、D－101 等。② 中等极性大孔树脂，为聚丙烯酸酯型聚合物，以多功能团的甲基丙烯酸酯作为交联剂，也称脂肪族吸附剂。③ 极性大孔树脂，含硫氧、酰胺基团，如丙烯酰胺。④ 强极性大孔树脂，含氮氧基团，如氧化氮类。选择树脂要综合各方面的因素（如：待分离化合物的分子大小、所含特有基团等）；适当孔径下，应有较高的比表面积；具有适宜的极性；与被吸附物质有相似的功能基。

3.4.2.2.2　溶剂

层析过程中溶剂的选择，对组分分离关系极大。在柱层析时所用的溶剂（单一剂或混合溶剂）习惯上称洗脱剂，用于薄层或纸层析时常称展开剂。洗脱剂的选择，须根据被分离物质与所选用的吸附剂性质这两者结合起来加以考虑在用极性吸附剂进行层析时，当被分离物质为弱极性物质，一般选用弱极性溶剂为洗脱剂；被分离物质为强极性成分，则须选用极性溶剂为洗脱剂。如果对某一极性物质用吸附性较弱的吸附剂（如以硅藻土或滑石粉代替硅胶），则洗脱剂的极性亦须相应降低。

在柱层操作时，被分离样品在加样时可采用干法，亦可选一适宜的溶剂将样品溶解后加入。溶解样品的溶剂应选择极性较小的，以便被分离的成分可以被吸附。然后渐增大溶剂的极性。这种极性的增大是一个十分缓慢的过程，称为“梯度洗脱”，使吸附在层析柱上的各个成分逐个被洗脱。如果极性增大过快（梯度太大），就不能获得满意的分离。溶剂的洗脱能力，有时可以用溶剂的介电常数（ε）来表示。介电常数高，洗脱能力就大。以上的洗脱顺序仅适用于极性吸附剂，如硅胶、氧化铝。对非极性吸附剂，如活性炭，则正好与上述顺序相反，在水或亲水性溶剂中所形成的吸附作用，较在脂溶性溶剂中为强。

常用洗脱剂的极性按递增次序如下：

己烷和石油醚 < 环己烷 < 四氯化碳 < 三氯乙烯 < 二硫化碳 < 甲苯 < 苯 < 二氯甲烷 < 氯仿 < 乙醚 < 乙酸乙酯 < 丙酮 < 丙醇 < 乙醇 < 甲醇 < 水 < 吡啶 < 乙酸

所用溶剂必须纯粹和干燥，否则会影响吸附剂的活性和分离效果。

3.4.2.2.3　被分离物质的性质

被分离的物质与吸附剂、洗脱剂共同构成吸附层析中的 3 个要素，彼此紧密相连。在指定的吸附剂与洗脱剂的条件下，各个成分的分离情况，直接与被分离物质的结构与性质有关。对极性吸附剂而言，成分的极性大，吸附性强。

当然，中草药成分的整体分子观是重要的，例如极性基团的数目越多，被吸附的性能就会越大，在同系物中碳原子数目少些，被吸附也会强些。总之，只要两个成分在结构上存在差别，就有可能分离，关键在于条件的选择。要根据被分离物质的性质，吸附剂的吸附强度，与溶剂的性质这三者的相互关系来考虑。首先要考虑被分离物质的极性。如被分离物质极性很小为不含氧的萜烯，或虽含氧但非极性基团，则需选用吸附性较强的吸附剂，并用弱极性溶剂如石油醚或苯进行洗脱。但多数中药成分的极性较大，则需要选择吸附性能较弱的吸附剂（一般Ⅲ～Ⅳ级）。采用的洗脱剂极性应由小到大按某一梯度递增，或可应用薄层层析以判断被分离物在某种溶剂系统中的分离情况。此外，能否获得满意的分离，还与选择的溶剂梯度有很大关系。现以实例说明吸附层析中吸附剂、洗脱剂与样品极性之间的关系。如有多组分的混合物，像植物油脂系由烷烃、烯烃、甾醇酯类、甘油三酸酯和脂肪酸等组分。当以硅胶为吸附剂时，使油脂被吸附后选用一系列混合溶剂进行洗脱，油脂中各单一成分即可按其极性大小的不同依次被洗脱。

又如对于C－27甾体皂甙元类成分，能因其分子中羟基数目的多少而获得分离：将混合皂甙元溶于含有5%氯仿的苯中，加于氧化铝的吸附柱上，采用以下的溶剂进行梯度洗脱。如改用吸附性较弱的硅酸镁以替代氧化铝，由于硅酸镁的吸附性较弱，洗脱剂的极性需相应降低，亦即采用苯或含5%氯仿的苯，即可将一元羟基皂甙元从吸附剂上洗脱下来。这一例子说明，同样的中草药成分在不同的吸附剂中层析时，需用不同的溶剂才能达到相同的分离效果，从而说明吸附剂、溶剂和欲分离成分三者的相互关系。

3.4.2.3　分配柱层析法

1941年Martin和Synge发现了液－液（分配）色谱法［Liquid－Lipuid（partition）Chromatography，LIC］。他们用覆盖于吸附剂表面的并与流动相不混溶的固定液来代替以前仅有的固体吸附剂。试样组分按照其溶解度在两相之间分配。Martin和Synge因为这一工作而荣获1952年诺贝尔化学奖。

根据物质在两种不相混溶（或部分混溶）的溶剂间溶解度的不同而有不同分配来实现分离目的的方法。它是以一种不起分离作用和没有吸附能力的粒状固体作为支持剂（或称担体）。在这种担体表面涂有一层选定的液体，通常称为固定相。另外，用一种与固定相不相混合的液体作为冲洗剂进行洗脱。

各组分在两相中的分配比例，以分配系数（k）表示，其定义如式（3－32）。

$$k=\frac{\text{溶质在固定相液体中的浓度}}{\text{溶质在流动相液体中的浓度}} \tag{3-32}$$

由式（3－32）可以看出，k值越大，说明溶质较易溶于固定相，较不易被流动相移动，后流出柱外；k值越小，说明较易溶于流动相，容易被流动相移动而先流出柱外。

在分配层析中，大多选用多孔物质为支持物，利用它对极性溶剂的亲和力，吸着某种极性溶剂作为固定相。这种固定相极性溶剂在层析过程中始终固定在支持物上。用另一种非极性溶剂流经固定相，此移动溶剂称为流动相，如果把待分离物质的混合物样品点加在多孔支持物上，在层析过程中，当非极性溶剂流动相沿着支持物经样品时，样品中各种物质便会按分配系数大小转入流动相向前移动；当遇到前方的固定相时，溶于流动相的物质又将与固定相进行重新分配，一部分转入固定相中。因此，随着流动相的不断移动，样品中的物质便在流动相和固定相之间进行连续的、动态的分配，这种情况相当于非极性溶剂中对物质的连续抽提过程。由于各种物质的分配系数不同，分配系数较大的物质留在固定相中较多，在流动相中较少，层析过程中它向前移动较慢；相反，分配系数较小的物质进入流动相较多而留在固定相中较少，层析过程中向前移动就较快，根据这一原理，样品中各种物质就能被分离开来。

分配层析中应用最广泛的多孔支持物是滤纸，其次是硅胶、硅藻土、纤维素粉、淀粉和微孔聚乙烯粉等。

3.4.2.4　凝胶层析法

凝胶层析（Gel Chromatography）也称为排阻层析（Exclusion Chromatography）、分子筛层析（Molecular Sieve Chromatofraphy）等，它是在1960年后发展出来的，是当生物大分子通过装有凝胶颗粒的层析柱时，根据它们分子大小不同而进行分离的技术。它的突出优点是层析所用的凝胶属于惰性载体，不带电荷，吸附力弱，操作条件比较温和，可在相当广的温度范围下进行，不需要有机溶剂，并且对分离成分理化性质的保持有独到之处，对于高分子物质有很好的分离效果。

凝胶层析的原理：凝胶颗粒内部具有多孔网状结构，被分离的混合物流过层析柱时，比凝胶孔径大的分子不能进入凝胶孔内，在凝胶颗粒之间的空隙向下移动，并最先被洗脱出来；比网孔小的分子能不同程度的自由出入凝胶孔内外，在柱内经过的路程较长、移动速度较慢，最后被洗脱出来。

3.4.2.4.1　色谱柱的重要参数

（1）外水体积 V_o：凝胶柱中凝胶颗粒周围空间的体积，也就是凝胶颗粒间液体流动相的体积；

（2）内水体积 V_i：凝胶颗粒中孔穴的体积，凝胶层析中固定相体积就是指内水体积；

（3）基质体积 V_g：凝胶颗粒实际骨架体积；

（4）柱床体积 V_t：凝胶柱所能容纳的总体积；

（5）洗脱体积 V_e：将样品中某一组分洗脱下来所需洗脱液的体积。

关系如式（3－33）。

$$V_t = V_o + V_i + V_g \qquad (3-33)$$

由于 V_g 相对很小，可以忽略不计，则有：$V_t = V_o + V_i$

为了精确的衡量混合物中各成分在柱内的洗脱行为，采用分配系数 K_d 度量。见式(3－34)。

$$K_d = (V_e - V_o)/V_i \qquad (3-34)$$

式中：V_e——某一成分从层析柱内完全被洗脱出来时洗脱液的体积

当分子的 $K_d = 0$ 时，$V_e = V_o$ 即该分子被完全排阻于凝胶颗粒之外，全部分布于流动相里，固定相里分布为0（A）；当分子的 $K_d = 1$ 时，$V_e = V_o + V_i$ 即该分子完全不被排阻，均匀的分布在流动相和固定相里，两相比值为1（C）；当 $0 < K_d < 1$ 时，$V_e = V_o + K_d \times V_i$ 即表明分子受到部分排阻（B）。

3.4.2.4.2　凝胶的选择与要求

根据实验目的不同选择不同型号的凝胶。如果实验目的是将样品中的大分子物质和小分子物质分开，由于它们在分配系数上有显著差异，这种分离又称组别分离，对于小肽和低相对分子质量的物质（1 000～5 000）的脱盐可使用 Sephadex G－10、G－15 及 Bio－Gel－p－2 或 4。如果实验目的是将样品中一些相对分子质量比较近似的物质进行分离，这种分离又叫分级分离。一般选用排阻限度略大于样品中最高相对分子质量物质的凝胶，层析过程中这些物质都能不同程度地深入到凝胶内部，由于 K_d 不同，最后得到分离。

良好的凝胶过滤介质应满足以一要求：亲水性高，表面惰性；稳定性强，在较宽的 pH

和离子强度范围以及化学试剂中保持稳定，使用寿命长；具有一定的孔径分布范围；机械强度高，允许较高的操作压力（流速）。

3.4.2.4.3　常用凝胶及性质

具有分子筛作用的物质很多，如浮石、琼脂、琼脂糖、聚乙烯醇、聚丙烯酰胺、葡聚糖凝胶等，其中以葡聚糖凝胶应用最广，是葡聚糖在它们的长链间以三氯环氧丙烷交联剂交联而成。

葡聚糖凝胶具有很强的吸水性。商品名以SephadexG表示，型号很多，从G10到G200。G值越小，交联度越大，吸水性越小；G值越大，交联度越小，吸水性就越大，二者呈反比关系，G值大约为吸水量的10倍。由此可以根据床体积而估算出葡聚糖凝胶干粉的用量。表3-5是SephadexG和种类与特性。

表3-5　SephadexG的种类与特性

型号	分离范围（相对分子质量）	吸水量/mL（g）	最小溶胀时/h		床体积（mL）/干凝胶（mL/mg）
			20~25℃	100℃	
G10	<700	1.0±0.1	3	1	2~3
G15	<1 500	1.5±0.2	3	1	2.5~3.5
G25	<5 000	2.5±0.2	3	1	4~6
G50	1 500~30 000	8.0±0.3	3	1	9~11
G75	3 000~70 000	7.5±0.5	24	1	12~15
G100	4 000~150 000	10.0±1.0	72	1	15~20
G150	5 000~400 000	15.0±1.5	72	1	20~30
G200	5 000~800 000	20.0±2.0	72	1	30~40

注：G25和G50有四种颗粒型号：粗（100μm~300μm）、中（50μm~150μm）、细（20μm~80μm）和超细（10μm~40μm）。G75~G200又有两种颗粒型号：中（40μm~120μm），超细（10μm~40μm）。颗粒越细，流速越慢，分离效果越好。

3.4.2.4.4　凝胶柱的选择与制备

柱的直径与长度根据经验，组别分离时，大多采用20cm~30cm长的层析柱，分级分离时，一般需要100cm左右长的层析柱，其直径在1cm~5cm范围内，小于1cm产生管壁效应，大于5cm则稀释现象严重。长度L与直径D的比值L/D一般宜在7~10之间，但对移动慢的物质宜在30~40之间。

凝胶型号选定后，将干胶颗粒悬浮于5~10倍量的蒸馏水或洗脱液中充分溶胀，溶胀之后将极细的小颗粒倾泻出去。自然溶胀费时较长，加热可使溶胀加速，即在沸水浴中将湿凝胶浆逐渐升温至近沸，1h~2h即可达到凝胶的充分胀溶。加热法既可节省时间又可消毒。

凝胶的装填：将层析柱与地面垂直固定在架子上，下端流出口用夹子夹紧，柱顶可安装一个带有搅拌装置的较大容器，柱内充满洗脱液，将凝胶调成较稀薄的浆头液盛于柱顶的容器中，然后在微微地搅拌下使凝胶下沉于柱内，这样凝胶粒水平上升，直到所需高度为止，拆除柱顶装置，用相应的滤纸片轻轻盖在凝胶床表面。稍放置一段时间，再开始流动平衡，流速应低于层析时所需的流速。在平衡过程中逐渐增加到层析的流速，千万不能超过最终流速。平衡凝胶床过夜，使用前要检查层析床是否均匀，有无“纹路”或气泡，或加一些有色物质来观察色带的移动，如带狭窄、均匀平整说明层析柱的性能良好，色带出现歪曲、散乱、变宽时必须重新装柱。

3.4.2.4.5 加样和洗脱

凝胶床经过平衡后，在床顶部留下数毫升洗脱液使凝胶床饱和，再用滴管加入样品。一般样品体积不大于凝胶总床体积的5% ~10% 。样品浓度与分配系数无关，故样品浓度可以提高，但相对分子质量较大的物质，溶液的黏度将随浓度增加而增大，使分子运动受限，故样品与洗脱液的相对黏度不得超过1.5 ~2。样品加入后打开流出口，使样品渗入凝胶床内，当样品液面恰与凝胶床表面相平时，再加入数毫升洗脱液中洗管壁，使其全部进入凝胶床后，将层析床与洗脱液贮瓶及收集器相连，预先设计好流速，然后分部收集洗脱液，并对每一馏分做定性、定量测定。

3.4.2.4.6 凝胶柱的重复使用、凝胶回收与保存

一次装柱后可以反复使用，不必特殊处理，并不影响分离效果。为了防止凝胶染菌，可在一次层析后加入 0.02% 的叠氮钠，在下次层析前应将抑菌剂除去，以免干扰洗脱液的测定。

如果不再使用可将其回收，一般方法是将凝胶用水冲洗干净滤干，依次用 70% 、90% 、95% 乙醇脱水平衡至乙醇浓度达 90% 以上，滤干，再用乙醚洗去乙醇、滤干、干燥保存。湿态保存方法是凝胶浆中加入抑菌剂或水冲洗到中性，密封后高压灭菌保存。

3.4.2.4.7 凝胶层析的特点

优点：操作简便，条件温和，产品收率可接近 100% ；容易实施循环操作；作为脱盐手段，比透析法快、精度高；分离机理简单，容易规模放大。

缺点：仅根据溶质间相对分子质量差别分离，选择性低；经洗脱展开后产品被稀释。

3.4.2.4.8 凝胶层析的应用

（1）脱盐。高分子（如蛋白质、核酸、多糖等）溶液中的低相对分子质量杂质，可以用凝胶层析法除去，这一操作称为脱盐。本法脱盐操作简便、快速、蛋白质和酶类等在脱盐过程中不易变性。适用的凝胶为 SephadexG -10，15，25 或 Bio - Gel - p -2，4，6。柱长与直径之比为5 : 1 ~15 : 1，样品体积可达柱床体积的25% ~30% ，为了防止蛋白质脱盐后溶解度降低而形成沉淀吸附于柱上，一般用醋酸铵等挥发性盐类缓冲液使层析柱平衡，然后加入样品，再用同样缓冲液洗脱，收集的洗脱液用冷冻干燥法除去挥发性盐类。

（2）用于分离提纯。凝胶层析法已广泛用于酶、蛋白质、氨基酸、多糖、激素、生物碱等物质的分离提纯。凝胶对热原有较强的吸附力，可用来去除无离子水中的致热原制备注射用水。

（3）测定高分子物质的相对分子质量。用一系列已知相对分子质量的标准品放入同一凝胶柱内，在同一条件下层析，记录每分钟成分的洗脱体积 V_e，并以洗脱体积对相对分子质量的对数作图，在一定相对分子质量范围内可得一直线，即相对分子质量的标准曲线。测定未知物质的相对分子质量时，可将此样品加在测定了标准曲线的凝胶柱内洗脱后，根据物质的洗脱体积，在标准曲线上查出它的相对分子质量，见式（3 -35）。

$$\lg M = k_1 - k_2 V_e \quad (3-35)$$

式中：V_e——洗脱体积。

（4）高分子溶液的浓缩。通常将 SephadexG -25 或 G50 干胶投入到稀的高分子溶液中，这时水分和低相对分子质量的物质就会进入凝胶粒子内部的孔隙中，而高分子物质则排阻在凝胶颗粒之外，再经离心或过滤，将溶胀的凝胶分离出去，就得到了浓缩的高分子溶液。

3.4.2.5　离子交换层析法

离子交换层析法（Ion – Exchange Column Chromatography）是以离子交换剂为固定相，依据流动相中的组分离子与交换剂上的平衡离子进行可逆交换时的结合力大小的差别而进行分离的一种层析方法。1848 年，Thompson 等人在研究土壤碱性物质交换过程中发现离子交换现象。20 世纪 40 年代，出现了具有稳定交换特性的聚苯乙烯离子交换树脂。1956 年 Sober 和 Peterson 首次将离子交换基团结合到纤维素上，制成了离子交换纤维素，成功地应用于蛋白质的分离。从此使生物大分子的分级分离方法取得了迅速的发展。

3.4.2.5.1　基本原理

离子交换层析是依据各种离子或离子化合物与离子交换剂的结合力不同而进行分离纯化的。离子交换层析的固定相是离子交换剂，它是由一类不溶于水的惰性高分子聚合物基质通过一定的化学反应共价结合上某种电荷基团形成的。离子交换剂可以分为三部分：高分子聚合物基质、电荷基团和平衡离子。电荷基团与高分子聚合物共价结合，形成一个带电的可进行离子交换的基团。平衡离子是结合于电荷基团上的相反离子，它能与溶液中其他的离子基团发生可逆的交换反应。平衡离子带正电的离子交换剂能与带正电的离子基团发生交换作用，称为阳离子交换剂；平衡离子带负电的离子交换剂与带负电的离子基团发生交换作用，称为阴离子交换剂。

阳离子交换反应：$R—SO_3^- X^+ + A^+ \rightleftharpoons R—SO_3^- A^+ + X^+$

阴离子交换反应：$R—N(CH_3)_2—H^+ Y^- + B^- \rightleftharpoons R—N(CH_3)_2—H^+ B^- + Y^-$

其中 R 代表离子交换剂的高分子聚合物基质，$—SO_3^-$ 和 $—N(CH_3)_2H^+$ 分别代表阳离子交换剂和阴离子交换剂中与高分子聚合物共价结合的电荷基团，X^+ 和 Y^- 分别代表阳离子交换剂和阴离子交换剂的平衡离子，A^+ 和 B^- 分别代表溶液中的离子基团。

从上面的反应式中可以看出，如果 A 离子与离子交换剂的结合力强于 X 离子，或者提高 A 离子的浓度，或者通过改变其他一些条件，可以使 A 离子将 X 离子从离子交换剂上置换出来。也就是说，在一定条件下，溶液中的某种离子基团可以把平衡离子置换出来，并通过电荷基团结合到固定相上，而平衡离子则进入流动相，这就是离子交换层析的基本置换反应。通过在不同条件下的多次置换反应，就可以对溶液中不同的离子基团进行分离。

各种离子与离子交换剂上的电荷基团的结合是由静电力产生的，是一个可逆的过程。结合的强度与很多因素有关，包括离子交换剂的性质、离子本身的性质、离子强度、pH、温度、溶剂组成等。离子交换层析就是利用各种离子本身与离子交换剂结合力的差异，并通过改变离子强度、pH 等条件改变各种离子与离子交换剂的结合力而达到分离的目的。离子交换剂的电荷基团对不同的离子有不同的结合力。一般来讲，离子价数越高，结合力越大；价数相同时，原子序数越高，结合力越大。蛋白质等生物大分子通常呈两性，它们与离子交换剂的结合与它们的性质及 pH 有较大关系。以用阳离子交换剂分离蛋白质为例，在一定的 pH 条件下，等电点 $pI < pH$ 的蛋白带负电，不能与阳离子交换剂结合；等电点 $pI > pH$ 的蛋白带正电，能与阳离子交换剂结合，一般 pI 越大的蛋白与离子交换剂结合力越强。但由于生物样品的复杂性以及其他因素影响，一般生物大分子与离子交换剂的结合情况较难估计，往往要通过实验进行摸索。

近年来离子交换色谱技术已经广泛应用于蛋白质、酶、核酸、肽、寡核苷酸、病毒、噬菌体和多糖的分离和纯化，其优点是：

（1）具有开放性支持骨架，大分子可以自由进入和迅速扩散，故吸附容量大。

（2）具有亲水性，对大分子的吸附不大牢固，用温和条件便可以洗脱，不致引起蛋白质变性或酶的失活。

（3）多孔性，表面积大、交换容量大，回收率高，可用于分离和制备。

3.4.2.5.2 离子交换剂的种类及性质

（1）离子交换剂的基质

离子交换剂的大分子聚合物基质可以由多种材料制成，如聚苯乙烯离子交换剂，它与水的亲和力较小，具有较强的疏水性，容易引起蛋白的变性，一般常用于分离小分子物质，如无机离子、氨基酸、核苷酸等。以纤维素（Cellulose）、球状纤维素（Sephacel）、葡聚糖（Sephadex）、琼脂糖（Sepharose）为基质的离子交换剂都与水有较强的亲和力，适合于分离蛋白质等大分子物质，葡聚糖离子交换剂一般以 Sephadex G25 和 G50 为基质，琼脂糖离子交换剂一般以 Sepharose CL-6B 为基质。

（2）离子交换剂的电荷基团

阳离子交换剂的电荷基团带负电，可以交换阳离子物质。根据电荷基团的解离度不同，又可以分为强酸型、中等酸型和弱酸型 3 类。它们的区别在于它们电荷基团完全解离的 pH 范围，强酸型离子交换剂在较大的 pH 范围内电荷基团完全解离，而弱酸型完全解离的 pH 范围则较小，如羧甲基在 pH 小于 6 时就失去了交换能力。一般结合磺酸基团（$—SO_3H$），如磺酸甲基（简写为 SM）、磺酸乙基（SE）等为强酸型离子交换剂，结合磷酸基团（$—PO_3H_2$）和亚磷酸基团（$—PO_2H$）为中等酸型离子交换剂，结合酚羟基（—OH）或羧基（—COOH），如羧甲基（CM）为弱酸型离子交换剂。一般来讲强酸型离子交换剂对 H^+ 的结合力比 Na^+ 小，弱酸型离子交换剂对 H^+ 的结合力比 Na^+ 大。

阴离子交换剂的电荷基团带正电，可以交换阴离子物质。同样根据电荷基团的解离度不同，可以分为强碱型、中等碱型和弱碱型三类。一般结合季胺基团（$—N(CH_3)_3$），如季胺乙基（QAE）为强碱型离子交换剂，结合叔胺（$—N(CH_3)_2$）、仲胺（$—NHCH_3$）、伯胺（$—NH_2$）等为中等或弱碱型离子交换剂，如结合二乙基氨基乙基（DEAE）为弱碱型离子交换剂。一般来讲强碱型离子交换剂对 OH^- 的结合力比 Cl^- 小，弱酸型离子交换剂对 OH^- 的结合力比 Cl^- 大。

（3）交换容量

交换容量是指离子交换剂能提供交换离子的量，它反映离子交换剂与溶液中离子进行交换的能力。通常所说的离子交换剂的交换容量是指离子交换剂所能提供交换离子的总量，又称为总交换容量，它只和离子交换剂本身的性质有关。在实际实验中关心的是层析柱与样品中各个待分离组分进行交换时的交换容量，它不仅与所用的离子交换剂有关，还与实验条件有很大的关系，一般又称为有效交换容量。

（4）常用离子交换剂的种类

① 离子交换纤维素。离子交换纤维素的种类很多，其种类与特性如表 3-6 所示。

在交换纤维素中，最常用的是 DEAE 纤维素和 CM 纤维素。由于剂型不同，其理化性质和作用也有所差异。一般而言，微粒型要优于纤维素型，因为微粒型是在纤维素型的基础上进一步提炼而成。它的交换容量大，粒细、比重大，能装成紧密的层析柱，要求分辨力高的实验可用此型纤维素。

表 3 -6　离子交换剂的类型与特点

交换剂	名称（纤维素）	作用基团	特点
阴离子交换剂	二乙氨基乙基	$DEAE^+—O—C_2H_4N^+(C_2H_5)_2H$	最常用在 pH8.6 以下
	三乙氨基乙基	$DEAE^+—O—C_2H_4N^+(C_2H_5)_3H$	
	氨乙基	$AE^+—O—C_2H_4—NH_2$	
	胍乙基	$GE^+—O—C_2H_4—NH—C(NH_2){=}N^+H_2$	强碱性、极高 pH 仍有效
阳离子交换剂	羧甲基	$CM^-—O—CH_2—COO^-$	最常用在 pH4 以上
	磷酸	$P^-—O—PO_2^-$	用于低 pH
	磺甲基	$SM^-—O—CH_2—SO_3^-$	
	磺乙基	$SE^-—O—C_2H_4—SO_3^-$	强酸性用于极低 pH

② 离子交换交联葡聚糖。离子交换交联葡聚糖也是广泛使用的离子交换剂，它与离子交换纤维素不同点是载体不同，常用交联葡聚糖的类型与特性见表 3 -7。

表 3 -7　常用交联葡聚糖的类型与特性

类型	性能	离子基因	反离子	总交换容量（毫克当量/g）
DEAE - sephadexA - 25 DEAE - sephadexA - 50	弱碱性、阴离子交换剂	$DEAE^+$	Cl^-	3.5 ±0.5
QAE - sephadex - 25 QAE - sephadexA - 50	弱碱性、阴离子交换剂	QAE^+	Cl^-	3.0 ±0.4
CM - A - sephadex 25 CM - sephadex A - 50	弱碱性、阳离子交换剂	CM^-	Na^+	4.5 ±0.5
SP - sephadex A - 25 SP - sephadex A - 50	强碱性、阳离子交换剂	SP^-	Na^+	2.3 ±0.3

离子交换交联葡聚糖有如下优点：不会引起被分离物质的变性或失活；非特异性吸附少；交换容量大。

3.4.2.5.3　离子交换剂选择的一般原则

（1）选择阴离子或阳离子交换剂，决定于被分离物质所带的电荷性质。如果被分离物质带正电荷，应选择阳离子交换剂；如带负电荷，应选择阴离子交换剂；如被分离物为两性离子，则一般应根据其在稳定 pH 范围内所带电荷的性质来选择交换剂的种类。

（2）强型离子交换剂使用的 pH 范围很广，所以常用它来制备去离子水和分离一些在极端 pH 溶液中解离且较稳定的物质。

（3）离子交换剂处于电中性时常带有一定的反离子，使用时选择何种离子交换剂，取决于交换剂对各种反离子的结合力。为了提高交换容量，一般应选择结合力较小的反离子。据此，强酸型和强碱型离子交换剂应分别选择 H 型和 OH 型；弱酸型和弱碱型交换剂应分别选择 Na 型和 Cl 型。

（4）交换剂的基质是疏水性还是亲水性，对被分离物质有不同的作用性质，因此对被分离物质的稳定性和分离效果均有影响。一般认为，在分离生物大分子物质时，选用亲水性基质的交换剂较为合适，它们对被分离物质的吸附和洗脱都比较温和，活性不易破坏。

3.4.2.5.4 离子交换剂预处理和装柱

对于离子交换纤维素要用流水洗去少量碎的不易沉淀的颗粒，以保证有较好的均匀度，对于已溶胀好的产品则不必经这一步骤。

一般手续如下：新出厂干树脂用水浸泡 2h 后减压去气泡，倾去水，再用大量无离子水洗至澄清，去水后加 4 倍量 2mol/L 的 HCl 搅拌 4h，除去酸液，水洗到中性，再加 4 倍量 2mol/L 的 NaOH 搅拌 4h，除碱液，水洗到中性备用。将树脂带上所希望的某种离子的操作称为转型。如希望阳树脂带 Na^+，则用 4 倍量 NaOH 搅拌浸泡 2h 以上；如希望树脂带 H^+，可用 HCl 处理。阴树脂转型也同样，若希望带 Cl^- 则用 HCl，希望带 OH^- 则用 NaOH。用过的树脂使其恢复原状的方法称为再生。并非每次再一都用酸、碱液洗涤，往往只要转型处理就行了。

阴离子交换剂常用“碱 - 酸 - 碱”处理，使最终转为—OH^- 型或盐型交换剂；对于阳离子交换剂则用“酸 - 碱 - 酸”处理，使最终转为—H^+ 型交换剂。洗涤好的纤维素使用前必须平衡至所需的 pH 和离子强度。已平衡的交换剂在装柱前还要减压除气泡。为了避免颗粒大小不等的交换剂在自然沉降时分层，要适当加压装柱，同时使柱床压紧，减少死体积，有利于分辨率的提高。柱子装好后再用起始缓冲液淋洗，直至达到充分平衡方可使用。

3.4.2.5.5 加样与洗脱

（1）加样

层析所用的样品应与起始缓冲液有相同的 pH 和离子强度，所选定的 pH 应落在交换剂与被结合物有相反电荷的范围，同时要注意离子强度应低，可用透析、凝胶过滤或稀释法达此目的。样品中的不溶物应在透析后或凝胶过滤前，以离心法除去。为了达到满意的分离效果，上样量要适当，不要超过柱的负荷能力。柱的负荷能力可用交换容量来推算，通常上样量为交换剂交换总量的 1% ~5% 。

（2）洗脱

已结合样品的离子交换前，可通过改变溶液的 pH 或改变离子强度的方法将结合物洗脱，也可同时改变 pH 与离子强度。为了使复杂的组分分离完全，往往需要逐步改变 pH 或离子强度，其中最简单的方法是阶段洗脱法，即分次将不同 pH 与离子强度的溶液加入，使不同成分逐步洗脱。由于这种洗脱 pH 与离子强度的变化大，使许多洗脱体积相近的成分同时洗脱，纯度较差，不适宜精细的分离。最好的洗脱方法是连续梯度洗脱，洗脱装置如

图 3－19所示。两个容器放于同一水平上，第一个容器盛有一定 pH 的缓冲液，第二个容器含有高盐浓度或不同 pH 的缓冲液，两容器连通，第一个容器与柱相连，当溶液由第一容器流入柱时，第二容器中的溶液就会自动来补充，经搅拌与第一容器的溶液相混合，这样流入柱中的缓冲液的洗脱能力即成梯度变化。

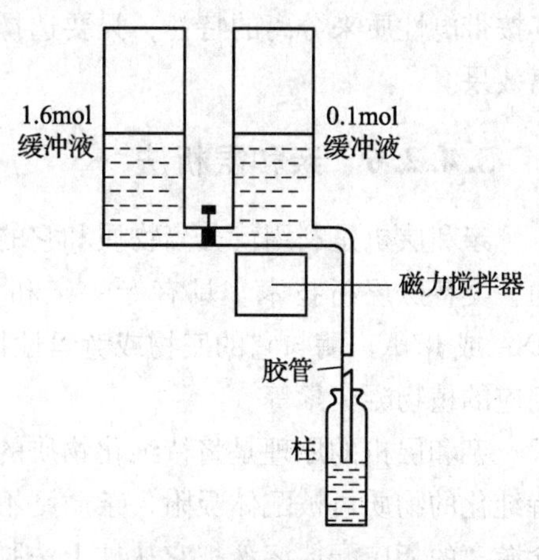

图 3－19　梯度洗脱示意图

洗脱时应满足以下要求：①洗脱液体积应足够大，一般要几十倍于床体积，从而使分离的各峰不至于太拥挤。②梯度的上限要足够高，使紧密吸附的物质能被洗脱下来。③梯度不要上升太快，要恰好使移动的区带在快到柱末端时达到解吸状态。目的物的过早解吸，会引起区带扩散；而目的物的过晚解吸会使峰形过宽。

3. 4. 2. 5. 6　洗脱馏分的分析

按一定体积（5～10mL/管）收集的洗脱液可逐管进行测定，得到层析图谱。依实验目的的不同，可采用适宜的检测方法（生物活性测定、免疫学测定等）确定图谱中目的物的位置，并回收目的物。

3. 4. 2. 5. 7　离子交换剂的再生与保存

离子交换剂可在柱上再生。如离子交换纤维素可用 2mol/L NaCl 淋洗柱，若有强吸附物则可用 0. 5mol/L NaOH 洗柱；若有脂溶性物质则可用非离子型去污剂洗柱后再生，也可用乙醇洗涤，其顺序为：0. 5mol/L NaOH－水－乙醇－水－20% NaCl－水。保存离子交换剂时要加防腐剂。对阴离子交换剂宜用 0. 002% 氯已定（洗必泰），阳离子交换剂可用乙基硫柳汞（0. 005%）。有些产品建立用 0. 02% 叠氮钠。

3. 4. 2. 5. 8　离子交换层析的应用

离子交换层析的应用范围很广，主要有以下几个方面：

（1）水处理

离子交换层析是一种简单而有效的去除水中的杂质及各种离子的方法，聚苯乙烯树脂广泛地应用于高纯水的制备、硬水软化以及污水处理等方面。一般是将水依次通过 H^+ 型强阳离子交换剂，去除各种阳离子及与阳离子交换剂吸附的杂质；再通过 OH^- 型强阴离子交换剂，去除各种阴离子及与阴离子交换剂吸附的杂质，即可得到纯水。离子交换剂使用一段时间后可以通过再生处理重复使用。

（2）分离纯化小分子物质

离子交换层析也广泛的应用于无机离子、有机酸、核苷酸、氨基酸、抗生素等小分子物质的分离纯化。例如对氨基酸的分析，使用强酸性阳离子聚苯乙烯树脂，将氨基酸混合液在 pH2～3 上柱。这时氨基酸都结合在树脂上，再逐步提高洗脱液的离子强度和 pH，这样各种氨基酸将以不同的速度被洗脱下来，可以进行分离鉴定。目前已有全自动的氨基酸分析仪。

（3）分离纯化生物大分子物质

离子交换层析是依据物质的带电性质的不同来进行分离纯化的，是分离纯化蛋白质等生物大分子的一种重要手段。由于生物样品中蛋白的复杂性，一般很难只经过一次离子交换层析就达到高纯度，往往要与其他分离方法配合使用。使用离子交换层析分离样品要充分利用其按带电性质来分离的特性，只要选择合适的条件，通过离子交换层析可以得到较满意的分离效果。

3.4.2.6 亲和层析法

亲和层析是利用待分离物质和它的特异性配体间具有特异的亲和力，从而达到分离目的的一类特殊层析技术。具有专一亲和力的生物分子对主要有：抗原与抗体、DNA 与互补 DNA 或 RNA、酶与它的底物或竞争性抑制剂、激素（或药物）与它们的受体、糖蛋白与它相应的植物凝集素等。

亲和层析的原理是将待纯化物质的特异配体通过适当的化学反应共价的连接到载体上，待纯化的物质可被配体吸附，杂质则不被吸附，通过洗脱杂质即可除去。被结合的物质再用含游离的相应配体溶液把它从柱上洗脱下来。亲和层析中所用的载体称为基质，与基质共价连接的化合物称配基。

3.4.2.6.1 亲和层析载体和配体的选择

亲和层析中理想载体应该具备下述特性：①不溶于水，但高度亲水，使配体易于同水中相应结合物接近。②惰性载体，使载体的非专一性吸附尽可能小。③具有相当量的化学基团可供活化，并在温和条件下能与较大量配体连接。④有较好的物理化学稳定性。⑤通透性好，最好为多孔的网状结构，能使被亲和吸附的大分子自由通过而增加配体的有效浓度。⑥能抵抗微生物和醇的作用。⑦有良好的机械性能，最好是均一的珠状颗粒。

可以作为固相载体的有皂土、玻璃微球、石英微球、羟磷酸钙、氧化铝、聚丙烯酰胺凝胶、淀粉凝胶、葡聚糖凝胶、纤维素和琼脂糖。在这些载体中，皂土、玻璃微球等吸附能力弱，且不能防止非特异性吸附，纤维素的非特异性吸附强，聚丙烯酰胺凝胶是优良的载体。

目前抗体纯化中常用的载体为琼脂糖凝胶。琼脂糖凝胶的优点是亲水性强，理化性质稳定，不受细菌和酶的作用，具有疏松的网状结构，在缓冲液离子浓度大于 0.05mol/L 时，对蛋白质几乎没有非特异性吸附。琼脂糖凝胶极易被溴化氢活化，活化后性质稳定，能经受层析的各种条件，如 0.1mol/L NaOH 或 1mol/L HCl 处理 2h ~ 3h 及蛋白质变性剂 7mol/L 尿素或 6mol/L 盐酸胍处理，不引起性质改变，故易于再生和反复使用。琼脂糖凝胶微球的商品名为 Sepharose，含糖浓度为 2%、4%、6% 时分别称为 2B、4B、6B。因为 Sepharose 4B 的结构比 6B 疏松，而吸附容量比 2B 大，所以 4B 应用最广。

理想的配体应具有以下一些性质：①配体与待分离的物质有适当的亲和力及较强的特异性。②配体要能够与基质稳定的共价结合，在实验过程中不易脱落。③配体自身应具有较好的稳定性，在实验中能够耐受耦联以及洗脱时可能的较剧烈的条件，可以多次重复使用。完全满足上述条件的配体很难找到，实验中根据具体条件选择尽量满足上述条件的最适宜的配体。

3.4.2.6.2 亲和层析的基本操作

亲和层析的操作与一般的柱层析类似，需注意两点：①上样。由于平衡的速度很慢，样品液的浓度不易过高，上样时流速应比较慢。②洗脱分为两种。特异性洗脱是利用洗脱液中的物质与待分离物质或与配体的亲和特性而将待分离物质从亲和吸附剂上洗脱下来，非特异性洗脱中利用改变洗脱缓冲液 pH、离子强度、温度等条件，降低待分离物质与配体的亲和力而将待分离物质洗脱下来。

3.4.2.6.3　亲和吸附剂的再生和保存

再生指使用过的亲和吸附剂，通过适当的方法使去除吸附在其基质和配体（主要是配体）上结合的杂质，使亲和吸附剂恢复亲和吸附能力。其方法为：①用大量洗脱液或较高浓度盐溶液洗涤，再用平衡液重新平衡可再次使用。②组分复杂时，会产生较严重的不可逆吸附，需用比较强烈手段，如高浓度的盐溶液、尿素等变性剂或非专一性蛋白酶。

保存一般加入 $\omega=0.01\%$ 的叠氮化钠，4℃下保存。应注意不要使亲和吸附剂冰冻。

3.4.2.6.4　亲和吸附剂的特点及应用

亲和层析纯化过程简单、迅速，且分离效率高。对分离含量极少又不稳定的活性物质尤为有效。但本法必须针对某一分离对象，制备专一的配基和寻求层析的稳定条件，因此亲和层析的应用范围受到了一定的限制。亲和层析可用于以下方面：①纯化生物大分子。②稀溶液的浓缩。③不稳定蛋白质的贮藏。④从纯化的分子中除去残余的污染物。⑤用免疫吸附剂吸附纯化对此尚无互补配体的生物大分子。⑥分离核酸是亲和层析应用的一个重要方面。

3.4.2.7　纸层析法

纸层析法是以纸作为载体的层析法，分离原理属于分配层析的范畴。固定相一般为纸纤维上吸附的水分，流动相为不与水相溶的有机溶剂。但在应用中，也常用和水相混合的流动相。因为滤纸纤维素所吸附的水有一部分和纤维素结合成复合物，所以这一部分水和与水相混溶的溶剂，仍能形成类似不相混合的两相。固定相除水以外，纸也可以吸留其他物质，如甲酰胺、缓冲液等作为固定相。纸层析的原理为，层析过程中，在毛细拉力作用下，展开剂能不断由下向上流动，经过试样点时，带动试样向上运动，并发生在分配，直到平衡。由于分配系数 k 的不同，那些 k 小的组分，随展开剂向上移动得快，集中在滤纸的上部；而 k 大的组分，向上移动得慢，集中在滤纸的下面。

纸层析可以看做是溶质在固定相和流动相之间连续萃取的过程，根据溶质在两相间分配系数的不同而达到分离的目的。

样品经层析后，常用比移值 R_f 见式（3－36）来表示各组分在层析谱中的位置。

$$\text{比移值}(R_f)=\frac{\text{原点至斑点中心的距离}}{\text{原点至溶剂前沿的距离}} \tag{3-36}$$

A 物质的比移值应为$\frac{a}{c}$，B 物质的比移值应为$\frac{b}{c}$，如图 3－20 所示。

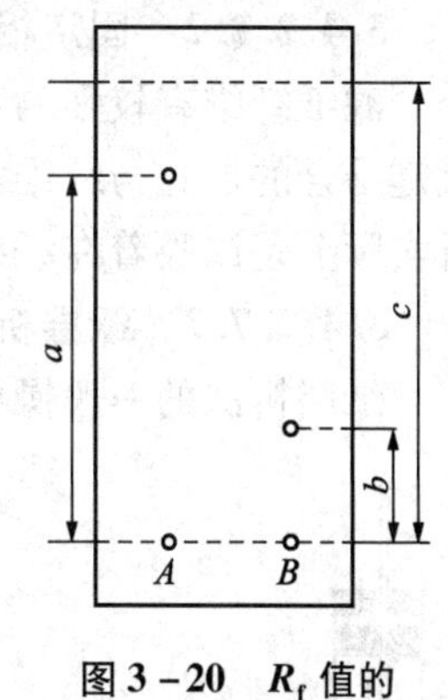

图 3－20　R_f 值的测量示意图

R_f值与欲分离物质的性质间存在一定关系，故在一定条件下为一常数，其值在 0～1 之间。若化合物的 $R_f=0$，表示它在纸上不随溶剂的扩散而移动，仍在原点位置；若 $R_f=1$，表示溶质不进入固定相，即分配系数 $k=0$；R_f值越小，k 值越大。因此 R_f值决定于被分离物质在两相间的分配系数 k。

3.4.2.7.1　层析纸的选择与处理

（1）要求滤纸质地均匀、平整无折痕、边缘整齐，以保证展开剂展开速度均匀；应有一定的机械强度，当滤纸为溶剂湿润后，仍保持原状而不折倒。

（2）纸纤维的松紧适宜，过于疏松易使斑点扩散，过于紧密则流速太慢。同时也要结合展开剂来考虑。

(3) 纸质要纯，杂质要少，并无明显的荧光斑点，以免与图谱斑点相混淆，影响鉴别。必要时处理后再用。

常用层析滤纸的性能与规格见表 3－8。

表 3－8　常用层析滤纸的性能与规格

型号	杯重 /(g/m^2)	厚度 /mm	吸水性（30min 内水上升高度）/mm	灰分 /(g/m^2)	性能
1	90	0.17	150～120	0.08	快速
2	90	0.17	120～90	0.08	中速
3	90	0.15	90～60	0.08	慢速
4	180	0.34	151～121	0.08	快速
5	180	0.32	120～91	0.08	中速
6	180	0.30	90～60	0.08	慢速

在选用滤纸型号时，应结合分离对象加以考虑。对 R_f 值相差很小的化合物，宜采用慢速滤纸，若错用了快速滤纸，则易造成区带的重叠而分不开。R_f 值相差较大的混合物，则可用快速或中速滤纸。在选用薄型或厚型滤纸时，应根据分离分析目的决定，厚纸载量大，供定量用，薄纸供一般定性用。

有时为了适应某些特殊化合物的分离，可对滤纸进行一些处理，使滤纸具有新的性能。如分离酸性或碱性物质时，为了取得较好的成果，必须维持恒定的酸碱度。可将滤纸浸入一定的 pH 缓冲溶液中预处理后再用。对一些极性较小的物质，常用甲酰胺（或二甲基甲酰胺、丙二醇等）来代替水作固定相，以增加其在固定相中的溶解度，降低 R_f 值，改善分离效果。

3.4.2.7.2　固定相

滤纸纤维有较强的吸湿性，通常可含 20%～25% 的水分，其中有 6%～7% 的水分是以氢键缔合的形式与纤维素上的羟基结合在一起的，在一般条件下较难脱去。所以，一般纸层析实际上是以吸着在纤维素上的水作为固定相，而纸纤维则是起到一个惰性支持物的作用。

3.4.2.7.3　纸层析法的操作

纸层析法的一般操作为取滤纸一条，在接近纸条的一端，点加一定量欲分离的试液，干后，悬挂在一密闭的层析筒内，使溶剂（流动相）从试液斑点的一端，通过毛细管作用向下扩展（叫下行法）或向上扩展（叫上行法）。此时，点在纸条一端的试液中的各种物质，随着溶剂向前移动，即在两相间进行分配，经过一定时间后，取出纸条，画出溶剂前沿线，晾干，如果欲分离的物质是有色的，在纸上可看出各组分的色斑，如为无色物质，可使其他物理或化学的方法使它们显出色斑来，如图 3－21 所示。具体操作过程如下。

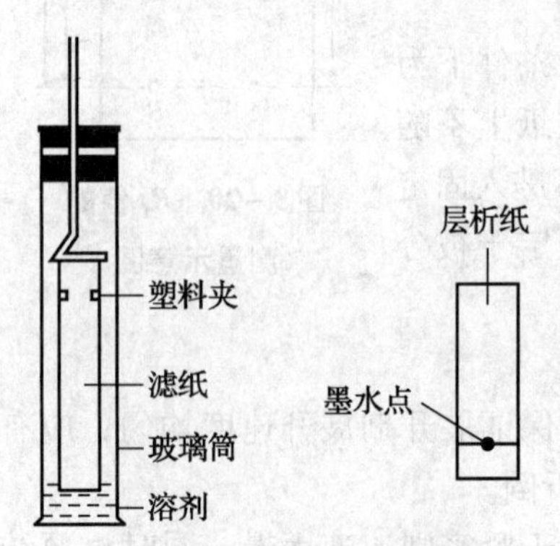

图 3－21　纸层析法的操作

3.4.2.7.3.1　点样

将样品溶于适当的溶剂中，尽量避免用水，因为水溶液斑点易扩散，且不易（挥发）除去。一般用乙醇、丙酮、氯仿等，最好采用与展开剂极性相似的溶剂。若为液体样品，一般可直接点样。

点样方法：用内径0.5mm管口平整的毛细管或用微量注射器吸取试样，轻轻接触于滤纸的起始线上（在距纸一端2cm左右划一直线，在线上做一“×”号表示点样位置），各点间距离约为2cm左右。如样品浓度较稀，可反复点几次，每点一次可借助红外线灯或电吹风机促其迅速干燥。原点面积越小越好，每次点样后原点扩散直径以不超过2mm～3mm为宜。

3.4.2.7.3.2　展开

（1）展开剂的选择

要从欲分离物质在两相中的溶解度和展开剂极性来选择适当的展开剂。在流动相中溶解度较大的物质移动较快，因而具有较大的比移值（R_f）。对极性化合物来说，增加溶剂中的极性溶剂的比例量，可以增大比移值；增加展开剂中非极性溶剂的比例量，可以减小比移值（R_f）。纸层析最常用的展开剂是水饱和的正丁醇、正戊醇、酚等。此外，为了防止弱酸、弱碱的离解，有时也加入一定比例的甲醇、乙醇等。这些溶剂的加入，增加了水在正丁醇中的溶解度，使展开剂的极性增大，增强它对极性化合物的展开能力。

（2）展开方式

按层析纸的形状，大小，选用适当的密闭容器。先用溶剂蒸气充满容器内部，也有将点好样的滤纸，预先在充满溶剂蒸气的层析器中放置一定时间，使滤纸为溶剂蒸气所饱和，然后再浸入溶剂进行展开。

纸层析的展开方式有上行法、下行法、环行法及双向展开法。上行法是将点有试样的滤纸条的下端浸入溶剂（但不能浸没点样处），上端固定在层析缸的上部，保持垂直，将缸密闭，使溶剂沿下端上升而展层。待溶液上升到距离纸上端3cm～4cm时，将滤纸取出，用铅笔在溶剂前沿处画线作记号。这种方式所需设备简单，应用最广，但速度较慢。对比移值较小的样品，由于采用上行法展开距离较小，对不同组分分离效果较差，可采用下行法，借助于重力使溶剂由毛细管向下移动，连续展开，斑点距离增大，使不同组分得到分离。环行法是一种既快又方便的方法，操作时取圆形滤纸在直径的两边各画两根平行线，用剪刀沿这两根线剪至圆心处，在纸的中央滴上试液，干后，将滤纸夹在两个大小相同培养皿之间，使剪开的纸条的尾端浸入流动相进行展开。对成分复杂的混合物，可采用双相展开法，即用正方或长方形滤纸，在纸的一角点样，先用一种展开剂朝一个方向展开，展开完毕，待溶剂挥发后，再用另一种展开剂朝与原来垂直的方向进行第二次展层，也可以二次使用同一种展开剂展层，若前后2次展开剂选择适当，可使各种组分完全分离。例如，氨基酸的分离可用此法。不同的展开方式，R_f值是不一样的。

展开时要求恒温，因为温度的变化，影响物质在两相中的溶解度和溶剂的组成，因此，影响 R_f 的重现性。

3.4.2.7.3.3　显色

通常先在日光下观察，画出有色物质的斑点位置，再在紫外灯，短波（254nm）或长波（365nm）观察或有无荧光斑点，并记录其颜色、位置和强弱，最后利用物质的特性反应喷洒适当的显色剂，使层析谱显色。如被分离物质含有羧酸，则可喷洒指示剂溴甲酚绿，当斑点呈黄色时，可确证有羧酸存在。如为氨基酸，则可喷茚三酮试剂，多数呈紫色，个别氨基酸呈黄色。对还原性物质、含酚羟基物质，可喷三氯化铁－铁氰化钾试剂等。

3.4.2.7.3.4　定性

有色物质的定性，可直接观察斑点的颜色和位置与已知的标准物质比较。无色物质根据其性质选用适当的显色剂或在紫外光下显出荧光斑点，测量其 R_f 值再与标准物质比较。检测未知物，往往需要采用多种不同的展开剂，得出几个 R_f值，与对照纯品的 R_f值一致，才比较可靠。

R_f值是定性的基础，但由于影响 R_f值的因素较多，要想得到相同的 R_f值，就必须严格控制层析条件。因为两者的条件不可能完全一致，所以，可以采用相对比移值作对照，其定义如式（3－37）。

$$R_{sf}=\frac{\text{起始线到样品斑点的距离}}{\text{起始线到参考物质斑点的距离}} \tag{3-37}$$

R_{sf}表示相对 R_f值。显然 R_{sf}是样品的移行距离与参考物质移行距离之比。这个比值消除了不少系统误差，减少了不少困难，R_{sf}值与 R 值不同，它的值是可以大于 1。

当一个未知物在纸上不能检测时，可分离后剪下，洗脱，再用适当的方法检测。

3.4.2.7.3.5　定量

纸层析用于定量测定，已经有比较成熟的方法。

（1）剪洗法

根据测定方法的灵敏度决定点样量，常常需要点成横条形，并于纸的两侧点上纯品作为定位用。如被测物质本身有色或在紫外灯下可识别斑点，则无需点纯品定位。如必须用显色剂，则应将被测物质的一部分用玻璃覆盖起来，再喷显色剂仅使对照点显色，以确定对应的样品的位置。再将斑点剪下，并剪成细条，以适当的溶剂浸泡、洗脱、定量。

（2）直接比色

近年来，由于仪器分析技术的发展，已有在滤纸上直接进行测定的层析扫描仪，光密度计，能直接测定色斑颜色的浓度，划出曲线，由曲线的面积求出含量。准确度可达到 5%～10%。

（3）直接测量斑点的面积或比较颜色的深度，作为半定量

将不同的标准样品做成系列和样品同时点在同一张滤纸上，展开、显色后用目视比较，得出样品含量的近似值。纸层析定量是一种微量操作方法，取样量少，因此，必须严格控制层析条件，多测几份样品，才能得到比较好的结果。故在卫生检验中仍有应用。

3.4.2.7.4　纸层析法的特点与应用

采用纸层析法操作时有以下优点：①操作简单、方便、费用低。②可在一张滤纸上同时展开多个试样及将多条滤纸同时展开。③采用二维展开，即按一般方法展开后，可进一步改善分离效果。④试样一般不需要经过预处理即可分离。缺点：①分离效率较低，不适用挥发性试样分离。②定性定量不便。

纸层析法主要用于以下几个方面：①在染料、农药、医药、有机酸碱类化合物、糖类化合物、氨基酸、蛋白质及中草药中有效成分的分离分析中经常被使用。②用于无机离子的分离。③作为高效液相色谱的一种预试方法。

3.4.2.8　薄层层析法

薄层层析法是层析法中应用最普遍的方法之一。它具有分离速度快、展开时间短（一般只需要十至几十分钟）、分离能力强、斑点集中、灵敏度高（通常几至几十微克的物质，

即可被检出)、显色方便（可直接喷洒腐蚀性显色剂，如浓硫酸和浓盐酸等，也可在高温下显色）等特点。

3.4.2.8.1　原理

薄层层析法是把吸附剂（或称担体）均匀涂抹在一块玻璃板或塑料板上形成薄层，在此薄层上进行色层分离，称为薄层层析。按分离机制，可分为吸附、分配、离子交换、凝胶过滤等法。这里主要讨论吸附薄层层析法。

涂好吸附剂薄层的玻璃板称为薄板、薄层或薄层板。将待分离的样品溶液点在薄层的一端，在密闭容器中，用适宜的溶剂（展开剂）展开。由于吸附剂对不同物质的吸附力大小不同，对极性小的物质吸附力相应地较弱。因此，当溶剂流过时，不同物质在吸附剂和溶剂之间发生连续不断地吸附、解吸、再吸附，再解吸。易被吸附的物质，相应地移动得慢一些，而较难吸附的物质，则相对地移动得快一些。经过一段时间展开，不同的物质就彼此分开，最后形成互相分离的斑点。根据化合物从原点到斑点中心距离与溶剂从原点到前沿的距离的比值（R_f）可对化合物作出初步检测。

3.4.2.8.2　固定相的选择

为能收到良好的薄层层析效果，必须注意固定相的选择。常用于薄层层析的吸附剂有硅胶G、氧化铝G、聚酰胺、硅胶H、氧化铝H、硅藻土等。某些项目的检查，还使用加了荧光剂的硅胶GF_{254}、硅胶HF_{254}、氧化铝GH_{254}等。这些吸附剂的粒度以160~200目为宜，太粗太细都会降低分离效果。

吸附剂的酸碱性，对各种化合物的吸附能力有很大影响，一般酸性吸附剂适宜于分离含酸性基团的化合物，碱性吸附剂适宜于分离含碱性基团的化合物。

吸附剂的活度影响分离效果，活性的大小以拜克曼活性级别表示，见表3-9，吸附剂的活性和它的含水量有密切关系，因此，制备薄层板时，活化加热的时间及温度要加以控制，才能使R_f值变化较小。活性级别越低，吸附能力越强，供使用的吸附剂最好是Ⅱ级或Ⅱ~Ⅲ级之间。

表3-9　拜克曼薄层活度表

氧化铝含水量/%	活性级别	吸附能力	硅胶含水量/%
0	Ⅰ		0
3	Ⅱ	强	5
6	Ⅲ	↓	15
10	Ⅳ	弱	25
15	Ⅴ		38

3.4.2.8.3　展开剂的选择

选择合适的展层溶剂直接关系到薄层层析效果。薄层层析中选择展开剂的一般规则是极性大的化合物，需要用极性大的展开剂、通常先用单一展开剂展开，根据被分离物质，在薄层上的分离效果，进一步考虑展开剂的极性或者选用混合溶剂。例如，某物质用苯展开时，R_f值太小，甚至停留在原点上，则可加入一定量极性大的溶剂，如丙酮、乙醇等，根据分离效果，适当改变加入的比例，如苯：乙醇=9：1，8：2或者7：3等。一般希望R_f值在0.2~0.8之间。如果R_f值较大，斑点都在前沿附近，则应加入适量极性小的溶剂（如石油

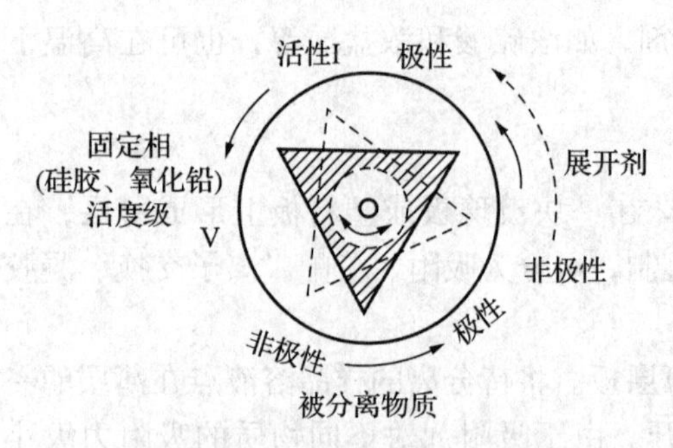

图 3－22 固定相、展开剂和被分离物质的性质关系示意图

醚)，以降低展开剂的极性。为了寻找适宜的展开剂，往往需要进行多次实验才能确定。在选择展开剂时，要同时对被测物质的性质、吸附剂的活性和展开剂的极性三方面进行综合考虑。其中前两个因素在一定条件下，是相对固定的，因此，薄层分离效果的好坏，关键是选择适当的展开剂。各因素的相互关系，如图 3－22 所示。当选择展开剂时，根据被分离物质的极性，将图中三角形的一个顶角固定，由其他两顶角指向处，决定吸附剂的活度和展开剂的极性。

要求所选用的展开剂，在分离两个以上混合物时，组分的 R_f 差值最好大于 0.05，以免斑点重叠。一个良好的薄层层析条件，应该是在层析后，斑点呈圆形均匀，集中而清晰，R_f 值 0.2～0.8，最好在 0.4～0.6 范围内。

3.4.2.8.4 操作方法

薄层层析的一般操作程序。可分为制板、点样、展开和显色 4 个步骤。

(1) 制板

制备薄层所用的玻璃板必须表面光滑、清洁，不然吸附剂容易脱落；其大小可根据实际需要而定。小的可用载玻片，大的有 20cm×20cm 左右的玻片。

① 不黏合薄层（软板）的制备。将层析用的吸附剂撒在水平放置的玻璃板的一端，另取比玻璃板宽度稍长的玻璃管，在两端套上塑料圈或橡皮圈，其厚度即为薄层的厚度，一般以 0.25mm～1mm 为宜，将吸附剂均匀地向前推移。速度不宜太快，也不应中途停止。否则厚薄不均匀，影响分离效果。

不黏合薄层板的制备方法比较简单，但由于无黏合剂，薄层很不坚固，易吹散，松动，因此，在以后的点样、展开、显色等都要加倍小心。

② 黏合板（硬板）的制备。黏合薄层即在吸附剂中加入黏合剂。常用的黏合剂有煅石膏（G）和羧基纤维素钠（CMC－Na）。用煅石膏制成的薄层，机械性能较差，易脱落，但可以耐腐蚀性试剂。用 CMC－Na 制成的薄层，机械性能较强，但不能在强腐蚀性试剂存在下加热。

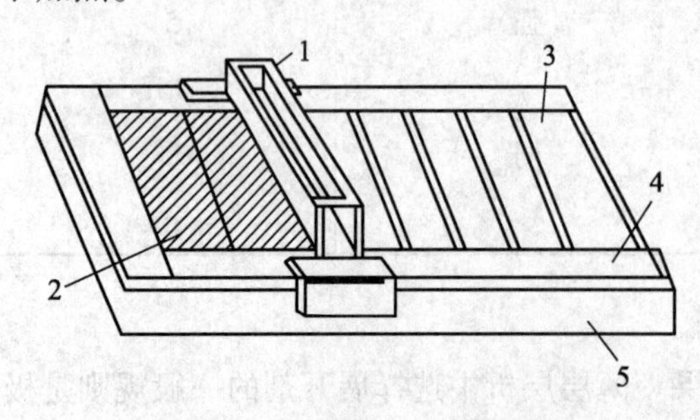

图 3－23 湿法薄层涂铺示意图

1—涂铺器；2—玻璃板；3—涂好的薄层；4—厚度约 0.25mm 的垫板；5—托板

a. 用煅石膏为黏合剂。硅胶－煅石膏（硅胶 G）薄层：含煅石膏量 5%～15%（常在 10%～13%）。先将煅石膏（$CaSO_4 \cdot 1/2H_2O$ 在 400℃烘 4h）和少量的硅胶研匀，分次加入硅胶，充分研匀。制板时，取硅胶 G1 份，加水 2 份，在乳钵中迅速研成光泽洁白的稀糊状；倾入涂铺器中轻轻推动涂铺器（推动要均匀用力），如图 3－23 所示。涂铺器水平放置，待稀糊状物凝固后，放入 105℃烘箱中活化 1h。氧化铝－煅石膏薄层：一般含煅石膏量 5%，取氧化铝－煅石膏（氧化铝 G）1 份，加水 2 份，调成糊状，按上述方法涂铺后，在 80℃烘箱中活化 30min～40min。活化好的薄板，保存于硅胶干燥器中。

b. 用硅胶－CMC－Na为黏合剂。硅胶－CMC－Na薄层取lgCMC－Na溶于100mL水中，加热煮沸，直到完全溶解，取160～200目的硅胶55g，加1% CMC－Na液100mL，搅匀，即可涂铺。氧化铝－CMC－Na薄层：取过200目筛孔的氧化铝60g～80g，加于100mL 1% CMC－Na水溶液中，按同法涂铺。

c. 黏合薄层的制备方法。该制备方法有3种。

倾注法：用倾注法铺板时，吸附剂糊中的水分要适当增加，根据所需薄层的厚度及玻璃板的大小，取一定量的吸附剂糊，均匀地铺开成一薄层，在水平台面上晾干，再置烘箱中在110℃活化1h，放置干燥器中备用。

平铺法：在水平玻璃台面上，放上2mm厚的玻璃板，两边用3mm厚的长条玻璃做边，根据所需薄层的厚度，可在中间的玻璃板下面垫塑料薄膜，将调好的吸附剂糊倒在中间的玻璃板上，用有机玻璃尺沿一定的方向一次将糊刮平，使成薄层，去掉两边的玻璃板，轻轻振动薄层板，即得均匀的薄层。任其自然干燥，按上法活化。

涂铺器：涂铺器的种类繁多，构造各异，但其厚度以在0.25mm～0.3mm之间为宜。

(2) 点样

点样时，最好在密闭的容器中进行，以免吸附剂在空气中吸湿而降低活性。如在空气中点加，一般以不超过10min为宜。

① 直接点样方法。在距薄层板一端2cm处的起点线上用微量点样器点样。各点距薄板两侧边缘及点间距不应小于1cm～1.5cm，且应在同一水平线上。点的直径应控制在3mm左右，故每滴点样不宜太大，待前一滴干后，再在该处继续滴加，直到需要点的毫升数点完为止。

② 滤纸移样法。多次反复点样很难控制点样点的大小一致，且易使薄层板遭到损坏，直接影响定量分析的结果，可改用滤纸移样法。

本法是用打孔器将滤纸打成直径3mm的圆形纸片，用细标本针将纸片悬起，用微量点样器将样品液点于滤纸片上，待溶剂挥发后，反复点样至点完拟订样液为止。

用打孔器在薄层板的点样处轻轻冲击一下，即在板上形成直径为3mm的圆穴，圆穴内放少许淀粉糊以黏附滤纸，把点好的纸片仔细放入圆穴内。

(3) 展开

先将展开剂倒入事先准备好的层析槽内，密闭，待溶剂蒸气在槽内达到饱和，再将点好样的薄层板（板面向上），轻轻放入层析槽内，密闭，使下端浸入展开溶剂中5mm～7mm，待展开溶剂上升距点样起点线约10cm处，取出薄层板，在室温挥发干。

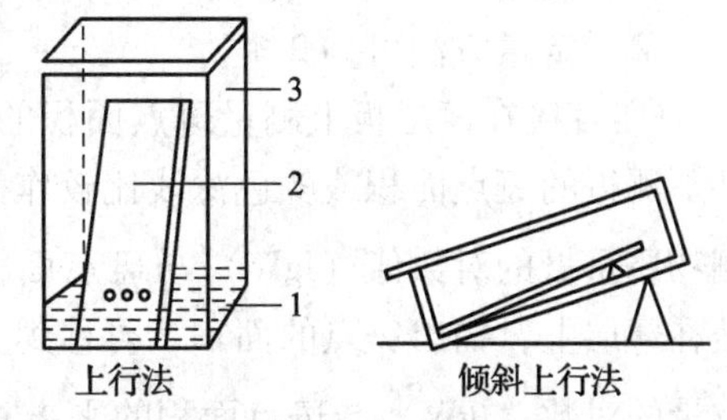

图3－24　展开方法

1—溶剂；2—玻璃板；3—层析槽

展开方法常用上行和倾斜上行法，如图3－24所示。倾斜上行夹角（玻板与水平面）越小，展开越快，一般取20°左右。展开时最好在恒温下进行，因温度变化对展开速度和R_f值有影响。

为了排除样液中微量杂质的干扰，可采用单向二次展开和双向展开。

单向二次展开的操作是：第一次展开为分离杂质（预展），即选取某种溶剂可以使杂质展开到薄层板的前沿，而样品仍留在原点。取出薄层板在空气中挥发干后，第二次再用展开溶剂对样品进行展开。如果杂质仍除不净，可预展两次再进行样品的展开。

双向展开的操作是：第一向展开为分离杂质（横展），即选取某种溶剂使浸没薄层板的一侧0.5cm进行展开，将杂质展开到薄层板的另一侧边缘，而样品仍留在原点，取出薄层板于空气中挥发干后，再用展开溶剂对样品进行第二向（纵向）展开，杂质在纵向展开时，已经远离样品斑点的位置，可以达到排除干扰的目的。

（4）显色

有色溶液如食用色素经展开后，可直接将样品色斑与标准色斑移位的距离作比较或计算出 R_f 值进行定性。

无色溶液如能被紫外线（254nm或365nm的波长）激发显荧光的物质，如黄曲霉毒素 B_1，可直接在紫外灯下观察荧光斑点。如果有色物质不能显荧光，也可在吸附剂中渗入少量荧光性物质，如荧光素钠，制成荧光薄层板，放置紫外灯下观察时，被检物质所在处显暗色斑点，其余显荧光。

某些物质如各种杀虫剂在展开后不能用上述方法观察斑点时，就需要在展开后的薄层板月上喷洒显色剂，使被检物质显出有色斑点。常用的显色方法分两种。

① 喷雾法。使喷雾器与薄层板保持适当距离，将显色剂吹出呈细而均匀的雾状落在薄层板上，立即显出斑点。显色剂以选择使薄层底色和斑点颜色的色差大些为宜。如分析硫代磷酸酯类杀虫剂时，选用刚果红试剂喷洒后，薄层底为桃红色，杀虫剂斑点为深蓝色。色差大，轮廓清晰，便于观察和定量。有些物质经喷洒显色剂后，才显色斑；还有一些物质喷洒显色剂后，需要置紫外光灯下照射，才能显色斑。

② 薰蒸法。将展开后的薄层板置碘蒸气中数分钟，具有双键或能与碘结合的化合物，即可显出色斑。溴蒸气或氯气亦常作斑点显色用。

（5）定性

薄层经斑点显色后，显出原点到斑点中心和原点到溶剂前沿的距离后，计算 R_f 值，然后与文献记载的 R_f 值比较以检测各种物质。但薄层的 R_f 值与纸层析一样受到许多因素影响，要想使测定条件完全一致比较困难。因此，多将样品与标准品在同一块薄层上展开，显色后进行对照比较进行鉴别。

（6）定量

薄层定量方法可为2类。

① 直接在薄层板上测量斑点面积的大小或比较颜色的深浅，然后，与标准品在同一条件下测得的斑点面积或颜色深浅比较作为半定量。面积的计算法，是基于在一定范围内，被测物质重量的对数值（lgW）与斑点面积的平方根（$\sqrt{A}$）成正比。用一张半透明绘图纸覆盖在薄层上，描出斑点的面积，再移到坐标纸上读出斑点所占的格数。以各标准点所含纯品重量的对数（lgW）与斑点面积的平方根（$\sqrt{A}$）作图，根据样品斑点的面积，从图中即可查出含量。

② 洗脱定量法。将吸附剂上的斑点洗脱下来，再用适当的溶剂浸出后，用比色法、分光光度法等测定其含量。操作比较复杂，但准确度高。洗脱时，一般选用极性较大而且对被测物质溶解度较大的溶剂浸泡，使洗脱完全。

3.4.2.8.5　薄层层析法的应用

在植物化学成分的研究中，薄层层析法主要应用于化学成分的预试、化学成分的鉴定；另外，用薄层层析法探索柱层分离条件，也是实验室的常规方法。

3.4.3　气相色谱法

气相色谱法或称气相层析法，是近30年来迅速发展起来的一种新型分离分析技术。就其操作形式属于柱层析；按固定相的聚集状态不同，分为气-固层析及气-液层析两类；按分离原理可分为吸附层析及分配层析两类，气-液层析属于分配层析，气-固层析多属于吸附层析。气相色谱法的特点，可概括为高效能、高选择性、高灵敏度，用量少、分析速度快，而且还可制备高纯物质等。因此气相色谱法在食品工业，石油炼制、基本有机原料、医药等方面得到广泛应用。在食品卫生检验中，使用气相色谱法测定食品中农药残留量、溶剂残留量、高分子单体（如氯乙烯单体、苯乙烯单体等）以及食品中添加剂的含量。但也有不足之处，首先是气相色谱法不能直接给出定性的结果，它不能用来直接分析未知物，如果没有已知纯物质的色谱图和它对照，就无法判定某一色谱峰代表何物；另外，分析高含量样品，准确度不高；分析无机物和高沸点有机物时还比较困难等。所有这些，均需进一步加以改进。

3.4.3.1　基本原理

气相色谱法是一种以固体或液体作为固定相，以惰性气体如H_2，N_2，He，Ar等作为流动相的柱层析。其基本原理是用载气（流动相）将气态的待测物质，以一定的流速通过装于柱中的固定相，由于待测物质各组分在两相间的吸附能力或分配系数不同，经过多次反复分配，逐渐使各组分得到分离。分配系数小的组分最先流出柱外，分配系数大的组分最后流出柱外。组分流出柱外的信号，由检测器以电压或电流变化的形式传送给记录系统把它记录下来。记录纸上的一个曲线峰即表示一个单一组分。出峰的时间是定性的基础，峰面积或峰高是定量的基础。

3.4.3.2　仪器的基本组成

图3-25为气相色谱一般流程。载气由高压瓶供给，经压力调节器降压、净化器净化后，由稳压阀调至适宜的流量而进入层析柱，待流量、基线稳定后，才可进样。液态样品用微量注射器吸取，由进样器注入，样品被载气带入层析柱。

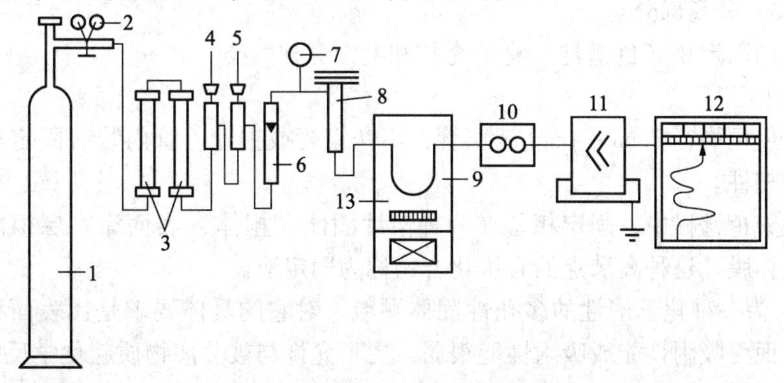

图3-25　气相色谱分析一般流程图

1—气源（高压钢瓶）；2—减压阀（载气调节）；3—清洁干燥管；4—稳压阀；5—针阀（流量调节）；6—流量计；7—压力表；8—气化室；9 —色谱柱；10—检测器；11—电子放大器；12—记录仪；13—色谱柱恒温箱

气相色谱仪的全部装置大体由 5 大系统组成：气路系统、进样系统、分离系统、检测系统和记录系统。

3.4.3.2.1　载气部分

即气相色谱的流动相及附属装置，其中包括气源、清洁干燥管、压力及流量控制器等。

（1）气源

用来做流动相的气体叫载气，其化学性质必须稳定，不应与固定相及被测物质起反应，如 H_2，N_2，He，Ar 等。一般用的高压气瓶装有减压阀。

（2）干燥管

载气中的水分及其他杂质直接影响仪器的稳定性，因此载气必须经过干燥和净化，常用硅胶、分子筛等除去水分，用活性炭除去烃类气体。

（3）压力及流量控制器

载气流量的稳定程度，直接影响分析结果。因此，由高压气瓶经减压阀流出的气体必须经过稳压阀，使压力保持稳定。流量大小由针阀调节。用转子流量计指示流量。

3.4.3.2.2　进样系统

进样系统的作用是将液体或固体试样，在进入色谱柱之前瞬间气化，然后快速定量地转入到色谱柱中。进样的大小，进样时间的长短，试样的气化速度等都会影响色谱的分离效果和分析结果的准确性和重现性。

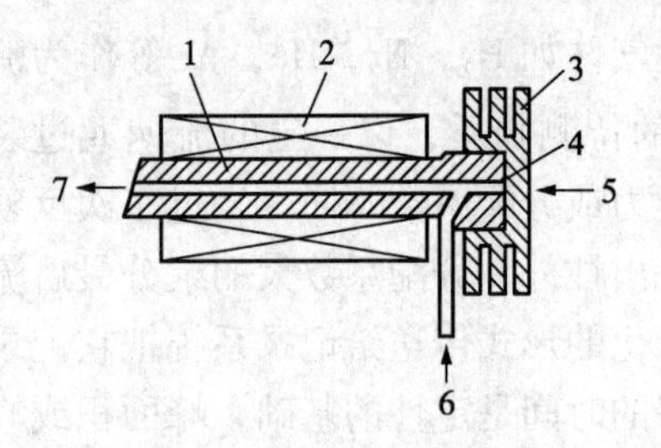

图 3－26　气化室构造图

1—气化室体；2—加热层；3—气化室帽；4—硅橡胶垫；5—样品注入口；6—载气入口；7—气化室出口（接色谱柱）

（1）进样器

液体样品的进样一般采用微量注射器。

气体样品的进样常用色谱仪本身配置定量进样。

（2）气化室

如图 3－26 所示。分析气体样品时，用微量注射器直接将样品从样品注入口注入。分析液体样品时，必须把气化室加热，使液体样品注入后瞬间气化成气态。为了让样品在气化室中瞬间气化而不分解，因此要求气化室热容量大，无催化效应。

3.4.3.2.3　分离部分

气相色谱的固定相（色谱柱）有填充柱和毛细管柱两类。

（1）填充柱

一般分析使用内径 3mm～4mm 玻璃管、不锈钢管或铜管。管内装有固定相，这样的色谱柱，叫做填充柱。

气－液填充色谱柱中，固定相是在一种惰性固体（担体）表面涂一层很薄的高沸点有机化合物的液体膜，这种高沸点的有机化合物称为固定液。

① 担体。为一种化学惰性的多孔性固体颗粒。对它的具体要求是：表面积较大，孔径大小均匀，表面无吸附性能或吸附性能很弱，更不允许与被分离物质起化学反应，热稳定性好，有一定的机械强度。

气－液色谱用的担体有硅藻土担体（如国产 6201 红色担体、101 白色担体、釉化担体等）及非硅藻土担体（如氟担体、多孔性高聚物微球、洗涤剂、玻璃微珠、素陶瓷和砂子等）。

② 固定液。气-液色谱用的固定液是高沸点的有机化合物，在常温下是固体或液体，如聚乙二醇、氟代烷基硅氧烷聚合物。对它的要求是：蒸气压低，热稳定性好，在色谱柱操作条件下呈液体状态，对样品各组分有足够的溶解能力，选择性高，即对两个沸点相同或相近、但属于不同类型的物质有尽可能高的分离能力。

固定液的选择，一般是根据相似相溶的原则，如对非极性物质一般选用非极性固定液，对极性物质则选择极性固定液。

（2）毛细管柱

最早的毛细管柱亦称空心柱，是一种又细又长（柱长：30m～300m，内经：0.1mm～0.7mm），形同毛细管的开放式管柱，固定液涂在毛细管内壁上。

毛细管柱一般分为涂壁开管柱（Wall-coated Open Tubular Column，WCOT柱），多孔层开管柱（Porous-layer Open Tubular Column，PLOT柱），载体涂渍开管柱（Support Coated Open Tubular，SCOT柱），化学键合或交联柱。

毛细管柱气相色谱仪与普通色谱仪的不同处主要有2点：①气路系统不同，前者加一尾吹装置，用于减少柱后死体积，改善柱效。②进样系统不同。

毛细管柱的优点：①总柱效高。毛细管柱内径一般为0.1mm～0.7mm，内壁固定液膜极薄，中心是空的，因阻力很小，而且涡流扩散项不存在，谱带展宽变小；由于毛细管柱的阻力很小，长可为填充柱的几十倍，其总柱效比填充柱高得多。②分析速度快。毛细管柱的相比约为填充柱的数十倍。由于液膜极薄，分配比 k 很小，相比大，组分在固定相中的传质速度极快，因此有利于提高柱效和分析速度。它可在几分钟内分离十几个化合物。

毛细管柱的缺点：柱容量小。毛细管柱的相比高，k 必然很小，因此使最大允许进样量受到限制，对单个组分而言，约0.5μg就达到极限。为将极微量样品导人毛细管柱，一般需采用分流进样法。此法就是将均匀挥发的样品进行不等量的分流，只让极小部分样品（约几十分之一或几百分之一）进入柱内。进入柱内的样品量占注射样品量的比例称为“分流比”。

（3）毛细管柱与填充柱的比较

毛细管柱与填充柱的特性如表3-10所示。

表3-10　毛细管柱与填充柱的特性比较

项　目	填 充 柱	毛 细 管 柱
内径/mm	2～6	0.1～0.5
长度/m	0.5～6	20～300
总塔板数 n	约103	约106
进样量/mL	0.1～10	0.01～0.2
柱制备	简单	复杂
分离能力	低	高

毛细管柱与填充柱色谱仪主要部件比较见图3-27。

3.4.3.2.4　控制温度系统

温度直接影响色谱柱的选择分离、检测器的灵敏度和稳定性。控制温度主要对色谱柱

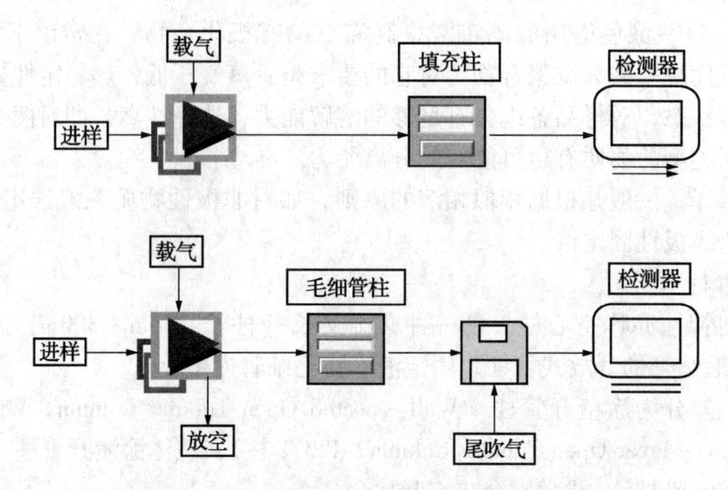

图 3－27　毛细管柱与填充柱色谱仪主要部件比较

炉、气化室、检测室的温度控制。色谱柱的温度控制方式有恒温和程序升温 2 种。

3.4.3.2.5　检测指示部分

用电信号指示被测物质的含量，并自动记录。包括检测器、电子放大器和记录仪等。

（1）检测器

被测物质在色谱柱中经分离后，各组分随着载气流出，依次进入检测器。检测器是利用各种物质的有关物理特性作定量测定的。因此，要求检测器的反应速度要快，同时，产生的信号与进入检测器的物质量在一定范围内呈线性关系。根据检测器特性可分为为浓度型和质量型检测器 2 类。

浓度型检测器测量的是载气中组分浓度的瞬间变化，即检测器的响应值正比于组分的浓度。如热导检测器（TCD）、电子捕获检测器（ECD）。

质量型检测器测量的是载气中所携带的样品进入检测器的速度变化，即检测器的响应信号正比于单位时间内组分进入检测器的质量。如氢焰离子化检测器（FID）和火焰光度检测器（FPD）。

检测器种类很多，并且新型检测器不断出现。在食品检验中应用最多的是氢焰离子化检测器、电子捕获检测器及火焰光度检测器。

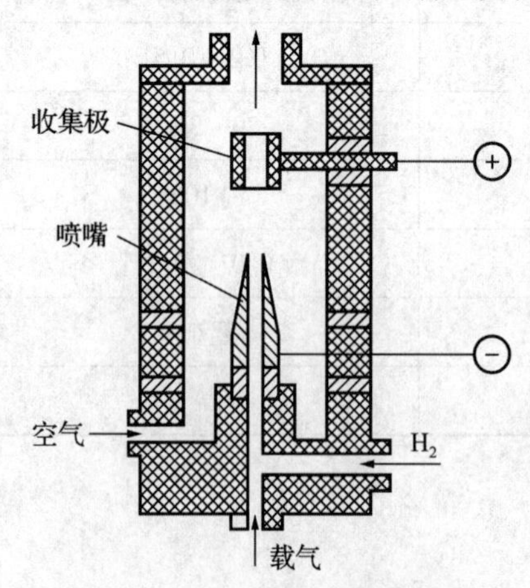

图 3－28　氢火焰离子化检测器

① 热导检测器。依比热不同，比热大的物质进入后带走大量的热，钨丝的电阻改变、电压改变，可记录下来。热导检测器的优点是所有挥发性化合物均可检出。缺点是灵敏度较低，检测限为 400pg/mL。

② 氢焰离子化检测器。如图 3－28 所示，为一个燃烧小室，氢气由喷嘴喷入并燃烧，同时吹入空气助燃。当载气带着有机物样品进入氢火焰时，便发生电离，在火焰的上下两端加一个定向电场，离子便形成定向移动，测量离子流的大小，决定被测物质的含量。

氢焰离子化检测器具有较高的灵敏度、反应快、定量线性范围宽、结构不太复杂、操作稳定等优点。

③ 电子捕获检测器。如图 3－29 所示，它是利用

放在检测器中的放射性物质（如 Ni^{63}、或氚即 H^3），放射出的 β 射线，将载气分子（如氮气）电离生成阳离子与慢速电子，在一个恒定匀电压下，这些慢速电子移向阳极产生稳定的电流。此时电压、电流和电阻的关系，可用欧姆定律来表示，即 $E=IR$。当检测器中未送入样品时，电压 E 和电阻 R 都是固定不变的，所以，电流 I 也恒定不变，但当含有易和电子结合的分子进入检测器时，因这些分子能吸收检测器中的慢速电子变成带负电的离子——阴离子。此过程就是电子捕获。这些阴离子又能与上述阳离子相撞而将捕获的电子交还给阳离子。因此，阳离子与阴离子都恢复原状，而成中性分子。但这一过程却使电极间的阳离子数与电子数减少了，从而使电场中的电阻 R 增大，因电压 E 是固定不变的，所以电流 I 就减少，其减少的程度与样品中被测组分成正比。所以，由电子捕获检测器记录的峰形与氢焰离子化检测器记录的峰形相反，是一组倒峰。

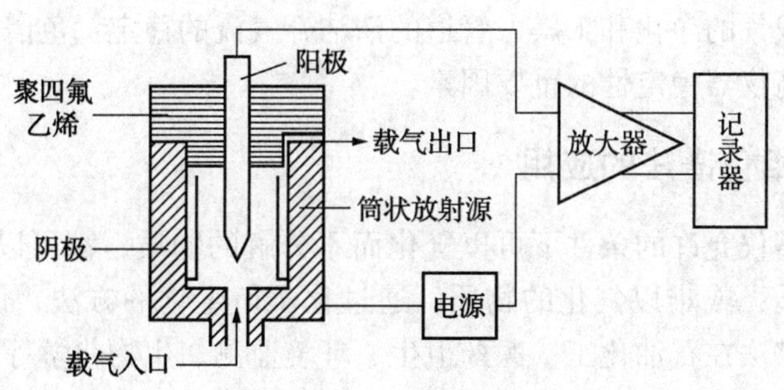

图 3－29　电子捕获检测器

④ 火焰光度检测器。如图 3－30 所示，在富氢火焰中，含硫、磷有机物在燃烧后分别发出具有特征的蓝紫色光（波长为 350nm～430nm）和绿色光（波长为 480nm～560nm），经滤光片滤光，再由光电倍增管测量特征光的强度变化，转变成电信号，就可检测硫或磷的含量。

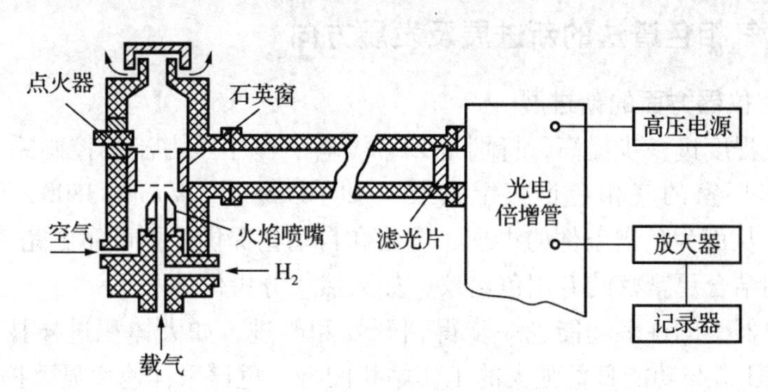

图 3－30　火焰光度检测器

由于含硫、磷有机物在富氢火焰上发光机理的差别，测硫时在低温火焰上响应信号大，测磷时在高温火焰上响应信号大。

当被测样品中同时含有硫和磷时，就会产生相互干扰。通常磷的响应对硫的响应干扰不大。而硫的响应对磷的响应产生干扰较大，因此使用火焰光度检测器测硫和磷时，应选用不同的滤光片和不同的火焰温度。

由于火焰光度检测器是一种灵敏度高，仅对含硫、磷的有机物产生检测信号的高选择性检测器，在食品卫生检验中用来对含硫、磷的有机磷农药进行测定。

（2）电子放大器与记录仪

检测器发出的信号是极微弱的，必须用一套电子系统将微弱电流放大以后才能进行测量。为了便于定性定量计算，需要把测量出来的电信号自动记录，记录的图形称为色谱图。

气相色谱法是利用记录仪连续记录检测器的信号变化所得到连续的色谱图。当纯载气进入检测器时，色谱图上记录的叫基线（底线）。由于载气流量的波动、恒温箱温度的变化、载气中的微量杂质、固定相中杂质的挥发、电子系统的不稳定等因素，致使基线在高灵敏度时很难成为一条直线。色谱分析中把基线在短暂时间内的波动叫做噪声，把基线在一定时间内（一般以半小时计）的变化，叫做漂移。仪器的稳定性，即指噪声及漂移而言。气相色谱分析计算灵敏度的方法，是以信号≥2 倍噪声，才认为是色谱峰，因为 <2 倍噪声的信号，不能确切辨别是噪声还是信号。提高仪器的稳定性，即降低噪声的水平，也间接提高了仪器的灵敏度。所以，载气的净化和干燥、管道的清洁、气流的稳定、色谱柱的恒温、提高电路的稳定性，都是提高仪器稳定性的重要因素。

3.4.3.3 气相色谱法的应用

只要在气相色谱仪允许的条件下可以气化而不分解的物质，都可以用气相色谱法测定。对部分热不稳定物质，或难以气化的物质，通过化学衍生化的方法，仍可用气相色谱法分析。因此，气相色谱法在石油化工、医药卫生、环境监测、生物化学等领域都得到了广泛的应用。如①在卫生检验中的应用：空气、水中污染物如挥发性有机物、多环芳烃［苯、甲苯、苯并（α）比等］；农作物中残留有机氯、有机磷农药等；食品添加剂苯甲酸等；体液和组织等生物材料的分析如氨基酸、脂肪酸、维生素等。②在医学检验中的应用：体液和组织等生物材料的分析，如脂肪酸、甘油三酯、维生素、糖类等。③在药物分析中的应用：抗癫痫药、中成药中挥发性成分、生物碱类药品的测定等。④商品检验。

3.4.3.4 气相色谱法的新进展及发展方向

3.4.3.4.1 仪器方面的新进展

（1）自动化程度进一步提高，特别是 EPC（电子程序压力流量控制系统）技术已作为基本配置在许多厂家的气相色谱仪上安装（如 HP 6890，Varian 3800，PE Auto XL，CE Mega 8000 等），从而为色谱条件的再现、优化和自动化提供了更可靠更完善的支持。

（2）与应用结合更紧密的专用色谱仪，如天然气分析仪等。

（3）色谱仪器上的许多功能进一步得到开发和改进，如大体积进样技术，液体样品的进样量可达 500μL；与功能日益强大的工作站相配合，色谱采样速率显著提高，最高已达到 200Hz，这为快速色谱分析提供了保证。

（4）色谱工作站功能不断增大，通讯方式紧跟时代步伐，已实现网络化。

（5）新的选择性检测器得到应用，如 AED、O－FID、SCD、PFPD 等。

3.4.3.4.2 色谱柱方面的新进展

（1）新的高选择性固定液不断得到应用，如手性固定液等。

（2）细内径毛细管色谱柱应用越来越广泛，主要是快速分析，大大提高分析速度。

（3）耐高温毛细管色谱柱扩展了气相色谱的应用范围，管材使用合金或镀铝石英毛细管，可用于高温模拟蒸馏分析及聚合物添加剂的分析。

（4）新的 PLOT 柱出现，得到了一些新的应用。

3.4.3.4.3　GC×GC（全二维气相色谱）技术

GC×GC技术是近两年出现并飞速发展的气相色谱新技术，样品在第一根色谱柱上按沸点进行分离，通过一个调制聚焦器，每一时间段的色谱流出物经聚焦后进入第二根细内径快速色谱柱上按极性进行二次分离，得到的色谱图经处理后应为三维图。据报道，使用这一技术分析航空煤油检出了上万个组分。

3.4.3.4.4　气相色谱的发展方向

随着社会不断进步，人们对环境的要求越来越高，环保标准日益严格，这就要求气相色谱与其他分析方法一样朝更高灵敏度、更高选择性、更方便快捷的方向发展，不断推出新的方法来解决遇到的新的分析问题。网络经济飞速发展也为气相色谱的发展提供了更加广阔的发展空间。

3.4.4　高效液相色谱法

3.4.4.1　概述

高效液相色谱法又称高速液相色谱法、高压液相色谱法。经典的液相层析技术始于1906年，它比气相色谱分析早40多年，但它的发展速度曾经一度停滞不前，这主要是以往缺乏自动灵敏的检测装置，近年由于气相色谱的发展，积累了很多经验，液相色谱又得到了迅速发展。

现代和经典液相色谱没有本质的区别，仅是现代液相色谱比经典色谱有较高的效率和实现了自动化操作。经典色谱法，流动相在常压下输送，所用的固定相柱效低，分析周期长。而现代液相色谱法引用了气相色谱的理论，流动相改为高压输送（最高输送压力可达4.9×10^7Pa）；色谱柱是以特殊的方法用小粒径的填料填充而成，从而使柱效大大高于经典液相色谱（每米塔板数可达几万或几十万）；同时柱后连有高灵敏度的检测器，可对流出物进行连续检测。

高效液相色谱具有分析速度快、分离效能高、自动化等特点。所以人们称它为高压、高速、高效或现代液相色谱法。

近年来世界上每年发表的有关液相色谱论文多于气相色谱，它是有机化工、医药、农药、生物、食品、染料等工业中的重要分离、分析手段。高效液相色谱与气相色谱比较具有以下特点：

（1）能测高沸点有机物。气相色谱分析需要将被测物气化才能进行分离和测定，一般仪器只能在500℃以下工作，所以对于相对分子质量大于400的有机物分析有困难，但液相色谱可分析相对分子质量大于2 000的有机物，亦能测无机金属离子。应用气相色谱和高效液相色谱手段，可解决大部分的有机物的定量分析问题。

（2）色谱柱一般可在室温工作。气相色谱分析需要精度很高的恒温室或程序升温室来保证色谱柱的分离条件，但高效液相色谱分析需要柱温较低，色谱柱可在室温下工作，早期生产的高效液相色谱仪的色谱柱就装在仪器的外面，暴露在大气中。当然也有备有柱室的色谱仪。

（3）柱效高于气相色谱。气相色谱柱效为2 000塔板/m，液相色谱柱效可达5 000塔板/m，这是由于液相色谱使用许多新型固定相之故。由于分离效能高，所以色谱柱的柱长一般为50cm左右。

（4）分析速度与气相色谱相似。高效液相色谱的载液流速一般为 1mL/min ~ 10mL/min，个别情况也可高达 100mL/min。分析一个样品只需几分钟到几十分钟。

（5）柱压高于气相色谱。液相色谱与气相色谱主要差别是流动相不同。气相色谱的气源压力最高可达 $120kgf/cm^2$①，进入色谱柱的压力只有 $2kgf/cm^2$，但是液相色谱柱的阻力较大，一般色谱柱进口压力为 $150kgf/cm^2$ ~ $300kgf/cm^2$，但是液体不易被压缩，并没有爆炸危险。

（6）灵敏度与气相色谱相似。液相色谱已广泛采用高灵敏度检测器，例如紫外光度检测器，检测下限可达 10^{-9}g。

3.4.4.2 高效液相色谱的分类及原理

高效液相色谱根据分离的原理不同，可分为四种类型：液－固吸附色谱、液－液分配色谱（正相与反相）、离子交换色谱、离子对色谱法及凝胶色谱（排斥色谱）。

3.4.4.2.1 液－固吸附色谱

（1）基本原理

液－固吸附色谱是根据吸附作用的不同来分离物质的。它是基于溶剂分子（S）和被测组分的溶质分子（X）对固定相的吸附表面有竞争作用。当只有纯溶剂流经色谱柱时，则色谱柱的吸附剂表面全被溶剂分子所吸附（$S_{固相}$）。当进样以后，样品就溶解在溶剂中，则在流动的液相中有被测组分的溶质分子（$X_{液相}$），需要从吸附剂表面取代一部分（n）被吸附的溶剂分子，使这一部分溶剂分子跑入液相（$S_{液相}$），可用下式表示。

$$X_{液相} + nS_{固相} \rightleftharpoons X_{固相} + nS_{液相}$$

被测组分的溶质分子吸附能力的大小，取决于 X 在固相和液相中的浓度比值，即取决于吸附平衡常数（或简称吸附系数，亦可称分配系数）K，见式（3－38）。

$$K = \frac{[X_{固相}][S_{液相}]^n}{[X_{液相}][S_{固相}]^n} \tag{3-38}$$

从式（3－37）可知，吸附系数 K 不仅取决于 $[X_{固相}]$ 与 $[X_{液相}]$ 的比值，还取决于溶剂分子 S 的吸附能力，如果溶剂分子吸附力很强，则被吸附的溶质分子相应减少。K 值大的，表示该溶质分子吸附力强，后流出色谱柱，后出峰。

（2）固定相

目前使用在高效液相色谱的吸附剂有：薄膜型硅胶、全多孔型硅胶、薄膜型氧化铝、全多孔氧化铝、全多孔硅藻土、全多孔有机凝胶、聚合固定相等。国内生产的固定相有薄壳硅珠－1 ~ 薄壳硅珠－3，全多孔硅胶 DG－1 ~ DG－4 及 YQG－1 ~ YQG－4。所以多用硅胶作固定相。

（3）流动相的选择

对于一种未知混合物分析，要选择一种合适的洗脱液，仍然要采用实验的方法。选择合适的溶剂比对选择固定液更为重要，它更能影响分离的成败。当吸附剂选定以后，根据洗脱液的性质，一个被测组分可以保留很长，也可根本不保留。选择洗脱液必须满足以下要求。

① 洗脱液不能影响样品的检测。例如用紫外吸收检测器，洗脱液（载液）不得吸收检测波段的紫外光。

---

① $1kgf/cm^2 \approx 0.1MPa$，后同。

② 样品能够溶解在洗脱液中。

③ 优先选择黏度小的洗脱液。

④ 洗脱液不得与样品反应，也不得与吸附剂反应。

常用于硅胶及氧化铝吸附剂的流动相（洗脱液）有戊烷及戊烷与氯代异丙烷等的混合物，以不同比例混合成不同极性的流动相。还有选用甲醇、乙醚、苯、乙腈、乙酸乙酯、吡啶、异丙醇及其二者的混合物作载液。

3.4.4.2.2　液－液分配色谱

使用将特定的液态物质涂于担体表面，或化学键合于担体表面而形成的固定相，分离原理是根据被分离的组分在流动相和固定相中溶解度不同而分离，分离过程是一个分配平衡过程。

（1）基本原理

液－液分配色谱是基于样品组分在固定相和流动相之间的相对溶解度的差异，使溶质在两相间进行平衡分配，即取决于在两相间的浓度比，见式（3－39）。

$$K=\frac{c_{固}}{c_{流}} \tag{3-39}$$

式中 K 为分配系数，$c_{固}$ 和 $c_{流}$ 是被测组分的溶质在固定相和流动相中的浓度。K 值大的，保留时间长，后流出色谱柱。

液液色谱法按固定相和流动相的极性不同可分为正相色谱法（NPC）和反相色谱法（RPC）。

① 正相色谱法。正相色谱采用极性固定相（如聚乙二醇、氨基与腈基键合相），流动相为相对非极性的疏水性溶剂（烷烃类如正己烷、环己烷），常加入乙醇、异丙醇、四氢呋喃、三氯甲烷等以调节组分的保留时间。用于分离中等极性和极性较强的化合物（如酚类、胺类、羰基类及氨基酸类等）。

② 反相色谱法。一般用非极性固定相（如 C_{18}、C_8）；流动相为水或缓冲液，常加入甲醇、乙腈、异丙醇、丙酮、四氢呋喃等与水互溶的有机溶剂以调节保留时间。适用于分离非极性和极性较弱的化合物。RPC 在现代液相色谱中应用最为广泛，据统计，它占整个 HPLC 应用的 80% 左右。

随着柱填料的快速发展，反相色谱法的应用范围逐渐扩大，现已应用于某些无机样品或易解离样品的分析。为控制样品在分析过程的解离，常用缓冲液控制流动相的 pH。但需要注意的是，C_{18} 和 C_8 使用的 pH 常为 2.5～7.5（2～8），太高的 pH 会使硅胶溶解，太低的 pH 会使键合的烷基脱落。有报道新商品柱可在 pH1.5～10 范围操作。正相色谱法与反相色谱法的差异见表 3－11。

表 3－11　正相色谱法与反相色谱法的比较

项　目	正相色谱法	反相色谱法
固定相极性	高～中	中～低
流动相极性	低～中	中～高
组分洗脱次序	极性小先洗出	极性大先洗出

从表 3－11 可看出，当极性为中等时正相色谱法与反相色谱法没有明显的界线（如氨

基键合固定相)。

(2) 固定相

液－液分配色谱是把固定液涂渍在惰性载体上，两者合起来称固定相。涂布式固定相应具有良好的惰性，流动相必须预先用固定相饱和，以减少固定相从担体表面流失。温度的变化和不同批号流动相的区别常引起柱子的变化，另外在流动相中存在的固定相也使样品的分离和收集复杂化。由于涂布式固定相很难避免固定液流失，现在已很少采用。现在多采用的是化学键合固定相，如 C_{18}、C_8、氨基柱、氰基柱和苯基柱。

涂布式固定相对固定液的要求是：对样品是一种好的溶剂，不溶解或很少溶解流动相。固定相可以是极性的，也可以是非极性的。

① 载体和固定液。

目前常用的载体有 2 种。

a. 薄壳型微球载体。它是以直径为 30μm～40μm 的玻璃实心核，其外表具有一层厚度约为 1μm 的多孔表面，表层物质多为氧化硅或氧化铝，国产的“薄壳硅球”就属此类，国外同类产品有 Corasil 和 Zipax 等。薄壳型微球载体的特点是能经受较大的进口压力；传质速度快，分析时间短；装填密度大，重现性较好，色谱峰扩展现象较小。但此种微球表面积较小，所以样品的容量也小，因此要求有灵敏的检测器。

b. 全多孔微粒载体。这种载体柱效高，试样容量大，目前得到较大发展，天津试剂二厂生产的 YQG－1、YQG－4 就属此类。

目前常用的固定液有：β，β－氧二丙腈，聚乙二醇，角鲨烷等。

② 键合固定相。键合固定相是近几年发展起来的新型固定相，是用化学反应把固定液键合到载体表面而成的。我国已试制成功多孔硅球/正辛醇，多孔硅球/聚乙二醇－400，多孔硅球/羟基丙腈，以及薄壳硅珠－烷基，薄壳硅珠－醚基，薄壳硅珠－氨基，薄壳硅珠－氰基等。化学键合固定相无液相流失，柱子寿命长；牢固的化学键能耐受各种溶剂，便于梯度洗脱；表面没有液坑，传质速度快，所以得到了广泛的应用，并促进了高效液相色谱分析的发展。

(3) 流动相。

常用的载液（按极性大小排列）有水（极性最强）、乙腈、甲醇、乙醇、异丙醇、丙酮、四氢呋喃、乙酸乙酯、乙醚、二氯甲烷、三氯甲烷、二氯乙烷、苯、正己烷、正庚烷（极性最小）、无机酸。与液－固色谱相同，常用 1～3 种溶液混成不同极性的溶液使用。

3.4.4.2.3　离子交换色谱

(1) 基本原理

离子交换色谱是基于离子交换树脂上可电离的离子与流动相中具有相同电荷的溶质离子进行可逆交换，依据这些离子在交换剂上有不同的亲和力而被分离。凡是能够进行电离的物质都可以用离子交换色谱法进行分离。

例如用强酸性阳离子交换树脂（$R—SO_3^- H^+$）为例，见式（3－40）。

$$R—SO_3^- H^+ + M^+ \rightleftharpoons R—SO_3^- M^+ + H^+$$

$$K=\frac{[R—SO_3^- M^+][M^+]}{[R—SO_3^- H^+][M^+]} \qquad (3-40)$$

式中 K 称交换系数（或称分配系数），K 值大者，保留时间长，后出峰。

（2）固定相

目前常用2种离子交换树脂：多孔性树脂和薄壳形树脂。薄壳型树脂是在玻璃微球上涂以薄层的离子交换树脂，这种树脂柱效高，在柱内压降小，当移动相溶液成分发生变化时，不会膨胀，也不会压缩。但柱子容量小，进样量不宜太多。多孔性树脂是极小的（$<25\mu m$）球型纯离子交换树脂，能分离复杂的多组分样品，进样量较大。

上述两种树脂又分阳离子树脂和阴离子树脂。上海试剂一厂和天津试剂二厂有商品出售。粒度有$25\mu m \sim 37\mu m$，$3\mu m \sim 5\mu m$，$10\mu m \sim 15\mu m$多种。

流动相使用的有机溶剂等，与前述液－固色谱，液－液色谱相同。

3.4.4.2.4　离子对色谱法

又称偶离子色谱法，是液－液色谱法的分支。它是根据被测组分离子与离子对试剂离子形成中性的离子对化合物后，在非极性固定相中溶解度增大，从而使其分离效果改善。主要用于分析离子强度大的酸碱物质。

分析碱性物质常用的离子对试剂为烷基磺酸盐，如戊烷磺酸钠、辛烷磺酸钠等。另外高氯酸、三氟乙酸也可与多种碱性样品形成很强的离子对。

分析酸性物质常用四丁基季铵盐，如四丁基溴化铵、四丁基铵磷酸盐。

离子对色谱法常用ODS柱（即C_{18}），流动相为甲醇－水或乙腈－水，水中加入3mmol/L～10mmol/L的离子对试剂，在一定的pH范围内进行分离。被测组分保留时间与离子对性质、浓度、流动相组成及其pH、离子强度有关。

3.4.4.2.5　凝胶色谱

（1）基本原理

凝胶色谱又叫空间排斥色谱、凝胶渗透色谱，它与其他色谱分离机理有所不同，固定相表面与样品组分分子间不应有吸附或溶解作用。其分离机理是根据溶质分子大小不同而达到分离目的。所用多孔性固定相称为凝胶，选用凝胶孔径大小，需要与分离组分的分子相当。

样品组分进入色谱柱后，随流动相在凝胶外部间隙及凝胶孔穴旁流过，体积大的分子不能渗透到凝胶孔穴中去而受到排斥，因此先流出色谱柱。中等体积的分子产生部分渗透作用，较晚流出色谱柱。小分子可全部渗透到凝胶孔穴，最后流出色谱柱。洗脱次序按分子量大小先后流出色谱柱。

（2）固定相和流动相

固定相按耐压程度不同可分为软质凝胶、半硬质凝胶和硬质凝胶3种。

① 软质凝胶。如葡萄糖凝胶与聚丙烯酰胺凝胶，宜采用水作流动相，可容纳大量试样。但只能在常压下使用，表压超过$1kgf/cm^2$就会压坏。

② 半硬质凝胶。如聚苯乙烯、聚甲基丙烯酸甲酯、二乙烯基聚合物等。这种柱耐压较高，具有压缩性，可填充紧密、柱效高，宜用有机溶剂作流动相。缺点是凝胶在有机溶剂中溶胀，改变了柱的填充状态，需要重新标柱，即用已知相对分子质量的样品标化淋洗体积V_t，与相对分子质量的关系。

③ 硬质凝胶。如多孔硅胶、多孔玻璃球较常用。这种胶为无机胶，在溶剂中不变形，孔径尺寸易固定。但装柱时易碎，不易装紧，因此柱效不高，由于有吸附，有时还有拖尾现象。天津试剂二厂生产有NDG－1～NDG－6硬质凝胶；上海试剂一厂生产有凝胶01～凝胶06。硬质凝胶可用水或有机溶剂作流动相。

3.4.4.3　高效液相色谱仪

高效液相色谱仪的设计，取决于所采用的分离原理，仪器的结构是多种多样的。例如有高效液相色谱仪、离子交换液相色谱仪、凝胶色谱仪等。典型的高效液相色谱仪的结构原理如图 3－31 所示。

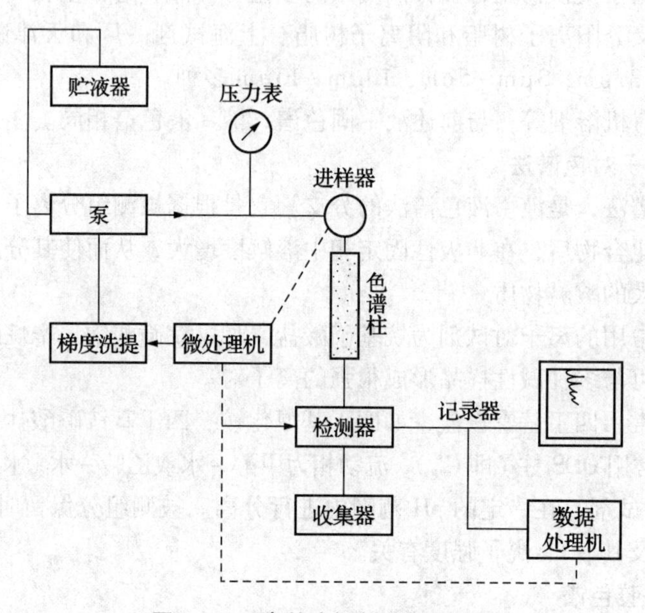

图 3－31　高效液相色谱仪原理图

从图 3－31 可知，高效液相色谱仪主要由高压输液泵、梯度洗提控制器、色谱柱、记录仪等基本部件组成。

分析前，选择适当的色谱柱和流动相，开泵，冲洗柱子，待柱子达到平衡而且基线平直后，用微量注射器把样品注入进样口，流动相把试样带入色谱柱进行分离，分离后的组分依次流入检测器的流通池，最后和洗脱液一起排入流出物收集器。当有样品组分流过流通池时，检测器把组分浓度转变成电信号，经过放大，用记录器记录下来就得到色谱图。色谱图是定性、定量和评价柱效高低的依据。

3.4.4.3.1　高压输液泵

用于高效液相色谱仪的泵，从工作原理上可分两大类，恒流泵及恒压泵。恒流泵就是能给出恒定载液的泵，例如注射式螺杆泵，机械往复泵。恒压泵则是能输出恒定液压的泵，例如气动放大泵。高压输液泵要求流量恒定、无脉动、有较大的调节范围；能抗溶剂的腐蚀；有较高的输出压力；泵的死体积要小，便于更换溶剂和梯度洗提。

（1）注射式螺杆泵

这种泵类似一个大的医用注射器。它以步进电机为动力，经螺杆传动机构推动柱塞，把液缸中的液体以高压排出，其流速通过调节步进电机的转速加以控制。这种泵的主要特点是压力高，流量稳定，且与外界阻力无关，其结构原理如图 3－32 所示。

这种泵的工作压力可达 $150kgf/cm^2 \sim 500kgf/cm^2$。无脉冲，达到要求压力快，与外界阻力无关。不足的是液缸中的液体量有限，一次排完后需要停泵，重新吸满液体后，才能继续输出液体。

（2）气动放大泵

这种泵是利用气体的压力去驱动和调节载液的压力。通常采用压缩空气作动力驱动活塞，从而使液缸部分的液体以一定的压力排出，图3－33是这种泵的示意图。由于气缸活塞面积A_2大于A_1，所以可以用较低气源压力得到较高的液缸输出压力。这种泵的特点是输出液流无脉动，结构简单，能输出恒定压力的液流。

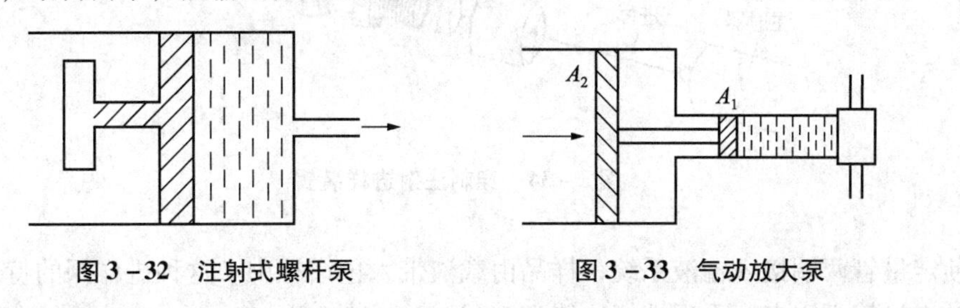

图3－32　注射式螺杆泵　　**图3－33　气动放大泵**

（3）机械往复泵

机械往复式柱塞泵，通常是由电动机带动凸轮（或偏心轮）转动，再用凸轮驱动一活塞杆往复运动。活塞杆在液缸里往复运动，从而定期地将储存在液缸里的液体以高压输出。改变电动机的转速，就可调节输出液的流量；隔膜式往复泵的工作原理与柱塞式往复泵类似，只是与液体接触的不是柱塞，而是弹性隔膜。

往复式泵的特点是液缸的体积小（＜1mL），换液和清洗方便，适用于外梯度洗提。但是输出液有明显脉动，需用多头泵或者外接压力脉动缓冲器使压力平稳。

3.4.4.3.2　梯度洗提装置

高效液相色谱的梯度洗提装置类似于气相色谱的程序升温，给分离工作带来许多方便，是高效液相色谱的重要组成部分，高档液相色谱仪都有此种装置。

梯度洗提是通过梯度程序控制系统控制泵的动作，把两种或两种以上极性不同的溶剂，按预先设定的程序和比例混合，使其产生不同形式的梯度，再经高压泵供给柱子来实现，这样连续改变载液的成分和极性，能提高分析速度和分离效果。

梯度洗脱的实质是通过不断地变化流动相的强度，来调整混合样品中各组分的k值，使所有谱带都以最佳平均k值通过色谱柱。它在液相色谱中所起的作用相当于气相色谱中的程序升温，所不同的是，在梯度洗脱中溶质k值的变化是通过溶质的极性、pH和离子强度来实现的，而不是借改变温度（温度程序）来达到。

3.4.4.3.3　进样装置

高效液相色谱仪中的进样装置有注射器进样器和六通阀进样器2种。

（1）注射器进样

用注射器进样是目前最常用的进样方式，这种进样方式又分为穿刺进样和间断式进样两种。穿刺进样就是用高压注射器吸入少量样品（10μL以下），穿过弹性垫片（如氟塑料），送入色谱柱头，如图3－34所示。

这种进样方式具有快速、简便、可任意改变进样体积等特点，能“塞式”进样，不易造成峰扩展，但进样体积不宜过大，且只适宜在50kgf/cm^2～150kgf/cm^{2}的压力范围内进样，进样重复性欠佳，试样易渗漏。

（2）六通阀进样

高压六通阀由阀芯、阀体、定量管组成。进样时，样品先注入定量管里，通过手柄旋转

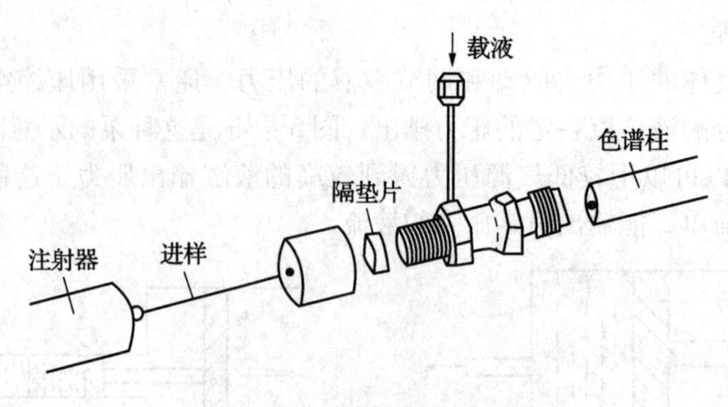

图 3－34　穿刺注射进样装置

阀芯，使定量管两端接入输液系统，样品由载液带入色谱柱中。这种进样阀的特点是进样量由选定的定量管而固定，重现性好，能耐 200kgf/cm^2 的高压。

3.4.4.3.4　色谱柱

色谱柱的材料通常用不锈钢，内壁要抛光才能使用。当柱压不超过 70kgf/cm^2 时，也可以用厚壁玻璃或石英玻璃管柱。柱内径 2mm～6mm，柱长 10cm～50cm，一般为直形柱。

色谱柱填充的方法，根据固定相微粒的大小可用干法和湿法两种。微粒大于 20μm 的可用干法填充，要边填充边敲打和震动，要填得均匀扎实。直径 10μm 以下的，不能用干法填充，必须采用湿法。

湿法装柱又称匀浆装填法。此法常用二氧六环和四氯化碳或四氯乙烯和四溴乙烷等溶剂，按待用固定相的密度不同，采用不同的溶剂比例，配成密度与固定相相似的混合液为匀浆剂。然后用匀浆剂把固定相调成均匀的、无明显结块的半透明匀浆，脱气后装入匀浆罐中。开动高压泵，打开放空阀，待顶替液从放空阀出口流出时，即关闭阀门。调节高压泵，使压力达到 300kgf/cm^2～400kgf/cm^2。打开三通阀，顶替液便迅速将匀浆顶入色谱柱中，匀浆剂，顶替液通过柱下端的筛板，流入废液缸。当压力下降到 100kgf/cm^2～200kgf/cm^2 时，说明匀浆液已被顶替液置换，柱子已装填完毕，但不能马上关掉高压泵，需要逐渐降低压力，匀速降至常压后停泵，卸下柱子，装在进样器上即可。

所用匀浆剂及顶替液应根据固定相的性质选定，并进行脱水处理。一般情况，硅胶、正相键合固定相用已烷作顶替液，反相键合相，离子交换树脂用甲醇、丙酮作顶替液。干法装柱与气相色谱法相似。在柱子的一端接上一个小漏斗，另一端装上筛板，保持垂直，分多次倒入漏斗装入柱中，并轻敲管柱直至填满为止。除去漏斗，再轻顿柱子数分钟，至确认已装满，然后装好筛板，接上高压泵，在高于使用的柱压下，用载液冲洗 30min，以除去空气。

3.4.4.3.5　检测器

检测器是用于连续监测色谱柱流出物的成分。一个理想的检测器应该具有灵敏度高、重现性好、响应快、线性范围宽、适应范围广、对流量和温度的变化都不敏感。目前应用的检测器有紫外、折光、电导、荧光、电容、极谱等十多种检测器。应用最广的是紫外吸收检测器和折光检测器。

（1）紫外吸收检测器

紫外吸收检测器不易受温度和载液流速波动的影响，所以得到了广泛的应用。它的结构原理如图 3－35 所示。

从光源射出的紫外光线由透镜 2 聚集成平行光线，用半透镜把平行光线分为两束，再由

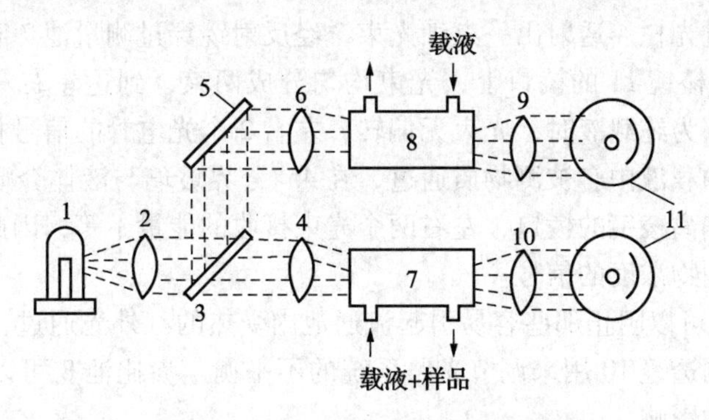

图3-35　紫外吸收检测器光学系统

1—汞灯；2，4，6，9，10—聚光镜；3—分光器；5—反光镜；
7—样品吸收池；8—参比吸收池；11—光电管

透镜4和5各自聚焦到吸收池内，从吸收池中透过的光准直成平行光，照在光电管上（或光敏电阻）。

典型的光源为低压汞灯，能发出253.7nm的光，其他还有较弱的312nm、365nm、406nm、437nm和548nm谱线。

检测器的吸收池子有多种形状，有单池，也有参比池与吸收池连在一个块体上，孔长约5mm～10mm，容积约5μL～8μL，通光孔径约1mm。

紫外吸收检测器系非通用检测器，被测物质必须能吸收紫外线，或转化以后能吸收紫外线的物质。

（2）差示折光检测器

差示折光检测器是一种通用检测器。它可连续监测参比池与测量池之间折射率之差，能检测出μg/mL的被测组分。这种检测器一般不能采用梯度洗提，因为洗脱液组成的任何改变都将有明显的响应。差示折光检测器按其原理可分为偏转式和反射式检测器，偏转式折光检测器的基本原理如图3-36所示。

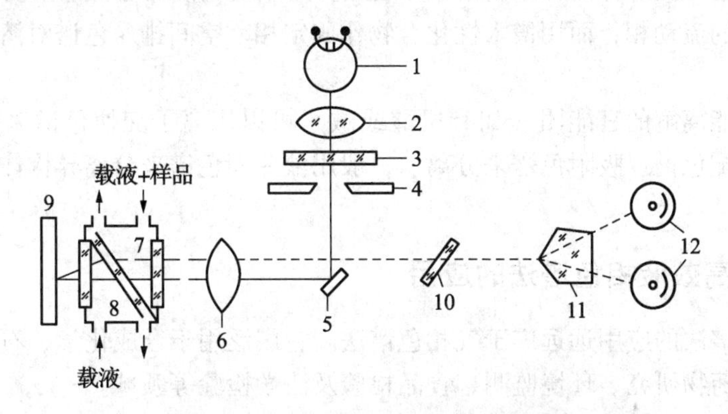

图3-36　偏转式差示折光检测器原理

1—钨灯；2—透镜；3—滤光片；4—光阑；5—反射镜；6—透镜；7—测量池；8—参比池；
9—反射镜；10—细调平面透镜；11—棱镜；12—光电管

当介质中成分发生变化时，其光的折射率随之发生变化，如入射角不变，则光的偏转角是介质中成分变化的函数。因此可以利用折射角偏转值的大小便可测得试样的浓度。光源通过透镜 2 聚焦，通过光栏 4 透射出一束细光束，经反射镜穿过测量池 7 和参比池 8 被平面镜 9 反射回来，成像于棱镜 11 的棱口上，光束均匀分成两束，到达左右对称的光电管 12 上。当测量池和参比池都为纯载液时，光束无偏转，左右 2 个光电管的信号相等，此时输出平衡信号。如果测量池的载液中有被测物质通过，在 45°分界玻璃与液体介质之间的折射造成了光束的偏转，成像偏离棱镜的棱口，左右两个光束接收的能量不等，因此输出一个代表偏转角大小，也就是被测物浓度的信号。

红外滤光片 3，可以阻止那些容易引起流通池内受热的红外光通过，以保证系统工作的热稳定性。平面细调透镜 10 用来调节光路系统的不平衡。参比池 8 可以部分补偿由于温度和流动相对偏转角的影响。

目前国内高效液相色谱仪的生产厂家不断增加。如上海分析仪器厂生产的多用途高速液相色谱仪 150 型，北京分析仪器厂生产的 SY－01 型，四川分析仪器厂生产的 SY－202 型高压液相色谱仪，南京分析仪器厂生产的 CX－802 型高速液相色谱仪，天津北海分析仪器厂生产的 SN－01 型凝胶渗透色谱仪。在国外商品高压液相色谱仪更多，如日本岛津生产的 LC－6A 高效液相色谱仪，美国 P－E 公司生产的 1250 型高速液相色谱仪等。

3.4.4.4 分离方法的选择

高效液相色谱根据分离原理不同有四种类型，但每一种类型都不是万能的，它们各自适应一定的分析对象。要根据样品的摩尔质量范围，溶解度，分子结构等进行分析方法的初步选择。

对于摩尔质量小且易挥发的样品，适宜用气相色谱分离。摩尔质量范围在 200g/mol～2 000g/mol适合于液－固色谱，液－液色谱，排斥色谱。摩尔质量大于 2 000g/mol 的则宜用空间排斥色谱法。对于溶于水可以离解的物质则采用离子交换色谱为佳。

凡能溶解于烃类（如苯或异辛烷）则用液－固吸附色谱。一般芳香族化合物在苯中溶解度高，脂肪族化合物在异辛烷中有较大的溶解度。如果样品溶于二氯甲烷则多用常规的分配色谱和吸附色谱分离。样品如果不溶于水但溶于异丙醇时，常常用水和异丙醇的混合液作液－液分配色谱的流动相，而用憎水性化合物作固定相。空间排斥色谱对溶解于任何溶剂的物质都适用。

化合物含有能离解的官能团（如有机酸或碱）可以用离子交换色谱来分离。脂肪族或芳香族可以用分配色谱、吸附色谱来分离。一般用液－固色谱来分离异构体。用液－液色谱来分离同系物。

3.4.4.5 高效液相色谱法的应用

高效液相色谱法的应用远远广于气相色谱法。它广泛用于合成化学、石油化学、生命科学、临床化学、药物研究、环境监测、食品检验及法学检验等领域。

3.4.4.5.1 在食品分析中的应用

（1）食品营养成分分析

蛋白质、氨基酸、糖类、色素、维生素、香料、有机酸（邻苯二甲酸、柠檬酸、苹果酸等）、有机胺、矿物质等。

（2）食品添加剂分析

甜味剂、防腐剂、着色剂（合成色素如柠檬黄、苋菜红、靛蓝、胭脂红、日落黄、亮蓝等)、抗氧化剂等。

(3) 食品污染物分析

霉菌毒素（黄曲霉毒素、黄杆菌毒素、大肠杆菌毒素等)、微量元素、多环芳烃等。

3.4.4.5.2　在环境分析中的应用

环芳烃（特别是稠环芳烃)、农药（如氨基甲酸酯类）残留等。

3.4.4.5.3　在生命科学中的应用

HPLC技术目前已成为生物化学家和医学家在分子水平上研究生命科学、遗传工程、临床化学、分子生物学等必不可少的工具。在生化领域的应用主要集中于2个方面：

(1) 低相对分子质量物质，如氨基酸、有机酸、有机胺、类固醇、卟啉、糖类、维生素等的分离和测定。

(2) 高相对分子质量物质，如多肽、核糖核酸、蛋白质和酶（各种胰岛素、激素、细胞色素、干扰素等）的纯化、分离和测定。

过去对这些生物大分子的分离主要依赖于等速电泳、经典离子交换色谱等技术，但都有一定的局限性，远远不能满足生物化学研究的需要。因为在生化领域中经常要求从复杂的混合物基质，如培养基、发酵液、体液、组织中对感性趣的物质进行有效而又特异的分离，通常要求检测限达ng级或pg级，或pmol，fmol，并要求重复性好、快速、自动检测；制备分离、回收率高且不失活。在这些方面，HPLC具有明显的优势。

3.4.4.5.4　在医学检验中的应用

主要用于体液中代谢物测定，药代动力学研究，临床药物监测等。

(1) 合成药物：抗生素、抗忧郁药物（冬眠灵、氯丙咪嗪、安定、利眠宁、苯巴比妥等)、磺胺类药等。

(2) 天然药物生物碱（吲哚碱、颠茄碱、鸦片碱、强心苷）等。

3.4.4.5.5　在无机分析中的应用

如用于阳、阴离子的分析等。

色谱法常用词汇参见附录D。

第4章 食品中主要营养成分分析

教学目标：了解和熟悉食品中营养成分的测定目的；掌握水分测定的意义、几种测定方法的原理；掌握总灰分的测定原理及测定条件的选择，了解和熟悉水溶性、水不溶性及酸不溶性灰分的测定方法；了解脂肪的测定意义，掌握索氏提取法测定脂肪的原理及测定注意事项；掌握可溶性糖类的提取和澄清方法，高锰酸钾滴定法及直接滴定法测还原糖的原理及测定注意事项；掌握凯氏定氮法测蛋白质的原理及注意事项，了解和熟悉蛋白质的几种快速测定法；熟悉脂溶性维生素（维生素A、维生素E、维生素D）及水溶性维生素C的测定原理，操作时的注意事项。

食品的成分十分复杂，除了取决于食品的种类、生长条件和加工方法等，也受环境污染和生物富集作用的影响。因此，要测定食品的所有成分是相当困难的。

食品成分是食品中含有的可以用化学方法进行分析的各种物质。从纯化学的意义上讲，食品是由多种化学物质成分组成的一种混合物，并且这种混合物一般都是由许多物质成分构成的。一般可以将食品划分为外源性物质成分和内源性物质成分两大部分。其中，外源性物质成分则是在食品从加工到摄食全过程中进入的成分，包括食品添加剂和污染物质两类，一般在食品中所占比例很小。内源性物质成分是食品本身所具有的成分，分为无机物成分和有机物成分两类，是食品构成中的主要内容。其中，无机物成分包括水和无机质，有机物成分包括蛋白质、碳水化合物（含纤维素）、脂质、维生素、核酸、酶、激素、生物碱、色素成分、香气成分、呈味成分和有毒成分。以上对食品成分的划分，主要是从食品与营养角度出发，把具有相同或相类似功用的成分划分为一种类别。

根据食品成分的含量，可以将食品成分大致分为碳水化合物、脂肪、蛋白质和氨基酸、维生素、矿物质和水6大类。本章所述的食品的一般成分就是指的这些物质，也就是食品中的营养成分。食品成分可以组合出各种各样的食品，这是食品成分的可组合性，由于其组合性，造就出了各种食品内在的差别，也造成了我们对食品中各种成分的分析评价。食品中一般成分测定目的为：不同的食品所含营养成分的种类和含量各不相同，能够同时提供各种营养成分的天然食品较少，人们必须根据人体对营养的要求，进行食品的合理搭配，以获得较全面的营养。为此必须对各种食品的营养成分进行分析，以评价其营养价值，为人类合理地选择食品提供参考。此外，在食品工业生产中，通过对食品物料（原材料、辅助材料、半成品和成品）的主要营养成分及其含量的分析检测，可以保证生产质量优良的产品；同时，可以帮助生产部门开发新的食品资源、试制新的优质产品、探索新技术和新工艺等。另外，在流通领域中，对食品质量进行监督和管理，维护消费者的合法权益，也离不开营养成分的分析。

4.1　食品中水分的检验

水是维持动、植物和人类生存必不可少的物质之一。除谷物和豆类等的种子类食品（一般水分在12%～16%）以外，作为食品的许多动、植物一般含有60%～90%水分，有的甚至更高，水是许多食品组成成分中数量最多的组分。如蔬菜含水分85%～97%、水果80%～90%、鱼类67%～81%、蛋类73%～75%、乳类87%～89%、猪肉43%～59%，即使是干态食品，也含有少量水分，如面粉12%～14%、饼干2.5%～4.5%。

水分作为食品的重要组成部分，其在食品中的含量、分布和存在状态的差异对食品的品质和保藏性等有显著影响。因此，研究食品在保藏期间的水分分布，准确、快速地测量和控制食品的含水量具有重要的意义。不同种类的食品，水分含量差别很大，控制食品的水分含量，关系到食品组织形态的保持，食品中水分与其他组分的平衡关系的维持，以及食品在一定时期内的品质稳定性等各个方面。例如，新鲜面包的水分含量若低于28%～30%，其外观形态干瘪，失去光泽；脱水蔬菜的非酶褐变可随水分含量的增加而增加。此外，各种生产原料中水分含量高低，对于它们的品质和保存，进行成本核算，实行工艺监督，提高工厂的经济效益等均具有重大意义。

因此，了解食品水分的含量，能掌握食品的基础数据，同时，增加了其他测定项目数据的可比性。在食品中水分存在形态有2种，即游离水和结合水。游离水是指存在于动植物细胞外各种毛细管和腔体中的自由水，包括吸附于食品表面的吸附水；结合水是指形成食品胶体状态的结合水，如蛋白质、淀粉的水合作用和膨润吸收的水分及糖类、盐类等形成结晶的结晶水。前一种形态存在的水分，易于分离，后一种形态存在的水分，不易分离。如果不加限制地长时间加热干燥，必然使食物变质，影响分析结果。所以要在一定的温度、一定的时间和规定的操作条件下进行测定，方能得到满意的结果。

Isengard把水分的测定方法划分为两大类：直接法和间接法。直接法是指直接将水分从物质中分离出来的方法，又分为重量法和化学法。重量法是一种经典的测量水分的方法，包括常压干燥、真空干燥、红外线加热干燥、微波干燥、蒸馏等。卡尔·费休法（Karl Fisher）是测定水分最常用的化学方法，测量结果准确可靠，已成为国内外通用的测定物质中水分的标准方法。间接法测水分是指根据水分子本身的一些物理性质，通过建立相应的物理参数与含水量之间的关系测定物质含水量的方法，包括电导测定法、近红外光谱法和核磁共振法等。电导测定法是根据自由水的相对导电常数与其他物质不同，利用水分测定仪快速测定含水量的方法。近红外光谱法是利用水分对近红外线光谱的吸收，通过Lambert Beer定律计算出含水量的方法。核磁共振（NMR）是利用氢原子核在磁场中的自旋弛豫特性，分析研究物质的含水量、水分分布、水分迁移以及与之相关的其他性质的一种技术，通过建立NMR方法，测定食品中水分的变化，从而可以实现监测和控制食品在加工和保藏期间的变化。

4.1.1　直接干燥法（GB 5009.3—2010）

4.1.1.1　原理

利用食品中水分的物理性质，在101.3kPa（一个大气压），温度101℃～105℃下采用挥发方法测定样品中干燥减失的重量，包括吸湿水、部分结晶水和该条件下能挥发的物质，再通过干燥前后的称量数值计算出水分的含量。

4.1.1.2　试剂

（1）盐酸：优级纯。

（2）氢氧化钠（NaOH）：优级纯。

（3）盐酸溶液（6mol/L）：量取50mL盐酸，加水稀释至100mL。

（4）氢氧化钠溶液（6mol/L）：称取24g氢氧化钠，加水溶解并稀释至100mL。

（5）海砂：取用水洗去泥土的海砂或河砂，先用6mol/L盐酸煮沸0.5h，用水洗至中性，再用6mol/L氢氧化钠溶液煮沸0.5h，用水洗至中性，经105℃干燥备用。

4.1.1.3　仪器

（1）扁形铝制或玻璃制称量瓶。

（2）电热恒温干燥箱。

（3）干燥器：内附有效干燥剂。

（4）天平：感量为0.1mg。

4.1.1.4　分析步骤

（1）固体试样

取洁净铝制或玻璃制的扁形称量瓶，置于101℃～105℃干燥箱中，瓶盖斜支于瓶边，加热1h，取出盖好，置干燥器内冷却0.5h，称量，并重复干燥至前后两次质量差不超过2mg，即为恒重。将混合均匀的试样迅速磨细至颗粒小于2mm，不易研磨的样品应尽可能切碎，称取2g～10g试样（精确至0.000 1g），放入此称量瓶中，试样厚度不超过5mm，如为疏松试样，厚度不超过10mm，加盖，精密称量后，置101℃～105℃干燥箱中，瓶盖斜支于瓶边，干燥2h～4h后，盖好取出，放入干燥器内冷却0.5h后称量。然后再放入101℃～105℃干燥箱中干燥1h左右，取出，放入干燥器内冷却0.5h后再称量。并重复以上操作至前后两次质量差不超过2mg，即为恒重。（注：在最后计算中两次恒重值，取最后一次的称量值。）

（2）半固体或液体试样

取洁净的称量瓶，内加10g海砂及一根小玻棒，置于101℃～105℃干燥箱中，干燥1h后取出，放入干燥器内冷却0.5h后称量，并重复干燥至恒重。然后称取5g～10g试样（精确至0.000 1g），置于蒸发皿中，用小玻棒搅匀放在沸水浴上蒸干，并随时搅拌，擦去皿底的水滴，置101℃～105℃干燥箱中干燥4h后盖好取出，放入干燥器内冷却0.5h后称量。以下按（1）自“然后再放入101℃～105℃干燥箱中干燥1h左右……”起依法操作。

4.1.1.5　分析结果的表述

试样中的水分的含量按式（4－1）进行计算。

$$X = \frac{m_1 - m_2}{m_1 - m_3} \times 100 \tag{4-1}$$

式中：X——试样中水分的含量，g/100g；

m_1——称量瓶（加海砂、玻棒）和试样的质量，g；

m_2——称量瓶（加海砂、玻棒）和试样干燥后的质量，g；

m_3——称量瓶（加海砂、玻棒）的质量，g。

水分含量≥1g/100g时，计算结果保留三位有效数字；水分含量<1g/100g时，结果保留两位有效数字。

4.1.1.6　精密度

在重复性条件下获得的两次独立测定结果的绝对差值不得超过算术平均值的5%。

4.1.1.7　注意事项

（1）本法设备操作比较简单，但时间较长且对胶体、高脂肪、高糖食品以及高温易氧化、易挥发物质的食品不适宜。

（2）加热干燥是基于食物中的水分受热后产生蒸气压高于它在烘箱中的分压，物质干燥的速度，取决于这个压差的大小。

（3）用直接干燥法测定的水分还包括有微量的芳香油、醇、有机酸等挥发性物质。

（4）加入经酸处理后的海砂，为增大受热与蒸发面积，防止食品结块，加速水分蒸发，缩短分析时间。

（5）水分蒸净与否，无直观指标，只能依靠恒重来观察。恒重是指两次烘烤称重的重量差不超过规定的毫克数，一般不超过2mg。

4.1.2　减压干燥法（GB 5009.3—2010）

4.1.2.1　原理

利用食品中水分的物理性质，在达到40kPa～53kPa压力后加热至（60±5）℃，采用减压烘干方法去除试样中的水分，再通过烘干前后的称量数值计算出水分的含量。

4.1.2.2　仪器

（1）真空干燥箱。

（2）扁形铝制或玻璃制称量瓶。

（3）干燥器：内附有效干燥剂。

（4）天平：分度值为0.1mg。

4.1.2.3　分析步骤

（1）试样的制备

粉末和结晶试样直接称取；较大块硬糖经研钵粉碎，混匀备用。

（2）测定

取已恒重的称量瓶称取约2g～10g（精确至0.000 1g）试样，放入真空干燥箱内，将真空干燥箱连接真空泵，抽出真空干燥箱内空气（所需压力一般为40kPa～53kPa），并同时加热至所需温度（60±5）℃。关闭真空泵上的活塞，停止抽气，使真空干燥箱内保持一定的温度和压力，经4h后，打开活塞，使空气经干燥装置缓缓通入至真空干燥箱内，待压力恢复正常后再打开。取出称量瓶，放入干燥器中 0.5h 后称量，并重复以上操作至前后两次质量差不超过 2mg，即为恒重。

4.1.2.4　分析结果的表述

同 4.1.1.5。

4.1.2.5　精密度

在重复性条件下获得的两次独立测定结果的绝对差值不得超过算术平均值的 10%。

4.1.2.6　注意事项

（1）此法为减压干燥法，减压后，水的沸点降低，可以在较低温度下使水分蒸发干净。

（2）本法适用于胶状样品、高温易分解的样品及水分较多的样品，如淀粉制品、豆制品、罐头食品、糖浆、蜂蜜、蔬菜、水果、味精、油脂等。由于采用较低的蒸发温度，可防止含脂肪高的样品中的脂肪在高温下氧化；可防止含糖高的样品在高温下脱水炭化；也可防止含高温易分解成分的样品在高温下分解。

（3）本法一般选择压力为 40kPa ~ 53kPa，选择温度为（60 ± 5）℃。但实际应用时可根据样品性质及干燥箱耐压能力不同而调整压力和温度，如 AOAC 法中咖啡为：3.3kPa 和 98℃ ~ 100℃；奶粉：13.3kPa 和 100℃；干果：13.3kPa 和 70℃；坚果和坚果制品：13.3kPa 和 95℃ ~ 100℃；糖及蜂蜜：6.7kPa 和 60℃等。

4.1.3　蒸馏法（GB 5009.3—2010）

4.1.3.1　原理

利用食品中水分的物理化学性质，使用水分测定器将食品中的水分与甲苯或二甲苯共同蒸出，根据接收的水的体积计算出试样中水分的含量。本方法适用于含较多其他挥发性物质的食品，如油脂、香辛料等。

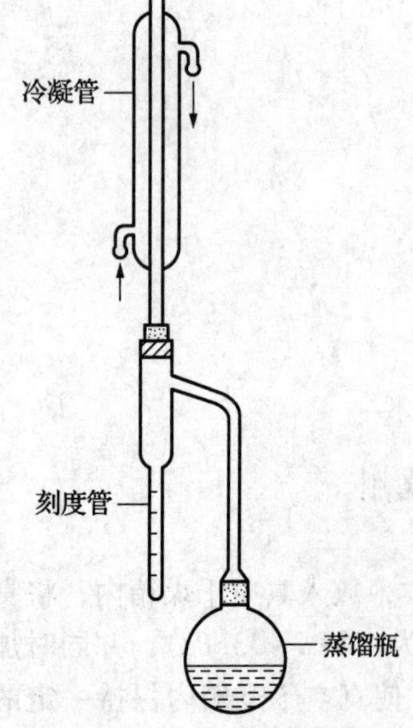

图 4－1　水分测定器

4.1.3.2　试剂

甲苯或二甲苯（化学纯）：取甲苯或二甲苯，先以水饱和后，分去水层，进行蒸馏，收集馏出液备用。

4.1.3.3　仪器

（1）水分测定器：如图 4－1 所示（带可调电热套）。水分接收管容量 5mL，最小刻度值 0.1mL，容量误差小于 0.1mL。

（2）天平：分度值为 0.1mg。

4.1.3.4　分析步骤

准确称取适量试样（应使最终蒸出的水在 2mL ~ 5mL，但最多取样量不得超过蒸馏瓶的 2/3），放入 250mL 锥形瓶中，加入新蒸馏的甲苯（或二甲苯）75mL，连接冷凝管与水分接收管，从冷凝管顶端注入甲苯，装满水分接收管。

加热慢慢蒸馏，使每秒钟的馏出液为2滴，待大部分水分蒸出后，加速蒸馏约每秒钟4滴，当水分全部蒸出后，接收管内的水分体积不再增加时，从冷凝管顶端加入甲苯冲洗。如冷凝管壁附有水滴，可用附有小橡皮头的铜丝擦下，再蒸馏片刻至接收管上部及冷凝管壁无水滴附着，接收管水平面保持10min不变为蒸馏终点，读取接收管水层的容积。

4.1.3.5　分析结果的表述

试样中水分的含量按式（4-2）进行计算。

$$X = \frac{V}{m} \times 100 \tag{4-2}$$

式中：X——试样中水分的含量，mL/100g（或按水在20℃的密度0.998，20g/mL计算质量）；

V——接收管内水的体积，mL；

m——试样的质量，g。

以重复性条件下获得的两次独立测定结果的算术平均值表示，结果保留三位有效数字。

4.1.3.6　精密度

在重复性条件下获得的两次独立测定结果的绝对差值不得超过算术平均值的10%。

4.1.3.7　注意事项

（1）此法采用专门的水分蒸馏器。

（2）食品中的水分与比水轻、同水互不相溶的溶剂如甲苯沸点110℃；、二甲苯沸点140℃或无水汽油沸点95℃～120℃等有机溶剂共同蒸出，冷凝回流于接收管的下部，而有机溶剂在接收管的上部，当有机溶剂注满接收管并超过接收管的支管时，有机溶剂就回流入锥形瓶中，待水分体积不再增加后，读取其体积。

（3）本法与干燥法有较大的差别，干燥法是以经烘烤后减失的重量为依据，而蒸馏法是以蒸馏收集到的水量为准，避免了挥发性物质减失的重量对水分测定的误差；避免了脂肪氧化对水分测定的误差。因此，适用于含水较多又有较多挥发性成分的蔬菜、水果、发酵食品、油脂及香辛料等食品。

（4）对不同品种的食品，可以选择不同蒸馏溶剂，如用正戊醇十二甲苯（129℃～134℃）（1+1）混合溶剂测定奶酪；甲苯用于测定大多数香辛料；己烷用于测定辣椒类、葱类、大蒜和其他含大量糖的香辛料。有些样品在此温度可能分解时，可用苯代替（沸点80℃）但蒸馏时间需延长。

（5）样品用量一般谷类豆类约20g，鱼、肉、蛋、乳制品约5g～10g，蔬菜，水果约5g。

（6）加热温度不宜太高，温度太高时冷凝器上部有水汽难以回收。蒸馏时间大约2h～3h。样品不同，时间需延长。

4.1.4　红外线干燥法（参考方法）

4.1.4.1　原理

以红外线灯管作为热源，利用红外线的辐射热加热试样，高效快速地使水分蒸发，根据干燥前后失量即可求出样品水分含量。

红外线干燥法是一种水分快速测定方法，但比较起来，其精密度较差，可作为简易法用于测定2~3份样品的大致水分，或快速检验在一定允许偏差范围内的样品水分含量。一般测定一份试样需10min~30min（依样品种类不同而异），所以，当试样份数较多时，效率反而降低。

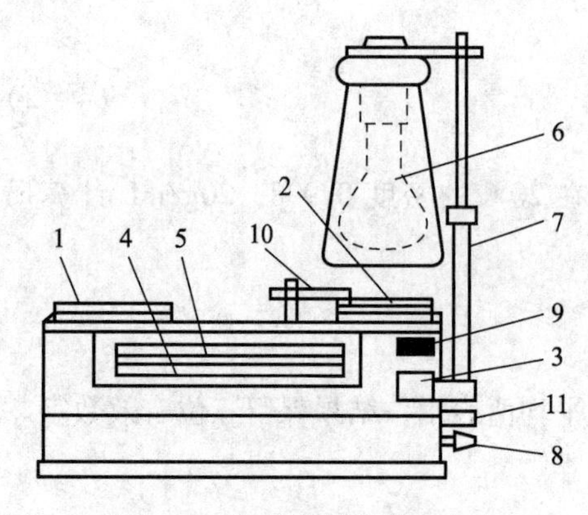

图4-2　简易红外水分测定仪

1—砝码盘；2—试样皿；3—平衡指针；4—水分指针；5—水分刻度；6—红外线灯管；7—灯管支架；8—调节水分指针的旋钮；9—平衡刻度盘；10—温度计；11—调节温度的旋钮

4.1.4.2　仪器及装置

红外线水分测定仪有多种型号，在此仅介绍一种直读式简易红外线水分测定仪，此仪器由红外线灯和架盘天平两部分组成，如图4-2所示。

4.1.4.3　操作步骤

准确称取适量（一般为3g~5g）试样在样品皿上摊平，在砝码盘上添加与被测试样质量完全相等的砝码使达到平衡状态。调节红外灯管的高度及其电压（能使得试样在10min~15min内干燥完全为宜），开启电源，进行照射，使样品的水分蒸发，此时样品的质量则逐步减轻，相应地刻度板的平衡指针不断向上移动，随着照射时间的延长，指针的偏移越来越大，为使平衡指针回到刻度板零点位置，可移动装有重锤的水分指针，直至平衡指针恰好又回到刻度板零位，此时水分指针的读数即为所测样品的水分含量。

4.1.4.4　说明及注意事项

（1）市售红外线水分测定仪有多种形式。但基本上都是先规定测得结果与标准法（如烘箱干燥法）测得结果相同的测定条件后再使用。即使备有数台同一型号的仪器，也需通过测定已知水分含量的标准样进行校正。更换灯管后，也要进行校正。

（2）试样可直接放入试样皿中，也可将其先放在铝箔上称重，再连同铝箔一起放在试样皿上。黏性、糊状的样品放在铝箔上摊平即可。

（3）调节灯管高度时，开始要低，中途再升高；调节灯管电压则开始要高，随后再降低。这样既可防止试样分解，又能缩短干燥时间。

4.1.5　卡尔·费休法（GB 5009.3—2010）

卡尔·费休（Karl. Fischer）法，简称费休法或滴定法，是碘量法在非水滴定中的一种应用，对于测定水分最为专一，也是测定水分最为准确的化学方法，1977年首次通过为

AOAC 方法。多年来，许多分析工作者曾对此方法进行了较为全面的研究，在反应的化学计量，试剂的稳定性、滴定方法、计量点的指示以及针对各种类型样品的应用和仪器操作的，自动化等方面均有显著的改进，使该方法日趋成熟与完善。

4.1.5.1　原理

根据碘能与水和二氧化硫发生化学反应，在有吡啶和甲醇共存时，1mol 碘只与 1mol 水作用，反应式如下：

$$C_5H_5N \cdot I_2 + C_5H_5N \cdot SO_2 + C_5H_5N + H_2O + CH_3OH \rightarrow 2C_5H_5N \cdot HI + C_5H_6N [SO_4CH_3]$$

卡尔·费休水分测定法又分为库仑法和容量法。库仑法测定的碘是通过化学反应产生的，只要电解液中存在水，所产生的碘就会和水以 1∶1 的关系按照化学反应式进行反应。当所有的水都参与了化学反应，过量的碘就会在电极的阳极区域形成，反应终止。容量法测定的碘是作为滴定剂加入的，滴定剂中碘的浓度是已知的，根据消耗滴定剂的体积，计算消耗碘的量，从而计量出被测物质水的含量。

费休法广泛地应用于各种液体、固体及一些气体样品中微量水分含量的测定，均能得到满意的结果。在很多场合，此法也常被作为痕量水分［低至 ppm（1ppm = 1mg/kg）级］的标准分析方法。在食品分析中，采用适当的预防措施后，此法能用于含水量从 1mg/kg 到接近 100% 的样品的测定，已应用于面粉、砂糖、人造奶油、可可粉、糖蜜、茶叶、乳粉、炼乳及香料等食品中的水分测定，结果的准确度优于直接干燥法，也是测定脂肪和油晶中痕量水分的理想方法。

4.1.5.2　试剂和材料

（1）卡尔·费休试剂。

（2）无水甲醇（CH_4O）：优级纯。

4.1.5.3　仪器和设备

（1）卡尔·费休水分测定仪。

（2）天平：分度值为 0.1mg。

4.1.5.4　分析步骤

（1）卡尔·费休试剂的标定（容量法）

在反应瓶中加一定体积（浸没铂电极）的甲醇，在搅拌下用卡尔·费休试剂滴定至终点。加入 10mg 水（精确至 0.000 1g），滴定至终点并记录卡尔·费休试剂的用量（V）。卡尔·费休试剂的滴定度按式（4 - 3）计算。

$$T = \frac{M}{V} \tag{4-3}$$

式中：T——卡尔·费休试剂的滴定度，mg/mL；

M——水的质量，mg；

V——滴定水消耗的卡尔·费休试剂的用量，mL。

（2）试样前处理

可粉碎的固体试样要尽量粉碎，使之均匀。不易粉碎的试样可切碎。

（3）试样中水分的测定

于反应瓶中加一定体积的甲醇或卡尔·费休测定仪中规定的溶剂浸没铂电极，在搅拌下用卡尔·费休试剂滴定至终点。迅速将易溶于上述溶剂的试样直接加入滴定杯中；对于不易溶解的试样，应采用对滴定杯进行加热或加入已测定水分的其他溶剂，辅助溶解后用卡尔·费休试剂滴定至终点。建议采用库仑法测定试样中的含水量应大于10μg，容量法应大于100μg。对于某些需要较长时间滴定的试样，需要扣除其漂移量。

（4）漂移量的测定

在滴定杯中加入与测定样品一致的溶剂，并滴定至终点，放置不少于10min后再滴定至终点，两次滴定之间的单位时间内的体积变化即为漂移量（D）。

4.1.5.5　分析结果的表述

固体试样及液体试样中水分的含量分别按式（4-4）和式（4-5）进行计算。

$$X = \frac{(V_1 - D \times t) \times T}{M} \times 100 \tag{4-4}$$

$$X = \frac{(V_1 - D \times t) \times T}{V_2 \rho} \times 100 \tag{4-5}$$

式中：X——试样中水分的含量，g/100g；

V_1——滴定样品时卡尔·费休试剂体积，mL；

T——卡尔·费休试剂的滴定度，g/mL；

M——样品质量，g；

V_2——液体样品体积，mL；

D——漂移量，mL/min；

t——滴定时所消耗的时间，min；

ρ——液体样品的密度，g/mL。

水分含量≥1g/100g时，计算结果保留三位有效数字；水分含量<1g/100g时，计算结果保留两位有效数字。

4.1.5.6　精密度

在重复性条件下获得的两次独立测定结果的绝对差值不得超过算术平均值的10%。

4.1.5.7　说明及注意事项

（1）本方法为测定食品中微量水分的方法。如果食品中含有氧化剂、还原剂、碱性氧化物、氢氧化物、碳酸盐、硼酸等，都会与卡尔·费休试剂所含的组分起反应，干扰测定。

（2）固体样品细度以40目为宜。最好用破碎机处理而不用研磨机，以防水分损失，另外粉碎样品时保证其含水量均匀也是获得准确分析结果的关键。

（3）5A分子筛供装入干燥塔或干燥管中干燥氮气或空气使用。

（4）无水甲醇及无水吡啶宜加入无水硫酸钠保存。

（5）试验表明，卡尔·费休法测定糖果样品的水分等于烘箱干燥法测定的水分加上干燥法烘过的样品再用卡尔·费休法测定的残留水分，由此说明卡尔·费休法不仅可测得样品中的自由水，而且可测出其结合水，即此法所得结果能更客观地反映出样品总水分含量。

4.1.6 食品中水分的其他检验方法

除了上述测定食品中水分含量的经典方法外，近年来，食品中水分含量检测出现的许多新方法，它们的特点如下：

(1) 利用红外漫反射光谱技术来测量其水分含量，与其他测量方式相比较，具有分析样品用量少（无损、可重复使用）、分析速度快、样品不受常规化学分析的制样影响、其结果保持直接与客观性、分析结果（光谱）采集信息量广和易于实现在线检测等独特的优点，被广泛的应用于各行各业。

(2) 利用微波干燥法测量水分含量具有以下优点：灵敏度高、速度快、便于动态检测和实时处理控制；测量可以是非介入式的、非物理接触的、无损的，可在线连续测量且在线测量的取样器装料要求低；在传播中的微波有关幅度和相位的信息容易获得，且测量信号可方便地调制在载频信号上进行发射与接收，便于遥测、遥控，也易于联机数字化、可视化；对环境的敏感性较小，可在相对恶劣环境条件下实施检测；微波水分检测的被测参量是多选的，可以用单参数测量，也可以用比对参量方法消除某些影响测量精度的物性参数的作用，从而实现如“与密度不相关”或“与形状不相关”的测量等；完整的微波系统可以用固态器件组成，故检测装置小巧、坚固和可靠；因为是一种深度测量技术，所测结果为总水分而具有代表性，这比之表面测量技术（如红外法）要优越得多。微波水分测量存在的主要问题是零漂和定标问题，另外，一定程度上也受温度、气压、取样位置等外界因素的影响。总之，微波测量技术不仅提供了很好的穿透深度测量（穿透深度取决于材料的电导率、介电常数和导磁率等），而且不受颜色、温度、颗粒大小和盐分污染物质的影响，尤其适合于特殊工艺环境中作在线测量。

(3) 核磁共振技术（NMR）可以无损快速评价食品中的水分。NMR技术与其他测量方法相比较，具有迅速、准确，测定样品时不需要侵入样品内部，对样品不产生污染和破坏；一般不受样品状态、形状和大小的限制；能够实时在线测量，获得样品在时间和空间上的信号信息；通过切层技术，获得样品不同层面的含水量和水分分布；通过脂肪抑制技术，可以同时测定样品中水分和脂肪的含量等优点。目前，NMR技术已经应用到各种原料的水分测定中，包括食品、种子和木头等，NMR技术在研究很多与水分密切相关的性质上都具有特殊的优势，比如玻璃态转化温度的测量、粉状食品的结块分析、面包的老化、蒸煮大米的回生等等。NMR技术作为一种无损、无辐射、安全高效的检测方法在现代食品的研究中有着很好应用前景。

4.2 食品中灰分的检验

食品中除含有大量有机物质外，还含有较丰富的无机成分。食品经高温灼烧，有机成分挥发逸散，而无机成分（主要是无机盐和氧化物）则残留下来，这些残留物（主要是食品中的矿物盐或无机盐类）称为灰分。灰分是标示食品中无机成分总量的一项指标。

存在于食品内的各种元素中，除去碳、氢、氧、氮四种元素主要以有机化合物的形式出现外，其余各种元素不论含量多少，都称矿物质，食品中的矿物质含量通常以灰分的多少来衡量。从数量和组成上看，食品的灰分与食品中原来存在的无机成分并不完全相同。食品在灰化时，某些易挥发元素，如氯、碘、铅等，会挥发散失，磷、硫等也能以含氧酸的形式挥发散失，使这些无机成分减少；另一方面，某些金属氧化物会吸收有机物分解产生的二氧化碳而形成碳酸盐，又使无机成分增多。因此，灰分并不能准确地表示食品中原来的无机成分的总量。通常把食品经高温灼烧后的残留物称为粗灰分。

食品的灰分除总灰分（即粗灰分）外，按其溶解性还可分为水溶性灰分、水不溶性灰分和酸不溶性灰分。其中水溶性灰分反映的是可溶性的钾、钠、钙、镁等的氧化物和盐类的含量。水不溶性灰分反映的是污染的泥沙和铁、铝等氧化物及碱土金属的碱式磷酸盐的含量，酸不溶性灰分反映的是污染的泥沙和食品中原来存在的微量氧化硅的含量。

测定灰分可以判断食品受污染的程度；此外还可以评价食品的加工精度和食品的品质；总灰分含量可说明果胶、明胶等胶质品的胶冻性能；水溶性灰分含量可反映果酱、果冻等制品中果汁的含量。总之，灰分是某些食品重要的质量控制指标，是食品成分全分析的项目之一。

4.2.1 灰分的测定（GB 5009.4—2010）

4.2.1.1 原理

食品经灼烧后所残留的无机物质称为灰分。灰分数值系用灼烧、称重后计算得出。

4.2.1.2 试剂和材料

（1）乙酸镁 [$(CH_3COO)_2Mg \cdot 4H_2O$]：分析纯。

（2）乙酸镁溶液（80g/L）：称取 8.0g 乙酸镁加水溶解并定容至 100mL，混匀。

（3）乙酸镁溶液（240g/L）：称取 24.0g 乙酸镁加水溶解并定容至 100mL，混匀。

4.2.1.3 仪器和设备

（1）马弗炉：温度≥600℃。

（2）天平：分度值为 0.1mg。

（3）石英坩埚或瓷坩埚。

（4）干燥器（内有干燥剂）。

（5）电热板。

（6）水浴锅。

4.2.1.4 分析步骤

（1）坩埚的灼烧

取大小适宜的石英坩埚或瓷坩埚置马弗炉中，在（550 ± 25）℃下灼烧 0.5h，冷却至 200℃左右，取出，放入干燥器中冷却 30min，准确称量。重复灼烧至前后两次称量相差不超过 0.5mg 为恒重。

（2）称样

灰分大于 10g/100g 的试样称取 2g ~ 3g（精确至 0.000 1g）；灰分小于 10g/100g 的试样称取 3g ~ 10g（精确至 0.000 1g）。

（3）测定

① 一般食品

液体和半固体试样应先在沸水浴上蒸干。固体或蒸干后的试样，先在电热板上以小火加热使试样充分炭化至无烟，然后置于马弗炉中，在（550±25）℃灼烧 4h。冷却至 200℃左右，取出，放入干燥器中冷却 30min，称量前如发现灼烧残渣有炭粒时，应向试样中滴入少许水湿润，使结块松散，蒸干水分再次灼烧至无炭粒即表示灰化完全，方可称量。重复灼烧至前后两次称量相差不超过 0.5mg 为恒重。按式（4-6）计算。

② 含磷量较高的豆类及其制品、肉禽制品、蛋制品、水产品、乳及乳制品

a. 称取试样后，加入 1.00mL 乙酸镁溶液（240g/L）或 3.00mL 乙酸镁溶液（80g/L），使试样完全润湿。放置 10min 后，在水浴上将水分蒸干，以下步骤按①自“先在电热板上以小火加热……”起操作。按式（4-7）计算。

b. 吸取 3 份与①相同浓度和体积的乙酸镁溶液，做 3 次试剂空白试验。当 3 次试验结果的标准偏差小于 0.003g 时，取算术平均值作为空白值。若标准偏差超过 0.003g 时，应重新做空白值试验。

4.2.1.5　分析结果的表述

试样中灰分按式（4-6）、式（4-7）计算。

$$X_1 = \frac{m_1 - m_2}{m_3 - m_2} \times 100 \tag{4-6}$$

$$X_2 = \frac{m_1 - m_2 - m_o}{m_3 - m_2} \times 100 \tag{4-7}$$

式中：X_1（测定时未加乙酸镁溶液）——试样中灰分的含量，g/100g；

X_2（测定时加入乙酸镁溶液）——试样中灰分的含量，g/100g；

m_0——氧化镁（乙酸镁灼烧后生成物）的质量，g；

m_1——坩埚和灰分的质量，g；

m_2——坩埚的质量，g；

m_3——坩埚和试样的质量，g。

试样中灰分含量≥10g/100g 时，保留三位有效数字；试样中灰分含量＜10g/100g 时，保留二位有效数字。

4.2.1.6　精密度

在重复性条件下获得的两次独立测定结果的绝对差值不得超过算术平均值的 5%。

4.2.1.7　测定条件的选择

（1）取样量。取样量应根据试样的种类和性状来决定。食品的灰分与其他成分相比，含量较少，例如，谷物及豆类为 1%～4%，蔬菜为 0.5%～2%，水果为 0.5%～1%，鲜鱼、贝为 1%～5%，而精糖只有 0.01%。所以取样时应考虑称量误差，以灼烧后得到的灰分量为 10mg～100mg 来决定取样量。

（2）灰化容器。坩埚是测定灰分常用的灰化容器。其中最常用的是素烧瓷坩埚，它具有耐高温、耐酸、价格低廉等优点；但耐碱性差，灰化碱性食品（如水果、蔬菜、豆类等）时，瓷坩埚内壁的釉层会被部分溶解，造成坩埚吸留现象，多次使用往往难以得到恒量，在这种情况下宜使用新的瓷坩埚，或使用铂坩埚。铂坩埚具有耐高温、耐碱、导热性好、吸湿

性小等优点，但价格昂贵，约为黄金的9倍，故使用时应特别注意其性能和使用规则。个别情况下也可使用蒸发皿。

灰化容器的大小要根据试样的性状来选用，需要前处理的液态样品、加热易膨胀的样品及灰分含量低、取样量较大的样品，需选用稍大些的坩埚，或选用蒸发皿；但灰化容器过大会使称量误差增大。

（3）灰化温度。灰化温度的高低对灰分测定结果影响很大，各种食品中无机成分的组成、性质及含量各不相同，灰化温度也应有所不同。一般鱼类及海产品、酒、谷类及其制品、乳制品（奶油除外）不大于550℃；水果、果蔬及其制品、糖及其制品、肉及肉制品不大于525℃；奶油不大于500℃；个别样品（如谷类饲料）可以达到600℃。灰化温度过高，将引起钾、钠、氯等元素的挥发损失，而且磷酸盐也会熔融，将炭粒包藏起来，使炭粒无法氧化；灰化温度过低，则灰化速度慢、时间长，不易灰化完全。因此，必须根据食品的种类和性状兼顾各方面因素，选择合适的灰化温度，在保证灰化完全的前提下，尽可能减少无机成分的挥发损失和缩短灰化时间。此外，加热的速度也不可太快，以防急剧干馏时灼热物的局部产生大量气体而使微粒飞失——爆燃。

（4）灰化时间。一般不规定灰化时间，以样品灼烧至灰分呈白色或浅灰色，无炭粒存在并达到恒量为止。灰化至达到恒量的时间因试样不同而异，一般需2h～5h。该指出，对有些样品，即使灰分完全，残灰也不一定呈白色或浅灰色，如铁含量高的食品，残灰呈褐色；锰、铜含量高的食品，残灰呈蓝绿色。有时即使灰的表面呈白色，内部仍残留有炭块。所以应根据样品的组成、性状注意观察残灰的颜色，正确判断灰化程度。也有例外，如对谷物饲料和茎秆饲料，则有灰化时间的规定，即在600℃灰化2h。

（5）加速灰化的方法。对于含磷较多的谷物及其制品，磷酸过剩于阳离子，随灰化的进行，磷酸将以磷酸二氢钾、磷酸二氢钠等形式存在，在比较低的温度下会熔融而包住炭粒，难以完全灰化，即使灰化相当长时间也达不到恒量。对这类难灰化的样品，可采用下述方法来加速灰化。

① 改变操作方法，样品经初步灼烧后，取出坩埚，冷却，沿坩埚边缘慢慢加入少量无离子水，使其中的水溶性盐类溶解，被包住的炭粒暴露出来；然后在水浴上蒸干，置于120～130℃烘箱中充分干燥（充分去除水分，以防再灰化时，因加热使残灰飞散，造成损失），再灼烧到恒量。

② 经初步灼烧后，将坩埚取出、放冷，沿容器边缘加入几滴硝酸或双氧水，蒸干后再灼烧至恒量，利用硝酸或双氧水的氧化作用来加速炭粒的灰化。也可以加入10%碳酸铵等疏松剂，在灼烧时分解为气体逸出，使灰分呈松散状态，促进未灰化的炭粒灰化。这些物质经灼烧后完全分解，不增加残灰的质量。

③ 加入乙酸镁、硝酸镁等灰化助剂，这类镁盐随着灰化的进行而分解，与过剩的磷酸结合，残灰不会发生熔融而呈松散状态，避免炭粒被包裹，可大大缩短灰化时间。此法应做空白试验。以校正加入的镁盐灼烧后分解产生氧化镁（MgO）的量。

4.2.1.8　说明

（1）试样经预处理后，在放入高温炉灼烧前要先进行炭化处理，样品炭化时要注意热源强度，防止在灼烧时，因高温引起试样中的水分急剧蒸发，使试样飞溅；防止糖、蛋白质、淀粉等易发泡膨胀的物质在高温下发泡膨胀而溢出坩埚；不经炭化而直接灰化，炭粒易被包住，灰化不完全。

(2) 把坩埚放入马弗炉或从炉中取出时，要放在炉口停留片刻，使坩埚预热或冷却，防止因温度剧变而使坩埚破裂。

(3) 灼烧后的坩埚应冷却到200℃以下再移入干燥器中，否则因热的对流作用，易造成残灰飞散，且冷却速度慢，冷却后干燥器内形成较大真空，盖子不易打开。从干燥器内取出坩埚时，因内部成真空，开盖恢复常压时，应该使空气缓缓流入，以防残灰飞散。

(4) 如液体样品量过多，可分次在同一坩埚中蒸干，在测定蔬菜、水果这一类含水量高的样品时，应预先测定这些样品的水分，再将其干燥物继续加热灼烧，测定其灰分含量。

(5) 灰化后所得残渣可留作Ca、P、Fe等无机成分的分析。

(6) 用过的坩埚经初步洗刷后，可用粗盐酸或废盐酸浸泡10min～20min，再用水冲刷洁净。

(7) 近年来炭化时常采用红外灯。

(8) 加速灰化时，一定要沿坩埚壁加去离子水，不可直接将水洒在残灰上，以防残灰飞扬，造成损失和测定误差。

4.2.2　水不溶性灰分和水溶性灰分的测定

向测定总灰分所得残留物中加入25mL无离子水，加热至沸腾，用无灰滤纸过滤，用25mL热的无离子水分多次洗涤坩埚、滤纸及残渣，将残渣连同滤纸移回原坩埚中，在水浴上蒸干，放入干燥箱中干燥，再进行灼烧、冷却、称重，直至恒量。按式（4－8）和式（4－9）计算水不溶性灰分和水溶性灰分含量。

$$\text{水不溶性灰分}(\%)=\frac{m_4-m_2}{m_3-m_2}\times 100 \qquad (4-8)$$

式中：m_4——坩埚和不溶性灰分的质量，g；

m_2——坩埚的质量，g；

m_3——坩埚和样品的质量，g。

$$\text{水溶性灰分}(\%)=\text{总灰分}(\%)-\text{水不溶性灰分}(\%) \qquad (4-9)$$

4.2.3　酸不溶性灰分的测定

向总灰分或水不溶性灰分中加入25mL 0.1mol/L盐酸，以下操作同水溶性灰分的测定，按式（4－10）计算酸不溶性灰分含量。

$$\text{酸不溶性灰分}(\%)=\frac{m_5-m_2}{m_3-m_2}\times 100 \qquad (4-10)$$

式中：m_5——坩埚和酸不溶性灰分的质量，g；

m_2——坩埚的质量，g；

m_3——坩埚和样品的质量，g。

4.3　食品中脂肪的检验

脂肪是食品中重要的营养成分之一。食物中的脂肪主要来源于油脂、肉类及各种含脂类的食品，食物中的脂肪对人体有许多独特的作用，是其他营养物质所不能替代的。食品中脂肪的作用主要有：①脂肪是人体生命活动的主要能源物质。脂肪是浓缩的能源，在相同重量下它所含的能量比其他营养素高得多，是营养素中热量最高的一种。②增加饱腹感。当食物中脂肪进入十二指肠后，会刺激肠道产生抑胃素，它对消化道运动起抑制作用，同时脂肪在胃内停留时间也较长，消化速度缓慢，这些都有助于抑制饥饿感的发生、增加饱腹感。③提供人体必需脂肪酸。脂肪中不饱和脂肪酸如亚油酸、亚麻酸、花生四烯酸等，在人和动物体内不能合成，必须从食物中摄取。④合成前列腺素的前体。前列腺素的前体——花生四烯酸和其他二十碳不饱和脂肪酸均来自脂肪，它们在细胞内环氧化酶的催化下形成前列腺素。⑤有助于维生素的吸收。脂溶性维生素 A、D、E、K 的吸收需要溶解到脂肪中来进行，如维生素 A 的吸收是在小肠中与脂肪消化产物一起被乳化后才能进行。脂肪吸收不良的病人可表现出维生素缺乏。

各种食品含脂量各不相同，其中植物性或动物性油脂中脂肪含量最高，而水果蔬菜中脂肪含量很低。几种食物 100g 中脂肪含量如下：猪肉（肥）90.3g，核桃 66.6g，花生仁 39.2g，黄豆 20.2g，青菜 0.2g，柠檬 0.9g，苹果 0.2g，香蕉 0.8g，牛乳 3g 以上，全脂炼乳 8g 以上，全脂乳粉 25g ~ 30g。

在食品加工过程中，物料的含脂量对产品的风味、组织结构、品质、外观、口感等都有直接的影响。例如：蔬菜本身的脂肪含量较低，在生产蔬菜罐头时，添加适量的脂肪可以改善产品的风味；脂肪含量特别是卵磷脂等组分，对于面包之类焙烤食品的柔软度、体积及其结构都有影响。因此，对含脂肪食品的含脂量都有一定的规定，是食品质量管理中的一项重要指标。测定食品的脂肪含量，可以用来评价食品的品质，衡量食品的营养价值，而且对实行工艺监督，生产过程的质量管理，研究食品的储藏方式是否恰当等方面都有重要的意义。

食品中脂肪的存在形式有游离态的，如动物性脂肪及植物性油脂；也有结合态的，如天然存在的磷脂、糖脂、脂蛋白及某些加工食品（如焙烤食品及麦乳精等）中的脂肪，与蛋白质或碳水化合物等成分形成结合态。对大多数食品来说，游离态脂肪是主要的，结合态脂肪含量较少。

目前，食品中常用脂肪测定方法有索氏抽提法（Soxhlet Extraction Method）、碱性乙醚提取法（Rose - Gottlieb Method）、氯仿 - 甲醇法、巴布科克改良法以及折光率法和比重法等。这几种脂肪测定方法的比较见表 4 - 1。

表 4 - 1　几种总脂肪测定方法的比较

方法	主要试剂	萃取物组成	优（缺）点
索氏抽提法	无水乙醚或石油醚（沸程 30℃ ~60℃）	主要为游离脂类，还有少量游离脂肪酸、蜡、磷脂、固醇、色素及其他醚溶性物质	操作方便，但提取时间较长，有时需提取 8h ~ 16h 或更长，对于脂肪含量少的植物样品，萃取物大部分为非指物质，只适用于固态样品
碱性乙醚法	浓氨水、无水乙醚、石油醚（沸程 30℃ ~60℃）	绝大部分脂类被抽提出，另有少量可溶性非脂成分（如糖分等）	准确度高，是乳与乳制品中脂肪测定的公认标准分析法，主要适用于能在碱性溶液中溶解，或能形成混悬胶体的样品，如牛乳、奶粉、奶油等
氯仿 - 甲醇法	氯仿、甲醇	游离脂类、结合脂类	试剂温和、适用范围广，对于富含脂蛋白、蛋白质或磷脂等脂类的样品提取率最高

续表

方法	主要试剂	萃取物组成	优（缺）点
巴布科克法	高氯酸、醋酸	游离脂类	操作简单，适用于乳类和肉类的湿法提取
折光率法	α－溴代萘、乙醚、石油醚		主要用于油料、肉类等含油量的测定，简单快速，具有一定的准确性，适用于生产上应用

由表 4－1 可知，氯仿－甲醇法能够较好地萃取出样品中的游离脂类和结合脂类，测定结果接近于样品中真实脂类的含量；碱性乙醚法虽也能提取出结合脂类和游离脂类，但还含有一定量的非脂成分，且样品必须能溶解于碱性溶液中；而其他几种方法只能测定食品中的游离脂类，如索氏抽提法还存在抽提时间长、结合脂类不能抽出和非脂成分较多等缺点。

4.3.1　索氏抽提法（GB/T 5009.6—2003）

4.3.1.1　原理

试样用无水乙醚或石油醚等溶剂抽提后，蒸去溶剂所得的物质，称为粗脂肪。因为除脂肪外，还含色素及挥发油、蜡、树脂等物。抽提法所测得的脂肪为游离脂肪。

4.3.1.2　试剂

（1）无水乙醚或石油醚。

（2）海砂：取用水洗去泥土的海砂或河砂，先用盐酸（1＋1）煮沸 0.5h，用水洗至中性，再用氢氧化钠溶液（240g/L）煮沸 0.5h，用水洗至中性，经（100±5）℃干燥备用。

4.3.1.3　仪器

索氏抽提器。

4.3.1.4　分析步骤

（1）试样处理

① 固体试样：谷物或干燥制品用粉碎机粉碎过 40 目筛；肉用绞肉机绞 2 次；一般用组织捣碎机捣碎后，称取 2g～5g（可取测定水分后的样品），必要时拌以海砂，全部移入滤纸筒中。

② 液体或半固体试样：称取 5g～10g，置于蒸发皿中，加入约 20g 海砂于沸水浴上蒸干后，在（100±5）℃干燥，研细，全部移入滤纸筒中。蒸发皿及附有样品的玻棒，均用沾有乙醚的脱脂棉擦净，并将棉花放入滤纸筒内。

（2）抽提

将滤纸筒放入脂肪抽提器的抽提筒内，连接已干燥至恒量的接收瓶，由抽提器冷凝管上端加入无水乙醚或石油醚至瓶内容积的 2/3 处，于水浴上加热，使乙醚或石油醚不断回流提取（6～8 次/h），一般抽提 6h～12h。

（3）称量

取下接收瓶，回收乙醚或石油醚，待接收瓶内乙醚剩1mL～2mL时在水浴上蒸干，再在(100±5)℃干燥2h，放干燥器内冷却0.5h后称量。重复以上操作直至恒量。

4.3.1.5 结果计算

计算公式见式（4－11）。

$$X=\frac{m_1-m_0}{m_2}\times100 \tag{4-11}$$

式中：X——试样中粗脂肪的含量，g/100g；

m_1——接收瓶和粗脂肪的质量，g；

m_0——接收瓶的质量，g；

m_2——试样的质量（如是测定水分后的试样，则按测定水分前的质量计），g。

计算结果精确至小数点后一位。

4.3.1.6 精密度

在重复性条件下获得的两次独立测定结果的绝对差值不得超过算术平均值的10%。

4.3.1.7 注意事项及说明

（1）样品必须干燥无水，并且要研细，样品含水分会影响有机溶剂的提取效果，而且有机溶剂会吸收样品中的水分造成非脂成分溶出。装样品的滤纸筒一定要严密，不能往外漏样品，但也不要包得太紧，以影响溶剂渗透。样品放入滤纸筒时高度不要超过回流弯管，否则超过弯管的样品中的脂肪不能提尽，造成误差。

（2）对含糖量及糊精多的样品，要先以冷水使糖及糊精溶解，经过滤除去，将残渣连同滤纸一起烘干，再一起放入抽提管中。

（3）测定脂类大多采用低沸点的有机溶剂萃取的方法。常用的溶剂乙醚和石油醚的沸点较低，易燃，在操作时，应注意防火。切忌直接用明火加热，应该用电热套、电水浴等加热。使用烘箱干燥前应去除全部残余的乙醚，因乙醚稍有残留，放入烘箱时，有发生爆炸的危险。

（4）用溶剂提取食品中的脂类时，要根据食品种类、性状及所选取的分析方法，在测定之前对样品进行预处理时需将样品粉碎、切碎、碾磨等；有时需将样品烘干，易结块样品可加入4～6倍量的海砂；有的样品含水量较高，可加入适量的无水硫酸钠，使样品成粒状以上处理的目的都是为了增加样品的表面积，减小样品含水量，使有机溶剂更有效地提取脂类。

（5）通常乙醚可含约2%的水，但抽提用的乙醚要求无水，同时不含醇类和过氧化物，并要求其中挥发残渣含量低。因水和醇可导致水溶性物质溶解，如水溶性盐类、糖类等，使得测定结果偏高。过氧化物会导致脂肪氧化，在烘干时也有引起爆炸的危险。石油醚溶解脂肪的能力比乙醚弱些，但吸收水分比乙醚少，没有乙醚易燃，使用时允许样品含有微量水分，这两种溶液只能直接提取游离的脂肪，对于结合态脂类，必须预先用酸或碱破坏脂类和非脂成分的结合后才能提取。因二者各有特点，故常常混合使用。对于水产品、家禽、蛋制品等食品脂肪的提取，可采用对脂蛋白和磷脂有较高提取效率的氯仿－甲醇提取剂。

(6) 过氧化物的检查方法：取 6mL 乙醚，加 2mL 10% 碘化钾溶液，用力振摇，放置 1min 后，若出现黄色，则证明有过氧化物存在，应另选乙醚或处理后再用。

(7) 在抽提时，冷凝管上端最好连接一个氯化钙干燥管，这样，可防止空气中水分进入，也可避免乙醚挥发在空气中，如无此装置可塞一团干燥的脱脂棉球。

(8) 抽提是否完全，可凭经验，也可用滤纸或毛玻璃检查，由抽提管下口滴下的乙醚滴在滤纸或毛玻璃上，挥发后不留下油迹表明已抽提完全，若留下油迹说明抽提不完全。

(9) 反复加热会因脂类氧化而增重。质量增加时，以增重前的质量作为恒量。

4.3.2　酸水解法（GB/T 5009.6—2003）

4.3.2.1　原理

试样经酸水解后用乙醚提取，除去溶剂即得总脂肪含量。酸水解法测得的为游离及结合脂肪的总量。

4.3.2.2　试剂

(1) 盐酸。
(2) 95% 乙醇。
(3) 乙醚。
(4) 石油醚（30℃ ~60℃沸程）。

4.3.2.3　仪器

100mL 具塞刻度量筒。

4.3.2.4　分析步骤

(1) 试样处理

① 固体样品：称取约 2g，按 4.3.1.4 中①制备的试样置于 50mL 大试管内，加 8mL 水，混匀后再加 10mL 盐酸。

② 液体样品：称取 10g，置于 50mL 大试管内，加 10mL 盐酸。

(2) 将试管放入 70℃ ~80℃水浴中，每 5min ~10min 以玻璃棒搅拌一次，至试样消化完全为止，约需 40min ~50min。

(3) 取出试管，加入 10mL 乙醇，混合；冷却后将混合物移入 100mL 具塞量筒中，以 25mL 乙醚分次洗试管，一并倒入量筒中，待乙醚全部倒入量筒后，加塞振摇 1min，小心开塞，放出气体，再塞好，静置 12min，小心开塞，用石油醚 - 乙醚等量混合液冲洗塞及筒口附着的脂肪。静置 10min ~20min，待上部液体清晰，吸出上清液于已恒量的锥形瓶内，再加 5mL 乙醚于具塞量筒内，振摇，静置后，仍将上层乙醚吸出，放入原锥形瓶内。将锥形瓶置水浴上蒸干，置（100 ±5）℃烘箱中干燥 2h，取出放干燥器内冷却 30min 后称量。重复以上操作至恒量。

4.3.2.5　结果计算

计算公式见式（4 -11）。

4.3.2.6 精密度

在重复性条件下获得的两次独立测定结果的绝对差值不得超过算术平均值的10%。

4.3.2.7 说明与讨论

（1）测定的样品须充分磨细，液体样品需充分混合均匀，以便消化完全至无块状炭粒，否则结合性脂肪不能完全游离，致使结果偏低，同时用有机溶剂提取时也易乳化。

（2）水解时应防止大量水分损失，使酸浓度升高。

（3）水解后加入乙醇可使蛋白质沉淀，降低表面张力，促进脂肪球聚合，同时溶解一些碳水化合物、有机酸等。后面用乙醚提取脂肪时，因乙醇可溶于乙醚，故需加入石油醚，降低乙醇在醚中的溶解度，使乙醇溶解物残留在水层，并使分层清晰。

（4）挥干溶剂后，残留物中若有黑色焦油状杂质，是分解物与水一同混入所致，会使测定值增大，造成误差，可用等量的乙醚及石油醚溶解后过滤，再次进行挥干溶剂的操作。

4.4 食品中碳水化合物的检验

碳水化合物又称糖类物质，由碳、氢、氧3种元素组成，是多羟基醛或多羟基酮及其衍生物和缩合物的总称。它提供人体生命活动所需热能的60%～70%，同时，它也是构成机体的一种重要物质，并参与细胞的许多生命过程。

碳水化合物是食品工业的主要原料和辅助材料，是大多数食品的主要成分之一。在不同食品中，碳水化合物的存在形式和含量各不相同，它包括单糖、低聚糖和多糖。单糖是糖的最基本组成单位，食品中的单糖主要有葡萄糖、果糖和半乳糖等，它们都是含有6个碳原子的多羟基醛或多羟基酮，分别称为己醛糖（葡萄糖、半乳糖）和己酮糖（果糖），此外还有核糖、阿拉伯糖、木糖等戊醛糖。低聚糖又称寡糖，是2～10个分子的单糖失水缩合而成的糖，根据水解后生成单糖分子的数目，又可分为二（双）糖、三糖、四糖等，最常用的双糖有蔗糖、乳糖和麦芽糖等。其中蔗糖由一分子葡萄糖和一分子果糖缩合而成，普遍存在于具有光合作用的植物中，是食品工业中最重要的甜味物。乳糖由一分子葡萄糖和一分子半乳糖缩合而成，存在于哺乳动物的乳汁中。麦芽糖由二分子葡萄糖缩合而成，游离的麦芽糖在自然界并不存在，通常由淀粉水解产生。由很多单糖缩合而成的高分子化合物，称为多糖，如淀粉、纤维素、果胶等。淀粉广泛存在于谷类、豆类及薯类中；纤维素集中于谷类的谷糠和果蔬的表皮中；果胶存在于各类植物的果实中。

碳水化合物在食品加工艺中起着十分重要的作用，主要有以下几方面：通过增加渗透压来延长食品的保质期；作为酵母发酵的碳源，改善加工过程和提高食品的风味和品质；最大限度地保留食品中的挥发性物质，提高食品的风味，特别是对于香味易损失的食品具有十分重要的意义；有些糖类物质如β－环糊精对不良风味有抑制作用，利用这种性质可以改善食品的风味，使食品更加可口；参与食品的非酶褐变如美拉德反应和焦糖化反应，这些反应可以产生风味物质和呈色物质；作为增稠剂、稳定剂广泛应用于食品加工；用作食品加工的填充剂以提高食品的加工性能或降低生产成本；提高食品的持水能力，防止淀粉老化；降低食品冰点，使食品质地柔软、细腻可口；能抑制蛋白质在干燥中的变性等等。

食品中糖类含量也标志着它的营养价值的高低，是某些食品的主要质量指标。因此，分析检测食品中碳水化合物的含量，在食品工业中具有十分重要的意义。糖类的测定历来是食品的主要分析项目之一。

4.4.1　可溶性糖类的提取和澄清

食品中的可溶性糖通常是指葡萄糖、果糖等游离单糖及蔗糖等低聚糖。测定可溶性糖时，一般须选择适当的溶剂提取样品，并对提取液进行纯化，排除干扰物质，然后才能测定。

4.4.1.1　制备提取液

从样品中提取可溶性糖类常用水和乙醇溶液作提取剂。用水作提取剂时，由于有蛋白质、氨基酸、多糖、色素等的干扰，影响过滤时间，应注意以下几点：首先，避免温度过高使可溶性淀粉及糊精提取出来。其次，对于酸性样品，可使糖水解（转化），应用碳酸钙中和，并控制在中性。再次，当萃取的液体有酶活时，会使糖水解，加氯化汞可防止（氯化汞可抑制酶活性）。乙醇（水溶液）做提取液适用于含酶多的样品，可避免糖被水解。一般制备提取液的方法要根据样品的性状而定，通常可遵循以下原则。

（1）含脂肪的食品，如乳酪、巧克力、奶油制品等，通常先脱脂后再以水进行提取。一般用石油醚或乙醚处理后，倾去石油醚层（如分层不好，可以进行离心分离），然后用水提取。

（2）含大量淀粉和糊精的食品，如粮食、谷物制品、方便面、某些蔬菜等，通常先使用 70% ~75% 的乙醇溶液处理。如直接用水提取，会使样品中部分淀粉和糊精溶出或吸水膨胀，影响分析测定，同时过滤也困难。若样品含水量较高，混合后乙醇的最终浓度应控制在上述范围内。提取时，可加热回流，然后冷却并离心，倾出上清液，如此提取 2 ~3 次，合并提取液，蒸发除去乙醇。

在 70% ~75% 的乙醇溶液中，蛋白质不会溶解出来，因此，用乙醇溶液做提取剂时，提取液不用除蛋白质。

（3）含乙醇和二氧化碳的液体样品，通常加热蒸发至原体积的 1/3 ~1/4，除去其中的乙醇和二氧化碳。若样品为酸性食品，在加热前应预先用氢氧化钠调 pH 至中性，以防止低聚糖在酸性条件下被部分水解。

（4）提取固体样品时，可加热以提高提取效果。加热温度一般控制在 40℃ ~50℃，一般不超过 80℃，温度过高时可溶性多糖会随之溶出，增加下步澄清工作的负担。用乙醇做提取剂，加热时应安装回流装置。

（5）水果及其制品的提取液应控制在中性，避免水果中含有的有机酸使蔗糖等低聚糖在酸性条件下加热会发生水解。

（6）为避免糖类被酶水解的现象发生，可加入氯化汞。

4.4.1.2　提取液的澄清

通过上述方法得到的提取液，除含有单糖和低聚糖等可溶性糖类外，还不同程度地含有一些影响分析检测的杂质，如色素、蛋白质、可溶性果胶、可溶性淀粉、有机酸、氨基酸、单宁等，这些杂质的存在一方面会使提取液带有颜色，或呈现浑浊，影响测定终点的观察；

也可能会在测定过程中与被测成分或分析试剂发生化学反应，影响分析结果的准确性。另外，胶态杂质的存在还会给过滤操作带来困难，因此必须把这些干扰物质除去。常用的方法是加入澄清剂沉淀这些干扰物质。

（1）澄清剂的要求

澄清剂的作用是沉淀一些干扰物质，因此必须符合以下要求。

① 能完全除去干扰物质。

② 不吸附或沉淀被测糖分，也不改变被测糖分的理化性质（如比旋光度等）。

③ 沉淀颗粒要小，操作简便。

④ 过剩的澄清剂应不干扰后面的分析操作，或易于除掉。

（2）常用的澄清剂

澄清剂的种类很多，在糖类分析中较常用的有以下 3 种。

① 中性乙酸铅［$Pb(CH_3COO)_2 \cdot 3H_2O$］。这是食品分析中最常用的一种澄清剂。铅离子能与很多离子结合，生成难溶解的沉淀物，它能除去蛋白质、果胶、有机酸、单宁等杂质，同时还能吸附除去部分胶体杂质。它的作用较可靠，不会沉淀样品溶液中的还原糖，在室温下也不会形成可溶性的铅糖化合物，因而适用于测定还原糖样品溶液的澄清。但它的脱色能力较差，不能用于深色糖液的澄清，它适用于植物性样品、浅色的糖及糖浆制品、果蔬制品、烘烤制品等。

② 乙酸锌溶液［$Zn(CH_3COO)_2 \cdot 2H_2O$］和亚铁氰化钾溶液。它是利用乙酸锌与亚铁氰化钾反应生成的亚铁氰酸锌沉淀除去干扰物质。这种澄清剂除蛋白质能力强，但脱色能力差，适用于色泽较浅，蛋白质含量较高的样液的澄清，如乳制品、豆制品等。

③ 硫酸铜和氢氧化钠溶液。一般用 10mL 的硫酸铜溶液（69.28g $Cu_2SO_4 \cdot 5H_2O$ 溶于 1L 水中）和 4mL 的 1mol/L 氢氧化钠溶液组成的混合液进行澄清，在碱性条件下，铜离子可使蛋白质沉淀，适合于富含蛋白质的样品的澄清。

此外，碱性乙酸铅、氢氧化铝和活性炭还可作为澄清剂。但碱性乙酸铅与杂质作用生成的沉淀体积过大，又可带走还原糖（特别是果糖），且过量的碱性乙酸铅可因其碱度及铅糖的形成而改变糖类的旋光度；氢氧化铝溶液只能除去胶态杂质，澄清效果差；活性炭的吸附能力较强，能吸附糖类造成损失。这些缺点限制了它们在糖类分析上的应用。

澄清剂性能各不相同，使用时应根据样品种类、干扰成分的种类及含量进行适当的选择，同时还必须考虑到所采用的分析方法。如用直接滴定法测定还原糖时不能用硫酸铜－氢氧化钠溶液澄清样品，以免样品溶液中引入 Cu^{2+}；用高锰酸钾滴定法测定还原糖时，不能用乙酸锌－亚铁氰化钾溶液澄清样品溶液，以免样品溶液中引入 Fe^{2+}。

（3）澄清剂的用量

使用澄清剂时，用量太少达不到澄清的目的，用量太多会使分析结果产生误差。另外，不同的样品溶液因干扰物质的种类和含量不同，所需加入澄清剂的量也不同。如用乙酸锌－亚铁氰化钾溶液做澄清剂时，用量一般是 50mL～75mL 样品溶液加入乙酸锌溶液（219g/L）和亚铁氰化钾溶液（10.6%）各 5mL；用硫酸铜－氢氧化钠溶液作为澄清剂时，一般在 50mL～75mL 样品溶液中加入 10mL 硫酸铜溶液（69.28g/L）和 4mL 氢氧化钠溶液(1mol/L)。

4.4.2　还原糖的测定

还原糖是指具有还原性的糖类。在糖类中，葡萄糖、果糖、乳糖和麦芽糖都是还原糖。

其他双糖（如蔗糖）、三糖乃至多糖（如糊精、淀粉等），其本身不具还原性，属于非还原性糖，但都可以通过水解而生成相应的还原性单糖，测定水解液的还原糖含量就可以求得样品中相应糖类的含量。因此，还原糖的测定是一般糖类定量的基础。

4.4.2.1　高锰酸钾滴定法（GB/T 5009.7—2008）

4.4.2.1.1　原理

试样经除去蛋白质后，其中还原糖把铜盐还原为氧化亚铜，加硫酸铁后，氧化亚铜被氧化为铜盐，以高锰酸钾溶液滴定氧化作用后生成的亚铁盐，根据高锰酸钾消耗量，计算氧化亚铜含量，再查表得还原糖量。

4.4.2.1.2　试剂

除非另有规定，本方法中所用试剂均为分析纯

（1）硫酸铜（$CuSO_4 \cdot 5H_2O$）。

（2）氢氧化钠（NaOH）。

（3）酒石酸钾钠（$C_4H_4O_6KNa \cdot 4H_2O$）。

（4）硫酸铁［$Fe_2(SO_4)_3$］。

（5）盐酸（HCl）。

（6）碱性酒石酸铜甲液：称取34.639g硫酸铜（$CuSO_4 \cdot 5H_2O$），加适量水溶解，加0.5mL硫酸，再加水稀释至500mL，用精制石棉过滤。

（7）碱性酒石酸铜乙液：称取173g酒石酸钾钠与50g氢氧化钠，加适量水溶解，并稀释至500mL，用精制石棉过滤，贮存于橡胶塞玻璃瓶内。

（8）氢氧化钠溶液（40g/L）：称取4g氢氧化钠，加水溶解并稀释至100mL。

（9）硫酸铁溶液（50g/L）：称取50g硫酸铁，加入200mL水溶解后，慢慢加入100mL硫酸，冷后加水稀释至1 000mL。

（10）盐酸（3mol/L）：量取30mL盐酸，加水稀释至120mL。

（11）高锰酸钾标准溶液［$c(1/5KMnO_4)=0.100\ 0mol/L$］。

（12）精制石棉：取石棉先用盐酸（3mol/L）浸泡2～3天，用水洗净，再加氢氧化钠液体（400g/L）浸泡2～3天，倾去溶液，再用热碱性酒石酸铜乙液浸泡数小时，用水洗净。再以盐酸（3mol/L）浸泡数小时，以水洗至不呈酸性。然后加水振摇，使成细微的浆状软纤维，用水浸泡并贮存于玻璃瓶中，即可作填充古氏坩埚用。

4.4.2.1.3　仪器

（1）25mL古氏坩埚或G_4垂融坩埚。

（2）真空泵。

4.4.2.1.4　分析步骤

（1）试样处理

① 一般食品：称取粉碎后的固体试样约2.5g～5g或混匀后的液体试样25g～50g，精确至0.001g，置250mL容量瓶中，加水50mL，摇匀后加10mL碱性酒石酸铜甲液及4mL氢氧化钠溶液（40g/L），加水至刻度，混匀。静置30min，用干燥滤纸过滤，弃去初滤液，取续滤液备用。

② 酒精性饮料：称取约100g混匀后的试样，精确至0.01g，置于蒸发皿中，用氢氧化钠溶液（40g/L）中和至中性，在水浴上蒸发至原体积的1/4后，移入250mL容量

瓶中。加 50mL 水，混匀。以下按①自“加 10mL 碱性酒石酸铜甲液……”起依法操作。

③ 含大量淀粉的食品：称取 10g～20g 粉碎或混匀后的试样，精确至 0.001g，置 250mL 容量瓶中，加 200mL 水，在 45℃水浴中加热 1h，并时时振摇。冷后加水至刻度，混匀，静置。吸取 200mL 上清液置另一 250mL 容量瓶中，以下按①自“加 10mL 碱性酒石酸铜甲液……”起依法操作。

④ 碳酸类饮料：称取约 100g 混匀后的试样，精确至 0.01g，试样置于蒸发皿中，在水浴上除去二氧化碳后，移入 250mL 容量瓶中，并用水洗涤蒸发皿，洗液并入容量瓶中，再加水至刻度，混匀后，备用。

（2）测定

吸取 50mL 处理后的试样溶液，于 400mL 烧杯内，加入 25mL 碱性酒石酸铜甲液及 25mL 乙液，于烧杯上盖一表面皿，加热，控制在 4min 内沸腾，再准确煮沸 2min，趁热用铺好石棉的古氏坩埚或 G_4 垂融坩埚抽滤，并用 60℃热水洗涤烧杯及沉淀，至洗液不呈碱性为止。将古氏坩埚或垂融坩埚放回原 400mL 烧杯中，加 25mL 硫酸铁溶液及 25mL 水，用玻棒搅拌使氧化亚铜完全溶解，以高锰酸钾标准溶液［$c(1/5KMnO_4) = 0.1000mol/L$］滴定至微红色为终点。

同时吸取 50mL 水，加入与测定试样时相同量的碱性酒石酸铜甲液、乙液、硫酸铁溶液及水，按同一方法做空白试验。

4.4.2.1.5　结果计算

试样中还原糖质量相当于氧化亚铜的质量，按式（4－12）进行计算。

$$X = (V - V_0) \times c \times 71.54 \qquad (4-12)$$

式中：X——试样中还原糖质量相当于氧化亚铜的质量，mg；

V——测定用试样液消耗高锰酸钾标准溶液的体积，mL；

V_0——试剂空白消耗高锰酸钾标准溶液的体积，mL；

c——高锰酸钾标准溶液的实际浓度，mol/L；

71.54——1mL 1mol/L 高锰酸钾溶液相当于氧化亚铜的质量，mg。

根据式中计算所得氧化亚铜质量，查表 4－2，再计算试样中还原糖含量，按式（4－13）进行计算。

$$X = \frac{m_3}{m_4 \times V/250 \times 1000} \times 100 \qquad (4-13)$$

式中：X——试样中还原糖的含量，g/100g；

m_3——查表得还原糖质量，mg；

m_4——试样质量（体积），g 或 mL；

V——测定用试样溶液的体积，mL；

250——试样处理后的总体积，mL。

还原糖含量≥10g/100g 时计算结果保留三位有效数字；还原糖含量＜10g/100g 时，计算结果保留二位有效数字。

表4-2　相当于氧化亚铜质量的葡萄糖、果糖、乳糖、转化糖质量　单位：mg

氧化亚铜	葡萄糖	果糖	乳糖（含水）	转化糖	氧化亚铜	葡萄糖	果糖	乳糖（含水）	转化糖
11.3	4.6	5.1	7.7	5.2	47.3	20.1	22.2	32.2	21.4
12.4	5.1	5.6	8.5	5.7	48.4	20.6	22.8	32.9	21.9
13.5	5.6	6.1	9.3	6.2	49.5	21.1	23.3	33.7	22.4
14.6	6.0	6.7	10.0	6.7	50.7	21.6	23.8	34.5	22.9
15.8	6.5	7.2	10.8	7.2	51.8	22.1	24.4	35.2	23.5
16.9	7.0	7.7	11.5	7.7	52.9	22.6	24.9	36.0	24.0
18.0	7.5	8.3	12.3	8.2	54.0	23.1	25.4	36.8	24.5
19.1	8.0	8.8	13.1	8.7	55.2	23.6	26.0	37.5	25.0
20.3	8.5	9.3	13.8	9.2	56.3	24.1	26.5	38.3	25.5
21.4	8.9	9.9	14.6	9.7	57.4	24.6	27.1	39.1	26.0
22.5	9.4	10.4	15.4	10.2	58.5	25.1	27.6	39.8	26.5
23.6	9.9	10.9	16.1	10.7	59.7	25.6	28.2	40.6	27.0
24.8	10.4	11.5	16.9	11.2	60.8	26.1	28.7	41.4	27.6
25.9	10.9	12.0	17.7	11.7	61.9	26.5	29.2	42.1	28.1
27.0	11.4	12.5	18.4	12.3	63.0	27.0	29.8	42.9	28.6
28.1	11.9	13.1	19.2	12.8	64.2	27.5	30.3	43.7	29.1
29.3	12.3	13.6	19.9	13.3	65.3	28.0	30.9	44.4	29.6
30.4	12.8	14.2	20.7	13.8	66.4	28.5	31.4	45.2	30.1
31.5	13.3	14.7	21.5	14.3	67.6	29.0	31.9	46.0	30.6
32.6	13.8	15.2	22.2	14.8	68.7	29.5	32.5	46.7	31.2
33.8	14.3	15.8	23.0	15.3	69.8	30.0	33.0	47.5	31.7
34.9	14.8	16.3	23.8	15.8	70.9	30.5	33.6	48.3	32.2
36.0	15.3	16.8	24.5	16.3	72.1	31.0	34.1	49.0	32.7
37.2	15.7	17.4	25.3	16.8	73.2	31.5	34.7	49.8	33.2
38.3	16.2	17.9	26.1	17.3	74.3	32.0	35.2	50.6	33.7
39.4	16.7	18.4	26.8	17.8	75.4	32.5	35.8	51.3	34.3
40.5	17.2	19.0	27.6	18.3	76.6	33.0	36.3	52.1	34.8
41.7	17.7	19.5	28.4	18.9	77.7	33.5	36.8	52.9	35.3
42.8	18.2	20.1	29.1	19.4	78.8	34.0	37.4	53.6	35.8
43.9	18.7	20.6	29.9	19.9	79.9	34.5	37.9	54.4	36.3
45.0	19.2	21.1	30.6	20.4	81.1	35.0	38.5	55.2	36.8
46.2	19.7	21.7	31.4	20.9	82.2	35.5	39.0	55.9	37.4

续表

氧化亚铜	葡萄糖	果糖	乳糖（含水）	转化糖	氧化亚铜	葡萄糖	果糖	乳糖（含水）	转化糖
83.3	36.0	39.6	56.7	37.9	119.3	52.1	57.1	81.3	54.6
84.4	36.5	40.1	57.5	38.4	120.5	52.6	57.7	82.1	55.2
85.6	37.0	40.7	58.2	38.9	121.6	53.1	58.2	82.8	55.7
86.7	37.5	41.2	59.0	39.4	122.7	53.6	58.8	83.6	56.2
87.8	38.0	41.7	59.8	40.0	123.8	54.1	59.3	84.4	56.7
88.9	38.5	42.3	60.5	40.5	125.0	54.6	59.9	85.1	57.3
90.1	39.0	42.8	61.3	41.0	126.1	55.1	60.4	85.9	57.8
91.2	39.5	43.4	62.1	41.5	127.2	55.6	61.0	86.7	58.3
92.3	40.0	43.9	62.8	42.0	128.3	56.1	61.6	87.4	58.9
93.4	40.5	44.5	63.6	42.6	129.5	56.7	62.1	88.2	59.4
94.6	41.0	45.0	64.4	43.1	130.6	57.2	62.7	89.0	59.9
95.7	41.5	45.6	65.1	43.6	131.7	57.7	63.2	89.8	60.4
96.8	42.0	46.1	65.9	44.1	132.8	58.2	63.8	90.5	61.0
97.9	42.5	46.7	66.7	44.7	134.0	58.7	64.3	91.3	61.5
99.1	43.0	47.2	67.4	45.2	135.1	59.2	64.9	92.1	62.0
100.2	43.5	47.8	68.2	45.7	136.2	59.7	65.4	92.8	62.6
101.3	44.0	48.3	69.0	46.2	137.4	60.2	66.0	93.6	63.1
102.5	44.5	48.9	69.7	46.7	138.5	60.7	66.5	94.4	63.6
103.6	45.0	49.4	70.5	47.3	139.6	61.3	67.1	95.2	64.2
104.7	45.5	50.0	71.3	47.8	140.7	61.8	67.7	95.9	64.7
105.8	46.0	50.5	72.1	48.3	141.9	62.3	68.2	96.7	65.2
107.0	46.5	51.1	72.8	48.8	143.0	62.8	68.8	97.5	65.8
108.1	47.0	51.6	73.6	49.4	144.1	63.3	69.3	98.2	66.3
109.2	47.5	52.2	74.4	49.9	145.2	63.8	69.9	99.0	66.8
110.3	48.0	52.7	75.1	50.4	146.4	64.3	70.4	99.8	67.4
111.5	48.5	53.3	75.9	50.9	147.5	64.9	71.0	100.6	67.9
112.6	49.0	53.8	76.7	51.5	148.6	65.4	71.6	101.3	68.4
113.7	49.5	54.4	77.4	52.0	149.7	65.9	72.1	102.1	69.0
114.8	50.0	54.9	78.2	52.5	150.9	66.4	72.7	102.9	69.5
116.0	50.6	55.5	79.0	53.0	152.0	66.9	73.2	103.6	70.0
117.1	51.1	56.0	79.7	53.6	153.1	67.4	73.8	104.4	70.6
118.2	51.6	56.6	80.5	54.1	154.2	68.0	74.3	105.2	71.1

续表

氧化亚铜	葡萄糖	果糖	乳糖（含水）	转化糖	氧化亚铜	葡萄糖	果糖	乳糖（含水）	转化糖
155.4	68.5	74.9	106.0	71.6	191.4	85.2	92.9	130.7	88.9
156.5	69.0	75.5	106.7	72.2	192.5	85.7	93.5	131.5	89.5
157.6	69.5	76.0	107.5	72.7	193.6	86.2	94.0	132.2	90.0
158.7	70.0	76.6	108.3	73.2	194.8	86.7	94.6	133.0	90.6
159.9	70.5	77.1	109.0	73.8	195.9	87.3	95.2	133.8	91.1
161.0	71.1	77.7	109.8	74.3	197.0	87.8	95.7	134.6	91.7
162.1	71.6	78.3	110.6	74.9	198.1	88.3	96.3	135.3	92.2
163.2	72.1	78.8	111.4	75.4	199.3	88.9	96.9	136.1	92.8
164.4	72.6	79.4	112.1	75.9	200.4	89.4	97.4	136.9	93.3
165.5	73.1	80.0	112.9	76.5	201.5	89.9	98.0	137.7	93.8
166.6	73.7	80.5	113.7	77.0	202.7	90.4	98.6	138.4	94.4
167.8	74.2	81.1	114.4	77.6	203.8	91.0	99.2	139.2	94.9
168.9	74.7	81.6	115.2	78.1	204.9	91.5	99.7	140.0	95.5
170.0	75.2	82.2	116.0	78.6	206.0	92.0	100.3	140.8	96.0
171.1	75.7	82.8	116.8	79.2	207.2	92.6	100.9	141.5	96.6
172.3	76.3	83.3	117.5	79.7	208.3	93.1	101.4	142.3	97.1
173.4	76.8	83.9	118.3	80.3	209.4	93.6	102.0	143.1	97.7
174.5	77.3	84.4	119.1	80.8	210.5	94.2	102.6	143.9	98.2
175.6	77.8	85.0	119.9	81.3	211.7	94.7	103.1	144.6	98.8
176.8	78.3	85.6	120.6	81.9	212.8	95.2	103.7	145.4	99.3
177.9	78.9	86.1	121.4	82.4	213.9	95.7	104.3	146.2	99.9
179.0	79.4	86.7	122.2	83.0	215.0	96.3	104.8	147.0	100.4
180.1	79.9	87.3	122.9	83.5	216.2	96.8	105.4	147.7	101.0
181.3	80.4	87.8	123.7	84.0	217.3	97.3	106.0	148.5	101.5
182.4	81.0	88.4	124.5	84.6	218.4	97.9	106.6	149.3	102.1
183.5	81.5	89.0	125.3	85.1	219.5	98.4	107.1	150.1	102.6
184.5	82.0	89.5	126.0	85.7	220.7	98.9	107.7	150.8	103.2
185.8	82.5	90.1	126.8	86.2	221.8	99.5	108.3	151.6	103.7
186.9	83.1	90.6	127.6	86.8	222.9	100.0	108.8	152.4	104.3
188.0	83.6	91.2	128.4	87.3	224.0	100.5	109.4	153.2	104.8
189.1	84.1	91.8	129.1	87.8	225.2	101.1	110.0	153.9	105.4
190.3	84.6	92.3	129.9	88.4	226.3	101.6	110.6	154.7	106.0

续表

氧化亚铜	葡萄糖	果糖	乳糖（含水）	转化糖	氧化亚铜	葡萄糖	果糖	乳糖（含水）	转化糖
227.4	102.2	111.1	155.5	106.5	263.4	119.5	129.6	180.4	124.4
228.5	102.7	111.7	156.3	107.1	264.6	120.0	130.2	181.2	124.9
229.7	103.2	112.3	157.0	107.6	265.7	120.6	130.8	181.9	125.5
230.8	103.8	112.9	157.8	108.2	266.8	121.1	131.3	182.7	126.1
231.9	104.3	113.4	158.6	108.7	268.0	121.7	131.9	183.5	126.6
233.1	104.8	114.0	159.4	109.3	269.1	122.2	132.5	184.3	127.2
234.2	105.4	114.6	160.2	109.8	270.2	122.7	133.1	185.1	127.8
235.3	105.9	115.2	160.9	110.4	271.3	123.3	133.7	185.8	128.3
236.4	106.5	115.7	161.7	110.9	272.5	123.8	134.2	186.6	128.9
237.6	107.0	116.3	162.5	111.5	273.6	124.4	134.8	187.4	129.5
238.7	107.5	116.9	163.3	112.1	274.7	124.9	135.4	188.2	130.0
239.8	108.1	117.5	164.0	112.6	275.8	125.5	136.0	189.0	130.6
240.9	108.6	118.0	164.8	113.2	277.0	126.0	136.6	189.7	131.2
242.1	109.2	118.6	165.6	113.7	278.1	126.6	137.2	190.5	131.7
243.1	109.7	119.2	166.4	114.3	279.2	127.1	137.7	191.3	132.3
244.3	110.2	119.8	167.1	114.9	280.3	127.7	138.3	192.1	132.9
245.4	110.8	120.3	167.9	115.4	281.5	128.2	138.9	192.9	133.4
246.6	111.3	120.9	168.7	116.0	282.6	128.8	139.5	193.6	134.0
247.7	111.9	121.5	169.5	116.5	283.7	129.3	140.1	194.4	134.6
248.8	112.4	122.1	170.3	117.1	284.8	129.9	140.7	195.2	135.1
249.9	112.9	122.6	171.0	117.6	286.0	130.4	141.3	196.0	135.7
251.1	113.5	123.2	171.8	118.2	287.1	131.0	141.8	196.8	136.3
252.2	114.0	123.8	172.6	118.8	288.2	131.6	142.4	197.5	136.8
253.3	114.6	124.4	173.4	119.3	289.3	132.1	143.0	198.3	137.4
254.4	115.1	125.0	174.2	119.9	290.5	132.7	143.6	199.1	138.0
255.6	115.7	125.5	174.9	120.4	291.6	133.2	144.2	199.9	138.6
256.7	116.2	126.1	175.7	121.0	292.7	133.8	144.8	200.7	139.1
257.8	116.7	126.7	176.5	121.6	293.8	134.3	145.4	201.4	139.7
258.9	117.3	127.3	177.3	122.1	295.0	134.9	145.9	202.2	140.3
260.1	117.8	127.9	178.1	122.7	296.1	135.4	146.5	203.0	140.8
261.2	118.4	128.4	178.8	123.3	297.2	136.0	147.1	203.8	141.4
262.3	118.9	129.0	179.6	123.8	298.3	136.5	147.7	204.6	142.0

续表

氧化亚铜	葡萄糖	果糖	乳糖（含水）	转化糖	氧化亚铜	葡萄糖	果糖	乳糖（含水）	转化糖
299.5	137.1	148.3	205.3	142.6	335.5	155.1	167.2	230.4	161.0
300.6	137.7	148.9	206.1	143.1	336.6	155.6	167.8	231.2	161.6
301.7	138.2	149.5	206.9	143.7	337.8	156.2	168.4	232.0	162.2
302.9	138.8	150.1	207.7	144.3	338.9	156.8	169.0	232.7	162.8
304.0	139.3	150.6	208.5	144.8	340.0	157.3	169.6	233.5	163.4
305.1	139.9	151.2	209.2	145.4	341.1	157.9	170.2	234.3	164.0
306.2	140.4	151.8	210.0	146.0	342.3	158.5	170.8	235.1	164.5
307.4	141.0	152.4	210.8	146.6	343.4	159.0	171.4	235.9	165.1
308.5	141.6	153.0	211.6	147.1	344.5	159.6	172.0	236.7	165.7
309.6	142.1	153.6	212.4	147.7	345.6	160.2	172.6	237.4	166.3
310.7	142.7	154.2	213.2	148.3	346.8	160.7	173.2	238.2	166.9
311.9	143.2	154.8	214.0	148.9	347.9	161.3	173.8	239.0	167.5
313.0	143.8	155.4	214.7	149.4	349.0	161.9	174.4	239.8	168.0
314.1	144.4	156.0	215.5	150.0	350.1	162.5	175.0	240.6	168.6
315.2	144.9	156.5	216.3	150.6	351.3	163.0	175.6	241.4	169.2
316.4	145.5	157.1	217.1	151.2	352.4	163.6	176.2	242.2	169.8
317.5	146.0	157.7	217.9	151.8	353.5	164.2	176.8	243.0	170.4
318.6	146.6	158.3	218.7	152.3	354.6	164.7	177.4	243.7	171.0
319.7	147.2	158.9	219.4	152.9	355.8	165.3	178.0	244.5	171.6
320.9	147.7	159.5	220.2	153.5	356.9	165.9	178.6	245.3	172.2
322.0	148.3	160.1	221.0	154.1	358.0	166.5	179.2	246.1	172.8
323.1	148.8	160.7	221.8	154.6	359.1	167.0	179.8	246.9	173.3
324.2	149.4	161.3	222.6	155.2	360.3	167.6	180.4	247.7	173.9
325.4	150.0	161.9	223.3	155.8	361.4	168.2	181.0	248.5	174.5
326.5	150.5	162.5	224.1	156.4	362.5	168.8	181.6	249.2	175.1
327.6	151.1	163.1	224.9	157.0	363.6	169.3	182.2	250.0	175.7
328.7	151.7	163.7	225.7	157.5	364.8	169.9	182.8	250.8	176.3
329.9	152.2	164.3	226.5	158.1	365.9	170.5	183.4	251.6	176.9
331.0	152.8	164.9	227.3	158.7	367.0	171.1	184.0	252.4	177.5
332.1	153.4	165.4	228.0	159.3	368.2	171.6	184.6	253.2	178.1
333.3	153.9	166.0	228.8	159.9	369.3	172.2	185.2	253.9	178.7
334.4	154.5	166.6	229.6	160.5	370.4	172.8	185.8	254.7	179.2

续表

氧化亚铜	葡萄糖	果糖	乳糖（含水）	转化糖	氧化亚铜	葡萄糖	果糖	乳糖（含水）	转化糖
371.5	173.4	186.4	255.5	179.8	407.6	192.0	205.9	280.8	199.0
372.7	173.9	187.0	256.3	180.4	408.7	192.6	206.5	281.6	199.6
373.8	174.5	187.6	257.1	181.0	409.8	193.2	207.1	282.4	200.2
374.9	175.1	188.2	257.9	181.6	410.9	193.8	207.7	283.2	200.8
376.0	175.7	188.8	258.7	182.2	412.1	194.4	208.3	284.0	201.4
377.2	176.3	189.4	259.4	182.8	413.2	195.0	209.0	284.8	202.0
378.3	176.8	190.1	260.2	183.4	414.3	195.6	209.6	285.6	202.6
379.4	177.4	190.7	261.0	184.0	415.4	196.2	210.2	286.3	203.2
380.5	178.0	191.3	261.8	184.6	416.6	196.8	210.8	287.1	203.8
381.7	178.6	191.9	262.6	185.2	417.7	197.4	211.4	287.9	204.4
382.8	179.2	192.5	263.4	185.8	418.8	198.0	212.0	288.7	205.0
383.9	179.7	193.1	264.2	186.4	419.9	198.5	212.6	289.5	205.7
385.0	180.3	193.7	265.0	187.0	421.1	199.1	213.3	290.3	206.3
386.2	180.9	194.3	265.8	187.6	422.2	199.7	213.9	291.1	206.9
387.3	181.5	194.9	266.6	188.2	423.3	200.3	214.5	291.9	207.5
388.4	182.1	195.5	267.4	188.8	424.4	200.9	215.1	292.7	208.1
389.5	182.7	196.1	268.1	189.4	425.6	201.5	215.7	293.5	208.7
390.7	183.2	196.7	268.9	190.0	426.7	202.1	216.3	294.3	209.3
391.8	183.8	197.3	269.7	190.6	427.8	202.7	217.0	295.0	209.9
392.9	184.4	197.9	270.5	191.2	428.9	203.3	217.6	295.8	210.5
394.0	185.0	198.5	271.3	191.8	430.1	203.9	218.2	296.6	211.1
395.2	185.6	199.2	272.1	192.4	431.2	204.5	218.8	297.4	211.8
396.3	186.2	199.8	272.9	193.0	432.3	205.1	219.5	298.2	212.4
397.4	186.8	200.4	273.7	193.6	433.5	205.1	220.1	299.0	213.0
398.5	187.3	201.0	274.4	194.2	434.6	206.3	220.7	299.8	213.6
399.7	187.9	201.6	275.2	194.8	435.7	206.9	221.3	300.6	214.2
400.8	188.5	202.2	276.0	195.4	436.8	207.5	221.9	301.4	214.8
401.9	189.1	202.8	276.8	196.0	438.0	208.1	222.6	302.2	215.4
403.1	189.7	203.4	277.6	196.6	439.1	208.7	232.2	303.0	216.0
404.2	190.3	204.0	278.4	197.2	440.2	209.3	223.8	303.8	216.7
405.3	190.9	204.7	279.2	197.8	441.3	209.9	224.4	304.6	217.3
406.4	191.5	205.3	280.0	198.4	442.5	210.5	225.1	305.4	217.9

续表

氧化亚铜	葡萄糖	果糖	乳糖（含水）	转化糖	氧化亚铜	葡萄糖	果糖	乳糖（含水）	转化糖
443.6	211.1	225.7	306.2	218.5	467.2	223.9	239.0	323.2	231.7
444.7	211.7	226.3	307.0	219.1	468.4	224.5	239.7	324.0	232.3
445.8	212.3	226.9	307.8	219.8	469.5	225.1	240.3	324.9	232.9
447.0	212.9	227.6	308.6	220.4	470.6	225.7	241.0	325.7	233.6
448.1	213.5	228.2	309.4	221.0	471.7	226.3	241.6	326.5	234.2
449.2	214.1	228.8	310.2	221.6	472.9	227.0	242.2	327.4	234.8
450.3	214.7	229.4	311.0	222.2	474.0	227.6	242.9	328.2	235.5
451.5	215.3	230.1	311.8	222.9	475.1	228.2	243.6	329.1	236.1
452.6	215.9	230.7	312.6	223.5	476.2	228.8	244.3	329.9	236.8
453.7	216.5	231.3	313.4	224.1	477.4	229.5	244.9	330.8	237.5
454.8	217.1	232.0	314.2	224.7	478.5	230.1	245.6	331.7	238.1
456.0	217.8	232.6	315.0	225.4	479.6	230.7	246.3	332.6	238.8
457.1	218.4	233.2	315.9	226.0	480.7	231.4	247.0	333.5	239.5
458.2	219.0	233.9	316.7	226.6	481.9	232.0	247.8	334.4	240.2
459.3	219.6	234.5	317.5	227.2	483.0	232.7	248.5	335.3	240.8
460.5	220.2	235.1	318.3	227.9	484.1	233.3	249.2	336.3	241.5
461.6	220.8	235.8	319.1	228.5	485.2	234.0	250.0	337.3	242.3
462.7	221.4	236.4	319.9	229.1	486.4	234.7	250.8	338.3	243.0
463.8	222.0	237.1	320.7	229.7	487.5	235.3	251.6	339.4	243.8
465.0	222.6	237.7	321.6	230.4	488.6	236.1	252.7	340.7	244.7
466.1	223.3	238.4	322.4	231.0	489.7	236.9	253.7	342.0	245.8

4.4.2.1.6　精密度

在重复性条件下获得的两次独立测定结果的绝对差值不得超过算术平均值的 10%。

4.4.2.1.7　说明与讨论

（1）此法又称贝尔德蓝（Bertrand）法。还原糖能在碱性溶液中将两价铜离子还原为棕红色的氧化亚铜沉淀，而糖本身被氧化为相应的羧酸。这是还原糖定量分析和检测的基础。

（2）取样量视样品含糖量而定，取得样品中含糖应在 25mg～1 000mg 范围内，测定用样品溶液含糖量应调整到 0.01%～0.45% 范围内，浓度过大或过小都会带来误差。通常先进行预试验，确定样品溶液的稀释倍数后再进行正式测定。

（3）此法以高锰酸钾滴定反应过程中产生的定量的硫酸亚铁为结果计算的依据，因此，在样品处理时，不能用乙酸锌和亚铁氰化钾作为糖液的澄清剂，以免引入 Fe^{2+}。

（4）测定必须严格按规定的操作条件进行，必须使加热至沸腾时间及保持沸腾时间严格保持一致。即必须控制好热源强度，保证在 4min 内加热至沸，并使每次测定的沸腾时间保持一致，否则误差较大。实验时可先取 50mL 水，碱性酒石酸铜甲液、乙液各 25mL，调整热源强度，使其在 4min 内加热至沸，维持热源强度不变，再正式测定。

（5）此法所用碱性酒石酸铜溶液是过量的，即保证把所有的还原糖全部氧化后，还有过剩的 Cu^{2+} 存在，所以，煮沸后的反应液应呈蓝色。如不呈蓝色，说明样品溶液含糖浓度过高，应调整样品溶液浓度。

（6）此法测定食品中的还原糖测定结果准确性较好，但操作繁琐费时，并且在过滤及洗涤氧化亚铜沉淀的整个过程中，应使沉淀始终在液面以下，避免氧化亚铜暴露于空气中而被氧化，同时，严格掌握操作条件。

（7）当样品中的还原糖有双糖（如麦芽糖、乳糖）时，由于这些双糖的分子中仅有一个还原基，测定结果将偏低。

（8）还原糖与碱性酒石酸铜的反应过程十分复杂，还伴随有副反应。此外，不同的还原糖还原能力也不同，反应生成的 Cu_2O 量也不相同。因此，不能根据生成的 Cu_2O 量按反应式直接计算出还原糖含量，而需利用经验检索表。

4.4.2.2　直接滴定法（GB/T 5009.7—2008）

4.4.2.2.1　原理

试样经除去蛋白质后，在加热条件下，以亚甲蓝作指示剂，滴定标定过的碱性酒石酸铜溶液（用还原糖标准溶液标定），根据样品液消耗体积计算还原糖含量。

4.4.2.2.2　试剂

除非另有规定，本方法中所用试剂均为分析纯。

（1）盐酸（HCl）。

（2）硫酸铜（$CuSO_4 \cdot 5H_2O$）。

（3）亚甲蓝（$C_{16}H_{18}ClN_3S \cdot 3H_2O$）：指示剂。

（4）酒石酸钾钠［$C_4H_4O_6KNa \cdot 4H_2O$］。

（5）氢氧化钠（NaOH）。

（6）乙酸锌［$Zn(CH_3COO)_2 \cdot 2H_2O$］。

（7）冰乙酸（$C_2H_4O_2$）。

（8）亚铁氰化钾［$K_4Fe(CN)_6 \cdot 3H_2O$］。

（9）葡萄糖（$C_6H_{12}O_6$）。

（10）果糖（$C_6H_{12}O_6$）。

（11）乳糖（$C_6H_{12}O_6$）。

（12）蔗糖（$C_{12}H_{22}O_{11}$）。

（13）碱性酒石酸铜甲液：称取 15g 硫酸铜（$CuSO_4 \cdot 5H_2O$）及 0.05g 亚甲蓝，溶于水中并稀释至 1 000mL。

（14）碱性酒石酸铜乙液：称取 50g 酒石酸钾钠、75g 氢氧化钠，溶于水中，再加入 4g 亚铁氰化钾，完全溶解后，用水稀释至 1 000mL，贮存于橡胶塞玻璃瓶内。

（15）乙酸锌溶液（219g/L）：称取 21.9g 乙酸锌，加 3mL 冰乙酸，加水溶解并稀释至 100mL。

（16）亚铁氰化钾溶液（106g/L）：称取 10.6g 亚铁氰化钾，加水溶解并稀释至 100mL。

（17）氢氧化钠溶液（40g/L）：称取 4g 氢氧化钠，加水溶解并稀释至 100mL。

（18）盐酸溶液（1+1）：量取50mL盐酸，加水稀释至100mL。

（19）葡萄糖标准溶液：称取1g（精确至0.000 1g）经过98℃～100℃干燥2h的葡萄糖，加水溶解后加入5mL盐酸，并以水稀释至1 000mL。此溶液每毫升相当于1mg葡萄糖。

（20）果糖标准溶液：称取1g（精确至0.000 1g）经过98℃～100℃干燥2h的果糖，加水溶解后加入5mL盐酸，并以水稀释至1 000mL。此溶液每毫升相当于1mg果糖。

（21）乳糖标准溶液：称取1g（精确至0.000 1g）经过（96±2）℃干燥2h的乳糖，加水溶解后加入5mL盐酸，并以水稀释至1 000mL。此溶液每毫升相当于1mg乳糖（含水）。

（22）转化糖标准溶液：准确称取1.052 6g蔗糖，用100mL水溶解，置具塞三角瓶中，加5mL盐酸（1+1），在68℃～70℃水浴中加热15min，放置至室温，转移至1 000mL容量瓶中并定容至1 000mL，每毫升标准溶液相当于1mg转化糖。

4.4.2.2.3　仪器

（1）酸式滴定管：25mL。

（2）可调电炉：带石棉板。

4.4.2.2.4　分析步骤

（1）试样处理

① 一般食品：称取粉碎后的固体试样2.5g～5g或混匀后的液体试样5g～25g，精确至0.001g，置250mL容量瓶中，加50mL水，慢慢加入5mL乙酸锌溶液及5mL亚铁氰化钾溶液，加水至刻度，混匀，静置30min，用干燥滤纸过滤，弃去初滤液，取续滤液备用。

② 酒精性饮料：称取约100g混匀后的试样，精确至0.01g，置于蒸发皿中，用氢氧化钠（40g/L）溶液中和至中性，在水浴上蒸发至原体积的1/4后，移入250mL容量瓶中，以下按①自“慢慢加入5mL乙酸锌溶液……”起依法操作。

③ 含大量淀粉的食品：称取10g～20g粉碎后或混匀后的试样，精确至0.001g，置250mL容量瓶中，加200mL水，在45℃水浴中加热1h，并时时振摇。冷后加水至刻度，混匀，静置、沉淀。吸取200mL上清液置另一250mL容量瓶中，以下按①自“慢慢加入5mL乙酸锌溶液……”起依法操作。

④ 碳酸类饮料：称取约100g混匀后的试样，精确至0.01g，试样置蒸发皿中，在水浴上微热搅拌除去二氧化碳后，移入250mL容量瓶中，并用水洗涤蒸发皿，洗液并入容量瓶中，再加水至刻度，混匀后，备用。

（2）标定碱性酒石酸铜溶液

吸取5mL碱性酒石酸铜甲液及5mL碱性酒石酸铜乙液，置于150mL锥形瓶中，加水10mL，加入玻璃珠2粒，从滴定管滴加约9mL葡萄糖或其他还原糖标准溶液，控制在2min内加热至沸，趁热以每2秒1滴的速度继续滴加葡萄糖或其他还原糖标准溶液，直至溶液蓝色刚好褪去为终点，记录消耗葡萄糖或其他还原糖标准溶液的总体积，同时平行操作3份，取其平均值，计算每10mL（甲、乙液各5mL）碱性酒石酸铜溶液相当于葡萄糖的质量或其他还原糖的质量［也可以按上述方法标定4mL～20mL碱性酒石酸铜溶液（甲、乙液各半）来适应试样中还原糖的浓度变化］。

（3）试样溶液预测

吸取5mL碱性酒石酸铜甲液及5mL碱性酒石酸铜乙液，置于150mL锥形瓶中，加水10mL，加入玻璃珠两粒，控制在2min内加热至沸，保持沸腾以先快后慢的速度，从滴定管中滴加试样溶液，并保持溶液沸腾状态，待溶液颜色变浅时，以每2秒1滴的速度滴定，直至溶液蓝色刚好褪去为终点，记录样液消耗体积。当样液中还原糖浓度过高时，应适当稀释后再进行正式测定，使每次滴定消耗样液的体积控制在与标定碱性酒石酸铜溶液时所消耗的还原糖标准溶液的体积相近，约 10mL 左右，结果按式（4－14）计算。当浓度过低时则采取直接加入 10mL 样品液，免去加水 10mL，再用还原糖标准溶液滴定至终点，记录消耗的体积与标定时消耗的还原糖标准溶液体积之差相当于 10mL 样液中所含还原糖的量，结果按式（4－15）计算。

（4）试样溶液测定

吸取 5mL 碱性酒石酸铜甲液及 5mL 碱性酒石酸铜乙液，置于 150mL 锥形瓶中，加水 10mL，加入玻璃珠两粒，从滴定管滴加比预测体积少 1mL 的试样溶液至锥形瓶中，使在 2min 内加热至沸，保持沸腾继续以每 2 秒 1 滴的速度滴定，直至蓝色刚好褪去为终点，记录样液消耗体积，同法平行操作 3 份，得出平均消耗体积。

4.4.2.2.5　结果计算

试样中还原糖的含量（以某种还原糖计）按式（4－14）进行计算。

$$X = \frac{m_1}{m \times V/250 \times 1\,000} \times 100 \tag{4-14}$$

式中：X——试样中还原糖的含量（以某种还原糖计），g/100g；

m_1——碱性酒石酸铜溶液（甲、乙液各半）相当于某种还原糖的质量，mg；

m——试样质量，g；

V——测定时平均消耗试样溶液体积，mL。

当浓度过低时试样中还原糖的含量（以某种还原糖计）按式（4－15）进行计算。

$$X = \frac{m_2}{m \times V/250 \times 1\,000} \times 100 \tag{4-15}$$

式中：X——试样中还原糖的含量（以某种还原糖计），g/100g；

m_2——标定时体积与加入样品后消耗的还原糖标准溶液体积之差相当于某种还原糖的质量，mg；

m——试样质量，g；

V——测定时平均消耗试样溶液体积，mL。

还原糖含量≥10g/100g 时计算结果保留三位有效数字；还原糖含量 $<$ 10g/100g 时，计算结果保留二位有效数字。

4.4.2.2.6　说明与讨论

（1）此法所用的氧化剂碱性酒石酸铜的氧化能力较强，醛糖和酮糖都可被氧化，所以测得的是总还原糖量。

（2）本法是根据经过标定的一定量的碱性酒石酸铜溶液（Cu^{2+} 量一定）消耗的样品溶液量来计算样品溶液中还原糖的含量，反应体系中 Cu^{2+} 的含量是定量的基础，所以在样品处理时，不能使用铜盐作为澄清剂，以免样品溶液中引入 Cu^{2+}，得到错误的结果。

（3）次甲基蓝本身也是一种氧化剂，其氧化型为蓝色，还原型为无色。但在测定条件下它的氧化能力比 Cu^{2+} 弱，故还原糖先与 Cu^{2+} 反应，Cu^{2+} 完全反应后，稍微过量一点的还原糖则将次甲基蓝指示剂还原，使之由蓝色变为无色，指示滴定终点。

（4）为消除氧化亚铜沉淀对滴定终点观察的干扰，在碱性酒石酸铜乙液中加入少量亚铁氰化钾，使之与 Cu_2O 生成可溶性的无色络合物，而不再析出红色沉淀，其反应如下：

$$Cu_2O + K_4Fe(CN)_6 + H_2O = K_2Cu_2Fe(CN)_6 + 2KOH$$

（5）碱性酒石酸铜甲液和乙液应分别储存，用时才混合，否则酒石酸钾钠铜络合物长期在碱性条件下会慢慢分解析出氧化亚铜沉淀，使试剂有效浓度降低。

（6）滴定时要保持沸腾状态，使上升蒸气阻止空气侵入滴定反应体系中。一方面，加热可以加快还原糖与 Cu^{2+} 的反应速度；另一方面，次甲基蓝的变色反应是可逆的，还原型次甲基蓝遇到空气中的氧时又会被氧化为其氧化型，再变为蓝色。此外，氧化亚铜也极不稳定，容易与空气中的氧结合而被氧化，从而增加还原糖的消耗量。

（7）样品溶液预测的目的：一是本法对样品溶液中还原糖浓度有一定要求（0.1% 左右），测定时样品溶液的消耗体积应与标定葡萄糖标准溶液时消耗的体积相近，通过预测可了解样品溶液浓度是否合适，浓度过大或过小均应加以调整，使预测时消耗样品溶液量在10mL 左右；二是通过预测可知样品溶液的大概消耗量，以便在正式测定时，预先加入比实际用量少 1mL 左右的样品溶液，只留下 1mL 左右样品溶液在继续滴定时滴入，以保证在1min 内完成续滴定工作，提高测定的准确度。

（8）此法中影响测定结果的主要操作因素是反应液碱度、热源强度、煮沸时间和滴定速度。反应液的碱度直接影响二价铜与还原糖反应的速度、反应进行的程度及测定结果。在一定范围内，溶液碱度越高，二价铜的还原越快。因此，必须严格控制反应液的体积，标定和测定时消耗的体积应接近，使反应体系碱度一致。热源一般采用 800W 电炉，电炉温度恒定后才能加热，热源强度应控制在使反应液在 2min 内达到沸腾状态，且所有测定均应保持一致。否则加热至沸腾所需时间不同，引起蒸发量不同，使反应液碱度发生变化，从而引入误差。沸腾时间和滴定速度对结果影响也较大，一般沸腾时间短，消耗还原糖液多，反之，消耗还原糖液少；滴定速度过快，消耗还原糖量多，反之，消耗还原糖量少。因此，测定时应严格控制上述滴定操作条件，应力求一致。平行试验样品溶液的消耗量相差不应超过0.1mL。滴定时，先将所需体积的绝大部分先加入到碱性酒石酸铜试剂中，使其充分反应，仅留 1mL 左右由滴定方式加入，而不是全部由滴定方式加入，其目的是使绝大多数样品溶液与碱性酒石酸铜在完全相同的条件下反应，减少因滴定操作带来的误差，提高测定精度。

4.4.3　蔗糖的测定（GB/T 5009.8—2008）

在食品生产过程中，测定蔗糖的含量可以判断食品加工原料的成熟度，鉴别白糖、蜂蜜等食品原料的品质，以及控制糖果、果脯、加糖乳制品等产品的质量指标。

蔗糖是葡萄糖和果糖组成的双糖，没有还原性，但在一定条件下，蔗糖可水解为具有还原性的葡萄糖和果糖。因此，可以用测定还原糖的方法测定蔗糖含量。

4.4.3.1　高效液相色谱法［第一法］

4.4.3.1.1　原理

试样经处理后，用高效液相色谱氨基柱（NH_3）柱分离，用示差折光检测器检测，根据蔗糖的折光指数与浓度成正比，外标单点法定量。

4.4.3.1.2　试剂

除非另有规定，本方法中所用试剂均为分析纯。实验用水的电导率（25℃）为0.01mS/m。

（1）硫酸铜（$CuSO_4 \cdot 5H_2O$）。

（2）乙腈（C_2H_5N）：色谱纯。

（3）氢氧化钠（NaOH）。

（4）蔗糖（$C_{12}H_{22}O_{11}$）。

（5）硫酸铜溶液（70g/L）：称取 7g 硫酸铜，加水溶解并定容至 100mL。

（6）氢氧化钠溶液（40g/L）：称取 4g 氢氧化钠，加水溶解并定容至 100mL。

（7）蔗糖标准溶液（10mg/mL）：准确称取蔗糖标样 1g（精确至 0.000 1g）置 100mL 容量瓶内，先加少量水溶解，再加 20mL 乙腈，最后定容至刻度。

4.4.3.1.3 仪器

高效液相色谱仪，附示差折光检测器。

4.4.3.1.4 分析步骤

（1）样液制备

称取 2g ~ 10g 试样，精确至 0.001g，加 30mL 水溶解，移至 100mL 容量瓶中，加硫酸铜溶液 10mL，氢氧化钠溶液 4mL，振摇，加水至刻度，静置 0.5h，过滤。取 3mL ~ 7mL 试样液置 10mL 容量瓶中，用乙腈定容，通过 0.45μm 滤膜过滤，滤液备用。

（2）高效液相色谱参考条件

色谱柱：氨基柱（1.6mm × 250mm，5μm）；

柱温：25℃

示差检测器检测池池温：40℃；

流动相：乙腈 + 水（75 + 25）；

流速：1.0mL/min；

进样量：10μL。

（3）色谱图

蔗糖色谱图如图 4 - 3 所示。

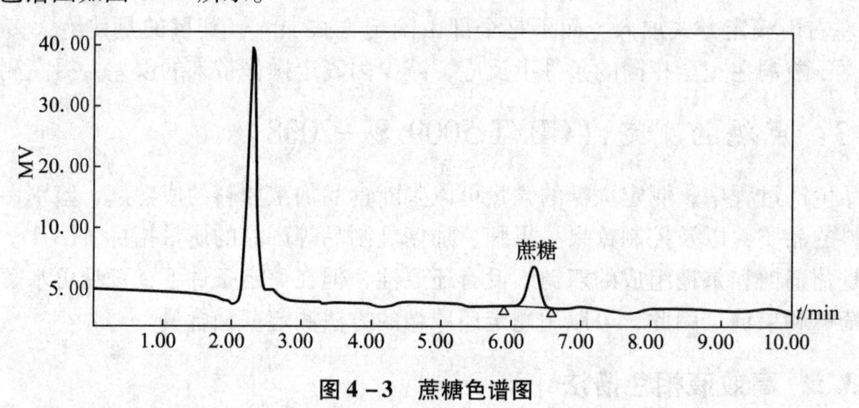

图 4 - 3 蔗糖色谱图

4.4.3.1.5 结果计算

试样中蔗糖含量的计算见式（4 - 16）。

$$X = \frac{c \times A}{A' \times (m/100) \times (V/10) \times 1\,000} \times 100 \tag{4-16}$$

式中：X——试样中蔗糖含量，g/100g；

c——蔗糖标准溶液浓度，mg/mL；

A——试样中蔗糖的峰面积；

A'——标准蔗糖溶液的峰面积；

m——试样的质量，g；

V——过滤液体积，mL。

计算结果保留三位有效数字。

4.4.3.1.6　精密度

在重复性条件下获得的两次独立测定结果的绝对差值不得超过算术平均值的10%。

4.4.3.2　酸水解法［第二法］

4.4.3.2.1　原理

试样经除去蛋白质后，其中蔗糖经盐酸水解转化为还原糖，再按还原糖测定。水解前后还原糖的差值为蔗糖含量。

4.4.3.2.2　试剂

除非另有规定，本方法中所用试剂均为分析纯。

（1）氢氧化钠（NaOH）。

（2）硫酸铜（$CuSO_4 \cdot 5H_2O$）。

（3）酒石酸钾钠（$C_4H_6OKNa \cdot 4H_2O$）。

（4）乙酸锌［$Zn(CHCOO)_2 \cdot 2H_2O$］。

（5）亚铁氰化钾［$K_4Fe(CN)_6 \cdot 3H_2O$］。

（6）甲基红（$C_{13}H_{15}N_3O_2$）：指示剂。

（7）亚甲蓝（$C_{16}H_{18}ClN_3S \cdot 3H_2O$）。

（8）盐酸（HCl）。

（9）葡萄糖（$C_6H_{12}O_6$）。

（10）蔗糖（$C_{12}H_{22}O_{11}$）。

（11）冰乙酸（$C_2H_4O_2$）。

（12）盐酸溶液（1+1）：量取50mL盐酸，缓慢加入50mL水中，冷却后混匀。

（13）氢氧化钠溶液（2 000g/L）：称取20g氢氧化钠，加水溶解后，放冷，并定容至100mL。

（14）甲基红指示液（1g/L）：称取甲基红0.1g用少量乙醇溶解后，定容至100mL。

（15）碱性酒石酸铜甲液：称取15g硫酸铜（$CuSO_4 \cdot 5H_2O$）及0.05g亚甲蓝，溶于水中并定容至1 000mL。

（16）碱性酒石酸乙液：称取50g酒石酸钾钠，75g氢氧化钠，溶于水中，再加入4g亚铁氰化钾，完全溶解后，用水定容至1 000mL，贮藏于橡胶囊玻璃瓶内。

（17）乙酸锌溶液（219g/L）：称取10.6g亚铁氰化钾，加水溶解并定容至100mL。

（18）亚铁氰化钾溶液（106g/L）：称取10.6g亚铁氰化钾，加水溶解并定容至100mL。

（19）葡萄糖标准溶液：称取1g，（精确至0.000 1g）经过98℃～100℃干燥2h的葡萄糖，加水溶解后加入5mL盐酸，并以水定容至1 000mL。此溶液每毫升相当于1mg葡萄糖。

4.4.3.2.3　仪器

（1）酸式滴定管：25mL。

（2）可调电炉：带石棉板。

4.4.3.2.4 分析步骤

（1）试样处理

① 含蛋白质食品

称取粉碎后的固体试样 2.5g ~ 5g（精确至 0.001g），混匀的液体试样 5g ~ 25g，置 250mL 容量瓶中，加 50mL 水，慢慢加入 5mL 乙酸锌及 5mL 亚铁氰化钾溶液，加水至刻度，混匀，静置 30min，用干燥滤纸过滤，舍弃初滤液，取续滤液备用。

② 含大量淀粉的食品

称取 10g ~ 20g 粉碎后或混匀后的试样，精确至 0.001g，置 250mL 容量瓶中，加 200mL 水，在 45℃水浴中加热 1h，并时时振摇。冷后加水至刻度，混匀，静置，沉淀。吸取 200mL 上清夜置另一 250mL 容量瓶中，以下按①自“慢慢加入 5mL 乙酸锌……”起依法操作。

③ 酒精饮料

称取约 100g 混匀后的试样，精确至 0.01g，置于蒸发皿中，用氢氧化钠（40g/L）溶液中和至中性，在水浴上蒸发至原体积的 1/4 后，移入 250mL 容量瓶中，以下按①自“慢慢加入 5mL 乙酸锌……”起依法操作。

④ 碳酸类饮料

称取约 100g 混匀后的试样，精确至 0.01g，试样置蒸发皿中，在水浴上微热搅拌除去二氧化碳后，移入 250mL 容量瓶中，并用水洗涤蒸发皿，洗液并入容量瓶中，再加水至刻度，混匀后，备用。

（2）酸水解

吸取 2 份 50mL 上述试样处理液，分别置于 100mL 容量瓶中，其一份加 5mL 盐酸（1 + 1），在 68℃ ~ 70℃水浴中加热 15min，冷后加 2 滴甲基红指示液，用氢氧化钠（200g/L）中和至中性，加水刻度，混匀，另一份加水稀释至 100mL。

（3）标定碱性酒石酸铜溶液

吸取 5mL 碱性酒石酸铜甲液及 5mL 碱性酒石酸铜乙液，置于 150mL 锥形瓶中，加水 10mL，加入玻璃珠 2 粒，从滴定管加约 9mL 葡萄糖，控制在 2min 内加热至沸腾，趁热以每秒 1 滴的速度继续滴加葡萄糖，直至溶液蓝色刚好褪去为终点，记录消耗的葡萄糖总体积，同时平行操作 3 份，取其平均值，计算每 10mL（甲液、乙液各 5mL）碱性酒石酸铜溶液相当于葡萄糖的质量（mg）。

（4）试样溶液预测

吸取 5mL 碱性酒石酸铜甲液及 5mL 碱性酒石酸铜乙液，置于 150mL 锥形瓶中，加水 10mL，加入玻璃珠 2 粒，从滴定管滴加比预测体积少 1mL 的试样溶液至锥形瓶中，使 2min 内加热至沸，保持沸腾继续以每秒 1 滴的速度滴定，直至蓝色刚好褪去的为终点，记录样液消耗体积，同法平行操作 3 份，得出平均消耗体积。

4.4.3.2.5 结果计算

试样中还原糖的含量（以葡萄糖计）按式（4 - 17）计算。

$$X = \frac{A}{m \times V/250 \times 1\,000} \times 100 \tag{4-17}$$

式中：X——试样中还原糖的含量（以葡萄糖计），g/100g；

A——碱性酒石酸铜溶液（甲液乙液各半）相当于葡萄糖的质量，mg；

m——试样质量，g；

V——测定时平均消耗试样溶液体积，mL；

以葡萄糖的标准滴定溶液时，按式（4－18）计算试样中蔗糖含量。

$$X=(R_2-R_1)\times 0.95 \tag{4-18}$$

式中：X——试样中蔗糖的含量，g/100g；

R_2——水解后还原糖含量，g/100g；

R_1——不经水解处理还原糖含量，g/100g；

0.95——还原糖（以葡萄糖计）换算为蔗糖的系数。

蔗糖含量大于或等于10g/100g时计算结果保留三位有效数字；蔗糖含量小于或等于10g/100g时计算结果保留两位有效数字。

4.4.3.2.6 精密度

在重复性条件下获得的两次独立测定结果的绝对差值不得超过算术平均值的10%。

4.4.3.2.7 注意事项

（1）蔗糖为无还原性双糖，由一分子葡萄糖与一分子果糖按（1→2）部位发生缩合，当蔗糖水解后，产生二分子单糖，即可按还原糖进行测定，测定原理与还原糖同。

（2）测定用试剂、仪器除本法所列外，其余试剂及仪器随所选还原糖测定的不同方法而变更。包括第一法高锰酸钾法及第二法直接滴定法均可选用。

（3）根据资料介绍及实验证明，蔗糖要求的水解条件，如酸度、温度、水解时间远比其他双糖要求低。在水解蔗糖的条件下，其他还原性双糖并不水解，也不破坏原有的单糖。

（4）样品液中除了蔗糖外，往往本身还含有还原糖，因此必须在水解蔗糖前后分别测定样品中还原糖量，以水解后增加的还原糖量，才是由蔗糖水解产生的。

（5）计算时换算系数为0.95，蔗糖水解物中增加了一分子水，使产物总量增大。

$$C_{12}H_{22}O_{11}+H_2O\xrightarrow{\text{酸}}C_6H_{12}O_6+C_6H_{12}O_6$$

蔗糖分子质量＝342　葡萄糖分子质量＝180　果糖分子质量＝180

蔗糖水解后与还原糖质量比按式（4－19）计算。

$$\frac{\text{蔗糖}}{\text{还原糖}}=\frac{342}{180+180}=0.95 \tag{4-19}$$

蔗糖实际含量为还原糖量×0.95。

4.4.4 总糖的测定

食品中的总糖通常是指具有还原性的糖（葡萄糖、果糖、乳糖、麦芽糖等）和在测定条件下能水解为还原性单糖的蔗糖的总量。作为食品生产中的常规分析项目，总糖反映的是食品中可溶性单糖和低聚糖的总量，其含量高低对产品的色、香、味、组织形态、营养价值、成本等有一定影响。麦乳精、糕点、果蔬罐头、饮料等许多食品的质量指标中都有总糖这一项。

4.4.4.1 直接滴定法

4.4.4.1.1 原理

样品经处理除去蛋白质等杂质后，加入盐酸，在加热条件下使蔗糖水解为还原性单糖，以直接滴定法测定水解后样品中的还原糖总量。

4.4.4.1.2　试剂

同蔗糖的测定。

4.4.4.1.3　操作步骤

(1) 样品处理

同直接滴定法测定还原糖。

(2) 测定

按测定蔗糖的方法水解样品，再按直接滴定法测定还原糖含量。

4.4.4.1.4　结果计算

计算公式见式（4-20）。

$$X = \frac{F}{m \times (50/V_1) \times (V_2/100) \times 1\,000} \times 100 \qquad (4-20)$$

式中：X——水解后样品中的还原糖的质量分数（以转化糖计），g/100g；

F——10mL 碱性酒石酸铜溶液相当的转化糖质量，mg；

V_1——样品处理液总体积，mL；

V_2——测定时消耗样品水解液体积，mL；

m——样品质量，g。

4.4.4.1.5　说明与讨论

(1) 总糖测定结果一般以转化糖或葡萄糖计，要根据产品的质量指标要求而定。如用转化糖表示，应该用标准转化糖溶液标定碱性酒石酸铜溶液；如用葡萄糖表示，则应该用标准葡萄糖溶液标定碱性酒石酸铜溶液。

(2) 这里所讲的总糖不包括营养学上总糖中的淀粉，因为在测定条件下，淀粉的水解作用很微弱。

4.4.4.2　蒽酮比色法

4.4.4.2.1　原理

单糖类遇浓硫酸时，脱水生成糠醛衍生物，后者可与蒽酮缩合成蓝绿色的化合物，当糖的量在 20mg~200mg 范围内时，其呈色强度与溶液中糖的含量成正比，故可比色定量。

4.4.4.2.2　试剂

(1) 10mg/mL~100mg/mL 葡萄糖系列标准溶液：称取 1g 葡萄糖，用水定容到 1 000mL，从中吸取 1mL、2mL、4mL、6mL、8mL、10mL 分别移入 100mL 容量瓶中，用水定容，即得 10mg/mL、20mg/mL、40mg/mL、60mg/mL、80mg/mL、100mg/mL 葡萄糖系列标准溶液。

(2) 0.1% 蒽酮溶液：称取 0.1g 蒽酮和 1g 硫脲，溶于 100mL72% 硫酸中，储存于棕色瓶中，于 0℃~4℃下存放。

(3) 72% 硫酸溶液。

4.4.4.2.3　操作步骤

(1) 吸取系列标准溶液、样品溶液（含糖 20mg/mL~80mg/mL）和蒸馏水各 2mL，分别放入 8 只具塞比色管中，沿管壁各加入蒽酮试剂 10mL，立即摇匀。

(2) 放入沸水浴中准确加热 10min，取出，迅速冷却至室温，在暗处放置 10min，用 1cm 比色杯，以零管调仪器零点，在 620nm 波长下测定吸光度，绘制标准曲线。

（3）根据样品溶液的吸光度查标准曲线，得出糖含量。

4.4.4.2.4　结果计算

计算公式见式（4－21）。

$$总糖X(以葡萄糖计)=\frac{c\times V}{m}\times 100 \tag{4-21}$$

式中：X——样品溶液中糖的质量分数，以葡萄糖计；

c——从标准曲线查得的糖浓度，mg/mL；

V——样品稀释后体积，mL；

m——样品的质量，mg。

4.4.4.2.5　说明与讨论

（1）该法是微量法，适合于含微量碳水化合物的样品，具有灵敏度高、试剂用量少等优点。

（2）该法有几种不同的操作步骤，主要差别在于蒽酮试剂中硫酸的含量（66%～95%）取样液量（1mL～5mL）、蒽酮试剂用量（5mL～20mL）、沸水浴中反应时间（6min～15min）和显色时间（10min～30min）。这几个操作条件之间是有联系的，不能随意改变其中任何一个，否则将影响分析结果。

（3）反应液中硫酸的含量高达60%以上，在此酸度条件下，于沸水浴中加热，样品中的双糖、淀粉等会发生水解，再与蒽酮发生显色反应。因此测定结果是样品溶液中单糖、双糖和淀粉的总量。如要求测定结果包括淀粉，则样品处理时应采用$\varphi=52\%$的高氯酸作提取剂；如果要求测定结果不包括淀粉，应该用80%乙醇做提取剂，以避免淀粉和糊精溶出。此外在测定条件下，纤维素也会与蒽酮试剂发生一定程度的反应，因此应避免样品溶液中含有纤维素。

（4）硫脲是作为稳定剂添加的，原因是蒽酮试剂不稳定，易被氧化变为褐色。一般蒽酮试剂应当天配制，在冷暗处可保存48h。

（5）此法要求样品溶液必须清澈透明，加热后不应有蛋白质沉淀，如样品溶液色泽较深，可用活性炭脱色。

4.4.5　淀粉的测定（GB/T 5009.9—2008）

淀粉广泛存在于植物的根、茎、叶、种子等组织中，是人类食物的重要组成部分，也是供给人体热能的主要来源。淀粉是由葡萄糖以不同形式聚合而成的，分为直链淀粉和支链淀粉两种类型。直链淀粉分子为线性，不溶于冷水，可溶于热水，主要由α－1，4糖苷键连接，一般长600～3 000个葡萄糖单位，平均相对分子质量约10^5u。支链淀粉分子是高度分支的葡萄糖多聚物，常压下不溶于水，只有在加热并加压时才能溶解于水，平均长度为6 000～60 000个葡萄糖单位，平均相对分子质量约10^6u，每20～26个α－1，4糖苷键连接的葡萄糖基就有1个α－1，6分支点。支链淀粉分子中分支的分布模式可反映淀粉的结构，Hizukuri（1986）首次提出支链淀粉结构的“簇状模式”，认为支链淀粉的分支分布不是随机的，而以“簇”为结构单位，每7nm～10nm之间形成一簇，支链淀粉分子平均长度200nm～400nm（20～40个簇），大约15nm宽。“簇”状结构中的分支有3种类型，分别称为A链、B链和C链，淀粉的性质主要取决于簇状结构中各类分支的分布模式。

食品中的淀粉，或来自原料，或是生产过程中为改变食品的物理性状作为添加剂而加入的。如在糖果制造中作为填充剂；在雪糕、棒冰等冷饮食品中作为稳定剂；在午餐肉等肉类罐头中作为增稠剂，以增加制品的结着性和持水性；在面包、饼干、糕点生产中用来调节面筋浓度和胀润度，使面团具有适合于工艺操作的物理性质等。另外，运用物理、化学或酶的方法，对原淀粉进行处理获得的变性淀粉，在食品工业中更广泛地用于淀粉软糖、饮料、冷食、面制食品、肉制品以及调味品的生产中。它们可以方便加工工艺、为食品提供优良的质构，提高淀粉的增稠、悬浮、保水和稳定能力，使食品具有令人满意的感官品质和食用品质，同时还能延长食品的货架稳定性和保质期。淀粉含量作为某些食品主要的质量指标，是食品生产管理中常做的分析检测项目。

4.4.5.1 酶水解法［第一法］

4.4.5.1.1 原理

试样经去除脂肪及可溶性糖类后，淀粉用淀粉酶水解成小分子糖，再用盐酸水解成单糖，最后按还原糖测定，并折算成淀粉含量。

4.4.5.1.2 试剂

除非另有规定，本方法中所用试剂均为分析纯。

（1）碘（I_2）。

（2）碘化钾（KI）。

（3）高峰氏淀粉酶：酶活力大于或等于1.6U/mg。

（4）无水乙醇（C_2H_5OH）。

（5）石油醚（C_nH_{2n+2}）：沸点范围为60℃～90℃。

（6）乙醚（$C_8H_9NO_3$）。

（7）甲苯（C_7H_9）。

（8）三氯甲烷（$CHCl_3$）。

（9）盐酸（HCl）。

（10）氢氧化钠（NaOH）。

（11）硫酸铜（$CuSO_4 \cdot 5H_2O$）。

（12）亚甲蓝（$C_{16}H_{18}ClN_3S \cdot 3H_2O$）：指示剂。

（13）酒石酸钾钠（$C_4H_4O_6KNa \cdot 4H_2O$）。

（14）亚铁氰化钾［$K_4Fe(CN)_6 \cdot 3H_2O$］。

（15）甲基红（$C_{15}H_{15}N_3O_2$）：指示剂。

（16）葡萄糖（$C_6H_{12}O_6$）。

（17）甲基红指示液（2g/L）：称取甲基红0.2g用少量乙醇溶解后，定容至100mL。

（18）盐酸溶液（1+1）：量取50mL盐酸，缓慢加入50mL水中，冷却后混匀。

（19）氢氧化钠溶液（200g/L）：称取20g氢氧化钠，加水溶解后，放冷，并定容至100mL。

（20）碱性酒石酸铜甲液：称取15g硫酸铜（$CuSO_4 \cdot 5H_2O$）及0.05g亚甲蓝，溶于水中并定容至1 000mL。

（21）碱性酒石酸乙液：称取50g酒石酸钾钠，75g氢氧化钠，溶于水中，再加入4g亚铁氰化钾，完全溶解后，用水定容至1 000mL，贮藏于橡胶塞玻璃瓶内。

（22）葡萄糖标准溶液：称取1g，（精确至0.000 1g）经过98℃～100℃干燥2h的葡萄糖，加水溶解后加入 5mL 盐酸，并以水定容至 1 000mL。此溶液每毫升相当于 1mg 葡萄糖。

（23）淀粉酶溶液（5g/L）：称取高峰氏淀粉酶 0.5g 加 100mL 水溶解，临用现配；也可加入数滴甲苯或三氯甲烷防止长霉，贮藏于 4℃冰箱中。

（24）碘溶液：称取 3.6g 碘化钾溶于 20mL 水中，加入 1.3g 碘，溶解后加水定容至 100mL。

（25）85% 乙醇：取 85mL 无水乙醇，加水定容至 100mL 混匀。

4.4.5.1.3　仪器

水浴锅。

4.4.5.1.4　分析步骤

（1）试样处理

① 易于粉碎的试样

磨碎过 40 目筛，称取 2g ~ 5g（精确至 0.001g）。置于放有折叠滤纸的漏斗内，先用 50mL 石油醚或乙醚分 5 次洗涤脂肪，再用约 150mL 乙醇（85%）洗去可溶性糖类，滤干乙醇，将残留物移入 250mL 烧杯内，并用 50mL 水洗涤滤纸，洗液并入烧杯内，将烧杯置沸水浴上加热 15min，使淀粉糊化，放冷至 60℃以下，加 20mL 淀粉酶溶液，在 55℃ ~60℃保温 1h，并时时搅拌。然后取一滴此液加一滴碘溶液，应不显蓝色，若显蓝色，再加热糊化并加 20mL 淀粉酶溶液，继续保温，直至加碘不显蓝色为止。加热至沸，冷后移入 250mL 容量瓶中，并加水至刻度，混匀，过滤，弃去初滤液，取 50mL 滤液，置于 250mL 锥形瓶中，加 5mL 盐酸（1 +1）中和至中性，溶液转入 100mL 容量瓶中，洗涤锥形瓶，洗液并入 100m 容量瓶中，加水至刻度，混匀，备用。

② 其他样品

加适量水在组织捣碎机中捣成匀浆（蔬菜、水果需先洗干净、晾干、取可食部分），称取相当于原样质量 2.5g ~5g（精确至 0.001g）的匀浆，以下按①自“置于放有折叠滤纸的漏斗内……”起依法操作。

（2）测定

① 标定碱性酒石酸铜溶液

吸取 5.0mL 碱性酒石酸铜甲液及 5.0mL 碱性酒石酸铜乙液，置于 150mL 锥形瓶中，加水 10mL，加入玻璃珠 2 粒，从滴定管加约 9mL 葡萄糖，控制在 2min 内加热至沸腾，趁热以每秒 1 滴的速度继续滴加葡萄糖，直至溶液蓝色刚好褪去为终点，记录消耗的葡萄糖总体积，同时平行操作 3 份，取其平均值，计算每 10mL（甲液、乙液各 5mL）碱性酒石酸铜溶液相当于葡萄糖的质量（mg）。

② 试样溶液预测

吸取 5.0mL 碱性酒石酸铜甲液及 5.0mL 碱性酒石酸铜乙液，置于 150mL 锥形瓶中，加水 10mL，加入玻璃珠 2 粒，控制在 2min 内加热至沸腾，保持沸腾以先快后慢的速度，从滴定管中滴加试样溶液，并保持溶液沸腾状态，待溶液颜色变浅时，以每秒 1 滴的速度滴定，直至溶液蓝色刚好褪去为终点，记录样液消耗的体积。当样液中还原糖浓度过高时，应适当稀释后再进行正式测定，使每次滴定消耗一样的体积控制在于标定碱性酒石酸铜溶液时所消耗的还原糖标准溶液的体积相近，约在 10mL 左右，结果按式（4 -22）计算。

③ 试样溶液测定

吸取 5.0mL 碱性酒石酸铜甲液及 5.0mL 碱性酒石酸铜乙液，置于 150mL 锥形瓶中，加水10mL，加入玻璃珠2粒，从滴定管滴加比预测体积少1mL的试样溶液至锥形瓶中，使2min内加热至沸，保持沸腾继续以每秒1滴的速度滴定，直至蓝色刚好褪去的为终点，记录样液消耗体积，同法平行操作3份，得出平均消耗体积。

同时量取50mL水及试样处理时相同量的淀粉酶溶液，按统一方法做试剂空白试验。

4.4.5.1.5 结果计算

试样中还原糖的含量（以葡萄糖计）按式（4－22）进行计算。

$$X = \frac{A}{m \times V/250 \times 1\,000} \times 100 \qquad (4-22)$$

式中：X——试样中还原糖的含量（以葡萄糖计），g/100g；

A——碱性酒石酸铜溶液（甲液乙液各半）相当于葡萄糖的质量，mg；

m——试样质量，g；

V——测定时平均消耗试样溶液体积，mL；

试样中淀粉的含量按式（4－23）进行计算。

$$X = \frac{(A_1 - A_2) \times 0.9}{m \times 50/250 \times V/100 \times 1\,000} \times 100 \qquad (4-23)$$

式中：X——试样中淀粉的含量，g/100g；

A_1——测定用试样中葡萄糖的质量，mg；

A_2——空白中葡萄糖的质量，mg；

0.9——葡萄糖换算为淀粉的系数。

m——称取试样的质量，g；

V——测定用试样处理液的体积，mL；

计算结果保留到小数点后一位。

4.4.5.1.6 精密度

在重复性条件下获得的两次独立测定结果的绝对差值不得超过算术平均值的10%。

4.4.5.2 酸水解法［第二法］

4.4.5.2.1 原理

试样经除去脂肪及可溶性糖类后，其中淀粉用酸水解成具有还原性的单糖，然后按还原糖测定，并折算成淀粉。

4.4.5.2.2 试剂

除非另有规定，本方法中所用试剂均为分析纯。

（1）氢氧化钠（NaOH）。

（2）乙酸铅（$PbC_4H_6O_2 \cdot H_2O$）。

（3）硫酸钠（$NaSO_4$）。

（4）石油醚（C_nH_{2n+2}）：沸点范围为60℃～90℃。

（5）乙醚（$C_8H_9NO_3$）。

（6）甲基红指示液（2g/L）：称取甲基红0.2g用少量乙醇溶解后，并定容至100mL。

（7）氢氧化钠溶液（400g/L）：称取40g氢氧化钠，加水溶解后，放冷，并定容至100mL。

（8）乙酸铅溶液（200g/L）：称取20g乙酸铅，加水溶解后，放冷，并定容至100mL。

(9) 硫酸钠溶液 (100g/L)：称取 10g 硫酸钠，加水溶解后，放冷，并定容至 100mL。

(10) 盐酸溶液 (1+1)：量取 50mL 盐酸，缓慢加入 50mL 水中，冷却后混匀。

(11) 85% 乙醇：取 85mL 无水乙醇，加水定容至 100mL 混匀。

(12) 精密 pH 试纸：6.8~7.2

4.4.5.2.3　仪器

(1) 水浴锅。

(2) 高速组织捣碎机 (1 200r/min)。

(3) 回流装置并附 250mL 锥形瓶。

4.4.5.2.4　分析步骤

(1) 试样处理

① 易于粉碎的试样

磨碎过 40 目筛，称取 2g~5g (精确至 0.001g)。置于放有慢速滤纸的漏斗中，用 50mL 石油醚或乙醚分 5 次吸取试样中脂肪，弃去石油醚或乙醚。用 150mL 乙醇 (85%) 分数次洗涤残渣，除去可溶性糖类物质。滤干乙醇溶液，以 100mL 水洗涤漏斗中残渣并转移至 250mL 锥形瓶中加入 30mL 盐酸 (1+1)，接好冷凝管，置沸水浴中回流 2h。回流完毕后，立即冷却。待试样水解液冷却后，加入 2 滴甲基红指示液，先以氢氧化钠溶液 (400g/L) 调至黄色，再以盐酸 (1+1) 校正至水解液刚好变为红色。若水解液颜色较深，可用精密 pH 试纸测试，使试样水解液的 pH 约为 7。然后加 20mL 乙酸铅溶液 (200g/L)，摇匀，放置 10min。再加 20mL 硫酸钠溶液 (100g/L)，以除去过多的铅。摇匀后将全部溶液及残渣转入 500mL 容量瓶中，用水洗涤锥形瓶，洗液并入容量瓶中，加水稀释至刻度。过滤，弃去初滤液 20mL，滤液供测定用。

② 其他样品

加适量水在组织捣碎机中捣成匀浆 (蔬菜、水果需先洗干净、晾干、取可食部分)，称取相当于原样质量 2.5g~5g (精确至 0.001g) 的匀浆，于 250mL 锥形瓶中，用 50mL 石油醚或乙醚分 5 次洗去试样中脂肪，弃去石油醚或乙醚。以下按①自“用 150mL 乙醇 (85%)……”起依法操作。

(2) 测定

按 4.4.5.1.4 中的 (2) 操作。

4.4.5.2.5　结果计算

试样中淀粉的含量按式 (4-24) 进行计算：

$$X=\frac{(A_1-A_2)\times 0.9}{m\times V/500\times 1\,000}\times 100 \tag{4-24}$$

式中：X——试样中淀粉的含量，g/100g；

A_1——测定用试样中葡萄糖的质量，mg；

A_2——空白中还原糖的质量，mg；

0.9——还原糖 (以葡萄糖计) 换算为淀粉的系数；

m——称取试样的质量，g；

V——测定用试样水解液的体积，mL；

500——试样液总体积，mL；

计算结果保留到小数点后一位。

蔗糖含量≥10g/100g 时计算结果保留三位有效数字；蔗糖含量≤10g/100g 时计算结果保留两位有效数字。

4.4.5.2.6 精密度

在重复性条件下获得的两次独立测定结果的绝对差值不得超过算术平均值的10%。

4.4.5.2.7 说明与讨论

（1）样品含脂肪时，会妨碍乙醇溶液对可溶性糖类的提取，所以要用乙醚除去。脂肪含量较低时，可省去乙醚脱脂肪步骤。

（2）盐酸水解淀粉的专一性较差，它可同时将样品中的半纤维素水解，生成一些还原物质，引起还原糖测定的正误差，因而对含有半纤维素高的食品如食物壳皮、高粱、糖等，不宜采用此法。

（3）样品中加入乙醇溶液后，混合液中乙醇的含量应在80%以上，以防止糊精随可溶性糖类一起被洗掉。如要求测定结果不包括糊精，则用10%乙醇洗涤。

（4）因水解时间较长，应采用回流装置，并且要使回流装置的冷凝管长一些，以保证水解过程中盐酸不会挥发，保持一定的浓度。

（5）水解条件要严格控制。加热时间要适当，既要保证淀粉水解完全，又要避免加热时间过长，因为加热时间过长，葡萄糖会形成糠醛聚合体，失去还原性，影响测定结果的准确性。对于水解时取样量、所用酸的浓度及加入量、水解时间等条件，各方法规定有所不同。常见的水解方法还有：混合液中盐酸的含量达1%，100℃水解4h；混合液中盐酸含量达2%，100℃水解2.5h。在本法的测定条件下，混合液中盐酸的含量为5%。

4.4.6 膳食纤维的测定（GB/T 5009.88—2008）

4.4.6.1 范围

本方法规定了食品中总的、可溶性和不溶性膳食纤维的测定方法和植物性食品中不溶性膳食纤维的测定方法。本标准适用于植物类食品及其制品中总的、可溶性和不溶性膳食纤维的测定及各类植物性食品和含有植物性食品的混合食品中不溶性膳食纤维的测定。总的、可溶性和不溶性膳食纤维的测定及不溶性膳食纤维的测定方法的检出限均为0.1mg。

4.4.6.2 术语和定义

膳食纤维（Dietary Fiber），植物的可食部分，不能被人体小肠消化吸收，对人体有健康意义，聚合度（Degree of Polymeriration）≥3 的碳水化合物和木质素，包括纤维素、半纤维素、果胶、菊粉等。

4.4.6.3 总的、可溶性和不溶性膳食纤维的测定

4.4.6.3.1 原理

取干燥试样，经α-淀粉酶、蛋白酶和葡萄糖苷酶酶解消化，去除蛋白质和淀粉，酶解后样液用乙醇沉淀、过滤，残渣用乙醇和丙酮洗涤，干燥后物质称重即为总膳食纤维（Total Dietary Fiber，TDF）残渣；另取试样经上述三种酶酶解后直接过滤，残渣用热水洗涤，经干燥后称重，即得不溶性膳食纤维（Insoluble Dietary Fiber，IDF）残渣；滤液用4倍体积的95%乙醇沉淀、过滤、干燥后称重，得可溶性膳食纤维（Soluble Dietary Fiber，SDF）残

渣。以上所得残渣干燥称重后，分别测定蛋白质和灰分。总膳食纤维（TDF）、不溶性膳食纤维（1DF）和可溶性膳食纤维（SDF）的残渣扣除蛋白质、灰分和空白即可计算出试样中总的、不溶性和可溶性膳食纤维的含量。

本方法测定的总膳食纤维（Total Dietary Fiber）是指不能被α－淀粉酶、蛋白酶和葡萄糖苷酶酶解消化的碳水化合物聚合物，包括纤维素、半纤维素、木质素、果胶、部分回生淀粉、果聚糖及美拉德反应产物等；一些小分子（聚合度3～12）的可溶性膳食纤维，如低聚果糖、低聚半乳糖、多聚葡萄糖（Polydextrose）、抗性麦芽糊精和抗性淀粉等，由于能部分或全部溶解在乙醇溶液中，本方法不能够准确测量。

4.4.6.3.2　试剂和材料

除特殊说明外，本方法中实验室用水为二级水，电导率（25℃）≤0.10mS/m，试剂为分析纯。

（1）95%乙醇（CH_3CH_2OH）：分析纯。

（2）85%乙醇溶液（CH_3CH_2OH）：取895mL95%乙醇置1L容量瓶中，用水稀释至刻度，混匀。

（3）78%乙醇溶液（CH_3CH_2OH）：取821mL95%乙醇置1L容量瓶中，用水稀释至刻度，混匀。

（4）热稳定α－淀粉酶溶液：于0℃～5℃冰箱储存，酶的活性测定及判定标准见附录E。

（5）蛋白酶：用MES－TRIS缓冲液配成浓度为50mg/mL的蛋白酶溶液，现用现配，于0℃～5℃储存。

（6）淀粉葡萄糖苷酶溶液：于0℃～5℃储存。

（7）酸洗硅藻土：取200g硅藻土于600mL的2mol/L盐酸中，浸泡过夜，过滤，用蒸馏水洗至滤液为中性，置于（525±5）℃马福炉中灼烧灰分后备用。

（8）重铬酸钾洗液：100g重铬酸钾（$K_2Cr_2O_7$），用200mL蒸馏水溶解，加入1 800mL浓硫酸混合。

（9）MES：2－（N－吗啉代）乙烷磺酸（$C_6H_{13}NO_4S \cdot H_2O$）。

（10）TRIS：三羟甲基氨基甲烷（$C_4H_{11}NO_3$）。

（11）MES－TRIS缓冲液（0.05mol/L）：称取19.52gMES和12.2g TRIS，用1.7L蒸馏水溶解，用6mol/L氢氧化钠调pH至8.2，加水稀释至2L。

注：一定要根据温度调pH，24℃时调pH为8.2；20℃时调pH为8.3；28℃时调pH为8.1；20℃和28℃之间的偏差，用内插法校正。

（12）乙酸（HAC）溶液（3mol/L）：取172mL乙酸，加入700mL水，混匀后用水定容至1L。

（13）溴甲酚绿（$C_{21}H_{14}O_5Br_4S$）溶液（0.4g/L）：称取0.1g溴甲酚绿于研钵中，加1.4mL 0.1mol/L氢氧化钠研磨，加少许水继续研磨，直至完全溶解，用水稀释至250mL。

（14）石油醚：沸程30℃～60℃。

（15）丙酮（CH_3COCH_3）。

4.4.6.3.3　仪器

（1）高型无导流口烧杯：400mL或600mL。

（2）坩埚：具粗面烧结玻璃板，孔径40μm～60μm（国产型号为G_2坩埚）。

(3) 坩埚预处理：坩埚在马福炉中525℃灰化6h，炉温降至130℃以下取出，于洗液中室温浸泡2h，分别用水和蒸馏水冲洗干净，最后用15mL丙酮冲洗后风干。加入约1g硅藻土，130℃烘至恒重。取出坩埚，在干燥器中冷却约1h，称重，记录坩埚加硅藻土质量，精确到0.1mg。

(4) 真空装置：真空泵或有调节装置的抽吸器。

(5) 振荡水浴：有自动"计时—停止"功能的计时器，控温范围 (60±2)℃～(98±2)℃。

(6) 分析天平：灵敏度为0.1mg。

(7) 马福炉：能控温 (525±5)℃。

(8) 烘箱：105℃，(130±3)℃。

(9) 干燥器；二氧化硅或同等的干燥剂。干燥剂每两周130℃烘干过夜一次。

(10) pH计：具有温度补偿功能，用pH4、7和10标准缓冲液校正。

4.4.6.3.4 分析步骤

(1) 样品制备

样品处理时若脂肪含量未知，膳食纤维测定前应先脱脂，脱脂步骤见③。

① 将样品混匀后，70℃真空干燥过夜，然后置干燥器中冷却，干样粉碎后过0.3mm～0.5mm筛。

② 若样品不能受热，则采取冷冻干燥后再粉碎过筛。

③ 若样品中脂肪含量>10%，正常的粉碎困难，可用石油醚脱脂，每次每克试样用25mL石油醚，连续3次，然后再干燥粉碎。要记录由石油醚造成的试样损失，最后在计算膳食纤维含量时进行校正。

④ 若样品糖含量高，测定前要先进行脱糖处理。按每克试样加85%乙醇10mL处理样品2～3次，40℃下干燥过夜。粉碎过筛后的干样存放于干燥器中待测。

(2) 试样酶解

每次分析试样要同时做2个试剂空白。

① 准确称取双份样品（m_1和m_2）1.000 0g±0.002 0g，把称好的试样置于400mL或600mL高脚烧杯中，加入pH8.2的MES－TRIS缓冲液40mL，用磁力搅拌直至试样完全分散在缓冲液中（避免形成团块，试样和酶不能充分接触）。

② 热稳定α－淀粉酶酶解：加50μL热稳定α－淀粉酶溶液缓慢搅拌，然后用铝箔将烧杯盖住，置于95℃～100℃的恒温振荡水浴中持续振摇，当温度升至95℃开始计时，通常总反应时间35min。

③ 冷却：将烧杯从水浴中移出，冷却至60℃，打开铝箔盖，用刮勺将烧杯内壁的环状物以及烧杯底部的胶状物刮下，用10mL蒸馏水冲洗烧杯壁和刮勺。

④ 蛋白酶酶解：在每个烧杯中各加入（50mg/mL）蛋白酶溶液100μL，盖上铝箔，继续水浴振摇，水温达60℃时开始计时，在 (60±1)℃条件下反应30min。

⑤ pH测定：30min后，打开铝箔盖，边搅拌边加入3mol/L乙酸溶液5mL。溶液60℃时，调pH约4.5（以0.4g/L溴甲酚绿为外指示剂）。

注：一定要在60℃时调pH，温度低于60℃pH升高。每次都要检测空白的pH，若所测值超出要求范围，同时也要检查酶解液的pH是否合适。

⑥ 淀粉葡萄糖苷酶酶解：边搅拌边加入100μL淀粉葡萄糖苷酶溶液，盖上铝箔，持续

振摇，水温到60℃时开始计时，在（60±1）℃条件下反应30min。

（3）测定

① 总膳食纤维的测定

a. 沉淀：在每份试样中，加入预热至60℃的95%乙醇225mL（预热以后的体积），乙醇与样液的体积比为4∶1，取出烧杯，盖上铝箔，室温下沉淀1h。

b. 过滤：用78%乙醇15mL将称重过的坩埚中的硅藻土润湿并铺平，抽滤去除乙醇溶液，使坩埚中硅藻土在烧结玻璃滤板上形成平面。乙醇沉淀处理后的样品酶解液倒入坩埚中过滤，用刮勺和78%乙醇将所有残渣转至坩埚中。

c. 洗涤：分别用78%乙醇、95%乙醇和丙酮15mL洗涤残渣各2次，抽滤去除洗涤液后，将坩埚连同残渣在105℃烘干过夜。将坩埚置干燥器中冷却1h，称重（包括坩埚、膳食纤维残渣和硅藻土），精确至0.1mg。减去坩埚和硅藻土的干重，计算残渣质量。

d. 蛋白质和灰分的测定：称重后的试样残渣，分别按GB/T 5009.5的规定测定氮（N），以N×6.25为换算系数，计算蛋白质质量；按GB/T 5009.4测定灰分，即在525℃灰化5h，于干燥器中冷却，精确称量坩埚总质量（精确至0.1mg），减去坩埚和硅藻土质量，计算灰分质量。

② 不溶性膳食纤维测定

a. 按4.4.6.3.4中（1）称取试样，按（2）进行酶解，将酶解液转移至坩埚中过滤。过滤前用3mL水润湿硅藻土并铺平，抽去水分使坩埚中的硅藻土在烧结玻璃滤板上形成平面。

b. 过滤洗涤：试样酶解液全部转移至坩埚中过滤，残渣用70℃热蒸馏水10mL洗涤2次，合并滤液，转移至另一600mL高脚烧杯中，备测可溶性膳食纤维。残渣分别用78%乙醇、95%乙醇和丙酮15mL各洗涤2次，抽滤去除洗涤液，并按（3）中的c洗涤干燥称重，记录残渣质量。

c. 按（3）中d测定蛋白质和灰分。

③ 可溶性膳食纤维测定

a. 计算滤液体积：将不溶性膳食纤维过滤后的滤液收集到600mL高型烧杯中，通过称“烧杯+滤液”总质量、扣除烧杯质量的方法估算滤液的体积。

b. 沉淀：滤液加入4倍体积预热至60℃的95%乙醇，室温下沉淀1h。以下测定按总膳食纤维步骤4.4.6.3.4中（3）的b~d进行。

4.4.6.3.5　结果计算

空白的质量按式（4-25）计算。

$$m_B = \frac{m_{BR1} + m_{BR2}}{2} - m_{PB} - m_{AB} \tag{4-25}$$

式中：m_B——空白的质量，mg；

m_{BR1}和m_{BR2}——双份空白测定的残渣质量，mg；

m_{PB}——残渣中蛋白质质量，mg；

m_{AB}——残渣中灰分质量，mg。

膳食纤维的含量按式（4-26）计算。

$$X = \frac{(m_{R1} + m_{R2})/2 - m_P - m_A - m_B}{(m_1 + m_2)/2} \times 100 \tag{4-26}$$

式中： X——膳食纤维的含量，g/100g；

m_{R1} 和 m_{R2}——双份试样残渣的质量，mg；

m_P——试样残渣中蛋白质的质量，mg；

m_A——试样残渣中灰分的质量，mg；

m_B——空白的质量，mg；

m_1 和 m_2——试样的质量，mg。

计算结果保留到小数点后两位。

总膳食纤维（TDF）、不溶性膳食纤维（IDF）、可溶性膳食纤维（SDF）均用上式计算。

4.4.6.3.6 精密度

在重复性条件下获得的两次独立测定结果的绝对差值不得超过算术平均值的10%。

4.4.6.4 不溶性膳食纤维的测定

4.4.6.4.1 原理

在中性洗涤剂的消化作用下，试样中的糖、淀粉、蛋白质、果胶等物质被溶解除去，不能消化的残渣为不溶性膳食纤维，主要包括纤维素、半纤维素、木质素、角质和二氧化硅等，还包括不溶性灰分。

4.4.6.4.2 试剂

（1）无水硫酸钠。

（2）石油醚：沸程30℃~60℃。

（3）丙酮。

（4）甲苯。

（5）中性洗涤剂溶液：将18.61gEDTA二钠盐和6.81g四硼酸钠（含 $10H_2O$）置于烧杯中，加水约150mL，加热使之溶解，将30g月桂基硫酸钠（化学纯）和10mL乙二醇独乙醚（化学纯）溶于约700mL热水中，合并上述两种溶液，再将4.56g无水磷酸氢二钠溶于150mL热水中，再并入上述溶液中，用磷酸调节上述混合液至pH 6.9~7.1，最后加水至1 000mL。

（6）磷酸盐缓冲液：由38.7mL 0.1mol/L磷酸氢二钠和61.3mL 0.1mol/L磷酸二氢钠混合而成，pH为7.0。

（7）2.5% α-淀粉酶溶液：称取2.5gα-淀粉酶溶于100mL、pH 7.0的磷酸盐缓冲溶液中，离心、过滤，滤过的酶液备用。

（8）耐热玻璃棉（耐热130℃，美国Corning玻璃厂出品，PYREX牌。其他牌号也可，但要耐热并不易折断的玻璃棉）。

4.4.6.4.3 仪器

（1）实验室常用设备。

（2）烘箱：110℃~130℃。

（3）恒温箱：(37±2)℃。

（4）纤维测定仪。

（5）如没有纤维测定仪，可由下列部件组成：

（6）电热板：带控温装置；600mL高型无嘴烧杯；容量60mL、孔径40μm~6μm坩埚式耐热玻璃滤器；回流冷凝装置；由抽滤瓶、抽滤垫及水泵组成的抽滤装置。

4.4.6.4.4　分析步骤

（1）试样的处理

① 粮食：试样用水洗 3 次，置 60℃烘箱中烘去表面水分，磨粉，过 20～30 目筛（1mm），储于塑料瓶内，放一小包樟脑精，盖紧瓶塞保存，备用。

② 蔬菜及其他植物性食品：取其可食部分，用水冲洗 3 次后，用纱布吸去水滴，切碎，取混合均匀的样品于 60℃烘干，称量并计算水分含量，磨粉；过 20～30 目筛，备用。或鲜试样用纱布吸取水滴，打碎、混合均匀后备用。

（2）测定

① 准确称取试样 0.5g～1g，置高型无嘴烧杯中，若试样脂肪含量超过 10%，需先去除脂肪，例如 1g 试样，用石油醚（30℃～60℃）提取 3 次，每次 10mL。

② 加 100mL 中性洗涤剂溶液，再加 0.5g 无水亚硫酸钠。

③ 电炉加热，5min～10min 内使其煮沸，移至电热板上，保持微沸 1h。

④ 于耐热玻璃滤器中，铺 1g～3g 玻璃棉，移至烘箱内，110℃烘 4h，取出置干燥器中冷至室温，称量，得 m_1（准确至小数点后四位）。

⑤ 将煮沸后试样趁热倒入滤器，用水泵抽滤。用 500mL 热水（90℃～100℃），分数次洗烧杯及滤器，抽滤至干。洗净滤器下部的液体和泡沫，塞上橡皮塞。

⑥ 于滤器中加酶液体，液面需覆盖纤维，用细针挤压掉其中气泡，加数滴甲苯，上盖表玻皿，37℃恒温箱中过夜。

⑦ 取出滤器，除去底部塞子，抽滤去酶液，并用 300mL 热水分数次洗去残留酶液，用碘液检查是否有淀粉残留，如有残留，继续加酶水解，如淀粉已除尽，抽干，再以丙酮洗 2 次。

⑧ 将滤器置烘箱中，110℃烘 4h，取出，置干燥器中，冷至室温，称量，得 m_2（准确至小数点后四位）。

4.4.6.4.5　结果计算

试样中不溶性膳食纤维的含量按式（4－27）计算。

$$X = \frac{m_2 - m_1}{m} \times 100 \tag{4-27}$$

式中：X——试样中不溶性膳食纤维的含量，%；

m_2——滤器加玻璃棉及试样中纤维的质量，g；

m_1——滤器加玻璃棉的质量，g；

m——样品的质量，g。

计算结果保留到小数点后两位。

4.4.6.4.6　精密度

在重复性条件下获得的两次独立测定结果的绝对差值不得超过算术平均值的 10%。

4.5　食品中蛋白质的检验

蛋白质是生命的物质基础，是构成人体及动植物细胞组织的重要成分之一。食物蛋白质是人体中唯一的氮的来源，具有糖类和脂肪不可替代的作用。人体新生组织的形成、酸碱平衡和水平衡的维持、遗传信息的传递、物质的代谢及转运都与蛋白质有关。蛋白质是人体重要的营养物质，也是食品中重要的营养指标，且蛋白质在食品加工中也有许多功能特性，如水合性、溶解度、黏度、乳化性、起泡性、胶凝性、面筋形成性能、颜色稳定性能等，这些功能特性对于形成食品特有的质构及风味口感等商品学品质密切相关，又与其分子结构相关，还与蛋白质本身所处的环境有关。测定食品中蛋白质的含量，对于评价食品的营养价值，合理开发利用食品资源、提高产品质量、优化食品配方、指导经济核算及生产过程控制均具有极其重要的意义。

目前测定蛋白质含量的方法有多种，如凯氏定蛋法、等电点沉淀法、紫外吸收法、双缩脲法、考马斯亮蓝染色法等几种方法，但就方法的准确性和精密度以及应用程度而言，国际经典测定方法——凯氏定氮法为首选。近年来，凯氏定氮法经不断的研究改进，使其在应用范围、分析结果的准确度、仪器装置及分析操作的速度等方面均取得了新的进步。另外，国外采用红外分析仪，利用波长在0.75μm～3μm范围内的近红外线具有被食品中蛋白质组分吸收及反射的特性，依据红外线的反射强度与食品中蛋白质含量之间存在的函数关系而建立了近红外光谱快速定量方法。

4.5.1　凯氏定氮法（GB 5009.5—2010）

4.5.1.1　原理

食品中的蛋白质在催化加热条件下被分解，产生的氨与硫酸结合生成硫酸铵。碱化蒸馏使氨游离，用硼酸吸收后以硫酸或盐酸标准滴定溶液滴定，根据酸的消耗量乘以换算系数，即为蛋白质的含量。

4.5.1.2　试剂和材料

除非另有规定，本方法中所用试剂均为分析纯，水为GB/T 6682—2008规定的三级水。

（1）硫酸铜（$CuSO_4 \cdot 5H_2O$）。

（2）硫酸钾（K_2SO_4）。

（3）硫酸（H_2SO_4密度为1.84g/L）。

（4）硼酸（H_3BO_3）。

（5）甲基红指示剂（$C_{15}H_{15}N_3O_2$）。

（6）溴甲酚绿指示剂（$C_{21}H_{14}Br_4O_5S$）。

（7）亚甲基蓝指示剂（$C_{16}H_{18}ClN_3S \cdot 3H_2O$）。

（8）氢氧化钠（NaOH）。

（9）95%乙醇（C_2H_5OH）。

（10）硼酸溶液（20g/L）：称取20g硼酸，加水溶解后并稀释至1 000mL。

（11）氢氧化钠溶液（400g/L）：称取40g氢氧化钠加水溶解后，放冷，并稀释至100mL。

（12）硫酸标准滴定溶液（0.050 0mol/L）或盐酸标准滴定溶液（0.050 0mol/L）。

（13）甲基红乙醇溶液（1g/L）：称取0.1g甲基红，溶于95%乙醇，用95%乙醇稀释至100mL。

（14）亚甲基蓝乙醇溶液（1g/L）：称取0.1g亚甲基蓝，溶于95%乙醇，用95%乙醇稀释至 100mL。

(15) 溴甲酚绿乙醇溶液 (1g/L)：称取 0.1g 溴甲酚绿，溶于 95% 乙醇，用 95% 乙醇稀释至 100mL。

(16) 混合指示液：2 份甲基红乙醇溶液与 1 份亚甲基蓝乙醇溶液临用时混合。也可用 1 份甲基红乙醇溶液与 5 份溴甲酚绿乙醇溶液临用时混合。

4.5.1.3　仪器和设备

(1) 天平：感量为 1mg。

(2) 定氮蒸馏装置：如图 4-4 所示。

(3) 自动凯氏定氮仪。

4.5.1.4　分析步骤

4.5.1.4.1　凯氏定氮法

(1) 试样处理

称取充分混匀的固体试样 0.2g～2g、半固体试样 2g～5g 或液体试样 10g～25g (约相当于 30mg～40mg 氮)，精确至 0.001g，移入干燥的 100mL、250mL 或 500mL 定氮瓶中，加入 0.2g 硫酸铜、6g 硫酸钾及 20mL 硫酸，轻摇后于瓶口放一小漏斗，将瓶以 45°角斜支于有小孔的石棉网上。小心加热，待内容物全部炭化，泡沫完全停止后，加强火力，并保持瓶内液体微沸，至液体呈蓝绿色并澄清透明后，再继续加热 0.5h～1h。取下放冷，小心加入 20mL 水。放冷后，移入 100mL 容量瓶中，并用少量水洗定氮瓶，洗液并入容量瓶中，再加水至刻度，混匀备用。同时做试剂空白试验。

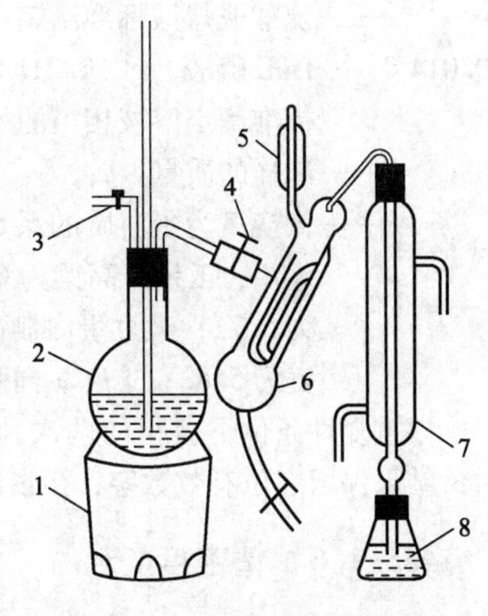

图 4-4　定氮蒸馏装置图

1—电炉；2—水蒸气发生器；3—大气夹；4—螺旋夹；5—小玻璃杯；6—反应室；7—冷凝管；8—蒸馏液接收瓶

(2) 测定

按图 4-4 装好定氮蒸馏装置，向水蒸气发生器内装水至 2/3 处，加入数粒玻璃珠，加甲基红乙醇溶液数滴及数毫升硫酸，以保持水呈酸性，加热煮沸水蒸气发生器内的水并保持沸腾。

(3) 向接收瓶内加入 10mL 硼酸溶液及 1～2 滴混合指示液，并使冷凝管的下端插入液面下，根据试样中氮含量，准确吸取 2mL～10mL 试样处理液由小玻杯注入反应室，以 10mL 水洗涤小玻杯并使之流入反应室内，随后塞紧棒状玻塞。将 10mL 氢氧化钠溶液倒入小玻杯，提起玻塞使其缓缓流入反应室，立即将玻塞盖紧，并水封。夹紧螺旋夹，开始蒸馏。蒸馏 10min 后移动蒸馏液接收瓶，液面离开冷凝管下端，再蒸馏 1min。然后用少量水冲洗冷凝管下端外部，取下蒸馏液接收瓶。以硫酸或盐酸标准滴定溶液滴定至终点，其中 2 份甲基红乙醇溶液与 1 份亚甲基蓝乙醇溶液指示剂，颜色由紫红色变成灰色，pH 5.4；1 份甲基红乙醇溶液与 5 份溴甲酚绿乙醇溶液指示剂，颜色由酒红色变成绿色，pH 5.1。同时作试剂空白。

4.5.1.4.2　自动凯氏定氮仪法

称取固体试样 0.2g～2g、半固体试样 2g～5g 或液体试样 10g～25g (约相当于 30mg～40mg 氮)，精确至 0.001g。按照仪器说明书的要求进行检测。

4.5.1.5 分析结果的表述

试样中蛋白质的含量按式（4－28）进行计算。

$$X = \frac{(V_1 - V_2) \times c \times 0.0140}{m \times V_3/100} \times F \times 100 \tag{4-28}$$

式中：X——试样中蛋白质的含量，g/100g；

V_1——试液消耗硫酸或盐酸标准滴定液的体积，mL；

V_2——试剂空白消耗硫酸或盐酸标准滴定液的体积，mL；

V_3——吸取消化液的体积，mL；

c——硫酸或盐酸标准滴定溶液浓度，mol/L；

0.014 0——1mL 硫酸［c（$1/2H_2SO_4$）＝1.000mol/L］或盐酸［c（HCl）＝1.000mol/L］标准滴定溶液相当的氮的质量，g；

m——试样的质量，g；

F——氮换算为蛋白质的系数。一般食物为 6.25；纯乳与纯乳制品为 6.38；面粉为 5.70；玉米、高粱为 6.24；花生为 5.46；大米为 5.95；大豆及其粗加工制品为 5.71；大豆蛋白制品为 6.25；肉与肉制品为 6.25；大麦、小米、燕麦、裸麦为 5.83；芝麻、向日葵为 5.30；复合配方食品为 6.25。

以重复性条件下获得的两次独立测定结果的算术平均值表示，蛋白质含量≥1g/100g 时，结果保留三位有效数字；蛋白质含量＜1g/100g 时，结果保留两位有效数字。

4.5.1.6 精密度

在重复性条件下获得的两次独立测定结果的绝对差值不得超过算术平均值的 10%。

4.5.1.7 说明

（1）所用试剂溶液应用无氨蒸馏水配制。

（2）在消化反应中，为了加速蛋白质的分解，缩短消化时间，常加入下列物质。

① 硫酸钾。加入硫酸钾可以提高溶液的沸点而加快有机物分解，它与硫酸作用生成硫酸氢钾可提高反应温度，一般纯硫酸的沸点在 340℃左右，而添加硫酸钾后，可使温度提高至 400℃以上，原因主要在于随着消化过程中硫酸不断地被分解，水分不断逸出而使硫酸钾浓度增大，故沸点升高，其反应式如下。

$$K_2SO_4 + H_2SO_4 \longrightarrow 2KHSO_4$$

$$2KHSO_4 \longrightarrow K_2SO_4 + SO_2 + H_2O$$

但硫酸钾加入量不能太大，否则消化体系温度过高，又会引起已生成的铵盐发生热分解放出氨而造成损失。

$$(NH_4)_2SO_4 \longrightarrow NH_3 + (NH_4)HSO_4$$

$$2(NH_4)HSO_4 \longrightarrow 2NH_3 + 2SO_2 + 2H_2O$$

除硫酸钾外，也可以加入硫酸钠、氯化钾等盐类来提高沸点，但效果不如硫酸钾。

② 硫酸铜。硫酸铜起催化剂的作用。凯氏定氮法中可用的催化剂种类很多，除硫酸铜外，还有氧化汞、汞、硒粉、二氧化钛等，但考虑到效果、价格及环境污染等多种因素，应用最广泛的是硫酸铜，使用时常加入少量过氧化氢、次氯酸钾等作为氧化剂以加速有机物氧

化，硫酸铜的作用机理如下所示。

$$2CuSO_4 \longrightarrow CuSO_4 + SO_2 + O_2$$

$$C + 2CuSO_4 \longrightarrow Cu_2SO_4 + SO_2 + CO_2$$

$$Cu_2SO_4 + 2H_2SO_4 \longrightarrow 2CuSO_4 + 2H_2O + SO_2$$

此反应不断进行，待有机物全部被消化完后，不再有硫酸亚铜（褐色）生成，溶液呈现清澈的蓝绿色。故硫酸铜除起催化剂的作用外，还可指示消化终点的到达，以及下一步蒸馏时作为碱性反应的指示剂。

若取样量较大，如干试样超过5g，可按每克试样5mL的比例增加硫酸用量。

(3) 消化时不要用强火，应保持缓和沸腾，以免黏附在凯氏瓶内壁上的含氮化合物在无硫酸存在的情况下未消化完全而造成氮损失。另外，消化过程中应注意不时转动凯氏烧瓶，以便利用冷凝酸液将附在瓶壁上的固体残渣洗下，促进其消化完全。

(4) 样品中若含脂肪或糖较多时，消化过程中易产生大量泡沫，为防止泡沫溢出瓶外，在开始消化时应用小火加热，并时时摇动；或者加入少量辛醇或液体石蜡或硅油消泡剂，并同时注意控制热源强度。

(5) 当样品消化液不易澄清透明时，可将凯氏烧瓶冷却，加入30%过氧化氢2mL～3mL后再继续加热消化。

(6) 一般消化至呈透明后，继续消化30min即可，但对于含有特别难以氨化的氮化合物的样品，如含赖氨酸、组氨酸、色氨酸、酪氨酸或脯氨酸等时，需适当延长消化时间。有机物如分解完全，消化液呈蓝色或浅绿色，但含铁量多时，呈较深绿色。

(7) 蒸馏时，蒸馏装置不能漏气，蒸气发生要均匀充足，蒸馏过程中不得停火断气，否则将发生倒吸。另外，蒸馏前，加碱要足量，操作要迅速；漏斗应采用水封措施，以免氨由此逸出损失。蒸馏前若加碱量不足，消化液呈蓝色不生成氢氧化铜沉淀，此时需再增加氢氧化钠用量。蒸馏完毕后，应先将冷凝管下端提高液面清洗管口，再蒸1min后关掉热源，否则可能造成吸收液倒吸。

(8) 硼酸吸收液的温度不应超过40℃，否则对氨的吸收作用减弱而造成损失，此时可置于冷水浴中。

(9) 混合指示剂在碱性溶液中呈绿色，在中性溶液中呈灰色，在酸性溶液中呈红色。

(10) 食品中的含氮化合物大都以蛋白质为主体，所以检验食品中蛋白质时，往往只限于测定总氮量，然后乘以蛋白质换算系数，即可得到蛋白质含量。凯氏法可用于所有动、植物食品的蛋白质含量测定，但因样品中常含有核酸、生物碱、含氮类脂、卟啉以及含氮色素等非蛋白质的含氮化合物，故结果称为粗蛋白质含量。

不同的蛋白质其氨基酸构成比例及方式不同，故各种不同的蛋白质其含氮量也不同。

(11) 本方法的允许误差：蛋白质含量小于1%时，同一样品2次测定值之差，不得超过2次测定平均值的10%；蛋白质含量大于或等于1%时，每100g样品不得超过0.5g。

4.5.2　分光光度法（GB 5009.5—2010）

4.5.2.1　原理

食品中的蛋白质在催化加热条件下被分解，分解产生的氨与硫酸结合生成硫酸铵，在pH 4.8的乙酸钠－乙酸缓冲溶液中与乙酰丙酮和甲醛反应生成黄色的3，5－二乙酰－2，

6－二甲基－1，4－二氢化吡啶化合物。在波长400nm下测定吸光度值，与标准系列比较定量，结果乘以换算系数，即为蛋白质含量。

4.5.2.2 试剂和材料

除非另有规定，本方法中所用试剂均为分析纯，水为GB/T 6682规定的三级水。

（1）硫酸铜（$CuSO_4 \cdot 5H_2O$）。

（2）硫酸钾（K_2SO_4）。

（3）硫酸（H_2SO_4密度为1.84g/L）：优级纯。

（4）氢氧化钠（NaOH）。

（5）对硝基苯酚（$C_6H_5NO_3$）。

（6）乙酸钠（$CH_3COONa \cdot 3H_2O$）。

（7）无水乙酸钠（CH_3COONa）。

（8）乙酸（CH_3COOH）：优级纯。

（9）37%甲醛（HCHO）。

（10）乙酰丙酮（$C_5H_8O_2$）。

（11）氢氧化钠溶液（300g/L）：称取30g氢氧化钠加水溶解后，放冷，并稀释至100mL。

（12）对硝基苯酚指示剂溶液（1g/L）：称取0.1g对硝基苯酚指示剂溶于20mL95%乙醇中，加水稀释至100mL。

（13）乙酸溶液（1mol/L）：量取5.8mL乙酸，加水稀释至100mL。

（14）乙酸钠溶液（1mol/L）：称取41g无水乙酸钠或68g乙酸钠，加水溶解后并稀释至500mL。

（15）乙酸钠－乙酸缓冲溶液：量取60mL乙酸钠溶液与40mL乙酸溶液混合，该溶液pH4.8。

（16）显色剂：15mL甲醛与7.8mL乙酰丙酮混合，加水稀释至100mL，剧烈振摇混匀（室温下放置稳定3d）。

（17）氮标准储备溶液（以氮计）（1.0g/L）：称取105℃干燥2h的硫酸铵0.4720g，加水溶解后移于100mL容量瓶中，并稀释至刻度，混匀，此溶液每毫升相当于1.0mg氮。

（18）氨氮标准使用溶液（0.1g/L）：用移液管吸取10.00mL氨氮标准储备液于100mL容量瓶内，加水定容至刻度，混匀，此溶液每毫升相当于0.1mg氮。

4.5.2.3 仪器和设备

（1）分光光度计。

（2）电热恒温水浴锅：（100±0.5）℃。

（3）10mL具塞玻璃比色管。

（4）天平：分度值为1mg。

4.5.2.4 分析步骤

（1）试样消解

称取经粉碎混匀过40目筛的固体试样0.1g～0.5g（精确至0.001g）、半固体试样0.2g

~1g（精确至0.001g）或液体试样1g~5g（精确至0.001g），移入干燥的100mL或250mL定氮瓶中，加入0.1g硫酸铜、1g硫酸钾及5mL硫酸，摇匀后于瓶口放一小漏斗，将定氮瓶以45°角斜支于有小孔的石棉网上。缓慢加热，待内容物全部炭化，泡沫完全停止后，加强火力，并保持瓶内液体微沸，至液体呈蓝绿色澄清透明后，再继续加热半小时。取下放冷，慢慢加入20mL水，放冷后移入50mL或100mL容量瓶中，并用少量水洗定氮瓶，洗液并入容量瓶中，再加水至刻度，混匀备用。按同一方法做试剂空白试验。

（2）试样溶液的制备

吸取2.00~5.00mL试样或试剂空白消化液于50mL或100mL容量瓶内，加1~2滴1g/L对硝基苯酚指示剂溶液，摇匀后滴加300g/L氢氧化钠溶液中和至黄色，再滴加1mol/L乙酸溶液至溶液无色，用水稀释至刻度，混匀。

（3）标准曲线的绘制

吸取0.00mL、0.05mL、0.10mL、0.20mL、0.40mL、0.60mL、0.80mL和1.00mL氨氮标准使用溶液（相当于0.00μg、5.00μg、10.0μg、20.0μg、40.0μg、60.0μg、80.0μg和100.0μg氮），分别置于10mL比色管中。加4.0mL乙酸钠-乙酸缓冲溶液及4.0mL显色剂，加水稀释至刻度，混匀。置于100℃水浴中加热15min。取出用水冷却至室温后，移入1cm比色杯内，以零管为参比，于波长400nm处测量吸光度值，根据标准各点吸光度值绘制标准曲线或计算线性回归方程。

（4）试样测定

吸取0.50mL~2.00mL（约相当于氮<100μg）试样溶液和同量的试剂空白溶液，分别于10mL比色管中。以下按（3）自“加4.0mL乙酸钠-乙酸缓酸溶液及4.0mL显色剂……”起操作。试样吸光度值与标准曲线比较定量或代入线性回归方程求出含量。

4.5.2.5 分析结果的表述

试样中蛋白质的含量按式（4-29）进行计算。

$$X = \frac{(c - c_0)}{m \times \frac{V_2}{V_1} \times \frac{V_4}{V_3} \times 1\,000 \times 1\,000} \times 100 \times F \qquad (4-29)$$

式中：X——试样中蛋白质的含量，g/100g；

c——试样测定液中氮的含量，μg；

c_0——试剂空白测定液中氮的含量，μg；

V_1——试样消化液定容体积，mL；

V_2——制备试样溶液的消化液体积，mL；

V_3——试样溶液总体积，mL；

V_4——测定用试样溶液体积，mL；

m——试样质量，g；

F——氮换算为蛋白质的系数。一般食物为6.25；纯乳与纯乳制品为6.38；面粉为5.70；玉米、高粱为6.24；花生为5.46；大米为5.95；大豆及其粗加工制品为5.71；大豆蛋白制品为6.25；肉与肉制品为6.25；大麦、小米、燕麦、裸麦为5.83；芝麻、向日葵为5.30；复合配方食品为6.25。

以重复性条件下获得的两次独立测定结果的算术平均值表示，蛋白质含量≥1g/100g

时，结果保留三位有效数字；蛋白质含量 <1g/100g 时，结果保留两位有效数字。

4.5.2.6 精密度

在重复性条件下获得的两次独立测定结果的绝对差值不得超过算术平均值的 10% 。

4.5.3 蛋白质快速测定法

4.5.3.1 双缩脲法

4.5.3.1.1 原理

当脲被小心地加热至 150℃ ~160℃时，可由 2 个分子间脱去一个氨分子而生成二缩脲（也叫双缩脲），反应式如下。

$$H_2NCONH_2 + H—NH—CO—NH_3 \xrightarrow{150℃ \sim 160℃} H_2NCONHCONH_2 + NH_3$$

双缩脲与碱及少量硫酸铜溶液作用生成紫红色的配合物（此反应称为双缩脲反应），由于蛋白质分子中含有肽键（—CO—NH—），与双缩脲结构相似，故也能呈现此反应而生成紫红色配合物，在一定条件下其颜色深浅与蛋白质含量成正比，据此可用吸收光度法来测定蛋白质含量，该配合物的最大吸收波长为 560nm。

本法灵敏度较低，但操作简单快速，故在生物化学领域中测定蛋白质含量时常用此法。本法亦适用于豆类、油料、米谷等作物种子及肉类等样品测定。

4.5.3.1.2 试剂和主要仪器

（1）碱性硫酸铜溶液

① 以甘油为稳定剂。将 10mL 10mol/L 氢氧化钾和 3mL 甘油加到 937mL 蒸馏水中，剧烈搅拌（否则将生成氢氧化铜沉淀），同时慢慢加入 50mL 4% 硫酸铜溶液。

② 以酒石酸钾钠做稳定剂。将 10mL 10mol/L 氢氧化钾和 20mL 25% 酒石酸钾钠溶液加到 930mL 蒸馏水中，剧烈搅拌（否则将生成氢氧化铜沉淀），同时慢慢加入 40mL 4% 硫酸铜溶液。

（2）四氯化碳（CCl_4）。

（3）分光光度计。

（4）离心机（4 000r/min）。

4.5.3.1.3 操作步骤

（1）标准曲线的绘制

以采用凯氏定氮法测出蛋白质含量的样品作为标准蛋白质样。按蛋白质含量 40mg、50mg、60mg、70mg、80mg、90mg、100mg 和 110mg 分别称取混合均匀的标准蛋白质样于 8 支 50mL 纳氏比色管中，然后各加入 1mL 四氯化碳，再用碱性硫酸铜溶液（①或②）准确稀释至 50mL，振摇 10min，静置 1h，取上层清液离心 5min，取离心分离后的透明液于比色皿中，在 560nm 波长下以蒸馏水作参比液，调节仪器零点并测定各溶液的吸光度 A，以蛋白质的含量为横坐标，吸光度 A 为纵坐标绘制标准曲线。

（2）样品的测定

准确称取样品适量（即使得蛋白质含量在 40mg ~110mg 之间）于 50mL 纳氏比色管中，加 1mL 四氯化碳，按上述步骤显色后，在相同条件下测其吸光度 A。用测得的 A 值在标准曲线上即可查得蛋白质毫克数，进而由此求得蛋白质含量。

4.5.3.1.4　结果计算

计算公式见式（4－30）。

$$X = \frac{c \times 100}{m} \tag{4-30}$$

式中：X——试样中蛋白质的质量分数，mg/100g；

c——由标准曲线上查得的蛋白质质量，mg；

m——样品质量，g。

4.5.3.1.5　说明及注意事项

（1）蛋白质的种类不同，对发色程度的影响不大。

（2）含脂肪高的样品应预先用醚抽出弃去。

（3）样品中有不溶性成分存在时，会给比色测定带来困难，此时可预先将蛋白质抽出后再进行测定。

（4）当肽链中含有脯氨酸时，若有多量糖类共存，则显色不好，会使测定值偏低。

4.5.3.2　紫外分光光度法

4.5.3.2.1　原理

蛋白质及其降解产物（脲、胨、肽和氨基酸）的芳香环残基［—NH—CH(R)—CO—］在紫外区内对一定波长的光具有选择吸收作用。在此波长（280nm）下，光吸收程度与蛋白质浓度（3mg/mL～8mg/mL）成直线关系，因此，通过测定蛋白质溶液的吸光度，并参照事先用凯氏定氮法测定蛋白质含量的标准样所做的标准曲线，即可求出样品蛋白质含量。

本法操作简便迅速，常用于生物化学研究工作；但由于许多非蛋白质成分在紫外光区也有吸收作用，加之光散射作用的干扰，故在食品分析领域中的应用并不广泛，最早用于测定牛乳的蛋白质含量，也可用于测定小麦面粉、糕点、豆类、蛋黄及肉制品中的蛋白质含量。

4.5.3.2.2　试剂和主要仪器

（1）柠檬酸水溶液（0.1mol/L）。

（2）8mol/L尿素的2mol/L氢氧化钠溶液。

（3）95%乙醇。

（4）无水乙醚。

（5）紫外分光光度计。

（6）离心机（3 000r/min～5 000r/min）。

4.5.3.2.3　操作步骤

（1）标准曲线的绘制

准确称取样品2.00g，置于50mL烧杯中，加入0.1mol/L柠檬酸溶液30mL，不断搅拌10min，使其充分溶解，用四层纱布过滤于玻璃离心管中，以3 000r/min～5 000r/min的速度离心5min～10min，倾出上清液。分别吸取0.5mL、1.0mL、1.5mL、2.0mL、2.5mL和3.0mL于10mL容量瓶中，各加入8mol/L脲的氢氧化钠溶液，定容至标线，充分振摇2min，若浑浊，再次离心直至透明为止。将透明液置于比色皿中，于紫外分光光度计280nm波长处以8mol/L脲的氢氧化钠溶液作参比液，测定各溶液的吸光度A。

以事先用凯氏定氮法测得的样品中蛋白质的含量为横坐标，上述吸光度 A 为纵坐标，绘制标准曲线。

（2）样品的测定

准确称取试样 1.00g，如前处理，吸取的每毫升样品溶液中含有大约 3mg ~ 8mg 的蛋白质。按标准曲线绘制的操作条件测定其吸光度，从标准曲线中查出蛋白质的含量。

4.5.3.2.4　结果计算

计算公式见式（4－31）。

$$X = \frac{c \times 100}{m} \tag{4-31}$$

式中：X——试样中蛋白质的质量分数，mg/100g；

c——从标准曲线上查得的蛋白质质量，mg；

m——测定样品溶液相当于样品的质量，mg。

4.5.3.2.5　说明及注意事项

（1）测定牛乳样品时的操作步骤为：准确吸取混合均匀的样品 0.2mL，置于 25mL 纳氏比色管中，用 95% ~97% 的冰乙酸稀释至标线，摇匀，以 95% ~97% 冰乙酸为参比液，用 1cm 比色皿于 280nm 处测定吸光度，并用标准曲线法确定样品蛋白质含量（标准曲线以采用凯氏定氮法测出蛋白质含量的牛乳标准样绘制）。

（2）测定糕点时，应将表皮的颜色去掉。

（3）温度对蛋白质水解有影响，操作温度应控制在 20℃ ~30℃。

4.5.3.3　考马斯亮蓝 G－250 法

4.5.3.3.1　原理

考马斯亮蓝 G－250（Coomassie Brilliant Blue G－250）测定蛋白质含量属于染料结合法的一种。考马斯亮蓝 G－250 在游离状态下呈红色，最大光吸收在 488nm；当它与蛋白质结合后变为青色，蛋白质－色素结合物在 595nm 波长下有最大光吸收。其光吸收值与蛋白质含量成正比，因此可用于蛋白质的定量测定。蛋白质与考马斯亮蓝 G－250 结合在 2min 左右的时间内达到平衡，完成反应十分迅速；其结合物在室温下 1h 内保持稳定。该法是 1976 年 Bradford 建立，试剂配制简单，操作简便快捷，反应非常灵敏，灵敏度比 Lowry 法还高 4 倍，可测定微克级蛋白质含量，测定蛋白质浓度范围为 0μg/mL ~ 1 000μg/mL，是一种常用的微量蛋白质快速测定方法。

4.5.3.3.2　试剂和主要仪器

（1）牛血清白蛋白标准溶液的配制：准确称取 100mg 牛血清白蛋白，溶于 100mL 蒸馏水中，即为 1 000μg/mL 的原液。

（2）蛋白试剂考马斯亮蓝 G－250 的配制：称取 100mg 考马斯亮蓝 G－250，溶于 50mL90% 乙醇中，加入 85%（W/V）的磷酸 100mL，最后用蒸馏水定容到 1 000mL。此溶液在常温下可放置一个月。

（3）乙醇。

（4）磷酸（85%）。

（5）天平。

（6）刻度吸管。

（7）具塞试管、试管架。

（8）研钵。

（9）离心机、离心管。

（10）微量取样器。

（11）分光光度计。

4.5.3.3.3　操作步骤

（1）标准曲线制作

0μg/mL～100μg/mL 标准曲线的制作：取6支10mL干净的具塞试管，按表4-3取样。盖塞后，将各试管中溶液纵向倒转混合，放置2min后用1cm光经的比色杯在595nm波长下比色，记录各管测定的光密度 OD_{595}nm，并做标准曲线。

表4-3　低浓度标准曲线制作

管号	1	2	3	4	5	6
1 000μg/mL 标准蛋白液/mL	0	0.02	0.04	0.06	0.08	0.10
蒸馏水/mL	1.00	0.98	0.96	0.94	0.92	0.90
考马斯亮蓝 G-250 试剂/mL	5	5	5	5	5	5
蛋白质含量/μg	0	20	40	60	80	100
OD_{595nm}						

0μg/mL～1 000μg/mL 标准曲线的制作：另取6支10mL具塞试管，按表4-4取样。其余步骤同上操作，做出蛋白质浓度为0μg/mL～1 000μg/mL的标准曲线。

表4-4　高浓度标准曲线制作

管号	7	8	9	10	11	12
1 000μg/mL 标准蛋白液/mL	0	0.2	0.4	0.6	0.8	1.0
蒸馏水/mL	1.00	0.8	0.6	0.4	0.2	0
考马斯亮蓝 G-250 试剂/mL	5	5	5	5	5	5
蛋白质含量/μg	0	200	400	600	800	1 000
OD_{595nm}						

（2）样品提取液中蛋白质浓度的测定

① 待测样品制备：称取样品2g放入研钵中，加2mL蒸馏水研磨成匀浆，转移到离心管中，再用6mL蒸馏水分次洗涤研钵，洗涤液收集于同一离心管中，放置0.5h～1h以充分提取，然后在4 000r/min离心20min，弃去沉淀，上清液转入10mL容量瓶，并以蒸馏水定容至刻度，即得待测样品提取液。

② 测定：另取2支10mL具塞试管，按下表4-5取样。吸取提取液0.1mL（做一重复），放入具塞刻度试管中，加入5mL考马斯亮蓝G-250蛋白试剂，充分混合，放置2min后用1cm光径比色杯在595nm下比色，记录光密度 OD_{595}nm，并通过标准曲线查得待测样品提取液中蛋白质的含量 X（μg）。以标准曲线1号试管做空白。

表 4-5 待测液蛋白质浓度测定

管　号	13	14
蛋白质待测样品提取液/mL	0.1	0.1
蒸馏水/mL	0.9	0.9
考马斯亮蓝 G-250 试剂/mL	5	5
OD_{595nm}		
蛋白质含量/μg		

4.4.3.3.4 结果计算

计算公式见式（4-32）。

$$X=\frac{m\frac{V_1}{V_2}}{m_o} \tag{4-32}$$

式中：X——样品中蛋白质质量分数，μg/g 鲜重；

m——在标准曲线上查得的蛋白质含量，μg；

V_1——提取液总体积，mL；

V_2——测定时取样体积，mL；

m_o——样品鲜重，g。

4.5.3.4 Folin-酚法

4.5.3.4.1 原理

Folin-酚试剂法包括两步反应：第一步是在碱性条件下，蛋白质与铜作用生成蛋白质-铜络合物；第二步是此络合物将磷钼酸-磷钨酸试剂（Folin 试剂）还原，产生深蓝色（磷钼蓝和磷钨蓝混合物），颜色深浅与蛋白质含量成正比。此法操作简便，灵敏度比双缩脲法高 100 倍，定量范围为 5μg~100μg 蛋白质。Folin 试剂显色反应由酪氨酸、色氨酸和半胱氨酸引起，因此样品中若含有酚类、柠檬酸和巯基化合物均有干扰作用。此外，不同蛋白质因酪氨酸、色氨酸含量不同而使显色强度稍有不同。

4.5.3.4.2 试剂和主要仪器

（1）NaOH（0.5mol/L）。

（2）试剂甲：（a）称取 10g Na_2CO_3，2 g NaOH 和 0.25g 酒石酸钾钠，溶解后用蒸馏水定容至 500mL；（b）称取 0.5g $CuSO_4 \cdot 5H_2O$，溶解后用蒸馏水定容至 100mL。每次使用前将（a）液 50 份与（b）液 1 份混合，即为试剂甲，其有效期为 1 天。

（3）试剂乙：在 1.5L 容积的磨口回流器中加入 100g 钨酸钠（$Na_2WO_4 \cdot 2H_2O$）和 700mL 蒸馏水，再加 50mL 85% 磷酸和 100mL 浓盐酸充分混匀，接上回流冷凝管，以小火回流 10h。回流结束后，加入 150g 硫酸锂和 50mL 蒸馏水及数滴液体溴，开口继续沸腾 15min，驱除过量的溴，冷却后溶液呈黄色（倘若仍呈绿色，再滴加数滴液体溴，继续沸腾 15min）。然后稀释至 1L，过滤，滤液置于棕色试剂瓶中保存，使用前大约加水 1 倍，使最终浓度相当于 1mol/L。

（4）722 型（或 721 型）分光光度计。

（5）离心机。

（6）分析天平。

4.5.3.4.3　操作步骤

（1）标准曲线的制作

配制标准牛血清白蛋白溶液：在分析天平上精确称取 0.025 0g 结晶牛血清白蛋白，倒入小烧杯内，用少量蒸馏水溶解后转入 100mL 容量瓶中，烧杯内的残液用少量蒸馏水冲洗数次，冲洗液一并倒入容量瓶中，用蒸馏水定容至 100mL，则配成 250μg/mL 的牛血清白蛋白溶液。

系列标准牛血清白蛋白溶液的配制：取 6 支普通试管，按表 4－6 加入标准浓度的牛血清白蛋白溶液和蒸馏水，配成一系列不同浓度的牛血清白蛋白溶液。然后各加试剂甲 5mL，混合后在室温下放置 10min，再各加 0.5mL 试剂乙，立即混合均匀（这一步速度要快，否则会使显色程度减弱）。30min 后，以不含蛋白质的 1 号试管为对照，用 722 型分光光度计于 650nm 波长下测定各试管中溶液的光密度并记录结果。标准曲线的绘制：以牛血清白蛋白含量（μg）为横坐标，以光密度为纵坐标绘制标准曲线。

表 4－6　牛血清白蛋白标准曲线制作

试　剂	管号					
	1	2	3	4	5	6
250μg/mL 牛血清白蛋白/mL	0	0.2	0.4	0.6	0.8	1.0
蒸馏水/mL	1.0	0.8	0.6	0.4	0.2	0
蛋白质含量/μg	0	50	100	150	200	250

（2）样品的提取及测定

准确称取样品 1g，放入研钵中，加蒸馏水 2mL，研磨匀浆。将匀浆转入离心管，并用 6mL 蒸馏水分次将研钵中的残渣洗入离心管，离心 4 000r/min、20min。将上清液转入 50mL 容量瓶中，用蒸馏水定容到刻度，作为待测液备用。

取普通试管 2 支，各加入待测溶液 1mL，分别加入试剂甲 5mL，混匀后放置 10min，再各加试剂乙 0.5mL，迅速混匀，室温放置 30min，于 650nm 波长下测定光密度，并记录结果。

4.5.3.4.4　结果计算

计算出两重复样品光密度的平均值，从标准曲线中查出相对应的蛋白质含量 X（μg），再按式（4－33）计算样品中蛋白质的百分含量。

$$X = \frac{m \cdot d}{m_o} \tag{4-33}$$

式中：X——样品中蛋白质的质量分数，μg/g；

m——从标准曲线中查出相对应的蛋白质含量，μg；

d——稀释倍数；

m_o——样品质量，g。

4.6 食品中维生素的检验

维生素是维护人体健康、促进生长发育和调节生理机能所必需的一类有机化合物。维生素的化学结构不同，其生理机能也各异。它们既不参加组织构造，也不供给能量，但能帮助机体吸收大量能源，是构成基本物质的原料，起到酶和激素一样的作用。维生素的种类很多，通常按溶解性把维生素分为脂溶性和水溶性两大类。

4.6.1 脂溶性维生素的测定

脂溶性维生素包括维生素 A、维生素 D、维生素 E 和维生素 K，不溶于水，溶于脂肪及脂性溶剂。在天然食品中脂溶性维生素常与脂质共存，在肠内吸收时也与脂质吸收密切相关，能以扩散被动方式穿过肌肉细胞膜的脂相，经胆囊从大便排出。当脂质吸收不良时，脂溶性维生素的吸收会减少，从而引起相应的缺乏症。长期吸收过量脂溶性维生素，也会对机体产生毒害作用。脂溶性维生素具有以下理化性质：①脂溶性维生素不溶于水，易溶于脂肪、乙醇、丙酮、氯仿乙醚、苯等有机溶剂。②维生素 A、维生素 D 对酸不稳定，维生素 E 对酸稳定。维生素 A、维生素 D 对碱稳定，维生素 E 对碱不稳定，但在抗氧化剂存在下或惰性气体保护下，也能经受碱的煮沸。③维生素 A、维生素 D、维生素 E 耐热性好，能经受煮沸，维生素 A 因分子中有双链，易被氧化，光、热促进其氧化，维生素 D 性质稳定，不易被氧化，维生素 E 在空气中能慢慢被氧化，光、热、碱能促进其氧化作用。

测定脂溶性维生素时，通常先用皂化法处理样品，水洗去除类脂物。然后用有机溶剂提取脂溶性维生素（不皂化物），浓缩后溶于适当的溶剂后测定。在皂化和浓缩时，为防止维生素的氧化分解，常加入抗氧化剂（如焦性没食子酸、维生素 C 等）。对于某些液体样品或脂肪含量低的样品，可以先用有机溶剂抽出脂类，然后再进行皂化处理；对于维生素 A、维生素 D、维生素 E 共存的样品，或杂质含量高的样品，在皂化提取后，还需进行层析分离。分析操作一般要在避光条件下进行。

4.6.1.1 维生素 A 的比色法（GB/T 5009.82—2003）

4.6.1.1.1 原理

维生素 A 在三氯甲烷中与三氯化锑相互作用，产生蓝色物质，其深浅与溶液中所含维生素 A 的含量成正比。该蓝色物质虽不稳定，但在一定时间内可用分光光度计于 620nm 波长处测定其吸光度。

4.6.1.1.2 试剂

除非另有说明，在分析中仅使用确定为分析纯的试剂和蒸馏水或相当纯度的水。

（1）无水硫酸钠。

（2）乙酸酐。

（3）乙醚。

（4）无水乙醇。

（5）三氯甲烷：应不含分解物，否则会破坏维生素 A。

① 检查方法：三氯甲烷不稳定，放置后易受空气中氧的作用生成氯化氢和光气。检查时可取少量三氯甲烷置试管中加水少许振摇，使氯化氢溶到水层。加入几滴硝酸银液，如有

白色沉淀即说明三氯甲烷中有分解产物。

② 处理方法：试剂应先测验是否含有分解产物，如有，则应于分液漏斗中加水洗数次，加无水硫酸钠或氯化钙使之脱水，然后蒸馏。

(6) 三氯化锑－三氯甲烷溶液（250g/L）：用三氯甲烷配制三氯化锑溶液，储于棕色瓶中（注意勿使吸收水分）。

(7) 氢氧化钾溶液（1+1）。

(8) 维生素A或视黄醇乙酸酯标准液：视黄醇（纯度85%）或视黄醇乙酸酯（纯度90%）经皂化处理后使用。取脱醛乙醇溶解维生素A标准品，使其浓度大约为1mL相当于1mg视黄醇。临用前以紫外分光光度法标定其准确浓度。

(9) 酚酞指示剂（10g/L）：用95%乙醇配制。

4.6.1.1.3　仪器

(1) 实验室常用仪器。

(2) 分光光度计。

(3) 回流冷凝装置。

4.6.1.1.4　分析步骤

维生素A极易被光破坏，实验操作应在微弱光线下进行，或用棕色玻璃仪器。

(1) 试样处理

根据试样性质，可采用皂化法或研磨法。

① 皂化法。适用于维生素A含量不高的样品，可减少脂溶性物质的干扰，但全部试验过程费时，且易导致维生素A的损失。

皂化。根据试样中维生素A含量的不同，准确称取0.5g～5g试样于三角瓶中，加入10mL（1+1）氢氧化钾及20mL～40mL乙醇，在电热板上回流30min至皂化完全为止。

提取。将皂化瓶内混合物移至分液漏斗中，以30mL水洗皂化瓶，洗液并入分液漏斗。如有渣子，可用脱脂棉漏斗滤入分液漏斗内。再用50mL乙醚分两次洗皂化瓶，洗液并入分液漏斗中，振摇并注意放气，静置分层后，水层放入第二个分液漏斗内。皂化瓶再用约30mL乙醚分两次冲洗，洗液倾入第二个分液漏斗内。振摇后，静置分层，水层放入三角瓶中，醚层与第一个分液漏斗合并。重复至水液中无维生素A为止。

洗涤。用约30mL水加入第一个分液漏斗中，轻轻振摇，静置片刻后，放去水层。加入15mL～20mL 0.5mol/L氢氧化钾溶液于分液漏斗中，轻轻振摇后，弃去下层碱液，除去醚溶性酸皂。继续用水洗涤，每次用水约30mL，直至洗涤液与酚酞指示剂呈无色为止（大约3次）。醚层液静置10min～20min后，小心放出析出的水。

浓缩。将醚层液经过无水硫酸钠滤入三角瓶中，再用约25mL乙醚冲洗分液漏斗和硫酸钠两次，洗液并入三角瓶内。置水浴上蒸馏，回收乙醚。待瓶中剩约5mL乙醚时取下，用减压抽气法至干，立即加入一定量的三氯甲烷使溶液中维生素A含量在适宜浓度范围内。

② 研磨法。适用于每克试样维生素A的含量大于5μg～10μg试样的测定，如肝的分析。步骤简单，省时，结果准确。

研磨。精确称2g～5g试样，放入盛有3～5倍试样质量的无水硫酸钠研钵中，研磨至试样中水分完全被吸收，并均质化。

提取。小心地将全部均质化试样移入带盖的三角瓶内，准确加入50mL～100mL乙醚。紧压盖子，用力振摇2min，使试样中维生素A全部溶于乙醚中；使其自行澄清（大约需

1h ~ 2h)，或离心澄清（因乙醚易挥发，气温高时应在冷水浴中操作。装乙醚的试剂瓶也应事先放入冷水浴中)。

浓缩。取澄清的乙醚提取液 2mL ~ 5mL，放入比色管中，在 70℃ ~ 80℃ 水浴上抽气蒸干；然后立即加入 1mL 三氯甲烷溶解残渣。

(2) 标准曲线的制备

准确取一定量的维生素 A 标准液于 4 ~ 5 个容量瓶中，以三氯甲烷配置标准系列。再取相同数量比色管顺次取 1mL 三氯甲烷和标准系列使用液 1mL，各管加入乙酸酐 1 滴，制成标准比色列。于 620nm 波长处，以三氯甲烷调节吸光度至零点；将其标准比色列按顺序移入光路前，迅速加入 9mL 三氯化锑 - 三氯甲烷溶液。于 6s 内测定吸光度，以吸光度为纵坐标，维生素 A 含量为横坐标绘制标准曲线图。

(3) 试样测定

于一比色管中加入 10mL 三氯甲烷，加入 1 滴乙酸酐为空白液。另一比色管中加入 1mL 三氯甲烷，其余比色管中分别加入 1mL 试样溶液及 1 滴乙酸酐。其余步骤同标准曲线的制备。

4.6.1.1.5　结果计算

计算公式见式 (4 - 34)。

$$X = \frac{c}{m} \times V \frac{100}{1\,000} \tag{4-34}$$

式中：X——试样中维生素 A 的含量（如按国际单位，每 1 国际单位 = 0.3μg 维生素 A)，mg/100g；

c——由标准曲线上查得试样溶液中维生素 A 的含量，μg/mL；

m——试样质量，g；

V——提取后加入三氯甲烷定量之体积，mL；

100——以每 100g 试样计。

4.6.1.1.6　精密度

在重复性条件下获得的两次独立测定结果的绝对差值不得超过算术平均值的 10%。

4.6.1.1.7　说明及讨论

(1) 维生素 A 极易被光破坏，实验操作应在微弱光线下进行，或使用棕色玻璃仪器。

(2) 乙醚为溶剂的萃取体系，易发生乳化现象。在提取、洗涤操作中，不要用力过猛，若发生乳化，可加几滴乙醇破乳。

(3) 在每 1mL 三氯甲烷中应加入乙酸酐 1 滴，以保证所用三氯甲烷中不含有水分。因为三氯化锑遇水会出现沉淀，干扰比色测定。

$$SbCl_3 + H_2O \longrightarrow SbOCl \downarrow + 2HCl$$

另外，由于三氯化锑遇水生成白色沉淀，因此用过的仪器要先用稀盐酸浸泡后再清洗。

(4) 由于三氯化锑与维生素 A 所产生的蓝色物质很不稳定，通常生成 6s 后便开始退色，因此要求反应在比色管中进行，产生蓝色后立即读取吸光度。

(5) 如果样品中含有胡萝卜素（如奶粉、禽蛋等食品）干扰测定，可将浓缩蒸干的样品用正己烷溶解，以氧化铝为吸附剂，丙酮、己烷混合液为洗脱剂进行柱层析。

(6) 比色法除用三氯化锑做显色剂外，还可用三氟乙酸、三氯乙酸做显色剂。其中三氟乙酸没有遇水发生沉淀而使溶液浑浊的缺点。

4.6.1.2　维生素A和维生素E的高效液相色谱法（GB/T 5009.82—2003）

4.6.1.2.1　原理

试样中的维生素A及维生素E经皂化提取处理后，将其从不可皂化部分提取至有机溶剂中。用高效液相色谱C_{18}反相柱将维生素A和维生素E分离，经紫外检测器检测，并用内标法定量测定。

4.6.1.2.2　试剂

（1）无水乙醚：不含有过氧化物。

① 过氧化物检查方法：用5mL乙醚加1mL10%碘化钾溶液，振摇1min，如有过氧化物则放出游离碘，水层呈黄色或加4滴0.5%淀粉溶液，水层呈蓝色。该乙醚需处理后使用。

② 去除过氧化物的方法：重蒸乙醚时，瓶中放入纯铁丝或铁末少许。弃去10%初馏液和10%残馏液。

（2）无水乙醇：不得含有醛类物质。

① 检查方法：取2mL银氨溶液于试管中，加入少量乙醇，摇匀，再加入氢氧化钠溶液，加热，放置冷却后，若有银镜反应则表示乙醇中有醛。

② 脱醛方法：取2g硝酸银溶于少量水中。取4g氢氧化钠溶于温乙醇中。将两者倾入1L乙醇中，振摇后，放置暗处2天（不时摇动，促进反应），经过滤，置蒸馏瓶中蒸馏，弃去初蒸出的50mL。当乙醇中含醛较多时，硝酸银用量适当增加。

（3）无水硫酸钠。

（4）甲醇：重蒸后使用。

（5）重蒸水：水中加少量高锰酸钾，临用前蒸馏。

（6）抗坏血酸溶液（100g/L）：临用前配制。

（7）氢氧化钾溶液（1+1）。

（8）氢氧化钠溶液（100g/L）。

（9）硝酸银溶液（50g/L）。

（10）银氨溶液：加氨水至50g/L硝酸银溶液中，直至生成的沉淀重新溶解为止，再加100g/L氢氧化钠溶液数滴，如发生沉淀，继续加氨水直至溶解。

（11）维生素A标准溶液：同比色法试剂（8）。

（12）维生素E标准溶液：α－生育酚（纯度为95%）、γ－生育酚（纯度为95%）、δ－生育酚（纯度为95%）。用脱醛乙醇分别溶解以上3种维生素E标准品，使其浓度大约为1mL相当于1mg。临用前以紫外分光光度计分别标定此3种维生素E的准确浓度。

（13）内标溶液：称取苯并［a］芘（纯度98%），用脱醛乙醇配制成每毫升相当于10μg苯并［a］芘的内标溶液。

（14）pH 1～14试纸。

4.6.1.2.3　仪器与设备

（1）实验室常用设备。

（2）高效液相色谱仪带紫外分光检测器。

（3）旋转蒸发器。

（4）高速离心机及与之配套的1.5mL～3.0mL的塑料离心管，具塑料盖。

（5）高纯氮气。

（6）恒温水浴锅。

（7）紫外分光光度计。

4.6.1.2.4　分析步骤

（1）试样处理

① 皂化：称取 1g ~ 10g 试样（含维生素 A 约 3μg，维生素 E 各异构体约 40μg）于皂化瓶中，加 30mL 无水乙醇，进行搅拌，直到颗粒物分散均匀为止。加 5mL10% 抗坏血酸，2.00mL 苯并［a］芘标准液。10mL 氢氧化钾（1 +1），混匀。于沸水浴上回流 30min 使皂化完全。皂化后立即放入冰水中冷却。

② 提取：将皂化后的试样移入分液漏斗中，用 50mL 水分 2 ~ 3 次洗皂化瓶，洗液并入分液漏斗中。用约 100mL 乙醚分两次洗皂化瓶及其残渣，乙醚液并入分液漏斗中。如有残渣，可将此液通过有少许脱脂棉的漏斗滤入分液漏斗。轻轻振摇分液漏斗 2min，静置分层，弃去水层。

③ 洗涤：用约 50mL 水洗分液漏斗中的乙醚层，用 pH 试纸检验直至水层不显碱性（最初水洗轻摇，逐次振摇强度可增加）。

④ 浓缩：将乙醚提取液经无水硫酸钠（约 5g）滤入与旋转蒸发器配套的 250mL ~ 300mL 球形蒸发瓶内，用约 100mL 乙醚冲洗分液漏斗及无水硫酸钠 3 次，并入蒸发瓶内，并将其接至旋转蒸发器上，于 55℃ 水浴中减压蒸馏并回收乙醚。待瓶中剩下约 2mL 乙醚时，取下蒸发瓶，立即用氮气吹干。立即加入 2.00mL 乙醇，充分混合，溶解提取物。

将乙醇液移入一小塑料离心管中，离心 5min（5 000r/min），上清液供色谱分析。若试样中维生素含量过小，可用氮气将乙醇液吹干后，再用乙醇重新定容，并记下体积比。

（2）标准曲线的制备

① 维生素 A 和维生素 E 标准浓度的标定：取维生素 A 和各维生素 E 标准液若干微升，分别稀释至 3.00mL 乙醇中，并分别按给定波长测定各维生素的吸光值。用比吸光系数计算出该维生素的浓度。测定条件见表 4 – 7。

表 4 – 7　标准曲线测定条件

标准	加入标准液的量 V/μL	比吸光系数（$E_{cm}^{1\%}$）	波长 λ/nm
视黄醇	10.00	1835	325
α – 生育酚	100.0	71	294
γ – 生育酚	100.0	92.8	298
δ – 生育酚	100.0	91.2	298

浓度计算按式（4 – 35）。

$$c_1 = \frac{A}{E} \times \frac{1}{100} \times \frac{3.00}{V \times 10^{-3}} \qquad (4-35)$$

式中：c_1——某种维生素浓度，g/mL；

A——维生素的平均紫外吸光度；

V——加入标准液的量，μL；

E——某种维生素 1% 比吸光系数；

$\frac{3.00}{V \times 10^{-3}}$——标准液稀释倍数。

②标准曲线的制备：本方法采用内标法定量。取一定量的维生素 A、α－生育酚、γ－生育酚、δ－生育酚标准液及内标苯并[a]芘液混合均匀。选择合适灵敏度，使上述物质的各峰高约为满量程的 70%，为高浓度点。高浓度的 1/2 为低浓度点（其内标苯并[a]芘的浓度值不变），用此种浓度的混合标准进行色谱分析，结果见色谱图 4－5。维生素标准曲线绘制是以维生素峰面积与内标物峰面积之比为纵坐标，维生素浓度为横坐标绘制，或计算直线回归方程。如有微机处理装置，则按仪器说明用二点内标法进行定量。

本标准不能将 β－E 和 γ－E 分开，故 γ－E 峰中包含有 β－E 峰。

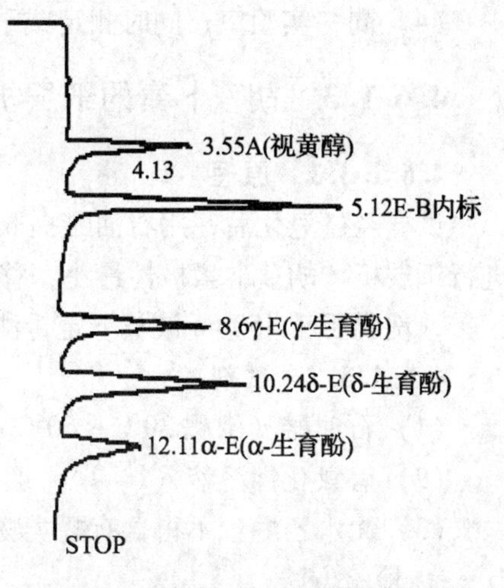

图 4－5　维生素 A 和维生素 E 色谱图

(3) 高效液相色谱分析

① 色谱条件（参考条件）

预柱：ultrasphereODS 10μm，4mm×4.5cm。

分析柱：ultrasphere ODS 5μm，4.6mm×25cm。

流动相：甲醇＋水（98＋2），混匀，于临用前脱气。

紫外检测器波长：300nm，量程 0.02。

进样量：20μL。

流速：1.7mL/min。

② 试样分析

取试样浓缩液 20μL，待绘制出色谱图及色谱参数后，再进行定性和定量。

定性：用标准物色谱峰的保留时间定性。

定量：根据色谱图求出某种维生素的峰面积与内标物的峰面积的比值，以此值在标准曲线上查到其含量。或用回归方程求其含量。

4.6.1.2.5　结果计算

计算公式见式（4－36）。

$$X=(c/m)\times V\times(100/1\,000) \tag{4-36}$$

式中：X——维生素的含量，mg/100g；

c——由标准曲线上查到某种维生素含量，μg/mL；

V——试样浓缩定容体积，mL；

m——试样质量，g。

4.6.1.2.6　精密度

在重复性条件下获得的两次独立测定结果的绝对差值不得超过算术平均值的 10%。

4.6.1.2.7　说明及讨论

(1) 本方法最小检出量分别为：维生素 A，0.8ng；α－生育酚，91.8ng；γ－生育酚，36.6ng；δ－生育酚，20.6ng。

(2) 本方法不能将 β－维生素 E 和 γ－维生素 E 分开，故 γ－维生素 E 峰中包括 β－维生素 E 峰。

(3) 用微处理机二点内标法进行定量时，可按其计算公式计算或由微机直接给出结果。

（4）同一实验室，同时测定或重复测定结果相对偏差绝对值≤10%。

4.6.1.3　胡萝卜素的纸层析法（GB/T 5009.83—2003）

4.6.1.3.1　原理

试样经过皂化后，用石油醚提取食品中的胡萝卜素及其他植物色素，以石油醚为展开剂进行纸层析，胡萝卜素极性最小，移动速度最快，从而与其他色素分离，剪下含胡萝卜素的区带，洗脱后于450nm波长下定量测定。

4.6.1.3.2　试剂

（1）石油醚（沸程30℃～60℃）：同时是展开剂。

（2）氢氧化钾溶液（1+1）：取50g氢氧化钾溶于50mL水。

（3）无水乙醇：不得含有醛类物质。

① 检验方法

银氨液：加浓氨水于5%硝酸银液中，直至氧化银沉淀溶解，加入2.5mol/L氢氧化钠溶液数滴，如发生沉淀，再加浓氨水使之溶解。

银镜反应：加2mL银氨液于试管内，加入几滴乙醇摇匀，加入少许2.5mol/L氢氧化钠溶液加热。如乙醇中无醛，则没有银沉淀，否则有银镜反应。

② 脱醛方法

取2g硝酸银溶于少量水中，取4g氢氧化钠溶于温乙醇中，将两者倾入1L乙醇中，暗处放置2天（不时摇动，促进反应），过滤，滤液倾入蒸馏瓶中蒸馏，弃去初蒸的50mL。乙醇中含醛较多时，硝酸银用量适当增加。

（4）无水硫酸钠。

（5）β－胡萝卜素标准贮备液：准确称取50.0mgβ－胡萝卜素标准品，溶于100.0mL三氯甲烷中，浓度约为500μg/mL，准确测其浓度。标定浓度的方法如下：

取标准贮备液10.0μL，加正已烷3.00mL，混匀。测其吸光度值，比色杯厚度为1cm，以正已烷为空白，入射光波长450nm，平行测定3份，取均值。

按式（4－37）计算溶液浓度。

$$X = (A/E) \times (3.01/0.01) \tag{4-37}$$

式中：X——胡萝卜素标准溶液浓度，mg/mL；

A——吸光度值；

E——β胡萝卜素在正已烷溶液中，入射光波长450nm，比色杯厚度1cm，溶液浓度为1μg/mL的吸光系数，其值为0.263 8；

3.01/0.01——测定过程中稀释倍数的换算系数。

（6）β－胡萝卜素标准使用液：将已标定的标准液用石油醚准确稀释10倍，使每毫升溶液相当于50μg，避光保存于冰箱中。

注：通常标准品不能全溶解于有机溶剂中，必要时应先将标准品皂化，再用有机溶剂提取，用蒸馏水洗涤至中性后，浓缩定容，再进行标定。由于胡萝卜素很容易分解。所以每次使用前，所用标准品均需标定，在测定试样时需带标准品同步操作。

4.6.1.3.3　仪器

（1）实验室常用设备。

（2）玻璃层析缸。

（3）分光光度计。

（4）旋转蒸发器：具配套150mL球形瓶。

（5）恒温水浴锅。

（6）皂化回流装置。

（7）点样器或微量注射器。

（8）滤纸：18cm×30cm。定性、快速或中速。

4.6.1.3.4 分析步骤

以下步骤需在避光条件下进行。

（1）试样预处理

① 皂化：取适量试样，相当于原样1g~5g（含胡萝卜素约20μg~80μg）匀浆，粮食试样视其胡萝卜素含量而定，植物油和高脂肪试样取样量不超过10g。置1.0mL带塞锥形瓶中，加脱醛乙醇30mL，再加10mL氢氧化钾溶液（1+1），回流加热30min，然后用冰水使之迅速冷却。皂化后试样用石油醚提取，直至提取液无色为止，每次提取石油醚用量为15mL~25mL。

② 洗涤：将皂化后试样提取液用水洗涤至中性。将提取液通过盛有10g无水硫酸钠的小漏斗，漏入球形瓶，用少量石油醚分数次洗净分液漏斗和无水硫酸钠层内的色素，洗涤液并入球形瓶内。

③ 浓缩与定容：将上述球形瓶内的提取液于旋转蒸发器上减压蒸发，水浴温度为60℃，蒸发至约1mL时，取下球形瓶，用氮气吹干，立即加入2.00mL石油醚定容，备层析用。

（2）纸层析

① 点样：在18cm×30cm滤纸下端距底边4cm处作一基线，在基线上取A、B、C、D 4个点，吸取0.100mL~0.400mL浓缩液在AB和CD间迅速点样。

② 展开：待纸上所点样液自然挥发干后，将滤纸卷成圆筒状，置于预先用石油醚饱和的层析缸中，进行上行展开。

③ 洗脱：待胡萝卜素与其他色素完全分开后，取出滤纸，自然挥发干石油醚，将位于展开剂前沿的胡萝卜素层析带剪下，立即放入盛有5mL石油醚的具塞试管中，用力振摇，使胡萝卜素完全溶入试剂中。

（3）比色测定

用1cm比色杯，以石油醚调节零点，于450nm波长下，测吸光度值，以其值从标准曲线上查出β-胡萝卜素含量，供计算时使用。

（4）标准曲线的绘制

取β-胡萝卜素标准使用液（浓度为50μg/mL）1.00mL、2.00mL、3.00mL、4.00mL、6.00mL和8.00mL，分别置于100mL具塞锥形瓶内，按试样分析步骤进行预处理和纸层析。点样体积为0.100mL，标准曲线各点含量依次为2.50μg、5.00μg、7.50μg、10.00μg、15.00μg和20.00μg。为测定低含量样品，可在0μg~2.50μg之间加做几点，以β-胡萝卜素含量为横坐标，以吸光度为纵坐标绘制标准曲线。

4.6.1.3.5 结果计算

计算公式见式（4-38）。

$$X = m_1 \times (V_2/V_1) \times (100/m) \quad (4-38)$$

式中：X——试样中胡萝卜素的含量（以β-胡萝卜素计），mg/100g；

m_1——在标准曲线上查得的胡萝卜素质量，μg；

V_1——点样体积，mL；

V_2——试样提取液浓缩后的定容体积，mL；

m——试样质量，g。

4.6.1.3.6 精密度

在重复性条件下获得的两次独立测定结果的绝对差值不得超过算术平均值的10%。

4.6.1.3.7 说明与讨论

（1）此法为国家标准方法，方法简便，色带清晰，最小检出限为0.11μg；同一实验室平行测定或重复测定结果的相对偏差绝对值≤10%。

（2）浓缩提取液时，一定要防止蒸干，避免胡萝卜素在空气中氧化或因高温、紫外线直射等破坏。定容、点样、层析后剪样点等操作环节一定要迅速。

（3）层析分离也可采用氧化镁、氧化铝作为吸附剂进行柱层析，洗脱色素后进行比色，这样分离较好，但比纸层析费时、费事。

（4）没有新华中速滤纸时，也可用普通滤纸，但层析展开时，溶剂前沿距底部不得少于20cm。

4.6.1.4 维生素D的三氯化锑比色法（AOAC方法）

4.6.1.4.1 原理

在三氯甲烷溶液中，维生素D与三氯化锑结合生成一种橙黄色化合物，呈色强度与维生素D的含量成正比。

4.6.1.4.2 试剂

（1）三氯化锑-三氯甲烷溶液：同比色法测维生素A试剂（6）。

（2）三氯化锑-三氯甲烷-乙酰氯溶液：在试剂（1）中加入其体积3%的乙酰氯，摇匀。

（3）乙醚：同比色法测维生素A试剂（3）。

（4）无水乙醇：同比色法测维生素A试剂（4）。

（5）石油醚（沸程30℃～60℃）：重蒸。

（6）维生素D标准溶液：称取0.25g维生素D，用三氯甲烷稀释至100mL，此液浓度为2.5mg/mL。临用时以三氯甲烷配制成0.025μg/mL～2.5μg/mL的标准使用液。

（7）聚乙二醇（PEG）600。

（8）白色硅藻土：Celite545（柱层析载体）。

（9）氨水。

（10）无水硫酸钠。

（11）氢氧化钾溶液（0.5mol/L）。

（12）中性氧化铝：层析用，100～200目。在550℃灰化炉中活化5.5h，降温至300℃左右，取出装瓶。冷却后，每100g氧化铝加入4mL水，用力振摇，使无块状，瓶口封紧储存于干燥器内，16h后使用。

4.6.1.4.3　操作步骤

（1）样品处理

皂化与提取同维生素 A 的测定。如果样品中有维生素 A 共存，可用以下方法进行分离纯化。

① 分离柱的制备：取一支内径为 2.2cm，具有活塞和砂芯板的玻璃层析柱。

第一层：加入 1g ~ 2g 无水硫酸钠，铺平整。

第二层：称取 15gCelite 置于 250mL 碘价瓶中，加入 80mL 石油醚，振摇 2min，再加入 10mL 聚乙二醇 600，剧烈振摇 10min，使其黏合均匀，然后倾入层析柱内。

第三层：加 5g 中性氧化铝。

第四层：加入 2g ~ 4g 无水硫酸钠。

轻轻地转动层析柱，使第二层的高度保持在 12cm 左右。

② 纯化：先用 30mL ~ 50mL 石油醚淋洗分离柱，然后将样品提取液倒入柱内，再用石油醚继续淋洗。弃去最初收集的 10mL 滤液，再用 200mL 容量瓶收集淋洗液至刻度。淋洗速度保持 2mL/min ~ 3mL/min。将淋洗液移入 500mL 分液漏斗中，每次加 100mL ~ 150mL 水，洗涤 3 次（去除残留的聚乙二醇，以免与三氯化锑作用形成浑浊物，影响比色）。

将上述石油醚层通过无水硫酸钠脱水后，置于浓缩器中减压浓缩至干或在水浴上用水泵减压抽干，立即加入 5mL 氯仿溶解备用。

（2）测定

① 标准曲线的绘制：准确吸取维生素 D 标准使用液（浓度视样品中维生素 D 含量高低而定）0.0mL、1.0mL、2.0mL、3.0mL、4.0mL、5.0mL 于 10mL 容量瓶中，用三氯甲烷定容。

取上述标准比色液各 1mL 于 1cm 比色杯中，立即加入三氯化锑 - 三氯甲烷 - 乙酰氯溶液 3mL，在 500nm 波长下，于 2min 内测定吸光度。绘制标准曲线。

② 样品测定：吸取样品纯化液 1mL 于 1cm 比色杯中，以下操作同标准曲线的绘制。

4.6.1.4.4　结果计算

根据样品溶液的吸收值，从标准曲线上查出相应的含量，然后按式（4 - 39）计算。

$$X = \frac{cV}{m \times 1\,000} \times 100 \qquad (4-39)$$

式中：X——样品中维生素 D 的含量，mg/100g；

c——标准曲线上查得样品溶液中维生素 D 的含量，μg/mL；

V——样品提取后用三氯甲烷定容之体积，mL；

m——样品质量，g。

如用国际单位表示，可按每 1 国际单位维生素 D 等于 0.025μg 维生素 D 进行换算。

4.6.1.4.5　说明与讨论

（1）食品中维生素 D 的含量一般很低，而维生素 A、维生素 E、胆固醇、速甾醇等成分的含量往往都大大超过维生素 D，严重干扰维生素 D 的测定，因此测定前必须经柱层析除去这些干扰成分。

（2）操作时加入乙酰氯可以消除温度的影响。可使灵敏度比仅用三氯化锑时提高约 3 倍。并可减少部分甾醇的干扰。

（3）此法不能区分维生素 D_2 和维生素 D_3，测定值是两者的总量。

4.6.1.5 维生素 D 的高效液相色谱法（AOAC 方法）

4.6.1.5.1 原理

试样经皂化后，用苯提取不皂化物，馏去苯后，使用第一阶段的分取型 HPLC，分取维生素 D 组分，以去除大部分干扰物质。得到的维生素 D 组分，用于第二阶段分析型 HPLC，得样品色谱图，与按同样操作条件得到的维生素 D 标准品的色谱图比较进行定量。

4.6.1.5.2 试剂

（1）焦性没食子酸 - 乙醇溶液（100g/L）。

（2）KOH 溶液（900g/L）。

（3）无水乙醇：同比色法测维生素 A 试剂（4）。

（4）苯：特级。

（5）正已烷。

（6）乙腈。

（7）异丙醇。

（8）甲醇：色谱纯。

（9）维生素 D 标准溶液：用乙醇代替三氯甲烷，按比色法测维生素 D 试剂（6）配制方法配成 4IU/mL 的维生素 D 标准溶液。

4.6.1.5.3 仪器

（1）高效液相色谱仪，附紫外检测器。

（2）馏分收集器。

4.6.1.5.4 色谱条件

（1）第一阶段（分取用）

色谱柱：反相柱 Nucleosil 5 - C_{18}，7.5mm × 300mm。

流动相：乙腈 - 甲醇（1 + 1）。

流速：2.0mL/min。

紫外检测器：波长 254nm。

（2）第二阶段（分析用）

色谱柱：正相柱 ZorbaxSIL，4.5mm × 250mm。

流动相：0.4% 异丙酮的已烷溶液。

流速：1.6mL/min。

紫外检测器：波长 254nm，AUFS 0.001。

4.6.1.5.5 操作步骤

（1）样品的皂化及不皂化物的提取

称取粉碎的样品 1g ~ 10g（维生素 D 含量在 2IU 以下）置于皂化瓶中，加入 40mL 100g/L焦性没食子酸 - 乙醇溶液及 10mL 900g/L KOH 溶液，装上回流装置，在沸水浴上皂化 30min，然后即用流动冷水冷却至室温，准确加入 100mL 苯，塞上瓶塞，剧烈振混 15s，然后移入 200mL ~ 250mL 分液漏斗中（如有沉淀物就留在烧瓶中，此时不需要用苯洗皂化瓶），加入 1mol/L KOH 溶液 50mL，振混后静置，弃去水层。再加 0.5mol/L KOH 溶液 50mL，振混后静置，弃去水层。再每次用 50mL 水洗涤苯层数次。直至用酚酞检验时洗液不呈碱性为止。分液漏斗静止几分钟，直至最后一滴水分离，弃去水。

（2）维生素D的分取

准确吸取上述苯溶液80mL于圆底烧瓶内，以40℃以下的温度减压蒸去苯，所得残留物中准确加入5mL正己烷使之溶解，取4.5mL置于10mL具塞试管内减压蒸去溶剂，残留物中准确加入乙腈－甲醇（1＋1）溶液500μL使之溶解。准确吸取该溶液200μL，注入分取用色谱柱中。事先用标准维生素D确定其流出位置，用馏分收集器收集维生素D组分（本实验色谱条件下维生素D保留时间大约为17min～18min，收集其16min～19min流出的组分）。

（3）维生素的定量

减压蒸馏维生素D组分中的溶剂，残留物溶解在200μL的0.4%异丙酮正己烷溶液中，取其中100μL注入分析用色谱柱中，得样品色谱图。

取维生素D标准液1mL，按上述（1）～（3）操作，得标准维生素D色谱图。

4.6.1.5.6　结果计算

比较样品色谱图和标准溶液色谱图，根据峰面积或峰高定量。计算公式见式（4－40）。

$$X = (P_{sa}/P_{st}) \times (c/m) \times 100 \tag{4-40}$$

式中：X——试样中维生素标准溶液的质量分数（以维生素D计），IU/100g；

P_{sa}——样品色谱图中维生素D的峰高（或面积）；

P_{st}——标准溶液色谱图中维生素D的峰高或峰面积；

c——维生素D标准溶液的浓度，IU/mL；

m——取样质量，g。

4.6.1.5.7　说明与讨论

（1）本法使用两级HPLC，反相型柱用于把维生素D与许多其他干扰物质分离，分取的维生素D应在半日内更换柱子后测定，如超过半日应封入惰性气体冷冻保存，再改换柱子测定。本法对维生素D_2和维生素D_3不加区别，两者混合存在时，测定的是总维生素D的量。

（2）焦性没食子酸是作为抗氧化剂而加入的。

（3）维生素D（包括维生素D_2和维生素D_3）加热皂化时，有一部分发生热异性化而转变为维生素D原。此热异性化反应，在一定的条件下大致以一定的比例进行。因此，本法中维生素D标准溶液和试样在同样条件下进行操作。这样，试样和标准样以同等比例热异性化生成维生素D原，由于只比较标准维生素D的峰高，热异性化部分相互抵消了。

（4）水洗苯提取的不皂化物时，用1mol/L KOH溶液、0.5mol/L KOH溶液及水分别进行洗涤，是为了使碱的浓度逐渐降低，以防止因形成胶粒而在水中损失。

（5）此法中也可采用毛地黄皂苷－硅藻土及皂土柱层析，以去除甾醇、维生素A、胡萝卜素等干扰成分。

4.6.2　水溶性维生素的测定

水溶性维生素与人体的生长发育及健康密切相关，包括维生素C、维生素B_1、维生素B_2、维生素B_6、维生素B_{12}、烟酸、叶酸、生物素、泛酸等。水溶性维生素中以维生素C及B族维生素较为重要，水溶性维生素的分析方法通常有分光光度法、分子荧光法、微生物法、高效液相色谱法等。

4.6.2.1　总抗坏血酸的荧光法（GB 5009.86—2003）

4.6.2.1.1　原理

试样中还原型抗坏血酸经活性炭氧化为脱氢抗坏血酸后，与邻苯二胺（OPDA）反应生成有荧光的喹唔啉（Quinoxaline），其荧光强度与抗坏血酸的浓度在一定条件下成正比，以此测定食品中抗坏血酸和脱氢抗坏血酸的总量。

脱氢抗坏血酸与硼酸可形成复合物而不与OPDA反应，以此排除试样中荧光杂质产生的干扰。

4.6.2.1.2　试剂

（1）偏磷酸－乙酸液：称取15g偏磷酸，加入40mL冰乙酸及250mL水，加温，搅拌，使之逐渐溶解。冷却后加水至500mL。于4℃冰箱可保存7d～10d。

（2）硫酸（0.15mol/L）：取10mL硫酸，小心加入水中，再加水稀释至1 200mL。

（3）偏磷酸－乙酸－硫酸液：以0.15mol/L硫酸液为稀释液，其余同偏磷酸－乙酸溶液配制。

（4）乙酸钠溶液（500g/L）：称取500g乙酸钠（$CH_3COONa \cdot 3H_2O$），加水至1 000mL。

（5）硼酸－乙酸钠溶液：称取3g硼酸，溶于100mL乙酸钠溶液（4）中，临用前配制。

（6）邻苯二胺溶液（200mg/L）：称取20mg邻苯二胺，临用前用水稀释至100mL。

（7）抗坏血酸标准溶液（1mg/mL）（临用前配制）：准确称取50mg抗坏血酸，用偏磷酸－乙酸溶液溶于50mL容量瓶中，并稀释至刻度。

（8）抗坏血酸标准使用液（100μg/mL）：取10mL抗坏血酸标准液，用偏磷酸－乙酸溶液稀释至100mL，定容前测pH，如其pH＞2.2时，则应用偏磷酸－乙酸－硫酸溶液稀释。

（9）0.04%百里酚蓝指示剂溶液：称取0.1g百里酚蓝，加入0.02mol/L氢氧化钠溶液，在玻璃研钵中研磨至溶解，氢氧化钠的用量约为10.75mL，磨溶后用水稀释至250mL。

变色范围：pH＝1.2　红色
　　　　　pH＝2.8　黄色
　　　　　pH＞4　　蓝色

（10）活性炭的活化：加200g炭粉于1L盐酸（1＋9）中，加热回流1h～2h，过滤，用水洗至滤液中无铁离子为止，置于110℃～120℃烘箱中干燥，备用。

4.6.2.1.3　仪器

（1）荧光分光光度计或具有350nm及430nm波长的荧光计。

（2）捣碎机。

（3）实验室常用设备。

4.6.2.1.4　分析步骤

（1）试样的制备

称取100g鲜样，加100mL偏磷酸－乙酸溶液，倒入捣碎机内打成匀浆，用百里酚蓝指示剂调试匀浆酸碱度。如呈红色，即可用偏磷酸－乙酸溶液稀释，若呈黄色或蓝色，则用偏磷酸－乙酸－硫酸溶液稀释，使其pH为1.2。均浆的取量需根据试样中抗坏血酸的含量而定。当试样液含量在40μg/mL～100μg/mL之间，一般取20g匀浆，用偏磷酸－乙酸溶液稀释至100mL，过滤，滤液备用。

（2）测定

① 氧化处理：分别取试样滤液及标准使用液各 100mL 于 200mL 带盖三角瓶中，加 2g 活性炭，用力振摇 1min，过滤，弃去最初数毫升滤液，分别收集其余全部滤液，即试样氧化液和标准氧化液，待测定。

② 各取 10mL 标准氧化液于 2 个 100mL 容量瓶中，分别标明“标准”及“标准空白”。

③ 各取 10mL 试样氧化液于 2 个 100mL 容量瓶中，分别标明“试样”及“试样空白”。

④ 于“标准空白”及“试样空白”溶液中各加 5mL 硼酸 - 乙酸钠溶液，混合摇动 15min，用水稀释至 100mL，在 4℃冰箱中放置 2h ~ 3h，取出备用。

⑤ 于“试样”及“标准”溶液中各加入 5mL 500g/L 乙酸钠液，用水稀释至 100mL，备用。

（3）标准曲线的制备

取上述“标准”溶液（上面⑤中）（抗坏血酸含量 10μg/mL）0.5mL、1.0mL、1.5mL 和 2.0mL 标准系列，取双份分别置于 10mL 带盖试管中，再用水补充至 2.0mL。荧光反应按以下操作。

（4）荧光反应

取上面④中“标准空白”溶液，“试样空白”溶液及⑤中“试样”溶液各 2mL，分别置于 10mL 带盖试管中。在暗室迅速向各管中加入 5mL 邻苯二胺溶液，振摇混合，在室温下反应 35min，于激发光波长 338nm、发射光波长 420nm 处测定荧光强度。标准系列荧光强度分别减去标准空白荧光强度为纵坐标，对应的抗坏血酸含量为横坐标，绘制标准曲线或进行相关计算，其直线回归方程供计算使用。

4.6.2.1.5　结果计算

计算公式见式（4 - 41）。

$$X = \frac{cV}{m} \times F \times (100/1\,000) \tag{4-41}$$

式中：X——试样中抗坏血酸及脱氢抗坏血酸总含量，mg/100g；

c——由标准曲线查得或由回归方程算得试样溶液浓度，μg/mL；

V——荧光反应所用试样体积，mL；

m——试样的质量，g；

F——试样溶液的稀释倍数。

4.6.2.1.6　精密度

在重复性条件下获得的两次独立测定结果的绝对差值不得超过算术平均值的 10%。

4.6.2.1.7　说明

（1）本方法适用于蔬菜、水果及其制品中总抗坏血酸的测定。本方法参照采用国际标准 ISO 6557/1—1986《蔬菜、水果及其制品中抗坏血酸的测定方法》。

（2）影响荧光强度的因素很多，各次测定条件很难完全再现，因此，标准曲线最好与样品同时做；若采用外标定点直接比较法定量，其结果与工作曲线法接近。同一实验室平行重复测定结果相对偏差绝对值≤10%。

4.6.2.2　总抗坏血酸的 2,4 - 二硝基苯肼比色法（GB 5009.86—2003）

4.6.2.2.1　原理

总抗坏血酸包括还原型、脱氢型和二酮古乐糖酸，试样中还原型抗坏血酸经活性炭氧化为脱氢抗坏血酸，再与2,4－二硝基苯肼作用生成红色脎，根据脎在硫酸溶液中的含量与抗坏血酸含量成正比，进行比色定量。

4.6.2.2.2 试剂

（1）硫酸（4.5mol/L）：谨慎地加250mL硫酸（相对密度1.84）于700mL水中，冷却后用水稀释至1 000mL。

（2）85%硫酸：谨慎地加900mL硫酸（相对密度1.84）于100mL水中。

（3）2,4－二硝基苯肼溶液（20g/L）：溶解2g 2,4－二硝基苯肼于100mL 4.5mol/L硫酸中，过滤。不用时存于冰箱内，每次用前必须过滤。

（4）草酸溶液（20g/L）：溶解20g草酸（$H_2C_2O_4$）于700mL水中，稀释至1 000mL。

（5）草酸溶液（10g/L）：取500mL草酸溶液（4）稀释至1 000mL。

（6）硫脲溶液（10g/L）：溶解5g硫脲于500mL草酸溶液（5）中。

（7）硫脲溶液（20g/L）：溶解10g硫脲于500mL草酸溶液（5）中。

（8）盐酸（1mol/L）：取100mL盐酸，加入水中，并稀释至1 200mL。

（9）抗坏血酸标准溶液：称取100mg纯抗坏血酸溶解于100mL草酸溶液（4）中，此溶液每毫升相当于1mg抗坏血酸。

（10）活性炭：将100g活性炭加到750mL 1mol/L盐酸中，回流1h～2h，过滤，用水洗数次，至滤液中无铁离子（Fe^{3+}）为止，然后置于110℃烘箱中烘干。

检验铁离子方法：利用普鲁士蓝反应。将20g/L亚铁氰化钾与1%盐酸等量混合，将上述洗出滤液滴入，如有铁离子则产生蓝色沉淀。

4.6.2.2.3 仪器

（1）恒温箱：(37±0.5)℃

（2）可见－紫外分光光度计。

（3）捣碎机。

4.6.2.2.4 分析步骤

（1）试样的制备

全部实验过程应避光。

① 鲜样的制备：称取100g鲜样及吸取100mL 20g/L草酸溶液，倒入捣碎机中打成匀浆，取10g～40g匀浆（含1mg～2mg抗坏血酸）倒入100mL容量瓶中，用10g/L草酸溶液稀释至刻度，混匀。

② 干样制备：称1g～4g干样（含1mg～2mg抗坏血酸）放入乳钵内，加入10g/L草酸溶液磨成匀浆，倒入100mL容量瓶内，用10g/L草酸溶液稀释至刻度，混匀。

③ 将①和②液过滤，滤液备用。不易过滤的试样可用离心机离心后，倾出上清液，过滤，备用。

（2）氧化处理

取25mL上述滤液，加入2g活性炭，振摇1min，过滤，弃去最初数毫升滤液。取10mL，此氧化提取液，加入10mL 20g/L硫脲溶液，混匀，此试样为稀释液。

（3）呈色反应

① 于3个试管中各加入4mL稀释液。一个试管作为空白，在其余试管中加入1.0mL 20g/L 2,4－二硝基苯肼溶液，将所有试管放入(37±0.5)℃恒温箱或水浴中，保温3h。

② 3h后取出，除空白管外，将所有试管放入冰水中。空白管取出后使其冷到室温，然

后加入1.0mL 20g/L 2,4－二硝基苯肼溶液，在室温中放置10min～15min后放入冰水内。其余步骤同试样。

③ 将①和②液过滤，滤液备用。不易过滤的试样可用离心机离心后，倾出上清液，过滤，备用。

（4）85%硫酸处理

当试管放入冰水后，向每一试管中加入5mL 85%的硫酸，滴加时间至少需要1min，需边加边摇动试管。将试管自冰水中取出，在室温放置30min后比色。

（5）比色

用1cm比色杯，以空白液调零点，于500nm波长测吸光值。

（6）标准曲线的绘制

① 加2g活性炭于50mL标准溶液中，振动1min，过滤。

② 取10mL滤液放入500mL容量瓶中，加5.0g硫脲，用10g/L草酸溶液稀释至刻度，抗坏血酸浓度20μg/mL。

③ 取5mL、10mL、20mL、25mL、40mL、50mL和60mL稀释液，分别放入7个100mL容量瓶中，用10g/L硫脲溶液稀释至刻度，使最后稀释液中抗坏血酸的浓度分别为1μg/mL、2μg/mL、4μg/mL、5μg/mL、8μg/mL、10μg/mL和12μg/mL。

④ 按试样测定步骤形成脎并比色。

⑤ 以吸光值为纵坐标，抗坏血酸浓度（μg/mL）为横坐标绘制标准曲线。

4.6.2.2.5　结果计算

计算公式见式（4－42）。

$$X=\frac{cV}{m}\times F\times(100/1\,000) \tag{4-42}$$

式中：X——试样中总抗坏血酸含量，mg/100g；

c——由标准曲线查得或由回归方程算得“试样氧化液”中总抗坏血酸的浓度，μg/mL；

V——试样用10g/L草酸溶液定容的体积，mL；

F——试样氧化处理过程中的稀释倍数；

m——试样的质量，g。

4.6.2.2.6　精密度

在重复性条件下获得的两次独立测定结果的绝对差值不得超过算术平均值的10%。

4.6.2.3　硫胺素（维生素B_1）的测定方法（GB 5009.86—2003）

4.6.2.3.1　原理

硫胺素在碱性铁氰化钾溶液中被氧化成噻嘧色素，在紫外线下，噻嘧色素发出荧光。在给定的条件下，以及没有其他荧光物质干扰时，此荧光之强度与噻嘧色素量成正比，即与溶液中硫胺素量成正比。如样品中含杂质过多，应经过离子交换剂处理，使硫胺素与杂质分离，然后以所得溶液作测定。

4.6.2.3.2　试剂

（1）正丁醇：需经重蒸馏后使用。

（2）无水硫酸钠。

（3）淀粉酶和蛋白酶。

（4）盐酸（0. 1mol/L）：8. 5mL 浓盐酸（相对密度 1. 19 或 1. 20）用水稀释至 1 000mL。

（5）盐酸（0. 3mol/L）：25. 5mL 浓盐酸用水稀释至 1 000mL。

（6）乙酸钠溶液（2mol/L）：164g 无水乙酸钠溶于水中稀释至 1 000mL。

（7）氯化钾溶液（250g/L）：250g 氯化钾溶于水中稀释至 1 000mL。

（8）酸性氯化钾溶液（250g/L）：8. 5mL 浓盐酸用 25% 氯化钾溶液稀释至 1 000mL。

（9）氢氧化钠溶液（150g/L）：15g 氢氧化钠溶于水中稀释至 100mL。

（10）1% 铁氰化钾溶液（10g/L）：1g 铁氰化钾溶于水中稀释至 100mL，放于棕色瓶内保存。

（11）碱性铁氰化钾溶液：取 4mL 10g/L 铁氰化钾溶液，用 150g/L。氢氧化钠溶液稀释至 60mL。用时现配，避光使用。

（12）乙酸溶液：30mL 冰乙酸用水稀释至 1 000mL。

（13）活性人造浮石：称取 200g 40 ~60 目的人造浮石，以 10 倍于其容积的热乙酸溶液（12）搅洗 2 次，每次 10min；再用 5 倍于其容积的 250g/L 热氯化钾溶液（7）搅洗 15min；然后再用稀乙酸溶液（12）搅洗 10min；最后用热蒸馏水洗至没有氯离子。于蒸馏水中保存。

（14）硫胺素标准储备液（0. 1mg/mL）：准确称取 100mg 经氯化钙干燥 24h 的硫胺素，溶于 0. 01mol/L 盐酸中，并稀释至 1 000mL。于冰箱中避光保存。

（15）硫胺素标准中间液（10μg/mL）：将硫胺素标准储备液用 0. 01mol/L 盐酸稀释 10 倍，于冰箱中避光保存。

（16）硫胺素标准使用液（0. 1μg/mL）：将硫胺素标准中间液用水稀释 100 倍，用时现配。

（17）溴甲酚绿溶液（0. 4g/L）：称取 0. 1g 溴甲酚绿，置于小研钵中，加入 1. 4mL 0. 1mol/L 氢氧化钠溶液研磨片刻，再加入少许水继续研磨至完全溶解，用水稀释至 250mL。

4. 6. 2. 3. 3 仪器

（1）电热恒温培养箱。

（2）荧光分光光度计。

（3）Maizel - Gerson 反应瓶：如图 4 -6 所示。

（4）盐基交换管：如图 4 -7 所示。

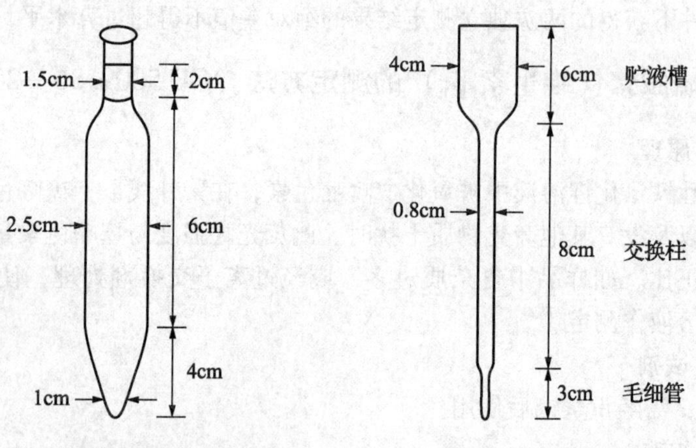

图 4 -6 Maizel - Gerson 反应瓶　　图 4 -7 盐基交换管

4.6.2.3.4　分析步骤

（1）试样制备

试样采集后用匀浆机打成匀浆于低温冰箱中冷冻保存，用时将其解冻后混匀使用。干燥试样要将其尽量粉碎后备用。

（2）提取

① 精确称取一定量试样（估计其硫胺素含量约为10μg～30μg，一般称取5g～20g试样），置于150mL三角瓶中，加入50mL～75mL 0.1mol/L或0.3mol/L盐酸使其溶解，瓶口加盖小烧杯后放入高压锅中 10.3×10^4Pa加热水解30min，凉后取出。

② 用2mol/L乙酸钠调其pH为4.5（以0.04%溴甲酚绿为外指示剂）。

③ 按每克试样加入20mg淀粉酶的比例加入淀粉酶。于45℃～50℃温箱过夜保温（约16h）。

④ 冷至室温，定容至100mL，然后混匀过滤，即为提取液。

（3）净化

① 用少许脱脂棉铺于盐基交换管的交换柱底部，加水将棉纤维中气泡排出，再加约1g活性人造浮石使之达到交换柱的1/3高度。保持盐基交换管中液面始终高于活性人造浮石。

② 用移液管加入提取液20mL～80mL（使通过活性人造浮石的硫胺素总量约为2μg～5μg）。

③ 加入约10mL热水冲洗交换柱，弃去洗液。如此重复3次。

④ 加入25%酸性氯化钾（温度为90℃左右）20mL，收集此液于25mL刻度试管内。冷至室温，用25%酸性氯化钾定容至25mL，即为试样净化液。

⑤ 重复③～④，将20mL硫胺素标准使用液加入盐基交换管以代替样品提取液，即得到标准净化液。

（4）氧化

① 将5mL试样净化液分别加入A、B 2个Maizel－Gerson反应瓶。

② 在避光暗环境中将3mL 15%氢氧化钠加入反应瓶A，振摇约15s，然后加入10mL正丁醇；将3mL碱性铁氰化钾溶液加入反应瓶B，振摇约15s，然后加入10mL正丁醇；将A、B两个反应瓶同时用力振摇，准确计时1.5min。

③ 重复①～②，用标准净化液代替试样净化液。

④ 用黑布遮盖A、B反应瓶，静置分层后弃去下层碱性溶液，加入2g～3g无水硫酸钠使溶液脱水。

（5）荧光强度的测定

① 荧光测定条件：

激发波长365nm；发射波长435nm；激发波狭缝5nm；发射波狭缝5nm。

② 依次测定下列荧光强度：

a. 试样空白荧光强度（试样反应瓶A）；

b. 标准空白荧光强度（标准反应瓶A）；

c. 试样荧光强度（试样反应瓶B）；

d. 标准荧光强度（标准反应瓶B）。

4.6.2.3.5　结果计算

计算公式见式（4－43）。

$$X = (U - U_b) \times \frac{c \cdot V}{(S - S_b)} \times \frac{V_1}{V_2} \times \frac{1}{m} \times \frac{100}{1\,000} \qquad (4-43)$$

式中：X——样品中硫胺素含量，mg/100g；

U——试样荧光强度；

U_b——试样空白荧光强度；

S——标准荧光强度；

S_b——标准空白荧光强度；

c——硫胺素标准使用液浓度，μg/mL；

V——用于净化的硫胺素标准使用液体积，mL；

V_1——试样水解后定容之体积，mL；

V_2——试样用于净化的提取液体积，mL；

m——试样质量，g；

100/1 000——样品含量由微克每克（μg/g）换算成毫克每百克（mg/100g）的系数。

4.6.2.3.6　精密度

在重复性条件下获得的两次独立测定结果的绝对差值不得超过算术平均值的10%。

4.6.2.4　核黄素的荧光法（GB 5009.85—2003）

4.6.2.4.1　原理

核黄素在440nm～500nm波长光照射下发生黄绿色荧光。在稀溶液中其荧光强度与核黄素的浓度成正比。在波长525nm下测定其荧光强度。试液再加入低亚硫酸钠（$Na_2S_2O_4$），将核黄素还原为无荧光的物质，然后再测定试液中残余荧光杂质的荧光强度，两者之差即为食品中核黄素所产生的荧光强度。

4.6.2.4.2　试剂

（1）硅镁吸附剂：60～100目。

（2）乙酸钠溶液：2.5mol/L。

（3）木瓜蛋白酶（100g/L）：用2.5mol/L乙酸钠溶液配制。使用时现配制。

（4）淀粉酶（100g/L）：用2.5mol/L乙酸钠溶液配制。使用时现配制。

（5）盐酸：0.1mol/L。

（6）氢氧化钠：1mol/L。

（7）氢氧化钠：0.1mol/L。

（8）低亚硫酸钠溶液（200g/L）：此液用时现配。保存在冰水浴中，4h内有效。

（9）洗脱液：丙酮+冰乙酸+水（5+2+9）。

（10）溴甲酚绿指示剂（0.4g/L）。

（11）高锰酸钾溶液（30g/L）。

（12）过氧化氢溶液（3%）。

（13）核黄素标准液的配制（纯度98%）。

① 核黄素标准储备液（25μg/mL）：将标准品核黄素粉状结晶置于真空干燥器或盛有硫酸的干燥器中。经过24h后，准确称取50mg，置于2L容量瓶中，加入2.4mL冰乙酸和1.5L水。将容量瓶置于温水中摇动，待其溶解，冷至室温，稀释至2L，移至棕色瓶内，加少许甲苯盖于溶液表面，于冰箱中保存。

② 核黄素标准使用液：吸取 2.00mL 核黄素标准储备液，置于 50mL 棕色容量瓶中，用水稀释至刻度。避光，贮于 4℃冰箱，可保存一周。此溶液每毫升相当于 1.00μg 核黄素。

4.6.2.4.3　仪器

（1）实验室常用设备。

（2）高压消毒锅。

（3）电热恒温培养箱。

（4）核黄素吸附柱。

（5）荧光分光光度计。

4.6.2.4.4　分析步骤

整个操作过程需避光进行。

（1）试样提取

① 试样的水解

准确称取 2g～10g 样品（约含 10μg～200μg 核黄素）于 100mL 三角瓶中，加 50mL 0.1mol/L 盐酸，搅拌直到颗粒物分散均匀。用 40mL 瓷柑埚为盖扣住瓶口，置于高压锅内高压水解，10.3×10^{4}Pa 30min。水解液冷却后，滴加 1mol/L 氢氧化钠，取少许水解液，用 0.4g/L 溴甲酚绿检验呈草绿色，pH 为 4.5。

② 试样的酶解

a. 含有淀粉的水解液：加入 3mL 10g/L 淀粉酶溶液，于 37℃～40℃保温约 16h。

b. 含高蛋白的水解液：加 3mL 10g/L 木瓜蛋白酶溶液，于 37℃～40℃保温约 16h。

③ 过滤：上述酶解液定容至 100mL，用干滤纸过滤。此提取液在 4℃冰箱中可保存一周。

（2）氧化去杂质

视试样中核黄素的含量取一定体积的试样提取液及核黄素标准使用液（约含 1μg～10μg 核黄素）分别于 20mL 的带盖刻度试管中，加水至 15mL。各管加 0.5mL 冰乙酸，混匀。加 30g/L 高锰酸钾溶液 0.5mL，混匀，放置 2min，使氧化去杂质。滴加 3% 双氧水溶液数滴，直至高锰酸钾的颜色退掉。剧烈振摇此管，使多余的氧气逸出。

（3）核黄素的吸附和洗脱

① 核黄素吸附柱：硅镁吸附剂约 1g 用湿法装入柱，占柱长 1/2～2/3（约 5cm）为宜（吸附柱下端用一小团脱脂棉垫上），勿使柱内产生气泡，调节流速约为 60 滴/min。

② 过柱与洗脱：将全部氧化后的样液及标准液通过吸附柱后，用约 20mL 热水洗去样液中的杂质。然后用 5.00mL 洗脱液将试样中核黄素洗脱并收集于一带盖 10mL 刻度试管中，再用水洗吸附柱，收集洗出之液体并定容至 10mL，混匀后待测荧光。

（4）标准曲线的制备

分别精确吸取核黄素标准使用液 0.3mL、0.6mL、0.9mL、1.25mL、2.5mL、5.0mL、10.0mL 和 20.0mL（相当于 0.3μg、0.6μg、0.9μg、1.25μg、2.5μg、5.0μg、10.0μg 和 20.0μg 核黄素）或取与试样含量相近的单点标准按核黄素的吸附和洗脱（3）步骤操作。

（5）测定

① 于激发光波长 440nm，发射光波长 525nm，测量试样管及标准管的荧光值。

② 待试样及标准的荧光值测量后，在各管的剩余液（约 5mL～7mL）中加 0.1mL 20% 低亚硫酸钠溶液，立即混匀，在 20s 内测出各管的荧光值，作各自的空白值。

4.6.2.4.5 结果计算

计算公式见式（4-44）。

$$X = \frac{(A-B) \times S}{(C-D) \times m} \times f \times \frac{100}{1\,000} \tag{4-44}$$

式中：X——试样中核黄素的含量，mg/100g；

A——试样管荧光值；

B——试样管空白荧光值；

C——标准管荧光值；

D——标准管空白荧光值；

f——稀释倍数；

m——试样质量，g；

S——标准管中核黄素质量，μg；

100/1 000——将试样中核黄素含量由微克每克(μg/g)换算成毫克每百克(mg/100g)的系数。

4.6.2.4.6 精密度

在重复性条件下获得的两次独立测定结果的绝对差值不得超过算术平均值的10%。

4.6.2.5 核黄素的微生物法（GB 5009.85—2003）

4.6.2.5.1 原理

某一种微生物的生长（繁殖）必需某些维生素。例如干酪乳酸杆菌（Lactobacilluscasei，L.C.）的生长需要核黄素，培养基中若缺乏这种维生素该细菌便不能生长。在一定条件下，该细菌生长情况，以及它的代谢物乳酸的浓度与培养基中该维生素含量成正比，因此可以用酸度及混浊度的测定法来测定试样中核黄素的含量。

4.6.2.5.2 试剂

（1）冰乙酸。

（2）甲苯。

（3）无水乙酸钠。

（4）乙酸铅。

（5）氢氧化铵。

（6）干酪乳酸杆菌（Lactobacillus casei ATCC 7469）。

（7）盐酸：0.1mol/L。

（8）氢氧化钠溶液：1mol/L和0.1mol/L。

（9）氯化钠溶液（生理盐水）：0.9g/L，使用前应进行灭菌处理。

（10）核黄素标准储备液（25μg/mL）：将标准品核黄素粉状结晶置于真空干燥器或盛有硫酸的干燥器中经过24h后，准确称取50mg，置于2L容量瓶中，加入2.4mL冰乙酸和1.5L水。将容量瓶置于温水中摇动，待其溶解，冷至室温，稀释至2L，移至棕色瓶内，加少许甲苯盖于溶液表面，于冰箱中保存。

（11）核黄素标准中间液（10μg/mL）：准确吸取20mL核黄素标准储备液，加水稀释至50mL。

（12）核黄素标准使用液（0.1μg/mL）：准确吸取1mL中间液于100mL容量瓶中，加水稀释至刻度，摇匀。每次分析要配制新标准使用液。

（13）碱处理蛋白胨：分别称取40g蛋白陈和20g氢氧化钠于250mL水中。混合后，放于（37±0.5）℃恒温箱内，24h～48h后取出，用冰乙酸调节pH至6.8，加14g无水乙酸钠（或23.2g含有3分子结晶水的乙酸钠），稀释至800mL，加少许甲苯盖于溶液表面，于冰箱中保存。

（14）胱氨酸溶液（1g/L）：称取1g L－胱氨酸于小烧杯中。加20mL水，缓慢加入约5mL～10mL盐酸，直至其完全溶解，加水稀释至1L，加少许甲苯盖于溶液表面。

（15）酵母补充液：称取100g酵母提取物干粉于500mL水中，称取150g乙酸铅于500mL水中，将两溶液混合，以氢氧化铵调节pH至酚酞呈红色（取少许溶液检验）离心或用布氏漏斗过滤，滤液用冰乙酸调节pH至6.5。通入硫化氢直至不生沉淀，过滤，通空气于滤液中，以排除多余的硫化氢。加少许甲苯盖于溶液表面，于冰箱中保存。

（16）甲盐溶液：称取25g磷酸氢二钾和25g磷酸二氢钾，加水溶解，并稀释至500mL。加入少许甲苯以保存之。

（17）乙盐溶液：称取10g硫酸镁（$MgSO_4 \cdot 7H_2O$），0.5g硫酸亚铁（$FeSO_4 \cdot 7H_2O$）和0.5g硫酸锰（$MnSO_4 \cdot 4H_2O$）加水溶解，并稀释至500mL，加少许甲苯以保存之。

（18）基本培养储备液：将下列试剂混合于500mL烧杯中，加水至450mL，用1mol/L氢氧化钠溶液调节pH至6.8，用水稀释至500mL。

碱处理蛋白胨	100mL
0.1%胱氨酸溶液	100mL
酵母补充液	20mL
甲盐溶液	10mL
乙盐溶液	10mL
无水葡萄糖	10g

（19）琼脂培养基：将下列试剂混合于250mL三角瓶中，加水至100mL，于水浴上煮至琼脂完全溶化，用1mol/L盐酸趁热调节pH至6.8。尽快倒入试管中，每管3mL～5mL，塞上棉塞，于高压锅内在6.9×10^4Pa压力下灭菌15min，取出后直立试管，冷至室温，于冰箱中保存。

无水葡萄糖	1g
乙酸钠（$NaAc \cdot 3H_2O$）	1.7g
蛋白胨	0.8g
酵母提取物干粉	0.2g
甲盐溶液	0.2mL
乙盐溶液	0.2mL
琼脂	1.2g

（20）0.4g/L溴甲酚绿指示剂：称取0.1g溴甲酚绿于小研钵中，加1.4mL 0.1mol/L氢氧化钠溶液研磨。加少许水，继续研磨，直至完全溶解。用水稀释至250mL。

（21）0.4g/L溴麝香草酚蓝指示剂：称取0.1g溴麝香草酚蓝于小研钵中，加1.6mL 0.1mol/L氢氧化钠溶液研磨。加少许水，继续研磨，直至完全溶解用水稀释至250mL。

4.6.2.5.3　仪器

（1）实验室常用设备。

（2）电热恒温培养箱。

（3）离心机。

（4）液体快速混合器。

（5）高压消毒锅。

4.6.2.5.4 菌种的制备与保存

（1）储备菌种的制备：以 L.C. 纯菌种接入 2 个或多个琼脂培养基管中。在（37 ± 0.5）℃恒温培养箱中保温 16h ~ 24h。贮于冰箱内，至多不超过 2 周，最好每周移种一次。保存数周以上的储备菌种，不能立即用于制备接种液，一定要在使用前每天移种一次，连续 2 ~ 3 天方可使用，否则生长不好。

（2）种子培养液的制备：取 5mL 核黄素标准使用液和 5mL 基本培养储备液于 15mL 离心管混匀，塞上棉塞，于高压锅内在 6.9×10^4Pa 压力下灭菌 15min。每次可制备 2 ~ 4 管，备用。

4.6.2.5.5 分析步骤

因核黄素易被日光和紫外线破坏，故一切操作要在暗室内进行。

（1）接种液的制备

使用前一天，将菌种由储备菌种管中移入已消毒的种子培养液中，同时制作两管。在（37 ± 0.5）℃保温 16h ~ 24h。取出后离心 10min（3 000r/min），以无菌操作方法倾去上部液体，用已消毒的生理盐水淋洗两次，再加 10mL 消毒生理盐水，在液体快速混合器上振摇试管，使菌种成混悬体将此液倾入已消毒的注射器内，立即使用。

（2）试样的制备

① 将用磨粉机、研钵磨成粉末或用打碎机打成匀浆。

② 称取约含 5μg ~ 10μg 的核黄素试样（谷类约 10g，干豆类约 4g，肉类约 5g），加入 50mL 0.1mol/L 盐酸溶液，混匀。置于高压锅内，在 10.3×10^4Pa 压力下水解 30min。

③ 冷至室温，用 1mol/L 氢氧化钠溶液调节 pH 至 4.6（取少许水解液，用溴甲酚绿检验，溶液呈草绿色即可）。

④ 加入淀粉酶或木瓜蛋白酶，每克试样加入 20mg 酶。在 40℃ 恒温箱中过夜，大约 16h。

⑤ 冷至室温，加水稀释到 100mL，过滤对于脂肪量高的食物，可用乙醚提取，以除去脂肪。

（3）标准管的制备

三组试管中每管各加核黄素标准使用液 0mL、0.5mL、1mL、1.5mL、2mL、2.5mL 和 3mL，每管加水至 5mL，再每管加 5mL 基本培养储备液混匀。

（4）试样管的制备

① 吸取试样溶液 5mL ~ 10mL，置于 25mL 具塞试管中，用 0.1mol/L 氢氧化钠调节 pH 至 6.8（取少许溶液，用溴麝香草酚蓝检验），加水稀释至刻度。

② 取两组试管，各加试样稀释液① 1mL、2mL、3mL、4mL，每管加水至 5mL，每管再加 5mL 基本培养储备液混匀。

（5）灭菌

将以上试样管和标准管全部塞上棉塞，置于高压锅内，在 6.9×10^4Pa 压力下灭菌 15min。

（6）接种和培养

① 待试管冷至室温，在无菌操作条件下接种，每管加一滴接种液［4. 6. 2. 5. 5 中的（1）］，接种时注射器针头不要碰试管壁，要使接种液直接滴在培养液内。

② 置于（37 ±0. 5）℃恒温箱中培养约 72h，培养时每管必须在同一温度。培养时间可延长 18h 或减少 12h。必要时可在冰箱内保存一夜再滴定。若用混浊度测定法，以培养 18h ~24h 为宜。

（7）滴定

将试管中培养液倒入 50mL 三角瓶中，加 0. 01g/L 溴麝香草酚蓝溶液 5mL，分 2 次淋洗试管，洗液倒至该三角瓶中，以 0. 1mol/L 氢氧化钠溶液滴定，终点呈绿色。以第一瓶的滴定终点作为变色参照瓶，约 30min 后再换一参照瓶，因溶液放置过久颜色变浅。

（8）标准曲线的绘制

用标准核黄素溶液的不同浓度为横坐标及在滴定时所需 0. 1mol/L 氢氧化钠的毫升数为纵坐标，绘制标准曲线。

4. 6. 2. 5. 6　结果计算

计算公式见式（4 –45）。

$$X = \frac{c \times V}{m} \times F \times \frac{100}{\times 1\,000} \qquad (4-45)$$

式中：X——试样中核黄素含量，mg/100g；

c——以曲线查得每毫升试样中核黄素含量，kg/mL；

V——试样水解液定容总体积，mL；

F——于试样液的稀释倍数；

m——试样质量，g；

100/1 000——试样含量由微克每克（μg/g）换算成毫克每百克（mg/100g）的系数。

4. 6. 2. 5. 7　精密度

在重复性条件下获得的两次独立测定结果的绝对差值不得超过算术平均值的 10%。

4. 6. 2. 6　食品中烟酸（维生素 PP）的测定（GB/T 5009. 89—2003）

4. 6. 2. 6. 1　原理

某一种微生物的生长，必需某种维生素，例如 L. arabinosus 17 –5 之生长需要烟酸，培养基中若缺乏这种维生素该细菌便不能生长。在一定条件下，该细菌生长的情况，以及它的代谢物乳酸的浓度是与培养基中该维生素含量成正比的，因此可以用酸度或浑浊度的测定法来测定试样中烟酸的含量。

4. 6. 2. 6. 2　试剂

（1）甲苯。

（2）盐酸溶液：3mol/L。

（3）盐酸溶液：2. 4mol/L。

（4）硫酸溶液（0. 5mol/L）：于 2 000mL 的烧杯中先注入 700mL 水，将 28mL 硫酸沿烧杯壁慢慢倒入水中，用水稀释至 1 000mL。

（5）冰乙酸溶液：0. 02mol/L。

（6）氢氧化钠溶液（10mol/L）：溶 200g 氢氧化钠于水中，稀释至 500mL。

（7）氢氧化钠溶液（0. 1mol/L）：溶 4g 氢氧化钠于水中，稀释至 1 000mL。

（8）25%（体积分数）乙醇溶液。

（9）酪蛋白：不含维生素，制备如下。

乙醇处理法：称取100g酪蛋白细粉于烧瓶中，加入300mL 95%乙醇，在水浴中加热回流1h，减压抽滤，弃去滤液，再加入乙醇回流，如此反复3次~4次，至滤液呈微黄色或无色，取出在烘箱内70℃~80℃干燥即可。

酸洗法：称取250g酪蛋白，置于5L容器中，慢慢加入3.6L水以防成块，加入浓盐酸2.77mL，搅拌浸泡3min。用虹吸管除去上层清液。加入3.6L水，再加入浓硫酸2.77mL，如此反复8次后，再加水3.6L，加入55.5mL12mol/L氨水，放置过夜，使酪蛋白溶解成浆状，用布过滤，于滤液中慢慢加入约50mL 3mol/L盐酸，调节pH至4.5，使酪蛋白全部沉淀，过滤。弃去滤液，用50℃~60℃热水冲洗数次，挤压去水，放入烤箱内于100℃烤干即可。

（10）酸解酪蛋白：称取50g不含维生素的酪蛋白于500mL烧杯中，加200mL 3mol/L盐酸，于压力蒸气消毒器内10.3×10^4Pa压力下水解6h。将水解物转移至蒸发皿内，在沸水浴上蒸发至膏状。加200mL水使之溶解后再蒸发至膏状，如此反复3次，以除去盐酸。注意每次蒸发时不可蒸干或使之焦糊。用10mol/L氢氧化钠调节pH至3.5，以溴酚蓝作外指示剂。加20g活性炭，振摇，过滤。如果滤液不呈淡黄色或无色，可用活性炭重复处理，滤液加水稀释至500mL，加少许甲苯于冰箱中保存。

（11）生理盐水：取9g氯化钠溶于1 000mL的水中。每次使用时分别倒入6~8支10mL试管中，每支约加10mL，塞好棉塞，于压力蒸气消毒器内6.9×10^4Pa压力下消毒15min，备用。

（12）胱氨酸、色氨酸溶液：称取4g L-胱氨酸和lg L-色氨酸溶于800mL水中，加热至70℃~80℃，逐滴加入2.4mol/L盐酸，不断搅拌，直至完全溶解为止。冷至室温，加水稀释至1 000mL。加少许甲苯于冰箱中保存。

（13）腺嘌呤、鸟嘌呤（生化试剂）、尿嘧啶溶液：称取硫酸腺嘌呤（纯度为98%）、盐酸鸟嘌呤生化试剂、尿嘧啶各0.1g，加75mL水和2mL浓盐酸，然后加热使其完全溶解，冷却，若有沉淀产生，加盐酸数滴，再加热。如此反复，直至冷却后无沉淀产生为止，用水稀释至100mL。加少许甲苯于冰箱中保存。

（14）D-泛酸钙、对氨基苯甲酸、盐酸吡哆醇溶液：称取D-泛酸钙、对氨基苯甲酸、盐酸吡哆醇各10mg于烧杯中，以水溶解并稀释至1 000mL，将此液置于棕色试剂瓶中，加少许甲苯于冰箱中保存。

（15）核黄素、盐酸硫胺素、生物素溶液：溶解1mg生物素结晶于100mL 0.02mol/L乙酸中，取此液4mL（相当于40μg生物素）于2 000mL烧杯中，加入20mg核黄素和10mg盐酸硫胺素，以0.02mol/L乙酸溶解并稀释至1 000mL。加少许甲苯于冰箱中保存，此试剂需保存于棕色瓶中，以防止核黄素被光破坏。

（16）甲盐溶液：称取25g磷酸氢二钾（K_2HPO_4）和25g磷酸二氢钾（KH_2PO_4），加水溶解后稀释至500mL，加少许甲苯于冰箱中保存。

（17）乙盐溶液：称取10g硫酸镁（$MgSO_4\cdot7H_2O$）、0.5g氯化钠、0.5g硫酸亚铁（$FeSO_4\cdot7H_2O$）和0.5g硫酸锰（$MnSO_4\cdot H_2O$），加水溶解后稀释至500mL，加5滴盐酸，加少许甲苯于冰箱中保存。

（18）烟酸标准储备液（0.1mg/mL）：准确称取50.0mg已干燥恒量并贮存于五氧化二磷干燥器中的烟酸标准品，以25%乙醇溶液溶解并定容至500mL混匀，于冰箱中保存。此溶液每毫升相当于 100μg 烟酸。

（19）烟酸标准中间液（1μg/mL）：吸取 1.00mL 烟酸标准储备液，置于 100mL 容量瓶中，用 25% 乙醇溶液定容，混匀，于冰箱中保存。此溶液每毫升相当于 1μg 烟酸。

（20）烟酸标准使用液（0.1μg/mL）：临用时吸取 5.00mL 烟酸标准中间液，置于 50mL 容量瓶中，用水定容，混匀。此溶液每毫升相当于 0.1μg 烟酸。

（21）基本培养基储备液：将下列试剂混合于 500mL 烧杯中，加水至 450mL，用 10mol/L氢氧化钠溶液调节 pH 至 6.8，以溴麝香草酚蓝作外指示剂，用水稀释至 500mL

酸解酪蛋白	50mL
胱氨酸、色氨酸溶液	50mL
腺嘌呤、鸟嘌呤、尿嘧啶溶液	10mL
D-泛酸钙、对氨基苯甲酸、吡哆醇溶液	10mL
核黄素、盐酸硫胺素、生物素溶液	10mL
甲盐溶液	10mL
乙盐溶液	10mL
无水葡萄糖	10g
无水乙酸钠	10g

（22）琼脂培养基：将下列试剂混合于 250mL 三角瓶中，加水至 100mL，于水浴上煮至琼脂完全溶化，以溴麝香草酚蓝为外指示剂，用 1mol/L 盐酸趁热调节 pH 至 6.8，尽快倒入试管中，每管 3mL~5mL，塞好棉塞，于压力蒸汽消毒器内 6.9×10^4Pa 压力下灭菌 15min。取出后竖直试管，待冷至室温，于冰箱中保存。

无水葡萄糖	1.0g
乙酸钠（$NaAc \cdot 3H_2O$）	1.7g
蛋白胨（生化试剂）	0.8g
酵母提取物干粉（生化试剂）	0.2g
甲盐溶液	0.2mL
乙酸溶液	0.2mL
琼脂（细菌培养）	1.2g

（23）溴酚蓝乙醇溶液（1g/L）：称取 0.1g 溴酚蓝，用乙醇（1+3）溶解后，再加乙醇稀释至 100mL。

（24）溴麝香草酚蓝溶液（0.4g/L）：称取 0.1g 溴麝香草酚蓝于小研钵内，加 1.6mL 0.1mol/L 氢氧化钠研磨，加小量水继续研磨，直至完全溶解，加水稀释至 250mL。

（25）溴甲酚绿溶液（0.4g/L）：称取 0.1g 溴甲酚氯于小研钵中，加 1.4mL 0.1mol/L 氢氧化钠研磨，加少许水继续研磨，直至完全溶解，用水稀释至 250mL。

（26）溴麝香草酚蓝（0.01g/L）：量取 25mL 0.4g/L 溴麝香草酚蓝溶液，加水稀释至 1 000mL 供滴定用。

4.6.2.6.3　仪器

（1）实验室常用设备。

（2）电热恒温培养箱。

（3）压力蒸气消毒器。

（4）液体快速混合器。

（5）离心机。

（6）硬质玻璃试管：20mm×150mm

4.6.2.6.4　菌种与培养液的制备与保存

（1）储备菌种的制备：以阿拉伯乳酸杆菌（Lactobacillus arabinosus 17－5 ATCC No.8014，L.A.）纯菌种接入2个或多个琼脂培养基管中，在（37±10.5）℃恒温箱中保温16h～24h，取出于冰箱中保存，不超过两周。保存数周以上的储备菌种，不能立即用作制备接种液之用，应在使用前每天移种1次，连续2～3天，方可使用。

（2）种子培养液的制备：加5mL 0.1μg/mL烟酸标准使用液和5mL基本培养基储备液于15mL离心管中，塞好棉塞，于6.9×10^4Pa压力下灭菌15min，取出，于冰箱中保存每次制备2～4管，备用。

4.6.2.6.5　分析步骤

（1）接种液的制备

使用前一天，将L.A.菌种由储备菌种管移种于已消毒的种子培养液中。在（37±0.5）℃恒温箱中保温16h～24h，取出离心10min（3 000r/min），倾去上部液体，用已灭菌的生理盐水淋洗2次，再加10mL火菌生理盐水，将离心管置于液体快速混合器上混合，使菌种成混；悬体，将此液倒入已灭菌的注射器内，立即使用。

（2）试样制备

从均匀试样（0.2g～10g）中称取含烟酸约5μg～50μg（用千分之一天平称量），置于100mL三角瓶中，加50mL 0.5mol/L硫酸，混匀，于10.3×10^4Pa压力下水解30min，取出冷至室温，用10mol/L氢氧化钠溶液调节pH至4.5，以溴甲酚绿为外指示剂。将水解液移至100mL容量瓶中，定容，过滤。脂肪含量高的试样，用无水乙醚提取以除去脂肪。此试样水解液可在4℃冰箱中保存数周。取适量水解液于25mL具塞刻度试管中，用0.1mol/L氢氧化钠调节pH至6.8，以溴麝香草酚蓝作外指示剂，用水稀释至刻度，使溶液中烟酸含量约为50ng/mL，此液为试液。

（3）试液管的制备

每支试管中分别加入1mL、2mL、3mL和4.0mL试样试液，需做2组。每管加水稀释至5mL，再加入5mL基本培养基储备液。

（4）标准管的制备

每支试管中分别加入烟酸标准使用液0mL、0.5mL、1mL、1.5mL、2mL、2.5mL和3mL，需做3组。每管加水稀释至5mL，再加入5mL基本培养基储备液。

（5）灭菌

试样管和标准管均用棉塞塞好，于6.9×10^4Pa压力下灭菌15min。

（6）接种和培养

待试管冷至室温后，每管接种一滴种子液，于（37±0.5）℃恒温箱中培养约72h。

（7）滴定

将试管中培养液倒入50mL三角瓶中，用5mL 0.04g/L溴麝香草酚蓝溶液分两次淋洗试管，洗液倒入该三角瓶中，以0.1mol/L氢氧化钠溶液滴定，呈绿色即为终点，其pH约为6.8。

4.6.2.6.6　结果计算

计算公式见式（4－46）。

$$X=\frac{cVF}{m}\times\frac{100}{1\,000} \tag{4-46}$$

式中：　X——试样中烟酸的含量，mg/100g；

c——每毫升试样液中烟酸含量的平均值，μg/mL；

V——试样水解液定容总体积，mL；

F——试样液的稀释倍数；

m——试样质量，g；

100/1 000——折算成每 100g 试样中烟酸毫克数的换算系数。

计算结果表示到小数点后两位。

4.6.2.6.7　精密度

在重复性条件下获得的两次独立测定结果的绝对差值不得超过算术平均值的 10%。

4.6.2.7　食品中维生素 B_6 的测定（GB/T 5009.154—2003）

4.6.2.7.1　原理

食品中某一种细菌的生长必须要有某一种维生素的存在，卡尔斯伯（Saccharomyces-Carlsbrgensis）酵母菌需在有维生素 B_6 存在的条件下才能生长，在一定条件下维生素 B_6 的量与其生长呈正比关系。用比浊法测定该菌在试样液中生长的浑浊度，与标准曲线相比较得出试样中维生素 B_6 的含量。

4.6.2.7.2　试剂

（1）琼脂。

（2）吡哆醇 Y 培养基。

（3）硫酸溶液（0.22mol/L）：于 2 000mL 烧杯中加入 700mL 水、12.32mL 硫酸（H_2SO_4），用水稀释至 1 000mL。

（4）硫酸溶液（0.5mol/L）：于 2 000mL 烧杯中加入 700mL 水，28mL 硫酸（H_2SO_4）用水稀释至 1 000mL。

（5）氢氧化钠溶液（10mol/L）：溶 200g 氢氧化钠于水中稀释至 500mL。

（6）氢氧化钠溶液（0.1mol/L）：取 10mL 10mol/L 氢氧化钠，用水稀释至 1 000mL。

（7）培养基：称取吡哆醇 Y 培养基 5.3g，溶解于 100mL 蒸馏水中。

注：本方法所用吡哆醇 Y 培养基不得含维生素 B_6 生长因子。

（8）吡哆醇标准储备液（100μg/mL）：称取 122mg 盐酸吡哆醇标准溶于 1L 25% 乙醇中，保存于 4℃ 冰箱中，稳定 1 个月。

（9）吡哆醇标准中间液（1μg/mL）：取 1mL 吡哆醇标准储备液，稀释至 100mL。

（10）琼脂培养基：吡哆醇 Y 培养基 5.3g，琼脂 1.2g，稀释至 100mL。

（11）生理盐水：取 9g 氯化钠溶于 1 000mL 水中。

（12）溴甲酚绿（0.4g/L）：溶液，称取 0.1g 溴甲酚绿于研钵中，加 1.4mL 0.1mol/L 氢氧化钠研磨，加少许水继续研磨，直至完全溶解，用水稀释到 250mL。

4.6.2.7.3　仪器和设备

（1）电热恒温培养箱。

（2）高压釜。

（3）液体快速混合器。

（4）离心机。

（5）光栅分光光度计。

（6）硬质玻璃试管。

4.6.2.7.4　分析步骤

（1）菌种的制备及保存（避光处理）

① 以卡尔斯伯酵母菌（Saccharomyces Carlsbergensis，ATCC No. 9080，SC）纯菌种接入2个或多个琼脂培养基管中，在（30±0.5）℃恒温箱中保温18h～20h，取出于冰箱中保存，至多不超过两星期。保存数星期以上的菌种，不能立即用作制备接种液之用，一定要在使用前每天移种一次，连续2～3天，方可使用，否则生长不好。

② 种子培养液的制备：加0.5mL 50ng/mL的维生素B_6标准应用液于尖头管中，加入5.0mL基本培养基，塞好棉塞，于高压锅121℃下消毒10min，取出，置于冰箱中，此管可保留数星期之久。每次可制备2～4管。

（2）试样处理（整个步骤需要避光）

① 称取试样0.5g～10.0g（维生素B_6含量不超过10ng）放入100mL三角瓶中加72mL 0.22mol/L硫酸。放入高压锅121℃下水解5h，取出冷却，用10.0mol/L氢氧化钠和0.5mol/L硫酸调pH至4.5，用溴甲酚绿作指标剂。指示剂由黄变为黄绿色，将三角瓶内的溶液转移到100mL容量瓶中，用蒸馏水定容至100mL，滤纸过滤，保存滤液于冰箱内备用（保存期不超过36h）。

② 接种液的制备：使用前一天，将卡尔斯伯酵母菌菌种由储备菌种管移种于已消毒的种子培养液中，可同时制备两根管，在（30±0.5）℃的恒温箱中培养18h～20h。取出离心10min(3 000r/min）倾去上部液体，用已消毒的生理盐水淋洗2次，再加10mL消毒过的生理盐水，将离心管置于液体快速混合器上混合，使菌种成为混悬体，将此液倒入已消寿的注射器内，立即使用。

③ 标准曲线的制备：取标准储备液2.00mL稀释至200mL成为中间液，从中间液中取5.00mL稀释至100mL作为工作液，浓度为50ng/mL，3组试管各加0.00mL、0.02mL、0.04mL、0.08mL、0.12mL和0.16mL工作液，再加5.00mL吡哆醇Y培养基，混匀，加棉塞。

④ 试样管的制备：在试管中分别加入0.05mL、0.10mL、0.20mL样液，再加入5.00mL吡哆醇Y培养基，用棉塞塞住试管，将制备好的标准曲线和试样测定管放入高压锅121℃下高压10min，冷至室温备用。

⑤ 接种和培养：每管种一滴接种液，于（30±0.5）℃恒温箱中培养18h～22h。

（3）测定

将培养后的标准管和试样管从恒温箱中取出后，用分光光度计于550nm波长下，以标准管的零管调零，测定各管的吸光度值。以标准管维生素B_6所含的浓度为横坐标，吸光度值为纵坐标，绘制维生素B_6标准工作曲线，用试样管得到的吸光度值，在标准曲线上查到试样管维生素B_6的含量。

4.6.2.7.5　结果计算

试样中的维生素B_6含量按式（4－47）和（4－48）计算。

$$X=\frac{c\times V\times 100}{m\times 1\,000\,000} \qquad (4-47)$$

$$c = \frac{u_1 + u_2 + u_3}{3} \tag{4-48}$$

式中：X——试样中维生素 B_6的含量，mg/100g；

c——试样提取液中维生素 B_6的浓度，ng/mL；

u——各试样测定管中维生素 B_6的浓度，ng/mL；

V——试样提取液的定容体积与稀释体积总和，mL；

m——试样质量，g；

$100/10^6$——折算成每 100g 试样中维生素 B_6的毫克数。

计算结果表示到小数点后两位。

4.6.2.7.6　精密度

在重复性条件下获得的两次独立测定结果的绝对差值不得超过算术平均值的 10%。

第5章　食品添加剂质量标准与检验

教学目标：掌握食品添加剂的定义和分类，了解食品添加剂的质量标准和使用要求；掌握食品防腐剂的含义、分类及防腐机理，熟悉常用防腐剂的性质及检测方法；掌握抗氧化剂的定义、作用机理及使用时的注意事项，了解和熟悉常用抗氧化剂的性质及检测方法；掌握发色剂的发色机理，了解和熟悉常用发色剂的性质及检测方法；掌握漂白剂定义、分类，了解常用漂白剂的性质及检测方法；掌握着色剂的来源、种类及常用着色剂的性质，了解和熟悉其检测方法；掌握甜味剂的分类，了解和熟悉常用甜味剂的性质及检测方法。

随着食品工业的发展，食品添加剂已成为加工食品不可缺少的基料，它们对改善食品的质量、档次和色香味，对原料至成品的保质保鲜，对提高食品的营养价值，对新产品的开发，对食品加工工艺的顺利进行等方面，都起着极为重要的作用。

食品添加剂这一名词虽始于西方工业革命，但它的直接应用可追溯到一万年以前。中国在远古时代就有在食品中使用天然色素的记载，如《神农本草》、《本草图经》中即有用栀子染色的记载；在周朝时即已开始使用肉桂增香；北魏时期的《食经》、《齐民要术》中亦有用盐卤、石膏凝固豆浆等的记载。古埃及、古巴比伦及波斯国等在食用香料方面使用相当广泛，“丝绸之路”其实也是“香料之路”。

归纳起来，食品添加剂在食品工业中的重要地位体现在四个方面：

(1) 以色香味形适应消费者的需要，从而体现其消费价值。

(2) 改善营养结构、成分均离不开食品添加剂。随着消费者对营养学认识的不断提高，人们愿意以高价购买各种强化食品。

(3) 食品防腐保鲜离不开食品添加剂，保鲜手段的提高取得了比罐头、速冻品具有更有效的、更经济的加工手段。

(4) 食品工业机械化、自动化操作需食品添加剂。食品生产要向规模化、科技含量高的方向发展，就离不开诸如消泡剂、助滤剂、稳定剂、乳化剂、凝固剂等的作用，因此发达国家的食品加工业大规模使用食品添加剂，如美国使用2700种，是我国的1.5倍。

可见，食品添加剂是现代食品工业灵魂，没有现代食品添加剂就没有现代食品工业，食品工业要想发展，必须把食品添加剂的发展放在首位。

5.1　食品添加剂概述

5.1.1　食品添加剂的定义域

世界各国对食品添加剂的定义不尽相同，因此所规定的添加剂的种类亦各不尽相同。如某些国家，包括欧共体各国和联合国食品添加剂法典委员会（CCFA）在内，在食品添加剂的定义中明确规定“不包括为改进营养价值而加入的物质”。而美国联邦法规（CFR）中则不但包括营养物质，还包括各种间接使用的添加剂（如包装材料、包装容器及放射线等）。

我国在 GB 2760—2014《食品安全国家标准　食品添加剂使用标准》(2015 年 5 月 24 日实施）中规定，食品添加剂指“为改善食品品质和色、香、味，以及为防腐、保鲜和加工工艺的需要而加入食品中的人工合成或者天然物质。食品用香料、胶基糖果中基础剂物质、食品工业用加工助剂也包括在内”。

5.1.2　食品添加剂的分类

各国对食品添加剂的分类由于其定义域的不同而各不相同。

5.1.2.1　中国的分类

按 GB 2760—2014《食品添加剂使用标准》规定分为 22 大类，包括：酸度调节剂、抗结剂、消泡剂、抗氧化剂、漂白剂、膨松剂、胶基糖果中基础剂物质、着色剂、护色剂、乳化剂、酶制剂、增味剂、面粉处理剂、被膜剂、水分保持剂、防腐剂、稳定剂和凝固剂、甜味剂、增稠剂、食品用香料、食品工业用加工助剂、其他。

5.1.2.1.1　酸度调节剂

酸度调节剂亦称 pH 调节剂，是用于控制食品加工过程或产品 pH 的一类添加剂。既可作为加工助剂，也可作为加工食品中的最终成分，通常分为酸味剂（如醋酸、柠檬酸、富马酸、乳酸等）、碱性剂（碳酸钙、氨水、氢氧化钠等）、缓冲剂（碳酸铵、熟石灰、乳酸钙等）。

5.1.2.1.2　抗结剂

抗结剂是防止粉状或晶状食品聚集、结块，以保持其自由流动的一类添加剂。它们往往能吸收过量的水分，涂覆在颗粒表面后能排斥水分或提供水不溶性的物质。其基本特点是颗粒细小（2μm～9μm）、表面积大（$310m^2/g$～$675m^2/g$）。

5.1.2.1.3　消泡剂

消泡剂指在食品加工过程中具有消除或抑制液面气泡，保证操作顺利进行的一类添加剂。泡沫是不溶性气体在外力作用下进入液体并被液体彼此隔离而成的非均相混合物，液体的表面张力越低，形成泡沫所需要的外力也越少，也就越容易生成泡沫。消泡剂的表面张力很低，使泡膜的表面张力局部下降，膜壁逐步变薄，被周围表面张力大的膜层所牵拉，最后导致泡沫的破裂。使用较多的是硅质消泡剂，如聚二甲基硅醚，硅酮乳化液。

5.1.2.1.4　抗氧化剂

抗氧化剂是指防止食品成分因氧化而导致变质的一类食品添加剂。主要用于防止油脂及富脂食品的氧化酸败，以及由氧化所导致的褪色、褐变、维生素破坏等。

5.1.2.1.5　漂白剂

使食品中所含的着色物质分解、转变为无色物质的添加剂。不同于以吸附方式除去着色物质的脱色剂，有氧化型和还原型两类。

5.1.2.1.6　膨松剂

是任何小麦粉制品（面包、饼干、蛋糕、大饼、油条等）必不可少的添加剂，主要有酵母和化学膨松剂两类。如铵盐、酒石酸氢钾、葡萄糖酸内酯等。

5.1.2.1.7　胶基糖果中基础剂物质

是赋予胶姆糖（泡泡糖、口香糖）成泡、增塑、耐咀嚼等作用的一类添加剂。基本要求是能长时间咀嚼而很少改变其柔韧性，并不致因降解而成为可溶性物质。分天然和合成两类，天然有各种树胶（如天然橡胶，低毒有气味，口感差，已被淘汰），合成的有各种合成橡胶和松香脂，以及软化剂、填充剂、乳化剂。

5.1.2.1.8　着色剂

食用色素，是使食品染色后提高商品价值的一类呈色物质。合成色素色泽鲜艳，着色力强，不易褪色，用量较低，性能较稳定。但一般为苯胺类，在体内可形成致癌物质β－萘胺和α－氨基萘酚。

5.1.2.1.9　护色剂

发色剂，固色剂，如硝酸盐和亚硝酸盐，本身并无着色能力，但可产生亚硝基（—NO）而使肌红蛋白和血红蛋白形成亚硝基肌红蛋白或亚硝基血红蛋白，使肉制品保持稳定的鲜艳红色。亚硝酸盐能生成强致癌物亚硝胺。

5.1.2.1.10　乳化剂

能使两种或两种以上互不相溶的液体（如油和水）能均匀地分散成乳状液的物质，它是一类具有亲水基团和疏水基团的表面活性剂，而且这两部分分别处于分子的两端，形成不对称的结构。如甘油酯类、卵磷脂、蛋白质等。

5.1.2.1.11　酶制剂

从生物体中提取的具有酶活力的酶制品，是一类具有专一性生物催化能力的蛋白质。主要用于食品加工，如回收副产品，制造新食品，提高提取的速度和产量，改进风味和食品质量；发酵工业、饮料业、肉类嫩化。如蛋白酶、淀粉酶，纤维素酶等。

5.1.2.1.12　增味剂

鲜味剂，能使食品呈现鲜味，增强食品的风味，从而激起强烈食欲的物质。分为氨基酸类及核糖核苷酸类，如谷氨酸钠，鸟苷酸，肌苷酸等。

5.1.2.1.13　面粉处理剂

是对面粉起漂白和促进成熟作用的一类添加剂，主要为氧化剂。刚磨好的面粉因存在类胡萝卜素而呈浅黄色，还因存在蛋白分解酶而使调制成的面团发黏，贮藏能力差，影响成品体积和口感，不能制成优良的面包等成品。面粉如不经处理，一般需放置2～3个月，通过空气中氧气的作用而使色泽逐渐转白，并经受“后热作用”以改变其焙烤性能。利用面粉改质剂的氧化漂白能力，可大大缩短这一过程，可使类胡萝卜素中的共轭双键断裂成共轭度较低的无色化合物，同时抑制面粉中蛋白分解酶的活性，并使面筋蛋白质中的巯基氧化而使面团性质得以改善。如氯气、二氧化氮、四氧化二氮等。

5.1.2.1.14　被膜剂

上光剂，涂层剂，可被覆于食品表面，起保质、保鲜或上光等作用。如用于果蔬表面，可抑制水分蒸发、调节呼吸作用、防止微生物侵袭，以保持新鲜度；用于糖果等可防潮、防黏、赋予明亮光泽。如蜂蜡、虫胶、液体石蜡、矿物脂、阿拉伯树胶等。

5.1.2.1.15　水分保持剂

通过保持水分、黏结、增塑、稠化、增容及改善流变性能等作用以改进食品的组织结构和口感的一类添加剂。如使香肠、鱼糜等肉类制品通过保水、吸湿等作用而提高成品率；使冷冻制品预防蛋白质的变性，减少解冻时肉灶的损失；使面包、蛋糕因保水、吸湿而避免表面干燥，使组织细腻。如甘油，山梨糖醇，三乙酸甘油酯等。

5.1.2.1.16　防腐剂

能抑制微生物活动、防止食品腐败变质以延长保存期的一类添加剂。

5.1.2.1.17　稳定剂和凝固剂

使食品结构稳定或使食品组织结构不变，增强黏性固形物的物质。稳定剂如海藻酸(及盐钙，钾，铵)，环糊精等，凝固剂如盐卤、硫酸钙、葡萄糖酸内酯等。

5.1.2.1.18　甜味剂

增加食品甜味。

5.1.2.1.19　增稠剂

能提高食品黏度或形成凝胶的食品添加剂。在加工食品中可起到提供稠性、黏度、黏附力、凝胶形成能力、硬度、脆性、密度等作用，使食品获得所需各种形状和硬、软、脆、黏、稠等各种口感。因都属亲水性高分子化合物，可水化而形成高黏度的均相液，亦称水溶胶、亲水胶或食用胶。如琼脂、卡拉胶、果胶、黄原胶等。

5.1.2.1.20　食品用香料

是一类能使嗅觉器官感受出气味的物质，能够用于调配食品香精，并使食品增香的物质。包括天然香味物质、天然等同的香味物质和人造香味物质。

5.1.2.1.21　食品工业用加工助剂

是指食品加工能顺利进行的各种物质，与食品本身无关。如助滤、澄清、吸附、润滑、脱模、脱色、脱皮、提取溶剂、发酵用营养物质等。

5.1.2.1.22　其他

上述功能类别中不能涵盖的其他功能。

5.1.2.2　联合国 FAO/WHO 的分类

联合国 FAO/WHO 1992 年开始制订《食品添加剂通用法典标准》(General Codex Standard for Food Additives，GSFA)，将食品添加剂统一分为 23 类，并有定义说明。其中除与中国现用的 22 类中相同的以外，GSFA 中另有：酸、填充剂、乳化盐、固化剂、发泡剂和气体喷雾剂，但没有漂白剂、酶制剂和香料。另外，我国与 GSFA 对于酶制剂的管理方式也不尽相同，根据 GB 2760—2014 中所述。酶制剂均属食品添加剂，而 GSFA 是按照酶制剂的作用特点分成食品添加剂和加工助剂分别对待。

5.1.2.3　美国的分类

美国在“美国联邦法规（CFR)”中规定分为 32 类。

5.1.3　食品添加剂的安全性

食品添加剂只要符合质量指标，通过了毒理学评价（订出 ADI 值)，使用又按有关标准的范围和用量，添加剂的安全性一般是完全可以保证的。绝对安全的食品是不存在的，无论天然还是人工合成物，吃得太多或食用时间足够长，都会产生有害结果，包括食盐、糖、脂肪及维生素等营养强化剂，因此，各类食品添加剂的使用均有一个适量问题。

另外，在评价食品添加剂的安全性时，还应注意以下几点：①所使用的食品添加剂的商品质量是否符合法定质量规范。②使用食品添加剂是否严格遵守法定的使用范围和最大允许使用量。③应与间接进入食品的外来物（如农药残留、兽药、包装材料迁移物、谷物的霉菌毒素）及食品中天然存在的有害成分与所用食品添加剂相区别。④是否属于食品在加工过程中由热分解所产生的诱变性物质。⑤应该理解“绝对安全实际上是不存在的”。⑥婴儿代乳食品中不得使用色素、香料和糖精等。

5.1.4 食品添加剂的质量指标

质量指标是各种食品添加剂能否使用和能否保证消费者健康的关键，而编制各种食品添加剂的质量指标则是成立各种法定组织的主要目的。世界各国都十分重视对食品添加剂及其使用过程的卫生管理。联合国粮农组织（FAO）和世界卫生组织（WHO）也专门成立了一个国际性专家咨询组织——食品添加剂联合专家委员会（JECFA），评估食品添加剂、污染物等物质的安全性，国际食品法典委员会（CAC）的分委员会——食品添加剂和污染物法典分委员会（CCFAC）制定出食品添加剂的法典通用标准，供各国参考。

在质量指标中，一般分为3个方面：外观、含量和纯度，有的还包括微生物指标和黄曲霉毒素等毒物指标。在纯度指标中一般均有铅、砷、重金属乃至铬、铜、镉、汞、锌等有害金属指标。个别的还有4-甲基咪唑、氰化物等有毒物质。此外有干燥失重、灼烧残渣、不溶物、残存溶剂等等指标。对各种质量指标的测定方法，在各国标准中均有规定。

正由于各种食品添加剂的法定的质量指标，是它们能否使用和能否保证消费者健康的关键，因此盲目使用没有法定质量指标的食品添加剂是非常危险的。如日本森永乳业公司于1955年用工业品磷酸氢二钠加入奶粉，导致有12 344名婴儿因此而引起中毒，其中有130多名因脑麻痹而死亡，有的导致严重残废或发育畸形。

因此，无论是联合国的FAO/WHO，美国的联邦法规及相应的FCCIV，日本的《食品添加物公定书》，无例外地在公布允许使用品种和最大允许使用量的同时，都相应的同时公布该品种的质量指标及分析方法等有关要求。我国曾多次修订“食品添加剂使用标准”（GB 2760），如2014年修订后的食品分类系统中包含了16大类食品中食品添加剂的使用范围，修改了部分食品分类号及食品名称，并按照调整后的食品类别对食品添加剂使用规定进行了调整；修改了附录A“食品添加剂的使用规定”。

5.1.5 食品添加剂的使用原则（按GB 2760—2014）

5.1.5.1 食品添加剂使用时应符合以下基本要求

（1）不应对人体产生任何健康危害。

（2）不应掩盖食品腐败变质。

（3）不应掩盖食品本身或加工过程中的质量缺陷或以掺杂、掺假、伪造为目的而使用食品添加剂。

（4）不应降低食品本身的营养价值。

（5）在达到预期效果的前提下尽可能降低在食品中的使用量。

5.1.5.2 在下列情况下可使用食品添加剂

（1）保持或提高食品本身的营养价值。

（2）作为某些特殊膳食用食品的必要配料或成分。

(3) 提高食品的质量和稳定性，改进其感官特性。

(4) 便于食品的生产、加工、包装、运输或者贮藏。

5.1.5.3　带入原则

(1) 在下列情况下食品添加剂可以通过食品配料（含食品添加剂）带入食品中。

① 根据 GB 2760—2014，食品配料中允许使用该食品添加剂；

② 食品配料中该添加剂的用量不应超过允许的最大使用量；

③ 应在正常生产工艺条件下使用这些配料，并且食品中该添加剂的含量不应超过由配料带入的水平；

④ 由配料带入食品中的该添加剂的含量应明显低于直接将其添加到该食品中通常所需要的水平。

(2) 当某食品配料作为特定终产品的原料时，批准用于上述特定终产品的添加剂允许添加到这些食品配料中，同时该添加剂在终产品中的量应符合 GB 2760—2014 的要求。在所述特定食品配料的标签上应明确标示该食品配料用于上述特定食品的生产。

以下介绍几种常见的食品添加剂及其测定方法。

5.2　食品防腐剂

食品防腐剂是指用于防止食品在加工后的储存、运输、销售过程中由于微生物的繁殖等原因引起的食物腐败变质，延长食品保存期限，提高食品的食用价值而在食品中使用的添加剂。目前世界各国用于食品防腐的试剂品种很多，按性质一般分为酸型防腐剂、酯型防腐剂和生物防腐剂。酸型防腐剂常用的有苯甲酸、山梨酸、丙酸和脱氢醋酸（Dehydroacetic Acid）(及其盐类)。这类防腐剂的抑菌效果主要取决于它们未解离的酸分子，其效力随 PH 而定，酸性越大，效果越好，在碱性环境中几乎无效。酯型防腐剂包括对羟基苯甲酸酯类(有甲、乙、丙、异丙、丁、异丁、庚等)。成本较高。对霉菌、酵母与细菌有广泛的抗菌作用。对霉菌和酵母的作用较强，但对细菌特别是革兰氏阴性杆菌及乳酸菌的作用较差。作用机理为抑制微生物细胞呼吸酶和电子传递酶系的活性，以及破坏微生物的细胞膜结构。生物型防腐剂主要是乳酸链球菌素。乳酸链球菌素是乳酸链球菌属微生物的代谢产物，可用乳酸链球菌发酵提取而得。乳酸链球菌素的优点是在人体的消化道内可为蛋白水解酶所降解，因而不以原有的形式被吸收入体内，是一种比较安全的防腐剂。

1986 年起我国准许使用的防腐剂有：苯甲酸及其钠盐、山梨酸及其钾盐、二氧化硫、焦亚硫酸钠及其钾盐、丙酸钙、丙酸钠、对羟基苯甲酸乙酯、丙酯、脱氢醋酸、双乙酸钠啉、葡萄糖-δ-内酯和乳酸链球菌素。1996 年我国食品添加剂使用卫生标准对 GB 2760—1986 作很大修订，把二氧化硫、焦亚硫酸钾及其钠盐列入漂白剂，将葡萄糖-δ-内酯归到稳定和凝固剂中，特别是把保鲜剂、过氧化氢、乙氧基喹啉、仲丁胺、桂醛、噻苯咪唑、苯基苯酚、苯基苯酚钠等统统归到防腐剂中。食品防腐剂 GB 2760—1996 共有 28 个品种，1997 年新增丙酸、纳他霉素和液体二氧化碳（催化法），1998 年增补单辛酸甘油酯，1999 年增加脱氢醋酸钠，2002 年增加对羟基苯甲酸甲酯钠、对羟基苯甲酸乙酯钠和对羟基苯甲酸丙酯钠，截止到 2003 年共 36 个品种。1997 年~2003 年新增品种和扩大使用品种见表 5-1。

表 5－1　1997～2003 年食品防腐剂新增品种和扩大使用品种

食品防腐剂名称（代码）	使用范围	最大使用量/(g/kg)	备　注
苯甲酸（17.001） 苯甲酸钠（17.002）	果汁（果味）冰 预调酒	1.0 混用或单一使用 0.2	1998 年扩大使用 2002 年扩大使用
山梨酸（17.003） 山梨酸钾（17.004）	果汁（果味）冰 含乳饮料 预调酒 肉灌肠	0.5 混用或单一使用 0.5 0.2 1.5	1998 年扩大使用 1999 年扩大使用 2002 年扩大使用
丙酸	粮食	1.8	安尼妥司大药厂 1997 年扩大使用
对羟基苯甲酸乙酸钠 对羟基苯甲酸丙酸钠 对羟基苯甲酸甲酸钠	同 GB 2760 中对羟基苯甲酸乙酯、对羟基苯甲酸丙酯的规定		卫通〔2002〕7 号 2002 年 5 月 1 日起实施
脱氢乙酸（17.009） 脱氢乙酸钠	奶油 面包 汤料（调味料、速食汤料） 糕点（包括蛋糕、月饼、馅料等）	0.5 0.1～0.3 0.5	1999 年新增 卫通〔2002〕7 号扩大使用
仲丁胺（17.011）	蒜苔、青椒	按 GB 2760 规定（残留量：0.003g/kg）	1998 年扩大使用
噻苯咪唑（17.018）	蒜苔、青椒	0.01（残留量：0.002g/kg）	河北农业大学 1998 年扩大使用
液体二氧化碳（催化法）	按 GB 2760 有关 CO_2 的规定执行	上海石化岩气体开发有限公司 1997 年增补	液体二氧化碳（催化法）
双乙酸钠（17.013）	膨化食品调味料 复合调味料 油炸薯片 油脂 调味品 肉制品 糕点 大米保鲜	8 10.0 1.0 1 2.5 3 4 0.2(残留量 <0.03g/kg)	1997 年扩大使用 1998 年扩大使用 1998 年扩大使用 1999 年扩大使用 1999 年扩大使用 1999 年扩大使用 1999 年扩大使用 2003 年扩大使用
纳他霉素 natamycin（微生物发酵法）	乳酪、肉制品（肉汤、西式火腿）、广式月饼、糕点表面、果汁原浆表面、易发霉食品 加工器皿表面 沙拉酱 发酵酒	200～300mg/kg 混悬液喷雾或浸泡残留量小于 10mg/kg 10mg/kg 0.02(残留量:10mg/kg) 10mg/L	美国辉瑞有限公司 1997 年增补 科特尔（广州）有限公司 （1998 年扩大使用）
单辛酸甘油酯	肉汤 豆馅、蛋糕、月饼、湿切面	0.5 1.0	1998 年增补

5.2.1 苯甲酸和苯甲酸钠

苯甲酸也叫安息香酸，分子式为 $C_7H_6O_2$，相对分子质量为 122.12，结构式为 C_6H_5—COOH 。苯甲酸的外观性状是白色有丝光的鳞片或针状结晶，微有安息香或苯甲醛气味。

苯甲酸为一元芳香羧酸，酸性较弱，其 $\varphi = 25\%$ 饱和水溶液 pH 为 2.8，所以其杀菌、抑菌效力随含量的增高而增高。在碱性介质中则失去杀菌、抑菌作用。苯甲酸最适合的防腐 pH 为 2.5 ~ 4.0。苯甲酸亲油性大，易透过细胞膜，进入细胞内的苯甲酸分子，电离酸化细胞内的碱储，并且能够抑制细胞的呼吸酶系的活性，对乙酰辅酶 A 缩合反应有很强的阻止作用，从而起到食品防腐功能。

苯甲酸进入机体后，大部分在 9h ~ 15h 内与甘氨酸化合成马尿酸而从尿中排出，剩余部分与葡萄糖醛酸结合而解毒。

苯甲酸钠也叫安息香酸钠，分子式为 $C_7H_5O_2Na$，相对分子质量为 144.11，结构式为 C_6H_5—COONa 。

苯甲酸钠外观性状为白色颗粒或晶体粉末，无臭或微带安息香气味，在空气中比较稳定，易溶于水。

苯甲酸钠的防腐作用机理与苯甲酸相同，但防腐效果小于苯甲酸，在较强的酸性食品中，苯甲酸钠的防腐效果比较好。由于苯甲酸在水中溶解度低，故多使用其钠盐，成本低廉。

使用范围和最大限量是用于酱油、醋、果汁类、果子露、果酱（不包括罐头）等的最大使用量为 1.0g/kg；用于葡萄酒、果子酒、琼脂软糖为 0.8g/kg；用于汽酒、汽水等碳酸饮料为 0.2g/kg；用于腌制的蔬菜、酱及酱制品类、蜜饯（凉果）类为 0.5g/kg；用于复合调味料不得超过 0.6g/kg；用于浓缩果汁不得超过 2g/kg；另外，苯甲酸与苯甲酸钠同时使用时，以苯甲酸计，不得超过最大使用量。

5.2.2 山梨酸及其盐

山梨酸也叫花楸酸，是 2,4－己二烯酸，分子式为 $C_6H_8O_2$，相对分子质量为 112.13，结构式为：

$$CH_3—CH=CH—CH=CH—COOH$$

山梨酸的外观性状为无色针状结晶或白色结晶粉末，无臭或微带刺激性臭味，耐光、热性好，在 140℃下加热 3h 不发生变化，但长期在空气中暴露则会被氧化而变色。

山梨酸是使用较多的防腐剂，它具有良好的防霉功能，对霉菌、酵母菌和好气性细菌生长发育能起到抑制作用，而对嫌气性细菌几乎无效。同时山梨酸适用于 pH≤5.5 以下食品防腐，pH≥8 时则会丧失防腐作用。

山梨酸是一种不饱和脂肪酸，可参与机体的正常代谢过程，并被同化产生二氧化碳和水，故山梨酸可看成是食品的成分，按照目前的资料可以认为对人体是无害的。

山梨酸钾的分子式为 $C_6H_7KO_2$，相对分子质量为 150.22，结构式为：

$$CH_3—CH=CH—CH=CH—COOK$$

山梨酸钾的外观性状为白色或微黄色鳞片状结晶、晶体颗粒或晶体粉末，无臭或微有臭味。在空气中长期暴露易吸潮，被氧化分解而变色。山梨酸钾易溶于水，其水溶液的 pH 为 7 ~ 8。由于山梨酸在水中的溶解度有限，故常使用其钾盐。

山梨酸钾有很强的抑制腐败菌和霉菌的作用，其毒性较其他防腐剂低。山梨酸钾在酸介质中防腐作用能充分发挥。

用于熟肉制品（除外肉灌肠类）、预制水产品（半成品）、蛋制品（改变其物理性状）的最大使用量为 0.075g/kg；用于饮料类（除外包装饮用水类）、其他配制酒（包括预调酒等）最大使用量为 0.2g/kg；用于经表面处理的鲜水果和新鲜蔬菜、胶原蛋白肠衣（肠衣）、酱渍和盐渍的蔬菜、酱及酱制品、蜜饯（凉果）类、果汁（味）型饮料、果冻的最大使用量为 0.5g/kg；用于葡萄酒、果酒的最大使用量为 0.6g/kg；；用于干酪、酱油、食醋、果酱、氢化植物油、乳脂糖果和凝胶糖果、风干、烘干和压干等水产品、豆干再制品（包括豆腐干、豆腐片及其制品）、糕点、焙烤食品馅料、面包、蛋糕、月饼、其他水产品及其制品（即食海蜇）、乳酸菌饮料的大使用量为 1.0g/kg；用于仅限于食品工用塑料桶装浓缩果蔬汁的最大使用量为 2.0g/kg。山梨酸及山梨钾同时使用时，以山梨酸计，不得超过最大使用量。

5.2.3 气相色谱法测定山梨酸、苯甲酸（GB/T 5009.29—2003）

5.2.3.1 原理

试样酸化后，用乙醚提取山梨酸、苯甲酸，用附氢火焰离子化检测器的气相色谱仪进行分离测定，与标准系列比较定量。

5.2.3.2 试剂

（1）乙醚：不含过氧化物。

（2）石油醚：沸程 30℃ ~60℃。

（3）盐酸。

（4）无水硫酸钠。

（5）盐酸（1 +1）：取 100mL 盐酸，加水稀释至 200mL。

（6）氯化钠酸性溶液（40g/L）：于氯化钠溶液（40g/L）中加少量盐酸（1 +1）酸化。

（7）山梨酸、苯甲酸标准溶液：准确称取山梨酸、苯甲酸各 0.200 0g，置于 100mL 容量瓶中，用石油醚 - 乙醚（3 +1）混合溶剂溶解后并稀释至刻度。此溶液每毫升相当于 2.0mg 山梨酸或苯甲酸。

（8）山梨酸、苯甲酸标准使用液：吸取适量的山梨酸、苯甲酸标准溶液，以石油醚 - 乙醚（3 +1）混合溶剂稀释至每毫升相当于 50μg、100μg、150μg、200μg 和 250μg 山梨酸或苯甲酸。

5.2.3.3 仪器

气相色谱仪：具有氢火焰离子化检测器。

5.2.3.4 分析步骤

（1）试样提取

称取 2.50g 事先混合均匀的试样，置于 25mL 带塞量筒中，加 0.5mL 盐酸（1 +1）酸化，用 15mL、10mL 乙醚提取 2 次，每次振摇 1min，将上层乙醚提取液吸入另一个 25mL 带塞量筒中，合并乙醚提取液。用 3mL 氯化钠酸性溶液（40g/L）洗涤 2 次，静止 15min，用滴管将乙醚层通过无水硫酸钠滤入 25mL 容量瓶中。加乙醚至刻度，混匀。准确吸取 5mL 乙醚提取液于 5mL 带塞刻度试管中，置 40℃ 水浴上挥干，加入 2mL 石油醚 - 乙醚（3 + 1）混合溶剂溶解残渣，备用。

（2）色谱参考条件

① 色谱柱：玻璃柱，内径 3mm，长 2m，内装涂以 5% DEGS + 1% 磷酸固定液的 60 ~ 80 目 Chromosorb W A W。

② 气流速度：载气为氮气，50mL/min（氮气和空气、氢气之比按各仪器型号不同选择各自的最佳比例条件）。

③ 温度：进样口 230℃；检测器 230℃；柱温 170℃。

（3）测定

进样 2μL 标准系列中各浓度标准使用液于气相色谱仪中，可测得不同浓度山梨酸、苯甲酸的峰高，以浓度为横坐标，相应的峰高值为纵坐标，绘制标准曲线。同时进样 2μL 试样溶液，测得峰高与标准曲线比较定量。

5.2.3.5　结果计算

试样中山梨酸或苯甲酸的含量按式（5 - 1）进行计算。

$$X = \frac{A \times 1\,000}{m \times \frac{5}{25} \times \frac{V_2}{V_1} \times 1\,000} \tag{5-1}$$

式中：X——试样中山梨酸或苯甲酸的含量，mg/kg；

A——测定用试样液中山梨酸或苯甲酸的质量，μg；

V_1——加入石油醚 - 乙醚（3 + 1）混合溶剂的体积，mL；

V_2——测定时进样的体积，μL；

m——试样的质量，g；

5——测定时吸取乙醚提取液的体积，mL；

25——试样乙醚提取液的总体积，mL。

由测得苯甲酸的量乘以 1.18，即为试样中苯甲酸钠的含量。

计算结果保留两位有效数字。

5.2.3.6　精密度

在重复性条件下获得的两次独立测定结果的绝对差值不得超过算术平均值的 10%。

5.2.3.7　其他

山梨酸保留时间 2min 53s；苯甲酸保留时间 6min 8s。

5.2.4　高效液相色谱法测定山梨酸、苯甲酸（GB/T 23495—2009）

5.2.4.1　原理

试样加温除去二氧化碳和乙醇，调 pH 至近中性，过滤后进高效液相色谱仪，经反相色谱分离后，根据保留时间和峰面积进行定性和定量。

5.2.4.2 试剂

方法中所用试剂，除另有规定外，均为分析纯试剂，水为蒸馏水或同等纯度水，溶液为水溶液。实验用水符合 GB/T 6682 要求。

（1）甲醇：经滤膜（0.5μm）过滤，色谱纯。

（2）稀氨水（1+1）：氨水加水等体积混合。

（3）乙酸铵溶液（0.02mol/L）：称取 1.54g 乙酸铵，加水至 1 000mL，溶解，经 0.45μm 滤膜过滤。

（4）亚铁氰化钾溶液：称取 106g 亚铁氰化钾［$KaFe(CN)_6 \cdot 3H_2O$］加水至 1 000mL。

（5）乙酸锌溶液：称取 220g 乙酸锌［$Zn(CH_3COO)_2 \cdot 2H_2O$］溶于少量水中，加入 30ml 冰乙酸，加水稀释至 1 000mL。

（6）正己烷。

（7）pH 4.4 乙酸盐缓冲液：①乙酸钠溶液，称取 6.80g 乙酸钠（$CH_3COONa \cdot 3H_2O$），用水溶解后定容至 1 000mL。② 乙酸溶液，取 4.3mL 冰乙酸，用水稀释至 1 000mL。将上述两种溶液按体积比 37∶63 混合，即得 pH 4.4 乙酸盐缓冲溶液。

（8）pH 7.2 磷酸盐缓冲液：①称取 23.88g 磷酸氢二钠（$Na_2HPO_4 \cdot 12H_2O$），用水溶解后定容至 1 000mL。②称取 9.07g 磷酸二氢钾（KH_2PO_4），用水溶解后定容至 1 000mL。将上述两种磷酸盐溶液按体积比 7∶3 混合，即得 pH 7.2 磷酸盐缓冲溶液。

（9）标准溶液的配制：①苯甲酸标准储备液，准确称取 0.236 0g 苯甲酸钠，加水溶解并定容至 200mL，此溶液每毫升相当于含苯甲酸 1.00mg。②山梨酸标准储备液，准确称取 0.268 0g 山梨酸钾，加水溶解并定容至 200mL，此溶液每毫升相当于含山梨酸 1.00mg。③糖精钠标准储备液，准确称取 0.170 2g 糖精钠（$C_6H_4CONNaSO_2$）（120℃烘干 4h），加水溶解并定容至 200mL。此溶液中糖精钠的含量为 1.00mg/mL。④混合标准使用液，分别准确吸取不同体积苯甲酸、山梨酸和糖精钠标准储备溶液，将其稀释成苯甲酸、山梨酸和糖精钠含量分别为 0.000mg/mL、0.020mg/mL、0.040mg/mL、0.080mg/mL、0.160mg/mL 和 0.320mg/mL 的混合标准使用液。

（10）微孔滤膜：0.45μm 水相。

5.2.4.3 仪器与设备

（1）高效液相色谱仪：配有紫外检测器。

（2）离心机：转速不低于 4 000r/min。

（3）超声波水浴振荡器。

（4）食品粉碎机。

（5）旋涡混合器。

（6）pH 计。

（7）天平：分度值为 0.01g 和 0.1mg。

5.2.4.4 分析步骤

（1）样品处理

①液体样品

a. 碳酸饮料、果酒、葡萄酒等液体样品：称取10g样品（精确至0.001g）（如含有乙醇需水浴加热除去乙醇后再用水定容至原体积）于25mL容量瓶中，用氨水（1+1）调节pH至近中性，用水定容至刻度，混匀，经微孔滤膜过滤，滤液待上机分析。

b. 乳饮料、植物蛋白饮料等含蛋白质较多的样品：称取10g样品（精确至0.001g）于25mL容量瓶中，加入2mL亚铁氰化钾溶液，摇匀，再加入2mL乙酸锌溶液摇匀，以沉淀蛋白质。加水定容至刻度，移入离心管4 000r/min离心10min，取上清液。经微孔滤膜过滤，滤液待上机分析。

②半固体样品

a. 含有胶基的果冻样品：称取0.5g~1g样品（精确至0.001g），加水适量，转移至25mL容量瓶中，再加水至约20mL，置60℃~70℃水浴中加热片刻，加塞，剧烈振摇使其分散均匀后，加氨水（1+1）调节pH至近中性，加塞，剧烈振摇，使样品在水中分散均匀，置60℃~70℃水浴锅中加热30min，取出后趁热超声5min，冷却后用水定容至刻度，用微孔滤膜过滤，滤液待上机分析。

b. 油脂、奶油类样品：称取2g~3g样品（精确至0.001g）于50mL具塞离心管中，加入10mL正己烷，用旋涡混合器使其充分溶解，移入离心管4 000r/min离心3min。吸出正己烷提取液转移至250mL分液漏斗中，再向50mL具塞离心管中加入10mL正己烷重复上述步骤，合并正己烷提取液于250mL分液漏斗中。于分液漏斗中加入20mL pH 4.4乙酸盐缓冲溶液加塞后剧烈振摇分液漏斗约30s，静置分层后，将水层转移至50mL容量瓶中。再加入20mL pH 4.4乙酸盐缓冲溶液，重复上述步骤，合并水层并用乙酸盐缓冲溶液定容至刻度，经微孔滤膜过滤，滤液待上机分析。

③固体样品

a. 肉制品、饼干，糕点：称取粉碎均匀样品2g~3g小精确至（0.001g）于小烧杯中，用20mL水分数次清洗小烧杯将样品移入25mL容量瓶中，超声振荡提取5min，取出后加2mL亚铁氰化钾溶液，摇匀，再加入2mL乙酸锌溶液，摇匀，用水定容至刻度。移入离心管4 000r/min离心5min，吸出上清液。用微孔滤膜过滤，滤液待上机分析。

b. 油脂含量高的火锅底料、调料等样品：称取样品2g~3g（精确至0.001g）于50mL具塞离心管中，加入10mL磷酸盐缓冲液，用旋涡混合器充分混合，然后移入离心管，4 000r/min离心5min，小心吸出水层转移到25mL容量瓶中，再加入10mL磷酸盐缓冲液于具塞离心管中。重复上述步骤，合并两次水层液，用磷酸盐缓冲液定容至刻度，混匀，用微孔滤膜过滤，滤液待上机分析。

c. 胶糖果、胶基糖果：按半固体样品含有胶基的果冻样品处理。

（2）色谱条件

色谱柱：C_{18}柱，250mm×4.6mm，5μm，或性能相当者。

流动相：甲醇+乙酸铵溶液（5+95）。

流速：1mL/min。

检测波长：230nm。

进样量：10μL。

（3）测定

取处理液和混合标准使用液各10μL，注入高效液相色谱仪进行分离，以其标准溶液峰的保留时间为依据定性。以其峰面积求出样液中被测物质含量，供计算。

5.2.4.5 结果计算

样品中苯甲酸、山梨酸和糖精钠的含量按式（5-2）计算。

$$X = \frac{c \times V \times 1\,000}{m \times 1\,000} \tag{5-2}$$

式中：X——样品中待测组分含量，g/kg；

c——标准曲线得出的样液中待测物的浓度，mg/mL；

V——样品定容体积，mL；

m——样品质量，g。

计算结果保留两位有效数字。

5.2.4.6 精密度

在重复性条件下获得的两次独立测定结果的绝对差值不得超过算术平均值的10%。

5.2.5 薄层色谱法测定山梨酸、苯甲酸（GB/T 5009.29—2003）

5.2.5.1 原理

试样酸化后，用乙醚提取苯甲酸、山梨酸。将试样提取液浓缩，点于聚酰胺薄层板上，展开。显色后，根据薄层板上苯甲酸、山梨酸的比移值。与标准比较定性，并可进行概略定量。

5.2.5.2 试剂

（1）异丙醇。

（2）正丁醇。

（3）石油醚：沸程30℃~60℃。

（4）乙醚：不含过氧化物。

（5）氨水。

（6）无水乙醇。

（7）聚酰胺粉：200目。

（8）盐酸（1+1）：取100mL盐酸，加水稀释至200mL。

（9）氯化钠酸性溶液（40g/L）：于氯化钠溶液（40g/L）中加少量盐酸（1+1）酸化。

（10）展开剂如下：

① 正丁醇+氨水+无水乙醇（7+1+2）。

② 异丙醇+氨水+无水乙醇（7+1+2）。

（11）山梨酸标准溶液：准确称取0.200 0g山梨酸，用少量乙醇溶解后移入100mL容量瓶中，并稀释至刻度，此溶液每毫升相当于2.0mg山梨酸。

（12）苯甲酸标准溶液：准确称取0.200 0g苯甲酸，用少量乙醇溶解后移入100mL容量瓶中，并稀释至刻度，此溶液每毫升相当于2.0mg苯甲酸。

（13）显色剂：溴甲酚紫-乙醇（50%）溶液（0.4g/L），用氢氧化钠溶液（4g/L）调

pH 至 8。

5.2.5.3　仪器

（1）吹风机。

（2）层析缸。

（3）玻璃板：10cm × 18cm。

（4）微量注射器：10μL，100μL。

（5）喷雾器。

5.2.5.4　分析步骤

（1）试样提取

称取 2.50g 事先混合均匀的试样，置于 25mL 带塞量筒中，加 0.5mL 盐酸（1 + 1）酸化，用 15mL、10mL 乙醚提取 2 次，每次振摇 1min，将上层醚提取液吸入另一个 25mL 带塞量筒中，合并乙醚提取液。用 3mL 氯化钠酸性溶液（40g/L）洗涤 2 次，静止 15min，用滴管将乙醚层通过无水硫酸钠滤入 25mL 容量瓶中。加乙醚至刻度，混匀。吸取 10.0mL 乙醚提取液分两次置于 10mL 带塞离心管中，在约 40℃ 的水浴上挥干，加入 0.10mL 乙醇溶解残渣，备用。

（2）测定

① 聚酰胺薄板的制备：称取 1.6g 聚酰胺粉，加 0.4g 可溶性淀粉，加约 15mL 水，研磨 3min ~ 5min，立即倒入涂布器内制成 10cm × 18cm、厚度 0.3mm 的薄层板 2 块，室温干燥后，于 80℃ 干燥 1h，取出，置于干燥器中保存。

② 点样：在薄层板下端 2cm 的基线上，用微量注射器点 1μL、2μL 试样液，同时各点 1μL、2μL 山梨酸、苯甲酸标准溶液。

③ 展开与显色：将点样后的薄层板放入预先盛有展开剂的展开槽内，展开槽周围贴有滤纸，待溶剂前沿上展至 10cm，取出挥干，喷显色剂，斑点成黄色，背景为蓝色。试样中所含山梨酸、苯甲酸的量与标准斑点比较定量（山梨酸、苯甲酸的比移值依次为 0.82 和 0.73）。

5.2.5.5　计算

试样中苯甲酸或山梨酸的含量按式（5 - 3）进行计算。

$$X = \frac{A \times 1\,000}{m \times \frac{10}{25} \times \frac{V_2}{V_1} \times 1\,000} \qquad (5-3)$$

式中：X——试样中苯甲酸或山梨酸的含量，g/kg；

A——测定用试样液中苯甲酸或山梨酸的质量，mg；

V_1——加入乙醇的体积，mL；

V_2——测定时点样的体积，mL；

m——试样质量，g；

10——测定时吸取乙醚提取液的体积，mL；

25——试样乙醚提取液总体积，mL。

5.2.5.6 精密度

在重复性条件下获得的两次独立测定结果的绝对差值不得超过算术平均值的10%。

5.2.5.7 其他

本方法还可以同时测定果酱、果汁中的糖精。

5.2.6 食品中对羟基苯甲酸酯类的测定（GB/T 5009.31—2003）

5.2.6.1 原理

试样酸化后，对羟基苯甲酸酯类用乙醚提取浓缩后，用具氢火焰离子化检测器的气相色谱仪进行分离测定，外标法定量。

5.2.6.2 试剂

除特别注明外，本方法所用试剂均为分析纯试剂，水为蒸馏水。

（1）乙醚：重蒸。

（2）无水乙醇。

（3）无水硫酸钠。

（4）饱和氯化钠溶液。

（5）碳酸氢钠溶液：1g/100mL。

（6）1∶1盐酸：量取50mL盐酸，用水稀释至100mL。

（7）对羟基苯甲酸乙酯、丙酯标准溶液：准确称取对羟基苯甲酸乙酯、丙酯各0.050g溶于50mL容量瓶中，用无水乙醇稀释至刻度，该溶液每毫升相当于1mg对羟基苯甲酸乙酯、丙酯。

（8）对羟基苯甲酸乙酯、丙酯使用溶液：取适量的对羟基苯甲酸乙酯、丙酯标准溶液，用无水乙醇分别稀释至每毫升相当于50μg、100μg、200μg、400μg、600μg和800μg的对羟基苯甲酸乙酯、丙酯。

5.2.6.3 仪器

（1）气相色谱仪：具有氢火焰离子化检测器。

（2）KD浓缩器。

5.2.6.4 分析步骤

（1）提取净化

酱油、醋、果汁：吸取5g预先均匀化的试样于125mL，分液漏斗中，加入1mL 1∶1盐酸酸化，10mL饱和氯化钠溶液，摇匀，分别以75mL、50mL、50mL乙醚提取3次，每次2min，放置片刻，弃去水层，合并乙醚层于250mL分液漏斗中，加10mL饱和氯化钠溶液洗涤1次，再分别以1g/100mL碳酸氢钠溶液30mL、30mL、30mL洗涤3次，弃去水层。用滤纸吸去漏斗颈部水分，塞上脱脂棉，加10g无水硫酸钠于室温放置30min，在KD浓缩器上浓缩近干，用吹氮除去残留溶剂。用无水乙醇定容至每毫升含1mg对羟基苯甲酸乙酯、丙酯供气相色谱用。

称取 5g 事先均匀化的果酱试样于 100mL 具塞试管中，加入 1mL 1∶1 盐酸，10mL 饱和氯化钠溶液，摇匀，用 50mL、30mL、30mL 乙醚提取 3 次，每次 2min，用吸管转移乙醚至 250mL 分液漏斗中，以下按上法操作。

（2）色谱条件

色谱柱：玻璃柱，内径 3mm，长 2.6m，内涂以 3% SE－30 固定液的 60～80 目 Chromosorb W A W DMC5，柱温 170℃，进样口 220℃，检测器 220℃。

气流条件：氢气，50mL/min；氮气，40mL/min；空气，500mL/min。

（3）测定

进样 1μL 标准系列中各浓度标准使用液于气相色谱中，测定不同浓度对羟基苯甲酸乙酯、丙酯的峰高。以浓度为横坐标，峰高为纵坐标绘制标准曲线。同时进样 1μL 试样溶液，测定峰高与标准曲线定量比较。

5.2.6.5　计算

计算公式见式（5－4）。

$$X = \frac{A \times 1\,000}{m \times \frac{V_2}{V_1} \times 1\,000} \tag{5-4}$$

式中：X——试样中对羟基苯甲酸酯类含量，g/kg；

A——测定试样中对羟基苯甲酸酯类质量，μg；

V_1——试样制备液体积，mL；

V_2——试样进样体积，μL；

m——试样质量，g。

5.3　食品抗氧化剂

食品抗氧化剂是指能防止食品成分因氧化而导致变质的一类食品添加剂。主要用于防止油脂食品的氧化酸败，以及由氧化所导致的褪色、褐变、维生素破坏等。食品中的油脂可发生两种化学变化：水解和氧化。水解一般受脂肪酶催化而使油脂水解为甘油、单双甘油酯和游离脂肪酸，可通过加热、精炼，以破坏或消除脂肪酶而达到保护作用。更普通和重要的是油脂的氧化，这是一个十分复杂的过程，也是使用抗氧化剂的主要目的。

食品中脂类的氧化会导致酸败、蛋白质破坏和色素氧化，造成食品的感光性质下降、营养价值降低、货架期缩短。食品抗氧化剂可延缓脂类化合物被氧化，延长食品储存期的作用。

我国食品添加剂使用卫生标准允许使用的抗氧化剂有：丁基羟基茴香醚（叔丁基－4－羟基茴香醚）（BHA）、二丁基羟基甲苯（2,6－二叔丁基对甲酚）（BHT）、没食子酸丙酯、异抗坏血酸钠、茶多酚、特丁基对苯二酚（TBHQ）、植酸（肌醇六磷酸）植酸钠、竹叶抗氧化物、迷迭香提取物、硫代二丙酸二月桂酯、磷脂、抗坏血酸棕榈酸酯、甘草抗氧化物。

5.3.1 抗氧化剂的作用机理

5.3.1.1 脂类氧化历程

脂类氧化最主要的是脂类与氧分子的直接反应，即“自动氧化”，另有光敏氧化及酶氧化。自动氧化过程中，需两个基本物质：作为供氧体的氧及被氧化的脂类。在这一反应中，绝大多数是自由基的连锁反应，还会受光、热及变价金属（如 Fe、Cu、Mn、Cr 等）所促进。一般油脂的氧化首先是在易活化的不饱和双键的α-亚甲基上取走氢原子，而被氧化成脂肪自由基，进一步氧化成过氧化自由基，后者再与未氧化的脂肪形成氢过氧化物和脂肪自由基。如此连续反应下去，使脂肪不断氧化。氢过氧化物作为脂类自动氧化的主要初期产物是不太稳定的，它经过许多复杂的分裂和相互作用，最终形成有油脂酸败特征的醛、酮、醇、碳氢化物、环氧化物及酸等低分子物质，也可经聚合作用而形成深色的、有毒的聚合物。同时也会促使色素、香味物质和维生素等氧化。其基本过程可简写成下式：

$$RH \xrightarrow{-H\cdot} R\cdot \xrightarrow{+O_2} ROO\cdot \xrightarrow{RH} ROOH + R\cdot$$

在油脂中，构成甘油酯的主要不饱和脂肪酸是油酸、亚油酸和亚麻酸，由于它们的双键数不同，故具有不同的氧化历程。

5.3.1.2 抗氧化剂的作用机理

抗氧化剂的作用机理是比较复杂的，存在着多种可能性，主要有以下途径：

（1）有些抗氧化剂是由于本身极易被氧化，首先与氧反应，从而保护了食品，如维生素 E。

（2）有些抗氧化剂可以放出氢离子将油脂在自动氧化过程中所产生的过氧化物分解破坏，使其不能形成醛或酮的产物，如硫代二丙酸二月桂酯等。

（3）有些抗氧化剂作为噬氧剂，通过除去弥漫于食品中的氧气而延缓氧化反应的发生，可作为噬氧剂的化合物主要有抗坏血酸、抗坏血酸棕榈酸酯、异抗坏血酸、异抗坏血酸钠等，这些物质对氧有强的亲合力，本身被氧化成脱氢抗坏血酸，在氧的存在下，脱氢抗坏血酸不可逆地降解为二酮古罗糖酸，最终的分解产物是草酸和苏糖酸。

（4）有些抗氧化剂可作为自由基吸收剂，这是阻断油脂氧化的最有效手段，就是与各种自由基发生反应而使自由基得以消除，能提供氢给予体的物质（AH）可使自由基转变为非活性的或较为稳定的化合物，从而中断自由基的连锁反应，多数抗氧化剂，如 BHA、BHT、TBHQ、PG、茶多酚等，都是有效的自由基吸收剂。

5.3.2 抗氧化剂使用的注意事项

在使用抗氧化剂时，应注意以下几点：

（1）掌握使用时机，抗氧化剂应尽早加入。

（2）使用要注意剂量，不能超出其安全剂量，有些抗氧化剂，用量不合适会起氧化作用。

（3）控制影响抗氧化剂效果的因素，如光、热、氧、金属离子等。

（4）常将几种抗氧化剂复配使用，效果往往比单一使用好。

5.3.3 丁基羟基茴香醚（BHA）和二丁基羟基甲苯（BHT）

5.3.3.1 产品质量标准

5.3.3.1.1 丁基羟基茴香醚

丁基羟基茴香醚也叫叔丁基－4－羟基茴香醚，又叫丁基大茴香醚，简称BHA。分子式为$C_{11}H_{16}O_2$，相对分子质量为180.25。它有两种异构体，通常是以3－BHA为主，与少量2－BHA的混合物。结构式为：

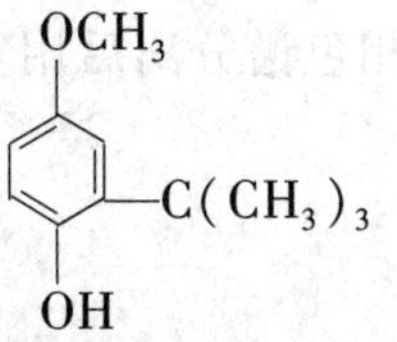

OCH_3　$C(CH_3)_3$　OH　　　OCH_3　$C(CH_3)_3$　OH

3－位异构体 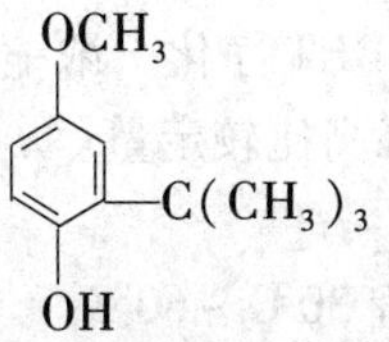　　　2－位异构体

丁基羟基茴香醚的外观性状为白色或微黄色结晶性粉末，微有石油类臭气和刺激性气味。不溶于水，易溶于猪脂和植物油等油脂及丙二醇、丙酮和乙醇。其热稳定性很高，在弱碱性条件下不易被破坏，所以可用做焙烤食品的抗氧化剂。另外，3－BHA的抗氧化效果比2－BHA高1.5～2倍，两者合用有增效作用。

丁基羟基茴香醚还具有较强的抗菌能力，用0.015%的BHA即可抑制金黄色葡萄球菌，用0.028%的BHA可阻止寄生曲霉孢子的生长和阻碍黄曲霉毒素的生成。丁基羟基茴香醚的抗氧化作用是通过放出氢原子阻断油脂自动氧化而实现的。它的用量为0.02%时比用量为0.0l%的抗氧化效果增高10%，但超过0.02%的用量，抗氧化效果反而下降。在猪脂中加入0.01%的BHA，其酸败期可延长6倍。BHA与其他抗氧化剂复配使用或与增效剂柠檬酸等合用时，其氧化能力可显著提高。

5.3.3.1.2 二丁基羟基甲苯

二丁基羟基甲苯也叫2，6－二叔丁基对甲酚，简称BHT，分子式为$C_{15}H_{24}O$，相对分子质量为220.36，结构式为：

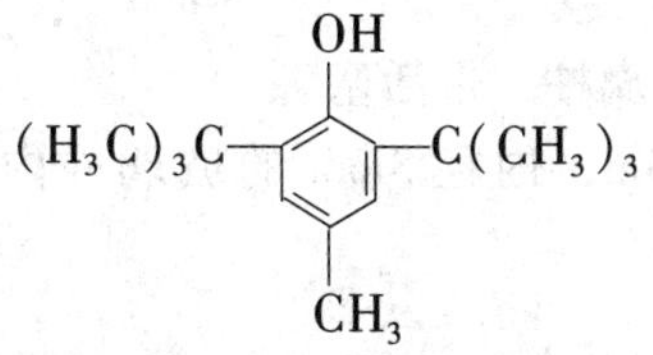

OH　$(H_3C)_3C$　$C(CH_3)_3$　CH_3

二丁基羟基甲苯的外观性状为无色结晶或白色结晶性粉末，无臭、无味。化学稳定性很好，对热相当稳定，与金属离子反应不着色，不溶于水、甘油，易溶于乙醇。

二丁基羟基甲苯的抗氧化能力很强，遇热抗氧化效果也不受影响。在猪脂中加入0.01%的BHT，能使其氧化诱导期延长2倍。BHT的抗氧化作用是由于其自身发生自动氧化而实现的，其与柠檬酸、抗坏血酸或BHA复配作用，能够显著地提高抗氧化效果。

使用范围和最大使用限量：丁基羟基茴香醚用于脂肪，油和乳化脂肪制品、坚果与籽类罐头、油炸食品、风干。烘干和压干等水产品、饼干、方便面制品、即食谷物，包括碾压燕麦、罐头、腌腊肉制品类（如咸肉、腊肉、板鸭、中式火腿、腊肠等）最大用量为0.2g/kg；二丁基羟基甲苯用于以上食品的最大限量也为0.2g/kg；没食子酸丙酯用于以上食品的最大限量是0.1g/kg。同时规定，丁基羟基茴香醚和二丁基羟基甲苯合用时，总量不得超过0.2g/kg。丁基羟基茴香醚和二丁基羟基甲苯以及没食子酸丙酯混合使用时，前二者的总量不得超过0.1g/kg。没食子酸丙酯以脂肪计不得超过0.05g/kg的最大使用量。

5.3.3.2 气相色谱法测定BHA、BHT（GB/T 5009.30—2003）

此方法适用于糕点和植物油等食品中BHA与BHT的测定。

5.3.3.2.1 原理

试样中的叔丁基羟基茴香醚（BHA）和2,6-二叔丁基对甲酚（BHT）用石油醚提取，通过层析柱使BHA与BHT净化，浓缩后，经气相色谱分离后用氢火焰离子化检测器检测，根据试样峰高与标准峰高比较定量。

5.3.3.2.2 试剂

（1）石油醚：沸程30℃～60℃。

（2）二氯甲烷：分析纯。

（3）二硫化碳：分析纯。

（4）无水硫酸钠：分析纯。

（5）硅胶G：60～80目于120℃活化4h放干燥器备用。

（6）弗罗里硅土（Florisil）：60～80目于120℃活化4h放干燥器中备用。

（7）BHA、BHT混合标准储备液：准确称取BHA、BHT（纯度为99.0%）各0.1g混合后用二硫化碳溶解，定容至100mL容量瓶中，此溶液分别为每毫升含1.0mg BHA、BHT，置冰箱保存。

（8）BHA、BHT混合标准使用液：吸取标准储备液4.0mL于100mL容量瓶中，用二硫化碳定容至100mL容量瓶中，此溶液分别为每毫升含0.040mg BHA、BHT，置冰箱中保存。

5.3.3.2.3 仪器

（1）气相色谱仪：附FID检测器。

（2）蒸发器：容积200mL。

（3）振荡器。

（4）层析柱：1cm×30cm玻璃柱，带活塞。

（5）气相色谱柱：柱长1.5m，内径3mm的玻璃柱内装涂质量分数为10%的QF-1GasChromQ（80～100目）。

5.3.3.2.4 试样处理

（1）试样的制备

称取500g含油脂较多的试样，含油脂少的试样取1 000g，然后用对角线取1/2或1/3，或根据试样情况取有代表性试样，在玻璃乳钵中研碎，混合均匀后放置广口瓶内保存于冰箱中。

（2）脂肪的提取

① 含油脂高的试样（如桃酥等）：称取50g，混合均匀，置于250mL具塞锥形瓶中，加50mL石油醚（沸程为30℃～60℃），放置过夜，用快速滤纸过滤后，减压回收溶剂，残留脂肪备用。

② 含油脂中等的试样（如蛋糕、江米条等）：称取100g左右，混合均匀，置于500mL

具塞锥形瓶中，加 100mL ~ 200mL 石油醚（沸程为 30℃ ~ 60℃），放置过夜，用快速滤纸过滤后，减压回收溶剂，残留脂肪备用。

③ 含油脂少的试样（如面包、饼干等）：称取 250g ~ 300g，混合均匀后，于 500mL 具塞锥形瓶中，加入适量石油醚浸泡试样，放置过夜，用快速滤纸过滤后，减压回收溶剂残留脂肪备用。

5.3.3.2.5　分析步骤

（1）试样的制备

① 层析柱的制备：于层析柱底部加入少量玻璃棉，少量无水硫酸钠，将硅胶 - 弗罗里硅土（6 +4）共 10g，用石油醚湿法混合装柱，柱顶部再加入少量无水硫酸钠。

② 试样制备：称取 5.2 制备的脂肪 0.50g ~ 1.00g，用 25mL 石油醚溶解移入①的层析柱上，再以 100mL 二氯甲烷分 5 次淋洗，合并淋洗液，减压浓缩近干时，用二硫化碳定容至 2.0mL，该溶液为待测溶液。

③ 植物油试样的制备：称取混合均匀试样 2.00g，放入 50mL 烧杯中，加 30mL 石油醚溶解，转移到层析柱上，再用 10mL 石油醚分数次洗涤烧杯中，并转移到层析柱，用 100mL 二氯甲烷分五次淋洗，合并淋洗液，减压浓缩近干，用二硫化碳定容至 2.0mL，该溶液为待测溶液。

（2）测定

注入气相色谱 3.0μL 标准使用液，绘制色谱图，分别量取各组分峰高或面积，进 3.0μL 试样待测溶液（应视试样含量而定），绘制色谱图，分别量取峰高或面积，与标准峰高或面积比较计算含量。

5.3.3.2.6　结果计算

待测溶液 BHA（或 BHT）的质量按式（5 -5）进行计算。

$$m_1 = \frac{h_i}{h_s} \times \frac{V_m}{V_i} \times V_s \times c_s \qquad (5-5)$$

式中：m_1——待测溶液 BHA（或 BHT）的质量，mg；

h_i——注入色谱试样中 BHA（或 BHT）的峰高或面积；

h_s——标准使用液中 BHA（或 BHT）的峰高或面积；

V_i——注入色谱试样溶液的体积，mL；

V_m——待测试样定容的体积，mL；

V_s——注入色谱中标准使用液的体积，mL；

c_s——标准使用液的浓度，mg/mL。

食品中以脂肪计 BHA（或 BHT）的含量按式（5 -6）进行计算。

$$X_1 = \frac{m_1 \times 1\,000}{m_2 \times 1\,000} \qquad (5-6)$$

式中：X_1——食品中以脂肪计 BHA（或 BHT）的含量，g/kg；

m_1——待测溶液中 BHA（或 BHT）的质量，mg；

m_2——油脂（或食品中脂肪）的质量，g。

计算结果保留三位有效数字。

5.3.3.2.7　精密度

在重复性条件下获得的两次独立测定结果的绝对差值不得超过算术平均值的 15%。

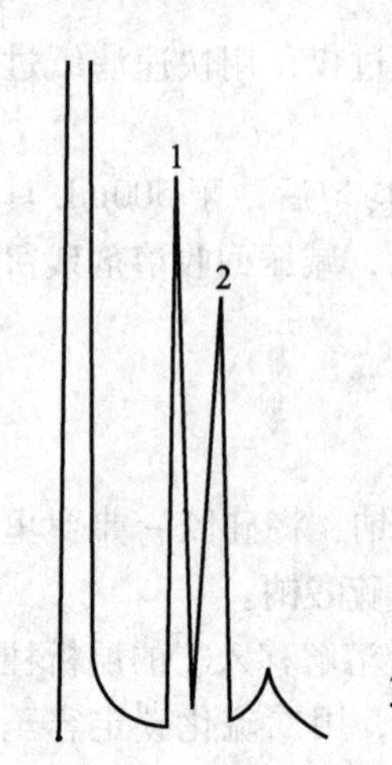

图 5－1　BHA、BHT 气相色谱图
1—BHA；2—BHT

5.3.3.2.8　其他

（1）BHA、BHT 气相色谱图见图 5－1。

（2）气相色谱参考条件：

色谱柱：长 1.5m，内径 3mm 玻璃柱，质量分数为 10% QF－1 的 GasChromQ（80～100 目）。

检测器：FID。

温度：检测室 200℃，进样口 200℃，柱温 140℃。

载气流量：氮气 70mL/min；氢气 50mL/min；空气 500mL/min。

5.3.3.3　薄层色谱法测定 BHA、BHT（GB/T 5009.30—2003）

此方法适用于糕点和植物油等食品中 BHA 与 BHT 的测定。

5.3.3.3.1　原理

用甲醇提取油脂或食品中的抗氧化剂，用薄层色谱定性，根据其在薄层板上显色后的最低检出量与标准品最低检出量比较而概略定量，对高脂肪食品中的 BHT、BHA、PG 能定性检出。

5.3.3.3.2　试剂

（1）甲醇。

（2）石油醚（30℃～60℃）。

（3）异辛烷。

（4）丙酮。

（5）冰乙酸。

（6）正己烷。

（7）二氧六环。

（8）硅胶 G：薄层用。

（9）聚酰胺粉 200 目。

（10）可溶性淀粉。

（11）BHT、BHA、PG 混合标准溶液的配制：分别准确称取 BHT、BHA、PG（纯度为 99.9% 以上）各 10mg，分别用丙酮溶解，转入 3 个 10mL 容量瓶中，用丙酮稀释至刻度。每毫升含 1.0mg BHT、BHA、PG，吸取 BHT（1.0mg/mL）1.0mL，BHA（1.0mg/mL）、PG（1.0mg/mL）各 0.3mL 置同一 5mL 容量瓶中，用丙酮稀释至刻度。此溶液每毫升含 0.20mg BHT、0.060mg BHA、0.060mg PG。

（12）显色剂：2，6－二氯醌－氯亚胺的乙醇溶液（2g/L）。

5.3.3.3.3　仪器

（1）减压蒸馏装置。

（2）具刻度尾管的浓缩瓶。

（3）层析槽：24cm×6cm×4cm；20cm×13cm×8cm。

（4）玻璃板：5cm×20cm；10cm×20cm。

（5）微量注射器：10.0μL。

5.3.3.3.4　分析步骤

（1）提取

① 植物油（花生油、豆油、菜籽油、芝麻油）：称取 5.00g 油置 10mL 具塞离心管中，加入 5.0mL 甲醇，密塞振摇 5min，放置 2min，离心（3 000r/min ~ 3 500r/min）5min，吸取上层清液置 25mL 容量瓶中，如此重复提取共 5 次，合并每次甲醇提取液，用甲醇稀释至刻度。吸取 5.0mL 甲醇提取液置一浓缩瓶中，于 40℃ 水浴上减压浓缩至 0.5mL，留作薄层色谱用。

② 猪油：称取 5.00g 猪油置 50mL 具磨口的锥形瓶中，加入 25.0mL 甲醇，装上冷凝管于 75℃ 水浴上放置 5min，待猪油完全溶化后将锥形瓶连同冷凝管一起自水浴中取出，振摇 30s，再放入水浴 30s；如此振摇 3 次后放入 75℃ 水浴，使甲醇层与油层分清后，将锥形瓶连同冷凝管一起置冰水浴中冷却，猪油凝固，甲醇提取液通过滤纸滤入 50mL 容量瓶中，再自冷凝管顶端加入 25mL 甲醇，重复振摇提取 1 次，合并 2 次甲醇提取液，将该容量瓶置暗处放置，待升至室温后，用甲醇稀释至刻度。吸取 10mL 甲醇提取液置一浓缩瓶中，于 40℃ 水浴上减压浓缩至 0.5mL，留作薄层色谱用。

③ 食品（油炸花生米、酥糖、巧克力、饼干）：按 5.3.3.2.4 中（2）测定脂肪的含量，并称取约 2.00g 的脂肪，视提取出的油脂是植物油还是动物性脂肪而决定提取方法。可按以上①或②操作。

（2）测定

① 薄层板的制备

a. 硅胶 G 薄层板：称取 4g 硅胶 G 置玻璃乳钵中，加 10mL 水。研磨至黏稠状，铺成 5cm × 20cm 的薄层板三块，置空气中干燥后于 80℃ 烘 1h，存放于干燥器中。

b. 聚酰胺板：称取 2.40g 聚酰胺粉，0.60g 可溶性淀粉置于玻璃乳钵中，加约 15mL 水，研磨至浆状，铺成 10cm × 20cm 的薄层板 3 块，置空气中干燥后于 80℃ 烘 1h，置干燥器中保存。

② 点样

a. 用 10μL 微量注射器在 5cm × 20cm 的硅胶 G 薄层板上距下端 2.5cm 处点 3 点：标准溶液 5.0μL、试样提取液 6.0μL ~ 30.0μL、加标准溶液 5.0μL。

b. 另取一块硅胶 G 薄层板点 3 点：标准溶液 5.0μL、试样提取液 1.5μL ~ 3.6μL、试样提取液 1.5μL ~ 3.6μL、加标准溶液 5.0μL。

c. 用 10μL 微量注射器在 10cm × 20cm 的聚酰胺薄层板上距下端 2.5cm 处点：标准溶液 5.0μL，试样提取液 10.0μL，试样提取液 10.0μL 加标准溶液 5.0μL，边点样边用吹风机吹干，点上一滴吹干后再继续滴加。

③ 显色

a. 溶剂系统

硅胶 G 薄层板：正己烷 - 二氧六环 - 乙酸（42 + 6 + 3），异辛烷 - 丙酮 - 乙酸（70 + 5 + 12）。

聚酰胺板：

i. 甲醇 - 丙酮 - 水（30 + 10 + 10）；

ii. 甲醇 - 丙酮 - 水（30 + 10 + 12.5）；

iii. 甲醇 - 丙酮 - 水（30 + 10 + 15）。

对甲醇－丙酮－水系统，芝麻油只能用（i）菜籽油用（ii），食品用（iii）。

展开系统中水的比例对花生油、豆油、猪油中 PG 的分离无影响。

将点好样的薄层板置预先经溶剂饱和的展开槽内展开 16cm。

b. 展开

i. 硅胶 G 板自层析槽中取出，薄层板置通风橱中挥干至 PG 标准点显示灰黑色斑点，即可认为溶剂已基本挥干，喷显色剂，置 110℃烘箱中加热 10min，比较色斑颜色及深浅，趁热将板置氨蒸气槽中放置 30s，观察各色斑颜色变化。

ii. 聚酰胺板自层析槽中取出，薄层板置通风橱中吹干，喷显色剂，再通风挥干，直至 PG 斑点清晰。

④ 评定

a. 定性

根据试样中显示出的 BHT、BHA、PG 点与标准 BHT、BHA、PG 点比较 R_f 值和显色后斑点的颜色反应定性。如果样液点显示检出某种抗氧化剂，则试样中抗氧化剂的斑点应与加入内标的抗氧化剂斑点重叠。

当点大量样液时由于杂质多，使试样中抗氧化剂点的 R_f 值略低于标准点。这时应在试样点上滴加标准溶液作内标，比较 R_f 值，见表 5－2。

表 5－2 BHT、BHA、PG 在薄层板上的最低检出 R_f 值及斑点颜色

抗氧化剂	硅胶 G 板结果			聚酰胺板结果		
	R_f 值	最低检出量/μg	色斑颜色	R_f 值	最低检出量/μg	色斑颜色
BHT	0.73	1.00	橘红→紫红	—	—	—
BHA	0.37	0.30	紫红→蓝紫	0.52	0.30	灰棕
PG	0.04	0.30	灰→黄棕	0.66	0.30	蓝

注：PG 在硅胶 G 板上定性及半定量不可靠，有干扰，且 R_f 值太小，应进一步用聚酰胺板展开。

b. 概略定量及限度试验

根据薄层板上样液点抗氧化剂所显示的色斑深浅与标准抗氧化剂色斑比较而估计含量，如果在点样 a 的硅胶 G 薄层板上，试样中各抗氧化剂所显色斑浅于标准抗氧化剂色斑，则试样中各抗氧化剂含量在本方法的定性检出限量以下（BHA、PG 点样量为 6.0μL，BHT 点样量为 30.0μL）。如果在点样 b 的硅胶 G 薄层板上，试样中各抗氧化剂所显色斑的颜色浅于标准抗氧化剂色斑，则试样中各抗氧化剂的含量没有超过使用卫生标准（BHA、PG 点样量为 1.5μL，BHT 点样量为 3.6μL）。如果试样点色斑颜色较标准点深，可稀释后重新点样，估计含量。

5.3.3.3.5 结果计算

（1）试样中抗氧化剂（以脂肪计）的含量按式（5－7）进行计算。

$$X = \frac{m_1 \times D \times 1\,000}{m_2 \times \dfrac{V_2}{V_1} \times 1\,000 \times 1\,000} \tag{5-7}$$

式中：X——试样中抗氧化剂 BHA、BHT、PG（以脂肪计）的含量，g/kg；

m_1——薄层板上测得试样点抗氧化剂的质量，μg；

V_1——供薄层层析用点样液定容后的体积，mL；

V_2——滴加样液的体积，mL；

D——样液的稀释倍数；

m_2——定容后的薄层层析用样液相当于试样的脂肪质量，g。

（2）所示试样中各抗氧化剂定性检出限度，见表5－3。

表5－3　所示试样中各抗氧化剂定性检出限度

试　样	BHA	BHT	PG
	检出浓度/(mg/kg)		
油炸花生米	25	10	10
酥糖	10	10	10
饼干	10	10	10
巧克力	25	25	25
油脂	25	25	25

5.3.3.4　比色法测定 BHA、BHT（GB/T 5009.30—2003）

此方法适用于糕点和植物油等食品中 BHA 与 BHT 的测定。

5.3.3.4.1　原理

试样通过水蒸气蒸馏，使 BHT 分离，用甲醇吸收，遇邻联二茴香胺与亚硝酸钠溶液生成橙红色，用三氯甲烷提取，与标准比较定量。

5.3.3.4.2　试剂

（1）无水氯化钙。

（2）甲醇。

（3）三氯甲烷。

（4）甲醇（50%）。

（5）亚硝酸钠溶液（3g/L）：避光保存。

（6）邻联二茴香胺溶液：称取125mg 邻联二茴香胺于50mL 棕色容量瓶中，加25mL 甲醇，振摇使全部溶解，加50mg 活性炭，振摇5min 过滤，取20.0mL 滤液，置于另一50mL 棕色容量瓶中，加盐酸（1＋1）至刻度。临用时现配并避光保存。

（7）BHT 标准溶液：准确称取0.050 0g BHT，用少量甲醇溶解，移入100mL 棕色容量瓶中，并稀释至刻度，避光保存。此溶液每毫升相当于0.50mg BHT。

（8）BHT 标准使用液：临用时吸取1.0mL BHT 标准溶液，置于50mL 棕色容量瓶中，加甲醇至刻度，混匀，避光保存。此溶液每毫升相当于10.0μg BHT。

5.3.3.4.3　仪器

（1）水蒸气蒸馏装置。

（2）甘油浴。

（3）分光光度计。

5.3.3.4.4 分析步骤

（1）试样处理

称取2g～5g试样（约含0.40mg BHT）于100mL蒸馏瓶中，加16.0g无水氯化钙粉末及10.0mL水，当甘油浴温度达到165℃恒温时，将蒸馏瓶浸入甘油浴中，连接好水蒸气发生装置及冷凝管，冷凝管下端浸入盛有50mL甲醇的200mL容量瓶中，进行蒸馏，蒸馏速度每分钟1.5mL～2mL，在50min～60min内收集约100mL馏出液（连同原盛有的甲醇共约150mL，蒸气压不可太高，以免油滴带出），以温热的甲醇分次洗涤冷凝管，洗液并入容量瓶中并稀释至刻度。

（2）测定

准确吸取25.0mL上述处理后的试样溶液，移入用黑纸（布）包扎的100mL分液漏斗中，另准确吸取0mL、1.0mL、2.0mL、3.0mL、4.0mL和5.0mL BHT标准使用液（相当于0.0μg、10.0μg、20.0μg、30.0μg、40.0μg和50.0μg BHT），分别置于黑纸（布）包扎的60mL分液漏斗，加入甲醇（50%）至25mL。分别加入5mL邻联二茴香胺溶液，混匀，再各加2mL亚硝酸钠溶液（3g/L），振摇1min，放置10min，再各加10mL三氯甲烷，剧烈振摇1min，静置3min后，将三氯甲烷层分入黑纸（布）包扎的10mL比色管中，管中预先放入2mL甲醇，混匀。用1cm比色杯，以三氯甲烷调节零点，于波长520nm处测吸光度，绘制标准曲线比较。

5.3.3.4.5 结果计算

试样中BHT的含量按式（5－8）进行计算。

$$X=\frac{m_2\times 1\,000}{m_1\times\frac{V_2}{V_1}\times 1\,000\times 1\,000} \qquad (5-8)$$

式中：X——试样中BHT的含量，g/kg；

m_2——测定用样液中BHT的质量，μg；

m_1——试样质量，g；

V_1——蒸馏后样液总体积，mL；

V_2——测定用吸取样液的体积，mL。

计算结果保留三位有效数字。

5.3.3.4.6 精密度

在重复性条件下获得的两次独立测定结果的绝对差值不得超过算术平均值的10%。

5.3.4 没食子酸丙酯（PG）

5.3.4.1 产品质量标准

没食子酸丙酯也叫格酸丙酯，简称PG，分子式为$C_{10}H_{12}O_5$，相对分子质量为212.21，结构式为：

HO
HO—⟨苯环⟩—$COOCH_2CH_2CH_3$
HO

没食子酸丙酯的外观性状为白色至浅黄褐色晶体粉末，或为乳白色针状结晶，无臭，稍有苦味，水溶液无味。没食子酸丙酯难溶于水，易溶于乙醇，微溶于棉籽油、花生油、猪脂。其水溶液（0.25%）的 pH 为5.5 左右。

没食子酸丙酯比较稳定，遇铜、铁离子发生呈色发应，变为紫色或暗绿色，有吸湿性，对光不稳定，产生分解。没食子酸丙酯对油脂的抗氧化能力强，与增效剂柠檬酸复配使用，抗氧化能力更强，尤其是与 BHA、BHT 复配使用抗氧化效果最好。

没食子酸丙酯的弱点是在油脂中溶解度小，且易着色。它对油脂的抗氧化能力强于 BHA 和 BHT，但对含油的面制品如奶油饼干的抗氧化能力不如 BHA 和 BHT。

最大用量和使用范围：脂肪，油和乳化脂肪制品、坚果与籽类罐头、油炸食品、风干。烘干和压干等水产品、饼干、方便米面制品、即食谷物，包括碾压燕麦、罐头、腌腊肉制品类（如：咸肉、腊肉、板鸭、中式火腿、腊肠等）等最大使用量不得超过0.1g/kg。与 BHA 和 BHT 混合使用时，最大使用量不得超过0.05g/kg。

5.3.4.2　没食子酸丙酯的测定（GB/T 5009.32—2003）

5.3.4.2.1　基本原理

试样经石油醚溶解，用乙酸铵水溶液提取后，没食子酸丙酯（PG）与亚铁酒石酸盐起颜色反应，在波长540nm 处测定吸光度，与标准比较定量。测定样品相当于2g 时，最低检出浓度为25mg/kg。

5.3.4.2.2　试剂

（1）石油醚：沸程30℃～60℃。

（2）乙酸铵溶液（100g/L）：16.7g/L。

（3）显色剂：称取0.100g 硫酸亚铁（$FeSO_4 \cdot 7H_2O$）和0.500g 酒石酸钾钠（$NaKC_4H_4O_6 \cdot 4H_2O$），加水溶解，稀释至100mL，临用前配制。

（4）PG 标准溶液：准确称取0.010 0gPG 溶于水中，移入200mL 容量瓶中，并用水稀释至刻度。此溶液每毫升含50.0μgPG。

5.3.4.2.3　仪器

分光光度计。

5.3.4.2.4　分析步骤

（1）试样处理

称取10.00g 样品，用100mL 石油醚溶解，移入250mL 分液漏斗中，加20mL 乙酸铵溶液（16.7g/L），振摇2min，静置分层，将水层放入125mL 分液漏斗中（如乳化，连同乳化层一起放下），石油醚层再用20mL 乙酸铵溶液（16.7g/L）重复提取两次，合并水层。石油醚层用水振摇洗涤两次，每次15mL，水洗涤液并入同一125mL 分液漏斗中，振摇静置。将水层通过干燥滤纸滤入100mL 容量瓶中，用少量水洗涤滤纸，加2.5mL 乙酸铵溶液（100g/L），加水至刻度，摇匀。将此溶液用滤纸过滤，弃去初滤液的20mL，收集滤液供比色测定用。

（2）测定

吸取20.0mL 上述处理后的样品提取液于25mL 具塞比色管中，加入1mL 显色剂，加4mL 水，摇匀。

另准确吸取0mL、1.0mL、2.0mL、4.0mL、6.0mL、8.0mL 和10.0mL PG 标准溶液（相当于0μg、50μg、100μg、200μg、300μg、400μg 和500μg PG），分别置于25mL 带塞比

色管中，加入 2.5mL 乙酸铵溶液（100g/L），准确加水至 24mL，加入 1mL 显色剂，摇匀。

用 1cm 比色杯，以零管调节零点，在波长 540nm 处测定吸光度，绘制标准曲线比较。

5.3.4.2.5 结果计算

计算公式见式（5 -9）。

$$X=\frac{A\times 1\,000}{m\times\frac{V_2}{V_1}\times 1\,000\times 1\,000} \tag{5-9}$$

式中：X——试样中 PG 的含量，g/kg；

A——测定用样液中 PG 的质量，μg；

m——试样质量，g；

V_1——提取后样液总体积，mL；

V_2——测定用吸取样液的体积，mL。

计算结果保留两位有效数字。

5.3.4.2.6 精密度

在重复性条件下获得的两次独立测定结果的绝对差值不得超过算术平均值的 10%。

5.4 食品发色剂

食品发色剂是指在食品生产过程中加入能与食品的某些成分发生作用，使食品呈现令人喜爱的色泽的物质。经常用做食品发色剂的物质有亚硝酸钠、亚硝酸钾、硝酸钠、硝酸钾、烟酰胺、硫酸亚铁等。这些发色剂除单独使用，也往往与发色助剂如抗坏血酸及其钠盐复配使用。

5.4.1 发色剂的作用及发色原理

食品发色剂除了有使食品发色，产生令人喜爱色泽的作用，还有抑菌及增强风味的作用。发色剂使肉制品呈鲜艳红色的机理如下。

原料肉的红色是由肌红蛋白（Mb）和血红蛋白（Hb）呈现的一种感官性状，一般肌红蛋白约占 70% ~90%，血红蛋白约占 10% ~30%，可见肌红蛋白是使肉类呈色的主要成分。正常状态下，鲜肉中的肌红蛋白为还原型，呈暗紫色、不稳定，易被氧化变色。当还原型肌红蛋白分子中 Fe^{2+} 上的结合水被分子状态的氧置换，形成氧合肌红蛋白（MbO_2），色泽鲜红，此时铁仍为 +2 价，这种结合不是氧化而称氧合。当氧合肌红蛋白在氧或氧化剂的存在下进一步氧化成 +3 价铁时，生成褐色的高铁肌红蛋白。为了使肉制品呈现鲜艳的红色，在加工过程中常添加亚硝酸盐，亚硝酸盐在酸性条件下可生成亚硝酸。一般宰后成熟的肉因含乳酸，pH 约为 5.6 ~5.8，故不需外加酸即可生成亚硝酸，其反应为：

$$NaNO_2 + CH_3CHOHCOOH \rightleftharpoons HNO_2 + CH_3CHOHCOONa \tag{1}$$

亚硝酸很不稳定，即使在常温下，也可分解产生亚硝基（NO），反应为：

$$NHO_2 \rightleftharpoons H^+ + NO_3^- + 2NO + H_2O \tag{2}$$

所生成的亚硝基很快与肌红蛋白反应生成鲜红色的亚硝基肌红蛋白（MbNO），反应为：

$$Mb + NO \rightleftharpoons MbNO \tag{3}$$

亚硝基肌红蛋白遇热后放出巯基（ -SH），生成较稳定的具有鲜红色的亚硝基血色原。

由（2）式可知，亚硝酸分解生成NO时，也生成少量硝酸，而NO在空气中还可被氧化成NO_2，进而与水反应生成硝酸。

$$NO + O_2 \rightleftharpoons NO_2 \tag{4}$$

$$NO_2 + H_2O \rightleftharpoons HNO_2 + HNO_3 \tag{5}$$

如式（4）、（5）所示，不仅亚硝基被氧化生成硝酸，而且还抑制了亚硝基肌红蛋白的生成。硝酸有很强的氧化作用，即使肉中含有很强的还原性物质，也不能防止肌红蛋白部分氧化成高铁肌红蛋白。因此，在使用亚硝酸盐的同时，常用L-抗坏血酸及其钠盐等还原性物质来防止肌红蛋白氧化，且可把氧化型的褐色高铁肌红蛋白还原为红色的还原型肌红蛋白，以助发色。

5.4.2　发色剂的应用

亚硝酸盐是添加剂中急性毒性较强的物质之一，是一种剧毒药，可使正常的血红蛋白变成高铁血红蛋白，失去携带氧的能力，导致组织缺氧。其次亚硝酸盐为亚硝基化合物的前体物，其致癌性引起了国际性的注意，因此各方面要求把硝酸盐和亚硝酸盐的添加量，在保证发色的情况下，限制在最低水平。

抗坏血酸与亚硝酸盐有高度亲和力，在体内能防止亚硝化作用，从而几乎能完全抑制亚硝基化合物的生成。所以在肉类腌制时添加适量的抗坏血酸，有可能防止生成致癌物质。

虽然硝酸盐和亚硝酸盐的使用受到了很大限制，但至今国内外仍在继续使用。其原因是亚硝酸盐对保持腌制肉制品的色、香、味有特殊作用，迄今未发现理想的替代物质。更重要的原因是亚硝酸盐对肉毒梭状芽孢杆菌的抑制作用。但对使用的食品及其使用量和残留量有严格要求。

5.4.3　亚硝酸盐

亚硝酸钠的分子式为$NaNO_2$，相对分子质量为69.00。

亚硝酸钠的外观性状为白色或微带淡黄色晶体颗粒，在干燥条件下较稳定，但能缓慢吸收氧而氧化成硝酸钠。易潮解，易溶于水，微溶于乙醇，水溶液的pH约为9。

使用范围和最大使用量：用于肉类制品、禽肉类罐头、腌制禽最大使用量为0.15g/kg。

5.4.4　硝酸盐

硝酸钠，分子式为$NaNO_3$，相对分子质量为84.99。

硝酸钠的外观性状为无色细小结晶，允许带淡灰色、淡黄色。无臭，味咸而略苦。易潮解、易溶于水。微溶于乙醇。10%水溶液的pH为中性。

硝酸钠遇到强热分解为亚硝酸钠。硝酸钠在肉制品中作用，发生还原转变为亚硝酸钠，在酸性条件下与肉中的肌红蛋白作用，形成亚硝基肌红蛋白而呈现鲜艳的红色。

使用范围和最大使用量：用于肉类制品的最大使用量是0.50g/kg。

5.4.5　离子色谱法测定食品中硝酸盐与亚硝酸盐(GB 5009.33—2010)

5.4.5.1　原理

试样经沉淀蛋白质、除去脂肪后，采用相应的方法提取和净化，以氢氧化钾溶液为淋洗液，阴离子交换柱分离，电导检测器检测。以保留时间定性，外标法定量。

5.4.5.2 试剂和材料

（1）超纯水：电阻率 >18.2MΩ · cm。

（2）乙酸（CH_3COOH）：分析纯。

（3）氢氧化钾（KOH）：分析纯。

（4）乙酸溶液（3%）：量取乙酸 3mL 于 100mL 容量瓶中，以水稀释至刻度，混匀。

（5）亚硝酸根离子（NO_2^-）标准溶液（100mg/L，水基体）。

（6）硝酸根离子（NO_3^-）标准溶液（1 000mg/L，水基体）。

（7）亚硝酸盐（以 NO_2^- 计，下同）和硝酸盐（以 NO_3^- 计，下同）混合标准使用液：准确移取亚硝酸根离子（NO_2^-）和硝酸根离子（NO_3^-）的标准溶液各 1.0mL 于 100mL 容量瓶中，用水稀释至刻度，此溶液每 1L 含亚硝酸根离子 1.0mg 和硝酸根离子 10.0mg。

5.4.5.3 仪器和设备

（1）离子色谱仪：包括电导检测器，配有抑制器，高容量阴离子交换柱，50μL 定量环。

（2）食物粉碎机。

（3）超声波清洗器。

（4）天平：感量为 0.1mg 和 1mg。

（5）离心机：转速≥10 000r/min，配 5mL 或 10mL 离心管。

（6）0.22μm 水性滤膜针头滤器。

（7）净化柱：包括 C_{18} 柱、Ag 柱和 Na 柱或等效柱。

（8）注射器：1.0mL 和 2.5mL。

注：所有玻璃器皿使用前均需依次用 2mol/L 氢氧化钾和水分别浸泡 4h，然后用水冲洗 3 ~ 5 次，晾干备用。

5.4.5.4 分析步骤

（1）试样预处理

① 新鲜蔬菜、水果：将试样用去离子水洗净，晾干后，取可食部切碎混匀。将切碎的样品用四分法取适量，用食物粉碎机制成匀浆备用。如需加水应记录加水量。

② 肉类、蛋、水产及其制品：用四分法取适量或取全部，用食物粉碎机制成匀浆备用。

③ 乳粉、豆奶粉、婴儿配方粉等固态乳制品（不包括干酪）：将试样装入能够容纳 2 倍试样体积的带盖容器中，通过反复摇晃和颠倒容器使样品充分混匀直到使试样均一化。

④ 发酵乳、乳、炼乳及其他液体乳制品：通过搅拌或反复摇晃和颠倒容器使试样充分混匀。

⑤ 干酪：取适量的样品研磨成均匀的泥浆状。为避免水分损失，研磨过程中应避免产生过多的热量。

（2）提取

① 水果、蔬菜、鱼类、肉类、蛋类及其制品等：称取试样匀浆 5g（精确至 0.01g，可适当调整试样的取样量，以下相同），以 80mL 水洗入 100mL 容量瓶中，超声提取

30min，每隔5min振摇一次，保持固相完全分散。于75℃水浴中放置5min，取出放置至室温，加水稀释至刻度。溶液经滤纸过滤后，取部分溶液于10 000r/min离心15min，上清液备用。

② 腌鱼类、腌肉类及其他腌制品：称取试样匀浆2g（精确至0.01g），以80mL水洗入100mL容量瓶中，超声提取30min，每5min振摇1次，保持固相完全分散。于75℃水浴中放置5min，取出放置至室温，加水稀释至刻度。溶液经滤纸过滤后，取部分溶液于10 000r/min离心15min，上清液备用。

③ 乳：称取试样10g（精确至0.01g），置于100mL容量瓶中，加水80mL，摇匀，超声提取30min，加入3%乙酸溶液2mL，于4℃放置20min，取出放置至室温，加水稀释至刻度。溶液经滤纸过滤，取上清液备用。

④ 乳粉：称取试样2.5g（精确至0.01g），置于100mL容量瓶中，加水80mL，摇匀，超声提取30min，加入3%乙酸溶液2mL，于4℃放置20min，取出放置至室温，加水稀释至刻度。溶液经滤纸过滤，取上清液备用。

⑤ 取上述备用的上清液约15mL，通过0.22μm水性滤膜针头滤器、C_{18}柱，弃去前面3mL（如果氯离子大于100mg/L，则需要依次通过针头滤器、C_{18}柱、Ag柱和Na柱，弃去前面7mL），收集后面洗脱液待测。

固相萃取柱使用前需进行活化，如使用OnGuardIIRP柱（1.0mL）、OnGuardIIAg柱（1.0mL）和OnGuardIINa柱（1.0mL），其活化过程为：OnGuardIIRP柱（1.0mL）使用前依次用10mL甲醇、15mL水通过，静置活化30min。OnGuardIIAg柱（1.0mL）和OnGuardI-INa柱（1.0mL）用10mL水通过，静置活化30min。

（3）参考色谱条件

① 色谱柱：氢氧化物选择性，可兼容梯度洗脱的高容量阴离子交换柱，如DionexIon-PacAS11－HC4mm×250mm（带IonPacAG11－HC型保护柱4mm×50mm），或性能相当的离子色谱柱。

② 淋洗液

一般试样：氢氧化钾溶液，浓度为6mmol/L～70mmol/L；洗脱梯度为6mmol/L 30min，70mmol/L 5min，6mmol/L 5min；流速1.0mL/min。

粉状婴幼儿配方食品：氢氧化钾溶液，浓度为5mmol/L～50mmol/L；洗脱梯度为5mmol/L 33min，50mmol/L 5min，5mmol/L 5min；流速1.3mL/min。

③ 抑制器：连续自动再生膜阴离子抑制器或等效抑制装置。

④ 检测器：电导检测器，检测池温度为35℃。

⑤ 进样体积：50μL（可根据试样中被测离子含量进行调整）。

（4）测定

① 标准曲线

移取亚硝酸盐和硝酸盐混合标准使用液，加水稀释，制成系列标准溶液，含亚硝酸根离子浓度为0.00mg/L、0.02mg/L、0.04mg/L、0.06mg/L、0.08mg/L、0.10mg/L、0.15mg/L和0.20mg/L；硝酸根离子浓度为0.0mg/L、0.2mg/L、0.4mg/L、0.6mg/L、0.8mg/L、1.0mg/L、1.5mg/L和2.0mg/L的混合标准溶液，从低到高浓度依次进样。得到上述各浓度标准溶液的色谱图见图5－2。以亚硝酸根离子或硝酸根离子的浓度（mg/L）为横坐标，以峰高（μS）或峰面积为纵坐标，绘制标准曲线或计算线性回归方程。

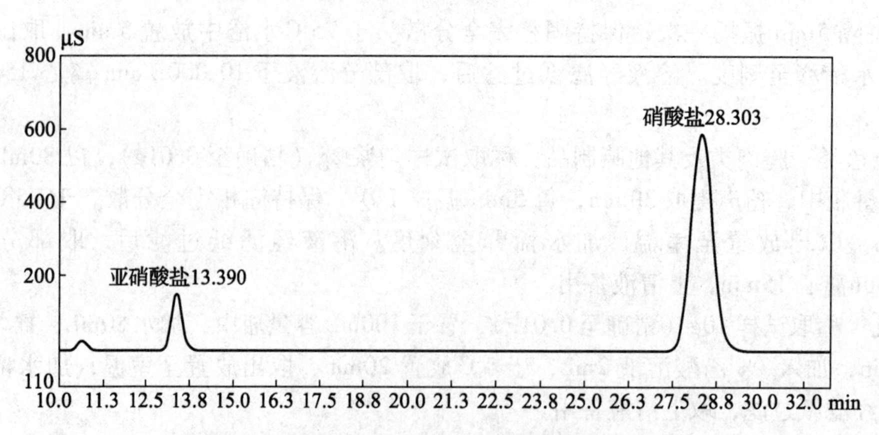

图 5-2　亚硝酸盐和硝酸盐混合标准溶液的色谱图

② 样品测定

分别吸取空白和试样溶液 50μL，在相同工作条件下，依次注入离子色谱仪中，记录色谱图。根据保留时间定性，分别测量空白和样品的峰高（μS）或峰面积。

5.4.5.5　分析结果的表述

试样中亚硝酸盐（以 NO_2^- 计）或硝酸盐（以 NO_3^- 计）含量按式（5-10）计算。

$$X = \frac{(c - c_0) \times V \times f \times 1\,000}{m \times 1\,000} \qquad (5-10)$$

式中：X——试样中亚硝酸根离子或硝酸根离子的含量，mg/kg；

c——测定用试样溶液中的亚硝酸根离子或硝酸根离子浓度，mg/L；

c_0——试剂空白液中亚硝酸根离子或硝酸根离子的浓度，mg/L；

V——试样溶液体积，mL；

f——试样溶液稀释倍数；

m——试样取样量，g。

说明：试样中测得的亚硝酸根离子含量乘以换算系数 1.5，即得亚硝酸盐（按亚硝酸钠计）含量；试样中测得的硝酸根离子含量乘以换算系数 1.37，即得硝酸盐（按硝酸钠计）含量。

以重复性条件下获得的两次独立测定结果的算术平均值表示，结果保留两位有效数字。

5.4.5.6　精密度

在重复性条件下获得的两次独立测定结果的绝对值差不得超过算术平均值的 10%。

5.4.6　分光光度法测定食品中硝酸盐与亚硝酸盐(GB 5009.33—2010)

5.4.6.1　原理

亚硝酸盐采用盐酸萘乙二胺法测定，硝酸盐采用镉柱还原法测定。试样经沉淀蛋白质、除去脂肪后，在弱酸条件下亚硝酸盐与对氨基苯磺酸重氮化后，再与盐酸萘乙二胺偶合形成紫红色染料，外标法测得亚硝酸盐含量。采用镉柱将硝酸盐还原成亚硝酸盐，测得亚硝酸盐总量，由此总量减去亚硝酸盐含量，即得试样中硝酸盐含量。

5.4.6.2　试剂和材料

除非另有规定，本方法所用试剂均为分析纯。水为 GB/T 6682 规定的二级水或去离子水。

（1）亚铁氰化钾（$K_4Fe(CN)_6 \cdot 3H_2O$）。

（2）乙酸锌［$Zn(CH_3COO)_2 \cdot 2H_2O$］。

（3）冰醋酸（CH_3COOH）。

（4）硼酸钠（$Na_2B_4O_7 \cdot 10H_2O$）。

（5）盐酸（ρ = 1.19g/mL）。

（6）氨水（25%）。

（7）对氨基苯磺酸（$C_6H_7NO_3S$）。

（8）盐酸萘乙二胺（$C_{12}H_{14}N_2 \cdot 2HCl$）。

（9）亚硝酸钠（$NaNO_2$）。

（10）硝酸钠（$NaNO_3$）。

（11）锌皮或锌棒。

（12）硫酸镉。

（13）亚铁氰化钾溶液（106g/L）：称取 106.0g 亚铁氰化钾，用水溶解，并稀释至 1 000mL。

（14）乙酸锌溶液（220g/L）：称取 220.0g 乙酸锌，先加 30mL 冰醋酸溶解，用水稀释至 1 000mL。

（15）饱和硼砂溶液（50g/L）：称取 5.0g 硼酸钠，溶于 100mL 热水中，冷却后备用。

（16）氨缓冲溶液（pH 9.6 ~ 9.7）：量取 30mL 盐酸，加 100mL 水，混匀后加 65mL 氨水，再加水稀释至 1 000mL，混匀。调节 pH 至 9.6 ~ 9.7。

（17）氨缓冲液的稀释液：量取 50mL 氨缓冲溶液，加水稀释至 500mL，混匀。

（18）盐酸（0.1mol/L）：量取 5mL 盐酸，用水稀释至 600mL。

（19）对氨基苯磺酸溶液（4g/L）：称取 0.4g 对氨基苯磺酸，溶于 100mL 20%（体积分数）盐酸中，置棕色瓶中混匀，避光保存。

（20）盐酸萘乙二胺溶液（2g/L）：称取 0.2g 盐酸萘乙二胺，溶于 100mL 水中，混匀后，置棕色瓶中，避光保存。

（21）亚硝酸钠标准溶液（200μg/mL）：准确称取 0.100 0g 于 110℃ ~ 120℃ 干燥恒重的亚硝酸钠，加水溶解移入 500mL 容量瓶中，加水稀释至刻度，混匀。

（22）亚硝酸钠标准使用液（5.0μg/mL）：临用前，吸取亚硝酸钠标准溶液 5mL，置于 200mL 容量瓶中，加水稀释至刻度。

（23）硝酸钠标准溶液（200μg/mL，以亚硝酸钠计）：准确称取 0.1232 g 于 110℃ ~ 120℃ 干燥恒重的硝酸钠，加水溶解，移入 500mL 容量瓶中，并稀释至刻度。

（24）硝酸钠标准使用液（5μg/mL）：临用时吸取硝酸钠标准溶液 2.50mL，置于 100mL 容量瓶中，加水稀释至刻度。

5.4.6.3　仪器和设备

（1）天平：感量为 0.1mg 和 1mg。

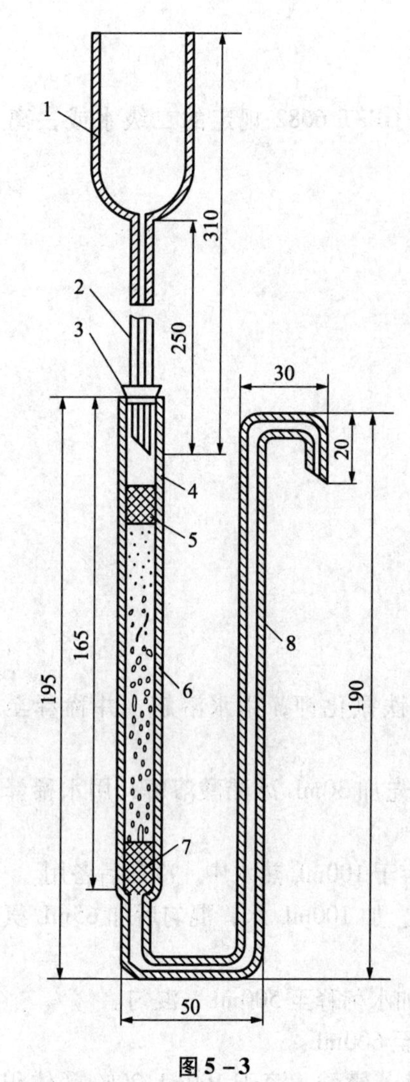

图 5 - 3

1—贮液漏斗，内径 35mm，外径 37mm；
2—进液毛细管，内径 0.4mm，外径 6mm；
3—橡皮塞；4—镉柱玻璃管，内径 12mm，外径 16mm；5，7—玻璃棉；6—海绵状镉；
8—出液毛细管，内径 2mm，外径 8mm

（2）组织捣碎机。

（3）超声波清洗器。

（4）恒温干燥箱。

（5）分光光度计。

（6）镉柱：①海绵状镉的制备，投入足够的锌皮或锌棒于 500mL 硫酸镉溶液（200g/L）中，经过 3h ~ 4h，当其中的镉全部被锌置换后，用玻璃棒轻轻刮下，取出残余锌棒，使镉沉底，倾去上层清液，以水用倾泻法多次洗涤，然后移入组织捣碎机中，加 500mL 水，捣碎约 2s，用水将金属细粒洗至标准筛上，取 20 ~ 40 目之间的部分。②镉柱的装填：如图 5 - 3，用水装满镉柱玻璃管，并装入 2cm 高的玻璃棉做垫，将玻璃棉压向柱底时，应将其中所包含的空气全部排出，在轻轻敲击下加入海绵状镉至 8cm ~ 10cm 高，上面用 1cm 高的玻璃棉覆盖，上置一贮液漏斗，末端要穿过橡皮塞与镉柱玻璃管紧密连接。如无上述镉柱玻璃管时，可以 25mL 酸式滴定管代用，但过柱时要注意始终保持液面在镉层之上。当镉柱填装好后，先用 25mL 盐酸（0.1mol/L）洗涤，再以水洗 2 次，每次 25mL，镉柱不用时用水封盖，随时都要保持水平面在镉层之上，不得使镉层夹有气泡。

镉柱每次使用完毕后，应先以 25mL 盐酸（0.1mol/L）洗涤，再以水洗两次，每次 25mL，最后用水覆盖镉柱。

镉柱还原效率的测定：吸取 20mL 硝酸钠标准使用液，加入 5mL 氨缓冲液的稀释液，混匀后注入贮液漏斗，使流经镉柱还原，以原烧杯收集流出液，当贮液漏斗中的样液流完后，再加 5mL 水置换柱内留存的样液。取 10.0mL 还原后的溶液（相当 10μg 亚硝酸钠）于 50mL 比色管中，以下按 5.4.6.4 的（4）自“吸取 0.00mL、0.20mL、0.40mL、0.60mL、0.80mL、1.00mL……”起依法操作，根据标准曲线计算测得结果，与加入量一致，还原效率应大于 98% 为符合要求。

还原效率计算，还原效率按式（5 - 11）进行计算。

$$X = \frac{A}{10} \times 100\% \qquad (5-11)$$

式中：X——还原效率，%；

A——测得亚硝酸钠的含量，μg；

10——测定用溶液相当亚硝酸钠的含量，μg。

5.4.6.4　分析步骤

（1）试样的预处理

同5.4.5.4的（1）。

（2）提取

称取5g（精确至0.01g）制成匀浆的试样（如制备过程中加水，应按加水量折算），置于50mL烧杯中，加12.5mL饱和硼砂溶液，搅拌均匀，以70℃左右的水约300mL将试样洗入500mL容量瓶中，于沸水浴中加热15min，取出置冷水浴中冷却，并放置至室温。

（3）提取液净化

在振荡上述提取液时加入5mL亚铁氰化钾溶液，摇匀，再加入5mL乙酸锌溶液，以沉淀蛋白质。加水至刻度，摇匀，放置30min，除去上层脂肪，上清液用滤纸过滤，弃去初滤液30mL，滤液备用。

（4）亚硝酸盐的测定

吸取40.0mL上述滤液于50mL带塞比色管中，另吸取0.00mL、0.20mL、0.40mL、0.60mL、0.80mL、1.00mL、1.50mL、2.00mL、2.50mL亚硝酸钠标准使用液（相当于0.0μg、1.0μg、2.0μg、3.0μg、4.0μg、5.0μg、7.5μg、10.0μg、12.5μg亚硝酸钠），分别置于50mL带塞比色管中。于标准管与试样管中分别加入2mL对氨基苯磺酸溶液，混匀，静置3min~5min后各加入1mL盐酸萘乙二胺溶液，加水至刻度，混匀，静置15min，用2cm比色杯，以零管调节零点，于波长538nm处测吸光度，绘制标准曲线比较。同时做试剂空白。

（5）硝酸盐的测定

① 镉柱还原

a. 先以25mL稀氨缓冲液冲洗镉柱，流速控制在3mL/min~5mL/min（以滴定管代替的可控制在2mL/min~3mL/min）。

b. 吸取20mL滤液于50mL烧杯中，加5mL氨缓冲溶液，混合后注入贮液漏斗，使流经镉柱还原，以原烧杯收集流出液，当贮液漏斗中的样液流尽后，再加5mL水置换柱内留存的样液。

c. 将全部收集液如前再经镉柱还原1次，第2次流出液收集于100mL容量瓶中，继以水流经镉柱洗涤3次，每次20mL，洗液一并收集于同一容量瓶中，加水至刻度，混匀。

② 亚硝酸钠总量的测定

吸取10mL~20mL还原后的样液于50mL比色管中。以下按5.4.6.4的（4）自“吸取0.00mL、0.20mL、0.40mL、0.60mL、0.80mL、1.00mL……”起依法操作。

5.4.6.5　分析结果的表述

5.4.6.5.1　亚硝酸盐含量计算

亚硝酸盐（以亚硝酸钠计）的含量按式（5-12）进行计算。

$$X_1 = \frac{A_1 \times 1\,000}{m \times \frac{V_1}{V_0} \times 1\,000} \qquad (5-12)$$

式中：X_1——试样中亚硝酸钠的含量，mg/kg；

A_1——测定用样液中亚硝酸钠的质量，μg；

m——试样质量，g；

V_1——测定用样液体积，mL；

V_0——试样处理液总体积，mL。

以重复性条件下获得的两次独立测定结果的算术平均值表示，结果保留两位有效数字。

5.4.6.5.2 硝酸盐含量的计算

硝酸盐（以硝酸钠计）的含量按式（5－13）进行计算。

$$X_2 = \left\{ \frac{A_2 \times 1\,000}{m \times \frac{V_2}{V_0} \times \frac{V_4}{V_3} \times 1\,000} - X_1 \right\} \times 1.232 \qquad (5-13)$$

式中：X_2——试样中硝酸钠的含量，mg/kg；

A_2——经镉粉还原后测得总亚硝酸钠的质量，μg；

m——试样的质量，g；

1.232——亚硝酸钠换算成硝酸钠的系数；

V_2——测总亚硝酸钠的测定用样液体积，mL；

V_0——试样处理液总体积，mL；

V_3——经镉柱还原后样液总体积，mL；

V_4——经镉柱还原后样液的测定用体积，mL；

X_1——由式（5－13）计算出的试样中亚硝酸钠的含量，mg/kg。

以重复性条件下获得的两次独立测定结果的算术平均值表示，结果保留两位有效数字。

5.4.6.5.3 精密度

在重复性条件下获得的两次独立测定结果的绝对差值不得超过算术平均值的10%。

5.4.7 乳及乳制品中亚硝酸盐与硝酸盐的测定(GB 5009.33—2010)

5.4.7.1 原理

试样经沉淀蛋白质、除去脂肪后，用镀铜镉粒使部分滤液中的硝酸盐还原为亚硝酸盐。在滤液和已还原的滤液中，加入磺胺和N－1－萘基－乙二胺二盐酸盐，使其显粉红色，然后用分光光度计在538nm波长下测其吸光度。

将测得的吸光度与亚硝酸钠标准系列溶液的吸光度进行比较，就可计算出样品中的亚硝酸盐含量和硝酸盐还原后的亚硝酸总量；从两者之间的差值可以计算出硝酸盐的含量。

5.4.7.2 试剂和材料

测定用水应是不含硝酸盐和亚硝酸盐的蒸馏水或去离子水。

（1）亚硝酸钠（$NaNO_2$）。

（2）硝酸钾（KNO_3）。

（3）镀铜镉柱：镉粒直径0.3mm～0.8mm。也可按下述方法制备：将适量的锌棒放入烧杯中，用40g/L的硫酸镉（$CdSO_4 \cdot 8H_2O$）溶液浸没锌棒。在24h之内，不断将锌棒上的海绵状镉刮下来。取出锌棒，滗出烧杯中多余的溶液，剩下的溶液能浸没镉即可。用蒸馏水冲洗海绵状镉2～3次，然后把镉移入小型搅拌器中，同时加入400mL 0.1mol/L的盐酸。搅拌几秒钟，以得到所需粒度的颗粒。将搅拌器中的镉粒连同溶液一起倒回烧杯中，静置几小时，这期间要搅拌几次以除掉气泡。倾出大部分溶液，立即按5.4.7.4中①至⑧中叙述的方法镀铜。

（4）硫酸铜溶液：溶解20g硫酸铜（$CuSO_4 \cdot 5H_2O$）于水中，稀释至1 000mL。

（5）盐酸－氨水缓冲溶液：pH 9.60～9.70。用600mL水稀释75mL浓盐酸（质量分数为36%～38%）。混匀后，再加入135mL浓氨水（质量分数等于25%的新鲜氨水）。用水稀释至1 000mL，混匀。用精密pH计调pH为9.60～9.70。

（6）盐酸（2mol/L）：160mL的浓盐酸（质量分数为36%～38%）用水稀释至1 000mL。

（7）盐酸（0.1mol/L）：50mL 2mol/L的盐酸用水稀释至1 000mL。

（8）沉淀蛋白和脂肪的溶液：①硫酸锌溶液，将53.5g的硫酸锌（$ZnSO_4 \cdot 7H_2O$）溶于水中，并稀释至100mL。②亚铁氰化钾溶液：将17.2g的三水亚铁氰化钾［$K_4Fe(CN)_6 \cdot 3H_2O$］溶于水中，稀释至100mL。

（9）EDTA溶液：用水将33.5g的乙二胺四乙酸二钠（$Na_2C_{10}H_{14}N_2O_3 \cdot 2H_2O$）溶解，稀释至1 000mL。

（10）显色液1：体积比为450∶550的盐酸。将450mL浓盐酸（质量分数为36%～38%）加入到550mL水中，冷却后装入试剂瓶中。

（11）显色液2：5g/L的磺胺溶液。在75mL水中加入5mL浓盐酸（质量分数为36%～38%），然后在水浴上加热，用其溶解0.5g磺胺（$NH_2C_6H_4SO_2NH_2$）。冷却至室温后用水稀释至100mL。必要时进行过滤。

（12）显色液3：1g/L的萘胺盐酸盐溶液。将0.1g的N－1－萘基－乙二胺二盐酸盐（$C_{10}H_7NHCH_2CH_2NH_2 \cdot 2HCl$）溶于水，稀释至100mL。必要时过滤。

注：此溶液应少量配制，装于密封的棕色瓶中，冰箱中2℃～5℃保存。

（13）亚硝酸钠标准溶液：相当于亚硝酸根的浓度为0.001g/L。将亚硝酸钠在110℃～120℃的范围内干燥至恒重。冷却后称取0.150g，溶于1 000mL容量瓶中，用水定容。在使用的当天配制该溶液。取10mL上述溶液和20mL盐酸－氨水缓冲溶液于1 000mL容量瓶中，用水定容。每1mL该标准溶液中含1.00μg的NO_2^-。

（14）硝酸钾标准溶液，相当于硝酸根的浓度为0.004 5g/L。将硝酸钾在110℃～120℃的温度范围内干燥至恒重，冷却后称取1.458 0g，溶于1 000mL容量瓶中，用水定容。在使用当天，于1 000mL的容量瓶中，取5mL上述溶液和20mL盐酸－氨水缓冲溶液，用水定容。每1mL的该标准溶液含有4.50μg的NO_3^-。

5.4.7.3 仪器和设备

所有玻璃仪器都要用蒸馏水冲洗，以保证不带有硝酸盐和亚硝酸盐。

（1）天平：感量为0.1mg和1mg。

（2）烧杯：100mL。

（3）锥形瓶：250mL和500mL。

（4）容量瓶：100mL、500mL和1 000mL。

（5）移液管：2mL、5mL、10mL和20mL。

（6）吸量管：2mL、5mL、10mL和25mL。

（7）量筒：根据需要选取。

（8）玻璃漏斗：直径约9cm，短颈。

（9）定性滤纸：直径约18cm。

（10）还原反应柱：简称镉柱，如图5－4所示。

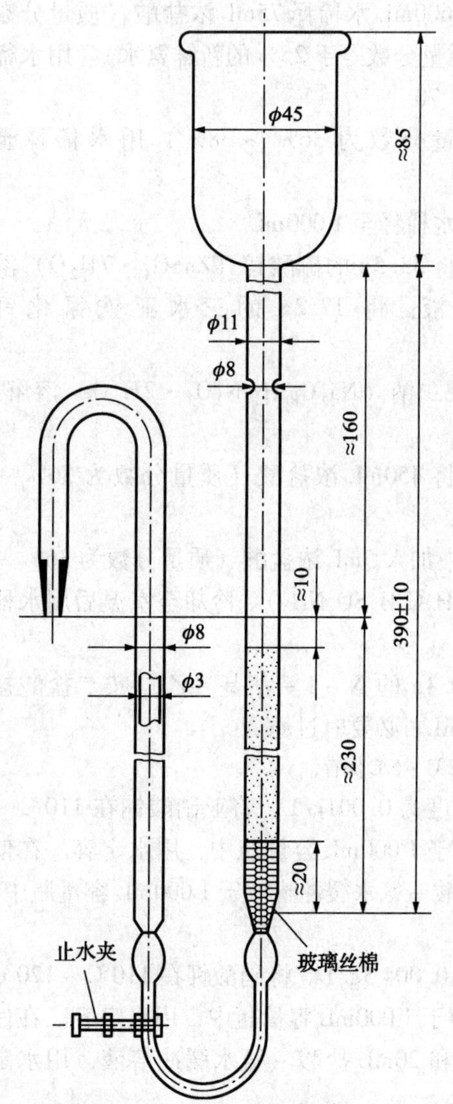

图5－4　硝酸盐还原装置

（11）分光光度计：测定波长538nm，使用1cm～2cm光程的比色皿。

（12）pH计：精度为±0.01，使用前用pH 7和pH 9的标准溶液进行校正。

注：为避免镀铜镉柱中混入小气泡，柱制备、柱还原能力的检查和柱再生时所用的蒸馏水或去离子水最好是刚沸过并冷却至室温的。

5.4.7.4　分析步骤

（1）制备镀铜镉柱

① 置镉粒于锥形瓶中（所用镉粒的量以达到要求的镉柱高度为准）。

② 加足量的盐酸以浸没镉粒，摇晃几分钟。

③ 滗出溶液，在锥形烧瓶中用水反复冲洗，直到把氯化物全部冲洗掉。

④ 在镉粒上镀铜。向镉粒中加入硫酸铜溶液（每克镉粒约需2.5mL），振荡1min。

⑤ 滗出液体，立即用水冲洗镀铜镉粒，注意镉粒要始终用水浸没。当冲洗水中不再有铜沉淀时即可停止冲洗。

⑥ 在用于盛装镀铜镉粒的玻璃柱的底部装上几厘米高的玻璃纤维，如图5－4所示。在玻璃柱中灌入水，排净气泡。

⑦ 将镀铜镉粒尽快地装入玻璃柱，使其暴露于空气的时间尽量短。镀铜镉粒的高度应在15cm～20cm的范围内。

注1：避免在颗粒之间遗留空气。

注2：注意不能让液面低于镀铜镉粒的顶部。

⑧ 新制备柱的处理。将由750mL水、225mL硝酸钾标准溶液、20mL盐酸－氨水缓冲溶液和20mL EDTA溶液组成的混合液以不大于6mL/min的流量通过刚装好镉粒的玻璃柱，接着用50mL水以同样流速冲洗该柱。

（2）检查柱的还原能力

每天至少要进行2次，一般在开始时和一系列测定之后。

① 用移液管将20mL的硝酸钾标准溶液移入还原柱顶部的贮液杯中，再立即向该贮液杯中添加5mL盐酸－氨水缓冲溶液。用一个100mL的容量瓶收集洗提液。洗提液的流量不应超过6mL/min。

② 在贮液杯将要排空时，用约 15mL 水冲洗杯壁。冲洗水流尽后，再用 15mL 水重复冲洗。当第二次冲洗水也流尽后，将贮液杯灌满水，并使其以最大流量流过柱子。

③ 当容量瓶中的洗提液接近 100mL 时，从柱子下取出容量瓶，用水定容至刻度，混合均匀。

④ 移取 10mL 洗提液于 100mL 容量瓶中，加水至 60mL 左右。然后按［（8）中②和④］操作。

⑤ 根据测得的吸光度，从标准曲线［（8）中⑤］上可查得稀释洗提液［（2）中④］的亚硝酸盐含量（μg/mL）。据此可计算出以百分率表示的柱还原能力（NO^- 的含量为 0.067μg/mL 时还原能力为 100%）。如果还原能力小于 95%，柱子就需要再生。

（3）柱子再生

柱子使用后，或镉柱的还原能力低于 95% 时，按如下步骤进行再生。

① 在 100mL 水中加入约 5mL EDTA 溶液和 2mL 盐酸，以 10mL/min 左右的速度过柱。

② 当贮液杯中混合液排空后，按顺序用 25mL 水、25mL 盐酸和 25mL 水冲洗柱子。

③ 检查镉柱的还原能力，如低于 95%，要重复再生。

（4）样品的称取和溶解

① 液体乳样品：量取 90mL 样品于 500mL 锥形瓶中，用 22mL 50℃ ~55℃的水分数次冲洗样品量筒，冲洗液倾入锥形瓶中，混匀。

② 乳粉样品：在 100mL 烧杯中称取 10g 样品，准确至 0.001g。用 112mL 50℃ ~55℃的水将样品洗入 500mL 锥形瓶中，混匀。

③ 乳清粉及以乳清粉为原料生产的粉状婴幼儿配方食品样品：在 100mL 烧杯中称取 10g 样品，准确至 0.001g。用 112mL 50℃ ~55℃的水将样品洗入 500mL 锥形瓶中，混匀。用铝箔纸盖好锥形瓶口，将溶好的样品在沸水中煮 15min，然后冷却至约 50℃。

（5）脂肪和蛋白的去除

① 按顺序加入 24mL 硫酸锌溶液、24mL 亚铁氰化钾溶液和 40mL 盐酸－氨水缓冲溶液，加入时要边加边摇，每加完一种溶液都要充分摇匀。

② 静置 15min ~60min。然后用滤纸过滤，滤液用 250mL 锥形瓶收集。

（6）硝酸盐还原为亚硝酸盐

① 移取 20mL 滤液于 100mL 小烧杯中，加入 5mL 盐酸－氨水缓冲溶液，摇匀，倒入镉柱顶部的贮液杯中，以小于 6mL/min 的流速过柱。洗提液（过柱后的液体）接入 100mL 容量瓶中。

② 当贮液杯快要排空时，用 15mL 水冲洗小烧杯，再倒入贮液杯中。冲洗水流完后，再用 15mL 水重复一次。当第二次冲洗水快流尽时，将贮液杯装满水，以最大流速过柱。

③ 当容量瓶中的洗提液接近 100mL 时，取出容量瓶，用水定容，混匀。

（7）测定

① 分别移取 20mL 洗提液［（6）中③］和 20mL 滤液［（5）中②］于 100mL 容量瓶中，加水至约 60mL。

② 在每个容量瓶中先加入 6mL 显色液 1，边加边混；再加入 5mL 显色液 2。小心混合溶液，使其在室温下静置 5min，避免直射阳光。

③ 加入 2mL 显色液 3，小心混合，使其在室温下静置 5min，避免直射阳光。用水定容至刻度，混匀。

④ 在 15min 内用 538nm 波长，以空白试验液体为对照测定上述样品溶液的吸光度。

（8）标准曲线的制作

① 分别移取（或用滴定管放出）0mL、2mL、4mL、6mL、8mL、10mL、12mL、16mL 和 20mL 亚硝酸钠标准溶液于 9 个 100mL 容量瓶中。在每个容量瓶中加水，使其体积约为 60mL。

② 在每个容量瓶中先加入 6mL 显色液 1，边加边混；再加入 5mL 显色液 2。小心混合溶液，使其在室温下静置 5min，避免直射阳光。

③ 加入 2mL 显色液 3，小心混合，使其在室温下静置 5min，避免直射阳光。用水定容至刻度，混匀。

④ 在 15min 内，用 538nm 波长，以第一个溶液（不含亚硝酸钠）为对照测定另外 8 个溶液的吸光度。

⑤ 将测得的吸光度对亚硝酸根质量浓度作图。亚硝酸根的质量浓度可根据加入的亚硝酸钠标准溶液的量计算出。亚硝酸根的质量浓度为横坐标，吸光度为纵坐标。亚硝酸根的质量浓度以 μg/100mL 表示。

5.4.7.5 分析结果的表述

5.4.7.5.1 亚硝酸盐含量

样品中亚硝酸根含量按式（5-14）计算。

$$X = \frac{20\,000 \times c_1}{m \times V_1} \tag{5-14}$$

式中：X——样品中亚硝酸根含量，mg/kg；

c_1——根据滤液［（5）中②］的吸光度［（7）中④］，从标准曲线上读取的 NO_2^- 的浓度，μg/100mL；

m——样品的质量（液体乳的样品质量为 90 × 1.030g），g；

V_1——所取滤液［（5）中②］的体积［（7）中①］，mL。

样品中以亚硝酸钠表示的亚硝酸盐含量，按式（5-15）计算。

$$W(NaNO_2) = 1.5 \times W(NO_2^-) \tag{5-15}$$

式中：$W(NO_2^-)$——样品中亚硝酸根的含量，mg/kg；

$W(NaNO_2)$——样品中以亚硝酸钠表示的亚硝酸盐的含量，mg/kg。

以重复性条件下获得的两次独立测定结果的算术平均值表示，结果保留两位有效数字。

5.4.7.5.2 硝酸盐含量

样品中硝酸根含量按式（5-16）计算。

$$X = 1.35 \times \left[\frac{100\,000 \times c_2}{m \times V_2} - W(NO_2^-)\right] \tag{5-16}$$

式中：X——样品中硝酸根含量，mg/kg；

c_2——根据洗提液［（6）中③］的吸光度［（7）中④］，从标准曲线上读取的亚硝酸根离子浓度，μg/100mL；

m——样品的质量，g；

V_2——所取洗提液［（6）中③］的体积［（7）中①］，mL；

$W(NO_2^-)$——根据 5.4.7.5.1 中亚硝酸根的计算公式计算出的亚硝酸根含量。

若考虑柱的还原能力，样品中硝酸根含量按式（5－17）计算。

$$X = 1.35 \times \left[\frac{100\,000 \times c_2}{m \times V_2} - W(NO_2^-) \right] \times \frac{100}{r} \qquad (5-17)$$

式中：X——样品中硝酸根含量，mg/kg；

m——样品的质量，g；

r——测定一系列样品后柱的还原能力。

样品中以硝酸钠计的硝酸盐的含量按式（5－18）计算。

$$W(NaNO_3) = 1.371 \times W(NO_3^-) \qquad (5-18)$$

式中：$W(NO_3^-)$——样品中硝酸根的含量，mg/kg；

$W(NaNO_3)$——样品中以硝酸钠计的硝酸盐的含量，mg/kg。

以重复性条件下获得的两次独立测定结果的算术平均值表示，结果保留两位有效数字。

5.4.7.6　精密度

由同一分析人员在短时间间隔内测定的 2 个亚硝酸盐结果之间的差值，不应超过 1mg/kg。由同一分析人员在短时间间隔内测定的 2 个硝酸盐结果之间的差值，在硝酸盐含量小于 30mg/kg 时，不应超过 3mg/kg；在硝酸盐含量大于 30mg/kg 时，不应超过结果平均值的 10%。由不同实验室的 2 个分析人员对同一样品测得的两个硝酸盐结果之差，在硝酸盐含量小于 30mg/kg 时，差值不应超过 8mg/kg；在硝酸盐含量大于或等于 30mg/kg 时，该差值不应超过结果平均值的 25%。

5.4.7.7　其他

本方法第一法中亚硝酸盐和硝酸盐检出限分别为 0.2mg/kg 和 0.4mg/kg；第二法中亚硝酸盐和硝酸盐检出限分别为 1mg/kg 和 1.4mg/kg；第三法中亚硝酸盐和硝酸盐检出限分别为 0.2mg/kg 和 1.5mg/kg。

5.5　食品漂白剂

食品漂白剂是使食品中所含的着色物质分解、转变为无色物质的添加剂，不同于以吸附方式除去着色物质的脱色剂。它分为还原漂白剂和氧化漂白剂两大类，还原漂白剂主要有亚硫酸及其盐类如亚硫酸钠、低亚硫酸钠、焦亚硫酸钾和焦亚硫酸钠、亚硫酸氢钠等。氧化漂白剂具有相当的氧化能力，主要有漂白粉、高锰酸钾、二氧化氯、过氧化氢、亚氯酸钠、过氧化丙酮等。

我国允许使用的主要是还原漂白剂，所有还原型漂白剂都属于亚硫酸类化合物，使用亚硫酸盐漂白食品，其残留物均以二氧化硫残留量作为标准指标。因此测定食品中亚硫酸盐的含量也就是测定食品中二氧化硫的含量。

亚硫酸盐类食品添加剂除了具有漂白作用，还具有防腐和抗氧化的作用。亚硫酸盐中真正起作用的是其中的有效 SO_2。各类亚硫酸盐食品添加剂中有效 SO_2 含量是不同的，纯的二氧化硫为 100%，亚硫酸为 78%，亚硫酸钠为 50.8%，亚硫酸氢钠 61.2%，焦亚硫酸钠 67.4%，低亚硫酸钠 73.6%，焦亚硫酸钾 57.7%。

亚硫酸盐在人体内可被代谢成为硫酸盐，通过解毒过程从尿中排出。亚硫酸盐这类化合物不适用于动物性食品，以免产生不愉快的气味。亚硫酸盐对维生素 B_1 有破坏作用，故 B_1 含量较多的食品如肉类、谷物、乳制品及坚果类食品也不适合。因其能导致过敏反应而在美国等国家的使用受到严格限制。

5.5.1 亚硫酸盐在食品中的作用

5.5.1.1 防止食品褐变

5.5.1.1.1 抑制酶促褐变

酶促褐变一般发生在水果、蔬菜等新鲜植物性食物中，它的发生需要3个条件：适当的多酚类底物、酚氧化酶和氧，三者缺一不可。亚硫酸盐抑制酶促褐变主要是通过对酚氧化酶的活性有强抑制作用，作为强还原剂能消耗组织中的氧等作用来实现的。亚硫酸盐抑制酶促褐变时需偏酸性环境，因此，在食品加工贮藏过程中常把它与柠檬酸和抗坏血酸合用，以达到长期保持原料原有色泽的目的。

5.5.1.1.2 抑制非酶褐变

非酶褐变主要包括羰氨反应、焦糖化和抗坏血酸的自动氧化。亚硫酸盐的作用主要表现在以下几个方面：

（1）组织中的羰基化合物可与亚硫酸盐发生加成反应形成磺酸基化合物，该产物虽仍能与氨基相缩合，但缩合产物不能进一步生成 Schiff 碱和 N－葡萄糖胺，从而中断了羰氨反应。

（2）亚硫酸盐能与非酶褐变反应中间产物的羰基结合，结合物的褐变活性远远低于氨基化合物和还原糖形成的中间产物，从而抑制了焦糖化反应的进程。

（3）亚硫酸盐具有还原性，可与氧化物质结合，在一定程度上减弱了抗坏血酸的氧化。

5.5.1.2 防腐保鲜剂

果蔬采后其组织仍进行正常的新陈代谢，同时受伤组织部位微生物大量繁衍导致果蔬腐烂。我国现已成为世界上第一大果蔬生产国，但每年我国约有25%～30%的果蔬因保藏不当而损失。研究表明，亚硫酸盐可以很好的抑制果蔬腐烂，用 SO_2 熏蒸处理的葡萄，其呼吸强度降低，呼吸基质的消耗减少，氧化酶类的活性降低，整个贮存期间，葡萄呼吸速率一直处于较低水平，乙烯（C_2H_4）释放明显减少。其作用机理一是 SO_2 与水结合生成的亚硫酸，可以消耗组织中的氧，使好气性微生物的正常生理过程受阻；二是亚硫酸盐分解产生的氢离子能引起菌体表面蛋白和核酸的水解，从而杀死组织表面附着的微生物。但不同的微生物对亚硫酸盐的敏感性不同，其中细菌较敏感，酵母菌较差。

5.5.1.3 漂白作用

二氧化硫具有还原性，能与食品中含有的有色物质结合，常作为漂白剂应用在食品生产中。亚硫酸盐与有色物质生成的化合物不稳定，容易分解，分解产生的 SO_3^{2-} 因氧化而失效，导致食品又发生变色，故食品加工中通常残留一定的亚硫酸盐。

5.5.2 无水亚硫酸钠产品质量标准

无水亚硫酸钠的分子式为 Na_2SO_3，相对分子质量为126.04。

无水亚硫酸钠的外观性状为白色结晶粉末，无臭，易溶于水，微溶于乙醇，溶于甘油。水溶液呈碱性。还原性很强，在空气中徐徐氧化成硫酸钠。

亚硫酸钠能产生还原性的亚硫酸，与着色物质作用将其还原，具有强烈的漂白作用。

使用范围和最大使用量：用于酸菜及酸菜罐头的最大使用量为0.40g/kg；用于葡萄糖、食糖、冰糖、饴糖、糖果、液体葡萄糖、竹笋、蘑菇及蘑菇罐头、葡萄、黑加仑浓缩汁的最大使用量为0.60g/kg；用于蜜饯的最大使用量是2.0g/kg。残留量以二氧化硫计，竹笋、蘑菇及蘑菇罐头残留量不得超过0.05g/kg；饼干、食糖、粉丝及其他品种不得超过0.1g/kg；液体葡萄糖不得超过0.2g/kg；蜜饯、葡萄、黑加仑浓缩汁残留量≤0.05g/kg。

5.5.3　焦亚硫酸钠产品质量标准

焦亚硫酸钠也叫偏重亚硫酸钠，分子式为$Na_2S_2O_5$，相对分子质量为190.12。其外观性状为白色结晶或白色至黄色晶体粉末。有刺激性气味，在空气中便可分解，放出二氧化硫，易溶于水，微溶于乙醇。其水溶液呈酸性，1%的水溶液的pH为4.0~5.5。

焦亚硫酸钠有很强的还原性，能消耗食物组织中的氧，通过抑制嗜气菌的活性及微生物体内的酶的活性，可防止植物性食品的褐变。它的漂白作用机理与无水亚硫酸钠相同。

5.5.4　焦亚硫酸钾产品质量标准

焦亚硫酸钾的分子式为$K_2S_2O_5$，相对分子质量为222.31。

焦亚硫酸钾的外观性状为白色单斜晶系结晶或白色晶体粉末或颗粒。有刺激性的二氧化硫气味。在空气中可缓慢氧化形成硫酸钾。在无机酸中分解放出二氧化硫，溶于水，1%的水溶液的pH为3.4~4.5。难溶于乙醇。

焦亚硫酸钾也具有很强的还原性，其抑菌漂白的作用机理和焦亚硫酸钠相同。

焦亚硫酸钠、焦亚硫酸钾的使用范围和最大使用量：用于蜜饯类、饼干、葡萄糖、食糖、冰糖、饴糖、糖果、竹笋、蘑菇及蘑菇罐头等最大使用量为0.45g/kg。同时残留量以二氧化硫计，不得超过0.05g/kg。焦亚硫酸钾用于啤酒的最大使用量为0.01g/kg。

5.5.5　盐酸副玫瑰苯胺法测定亚硫酸盐（GB/T 5009.34—2003）

5.5.5.1　原理

亚硫酸盐与四氯汞钠反应生成稳定的络合物，再与甲醛及盐酸副玫瑰苯胺作用生成紫红色络合物，与标准系列比较定量。本方法最低检出浓度为1mg/kg。

5.5.5.2　试剂

（1）四氯汞钠吸收液：称取13.6g氯化高汞和6.0g氯化钠，溶于水中并稀释至1 000mL，放置过夜，过滤后备用。

（2）氨基磺酸铵溶液（12g/L）。

（3）甲醛溶液（2g/L）：吸取0.55mL无聚合沉淀的甲醛（36%），加水稀释至100mL，混匀。

（4）淀粉指示液：称取1g可溶性淀粉，用少许水调成糊状，缓缓倾入100mL沸水中，随加随搅拌，煮沸，放冷备用，此溶液临用时现配。

（5）亚铁氰化钾溶液：称取 10.6g 亚铁氰化钾［$K_4Fe(CN)_6 \cdot 3H_2O$］，加水溶解并稀释至 100mL。

（6）乙酸锌溶液：称取 22g 乙酸锌［$Zn(CH_3COO)_2 \cdot 2H_2O$］溶于少量水中，加入 3mL 冰乙酸，加水稀释至 100mL。

（7）盐酸副玫瑰苯胺溶液：称取 0.1g 盐酸副玫瑰苯胺（$C_{19}H_{18}N_2Cl \cdot 4H_2O$；p－rosaniline hydrochloride）于研钵中，加少量水研磨使溶解并稀释至 100mL。取出 20mL，置于 100mL 容量瓶中，加盐酸（1＋1），充分摇匀后使溶液由红变黄，如不变黄再滴加少量盐酸至出现黄色，然后用水稀释至刻度，混匀备用（如无盐酸副玫瑰苯胺可用盐酸品红代替）。

盐酸副玫瑰苯胺的精制方法：称取 20g 盐酸副玫瑰苯胺于 400mL 水中，用 50mL 盐酸（1＋5）酸化，徐徐搅拌，加 4g～5g 活性炭，加热煮沸 2min。将混合物倒入大漏斗中，过滤（用保温漏斗趁热过滤）。滤液放置过夜，出现结晶，然后再用布氏漏斗抽滤，将结晶再悬浮于 1 000mL 乙醚－乙醇（10∶1）的混合液中，振摇 3min～5min，以布氏漏斗抽滤，再用乙醚反复洗涤至醚层不带色为止，于硫酸干燥器中干燥，研细后贮于棕色瓶中保存。

（8）碘溶液［$c(1/2I_2)=0.100mol/L$］。

（9）硫代硫酸钠标准溶液［$c(Na_2S_2O_3 \cdot 5H_2O)=0.100mol/L$］。

（10）二氧化硫标准溶液：称取 0.5g 亚硫酸氢钠，溶于 200mL 四氯汞钠吸收液中，放置过夜，上清液用定量滤纸过滤备用。

吸取 10.0mL 亚硫酸氢钠－四氯汞钠溶液于 250mL 碘量瓶中，加 100mL 水，准确加入 20.00mL 碘溶液（0.1mol/L），5mL 冰乙酸，摇匀，放置于暗处，2min 后迅速以硫代硫酸钠（0.100mol/L）标准溶液滴定至淡黄色，加 0.5mL 淀粉指示液，继续滴至无色。另取 100mL 水，准确加入碘溶液 20.0mL（0.1mol/L）、5mL 冰乙酸，按同一方法做试剂空白试验。

二氧化硫标准溶液的浓度按式（5－19）进行计算。

$$X=\frac{(V_2-V_1)\times c\times 32.03}{10} \qquad (5-19)$$

式中：X——二氧化硫标准溶液的浓度，mg/mL；

V_1——测定用亚硫酸氢钠－四氯汞钠溶液消耗硫代硫酸钠标准溶液体积，mL；

V_2——试剂空白消耗硫代硫酸钠标准溶液的体积，mL；

c——硫代硫酸钠标准溶液的摩尔浓度，mol/L；

32.03——每毫升硫代硫酸钠［$c(Na_2S_2O_3 \cdot 5H_2O)=1.000mol/L$］标准溶液相当的二氧化硫的质量，mg。

（11）二氧化硫使用液：临用前将二氧化硫标准溶液以四氯汞钠吸收液稀释成每毫升相当于 2μg 二氧化硫。

（12）氢氧化钠溶液（20g/L）。

（13）硫酸（1＋71）。

5.5.5.3 仪器

分光光度计。

5.5.5.4　分析步骤

（1）试样处理

① 水溶性固体试样如白砂糖等可称取约10.00g均匀试样（试样量可视含量而定），以少量水溶解，置于100mL容量瓶中，加入4mL氢氧化钠溶液（20g/L），5min后加入4mL硫酸（1+71），然后加入20mL四氯汞钠吸收液，用水稀释至刻度。

② 其他固体试样如饼干、粉丝等可称取5.0g～10.0g研磨均匀的试样，以少量水湿润后并移入100mL容量瓶中，然后加入20mL四氯汞钠吸收液，浸泡4h以上，若上层溶液不澄清可加入亚铁氰化钾溶液和乙酸锌溶液各2.5mL，最后用水稀释至100mL刻度，过滤后备用。

③ 液体试样如葡萄酒等可直接吸取5.0mL～10.0mL试样，置于100mL容量瓶中，以少量水稀释，加20mL四氯汞钠吸收液，摇匀，最后加水至刻度，混匀，必要时过滤备用。

（2）测定

吸取0.50mL～5.0mL上述试样处理液于25mL具塞比色管中。

另外吸取0mL、0.20mL、0.40mL、0.60mL、0.80mL、1.00mL、1.50mL和2.00mL二氧化硫标准使用液（相当于0.0μg、0.4μg、0.8μg、1.2μg、1.6μg、2.0μg、3.0μg和4.0μg二氧化硫），分别置于25mL带塞比色管中。

于试样和标准管中各加入四氯汞钠吸收液至10mL，然后再加入1mL氨基磺酸铵溶液（12g/L），1mL甲醛溶液（2g/L）及1mL盐酸副玫瑰苯胺溶液，摇匀，放置20min。用1cm比色杯，以零管调节零点，于波长550nm处测吸光度，绘制标准曲线比较。

5.5.5.5　结果计算

试样中二氧化硫的含量按式（5－20）进行计算。

$$X = \frac{A \times 1\,000}{m \times (V/100) \times 1\,000 \times 1\,000} \qquad (5-20)$$

式中：X——试样中二氧化硫的含量，g/kg；

A——测定用样液中二氧化硫的质量，μg；

m——试样质量，g；

V——测定用样液的体积，mL。

计算结果表示到三位有效数字。

5.5.5.6　精密度

在重复性条件下获得的两次独立测定结果的绝对差值不得超过算术平均值的10%。

5.5.6　蒸馏法测定亚硫酸盐（GB/T 5009.34—2003）

5.5.6.1　原理

在密闭容器中对试样进行酸化并加热蒸馏，以释放出其中的二氧化硫，释放物用乙酸铅溶液吸收。吸收后用浓酸酸化，再以碘标准溶液滴定，根据所消耗的碘标准溶液量计算出试样中的二氧化硫含量。本法适用于色酒及葡萄糖糖浆、果脯。

5.5.6.2 试剂

(1) 盐酸（1+1）：浓盐酸用水稀释1倍。

(2) 乙酸铅溶液（20g/L）：称取2g乙酸铅，溶于少量水中并稀释至100mL。

(3) 碘标准溶液［$c(1/2\ I_2)=0.010mol/L$］：将碘标准溶液（0.100mol/L）用水稀释10倍。

(4) 淀粉指示液（10g/L）：称取1g可溶性淀粉，用少许水调成糊状，缓缓倾入100mL沸水中，随加随搅拌，煮沸2min，放冷，备用，此溶液应临用时新制。

5.5.6.3 仪器

(1) 全玻璃蒸馏器。

(2) 碘量瓶。

(3) 酸式滴定管。

5.5.6.4 分析步骤

(1) 试样处理

固体试样用刀切或剪刀剪成碎末后混匀，称取约5.00g均匀试样（试样量可视含量高低而定）。液体试样可直接吸取5.0mL~10.0mL试样，置于500mL圆底蒸馏烧瓶中。

(2) 测定

① 蒸馏：将称好的试样置入圆底蒸馏烧瓶中，加入250mL水，装上冷凝装置，冷凝管下端应插入碘量瓶中的25mL乙酸铅（20g/L）吸收液中，然后在蒸馏瓶中加入10mL盐酸（1+1），立即盖塞，加热蒸馏。当蒸馏液约200mL时，使冷凝管下端离开液面，再蒸馏1min。用少量蒸馏水冲洗插入乙酸铅溶液的装置部分。在检测试样的同时要做空白试验。

② 滴定：向取下的碘量瓶中依次加入10mL浓盐酸、1mL淀粉指示液（10g/L）。摇匀之后用碘标准滴定溶液（0.010mol/L）滴定至变蓝且在30s内不褪色为止。

5.5.6.5 结果计算

试样中的二氧化硫总含量按式（5-21）进行计算。

$$X=\frac{(A-B)\times 0.01\times 0.032\times 1\,000}{m} \qquad (5-21)$$

式中：X——试样中的二氧化硫总含量，g/kg；

A——滴定试样所用碘标准滴定溶液（0.01mol/L）的体积，mL；

B——滴定试剂空白所用碘标准滴定溶液（0.01mol/L）的体积，mL；

m——试样质量，g；

0.032——1mL碘标准溶液［$c(1/2\ I_2)=1.0mol/L$］相当的二氧化硫的质量，g。

5.6 食品着色剂

食品着色剂也就是食品色素，是使食品着色后提高其感官性状的一类物质。食用色素按其性质和来源，可分为食用天然色素和食用合成色素两大类。

在食品中添加色素的历史最早可以追溯到古代埃及，大约在公元前 1500 年，当地的糖果制造商就利用天然提取物和葡萄酒来改善糖果的色泽。1856 年 SirWillianHenryPerkin 发明了第一个合成色素（mauvine），合成色素问世以来，由于成本低廉、色泽鲜艳、着色力强、稳定、可任意调配而得到广泛运用。但由于合成色素大多属于煤焦油合成的染料，不仅本身没有营养价值，而且大多数对人体有害，因此世界卫生组织对合成食用色素的使用种类、使用量均有严格的规定。

5.6.1　食用合成色素

5.6.1.1　来源与种类

食用合成色素主要是用人工方法进行化学合成所制得的有机色素。按化学结构不同可分两类：偶氮类色素和非偶氮类色素。偶氮类色素按溶解性不同又可分为油溶性和水溶性两类。合成色素中还包括色淀，这是由水溶性色素沉淀在许可使用的不溶性基质上所制备的特殊着色剂，色素部分是许可使用的水溶性食用合成色素，基质部分多为氧化铝。食用合成色素使用的品种，近年来由于存在着安全性问题而不断减少。

食用合成色素种类多，国际上允许使用的有 30 多种。根据 GB 2760—2014《食品添加剂使用卫生标准》规定，允许使用的合成食用色素：苋菜红、胭脂红、赤鲜红、诱惑红、新红、柠檬黄、日落黄、靛蓝及亮蓝。除新红为我国新增品种外，其他几种世界许多国家正在使用且安全性较高。我国允许使用的合成色素虽然品种不多，但有红、黄、蓝 3 种基本色，按比例可以任意调配成橙、绿、紫等多种色调，基本可以满足使用的需要。

5.6.1.2　毒性危害

食用合成色素具有一定的毒性，其中油溶性色素不溶于水、进入人体后不易排出体外，毒性较大，现在各国基本上不再使用。水溶性色素一般认为磺酸基越多，排出体外越快，毒性也越低。

合成色素对人体的危害主要包括一般毒性、致泻性和致癌性，表现为对人体直接危害或在代谢过程中产生有害物质及合成过程中带入的砷、铅等污染物的危害。合成色素的致癌性一般可能与其多为偶氮化合物有关，偶氮色素中都含有偶氮键—N ═N—，它是偶氮色素的颜色载体，偶氮色素的化学性质一般较活泼，在强还原剂作用下，偶氮键—N ═N—发生断裂生成胺基化合物，最后得到 2 分子的芳胺。食用类偶氮色素分子的芳香部分大都有萘环与偶氮键相连，它们在体内的生物转化过程中偶氮键断裂，其中萘环最终可被还原成具有致癌性的 α－萘胺、β－萘胺。另外，合成色素在加工过程中砷、铅、铜、苯酚、苯胺、乙醚、氯化物的污染，也对人体造成不同程度的危害。因此必须对合成色素的种类、生产、质量、用法用量进行严格管理，确保其使用的安全性。由于有些食用合成色素在部分人群中可引起过敏反应，有些国家已开始禁止使用。联合国粮食与农业组织/世界卫生组织（FAO/WHO）联合法典委员会制定的食品法典标准中的相关规定，是目前世界上最具权威的标准。另外，随着研究的深入这些标准也在不断地调整。

5.6.1.3　苋菜红

苋菜红亦称兰光酸性红，为水溶性偶氮类色素。苋菜红的急性毒性较低，小鼠经口

LD_{50}为 10g/kg 体重。对其使用的争议性主要在致癌性方面。苋莱红是一类偶氮色素，这类物质大多具有一定的致癌性。尽管磺化偶氮染料的毒性已经大大降低，但其在生物体内可脱去磺化基团，恢复其毒性。此外，这类化合物在生物体的胃肠道中很容易还原为亚胺类致癌物。还有报道称苋莱红具有胚胎毒性，可致畸胎的发生。

1994 年 JECFA 再次评价苋莱红时将其 ADI 值仍制定为 0mg/kg ~ 0.5mg/kg 体重，且至今仍在沿用。一般情况下，食品中添加的色素量是很少的，不会超过安全限量。

根据 GB 2760—2014《食品添加剂使用卫生标准》规定：苋莱红及其色淀可用于碳酸饮料、配制酒、罐头、浓缩果汁、果冻、固体饮料、糖果风味饮料、果蔬汁（肉）饮料等食品，最大使用量为 0.05g/kg。

5.6.1.4 胭脂红

胭脂红也叫丽春红 4R，为水溶性偶氮类色素。胭脂红急性毒性较低，小鼠经口 LD_{50}为 8g/kg 体重。动物试验未发现其致癌性和致畸性。

1994 年 JECFA 将胭脂红的 ADI 值定为 0mg/kg ~ 4mg/kg 体重。目前全世界除个别国家外，均允许使用。

根据 GB 2760—2014《食品添加剂使用卫生标准》规定：胭脂红及其色淀可用于风味发酵乳、果蔬汁（肉）饮料、碳酸饮料、配制酒、可可制品、巧克力和巧克力制品以及糖果、糕点上彩装、腌制小菜，最大使用量为 0.05g/kg。

5.6.1.5 柠檬黄

柠檬黄为橙黄色粉末或颗粒，为水溶性偶氮类色素。经长期动物毒性试验，认为是一种安全性较高的食用合成色素，小鼠经口 LD_{50}为 12.75g/kg 体重。也有报道柠檬黄可引起过敏反应和气喘。许多国家都允许使用。

1994 年 JECFA 将柠檬黄的 ADI 值定为 0mg/kg ~ 7.5mg/kg 体重。

根据 GB 2760—2014《食品添加剂使用卫生标准》规定：果汁（果味汁）饮料、碳酸饮料、配制酒、膨化食品、糕点上彩装、虾味片，最大使用量为 0.10g/kg。固体复合调味料、粉圆 0.2g/kg，果冻、风味发酵乳、调制冻乳最大使用量为 0.05g/kg。

5.6.1.6 赤藓红

赤藓红也叫樱桃红，为水溶性非偶氮类（氧杂蒽）色素。急性毒性作用较其他食用合成色素稍大，小鼠经口 LD_{50}为 1.26g/kg 体重。可抑制甲状腺的脱碘作用和在高水平时激活垂体中促甲状腺激素的分泌。

1994 年 JECFA 将赤藓红的 ADI 值定为 0mg/kg ~ 0.1mg/kg 体重。

5.6.1.7 日落黄

日落黄为橙红色粉末或颗粒。为水溶性偶氮类色素。毒性较低，安全性较高。可能会引起过敏反应。

1994 年 JECFA 将柠檬黄的 ADI 值定为 0mg/kg ~ 2.5mg/kg 体重。

根据 GB 2760—2014《食品添加剂使用卫生标准》规定：日落黄可使用于风味饮料、果蔬汁（肉）饮料、碳酸饮料、配制酒、可可制品、巧克力和巧克力制品以及糖果、糕点上彩装、凉果、植物蛋白饮料、虾味片，最大使用量为0.10g/kg。其他食品最大使用量：复合调味料、粉圆0.2g/kg，调制乳、风味发酵乳、含乳饮料0.05g/kg。

5.6.2 食用天然色素

5.6.2.1 来源与种类

天然着色剂主要是由动、植物和微生物的代谢产物制取，如植物的根、茎、叶、果实、种子等经提取加工制成，昆虫类色素如虫胶红色素，微生物色素如红曲米，酱色即焦糖。天然色素大多是可食资源，最大优点是相对安全较高，而缺点是染色力较弱，使用剂量较大。

按结构不同天然色素可分为：①卟啉类；②异戊二烯类；③多烯类；④黄酮类；⑤醌类，以及甜菜红和焦糖色素等。

食用天然色素一般成本较高，着色力和稳定性通常不如合成色素。但是人们对它们的安全感较高，特别是对来自果蔬等食物的天然色素。因而，各国许可使用的食用天然色素的品种和用量均在不断增加。国际上已开发的天然色素达100种以上。我国许可使用的天然色素：越橘红、萝卜红、红米红、黑豆红、高粱红、玫瑰茄红、甜菜红、辣椒红、辣椒橙、红花黄、栀子黄、菊花黄、玉米黄、姜黄、β胡萝卜素、叶绿素铜钠盐、可可色素、焦糖色、紫胶红、红曲米等。

5.6.2.2 毒性危害与限量

天然色素可通过化学合成法生产，但应注意这种与天然相同的色素可能含有杂质，需要与合成的食用色素同样进行毒理学评价。

食用天然色素除了少数如藤黄有剧毒不许食用外，其余对人体健康一般无害，安全性较高。

1994年FAO/WHO对食用天然色素的ADI值规定的品种有：姜黄素0mg/kg~0.1mg/kg体重，葡萄红0mg/kg~2.5mg/kg体重，焦糖（氨法生产）0mg/kg~200mg/kg体重。其他均无需规定ADI值。我国允许使用并制订国家标准的47种。

焦糖色素是天然色素中使用量最大、使用面最广的。天然焦糖色素含有少量致癌的苯并[a]芘。用氨法制造的焦糖色素含有致惊厥的4-甲基咪唑，对中枢神经系统有强烈的毒性，其LD_{50}对雌、雄两性小鼠为316mg/kg体重，属中等毒性，最大无作用剂量为10mg/kg体重。在慢性毒性试验中，发现试验动物摄入该物质后淋巴细胞和白细胞数目减少。用亚硫酸铵法生产的焦糖色素，JECFA认为其安全性比氨法焦糖色素好。

根据GB 2760—2014《食品添加剂使用卫生标准》规定：允许使用的焦糖色素为普通法、亚硫酸铵法及氨法焦糖色素。不加氨生产及加氨生产的焦糖色素可用于可可制品、巧克力和巧克力制品以及糖果、风味饮料、果蔬汁（肉）饮料、饼干、酱油、食醋、即食谷物、果冻、复合调味料、调味类罐头、冷冻食品。亚硫酸法焦糖色素可用于风味饮料、果蔬汁（肉）饮料、茶饮料类、碳酸饮料、黄酒、葡萄酒，均按生产需要量加入。焦糖色素用量最多的食品是可口可乐、酱油。

由于天然色素一般对人无害，有些还有一定的营养价值，因此，在着色剂开发生产方面，世界各国都向天然色素方向发展。凡是对光、热和氧化作用稳定，不易受金属离子或其他化学物质影响的天然色素，只要对人体无害者，都可考虑应用。

5.6.3　高效液相色谱法测定合成色素（GB/T 5009.35—2003）

5.6.3.1　原理

食品中人工合成着色剂用聚酰胺吸附法或液－液分配法提取，制成水溶液，注入高效液相色谱仪，经反相色谱分离，根据保留时间定性和与峰面积比较进行定量。

5.6.3.2　试剂

（1）正己烷。

（2）盐酸。

（3）乙酸。

（4）甲醇：经0.5μm滤膜过滤。

（5）聚酰胺粉（尼龙6）：过200目筛。

（6）乙酸铵溶液（0.02mol/L）：称取1.54g乙酸铵，加水至1 000mL，溶解，经0.45μm滤膜过滤。

（7）氨水：量取氨水2mL，加水至100mL，混匀。

（8）氨水－乙酸铵溶液（0.02mol/L）：量取氨水0.5mL，加乙酸铵溶液（0.02mol/L）至1 000mL，混匀。

（9）甲醇－甲酸（6＋4）溶液：量取甲醇60mL，甲酸40mL，混匀。

（10）柠檬酸溶液：称取20g柠檬酸（$C_6H_8O_7 \cdot H_2O$），加水至100mL，溶解混匀。

（11）无水乙醇－氨水－水（7＋2＋1）溶液：量取无水乙醇70mL、氨水20mL、水10mL，混匀。

（12）三正辛胺正丁醇溶液（5%）：量取三正辛胺5mL，加正丁醇至100mL，混匀。

（13）饱和硫酸钠溶液。

（14）硫酸钠溶液（2g/L）。

（15）pH 6的水：水加柠檬酸溶液调pH到6。

（16）合成着色剂标准溶液：准确称取按其纯度折算为100%质量的柠檬黄、日落黄、苋菜红、胭脂红、新红、赤藓红、亮蓝、靛蓝各0.100g，置100mL容量瓶中，加pH6水到刻度，配成水溶液（1.00mg/mL）。

（17）合成着色剂标准使用液：临用时上述溶液［或将（16）］加水稀释20倍，经0.45μm滤膜过滤。配成每毫升相当50.0μg的合成着色剂。

5.6.3.3　仪器

高效液相色谱仪，带紫外检测器，254nm波长。

5.6.3.4　分析步骤

（1）试样处理

① 橘子汁、果味水、果子露汽水等：称取20.0g～40.0g，放入100mL烧杯中。含二氧化碳样品加热驱除二氧化碳。

② 配制酒类：称取20.0g～40.0g，放100mL烧杯中，加小碎瓷片数片，加热驱除

乙醇。

③ 硬糖、蜜饯类、淀粉软糖等：称取5.00g～10.00g粉碎试样，放入100mL小烧杯中，加水30mL，温热溶解，若试样溶液pH较高，用柠檬酸溶液调pH到6左右。

④ 巧克力豆及着色糖衣制品：称取5.00g～10.00g，放入100mL小烧杯中，用水反复洗涤色素，到试样无色素为止，合并色素漂洗液为试样溶液。

（2）色素提取

① 聚酰胺吸附法：样品溶液加柠檬酸溶液调pH到6，加热至60℃，将1g聚酰胺粉加少许水调成粥状，倒入试样溶液中，搅拌片刻，以G3垂融漏斗抽滤，用60℃ pH=4的水洗涤3～5次，然后用甲醇－甲酸混合溶液洗涤3～5次（含赤藓红的试样用②法处理），再用水洗至中性，用乙醇－氨水－水混合溶液解吸3～5次，每次5mL，收集解吸液，加乙酸中和，蒸发至近干，加水溶解，定容至5mL。经0.45μm滤膜过滤，取10μL进高效液相色谱仪。

② 液－液分配法（适用于含赤藓红的样品）：将制备好的试样溶液放入分液漏斗中，加2mL盐酸、三正辛胺正丁醇溶液（5%）10mL～20mL，振摇提取，分取有机相，重复提取至有机相无色，合并有机相，用饱和硫酸钠溶液洗2次，每次10mL，分取有机相，放蒸发皿中，水浴加热浓缩至10mL，转移至分液漏斗中，加60mL正己烷，混匀，加氨水提取2～3次，每次5mL，合并氨水溶液层（含水溶性酸性色素），用正己烷洗2次，氨水层加乙酸调成中性，水浴加热蒸发至近干，加水定容至5mL。经滤膜（0.45μm）过滤，取10μL进高效液相色谱仪。

（3）高效液相色谱参考条件

① 柱：YWG－C_{18} 10μm不锈钢柱4.6mm（i.d）×250mm。

② 流动相：甲醇－乙酸铵溶液（pH=4，0.02mol/L）。

③ 梯度洗脱：甲醇：20%～35%，3%/min；35%～98%，9%/min；98%继续6min。

④ 流速：1mL/min。

⑤ 紫外检测器，254nm波长。

（4）测定

取相同体积样液和合成着色剂标准使用液分别注入高效液相色谱仪，根据保留时间定性，外标峰面积法定量。

5.6.3.5　结果计算

试样中着色剂的含量按式（5－22）进行计算。

$$X = \frac{A \times 1\,000}{m \times V_2 / V_1 \times 1\,000 \times 1\,000} \tag{5-22}$$

式中：X——试样中着色剂的含量，g/kg；

A——样液中着色剂的质量，μg；

V_2——进样体积，mL；

V_1——试样稀释总体积，mL；

m——试样质量，g。

计算结果保留两位有效数字。

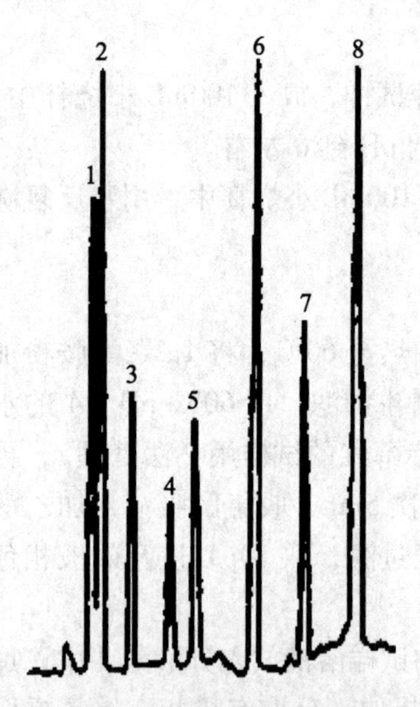

图 5－5　八种着色剂色谱分离图

1—新红；2—柠檬黄；3—苋菜红；4—靛蓝；5—胭脂红；6—日落黄；7—亮蓝；8—赤藓红

5.6.3.6　精密度

在重复性条件下获得的两次独立测定结果的绝对差值不得超过算术平均值的 10%。

5.6.3.7　其他

八种着色剂色谱分离图见图 5－5。

5.6.4　薄层色谱法测定合成色素（GB/T 5009.35—2003）

5.6.4.1　原理

水溶性酸性合成着色剂在酸性条件下被聚酰胺吸附，而在碱性条件下解吸附，再用纸色谱法或薄层色谱法进行分离后，与标准比较定性、定量。

最低检出量为 50μg，点样量为 1μL，检出浓度约为 50mg/kg。

5.6.4.2　试剂

（1）石油醚：沸程 60℃ ~90℃。

（2）甲醇。

（3）聚酰胺粉（尼龙 6）：200 目。

（4）硅胶 G。

（5）硫酸：（1 +10）。

（6）甲醇 – 甲酸溶液：（6 +4）。

（7）氢氧化钠溶液（50g/L）。

（8）海砂：先用盐酸（1 +10）煮沸 15min，用水洗至中性，再用氢氧化钠溶液（50g/L）煮沸 15min，用水洗至中性，再于 105℃干燥，贮于具玻璃塞的瓶中，备用。

（9）乙醇（50%）。

（10）乙醇 – 氨溶液：取 1mL 氨水，加乙醇（70%）至 100mL。

（11）pH6 的水：用柠檬酸溶液（20%）调节至 pH6。

（12）盐酸（1 +10）。

（13）柠檬酸溶液（200g/L）。

（14）钨酸钠溶液（100g/L）。

（15）碎瓷片：处理方法同（8）。

（16）展开剂如下：

① 正丁醇 – 无水乙醇 – 氨水（1%）（6 +2 +3）：供纸色谱用。

② 正丁醇 – 吡啶 – 氨水（1%）（6 +3 +4）：供纸色谱用。

③ 甲乙酮 – 丙酮 – 水（7 +3 +3）：供纸色谱用。

④ 甲醇 – 乙二胺 – 氨水（10 +3 +2）：供薄层色谱用。

⑤ 甲醇－氨水－乙醇（5+1+10）：供薄层色谱用。

⑥ 柠檬酸钠溶液（25g/L）－氨水－乙醇（8+1+2）：供薄层色谱用。

（17）合成着色剂标准溶液：按5.6.3.2中（16）方法，分别配制着色剂的标准溶液浓度为每毫升相当于1.0mg。

（18）着色剂标准使用液：临用时吸取色素标准溶液各5.0mL，分别置于50mL容量瓶中，加pH6的水稀释至刻度。此溶液每毫升相当于0.10mg着色剂。

5.6.4.3　仪器

（1）可见分光光度计。

（2）微量注射器或血色素吸管。

（3）展开槽，25cm×6cm×4cm。

（4）层析缸。

（5）滤纸：中速滤纸，纸色谱用。

（6）薄层板：5cm×20cm。

（7）电吹风机。

（8）水泵。

5.6.4.4　分析步骤

（1）试样处理

① 果味水、果子露、汽水：称取50.0g试样于100mL烧杯中。汽水需加热驱除二氧化碳。

② 配制酒：称取100.0g试样于100mL烧杯中，加碎瓷片数块，加热驱除乙醇。

③ 硬糖、蜜饯类、淀粉软糖：称取5.00g或10.0g粉碎的试样，加30mL水，温热溶解，若样液pH较高，用柠檬酸溶液（200g/L）调pH至4左右。

④ 奶糖：称取10.0g粉碎均匀的试样，加30mL乙醇－氨溶液溶解，置水浴上浓缩至约20mL，立即用硫酸溶液（1+10）调至微酸性，再加1.0mL硫酸（1+10），加1mL钨酸钠溶液（100g/L），使蛋白质沉淀，过滤，用少量水洗涤，收集滤液。

⑤ 蛋糕类：称取10.0g粉碎均匀的试样，加海砂少许，混匀，用热风吹干用品（用手摸已干燥即可），加入30mL石油醚搅拌。放置片刻，倾出石油醚，如此重复处理3次，以除去脂肪，吹干后研细，全部倒入G3垂融漏斗或普通漏斗中，用乙醇－氨溶液提取色素，直至着色剂全部提完，以下按④自“置水浴上浓缩至约20mL……”起依法操作。

（2）吸附分离

将处理后所得的溶液加热至70℃，加入0.5g～1.0g聚酰胺粉充分搅拌，用柠檬酸溶液（200g/L）调pH至4，使着色剂完全被吸附，如溶液还有颜色，可以再加一些聚酰胺粉。将吸附着色剂的聚酰胺全部转入G3垂融漏斗中过滤（如用G3垂融漏斗过滤可以用水泵慢慢地抽滤）。用pH4的70℃水反复洗涤，每次20mL，边洗边搅拌。若含有天然着色剂，再用甲醇－甲酸溶液洗涤1～3次，每次20mL，至洗液无色为止。再用70℃水多次洗涤至流出的溶液为中性。洗涤过程中应充分搅拌。然后用乙醇－氨溶液分次解吸全部着色剂，收集全部解吸液，于水浴上驱氨。如果为单色，则用水准确稀释至50mL，用分光光度法进行测定。如果为多种着色剂混合液，则进行纸色谱或薄层色谱法分离后测定，即将上述溶液置水浴上浓缩至 2mL 后移入 5mL 容量瓶中，用 50% 乙醇洗涤容器，洗液并入容量瓶中并稀释至刻度。

（3）定性

① 纸色谱

取色谱用纸，在距底边 2cm 的起始线上分别点 3μL ~ 10μL 试样溶液、1μL ~ 2μL 着色剂标准溶液，挂于分别盛有展开剂①、②的层析缸中，用上行法展开，待溶剂前沿展至 15cm 处，将滤纸取出于空气中晾干，与标准斑比较定性。

也可取 0.5mL 样液，在起始线上从左到右点成条状，纸的左边点着色剂标准溶液，依法展开，晾干后先定性后再供定量用。靛蓝在碱性条件下易褪色，可用展开剂③。

② 薄层色谱

a. 薄层板的制备

称取 1.6g 聚酰胺粉、0.4g 可溶性淀粉及 2g 硅胶 G，置于合适的研钵中，加 15mL 水研匀后，立即置涂布器中铺成厚度为 0.3mm 的板。在室温晾干后，于 80℃ 干燥 1h，置干燥器中备用。

b. 点样

离板底边 2cm 处将 0.5mL 样液从左到右点成与底边平行的条状，板的左边点 2μL 色素标准溶液。

c. 展开

苋菜红与胭脂红用展开剂④，靛蓝与亮蓝用展开剂⑤，柠檬黄与其他着色剂用展开剂⑥。取适量展开剂倒入展开槽中，将薄层板放入展开，待着色剂明显分开后取出，晾干，与标准斑比较，如 R_f 值相同即为同一色素。

（4）定量

① 试样测定

将纸色谱的条状色斑剪下，用少量热水洗涤数次，洗液移入 10mL 比色管中，并加水稀释至刻度，作比色测定用。

将薄层色谱的条状色斑包括有扩散的部分，分别用刮刀刮下，移入漏斗中，用乙醇－氨溶液解吸着色剂，少量反复多次至解吸液于蒸发皿中，于水浴上挥去氨，移入 10mL 比色管中，加水至刻度，作比色用。

② 标准曲线制备

分别吸取 0mL、0.5mL、1.0mL、2.0mL、3.0mL 和 4.0mL 胭脂红、苋菜红、柠檬黄、日落黄色素标准使用溶液，或 0mL、0.2mL、0.4mL、0.6mL、0.8mL 和 1.0mL 亮蓝、靛蓝色素标准使用溶液，分别置于 10mL 比色管中，各加水稀释至刻度。

上述试样与标准管分别用 1cm 比色杯，以零管调节零点，于一定波长下（胭脂红 510nm，苋菜红 520nm，柠檬黄 430nm，日落黄 482nm，亮蓝 627nm，靛蓝 620nm），测定吸光度，分别绘制标准曲线比较或与标准系列目测比较。

5.6.4.5 结果计算

试样中着色剂的含量按式（5－23）进行计算。

$$X = \frac{A \times 1\,000}{m \times V_2 / V_1 \times 1\,000} \qquad (5-23)$$

式中：X——试样中着色剂的含量，g/kg；

A——测定用样液中色素的质量，mg；

m——试样质量或体积，g或mL；

V_1——试样解吸后总体积，mL；

V_2——样液点板（纸）体积，mL。

计算结果保留两位有效数字。

5.6.5　示波极谱法测定合成色素（GB/T 5009.35—2003）

5.6.5.1　原理

食品中的合成着色剂，在特定的缓冲溶液中，在滴汞电极上可产生敏感的极谱波，波高与着色剂的浓度成正比。当食品中存在一种或两种以上互不影响测定的着色剂时，可用其进行定性定量分析。

5.6.5.2　试剂

（1）底液A：磷酸盐缓冲液（常用于红色和黄色复合色素），可作苋菜红、胭脂红、日落黄、柠檬黄以及靛蓝着色剂的测定底液。

称取13.6g无水磷酸二氢钾（KH_2PO_4）和14.1g无水磷酸氢二钠（Na_2HPO_4）［或35.6g含结晶水的磷酸氢二钠（$Na_2HPO_4 \cdot 12H_2O$）］及10.0g氯化钠，加水溶解后稀释至1L。

（2）底液B：乙酸盐缓冲液（常用于绿色和蓝色复合色素），可作靛蓝、亮蓝、柠檬黄、日落黄着色剂的测定底液。

量取40.0mL冰乙酸，加水约400mL，加入20.0g无水乙酸钠，溶解后加水稀释至1L。

（3）柠檬酸溶液：200g/L。

（4）乙醇-氨溶液：取1mL浓氨水，加乙醇（70%）至100mL。

（5）着色剂标准溶液：准确称取按其纯度折算为100%质量的人工合成着色剂0.100g，溶解后置于100mL容量瓶中，加水至刻度。此溶液1mL含1.00mg着色剂。

（6）着色剂标准使用溶液：吸取着色剂标准溶液1.00mL，置于100mL容量瓶中，加水至刻度。此溶液1mL含10.0μg着色剂。

5.6.5.3　仪器

（1）微机极谱仪。

（2）高效液相色谱仪。

5.6.5.4　分析步骤

（1）试样处理

① 饮料和酒类：取样10.0mL～25.0mL，加热驱除CO_2和乙醇，冷却后用200g/L NaOH和HCl（1+1）调至中性，然后加蒸馏水至原体积。

② 表层色素类：取样5.0g～10.0g，用蒸馏水反复漂洗直至色素完全被洗脱。合并洗脱液并定容至一定体积。

③ 水果糖和果冻类：取样5.0g，用水加热溶解，冷却后定容至25.0mL。

④ 奶油类：取样5.0g于50mL离心管中，用石油醚洗涤3次，每次约20mL～30mL，用玻璃棒搅匀，离心，弃上清液。低温挥去残留的石油醚后用乙醇－氨溶液溶解并定容至25.0mL，离心，取上清液一定量水浴蒸干，用适量的水加热溶解色素，用水洗入10mL容量瓶并定容。

⑤ 奶糖类：取样5.0g溶于乙醇－氨溶液至25.0mL，离心。取上清液20.0mL，加水20mL，加热挥去约20mL，冷却，用200g/L柠檬酸调至pH4，加入200目聚酰胺粉0.5g～1.0g，充分搅拌使色素完全吸附后，用30mL～40mL酸性水洗入50mL离心管，离心，弃上层液体。沉淀物反复用酸性水洗涤3～4次后，用适量酸性水洗入含滤纸的漏斗中。用乙醇－氨溶液洗脱色素，将洗脱液水浴蒸干，用适量的水加热溶解色素，用水洗入10mL容量瓶并定容。

（2）测定

① 极谱条件：滴汞电极，一阶导数，三电极制，扫描速度250mV/s，底液A的初始扫描电位为－0.2V，终止扫描电位为－0.9V。参考峰电位为苋菜红－0.42V、日落黄－0.50V、柠檬黄－0.56V、胭脂红－0.69V、靛蓝－0.29V。底液B的初始扫描电位为0.0V，终止扫描电位为－1.0V，参考峰电位（溶液、底液偏酸使出峰电位正移，偏碱使出峰电位负移）：靛蓝－0.16V、日落黄－0.32V、柠檬黄－0.45V、亮蓝－0.80V。

② 标准曲线：吸取着色剂标准使用溶液0mL、0.50mL、1.00mL、2.00mL、3.00mL和4.00mL分别于10mL比色管中，加入5.00mL底液，用水定容至10.0mL（浓度分别为0μg/mL、0.50μg/mL、1.00μg/mL、2.00μg/mL、3.00μg/mL和4.00μg/mL），混匀后于微机极谱仪上测定。0为试剂空白溶液。

③ 试样测定：取试样处理液1.00mL，或一定量（复合色素峰电位较近时，尽量取稀溶液），加底液5.00mL，加水至10.00mL，摇匀后与标准系列溶液同时测定。

5.6.5.5　结果计算

试样中着色剂的含量按式（5－24）进行计算。

$$X = \frac{c_x \times 10 \times 100}{m \times V_1 \times V_2 \times 1\,000 \times 1\,000} \tag{5-24}$$

式中：X——试样中着色剂的含量，g/L或g/kg；

c_x——试样测定液中着色剂的含量，μg/mL；

m——试样取样质量或体积，g或mL；

V_1——试样测定液中试样处理液的体积，mL；

V_2——试样稀释后的总体积，mL；

计算结果保留两位有效数字。

5.6.5.6　精密度

在重复性条件下获得的两次独立测定结果的绝对差值不得超过算术平均值的10%。

5.6.6　食品中红曲色素的测定（GB/T 5009.150—2003）

5.6.6.1　原理

试样中红曲色素经提取，净化后，TLC分离，与标准TLC板比较定性，选用分配系数在两相中不同而达到分离的目的。

5.6.6.2　试剂

（1）硅胶：柱层析用，120～180目。

（2）硅胶：GF254。

（3）甲醇。

（4）正己烷+乙酸乙酯+甲醇（5+3+2）。

（5）三氯甲烷+甲醇（8+3）。

（6）海砂：先用1+10盐酸煮沸15min，用水洗至中性，再于105℃干燥，贮于具塞的玻璃瓶中，备用。

（7）石油醚：沸程60℃～90℃。

（8）红曲色素的标准溶液：取1g红曲色素，加入30mL甲醇溶解，然后加入5g硅胶，拌匀，装入50g硅胶层析柱中（湿法装柱），将拌有硅胶的红曲色素装在柱顶，后用甲醇洗脱；直至洗脱下来的甲醇无色为止，然后减压浓缩至膏状，于60℃～70℃烘箱中烘干，约剩下0.89g的红曲色素作为薄层分析用标准品。用甲醇配成1mg/mL的标准溶液。

（9）红曲色素标准使用液：临用时吸取标准溶液5.0mL，置于50mL容量瓶中，加甲醇稀释至刻度，此溶液每毫升相当于0.1mg红曲色素。

5.6.6.3　仪器

（1）微量注射器10μL。

（2）展开槽25cm×6cm×4cm。

（3）薄层板：市售预制硅胶GF 254板。

（4）层析柱。

（5）接收瓶。

（6）全玻璃浓缩器。

（7）真空泵。

5.6.6.4　分析步骤

（1）试样处理

① 配制酒：取10.0mL试样，于水浴上挥干，加少量乙醇溶解残渣，进行薄层分析。

② 蛋糕：取样30.0g蛋糕，搅碎，加海砂少许，混匀，用热风机吹干试样即可，加入30mL石油醚去脂肪，重复3～5次，弃去石油醚，然后将蛋糕渣放入通风橱中，残余石油醚自然挥除后，放入蒸馏瓶小，加95%乙醇约90mL，回流30min，过滤，用乙醇洗涤5次，合并提取液，将提取液浓缩至20mL。此液留作测定用。

③ 市售豆腐乳，取豆腐乳30g，搅碎，加95%的乙醇50mL～70mL，提取回流30min，过滤，用乙醇洗涤残渣5次，合并乙醇提取液，减压浓缩至20mL，此液留作测定用。

④ 火腿肠：称取30g火腿肠，捣碎，加海砂少许，混匀，每次加入50mL石油醚提取脂肪，共提取三次，每次提取45min，过滤，滤液弃去，残渣放通风橱中，用吹风机吹干，用50mL甲醇提取红曲色素30min，共3次，过滤，合并滤液，滤液中加入3mL的钨酸钠溶液

沉淀蛋白，弃去蛋白，滤液减压浓缩至 10mL，此液供测定用。

（2）测定

① 点样：取市售硅胶 GF 254 板（4cm × 20cm），离底边 2cm 处，点上述试样溶液 10μL，同时在右边点 2μL 色素标准使用溶液。

② 展开：将（1）已点上试样与标准品的二块板，分别放入试剂甲醇和试剂正己烷 + 乙酸乙酯 + 甲醇中展开，待展开剂前沿至 15cm 处，取出，放入通风橱，晾干，在 UV254nm 下观察，试剂甲醇得到 4 个点，R_f值分别为 0.86，0.71，0.54，0.38，试剂正己烷 + 乙酸乙酯 + 甲醇得到 3 个点，R_f值分别为 0.86，0.69，0.57。试样与标品的斑点的 R_f值一致。则证明试样的色素为红曲色素。

5.7 食品甜味剂

是指赋予食品甜味的食品添加剂。按营养价值可分为：（1）营养性甜味剂，又分为糖醇类和糖类，其中①糖醇类有：木糖醇、山梨糖醇、甘露糖醇、乳糖醇、麦芽糖醇、异麦芽糖醇、赤藓糖醇；②糖类包括：蔗糖、葡萄糖、果糖等，由于这些糖类除赋予食品以甜味外，还是重要的营养素，供给人体以热能，通常被视做食品原料，一般不作为食品添加剂加以控制。（2）非营养性甜味剂，又分为天然和人工合成类，其中①天然类有：甜菊糖甙、甘草、奇异果素、罗汉果素、索马甜；②人工合成类包括：糖精、环已基氨基磺酸钠、乙酰磺胺酸钾等磺胺类，天门冬酰苯丙酸甲酯（又阿斯巴甜）、1 - a - 天冬氨酰 - N - （2,2,4,4 - 四甲基 - 3 - 硫化三亚甲基） - D - 丙氨酰胺（又称阿力甜）等二肽类，以及蔗糖衍生物，如三氯蔗糖、异麦芽酮糖醇（又称帕拉金糖）、新糖（果糖低聚糖）。

5.7.1 糖精（糖精钠）

5.7.1.1 产品质量标准

糖精化学名为邻磺酰苯酰亚胺，白色结晶，对热不稳定，难溶于水，易溶于乙醚，所以常用其钠盐即糖精钠。

糖精钠分子式为 $C_7H_4NNaO_3S \cdot 2H_2O$，相对分子质量为 241.19。

糖精钠的外观性状为无色至白色结晶或晶体粉末，无臭或微有芳香气味，味浓甜并微苦，甜度是蔗糖的 200 ~ 700 倍。糖精钠在空气中慢慢风化，失去一半结晶水而成为白色粉末，易溶于水，溶解度随温度的升高迅速增大。其水溶液较稳定，长时间放置，溶液的甜味将降低。微溶于乙醇。

糖精钠在水中离解出来的阴离子有极强的甜味，但分子状态却无甜味而反有苦味。因此使用溶液含量应低于 0.02%。在酸性介质中加热，甜味消失，并形成邻氨基磺酰苯甲酸而呈苦味。

使用范围和最大使用量：用于酱渍的蔬菜、盐渍的蔬菜、复合调味料、饮料类、调味酱汁、浓缩果汁、蜜饯类、配制酒、冷冻饮品（除食用冰）、糕点、饼干、面包的最大使用量是 0.15g/kg；用于浓缩果汁按浓缩倍数的 80% 加入；用于水果干类（除芒果干、无花果干外）最大使用量为 1.0g/kg；用于瓜子最大使用量为 1.2g/kg；用于芒果干、无花果干、话梅、陈皮的最大使用量为 5.0g/kg（可与规定的其他甜味剂混合使用）。

5.7.1.2　高效液相色谱法测定糖精钠（GB/T 5009.28—2003）

5.7.1.2.1　原理

样品加温除去二氧化碳和乙醇，调 pH 至近中性，过滤后进高效液相色谱仪，经反相色谱分离后，根据保留时间和峰面积进行定性和定量。

5.7.1.2.2　试剂

(1) 甲醇：经 0.5μm 滤膜过滤。

(2) 氨水 (1+1)：氨水加等体积水混合。

(3) 乙酸铵溶液 (0.02mol/L)：称取 1.54g 乙酸铵，加水至 1 000mL 溶解，经 0.45μm 滤膜过滤。

(4) 糖精钠标准储备溶液：准确称取 0.0851g 经 120℃烘干 4h 后的糖精钠（$C_6H_4CONNaSO_2 \cdot 2H_2O$），加水溶解定容至 100mL。糖精钠含量 1.0mg/mL，作为储备溶液。

(5) 糖精钠标准使用溶液：吸取糖精钠标准储备液 10mL 放入 100mL 容量瓶中，加水至刻度，经 0.45μm 滤膜过滤，该溶液每毫升相当于 0.10mg 的糖精钠。

5.7.1.2.3　仪器

高效液相色谱仪，紫外检测器。

5.7.1.2.4　分析步骤

(1) 试样处理

① 汽水：称取 5.00g～10.00g，放入小烧杯中，微温搅拌除去二氧化碳，用氨水 (1+1) 调 pH 约 7。加水定容至适当的体积，经 0.45μm 滤膜过滤。

② 果汁类：称取 5.00g～10.00g，用氨水 (1+1) 调 pH 约 7，加水定容至适当的体积，离心沉淀，上清液经 0.45μm 滤膜过滤。

③ 配制酒类：称取 10.0g，放小烧杯中，水浴加热除去乙醇，用氨水 (1+1) 调 pH 约 7，加水定容至 20mL，经 0.45μm 滤膜过滤。

(2) 高效液相色谱参考条件

① 柱：YWG－C_{18} 4.6mm×250mm 10μm 不锈钢柱。

② 流动相：甲醇、乙酸铵溶液 (0.02mol/L) (5+95)。

③ 流速：1mL/min。

④ 检测器：紫外检测器，波长 230nm，0.2AUFS。

(3) 测定

取处理液和标准使用液各 10μL（或相同体积）注入高效液相色谱仪进行分离，以其标准溶液峰的保留时间为依据进行定性，以其峰面积求出样液中被测物质的含量，供计算。

5.7.1.2.5　结果计算

试样中糖精钠含量按式 (5－25) 进行计算。

$$X = \frac{A \times 1\,000}{m \times V_2/V_1 \times 1\,000} \tag{5-25}$$

式中：X——试样中糖精钠含量，g/kg；

A——进样体积中糖精钠的质量，mg；

V_2——进样体积，mL；

V_1——稀释液总体积，mL；

m——试样质量，g。

计算结果保留三位有效数字。

5.7.1.2.6 精密度

在重复性条件下获得的两次独立测定结果的绝对差值不得超过算术平均值的10%。

5.7.1.2.7 其他

应用5.7.1.2.4中（2）的高效液相分离条件可以同时测定苯甲酸、山梨酸和糖精钠，出峰顺序依次为苯甲酸、山梨酸、糖精钠。

5.7.1.3 薄层色谱法测定糖精钠（GB/T 5009.28—2003）

5.7.1.3.1 原理

在酸性条件下，食品中的糖精钠用乙醚提取、浓缩、薄层色谱分离、显色后，与标准比较，进行定性和半定量测定。

5.7.1.3.2 试剂

（1）乙醚：不含过氧化物。

（2）无水硫酸钠。

（3）无水乙醇及乙醇（95%）。

（4）聚酰胺粉：200目。

（5）盐酸（1+1）：取100mL盐酸，加水稀释至200mL。

（6）展开剂如下：

① 正丁醇+氨水+无水乙醇（7+1+2）。

② 异丙醇+氨水+无水乙醇（7+1+2）。

（7）显色剂：溴甲酚紫溶液（0.4g/L）：称取0.04g溴甲酚紫，用乙醇（50%）溶解，加氢氧化钠溶液（4g/L）1.1mL调节pH为8，定容至100mL。

（8）硫酸铜溶液（100g/L）：称取10g硫酸铜（$CuSO_4 \cdot 5H_2O$），用水溶解并稀释至100mL。

（9）氢氧化钠溶液（40g/L）。

（10）糖精钠标准溶液：准确称取0.085 1g经120℃干燥4h后的糖精钠，加乙醇溶解，移入100mL容量瓶中，加乙醇（95%）稀释至刻度。此溶液每毫升相当于1mg糖精钠（$C_6H_4CONNaSO_2 \cdot 2H_2O$）。

5.7.1.3.3 仪器

（1）玻璃纸：生物制品透析袋纸或不含增白剂的市售玻璃纸。

（2）玻璃喷雾器。

（3）微量注射器。

（4）紫外光灯：波长253.7nm。

（5）薄层板：10cm×20cm或20cm×20cm。

（6）展开槽。

5.7.1.3.4 分析步骤

（1）试样处理

① 饮料、冰棍、汽水：取10.0mL均匀试样（如试样中含有二氧化碳，先加热除去。如样品中含有酒精，加4%氢氧化钠溶液使其呈碱性，在沸水浴中加热除去），置于100mL

分液漏斗中，加 2mL 盐酸（1+1），用 30mL，20mL，20mL 乙醚提取 3 次，合并乙醚提取液，用 5mL 盐酸酸化的水洗涤 1 次，弃去水层。乙醚层通过无水硫酸钠脱水后，挥发乙醚，加 2.0mL 乙醇溶解残留物，密塞保存，备用。

② 酱油、果汁、果酱等：称取 20.0g 或吸取 20.0mL 均匀试样，置于 100mL 容量瓶中，加水至约 60mL，加 20mL 硫酸铜溶液（100g/L），混匀，再加 4.4mL 氢氧化钠溶液（40g/L），加水至刻度，混匀，静置 30min，过滤，取 50mL 滤液置于 150mL 分液漏斗中，以下按①中自“加 2mL 盐酸（1+1）……”起依法操作。

③ 固体果汁粉等：称取 20.0g 磨碎的均匀试样，置于 200mL 容量瓶中，加 100mL 水，加温使溶解、放冷。以下按②中自“加 20mL 硫酸铜溶液（100g/L）……”起依法操作。

④ 糕点、饼干等蛋白、脂肪、淀粉多的食品：称取 25.0g 均匀试样，置于透析用玻璃纸中，放入大小适当的烧杯内，加 50mL 氢氧化钠溶液（0.8g/L）。调成糊状，将玻璃纸口扎紧，放入盛有 200mL 氢氧化钠溶液（0.8g/L）的烧杯中，盖上表面皿，透析过夜。

量取 125mL 透析液（相当 12.5g 试样），加约 0.4mL 盐酸（1+1）使成中性，加 20mL 硫酸铜溶液（100g/L），混匀，再加 4.4mL 氢氧化钠溶液（40g/L），混匀，静置 30min，过滤。取 120mL（相当 10g 试样），置于 250mL 分液漏斗中，以下按①中自“加 2mL 盐酸（1+1）……”起依法操作。

（2）薄层板的制备

称取 1.6g 聚酰胺粉，加 0.4g 可溶性淀粉，加约 7.0mL 水，研磨 3min～5min，立即涂成 0.25mm～0.30mm 厚的 10cm×20cm 的薄层板，室温干燥后，在 80℃下干燥 1h。置于干燥器中保存。

（3）点样

在薄层板下端 2cm 处，用微量注射器点 10μL 和 20μL 的样液两个点，同时点 3.0μL，5.0μL，7.0μL，10.0μL 糖精钠标准溶液，各点间距 1.5cm。

（4）展开与显色

将点好的薄层板放入盛有展开剂①或②的展开槽中，展开剂液层约 0.5cm，并预先已达到饱和状态。展开至 10cm，取出薄层板，挥干，喷显色剂，斑点显黄色，根椐试样点和标准点的比移值进行定性，根据斑点颜色深浅进行半定量测定。

5.7.1.3.5　结果计算

试样中糖精钠的含量按式（5－26）进行计算。

$$X=\frac{A\times 1\,000}{m\times V_2/V_1\times 1\,000} \tag{5-26}$$

式中：X——试样中糖精钠的含量，g/kg 或 g/L；

A——测定用样液中糖精钠的质量，mg；

m——试样质量或体积，g 或 mL；

V_1——试样提取液残留物加入乙醇的体积，mL；

V_2——板液体积，mL。

5.7.1.4　离子选择电极测定方法测定糖精钠（GB/T 5009.28—2003）

5.7.1.4.1　原理

糖精选择电极是以季铵盐所制 PVC 薄膜为感应膜的电极，它和作为参比电极的饱和甘汞电极配合使用以测定食品中糖精钠的含量。当测定温度、溶液总离子强度和溶液接界电位条件一致时，测得的电位遵守能斯特方程式，电位差随溶液中糖精离子的活度（或浓度）改变而变化。

被测溶液中糖精钠含量在0.02mg/mL～1mg/mL范围内。电极值与糖精离子浓度的负对数成直线关系。

5.7.1.4.2　试剂

（1）乙醚：使用前用盐酸（6mol/L）饱和。

（2）无水硫酸钠。

（3）盐酸（6mol/L）：取100mL盐酸，加水稀释至200mL，使用前以乙醚饱和。

（4）氢氧化钠溶液（0.06mol/L）：取2.4g氢氧化钠加水溶解并稀释至1 000mL。

（5）硫酸铜溶液（100g/L）：称取硫酸铜（$CuSO_4 \cdot 5H_2O$）10g溶于100mL水中。

（6）氢氧化钠溶液（40g/L）。

（7）氢氧化钠溶液（0.02mol/L）：将（4）稀释而成。

（8）磷酸二氢钠［$c(NaH_2PO_4 \cdot 2H_2O)=1mol/L$］溶液：取78g$NaH_2PO_4 \cdot 2H_2O$溶解后转入500mL容量瓶中，加水稀释至刻度，摇匀。

（9）磷酸氢二钠［$c(Na_2HPO_4 \cdot 12H_2O)=1mol/L$］溶液：取89.5g$Na_2HPO_4 \cdot 12H_2O$于250mL容量瓶中溶解后，加水稀释至刻度，摇匀。

（10）总离子强度调节缓冲液：87.7mL磷酸二氢钠溶液（1mol/L）与12.3mL磷酸氢二钠溶液（1mol/L）混合即得。

（11）糖精钠标准溶液：准确称取0.0851g经120℃干燥4h后的糖精钠结晶移入100mL容量瓶中，加水稀释至刻度，摇匀备用。此溶液每毫升相当于1.0mg糖精钠（$C_6H_4CONNaSO_2 \cdot 2H_2O$）。

5.7.1.4.3　仪器

（1）精密级酸度计或离子活度计或其他精密级电位计，准确到±1mV。

（2）糖精选择电极。

（3）217型甘汞电极：具双盐桥式甘汞电极，下面的盐桥内装入含1%琼脂的氯化钾溶液（3mol/L）。

（4）磁力搅拌器。

（5）透析用玻璃纸。

（6）半对数纸。

5.7.1.4.4　分析步骤

（1）试样提取

① 液体试样：浓缩果汁、饮料、汽水、汽酒、配制酒等。准确吸取25mL均匀试样（汽水、汽酒等需先除去二氧化碳后取样），置于250mL分液漏斗中，加2mL盐酸（6mol/L），用20mL、20mL、10mL乙醚提取3次，合并乙醚提取液，用5mL经盐酸酸化的水洗涤1次，弃去水层，乙醚层转移至50mL容量瓶，用少量乙醚洗涤原分液漏斗合并入容量瓶，并用乙醚定容至刻度，必要时加入少许无水硫酸钠，摇匀，脱水备用。

② 含蛋白质、脂肪、淀粉量高的食品：糕点、饼干、酱菜、豆制品、油炸食品。称取20.00g切碎试样，置透析用玻璃纸中，加50mL 0.02mol/L氢氧化钠溶液，调匀后将玻璃纸口扎紧，放入盛有200mL 0.02mol/L氢氧化钠溶液的烧杯中，盖上表面皿，透析24h，并不

时搅动浸泡液。量取 125mL 透析液，加约 0.4mL 6mol/L 盐酸使成中性，加 20mL 硫酸铜溶液混匀，再加 4.4mL 40g/L 氢氧化钠溶液，混匀。静置 30min，过滤。取 100mL 滤液于 250mL 分液漏斗中，以下按①中自“加 2mL 盐酸 6mol/L……”起依法操作。

③ 蜜饯类：称取 10.00g 切碎的均匀试样。置透析用玻璃纸中，加 50mL 0.06mol/L 氢氧化钠溶液，调匀后将玻璃纸扎紧，放入盛有 200mL 0.06mol/L 氢氧化钠溶液的烧杯中，透析、沉淀、提取按②操作。

④ 糯米制食品：称取 25.00g 切成米粒状的小块均匀试样，按②操作。

（2）测定

① 标准曲线的绘制：准确吸取 0mL、0.5mL、1.0mL、2.5mL、5.0mL 和 10.0mL 糖精钠标准溶液（相当于 0mg、0.5mg、1.0mg、2.5mg、5.0mg 和 10.0mg 糖精钠）。分别置于 50mL 容量瓶中，各加 5mL 总离子强度调节缓冲液，加水至刻度，摇匀。

将糖精选择电极和甘汞电极分别与测量仪器的负端和正端相连接，将电极插入盛有水的烧杯中，按其仪器的使用说明书调节至使用状态，在搅拌下用水洗至电极起始电位（例如某些电极起始电位达 -320mV）。取出电极用滤纸吸干。将上述标准系列溶液按低浓度到高浓度逐个测定，得其在搅拌时的平衡电位值（-mV）。

在半对数纸上以毫升（毫克）为纵坐标；电位值（-mV）为横坐标绘制标准曲线。

② 试样的测定：准确吸取 20mL（1）中的乙醚提取液置于 50mL 烧杯中，挥发至干，残渣加 5mL 总离子强度调节缓冲液。小心转动，振摇烧杯使残渣溶解，将烧杯内容物全部定量转移入 50mL 容量瓶中，原烧杯用少量水多次漂洗后，并入容量瓶中，最后加水至刻度摇匀。依法测定其电位值（-mV），查标准曲线求得测定液中糖精钠毫克数。

5.7.1.4.5　结果计算

试样中糖精钠的含量按式（5-27）进行计算。

$$X = \frac{A \times 1\,000}{m \times V_2/V_1 \times 1\,000} \quad (5-27)$$

式中：X——试样中糖精钠的含量，g/kg 或 g/L；

A——测定液中糖精钠的质量，mg；

V_1——乙醚提取液的体积，mL；

V_2——分取乙醚提取液的体积，mL。

m——试样的质量或体积，g 或 mL；

计算结果保留三位有效数字。

5.7.1.4.6　干扰

本法对苯甲酸钠的浓度在 200mg/kg ~ 1 000mg/kg 时无干扰；山梨酸的浓度在 50mg/kg ~ 500mg/kg，糖精钠的含量在 100mg/kg ~ 150mg/kg 范围内，约有 3% ~ 10% 的正误差；水杨酸及对羟基苯甲酸酯等对本法的测定有严重干扰。

5.7.2　环己基氨基磺酸钠

5.7.2.1　环己基氨基磺酸钠的性质

环己基氨基磺酸钠（Sodium Cyclamate），别名甜蜜素，分子式 $C_6H_{12}NNaO_3S$，相对分子质量为 201.22。性状白色结晶或结晶粉末，无臭。有甜味，甜度为蔗糖的 50 倍，易溶于水

(20g/100mL)，水溶液呈中性，几乎不溶于乙醇等有机溶剂，对热、酸、碱稳定。

5.7.2.2 气相色谱法测定食品中环己基氨基磺酸钠（GB/T 5009.97—2003）

5.7.2.2.1 原理

在硫酸介质中环己基氨基磺酸钠与亚硝酸反应，生成环己醇亚硝酸酯，利用气相色谱法进行定性和定量。

5.7.2.2.2 试剂

（1）正己烷。

（2）氯化钠。

（3）层析硅胶（或海砂）。

（4）亚硝酸钠溶液（50g/L）。

（5）硫酸溶液（100g/L）。

（6）环己基氨基磺酸钠标准溶液（含环己基氨基磺酸钠，98%）：精确称取 1.000 0g 环己基氨基磺酸钠，加入水溶解并定容至 100mL 此溶液每毫升含环己基氨基磺酸钠 10mg。

5.7.2.2.3 仪器

（1）气相色谱仪：附氢火焰离子化检测器。

（2）旋涡混合器。

（3）离心机。

（4）10μL 微量注射器。

（5）色谱条件：色谱柱，长 2m，内径 3mm，U 形不锈钢柱。固定相，Chromosorb W AW－DMCS 80～100 目，涂以 10% SE－30。测定条件，柱温 80℃，汽化温度 150℃，检测温度 150℃。流速，氮气 40mL/min，氢气 30mL/min，空气 300mL/min。

5.7.2.2.4 试样处理

（1）液体试样：摇匀后直接称取。含二氧化碳的试样先加热除去，含酒精的试样 40g/L 氢氧化钠溶液调至碱性，于沸水浴中加热除去，制成试样。

（2）固体试样：凉果、蜜饯类试样将其剪碎制成试样。

5.7.2.2.5 分析步骤

（1）试样制备

① 液体试样：称取 20.0g 试样于 100mL 带塞比色管，置冰浴中。

② 固体试样：称取 2.0g 已剪碎的试样于研钵中，加少许层析硅胶（或海砂）研磨至呈干粉状，经漏斗倒入 100mL 容量瓶中，加水冲洗研钵，并将洗液一并转移至容量瓶中。加水至刻度，不时摇动，1h 后过滤，即得试样，准确吸取 20mL 于 100mL 带塞比色管，置冰浴中。

（2）测定

① 标准曲线的制备：准确吸取 1.00mL 环己基氨基磺酸钠标准溶液于 100mL 带塞比色管中，加水 20mL。置冰浴中，加入 5mL 50g/L 亚硝酸钠溶液，5mL 100g/L 硫酸溶液，摇匀，在冰浴中放置 30min，并经常摇动，然后准确加入 10mL 正己烷，5g 氯化钠，摇匀后置旋涡混合器上振动 1min（或振摇 80 次），待静止分层后吸出己烷层于 10mL 带塞离心管中进行离心分离，每毫升己烷提取液相当 1mg 环己基氨基磺酸钠，将标准提取液进样 1μL～5μL 于气相色谱仪中，根据响应值绘制标准曲线。

② 试样管按①自“加入 5mL 50g/L 亚硝酸钠溶液……”起依法操作，然后将试料同样进样 1μL～5μL，测得响应值，从标准曲线图中查出相应含量。

5.7.2.2.6　结果计算

计算公式见式（5-28）。

$$X = \frac{m_1 \times 10 \times 1\,000}{m \times V \times 1\,000} \tag{5-28}$$

式中：X——试样中环己基氨基磺酸钠的含量，g/kg；

m——试样质量，g；

V——进样体积，μL；

10——正己烷加入量，mL；

m_1——测定用试样中环己基氨基磺酸钠的质量，μg。

计算结果保留两位有效数字。

5.7.2.2.7　精密度

在重复性条件下获得的两次独立测定结果的绝对差值不得超过算术平均值的 10%。

5.7.2.3　比色法测定食品中环己基氨基磺酸钠（GB/T 5009.97—2003）

5.7.2.3.1　原理

在硫酸介质中环己基氨基磺酸钠与亚硝酸钠反应，生成环己醇亚硝酸酯，与磺胺重氮化后再与盐酸萘乙二胺耦合生成红色染料，在 550nm 波长测其吸光度，与标准比较定量。

5.7.2.3.2　试剂

（1）三氯甲烷。

（2）甲醇。

（3）透析剂：称取 0.5g 二氯化汞和 12.5g 氯化钠于烧杯中，以 0.01mol/L 盐酸溶液定容至 100mL。

（4）亚硝酸钠溶液（10g/L）。

（5）硫酸溶液（100g/L）。

（6）尿素溶液（100g/L）（临用时新配或冰箱保存）。

（7）盐酸溶液（100g/L）。

（8）磺胺溶液（10g/L）：称取 1g 磺胺溶于 10% 盐酸溶液中，最后定容至 100mL。

（9）盐酸萘乙二胺溶液（1g/L）。

（10）环己基氨基磺酸钠标准溶液：精确称取 0.100 0g 环己基氨基磺酸钠，加水溶解，最后定容至 100mL 此溶液每毫升含环己基氨基磺酸钠 1mg，临用时将环己基氨基磺酸钠标准溶液稀释 10 倍。此液每毫升含环己基氨基磺酸钠 0.1mg。

5.7.2.3.3　仪器

（1）分光光度计。

（2）旋涡混合器。

（3）离心机。

（4）透析纸。

5.7.2.3.4　试样处理

同 5.7.2.2.4。

5.7.2.3.5　分析步骤

（1）提取

① 液体试样：称取10.0g试样于透析纸中，加10mL透析剂，将透析纸口扎紧。放入盛有100mL水的200mL广口瓶内，加盖，透析20h～24h得透析液。

② 固体试样：准确吸取10.0mL经“5.7.2.2.4的（1）中②”处理后的试样提取液于透析纸中，以下操作按①项进行。

（2）测定

① 取2支50mL带塞比色管，分别加入10mL透析液和10mL标准液，于0℃～3℃冰浴中，加入1mL 10g/L亚硝酸钠溶液，1mL 100g/L硫酸溶液，摇匀后放入冰水中不时摇动，放置1h，取出后加15mL氯甲烷，置旋涡混合器上振动1min。静置后吸去上层液。再加15mL水，振动1min，静止后吸去上层液，加10mL 100g/L尿素溶液，2mL 100g/L盐酸溶液，再振动5min，静置后吸去上层液，加15mL水，振动1min，静置后吸去上层液，分别准确吸出5mL三氯甲烷于2支25mL比色管中。另取一支25mL比色管加入5mL三氯甲烷作参比管。于各管中加入15mL甲醇，1mL 10g/L磺胺，置冰水中15min，取出，恢复常温后加入1mL 1g/L盐酸萘乙二胺溶液，加甲醇至刻度，在15℃～30℃下放置20min～30min，用1cm比色杯于波长550nm处测定吸光度，测得吸光度A及A_s。

② 另取2支50mL带塞比色管，分别加入10mL水和10mL透析液，除不加10g/L亚硝酸钠外，其他按①项进行，测得吸光度A_{s0}及A_0。

5.7.2.3.6　结果计算

计算公式见式（5－29）。

$$X=\frac{c}{m}\times\frac{A-A_0}{A_s-A_{s0}}\times\frac{100+10}{V}\times\frac{1}{1\,000}\times\frac{1\,000}{1\,000} \tag{5-29}$$

式中：X——试样中环己基氨基磺酸钠的含量，g/kg；

m——试样质量，g；

V——透析液用量，mL；

c——标准管浓度，μg/mL；

A_s——标准液吸光度；

A_{s0}——水的吸光度；

A——试样透析液吸光度；

A_0——不加亚硝酸钠的试样透析液吸光度。

计算结果保留两位有效数字。

5.7.2.3.7　精密度

在重复性条件下获得的两次独立测定结果的绝对差值不得超过算术平均值的10%。

5.7.2.4　薄层层析法测定食品中环己基氨基磺酸钠（GB/T 5009.97—2003）

5.7.2.4.1　原理

试样经酸化后，用乙醚提取，将试样提取液浓缩，点于聚酰胺薄层板上，展开，经显色后，根据薄层板上环己基氨基磺酸钠的比移值及显色斑深浅，与标准比较进行定性、概略定量。

5.7.2.4.2　试剂

（1）异丙醇。

（2）正丁醇。

（3）石油醚：沸程 30℃ ~60℃

（4）乙醚（不含过氧化物）。

（5）氢氧化铵。

（6）无水乙醇。

（7）氯化钠。

（8）硫酸钠。

（9）盐酸（6mol/L）：取 50mL 盐酸加到少量水中，再用水稀释至 100mL。

（10）聚酰胺粉（尼龙 -6）：200 目。

（11）环已基氨基磺酸标准溶液：精密称取 0.020 0g 环已基氨基磺酸，用少量无水乙醇溶解后移入 10mL 容量瓶中，并稀释到刻度，此溶液每毫升相当于 2mg 环已基氨基磺酸，二周后重新配制（环已基氨基磺酸的熔点：169℃ ~170℃）。

（12）展开剂：正丁醇 - 浓氨水 - 水乙醇（20 +1 +1）；异丙醇 - 浓氨水 - 无水乙醇（20 +1 +1）。

（13）显色剂：称取 0.040g 溴甲酚紫溶于 100mL 50% 乙醇溶液，用 1.2mL 0.4% 氢氧化钠溶液调至 pH 8。

5.7.2.4.3　仪器

（1）吹风机。

（2）层析缸。

（3）玻璃板：5cm ×20cm

（4）微量注射器：10μL。

（5）玻璃喷雾器。

5.7.2.4.4　分析步骤

（1）试样提取

① 饮料、果酱：称取 2.5g/mL 已经混合均匀的试样（汽水需加热去除二氧化碳），置于 25mL 带塞量筒中，加氯化钠至饱和（约 1g），加 0.5mL 6mol/L 盐酸酸化，用 15mL、10mL 乙醚提取 2 次，每次振摇 1min，静止分层，用滴管将上层乙醚提取液通过无水硫酸钠滤入 25mL 容量瓶中，用少量乙醚洗无水硫酸钠，加乙醚至刻度，混匀。吸取 10.0mL 乙醚提取液分两次置于 10mL 带塞离心管中，在约 40℃ 水浴上挥发至干，加入 0.1mL 无水乙醇溶解残渣，备用。

② 糕点：称取 2.5g 糕点试样，研碎，置于 25mL 带塞量筒中，用石油醚提取 3 次，每次 20mL，每次振摇 3min，弃去石油醚，让试样挥干后（在通风橱中不断搅拌试样，以除去石油醚），加入 0.5mL 6mol/L 盐酸酸化，再加约 1g 氯化钠，以下按①自“用 15mL、10mL 乙醚提取 2 次……”起依法操作。

（2）测定

① 聚酰胺粉板的制备：称取 4g 聚酰胺粉，加 1.0g 可溶性淀粉，加约 14mL 水研磨均匀合适为止，立即倒人涂布器内制成面积为 5cm ×30cm，厚度为 0.3mm 的薄层板 6 块，室温干燥后，于 80℃ 干燥 1h，取出，置于干燥器中保存、备用。

② 点样：薄层板下端 2cm 的基线上，用微量注射器于板中间点 4μL 试样液，两侧各点 2μL、3μL 环己基氨基磺酸标准液。

③ 展开与显色：将点样后的薄层板放入预先盛有展开剂（正丁醇 - 浓氨水 - 水乙醇或异丙醇 - 浓氨水 - 无水乙醇）的展开槽内，展开槽周围贴有滤纸，待溶剂前沿上展至 10cm 以上时，取出在空气中挥干，喷显色剂其斑点呈黄色，背景为蓝色。试样中环己基氨基磺酸的量与标准斑点深浅比较定量（用异丙醇 - 浓氨水 - 无水乙醇展开剂时，环己基氨基磺酸的比移值约为 0.47，山梨酸 0.73，苯甲酸 0.61，糖精 0.31）。

5.7.2.4.5 结果计算

计算公式见式（5 - 30）。

$$X = \frac{m_1 \times 1\,000 \times 1.12}{m \times \frac{10}{25} \times \frac{V_2}{V_1} \times 1\,000} = \frac{2.8 m_1 \times V_1}{m \times V_2} \tag{5-30}$$

式中：X——试样中环己基氨基磺酸钠的含量，g/kg 或 g/L；

m_1——试样点相当于环己基氨基磺酸的质量，mg；

m——试样质量，g；

V_1——加入无水乙醇的体积，mL；

V_2——测定时点样的体积，mL；

10——测定时吸取乙醚提取液的体积，mL；

25——试样乙醚提取液总体积，mL；

1.12——1.00g 环己基氨基磺酸相当环己基氨基磺酸钠的质量，g。

计算结果保留两位有效数字。

5.7.2.4.6 精密度

在重复性条件下获得的两次独立测定结果的绝对差值不得超过算术平均值的 28%。

本标准可以同时测定山梨酸、苯甲酸、糖精等成分。

5.7.3 糖醇类甜味剂

5.7.3.1 来源与性状

糖醇类甜味剂品种很多，如山梨糖醇、麦芽糖醇、甘露糖醇和木糖醇等。属于低热能甜味剂。它们的甜度与蔗糖相近。易溶于水，稳定性高，不易与氨基酸、蛋白质等发生褐变反应。

5.7.3.2 毒性危害与限量

用含糖醇类甜味剂 10% 和 15% 的饲料喂大鼠 8 个月，经四代观察未发现不良反应。我国和 FAO/WHO 对 ADI 值均未作特殊规定。

糖醇类甜味剂多数具有一定吸水性，对改善脱水食品复水性、控制结晶、降低水分活性均有一定作用。由于它们被摄入后不转化为葡萄糖，因此不影响血糖浓度，不产酸，具有防龋齿作用，常用作糖尿病、肥胖病患者的甜味剂。糖醇类在大剂量服用时一般都具有缓泻作用。木糖醇、麦芽糖醇、山梨糖醇，均具有中等致腹泻作用。异麦芽酮糖、甘露糖醇的致腹泻作用更明显。有的还有致腹胀、产气作用。

糖醇类甜味剂安全性高，我国允许在冷饮类、糕点、浓果汁、饼干、面包、酱菜类和糖果中按正常生产需要使用。

5.7.3.3　食品中山梨糖醇的测定（GB 29219—2012）

5.7.3.3.1　原理

用高效液相色谱法，在选定的工作条件下，以水作流动相，用高压输液泵将流动相泵入装有钙型强酸性阳离子交换树脂填充剂的色谱柱使样品溶液中各组分进行分离，用示差折光检测器进行检测，由数据处理系统记录和处理色谱信号。

5.7.3.3.2　试剂和材料

水：符合 GB/T 6682—2008 的一级水；山梨糖醇标准样品：纯度≥98%。

5.7.3.3.3　仪器和设备

高效液相色谱仪，配备示差折光检测器。

5.7.3.3.4　参考色谱条件

流动相：水。

色谱柱：以钙型强酸性阳离子交换树脂为填充剂专用于糖及糖醇的分析柱，柱长 300mm，柱内径 7.8mm，或其他等效色谱柱。

流速：0.5mL/min ~ 1.0mL/min。

柱温：70℃ ~90℃。

进样量：20μL。

5.7.3.3.5　分析步骤

（1）标准溶液的制备

称取 5.0g 山梨糖醇标准样品，精确至 0.000 2g，于 100mL 容量瓶，用流动相溶解，稀释定容至刻度，混匀。色谱分析前用 0.45μm 微孔滤膜过滤。

（2）试样溶液的制备

称取 5.0g 试样，精确至 0.000 2g，于 100mL 容量瓶，用流动相溶解，稀释定容至刻度，混匀。色谱分析前用 0.45μm 微孔滤膜过滤。

（3）测定

在规定的色谱条件下，取标准溶液和试样溶液各 20μL 分别注入液相色谱仪，记录所得的标准溶液山梨糖醇峰面积 A_s 和试样溶液的山梨糖醇峰面积 A_u。

5.7.3.3.6　结果计算

山梨糖醇含量以山梨糖醇的质量分数 w_1 计，按式（5－31）计算。

$$w_1 = \frac{A_u \times m_s \times w_s}{A_s \times m_u} \times 100\% \qquad (5-31)$$

式中：m_s——山梨糖醇标准样品的质量的数值，g；

m_u——试样的干基质量的数值，g；

A_s——标准溶液中的山梨糖醇峰面积的数值；

A_u——试样溶液中的山梨糖醇峰面积的数值；

w_s——标准样品中山梨糖醇的质量分数，%。

实验结果以平行测定结果的算术平均值为准。在重复性条件下获得的两次独立测定结果的绝对差值不大于 0.5%。

第6章　保健食品功效成分的检验

教学目标：本章要求掌握保健食品的概念，掌握保健食品类型和主要功效组分，了解食品检测技术在保健食品发展中的作用以及保健食品的管理办法。掌握部分保健食品检验的原理和方法步骤。

保健食品中功效成分十分重要，功效成分是保健食品保健功能的关键所在，也是产品质量的主要指标，国内外对保健食品（功能食品）的开发研究都十分重视功效成分的研究。保健食品日新月异，其检验方法和手段也需要及时更新，目前我国食品卫生领域能够测定的功效成分如下：洛伐他丁、褪黑素、DHA、EPA、DPA、DHEA、角鲨烯、10－羟基－α－癸烯酸、总黄酮、β－胡萝卜素、γ－亚麻酸、吡啶甲酸铬、茶多酚、大黄（总蒽醌化合物）、前花青素、AKG（烷基甘油）、L－肉碱、L－谷氨酰胺、吡咯烷酮羧酸离子（pyrolidoncarboxylicion，PCA）、人参皂甙、红景天皂甙、绞股蓝皂甙、葡萄籽提取物、核苷酸、低聚糖、大蒜素、免疫球蛋白、黄芪甲甙、番茄红素、粗多糖、SOD酶等，以及视作功效成分的维生素A、维生素C、维生素D、维生素E、维生素B_1、维生素B_2、维生素B_6、维生素B_{12}、烟酰胺、叶酸、肌醇、牛磺酸等。

本章选取了部分有代表性保健食品，对已经建立的功效成分的测试方法进行了编写。

6.1　保健食品概述

6.1.1　保健食品的概念

保健食品是声称并具有特定保健功能或者以补充维生素、矿物质为目的的食品。即适用于特定人群食用，具有调节机体功能，不以治疗疾病为目的，并且对人体不产生任何急性、亚急性或慢性危害的食品。预申报保健食品的产品，必须具有三种属性：食品属性；功能属性，具有特定功能；非药品属性。营养素类产品也纳入了保健食品的管理范畴，称为营养素补充剂。欧美对这一类食品的称谓主要有“健康食品”（Health Food）、“功能性食品”（Functional Food）、“膳食补充剂”（Dietary Supplement）。目前，世界各国对保健食品的概念和分类尚不完全相同，但食品学界比较一致的认为，这类食品应由自然营养成分和特殊的功效物质构成。我国的《保健食品管理办法》明确指出保健食品是指表明具有特定保健功能的食品，即适宜于特定人群食用，具有调节机体功能，不以治疗为目的的食品。这一定义既体现了对我国传统“食补学说”的认同，又以现代科学观对保健食品给予了明确界定。

保健食品首先必须是食品，它必须无毒无害。它所具有的“特定保健功能”必须明确、具体，而且经过科学实验所证实。同时，它不能取代人体正常膳食摄入和对各类营养素的需要，保健食品通常是针对需要调整某方面机体功能的、“特定人群”而研制生产的，不存在所谓老少皆宜的保健食品。可以说，它有两个基本特征：一是安全性，对人体不产生任何急性、亚急性或慢性危害；二是功能性，对特定人群具有一定的调节作用，但与药品有严格的区分，不能治疗疾病，不能取代药物对病人的治疗作用。

6.1.2　保健食品功效成分

保健食品之所以能够对人体健康起到不同保健作用，是因为这类食品中含有一定量的活性物质，这些具有调节人体机能的活性物质称为“功效成分”，原料是保健食品的基础，理想的原料与合理配方，是产品具有良好保健功能和食用安全性。功效成分选择及指标值的确定应在产品的研制基础上进行，可根据产品配方、保健功能、生产工艺的不同选择不同功效成分，在这里我们主要根据不同类型结构组成阐述保健食品中功效成分。

6.1.2.1　类异戊二烯衍生物

（1）三萜酸

三萜酸中的熊果酸（Ursolic Acid）及齐墩果酸（Oleanolic Acid）在植物界中较广泛地存在。前者在栀子、芦笋、车前草、女贞子、泽兰等中草药中存在；后者在女贞子、甜菜、楤木、木瓜等中草药中。它们具有抗突变、预防癌症、护肝降酶、抗炎等多方面的活性。它们又可与糖结合形成多种三萜皂苷。甘草中所含的甘草次酸（Glycyrrhetinic Acid）具有肾上腺皮质激素样作用，有抗炎、抗肿瘤等多种活性。其苷即甘草甜素（Glycyrrhizin）是甘草甜味的物质基础，也具有甘草次酸相似的作用。灵芝中含有一系列三萜酸，是灵芝的主要生理活性成分，如灵芝酸A、B、C、D等（Ganoderic Acid）具有明显的保护肝脏作用，灵芝酸F有很强的抑制血管紧张素酶的活性。另外茯苓中所含的茯苓酸和泽泻中的三萜类成分也具有生物活性。淡竹叶中三萜类成分主要有芦竹素（Arundoin）和白茅素（Cylindrin）。淡竹叶的主要药理作用有解热、抑菌、利尿作用。动物实验表明有升高血糖的作用。白茅根中也含有芦竹素和白茅素，具有止血和利尿的作用。

（2）维生素E

维生素E是生育酚和三烯生育酚及其衍生物的总称，广泛地存在于植物油、全谷类、小麦胚芽、糙米、坚果和其他食物中，沙棘的果肉中也含有丰富的维生素E。它是公认的强力抗氧化剂，被称为抗御血脂肪过氧化的第一道防线，有抗衰老、预防癌症、防治心脏病、提高机体免疫力、健脑以及有益于糖尿病患者等多方面的作用，因而受到广泛的重视。具有维生素E生理活性的生育酚和三烯生育酚类共有八种化合物，主要区别在于苯环上甲基取代的数量和位置的不同。其中生物活性最高、天然界分别最广的为α-生育酚。

（3）皂苷

皂苷为糖苷化合物，主要有三萜皂苷和甾体皂苷。其非糖部分被称为皂苷元。三萜皂苷是植物界分布最广含量最多的皂苷。其苷元主要是五环三萜和四环三萜类。由于取代和构型的不同，三萜苷元的数量很大。它们常常作为滋补强壮的作用活性存在于保健中草药中，最为著名的是人参、西洋参和三七中所含的各种人参皂苷（Ginsenoside）、绞股蓝皂苷等。甾体皂苷的数量和分别明显少于三萜皂苷，在薯蓣、黄精、玉竹、薤白、知母、麦门冬和蒺藜等中药中存在，通常具有壮阳、防癌、调节血脂和调节血糖等方面的功能。已知的甾体苷元已超过100种，其中多数为螺旋甾烷或呋甾烷，其余为胆甾烷。另外还有一类以甾体生物碱为苷元的皂苷，其分布有限，绝大部分分布于茄科，包括常用蔬菜马铃薯、西红柿、茄子等。

许多含皂苷的植物作为食物有很长的历史，如大豆、豌豆、燕麦、大蒜、马铃薯、洋葱、薯蓣等。皂苷具有多种药理作用，如人参皂苷具有中枢神经调节作用、调节血压作用、降血脂作用、抗肿瘤作用等。柴胡皂苷 D 具有抗病毒、抗炎、抗肝损害作用。由于植物中的皂苷成分非常复杂，单一成分较难分离，很多皂苷的明确构效关系还很难确定。根据皂苷的功效和作用，滋补强壮功能：人参、刺五加、绞股蓝、珠子参、山药、黄精、黄芩、麦冬、玉竹、山茱萸、牛膝；镇静安眠：大枣、酸枣仁、百合，远志、合欢皮；调节血糖：刺五加、木鳖子、楤木、远志；抗溃疡：甘草、绞股蓝、金盏花、三七；抗炎：甘草、积雪草、金盏花；免疫调节：人参、刺五加、黄芪、楤木、金盏花；调节血脂：人参、楤木、金盏花、葫芦巴、薤白；保肝：柴胡等等。

（4）类胡萝卜素

类胡萝卜素作为色素存在于食用植物中，例如胡萝卜、番茄以及沙棘果实中均有大量存在。其中沙棘果实所含的胡萝卜素成分可达 3% 以上。最常见的 β－胡萝卜素在体内和体外实验中，以及在人群干预试验中，均被证实具有预防肿瘤的作用。枸杞子中含有丰富胡萝卜素类成分，特别是鲜枸杞果中胡萝卜素的含量可高达 19.6mg/100g，同时还含有其他胡萝卜素类物质如酸浆果红素（Physalien）、玉蜀黍黄素（Zeaxanthine）、隐黄素（Cryptoxanthine）等。这些色素类成分与枸杞的明目功效有直接的联系。覆盆子中也含有丰富的类胡萝卜素成分。

（5）简单萜类

药食两用的紫苏叶、高良姜、姜、益智仁、丁香、薄荷、小茴香、八角茴香、砂仁、肉桂以及一些调香料中均有存在。其中有些成分具有生理活性。例如小茴香挥发油中所含的反式茴香脑可以升高白细胞。薄荷中的薄荷醇（薄荷脑，Menthol）具有抗炎、清凉、止痛、祛痰等多种作用，在保健食品中广泛应用。紫苏叶中的紫苏醛（Perillaaldhyde）具有镇静、抗真菌等方面的作用。八角中的茴香醛也具有抑制真菌的作用。富含挥发油的品种还有玫瑰花、代代花、金银花、藿香、香薷等。

萜类挥发油具有抑制肿瘤的作用，体现在延长肿瘤潜伏期、减少癌变发生等方面。具有代表性的萜类化合物主要有柠檬烯（Limonene），在柠檬、柑橘、豆蔻、花椒、芹菜子、茴香、佛手、杜鹃、莳萝、薄荷、代代花等植物中存在；桉树脑（Eucalyptol），在橄榄、迷迭香、麝香草、罗勒、薰衣草等植物以及桉树油中存在；左旋葛缕酮（Carvone），在薄荷、莳萝、茵陈篙、白豆蔻等植物中存在。香薷全草含挥发油 2%，其中香荆芥酚（Carvacrol）的含量达到 70%。香薷含挥发油含量可达 2%，其中主要有广藿香醇、广藿香酮和广藿香烯。广藿香挥发油具有调节肠胃功能的作用，刺激肠胃运动、促进肠胃分泌解除痉挛等。对病源微生物广藿香挥发油也具有很好的抑制作用。菊花传统上具有清热、平肝明目、解毒的功效。菊花的挥发油含量约为 1.5%，主要成分有龙脑、樟脑、菊油环酮（Chrysanthemon）等。野菊花所含挥发油的含量在 0.55% ~2%，主要成分有侧柏酮、龙脑、樟脑等。野菊花具有抗病源微生物、降低血压、降血脂等方面的作用。丁香花的挥发油含量很高，一般在 16% 以上，其中丁香酚（Eugenol）的含量在 70% ~85% 之间，其他主要成分还有乙酰丁香酯（Acetyleugenol）和葎草烯（Humulene）等。丁香具有健胃、抗溃疡、镇痛、抗炎、抗缺氧、抗菌等作用。母菊又称洋甘菊（Matricaria Recutita）为欧洲常用草药，多用于保健食品和化妆品中。此品种现在国内上海、江苏等地有栽培，已成为生长良好的归化植物。其药用部位头状花序含挥发油可高达 1.9%。挥发油呈蓝色，其中主要成分为蓝香油奥（Chamazulene）和 α-甜没药萜醇（α-bisabolol）。蓝香油奥并不是植物本身所含的成分，它是在水蒸汽蒸馏过程中无色母菊素（Matricin）转化过来的。母菊挥发油具有明显的抗炎解痉、抗真菌、抗病毒和抗溃疡作用。由于母菊挥发油具有消炎、抗组织胺、抗透明质酸的作用，能降低毛细血管的通透性，被广泛用于化妆品特别是婴幼儿护肤用品中。

6.1.2.2　酚类成分

（1）类黄酮

类黄酮是指具有 $C_6-C_3-C_6$ 基本构造的酚类化合物，根据其中央的吡喃环的不同取代和氧化水平，又分为黄酮（Flavone）、黄酮醇（Flavonols）、异黄酮、黄烷酮、原花色素、查耳酮。类黄酮常与糖相接形成糖苷。又报道记载的天然黄酮超过 6 000 种，其存在形式包括游离形式、糖苷和其他衍生物。

① 黄酮

常见的如木樨草素（Luteolin）和芹菜素（Apigenin）在高等植物中分布十分普遍。前者在金银花等植物中存在，具有抗菌、抗炎、调节血脂、祛痰等多种活性。后者在芹菜中存在，有利尿、调节血压、抗菌、消炎等方面的作用。

② 黄酮醇（Flavonols）

也是在高等植物中广泛分布的成分，特别是木本植物中。常见的有槲皮素（Quercetin），山奈酚（Kaemferol）及杨梅素（Myricetin）等。槲皮素具有很好的抗氧化作用及其他生理活性。它们与糖结合形成多种黄酮苷，存在于菠菜、侧柏叶、鱼腥草等植物中，有调节血糖、抗病毒、抗炎等多方面的作用。银杏中的黄酮主要以山柰酚、槲皮素和异鼠李素（Isorhamnetin）作为苷元，具有改善血液循环、调节血脂等方面的作用。此外沙棘、蒲黄等含有的黄酮也均具有改善血液循环等方面的作用。槐米、槐花中含量较高的芦丁，即槲皮素 3 位葡萄糖苷，小蓟中也含有芦丁，它们均具有止血、抗炎、强心等作用。

③ 黄烷酮

橘类黄酮属于黄烷酮在橘皮、青皮、枳壳、枳实、香橼、柠檬等植物中广泛存在。此类黄酮具有解痉挛、升血压、抗溃疡、祛痰抗炎等方面作用。

④ 异黄酮

异黄酮由于其具有很好的保健功能，已成为目前国际上广泛注意的热点之一。已知的异黄酮超过 1 000 种，其中金雀异黄素（Genistein）、芒柄花素（Formononetin）、大豆苷元（Daidzein）、鸡豆黄素（Biochanin）为 4 种具有明确的雌激素样作用的异黄酮苷元，动物试验证明异黄酮与雌二醇一样，能阻止切除卵巢后骨矿物质密度降低。此外还具有抗氧化作用，可抑制 LDL 胆固醇的氧化；促进钙离子在细胞内潴留，抑制破骨细胞的活性，金雀异黄素在体外和体内均具有显著的抗肿瘤活性。异黄酮主要分布在豆科植物中，如黄豆中含有很高的大豆苷元、金雀异黄酮为苷元的异黄酮苷，这些糖苷在小肠上端被吸收，由肠道微生物水解成苷元起作用。豆科植物红三叶草（Trifolium Pratense）是一种优质的牧草，它含有较高含量的上述四种异黄酮，是一种很好的异黄酮来源，也是国际上异黄酮研究和开发的重点。葛根是一种常用的药食两用品种，也是一种豆科植物，其中所含的异黄酮含量可高达 15%，其中主要成分为葛根素（Puerarin）和大豆苷（Daidzin）以及大豆苷元，其中葛根素是以大豆苷元为苷元的 8 位接葡萄糖的碳苷，大豆苷为大豆苷元的 7 位葡萄糖苷。

此外葛根还含有金雀异黄素、芒柄花素以及葛根苷 A，B 等多种异黄酮苷。葛根总黄酮具有调节心脏功能和代谢，扩张冠状血管和脑血管，降低血压、降低血糖、调节血脂、解毒、解酒等作用，是一种很好的开发保健食品的品种。豆科植物补骨脂除了含有香豆精类、查耳酮类等有效成分，也含有异黄酮成分如新补骨脂异黄酮（Neobavaisoflavone）、补骨脂异黄酮（Corylin）等。补骨脂具有雌激素样作用、抗衰老、强心等方面的作用。中药射干是鸢尾苷、鸢尾苷元、野鸢尾苷、野鸢尾苷元、鸢尾异黄酮等多种成分、射干除了具有抗炎解热等作用外，在体外试验中也表现出结合雌激素受体的作用。

（2）苯丙基类化合物

苯丙基类化合物包括香豆素、木脂素等。

① 香豆素（Coumarins）

香豆素分为简单香豆素包括双分子和三分子香豆素的聚合物，呋喃香豆素、吡喃香豆素。简单香豆素一般具有抗炎、消肿、解痉挛、镇静、抗菌等作用。伞花内酯（Umbelliferone）存在于芸香、柚皮、花椒等植物中，具有抗菌、降压、抗肿瘤作用。花椒中还含有脱肠草素（Herniarin）。花椒中所含的香柑内酯（Bergapten）和补骨脂所含的补骨脂内酯（Psoralen）是典型的呋喃香豆素，它们均对皮肤有光敏活性和抗菌作用。花椒中还含有吡喃香豆素花椒内酯。

② 木脂素

木脂素是由 2 分子或 3 分子苯丙基以不同形式聚合而成的一类化合物。白藜芦醇（Resveratrol）存在于葡萄皮及籽中，酿制的葡萄酒中含有白藜芦醇，有抗氧化和预防肿瘤的作用。土大黄苷（Rhaponticin）有调节血糖的作用。厚朴中的厚朴酚（Magnolol）具有很强的抗菌作用。五味子中所含的木脂素高达 10% 以上，其中主要有五味子素（Schisandrin）、去氧五味子素（Deoxyschisandrin）、五味子乙素（Wuweizisu - B）等 20 余种。五味子木脂素具有明确的降酶保肝、抗氧化、中枢镇静、调节血压等多种作用。黑芝麻中含芝麻素（Sesamine）和芝麻林素（Sesamolin）等木脂素，黑芝麻具有降血糖、抗衰老、降血脂等方面功能。

③ 酚酸成分

此类成分包括咖啡酸（Caffeic Acid）、阿魏酸（Ferulic Acid）、迷迭香酸（Rosmarinic Acid）、丹酚酸（Salvinolic Acid）、紫草酸（Lithospermic Acid）等。存在于杜仲、莱菔子、泽兰、单参、紫草、莳罗等植物中。它们多具有抗炎、抗病毒、抗菌、止痛等作用。丹参中水溶性成分丹酚酸等具有促进血液循环的作用

（3）多酚类化合物

儿茶素及表儿茶素在植物界广泛存在，常形成各种聚合物。目前国际上流行的绿茶、葡萄籽等保健食品，均是取自茶多酚或其多聚物。儿茶素属于黄烷醇类，在自然界多以其衍生物或者聚合物形式存在。儿茶素在茶叶、银杏、罗布麻、槟榔存在，表儿茶素在茶叶、银杏、越橘、贯叶连翘等中存在。它们具有止泻、保肝、降低胆固醇、抗炎等方面的作用。茶多酚是茶叶中儿茶类成分和其他多酚类成分，如花青素、黄酮类成分、酚酸等成分的总称，占茶叶的 10% ~20% 。在未经过发酵的绿茶中儿茶素类成分含量最高，可达 25% ，主要以儿茶素、表儿茶素、没食子酚儿茶素（Gallocatechin）、表没食子酚儿茶素（Epigallocatechin），经过发酵的茶叶如红茶、乌龙茶等主要含有上述多酚的缩合物、茶黄素（Theaflavins）、花青素的多聚物合高度缩合的鞣质等。茶叶除了具有由于咖啡因、茶碱、可可碱所引起的提神、利尿作用以外，其茶多酚具有的多种药理作用受到越来越多的关注。茶多酚具

有很强的抗氧化和清除自由基的作用，具有明显的抗衰老作用，特别食儿茶素的作用更为明显，其作用强于广泛应用的生育酚和抗血酸，并与之有协同作用。茶多酚在体外合体内试验中均被证明具有抗突变的阻断亚硝胺形成的作用，亚硝胺是一种很强的致癌物，国内外流行病学研究结果表明，茶叶的摄入量与多种肿瘤的发生呈现负相关。茶叶的抗肿瘤作用机制主要为以下几个方面：茶多酚的抗氧化和清除自由基的作用；阻断致癌物的形成；对肿瘤细胞的毒化作用；免疫促进作用；抑制致癌过程的启动和促进作用等方面。此外，茶多酚还具有很好的降低血脂的作用。

余甘子为药食两用品种，在民间广泛食用，鲜果含嚼治咽喉炎。余甘子中主要成分为多酚类成分，没食子酸、鞣花酸（Ellagic Acid）、鞣云实素（Corilagin）、原诃子酸（Terchebin）、诃子次酸（Chebulic Acid）等多种多酚类成分。余甘子具有降低血脂、抗诱变、抗肿瘤、抗氧化等方面作用，临床上对高血压、乙型肝炎、慢性咽炎、延缓衰老有良好的治疗效果。使君子科植物诃子也含有较高类似于余甘子的多酚类成分，包括没食子酸、鞣花酸、鞣云实素、原诃子酸、诃子次酸等。诃子具有抗炎、抗菌、抗氧化和抑制肿瘤的作用。

金樱子为蔷薇科植物，含有较高多酚类化合物，如金樱子素 A，B，C，D（LaevigatinsA，B，C，D）、原花青素等多种成分。金樱子具有抗菌、降血脂、改善肠胃道功能等方面作用。葡萄籽和葡萄皮中也含有大量的多酚类成分，是一种很好的抗氧化剂。

山楂中表儿茶素和多酚类缩合黄烷聚合物含量很高，是其降血脂、降血压、抗氧化、增强免疫、和保护心肌损伤的有效成分。金荞麦中的多酚类成分具有明显的抗肿瘤活性。

6.1.2.3　以蛋白质或氨基酸为基础的衍生物

（1）烯丙基 - 硫 - 化合物

此类成分在葱属植物中广泛存在，如大蒜、洋葱、小葱、冬葱。主要成分有蒜氨酸（Alliin），大蒜被压碎时，在蒜氨酸裂解酶的催化作用下转变为大蒜素（Allicin）。这是大蒜和葱的发出特殊气味的原因。洋葱中的主要成分为环蒜氨酸和蒜氨酸的丙基和丙烯基取代物。大蒜中的有效成分为大蒜素。加热和用溶剂的大蒜制剂失去酶活性，不能转变为大蒜素，而大蒜干粉保存了蒜氨酸分解酶的活性。大蒜具有抗氧化活性，在人体试验中具有降低血脂，促进免疫系统，增强自然杀伤细胞的活性，抑制血小板聚集以及降低消化道肿瘤发生的危险等作用。薤白挥发油中含有蒜氨酸、甲基蒜氨酸等多种含硫化合物，具有很好的降血脂，抑制脂质过氧化作用。

（2）异硫氰酯类化合物

此类成分在十字花科蔬菜中较为普遍存在，在花椰菜、球芽甘蓝、花菜、圆白菜和甘蓝中，含量较高。由于发现其对肿瘤有很好的预防作用，受到国际上广泛重视。异硫氰酯类化合物在植物中以葡萄糖异硫氰酸盐的形式存在，已经报道的葡萄糖异硫氰酸盐超过百种。葡萄糖异硫氰酸盐经水解产生一系列水解产物具有生物活性的异硫氰酸盐。在动物实验中，异硫氰酸盐选择性地抑制动物组织肿瘤的发生，其作用机制与异硫氰酸盐有效抑制细胞色素 P450 酶代谢致癌物，抑制肿瘤细胞分化和诱发肿瘤细胞凋亡有直接相关。

（3）酰胺类和辣椒素类成分

胡椒中含有酰胺类成分胡椒碱、胡椒酰胺、次胡椒酰胺、胡椒油碱，这些成分是胡椒的有效成分，具有镇静止痛、健胃等作用。辣椒素类成分是辣椒中所含的具有辣味的一类酸性酰胺类物质，其中具有代表性的成分为辣椒素（Capsaicin）及其衍生物，其含量在 0.5% ~

0.9%之间。此外辣椒还含有较高的胡萝卜素类成分（0.35%）、维生素 C（0.2%）、黄酮（成皮苷、芦丁）等。辣椒素类成分具有抗炎、镇痛、降血脂、促进免疫、促进胃液分泌、振奋情绪等作用。

6.1.2.4 碳水化合物及其衍生物

（1）低聚糖

指功能性低聚糖，包括低聚果糖、低聚异麦芽糖、低聚木糖等。低聚糖的功能主要体现在以下几个方面：促进双歧杆菌的增值，抑制肠道有害菌；改善便秘；降低血脂等。

（2）非淀粉性多糖

在提高免疫方面起着重要作用。保健中药如枸杞、地黄、当归、淫羊藿、灵芝、人参、黄芪、女贞子、牛膝、薏苡仁、山药、刺五加、苍术、桑白皮及一些菌类如木耳、香菇、紫菜、昆布、银耳等具有免疫促进作用，用于肿瘤的预防和辅助治疗。很多多糖还具有降血糖、抗炎、抗衰老等多方面作用。植物多糖的生物活性与其化学结构、相对分子质量、溶解度等多方面因素有关。由于多糖的结构非常复杂，许多结构上的立体构型和构像还需要进一步阐明，所以多糖构效关系还没有完全搞清楚。

6.1.2.5 多不饱和脂肪酸

ω-3 多不饱和脂肪酸包括二十碳五烯酸（Eicosapentaenoic Acid，EPA）、二十二碳五烯酸（Docosapentaenoic Acid，DPA）、二十二碳六烯酸（Docosahexaenoic Acid，DHA）、亚麻酸（α-Linolenic Acid）、ω-6 多不饱和脂肪酸包括亚油酸（Linoleic Acid）、γ-亚麻酸（γ-Linolenic Acid）。不饱和脂肪酸对调节血脂、肿瘤预防、改善记忆等方面起重要作用。目前流行的月见草油、薏苡仁油以及沙棘油中均含有较高的不饱和脂肪酸。紫苏子、芹菜籽、桃仁中含有较高的γ-亚麻酸，他同时还具有较强的抗炎活性，对于风湿性关节炎和皮肤炎症具有很好改善症状的作用。ω-3 多不饱和脂肪酸在海鱼的油中含量很高，很多流行病学资料表明，摄入适量的鱼油可以减少心脑血管病的发病率和死亡率。

6.1.3 保健食品营养成分

6.1.3.1 能量

凡通过调整食品中的能量产生保健作用的保健食品，必须标示食品中的能量含量。能量以 KJ（Kcal）表示。

6.1.3.2 营养素

营养素（Nutrient）是指食物中可给人体提供能量、构成机体和组织修复以及具有生理调节功能的化学成分。凡是能维持人体健康以及提供生长、发育和劳动所需要的各种物质称为营养素。人体所必需的营养素有蛋白质、脂肪、糖、无机盐（矿物质）、维生素、水和纤维素等 7 类。已列入 GB 14880—2012《食品营养强化剂使用标准》的营养素，其名称应使用该标准规定的名称。

（1）蛋白质

蛋白质（Protein）是生命的物质基础，没有蛋白质就没有生命。因此，它是与生命及与各种形式的生命活动紧密联系在一起的物质。机体中的每一个细胞和所有重要组成部分都有蛋白质参与。蛋白质占人体重量的16%～20%，即一个60kg重的成年人其体内约有蛋白质9.6～12kg。人体内蛋白质的种类很多，性质、功能各异，但都是由20多种氨基酸按不同比例组合而成的，并在体内不断进行代谢与更新。

（2）脂肪

脂类是油、脂肪、类脂的总称。食物中的油脂主要是油和脂肪，一般把常温下是液体的称作油，而把常温下是固体的称作脂肪。脂肪由C、H、O三种元素组成。脂肪是由甘油和脂肪酸组成的三酰甘油酯，其中甘油的分子比较简单，而脂肪酸的种类和长短却不相同。脂肪酸分三大类：饱和脂肪酸、单不饱和脂肪酸、多不饱和脂肪酸。脂肪可溶于多数有机溶剂，但不溶解于水。除食用油脂含约100%的脂肪外，含脂肪丰富的食品为动物性食物和坚果类。动物性食物以畜肉类含脂肪最丰富，且多为饱和脂肪酸；一般动物内脏除大肠外含脂肪量皆较低，但蛋白质的含量较高。禽肉一般含脂肪量较低，多数在10%以下。鱼类脂肪含量基本在10%以下，多数在5%左右，且其脂肪含不饱和脂肪酸多。蛋类以蛋黄含脂肪最高，约为30%左右，但全蛋仅为10%左右，其组成以单不饱和脂肪酸为多。

除动物性食物外，植物性食物中以坚果类含脂肪量最高，最高可达50%以上，不过其脂肪组成多以亚油酸为主，所以是多不饱和脂肪酸的重要来源。不同类型油中脂肪酸类型及含量见表6－1。

表6－1 不同类型油中脂肪酸类型及含量

名 称	饱和脂肪酸/%	单不饱和脂肪酸/%	多不饱和脂肪酸/%
豆油	14	23	58
花生油	17	46	32
橄榄油	13	74	8
玉米油	13	24	59
棉籽油	26	18	50
葵花籽油	13	24	59
红花油	9	12	75
改良菜籽油	7	55	33
椰子油	86	6	2
棕榈油（核）	81	11	2
棕榈油	49	37	9
葡萄籽油	11	16	68
核桃油	9	16	70
奶油	62	29	4
牛脂	50	42	4
羊油	47	42	4
猪油	40	45	11
鸡油	30	45	21

（3）糖

糖类物质是多羟基（2个或以上）的醛类（Aldehyde）或酮类（Ketone）化合物，在水解后能变成以上两者之一的有机化合物。在化学上，由于其由碳、氢、氧元素构成，在化学式的表现上类似于“碳”与“水”聚合，故又称之为碳水化合物。糖的主要功能是提供热能。每克葡萄糖在人体内氧化产生4千卡能量，人体所需要的70%左右的能量由糖提供。此外，糖还是构成组织和保护肝脏功能的重要物质。

（4）无机盐

无机盐即无机化合物中的盐类，旧称矿物质，在生物细胞内一般只占鲜重的1%～1.5%，目前人体已经发现20余种，其中大量元素有钙Ca、磷P、钾K、硫S、钠Na、氯Cl、镁Mg，微量元素有铁Fe、锌Zn、硒Se、钼Mo、氟F、铬Cr、钴Co、碘I等。虽然无机盐在细胞、人体中的含量很低，但是作用非常大，如果注意饮食多样化，少吃动物脂肪，多吃糙米、玉米等粗粮，不要过多食用精制面粉，就能使体内的无机盐维持正常应有的水平。

（5）维生素

维生素又名维他命，通俗来讲，即维持生命的物质，是维持人体生命活动必需的一类有机物质，也是保持人体健康的重要活性物质。维生素在体内的含量很少，但不可或缺。各种维生素的化学结构以及性质虽然不同，但它们却有着以下共同点：①维生素均以维生素原的形式存在于食物中。②维生素不是构成机体组织和细胞的组成成分，它也不会产生能量，它的作用主要是参与机体代谢的调节。③大多数的维生素，机体不能合成或合成量不足，不能满足机体的需要，必须经常通过食物中获得。④人体对维生素的需要量很小，日需要量常以毫克或微克计算，但一旦缺乏就会引发相应的维生素缺乏症，对人体健康造成损害。维生素是人和动物营养、生长所必需的某些少量有机化合物，对机体的新陈代谢、生长、发育、健康有极重要作用。如果长期缺乏某种维生素，就会引起生理机能障碍而发生某种疾病。一般由食物中取得。现在发现的有几十种，如维生素A、维生素B、维生素C等。

维生素A，抗干眼病维生素，亦称美容维生素，脂溶性。由Elmer McCollum和M. Davis在1912年到1914年之间发现。并不是单一的化合物，而是一系列视黄醇的衍生物（视黄醇亦被译作维生素A醇、松香油），别称抗干眼病维生素多存在于鱼肝油、动物肝脏、绿色蔬菜，缺少维生素A易患夜盲症。

维生素B_1，硫胺素，又称抗脚气病因子、抗神经炎因子等，是水溶性维生素。在生物体内通常以硫胺焦磷酸盐的形式存在。多存在于酵母、谷物、肝脏、大豆、肉类。

维生素B_2，核黄素，水溶性。由D. T. Smith和E. G. Hendrick在1926年发现。也被称为维生素G多存在于酵母、肝脏、蔬菜、蛋类。缺少维生素B_2易患口舌炎症（口腔溃疡）等。

维生素PP，水溶性。由Conrad Elvehjem在1937年发现。包括尼克酸（烟酸）和尼克酰胺（烟酰胺）两种物质，均属于吡啶衍生物。多存在于菸碱酸、尼古丁酸酵母、谷物、肝脏、米糠。

维生素B_4，现在已经不将其视为真正的维生素。胆碱由Maurice Gobley在1850年发现。维生素B族之一，1849年首次从猪肝中被分离出，此后一直认为胆碱为磷脂的组分，1940年Sura和Gyorgy Goldblatt根据他们各自的工作，表明了它具有维生素特性。蛋类、动物的脑、啤酒酵母、麦芽、大豆卵磷脂含量较高。

维生素 B_5，泛酸，水溶性。由 Roger Williams 在 1933 年发现。亦称为遍多酸。多存在于酵母、谷物、肝脏、蔬菜。

维生素 B_6，吡哆醇类，水溶性。由 Paul Gyorgy 在 1934 年发现。包括吡哆醇、吡哆醛及吡哆胺。多存在于酵母、谷物、肝脏、蛋类、乳制品。

生物素，维生素 H 或辅酶 R，水溶性。多存在于酵母、肝脏、谷物。

维生素 B_9，叶酸，水溶性。也被称为蝶酰谷氨酸、蝶酸单麸胺酸、维生素 M 或叶精。多存在于蔬菜叶、肝脏。

维生素 B_{12}，氰钴胺素，水溶性。由 Karl Folkers 和 Alexander Todd 在 1948 年发现。也被称为氰钴胺或辅酶 B_{12}。多存在于肝脏、鱼肉、肉类、蛋类。

肌醇，水溶性，环己六醇、维生素 B－h。多存在于心脏、肉类。

维生素 C，抗坏血酸，水溶性。由詹姆斯·林德在 1747 年发现。亦称为抗坏血酸。多存在于新鲜蔬菜、水果。

维生素 D，钙化醇，脂溶性。由 Edward Mellanby 在 1922 年发现。亦称为骨化醇、抗佝偻病维生素，主要有维生素 D_2 即麦角钙化醇和维生素 D_3 即胆钙化醇。这是唯一一种人体可以少量合成的维生素。多存在于鱼肝油、蛋黄、乳制品、酵母。

维生素 E，生育酚脂溶性。由 Herbert Evans 及 Katherine Bishop 在 1922 年发现。主要有 α、β、γ、δ 4 种。多存在于鸡蛋、肝脏、鱼类、植物油。

维生素 K，萘醌类，脂溶性。由 HenrikDam 在 1929 年发现。是一系列萘醌的衍生物的统称，主要有天然的来自植物的维生素 K_1、来自动物的维生素 K_2 以及人工合成的维生素 K_3 和维生素 K_4。又被称为凝血维生素。多存在于菠菜、苜蓿、白菜、肝脏。

（6）水

对于人来说，水是仅次于氧气的重要物质。在成人体内，60% 的质量是水。儿童体内水的比重更大，可达近 80%。如果一个人不吃饭，仅依靠自己体内贮存的营养物质或消耗自体组织，可以活上一个月。但是如果不喝水，连一周时间也很难度过。体内失水 10% 就威胁健康，如失水 20%，就有生命危险，足可见水对生命的重要意义。

水还有治疗常见病的效果，比如：清晨一杯凉白开水可治疗色斑；餐后半小时喝一些水，可以用来减肥；热水的按摩作用是强效的安神剂，可以缓解失眠；大口大口地喝水可以缓解便秘；睡前一杯水对心脏有好处；恶心的时候可以用盐水催吐。

（7）纤维素

纤维素的主要生理作用是吸附大量水分，增加粪便量，促进肠蠕动，加快粪便的排泄，使致癌物质在肠道内的停留时间缩短，对肠道的不良刺激减少，从而可以预防肠癌发生人类膳食中的纤维素主要含于蔬菜和粗加工的谷类中，虽然不能被消化吸收，但有促进肠道蠕动，利于粪便排出等功能。草食动物则依赖其消化道中的共生微生物将纤维素分解，从而得以吸收利用。食物纤维素包括粗纤维、半粗纤维和木质素。食物纤维素是一种不被消化吸收的物质，过去认为是“废物”，2013 年认为它在保障人类健康，延长生命方面有着重要作用。因此，称它为第七种营养素。

膳食纤维，一般采用从天然食物（魔芋、燕麦、荞麦、苹果、仙人掌、胡萝卜等）中提取的多种类型的高纯度膳食纤维。

6.1.4　保健食品功效成分的检验

保健食品中功效成分的检测是保证产品质量和功效作用的关键点。研发人员应该根据产品的原料、配方、保健功能、生产工艺等情况综合确定功效成分，选择适宜的测定方法进行检测，并根据生产中的原料投入量，加工过程中功效成分的损耗量，功效成分的检测方法的变异度，参考多次功效成分的检测结果，制定功效成分含量的限定标准。在产品的保质期内功效成分及含量应该相对稳定。

我国的保健食品发展以来，各地食品卫生检验机构、大专院校、科研院所投入了大量人力、物力研究保健食品功效成分的测定方法。从目前已审批的保健食品来看，国产保健食品主要是含皂甙类、黄酮类、多糖类成分、鱼油、褪黑素、磷脂类和膳食补充剂。在测试方法方面，使用方法最多的是HPLC，主要检测洛伐它丁、褪黑素、DHEA、10－羟基－α－癸烯酸、β－胡萝卜素、吡啶甲酸铬、L－肉碱、L－谷氨酰胺、核苷酸、吡咯烷酮羧酸离子、大蒜素、免疫球蛋白、低聚糖、维生素A、维生素C、维生素D、维生素E、维生素B_1、维生素B_2、维生素B_6、维生素B_{12}、烟酰胺、叶酸、牛磺酸等。其次中GC占15%，检测DHA、EPA、DPA、鱼鲨烯、γ－亚麻酸、肌醇等。TLC法占10%，检测Senna leaf、总蒽醌化合物、前花青素、葡萄籽提取物等。比色法主要用于检测总黄酮、茶多酚、人参皂甙、红景天甙、绞股蓝皂甙、黄芪甲甙、粗多糖、SOD等。液相色谱和气相色谱分析的都是功效成分明确的物质，定性、定量准确，薄层色谱主要用于定性鉴别，比色法测定的指标目前还不能令人满意，一般是测定一大类物质的混合体，测定的结果不能确切代表功效成分，是过渡的测定方法。

6.1.5 保健食品标识

保健食品标志为天蓝色图案，下有保健食品字样，俗称“蓝帽子”。国家工商局和卫生部在日前发出的通知中规定，在影视、报刊、印刷品、店堂、户外广告等可视广告中，保健食品标志所占面积不得小于全部广告面积的1/36。其中报刊、印刷品广告中的保健食品标志，直径不得小于1cm。

6.1.6 保健食品管理办法

健康产业的成长、消费者健康意识的提高、社会不断的进步，不仅使保健食品在国内市场迅速发展，我国不断完善保健食品管理制度和办法，与国外相比我国审批制法规很严格，根据自身的实际状况，对保健食品的定义、原料、功能及检测等多方面内容进行了详细的规定，主要如下：

（1）明确了其定义

我国所规定的“保健食品”定义中明确指出此类食品是不以治疗疾病为目的，并且对人体不产生急性、亚急性或慢性危害的食品。

（2）建立了一系列法规

我国的相关法规、规章及规范性文件为：《保健食品管理办法》、《保健食品检验与评价技术规范》（2003年版）、《保健食品通用卫生要求》及《保健食品良好生产规范》等。

（3）对原料进行管理

保健食品原料必须符合卫生部《关于进一步规范保健食品原料管理的通知》（卫法监发〔2002〕51号）及食品卫生要求。对一些成分要求提供相应的证明文件，例如来源证明和许可证等。

（4）检测

经毒理学安全性评价试验证实对人体不产生任何急性、亚急性或慢性危害；经必要的动物和/或人体功能学试验证明具有保健作用；经卫生学试验、稳定性测定、功效成分检测证明符合食品卫生要求；个别产品进行兴奋剂检测，如缓解体力疲劳、改善生长发育及减肥功能等。

（5）产品功能

目前申报的保健食品要求为27种功能，主要有：增强免疫力功能、辅助降血脂功能、辅助降血糖功能、抗氧化功能、辅助改善记忆功能、缓解视疲劳、促进排铅功能、清咽功能、辅助降血压功能、改善睡眠功能、促进泌乳功能、缓解体力疲劳功能、提高缺氧耐受力功能、对辐射危害有辅助保护功能、减肥功能、改善生长发育、增加骨密度功能、改善营养性贫血功能、对化学性肝损伤有辅助保护功能、祛痤疮功能、祛黄褐斑、改善皮肤水分功能、改善皮肤油分功能、调节肠道菌群功能、促进消化功能、通便功能、对胃黏膜损伤有辅助保护功能。个别功能必要时需做人体试验。

营养素补充剂是指以补充维生素、矿物质而不以提供能量为目的的产品。其作用是补充膳食供给的不足，预防营养缺乏和降低发生某些慢性退行性疾病的危险性。

（6）审批部门

目前负责审批的政策机构为国家食品药品监督管理局（SFDA），实行审批制。申报企业须按要求提交申请表、配方及依据、功效成分检验及方法、生产工艺、质量标准、检测报告、标签、说明及有助评审的文献等资料。在通过行政审查后，进行技术评审，取得评审意见进行修改。对审查合格的保健食品发给《保健食品批准证书》，批准文号为“国食健字（×）第×××号”，目前还没有规定使用年限。保健食品评审委员会技术评审为每月一次的审批机制。

6.1.7　保健食品安全要求

在我国，保健食品渊源久远。中华传统保健饮食和中华药膳已有几千年的历史。近些年保健食品迅猛发展，大批产品涌向市场。制定本标准是为了整顿、规范保健食品，加强管理，维护生产企业的合法权益，保护消费者利益。根据GB 16740—2014《食品安全国家标准　保健食品》特制定本要求。保健食品应符合以下安全要求：

6.1.7.1　技术要求

（1）原料和辅料应符合相应食品标准和有关测定。

（2）感官要求

感官要求应符合表6-2的规定。

表6-2　感官要求

项　目	要　求	检验方法
色泽	内容物、包衣或囊皮具有该产品应有的色泽	取适量试样置于50mL烧杯或白色瓷盘中，在自然光下观察色泽和状态。嗅其气味，用温开水漱口，品其滋味
滋味、气味	具有产品应有的滋味和气味、无异味	
状态	内容物具有产品应有的状态，无正常视力可见外来异物	

（3）理化指标

理化指标应符合相应类属食品的食品安全国家标准的规定。

（4）污染物限量

污染物限量应符合 GB 2762—2012 中相应类属食品的规定，无相应类属食品的应符合表 6-3 的规定。

表 6-3　污染物限量

项　目	指　标	检验方法
铅[a]（Pb）/（mg/kg）	2.0	GB 5009.12
总砷[b]（As）/（mg/kg）	1.0	GB/T 5009.11
总汞[c]（Hg）/（mg/kg）	0.3	GB/T 5009.17

[a] 袋泡茶剂的铅≤5.0mg/kg；液态产品的铅≤0.5mg/kg；婴幼儿固态或半固态保健食品的铅≤0.3mg/kg；婴幼儿液态保健食品的铅≤0.02mg/kg。

[b] 液态产品的总砷≤0.3mg/kg；婴幼儿保健食品的总砷≤0.3mg/kg。

[c] 液态产品（婴幼儿保健食品除外）不测总汞；婴幼儿保健食品的总汞≤0.02mg/kg。

（5）真菌毒素限量

真菌毒素限量应符合 GB 2761—2011 中相应类属食品的规定和（或）有关规定。

（6）微生物限量

微生物限量应符合 GB 29921—2013 中相应类属食品和相应类属食品的食品安全国家标准的规定，无相应类属食品规定的应符合表 6-4 的规定。

表 6-4　微生物限量

项　目		采样方案[a]及限量		检验方法
		液态产品	固态或半固态产品	
菌落总数[b]（CFU/g 或 mL）	≤	10^3	3×10^4	GB 4789.2
大肠菌群（MPN/g 或 mL）	≤	0.43	0.92	GB 4789.3　MPN 计数法
霉菌和酵母（CFU/g 或 mL）	≤	50		GB 4789.15
金黄色葡萄球菌	≤	0/25g		GB 4789.10
沙门氏菌	≤	0/25g		GB 4789.4

[a] 样品的采样及处理按 GB 4789.1 执行。

[b] 不适用于终产品含有活性菌种（好氧和兼性厌氧益生菌）的产品。

（7）食品添加剂和营养强化剂① 食品添加剂的使用应符合 GB 2760—2014 的规定。② 营养强化剂的使用应符合 GB 14880—2012 和（或）有关规定。

6.1.7.2　其他

标签标识应符合有关规定。

6.2　保健食品功效成分的测定方法

6.2.1　食品中低聚糖的测定

本方法适用保健食品中低聚糖的检测。低聚糖各组分用高效液相色谱法分离并定量测定，以乙腈、水作流动相在碳水化合物分析柱上糖的分离顺序是先单糖后双糖，先低聚后多聚，以示差折射检测器检测。

低聚糖的检测有外标法和内标法，但由于保健食品一般只需报告低聚糖的总量，故可用厂家提供的基料作对照样，在相同的分离条件下以面积比值法求出样品中低聚糖含量。

6.2.1.1　仪器与试剂

（1）高效液相色谱仪：WatersHPLC，510泵，410示差折光检测器，数据处理装置。超声波振荡器，微孔过滤器（滤膜0.45μm）。实验所用乙腈为色谱纯，其他溶剂为分析纯，水为纯净水（三蒸水并经Milli－Q超纯处理），低聚糖对照品：低聚糖难得纯品，故可用厂家提供的基料为对照品。低聚果糖（Fructooligosaccharide）：国产，一般含蔗果三糖（GF_2）、蔗果四糖（GF_3）、蔗果五糖（GF_4）。

（2）液状基料：含量约>35%。

（3）固状基料：含量约>50%。

（4）进口：从蔗果三糖（GF_2）至蔗果七糖（GF_6）有液状、固状，30%～96%多种规格。

（5）异麦芽低聚糖：有液状、固状，一般含量>50%。

（6）对照样品溶液：根据保健食品所强化的品种，准确称取低聚果糖或异麦芽低聚糖基料分别于100mL的容量瓶中，加水溶解并稀释至刻度，配成低聚果糖约5mg/mL～10mg/mL或异麦芽低聚糖约5mg/mL～10mg/mL的对照样品溶液。

6.2.1.2　测定步骤

（1）样品处理

① 胶囊、片剂、颗粒、冲剂、粉剂（不含蛋白质）的样品

用精度0.000 1g的分析天平准确称取已均匀的样品（由于低聚糖原料含量不一，样品中的强化量也不同，所以样品的称量应控制在使低聚糖最终的进样浓度约5mg/mL～10mg/mL为宜），于100mL容量瓶中，加水约80mL于超声波振荡器中振荡提取30min，加水至刻度，摇匀，用0.45μm滤膜过滤后直接这样测定。

② 奶制品（含蛋白质）的样品

准确吸取50mL于小烧杯中，加25mL无水乙醇，加热使蛋白质沉淀，过滤，滤液经浓缩并用水定容至25mL刻度。

③ 饮料或口服液样品

准确吸取一定量的样品，加水稀释，定容至一定体积使低聚糖的最终进样浓度约5mg/mL～10mg/mL。

④ 果冻或布丁类样品

果冻类样品先均匀搅碎，称量，加适量水并加热至60℃左右助溶．并于超声波振荡器中振荡提取，然后用水稀释至一定体积。

布丁类样品可按奶制品处理。

（2）色谱分离条件

色谱柱：Waters 碳水化合物分析柱 3.9mm×300mm。

柱温：35℃。

流动相：乙腈+水（75+25）。

流速：1mL/min～2mL/min。

进样量：10μL～25μL。

（3）样品测定

取样品处理液和对照品溶液各 10μL～25μL 注入高效液相色谱仪进行分离。以对照品峰的保留时间定性，以其峰面积计算出样液中被测物质的含量。

低聚糖的分离顺序为：

低聚果糖：果糖+葡萄糖、蔗糖、蔗果三糖（GF_2）……蔗果七糖（GF_6）

异麦芽低聚糖：葡萄糖、麦芽糖、异麦芽糖、潘糖（Pentose）、异麦芽三糖、异麦芽四糖、异麦芽四糖以上。

6.2.1.3　结果计算

（1）低聚糖占总糖的百分含量

因为各组分均为同系物，所以可用面积归一法计算低聚糖各组分总面积值及各组分占固形物（总糖）的百分含量。计算公式见式（6-1）。

$$\text{低聚果糖占总糖}\% = \frac{S_3 + S_4 + \cdots + S_7}{S_1 + S_2 + S_3 + S_4 + \cdots + S_7} \times 100 \quad (6-1)$$

式中：　S_1——果糖+葡萄糖的峰面积；

S_2——蔗糖的峰面积；

$S_3 + \cdots + S_7$——蔗果三糖（GF_2）……蔗果七糖（GF_6）的峰面积。

异麦芽低聚糖各组分总面积值及各组分占固形物（总糖）的百分含量。计算公式见式（6-2）。

$$\text{异麦芽低聚糖占总糖}\% = \frac{S_3 + S_4 + \cdots + S_7}{S_1 + S_2 + S_3 + S_4 + \cdots + S_7} \times 100 \quad (6-2)$$

式中：　S_1——葡萄糖的峰面积；

S_2——麦芽糖的峰面积；

$S_3 + \cdots + S_7$——异麦芽糖、潘糖、异麦芽三糖、异麦芽四糖、异麦芽四糖等的峰面积。

注：以上数值均可在积分仪中直接读出。

（2）低聚糖在样品中的百分含量。计算公式见式（6-3）。

$$\text{低聚糖}\% = \frac{S \times m_1 \times V \times c}{S_1 \times m \times V_1} \times 100 \quad (6-3)$$

式中：S——样品中各低聚糖组分的峰面积总和；

S_1——对照样品溶液中各低聚糖组分的峰面积总和；

m_1——对照样品质量，g；

c——对照样品中各低聚糖组分占固形物（总糖）实测的百分含量；

注 1：此项由低聚果糖占总糖量结果计算求出。

注 2：如对照样品为液体基料还应乘以固形物的含量。

V——样品定容体积，mL；

V_1——对照样品定容体积，mL；

m——样品质量，g。

举例：

① 样品（约含低聚果糖 65%）称样量 0.776 0g 溶于水中并定容至 100mL。

② 对照样品：比利时进口低聚果糖 GF_2 至 GF_6（企业标示量占总糖为 >92），准确称取 0.577 0g 溶于水中并定容至 100mL。

③ 样品及对照样品进样量分别为 25μL。

④ 用 HPLC 面积归一法验证对照样品低聚糖各组分面积值总和：418 326；及各组分占固形物（总糖）的百分含量：93.99%。

⑤ 用 HPLC 面积归一法计算样品低聚糖各组分面积值总和：417 532。

⑥ 样品中低聚果糖的百分含量：

$$\text{低聚果糖\%} = \frac{417\,532 \times 0.939\,9 \times 0.577\,0 \times 100}{418\,326 \times 0.776 \times 100} \times 100 = 69.75$$

6.2.1.4　注释

（1）根据 QB/T 2492—2000 规定，功能性低聚糖（Functional Oligosaccharides）定义为：由 2～10 个相同的或不同的单糖，以糖苷键聚合而成的（可以是直链，也可以是支链）；具有糖类的特性，可直接作为食品配料，但是不被人体消化道酶和胃酸降解，不被（或难被）小肠吸收；具有促进人体双歧杆菌增殖等生理功能。命名原则：功能性低聚糖按天然物提取或生化合成命名，天然物提取的功能性低聚糖，以原料名称冠为其首进行命名，也可以提取的主要功能性低聚糖直接命名。例如：大豆低聚糖、棉子糖等；生化合成的功能性低聚糖，前缀含“低聚”，并以结构中单糖、二糖或多糖的名称命名。例如：低聚果糖、低聚异麦芽糖、低聚木糖等。

（2）低聚果糖或异麦芽低聚糖是由酶将蔗糖（或淀粉）水解为果糖与葡萄糖或麦芽糖与葡萄糖以国产低聚果糖为例其结构式 G—F—Fn（n = 1～3），G—F 为蔗糖（由 G 代表葡萄糖，F 代表果糖构成），GF_2 即一分子葡萄糖和二分子果糖称蔗果三糖，GF_4 称蔗果五糖。

（3）低聚糖难得纯品，因酶反应产物中除各种蔗果糖外，还残留下不少葡萄糖，果糖和蔗糖（或麦芽糖）；另经有关文献检索，低聚糖亦未见有准确的定量方法，其原因是低聚糖的分离其响应因子依赖于分子内部链的长短，故准确定量较难，本方法是根据自己的实践，采用强化在保健食品中的基料作对照样，而建立的新方法。

（4）两种低聚糖（低聚果糖、异麦芽低聚糖）共存于同一食品中，低聚糖各组分用以上的分离条件难以分开，表现为许多组分重叠，干扰了正常定量，但将两组色谱图叠加进行比较，异麦芽三糖为一独立峰，因而可以用其对异麦芽低聚糖进行定量分析。

把两组对照样色谱图中低聚糖各组分的峰面积相加，得出总的峰面积，再求出其中低聚果糖所占的百分比，求出一个校正因子（注意：一定要换算成相同的浓度单位）。从样品色谱图中把低聚糖各组分总的峰面积乘以其百分比就可求出低聚果糖的含量（但要注意样品中含其他糖如蔗糖的干扰）。

（5）食品的化学构成比较复杂，某些功能性食品在生产工艺过程中会带来杂质和赋形剂及其中一些组分（如淀粉、麦片、豆粉）的变性而干扰本法的测定，故在样品处理中应尽量去除。

（6）本法也适用于其他低聚糖的测定。

6.2.2 食品中总黄酮的测定

根据《保健食品检验与评价技术规范（2003 年）》测定，规定了铝盐螯合显色法测定食品中总黄酮（芦丁）的方法，在中性或弱碱性及亚硝酸钠存在的条件下，黄酮类化合物与铝盐生成螯合物，加氢氧化钠溶液后显红色，用分光光度计测定吸光度，与芸香苷（芦丁）标准系列比较定量。适用于食品中总黄酮（芦丁）的测定，最低检出量为 0.1mg。

6.2.2.1 仪器与试剂

（1）分光光度计和具塞比色管：25mL。

（2）本试验方法中，所用试剂除特殊注明外，均为分析纯，所用水均应符合 GB/T 6682—2008 中三级水的规格。

（3）乙醇溶液：体积分数为 60%。

（4）氢氧化钠溶液（4g/L）：称取 4.0g 氢氧化钠，用水溶解后定容至 1L。

（5）亚硝酸钠溶液（50g/L）：称取 5.0g 亚硝酸钠，用水溶解后定容至 100mL。

（6）硝酸铝溶液（100g/L）：称取 10.0g 鲍硝酸铝，用水溶解后定容至 100mL。

（7）氢氧化钠溶液（200g/L）：称取 20.0g 氢氧化钠，用水溶解后定容至 100mL。

（8）芦丁标准品：已知质量分数大于 99.0%。

6.2.2.2 测试步骤

（1）标准溶液的制备

称取 0.200g（精确至 0.000 2g）经 120℃ 减压干燥至恒重的芦丁标准品，置于 100mL 容量瓶中，用乙醇溶液溶解并定容至刻度，摇匀。此为贮备液。

吸取 10.00mL 芦丁标准贮备溶液于 100mL 容量瓶中，用水定容至刻度。临用现配。

（2）样品溶液的制备

① 液体样品：称取 10.00g～20.00g（精确至 0.02g）混合均匀的样品到 100mL 烧杯中，以氢氧化钠溶液调至中性，再多加 2 滴，移入 100mL 容量瓶中，用水定容至刻度，摇匀，备用。

② 固体样品：称取均匀的样品 1.00g～2.00g（精确至 0.02g）置于 100mL 具塞三角瓶中，加乙醇溶液 50mL，沸水浴 20min 后，滤入 100mL 容量瓶中。再于三角瓶中加乙醇溶液 40mL，沸水浴 20min 后，滤入 100mL 容量瓶中，然后用热乙醇溶液约 10mL 洗涤，滤液并入容量瓶中，冷至室温，加乙醇溶液至刻度，摇匀，备用。

③ 标准曲线的绘制

吸取 0.00mL、1.00mL、2.00mL、3.00mL、4.00mL 和 5.00mL 芦丁标准溶液，相当于 0.00mg、0.20mg、0.40mg、0.60mg、0.80mg 和 1.00mg 无水芦丁，分别置于 5mL 具塞比色管中，补水至约 10mL，加 1.0mL 亚硝酸钠溶液，混匀，放置 6min，加 1.0mL 硝酸铝溶液，

混匀，放置6min，加4.0mL氢氧化钠溶液，再加水至刻度，摇匀，放置15min。用1cm比色皿，以试剂空白调节零点，在波长510nm处测定吸光度。以吸光度为纵坐标，芦丁的质量为横坐标，绘制标准曲线或计算回归方程。

④ 测定

吸取2.00mL样品溶液两等份，分别置于5mL具塞比色管中，补水至约10mL，以下步骤按③操作，其中1份不加硝酸铝溶液，做样品空白。显色后用滤纸过滤，弃去初滤液，收集滤液备测。以试剂空白溶液调整零点，在波长510nm。处测样品和样品空白的吸光度。测得样品吸光度减去样品空白吸光度，从标准曲线上查出或用回归方程计算出样品溶液中总黄酮的质量（mg）。

6.2.2.3　结果计算

样品中总黄酮（以芦丁计）的含量X(%)，按式（6-4）计算。

$$X = (m_1 \times 100) \times 100 / (m \times 2 \times 1\,000) \tag{6-4}$$

式中：X——样品中总黄酮的含量；

m_1——样品溶液中总黄酮的质量，mg；

m——样品的质量，g。

计算结果应表示至二位小数。

6.2.2.4　注释

两次平行测定之相对偏差不得大于5%。

6.2.3　食品中异黄酮的测定

本方法参照GB/T 23788—2009《保健食品中大豆异黄酮的测定方法高效液相色谱法》。

大豆异黄酮（Soybean Isoflavones）是一类从大豆中分离提取的具有抗氧化、抗肿瘤、改善心血管功能的主要活性成分。目前发现的大豆异黄酮包括游离型苷元和结合型的糖苷两类共有12种，染料本素（Genistein，G）和大豆苷元（Daidzeiu，D）是其中2种重要化合物。本法用80%乙醇作为溶剂，提取样品中的染料木素、大豆苷元，以反相高效液相色谱分离，在紫外检测器260nm条件下检测其峰面积，以染料木素和大豆苷元两项含量之和计算大豆异黄酮含量。

本方法适用于以大豆异黄酮为主要功能性成分的保健食品（片剂、胶囊、口服液、饮料），也可用于保健食品原料中大豆异黄酮含量的测定。测定方法的检出限：固体，半固体样品大豆苷、大豆黄苷、染料木苷、大豆素、大豆黄素和染料木素组分的检出限均为5mg/kg；液体样品的大豆苷、大豆黄苷、燃料木苷、大豆素、大豆黄素和染料木素组分的检出限均为0.2mg/L。

6.2.3.1　仪器与试剂

（1）高效液相色谱仪：带紫外检测器（或二极管阵列检测器），超声波振荡器。分析天平：分度值0.01mg。酸度计：精度0.02pH。离心机：转速不低于8 000r/min。滤膜：孔径为0.45μm。容量瓶：10mL。

（2）使用符合GB/T 6682规定的一级水，除另有规定仅使用分析纯试剂，乙腈：色谱纯。甲醇：优级纯。80% 甲醇：用甲醇 80mL，加水 20mL，混匀。磷酸水溶液：用磷酸调节 pH 至 3.0，经 0.45μm 滤膜过滤。二甲基亚砜：色谱纯。50% 二甲基亚砜溶液：取二甲基亚砜 50mL，加水 50mL，混匀。

（3）大豆异黄酮标准贮备溶液：称取大豆苷、大豆黄苷和染料木苷、大豆素、大豆黄素和染料木素（纯度均为 98.0% 以上）各 4mg，分别置于 10mL 容量瓶中，加入二甲基亚砜至接近刻度，超声处理 30min，再用二甲基亚砜定容。各标准贮备溶液浓度均为 400mg/L（大豆苷、大豆黄苷、染料木苷、大豆素、大豆黄素和染料木素）。

（4）8.0mg/L 混合标准溶液制备：吸取大豆苷、大豆黄苷、染料木苷、大豆素、大豆黄素、染料木素六种标准贮备溶液各 0.2mL 于 10mL 容量瓶中，加入等体积水，用 50% 二甲基亚砜溶液定容。16.0mg/L 混合标准溶液制备：吸取大豆苷、大豆黄苷、染料木苷、大豆素、大豆黄素、染料木素六种标准贮备溶液各 0.4mL 于 10mL 容量瓶中，加入等体积水，用 50% 二甲基亚砜溶液定容。24.0mg/L 混合标准溶液制备：吸取大豆苷、大豆黄苷、染料木苷、大豆素、大豆黄素、染料木素六种标准贮备溶液各 0.6mL 于 10mL 容量瓶中，加入等体积水，用 50% 二甲基亚砜溶液定容。32.0mg/L 混合标准溶液制备：吸取大豆苷、大豆黄苷、染料木苷、大豆素、大豆黄素、染料木素六种标准贮备溶液各 0.8mL 于 10mL 容量瓶中，加入等体积水，用 50% 二甲基亚砜溶液定容。40.0mg/L 混合标准溶液制备：吸取大豆苷、大豆黄苷、染料木苷、大豆素、大豆黄素、染料木素 6 种标准贮备溶液各 1.0mL 于 10mL 容量瓶中，加入等体积水，用 50% 二甲基亚砜溶液定容。

6.2.3.2　测试步骤

（1）样品处理

① 固体样品、半固体样品：固体样品粉碎、磨细（过 80 目筛）、混匀，半固体样品混匀，称取样品 0.05g ~ 0.5g（精确至 0.1mg），用 80% 甲醇溶液［6.2.3.1 中的（2）］溶解并转移至 50mL 容量瓶中，加入 80% 甲醇溶液至接近刻度。

② 液体样品：吸取混匀的液体样品 0.5mL ~ 5.0mL 于 50mL 容量瓶中，加入 80% 甲醇溶液至接近刻度。

③ 将上述样品溶液用超声波振荡器振荡 20min，用 80% 甲醇定容，摇匀。去样品溶液置于离心管中，离心机离心 15min（转速大于 8 000r/min）。取上清液用滤膜过滤，收集滤液备用。

（2）色谱条件

色谱柱：C_{18}，4.6mm × 250mm，粒度 5μm 不锈钢色谱柱，也可使用分离效果相当的其他不锈钢柱。

流动相：流动相 A：乙腈。流动相 B：磷酸水溶液（pH = 3.0）。

流速：1.0mL/min

波长：260nm

进样量：10μL

柱温：30℃

（3）测定

① 定性：分别将大豆苷、大豆黄苷、染料木苷、大豆素、大豆黄素、染料木素的标准贮备溶液稀释 10 倍后，按色谱条件进行测定，依据单一标准样品的保留时间，对样品溶液

中的组分进行定性。

② 定量：将大豆异黄酮混合标准使用溶液在色谱条件下进行测定，绘制以峰面积为纵坐标、混合标准使用溶液浓度为横坐标的标准曲线。将制备的样品溶液注入高效液相色谱仪中，保证样品溶液中大豆苷、大豆黄苷、染料木苷、大豆素、大豆黄素、染料木素的响应值均在工作曲线的线性范围内，由标准曲线查得样品溶液中大豆苷、大豆黄苷、染料木苷、大豆素、大豆黄素、染料木素的浓度。

6.2.3.3　结果计算

(1) 样品中大豆异黄酮各组分［大豆苷（X_1）、大豆黄苷（X_2）、染料木苷（X_3）、大豆素（X_4）、大豆黄素（X_5）、染料木素（X_6）］的含量分别按式（6-5）计算。

$$X_i = c_i \times V/m \qquad (6-5)$$

式中：X_i——样品中大豆异黄酮单一组分的含量，mg/kg 或 mg/L；

c_i——根据标准曲线得出的大豆苷（或大豆黄苷、染料木苷、大豆素、大豆黄素、染料木素）的浓度，mg/L；

V——样品稀释液总体积的数值，mL；

m——固体、半固体样品质量的数值，g；液体样品体积的数值，mL。

(2) 样品中大豆异黄酮总含量，按式（6-6）计算。

$$X = X_1 + X_2 + X_3 + X_4 + X_5 + X_6 \qquad (6-6)$$

式中：X——样品中大豆异黄酮总单位，mg/kg 或 mg/L；

X_1——样品中大豆苷的总单位，mg/kg 或 mg/L；

X_2——样品中大豆黄苷的总单位，mg/kg 或 mg/L；

X_3——样品中染料木苷的总单位，mg/kg 或 mg/L；

X_4——样品中大豆素的总单位，mg/kg 或 mg/L；

X_5——样品中大豆黄素的总单位，mg/kg 或 mg/L；

X_6——样品中染料木素的总单位，mg/kg 或 mg/L。

计算结果应表示到小数点后一位。

6.2.3.4　注释

在重复性条件下，两者独立测定结果之差不得超过算术平均数的 10%。

6.2.4　食品中褪黑素的测定（GB/T 5009.170—2003）

根据 GB/T 5009.170—2003，褪黑素（Melatonin）是松果体内分泌的一种吲哚类激素，其化学名称为 N-乙酰基-4-四氧基色胺，该物质具有广泛的生理作用。

6.2.4.1　高效液相色谱-紫外检测法［第一法］

试品中的褪黑素经溶解、稀释、过滤后，使用具有紫外检测器的高效液相色谱仪检测，根据色谱峰的保留时间定性，外标法定量。

6.2.4.1.1　试剂

(1) 除非另有说明，在分析中仅使用确定为分析纯的试剂和蒸馏水或去离子水或相当纯度的水。

（2）甲醇为色谱纯；无水乙醇为优级纯；三氟乙酸为优级纯；高效液相色谱流动相为甲醇 + 水 + 三氟乙酸 =45 +55 +0. 05；褪黑素标准品。

（3）褪黑素标准溶液的配制：精确称量 30mg 褪黑素标准品于 100mL 容量瓶中，加入 70% 乙醇溶液溶解后定容至刻度。准确吸取 2mL 上述溶液于 10mL 容量瓶中，加入流动相定容至刻度，此溶液浓度为 0. 060mg/mL。

6. 2. 4. 1. 2　仪器设备

（1）高效液相色谱仪，附紫外检测器。

（2）超声波清洗器。

（3）离心机。

6. 2. 4. 1. 3　分析步骤

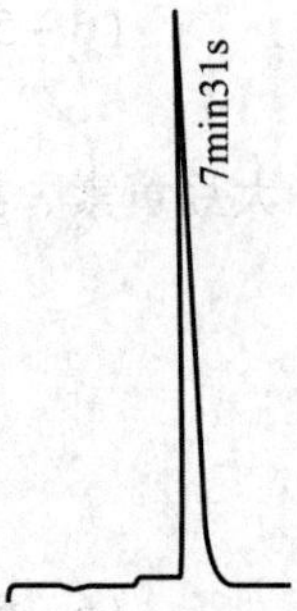

图 6 – 1　色谱图

（1）试样处理：使用研钵将片剂或胶囊研成粉末使之混合均匀。

（2）精确称量约一粒片剂或胶囊的质量于 10mL 容量瓶中，以 70% 乙醇定容至刻度，使用超声波清洗器提取 10min。将提取液离心至澄清。准确量取上清液 2mL 于 10mL 容量瓶中，以流动相定容至刻度，混匀后经 0. 45μm 滤膜过滤后进行色谱分析。

（3）测定

① 液相色谱参考条件：μ – BondaPak C_{18} 色谱柱，4. 6mm × 250mm。紫外检测器检测波长 222nm。流速 0. 8mL/min。柱温为室温。

② 色谱分析：量取 10μL 标准溶液及试样净化液注入高效液相色谱仪中，以保留时间定性，以试样峰高或峰面积与标准比较定量。如图 6 – 1 所示。

6. 2. 4. 1. 4　结果计算

计算公式见式（6 – 7）。

$$X = \frac{\frac{h}{h_1} \times c \times 10 \times \frac{10}{2} \times 1\,000}{m} \tag{6-7}$$

式中：X——试样中褪黑素的含量，mg/kg；

h——试样的峰高或峰面积；

h_1——标准的峰高或峰面积；

c——褪黑素标准溶液的浓度，mg/L；

m——试样质量，g；

计算结果保留两位有效数字。

6. 2. 4. 1. 5　精密度

在重复性条件下获得的两次独立测定结果的绝对值不超过算术平均值的 5%。

6. 2. 4. 2　高效液相色谱荧光法［第二法］

试品中褪黑素经甲醇反复提取，制成甲醇溶液，按一定比例进行稀释后，注入高效液相色谱仪，经反相色谱分离，以荧光检测器进行检测，根据保留时间定性和与标准品峰面积比较进行定量。

6. 2. 4. 2. 1　试剂

（1）甲醇：重蒸。

（2）褪黑素标准品：纯度为99.7%。

（3）储备溶液：精密称取褪黑素标准品0.010 0g，用甲醇溶解并配成1g/L的储备溶液，于-20℃保存。

（4）使用溶液：使用前精密量取一定量标准品储备溶液，根据褪黑素在仪器上的响应情况，用甲醇稀释成标准使用溶液。

6.2.4.2.2　仪器

（1）高效液相色谱仪，附荧光检测器和微处理机。

（2）超声波清洗器。

（3）离心机。

6.2.4.2.3　试样制备

片剂研细备用；胶囊内容物混合均匀备用。

6.2.4.2.4　分析步骤

（1）提取

精确称取试样0.200 0g于5mL刻度试管中，加甲醇约3mL，超声振荡10min，离心，取上清液于10mL容量瓶中，再加甲醇约3mL于残渣中，按前述方法重复提取2次，合并上清液，加甲醇至刻度，摇匀。取此溶液适量，用甲醇稀释并定容，制成试样溶液待测。

（2）测定

① 高效液相色谱条件：Alltima C_{18}色谱柱，4.6mm×250mm不角钢柱。流动相：甲醇。流速：1mL/min。进样量：10μL。检测器：荧光检测器，激发光波长286nm，发射光波长352nm。

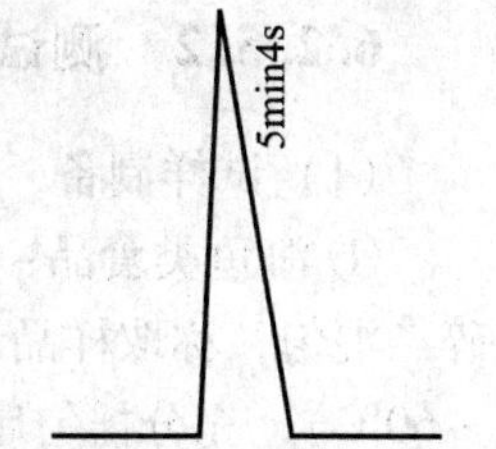

5min4s

图6-2　色谱图

② 色谱分析：将仪器调至最佳状态后，分别将10μL标准溶液及净化后试样液注入高效液相色谱仪中，以保留时间定性。以试样峰高或峰面积与标准比较定量。本方法线性范围为0.05ng～0.50ng。见图6-2。

6.2.4.2.5　结果计算

计算公式见式（6-8）。

$$X=\frac{m_1\times V_2\times 1\,000}{m\times V_1\times 1\,000}\times n \qquad (6-8)$$

式中：X——试样中褪黑素的含量，mg/kg；

V_1——样液进样体积，μL；

V_2——试样稀释液总体积，mL；

m_1——被测样液中褪黑素的含量，ng；

m——试样质量，g；

n——稀释倍数。

6.2.4.2.6　精密度

在重复性条件下获得的两次独立测定结果的绝对值不超过算术平均值的10%。

6.2.5　食品中二十碳五烯酸和二十二碳六烯酸的测定

保健食品中二十碳五烯酸（简称EPA，下同）和二十二碳六烯酸（简称DHA，下同）的测定方法参照GB/T 5009.168—2003。本方法是利用油脂经皂化处理后生成游离脂肪酸，其中的长碳链不饱和脂肪酸（EPA 和 DHA）经甲酯化后挥发性提高。可以用色谱柱有效分离，用氢火焰离子化检测器检测，使用外标法定量来测定。适用于海鱼类食品，鱼油产品和添加 EPA 和 DHA 的食品中二十碳五烯酸和二十二碳六烯酸含量的测定。

6.2.5.1 仪器与试剂

（1）仪器：气相色谱仪，附有氢火焰离子化检测器（FID）；索氏提取器；氯化氢发生系统（启普发生器）；刻度试管（带分刻度）：2mL、5mL、10mL；组织捣碎机；漩涡式震荡混合器；旋转蒸发仪。

（2）试剂：正己烷，分析纯，重蒸。甲醇，优级纯。2mol/L 氢氧化钠－甲醇溶液：称取 8g 氢氧化钠溶于 100mL 甲醇中。2mol/L 盐酸－甲醇溶液：把浓盐酸小心滴加在约 100g 的氯化钠上，把产生的氯化氢气体通入事先两区的约 470mL 甲醇中，按质量增加量换算，调制成 2mol/L 盐酸－甲醇溶液，密闭保存在冰箱内。二十碳五烯酸、二十二碳六烯酸标准溶液：精密称取 EPA、DHA 各 50.0mg，加入正己烷溶解并定容至 100mL，此溶液每毫升含 0.50mg EPA 和 0.50mg DHA。

6.2.5.2 测试步骤

（1）试样制备

① 海鱼类食品：用蒸馏水冲洗干净晾干，先切成碎块去除骨骼，然后用组织捣碎机捣碎、混匀，称取样品 50g 置于 250mL 具塞碘量瓶中，加 100mL～200mL 石油醚（沸程 30℃～60℃），充分摇匀后，放置过夜，用快速滤纸过滤，减压蒸馏挥干溶剂，得到油脂后称重备用（可计算提油率）。

② 添加食品：称取样品 10g 置于 60mL 分液漏斗中，用 60mL 正己烷分 3 次萃取（每次振摇萃取 10min），合并提取液，在 70℃ 水浴上挥至近干，备用。

③ 鱼油制品：直接进行样品前处理。

（2）分析步骤

① 皂化

a. 鱼油制品和海鱼类食品：取鱼油制品或前处理得到的海鱼油脂 1g 于 50mL 具塞容量瓶中，加入 10mL 正己烷轻摇使油脂溶解，并用正己烷定容至刻度。吸取此溶液 1.00mL～5.00mL 于另一 10mL 具塞比色管中，再加入 2mol/L 氢氧化钠－甲醇溶液 1mL，充分振荡 10min 后放入 60℃ 的水浴中加热 1min～2min，皂化完成后，冷却到室温，待甲酯化用。

b. 添加食品：用 2mL～3mL 正己烷分两次将处理而得的浓缩样液小心转至 10mL 具塞比色管中，以下按前述①“再加入 2mol/L 氢氧化钠－甲醇溶液……”步骤操作。

② 甲酯化

a. 标准溶液系列：准确吸取配制的标准溶液 1.0mL、2.0mL、5.0mL 分别移入 10mL 具塞比色管中，再加入 2mol/L 盐酸－甲醇溶液 2mL，充分震荡 10min，并于 50℃ 的水浴中加热 2min，进行甲酯化，弃去下层液体，再加约 2mL 蒸馏水洗净并去除水层，用滴管吸出正己烷层，用滴管吸出正己烷层，移至另一装有无水硫酸钠的漏斗中脱水，将脱水后的溶液在 70℃ 水浴上加热浓缩，定容至 1mL，待上机测试用。此标准系列中 EPA 或 DHA 的浓度依次为 0.5mg/mL、1.0mg/mL、2.5mg/mL。

b. 样品溶液：在经皂化处理后的样品溶液中加入 2mol/L 盐酸－甲醇溶液 2mL，以下按前述①“充分震荡 10min……”步骤操作。

③ 气相色谱测定

色谱柱：玻璃柱 1m×4mm（id），填充涂有 10% DEGS/Chromosorb WDMCS 80～100 目的单体。

气体及气体流速：氮气 50mL/min、氢气 70mL/min、空气 100mL/min。

系统温度：色谱柱 185℃、进样口 210℃、检测器 210℃。

④ 测定

a. 标准曲线制作：分别吸取经甲酯化处理后的标准溶液 1.0μL，注入气相色谱仪中，可测的不同浓度 EPA 甲酯、DHA 甲酯的峰高。以浓度为横坐标，相应的峰高响应值为纵坐标，绘制标准曲线。

b. 把经前处理后的样品溶液 1.0μL～5.0μL 注入气相色谱仪中，以保留时间定性，以测的的峰高响应值与标准曲线比较定量。

6.2.5.3 结果计算

（1）海鱼类（以脂肪计）按式（6－9）计算。

$$X = (A \times V_3 \times V_1)/(m \times V_2) \tag{6-9}$$

（2）鱼油制品按式（6－10）计算。

$$X = (A \times V_3 \times V_1)/(m \times V_2) \tag{6-10}$$

（3）添加食品按式（6－11）计算。

$$X = A \times V_3/m \tag{6-11}$$

式中：X——试样中二十碳五烯酸或二十二碳六烯酸的含量，mg/g；

A——被测定样液中二十碳五烯酸或二十二碳六烯酸的含量，mg/mL；

V_1——鱼油和深鱼类试样皂化前定容总体积，mL；

V_2——鱼油和深鱼类试样用于皂化样液体积，mL；

V_3——样液最终定容体积，mL；

m——样品的质量，g。

计算结果保留两位有效数字。

6.2.5.4 注释

本方法检出限 0.1mg/kg，在重复性条件下获得的两次独立测定结果的绝对差值不得超过算术平均值的 15%。EPA 和 DHA 为超长链不饱和脂肪酸，具有预防血管疾病、降低血脂、抗癌、抗过敏等作用，因此鱼油制品被广泛应用于医药及保健食品中。

鱼油制品可用三氟化硼－甲醇溶液酯化。并采用充填 8% DEGS＋1% H_3PO_4 固定液的色谱柱分离，克服样品中其他物质的干扰，显示出良好的准确度和精密度。

6.2.6 食品中肌醇的测定

测定方法参照 GB/T 5009.196—2003。将固体试样提取液或液体试样稀释液浓缩至干，经硅烷化处理，以正己烷提取，气相色谱氢火焰检测器定性定量检测。适用于肌醇作为功效成分添加于片剂、胶囊、饮料等试样类型中含量的测定。

6.2.6.1 试剂与仪器

（1）仪器：气相色谱仪（附氢焰离子化检测器 FID）；旋转蒸发器，超声波清洗器。

（2）试剂：二甲基甲酰胺。三甲基氯硅烷。六甲基二硅胺烷（均为色谱纯）。无水乙醇。正己烷。无水硫酸钠。肌醇标准溶液：将肌醇标准品（纯度 99%）在（100 ± 5）℃干燥 4h，准确称取 0.050 0g，溶于 70% 乙醇溶液，准确配成 100.0mL 溶液。此溶液每毫升含 0.500mg 肌醇。

6.2.6.2 测试步骤

（1）试样预处理

① 取 20 粒片剂或胶囊试样研磨或混匀，称取一定量（准确至 0.001g）于试管中，加入 70% 乙醇溶液，使溶液为每毫升中大约含肌醇 0.5mg，超声提取 10min，在转速为 3 000r/min 下离心 5min，上清液待用。液体试样如浓度过高可用 70% 乙醇溶液稀释至每毫升含肌醇 0.5mg。

② 准确量取 1.0mL 试样溶液于旋转蒸发仪浓缩瓶中，加入 5mL 无水乙醇，于 60℃旋转蒸发仪上浓缩至剩有少量液体，之后再每次加入 5mL 无水乙醇直至浓缩瓶中液体完全除去。

③ 向浓缩瓶中准确加入硅烷化试剂 5.0mL，使用超声波振超至瓶中内容物完全分散。再置于 70℃水浴中加热 10min。冷却后加入 10mL 水，再准确加入 3.0mL 正己烷，混摇 1min 后放置 10min，在转速为 3 000r/min 下离心 5min，取出正己烷层，加入少量无水硫酸钠，轻轻混摇后放置，取上清液进样。

准确量取肌醇标准溶液 1.0mL 并前述操作，可得肌醇标准衍生溶液。

（2）气相色谱参考条件

检测器：FID；色谱柱：BP 525m × 0.32mm（i.d.）石英弹性毛细管柱。气体流速：载气（氮气）50mL/min；尾吹气（氮气）50mL/min；氢气 40mL/min；空气 500mL/min；分流比 1 : 50；柱温：190℃；进样口温度：245℃；衰减：4；纸速：2。

（3）色谱分析

量取 1μL 标准及试样衍生液注入色谱仪中，以保留时间定性，以试样峰高或峰面积与标准比较定量。

（4）标准曲线制备

制备浓度为 0.1mg/mL、0.5mg/mL、2.5mg/mL、5.0mg/mL 和 10.0mg/mL 肌醇标准溶液，在给定的仪器条件下进行气相色谱分析，以峰面积对浓度作校正曲线。

6.2.6.3 结果计算

计算公式见式（6－12）。

$$X = (h_1 \times c \times V \times 100) / (h_2 \times m) \qquad (6-12)$$

式中：X——试样中肌醇的含量，mg/100g 或 mg/100mL；

h_1——试样峰高或峰面积；

c——标准溶液浓度，mg/mL；

V——试样定容体积，mL；

h_2——标准溶液峰高或峰面积；

m——试样量，g 或 mL。

计算结果保留两位有效数字。

6.2.6.4　注释

检出限为 0.02μg，线性范围是 0.1mg/mL ~ 10mg/mL。在重复性条件下获得的两次独立测定结果的绝对差值不得超过算术平均值的 10%。

6.2.7　食品中超氧化物歧化酶活性的测定

超氧化物歧化酶（Superoxide Dismutase，SOD）定义为，25℃时抑制邻苯三酚自氧化速率 5% 时所需的 SOD 量为一个活力单位，其测定方法很多，在这里我们参照 GB/T 5009.171—2003 保健食品中超氧化物歧化酶（SOD）活性的测定。国家标准以修改 Marklund 方法和化学发光法测定食品中 SOD 活性。前者 SOD 最低的检测浓度为 1.17U/mL，相当于 1.1×10^{-8}mol/L，方法灵敏，仪器廉价，易于推广；后者 SOD 活性测定最低检出浓度为 0.033U/mL，灵敏度比前者提高约两个数量级。具有更加灵敏、快速和干扰少等优点，但是试剂比较贵。

6.2.7.1　修改的 Marklund 方法［第一法］

6.2.7.1.1　原理

在碱性条件下，邻苯三酚会发生自氧化，可以根据 SOD 抑制邻苯三酚自氧化能力测定 SOD 活力。

6.2.7.1.2　仪器与试剂

（1）紫外 - 可见分光光度计。

（2）精密酸度计（精确度 0.01pH）。

（3）离心机。

（4）10mL 比色管。

（5）10mL 离心管。

（6）玻璃乳钵。

（7）A 液：pH 8.20 0.1mol/L 三羟甲基氨基甲烷（Tris） - 盐酸缓冲溶液（内含 1mmol/L EDTA·2Na）。称取 1.211 4g Tris 和 37.2mg EDTA·2Na 溶于 62.4mL 0.1mol/L HCl 溶液中，用蒸馏水定容至 100mL。

（8）B 液：4.5mmol/L 邻苯三酚盐酸溶液。称取邻苯三酚（A.R）56.7mg 溶于少量 10mmol/L 盐酸溶液，并定容至 100mL。

（9）10mmol/L 盐酸溶液。

（10）0.200mg/mL 超氧化物歧化酶。

（11）蒸馏水：二重石英蒸馏水。

6.2.7.1.3　试样的制备

（1）固体样品（茶、花粉等）称取 1.00g 样品置于玻璃乳钵中，加入 9.0mL 蒸馏水研磨 5min，移入 10mL 离心管。用少量蒸馏水冲洗乳钵，洗涤并入离心管中，加蒸馏水至刻度，经 4 000r/min 离心 15min，取上清液测定。

（2）澄清液体样品可取原液直接测定，浑浊液体样品经 4 000r/min 离心 15min，再取上清液测定。

6.2.7.1.4 分析步骤

(1) 邻苯三酚自氧化速率测定

在25℃左右，于10mL比色管中依次加入A液2.35mL，蒸馏水2.00mL，B液0.15mL。加入B液立即混合并倾入比色皿，分别测定在325nm波长条件下初始时和1min后吸光值，二者之差即邻苯三酚自氧化速率 ΔA_{325} (min^{-1})。本试验确定 ΔA_{325} (min^{-1}) 为0.060。

(2) 样液和SOD酶液抑制邻苯三酚自氧化速率测定

按 (1) 步骤分别加入一定量样液或酶液使抑制邻苯三酚自氧化速率约为 1/2 ΔA_{325} (min^{-1}) 即 $\Delta A'_{325}$ (min^{-1}) 为0.030。

SOD活性测定加样程序见表6-5。

6.2.7.1.5 结果计算

(1) 液体样品按式 (6-13) 计算。

$$\text{SOD 活力(U/mL)} = \frac{\dfrac{\Delta A_{325} - \Delta A'_{325}}{\Delta A_{325}} \times 100\%}{50\%} \times 4.5 \times \frac{1}{V} \times D \qquad (6-13)$$

式中：U/mL——SOD酶活力单位；

ΔA_{325}——邻苯三酚自氧化速率；

$\Delta A'_{325}$——样液或者SOD酶液抑制邻苯三酚自氧化速率；

V——所加酶液或样液体积，mL；

D——酶液或样液的稀释倍数；

4.5——反应液总体积，mL。

表6-5 SOD活性测定加样表

试液	空白	样液	SOD液
A液/mL	2.35	2.35	2.35
蒸馏水/mL	2.00	1.80	1.80
样液或SOD液/μL	—	20.0	20.0
B液/mL	0.15	0.15	0.15

计算结果保留三位有效数字。

(2) 固体样品按式 (6-14) 计算。

$$\text{SOD 活力(U/g)} = \frac{\dfrac{\Delta A_{325} - \Delta A'_{325}}{\Delta A_{325}} \times 100\%}{50\%} \times 4.5 \times \frac{D}{V} \times \frac{V_1}{m} \qquad (6-14)$$

式中：V——所加酶液或样液体积，mL；

ΔA_{325}——邻苯三酚自氧化速率；

$\Delta A'_{325}$——样液或者SOD酶液抑制邻苯三酚自氧化速率；

D——酶液或样液的稀释倍数。

V_1——样液总体积，mL；

m——样品质量，g；

4.5——反应液总体积，mL。

计算结果保留三位有效数字。

6.2.7.1.6　注释

在重复条件下获得的两次独立测定结果的绝对差值不得超过算术平均值的10%。

6.2.7.2　化学发光法

6.2.7.2.1　原理

SOD能催化下述反应：

$$O_2^{\cdot -} + O_2^{\cdot -} + 2H^+ \xrightarrow{SOD} H_2O_2 + O_2$$

在有氧条件下，黄嘌呤氧化酶可催化黄嘌呤（或次黄嘌呤）氧化转变成尿酸，在该反应同时产生$O_2^{\cdot -}$。$O_2^{\cdot -}$可与鲁米诺（3－氨基邻苯二甲酰肼）进一步作用，使发光剂鲁米诺激发，而当其重新回到基态时，则向外发光。由于SOD可消除$O_2^{\cdot -}$，所以能抑制鲁米诺的发光。通过该反应过程，以空白对照的发光强度值为100%，通过加入SOD活性的测定。

6.2.7.2.2　仪器与试剂

（1）生物化学发光仪。

（2）0.05mol/L碳酸盐缓冲液（pH 10.2）：先配制0.1mol/L碳酸钠（Na_2CO_3）溶液，称取碳酸钠（A.R）10.599g用蒸馏水溶解并定容至1 000mL；再配制0.1mol/L碳酸氢钠（$NaHCO_3$）溶液，称取碳酸氢钠（A.R）8.401g用蒸馏水溶解并定容至1 000mL。将0.1mol/L碳酸钠溶液和0.1mol/L碳酸氢钠溶液按6＋4比例混合即获得0.1mol/L碳酸钠－碳酸氢钠缓冲液（pH 10.2），0.1mol/L碳酸钠－碳酸氢钠缓冲液（pH 10.2）与等量的蒸馏水混合，制得0.05mol/L碳酸钠－碳酸氢钠缓冲液（pH 10.2）。

（3）0.05mol/L碳酸钠－碳酸氢钠（内含0.1mmol/L EDTA·2Na）缓冲液（pH 10.2）：称取37.2mg EDTA·2Na用0.05mol/L碳酸钠－碳酸氢钠缓冲液（pH 10.2）溶解并定容至1 000mL。

（4）0.1mmol/L鲁米诺溶液（Luminol）：称取3.54mg鲁米诺用蒸馏水溶解并定容至200mL。

（5）0.1mmol/L次黄嘌呤（HX）：称取2.76gHX用蒸馏水溶解并定容至200mL。

（6）0.1mmol/L黄嘌呤氧化酶：0.1mg XO用含0.1mmol/L EDTA·2Na的0.05mol/L碳酸钠－碳酸氢钠缓冲液定容至1.0mL。

（7）0.001mg/mL超氧化物歧化酶（SOD）：精密称取0.1mg SOD用含0.1mol/L EDTA·2Na的0.05mol/L碳酸钠－碳酸氢钠缓冲液定容至100mL。

（8）HX－L液：0.1mmol/L HX溶液与0.1mmol/L鲁米诺溶液1＋1（V/V）混合（临用时混合）。

6.2.7.2.3　试样制备

按第一法中规定的方法操作，只是固体样品用0.05mol/L碳酸钠－碳酸氢钠（内含0.1mmol/L EDTA·2Na）缓冲液（pH 10.2）代替蒸馏水。

6.2.7.2.4　分析步骤

（1）绘制抑制发光曲线

操作程序见表6－6和图6－3。

表6－6　SOD抑制化学发光曲线制作步骤

	0（对照）	1	2	3	4	5
0.05mol/L碳酸钠－碳酸氢钠缓冲液（pH 10.2）/μL	10	—	—	—	—	—
0.1mg/mL XO/μL	10	10	10	10	10	10
HX－L液/μL	980	980	980	980	980	980
不同浓度SOD（或试液）/μL	—	10	10	10	10	10
SOD浓度/(ng/mL)或（样液体积/μL)	—	2	4	6	8	10
相对光强						
未抑制/%						
抑制/%						

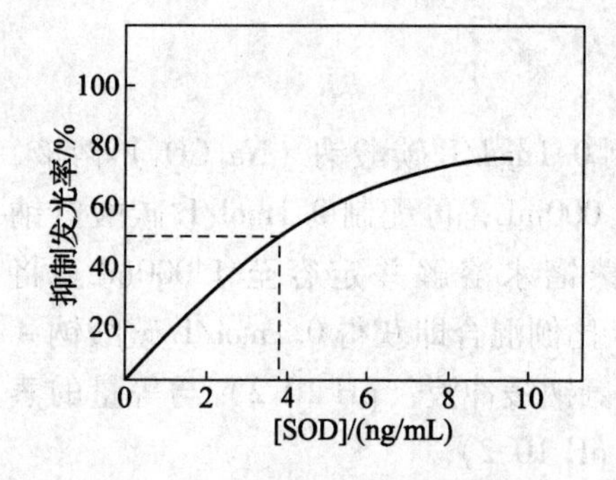

图6－3　SOD抑制化学发光曲线

（2）测定SOD活性

测定样品相对发光强度，计算抑制发光率，并查SOD抑制发光曲线，得SOD量（ng）。

6.2.7.2.5　结果计算

（1）液体样品按式（6－15）计算。

$$\text{SOD 活力(U/mL)} = \frac{m_1 \times 10^{-6} \times 3.5 \times 3\,300}{V \times c_{50}} \times D \qquad (6-15)$$

式中：m_1——查抑制曲线中SOD量，ng；

V——取样液体积，mL；

3.5——标准SOD抑制50%发光时的SOD浓度，ng/mL；

3 300——SOD标准比活力U/mg蛋白；

c_{50}——SOD酶液抑制50%化学发光率时的SOD浓度，ng/mL；

D——样液的稀释倍数。

计算结果保留三位有效数字。

（2）固体样品按式（6－16）计算。

$$\text{SOD 活力(U/g)} = \frac{m_1 \times 10^{-6} \times V \times 3.5 \times 3\,300}{m \times V_1 \times c_{50}} \times D \qquad (6-16)$$

式中：m_1——查抑制曲线中SOD量，ng；

m——样品质量，g；

V——样液总体积，mL；

V_1——取样液体积，mL；

3.5——标准SOD抑制50%发光时的SOD浓度，ng/mL；

3 300——SOD标准比活力U/mg蛋白；

c_{50}——SOD 酶液抑制 50% 化学发光率时的 SOD 浓度，ng/mL；

D——样液的稀释倍数。

计算结果保留三位有效数字。

6.2.7.2.6　注释

在重复条件下获得的两次独立测定结果的绝对差值不得超过算术平均值的 10%。

第7章　食品中化学有害污染物的检验

教学目标：了解食品中有毒有害污染的种类；了解食品中有害化学元素的来源及毒性机制；了解汞、铅、砷的性质及毒性；掌握食品中总汞、铅及总砷的检测方法。了解农药的分类及其控制农药残留的措施；掌握农药及农药残留的概念，农药污染食品的途径，残留农药的毒性；了解有机磷及有机氯农药的毒性、代谢及防治措施；掌握有机磷及有机氯农药的检测方法；了解食品中几种常见有害污染物的检测原理与方法。

食品污染是指食物受到有害物质的侵袭，造成食品安全性、营养性或感官性状发生改变的过程。食品污染大致可分为：①食物中存在的天然毒物。②环境污染物。③滥用食品添加剂。④食品加工、贮存、运输及烹调过程中产生的有害物质或工具、用具中的污染物。天然食品中一般并不含有有害物质或含量极少，食品中的有毒有害物质通常是通过原料的种植、生长到收获、捕捞、屠宰、加工、储存、运输、销售及食用前整个过程的各个环节污染而进入食品中，而使食品的营养价值和卫生质量降低或对人体产生不同程度的危害，尤其是由于环境污染和食品加工的日益工业化，使得各种有毒有害物质更有可能污染食品。食品中可能出现的有毒有害物质包括：①生物性污染：有微生物及其毒素，主要是细菌及细菌毒素，霉菌及霉菌毒素等，病毒对食品的污染也正引起重视，寄生虫及其虫卵通过病人病畜的粪便或经过环境中转化，最后通过污染食品造成危害。②化学性污染：危害最严重的是化学农药、有害金属、多环芳烃类，滥用食品用的工具、容器、食品添加剂、植物生长促进剂等也是食品化学污染的因素。③放射性污染：食品可以吸附或吸收外来的放射线核素。

根据食品安全国家标准 GB 2762—2012《食品中污染物限量》可知，“污染物”是食品在从生产（包括农作物种植、动物饲养和兽医用药）、加工、包装、贮存、运输、销售、直至食用等过程中产生的或由环境污染带入的、非有意加入的化学性危害物质。“可食用部分”是食品原料经过机械手段（如谷物碾磨、水果剥皮、坚果去壳、肉去骨、鱼去刺、贝去壳等）去除非食用部分后，所得到的用于食用的部分。并标明：非食用部分的去除不可采用任何非机械手段（如粗制植物油精炼过程）；用相同的食品原料生产不同产品时，可食用部分的量依生产工艺不同而异。如用麦类加工麦片和全麦粉时，可食用部分按 100% 计算；加工小麦粉时，可食用部分按出粉率计算。“限量”是污染物在食品原料和（或）食品成品可食用部分中允许的最大含量水平。

食品污染造成的危害，可以归结为：①影响食品的感官性状。②造成急性食物中毒。③引起机体的慢性危害。④对人类的致畸、致突变和致癌作用。

随着科学技术的发展，特别是检测水平的不断提高，食品中的有毒有害物质不断被发现，食品中有毒有害物质的检验也向微量化、自动化、快速化的方向不断发展。

7.1　食品中有害元素的检验

7.1.1　概述

任何食品都含有一定量的金属和非金属元素，各种食品中所含元素已知约有 80 余种，除 C、H、O、N 4 种构成水和有机物的元素外，其他元素统称为矿物质，也称无机质。矿物质元素按其对人体的营养作用可分为 3 类：一是必须元素，即在一切机体的正常组织中都存在，而且含量比较固定，缺乏时会发生组织上或生理上的异常，当补充这种元素后即可恢复正常，或可防止出现异常，如钙、钾、钠、磷等；另一类是非必须元素，这种元素在机体正常组织中不一定存在，而且对机体正常组织及生理功能无关紧要，如硅等；还有一类为有害元素，这种元素进入机体或在机体中的含量超过一定范围，就会对机体正常组织及生理活动带来危害，如汞、铅、镉、砷等。有害元素进入机体的途径往往就是食品，而食品中的有害元素主要是通过污染而进入的。因此说明有害元素的来源、对人体的危害、制定各种有害元素在各类食品中的最高允许量标准以及如何进行检测是十分必要的。

7.1.1.1　食品中化学元素的来源

存在于食物中的各种元素，其理化性质及生物活性有很大的差别，有的是对人体有益的元素（如钾、钠、钙、镁、铁、铜、锌），但过量摄入这些元素对人体反而有害。有的是对人体有毒害作用的元素（如铅、砷、镉、汞等）。人们较早就对各种元素的食品安全性问题给予了重视。研究表明，食品污染的化学元素以镉最为严重，其次是汞、铅、砷等。食品中化学元素来源如下：

（1）来源于被污染的环境。矿山开采、金属冶炼、机械制造、轻工、化工、化肥、农药、造纸、印染等行业在生产过程中所排放出的含有有害重金属元素的“三废”（废水、废气、废渣）物质，通过降尘、降水进入到环境中，然后再由环境通过食物链的生物传递进入到食品动物体内，20 世纪 50～60 年代，日本就曾发生过多起因工业“三废”的大量排放使水体受到严重污染而引发的中毒事件；如因食用被甲基汞污染的鱼所导致的“水俣病”、因食用镉稻而引发的“痛痛病”。

（2）食品在生产、加工、贮藏、运输及销售过程中受到污染。当酸性较强的食品与含有铅、镉、铬、锌、锡、钴等金属元素的机械设备，管道及容器直接接触时，其中的金属就会溶解到食品中，如马口铁、不锈钢、以及搪瓷、陶瓷、铝合金中的铅、锌、镉等都会通过与食品的直接接触而溶入到食品中。

（3）某些有害金属元素通过施用化肥、农药而进入到植物体内，然后再转移到食品动物体内并残留在其中。如用砷酸铅给农作物杀虫，可使作物中铅的残留量达到 1mg/kg 以上。

（4）作为饲料添加剂而随饲料进入到动物体内，并转移到动物的肉、蛋、奶中。动物饲料添加剂中常用的重金属化合物主要有硫酸铜、氯化铜，碘化亚铜、硫酸锌、氯化锌、吡啶羧酸铬、烟酸铬、酵母铬、氨基酸螯合铬、蛋白质铬、三氯化铬、硝酸钴、氯化钴等。

（5）食品添加剂中含有重金属。加工皮蛋时一般都使用黄丹粉（氧化铅）来使皮蛋产生好看的花纹，但过量使用就会使皮蛋内铅的含量过高（可达 10mg/kg）。

（6）动物饲料中含有重金属。多数动物的饲料中都含有骨粉，而动物骨骼中铅的含量可达 35mg/kg ~ 62mg/kg。

（7）动植物的富集。如铜铁矿、铅锌矿、锡矿等周围的土壤中，铜、铅、锌、锡的含量均高于对照区，在该地区生长的动、植物体内所富集的重金属也明显高于对照区。

（8）水生生物的富集和浓缩。海水中铜的含量一般小于 0.001mg/kg，但牡蛎体内铜的含量可达 15mg/kg，而污染区内牡蛎体内铜的含量更高达 150 0mg/kg。

7.1.1.2 食品中的化学元素的毒性和毒性机制

有害物质食品中的有毒元素经消化道吸收，通过血液分布于体内组织和脏器，除了以原有形式为主外，还可以转变成具有较高毒性的化合物形式。多数有毒元素在体内有蓄积性，半衰期较长，能产生急性和慢性毒性反应，还有可能产生致畸、致癌和致突变作用。有毒元素在体内的毒性作用受许多因素影响，如侵入途径、浓度、溶解性、存在状态、代谢特点、有毒元素本身的毒性及人体的健康状况等因素密切相关。可见有毒元素对人体的毒性机制是十分复杂的，一般来说，下列任何一种机制都能引起毒性。

（1）阻断了生物分子表现活性所必需的功能基团。例如，Hg^{2+}、Ag^{+} 离子与酶半胱氨酸残基的巯基结合，半胱氨酸的巯基是许多酶的催化活性部位，当结合重金属离子，就抑制了酶的催化活性。

（2）置换了生物分子中必需的金属离子。例如，Be^{2+} 可以取代 Mg^{2+} 激活酶中的 Mg^{2+}，由于 Be^{2+} 与酶结合的强度比 Mg^{2+} 大，因而可阻断酶的活性。

（3）改变生物分子构象或高级结构。为了使生物分子具有一定的功能，就必须具有某种特定的构象。有毒元素的结合能改变一些生物大分子如蛋白质、核酸和生物膜的构象。例如核苷酸负责贮存和传递遗传信息，一旦构象或结构发生变化，就可能引起严重后果，如致癌和先天性畸形。

对食品安全性有影响的有毒元素较多，下面就几种主要的有毒元素的毒性危害及其检测作一简要介绍。

7.1.1.3 食品中有害元素的限量标准

正常情况下，人体对某些元素都有一定的需求，当摄入量在某个安全范围之内时，不会对人体健康产生危害，但超过这个安全范围就会产生毒性作用。如果是在短时间内大量摄入某种有害物质，就会产生急性中毒；而长期低剂量（低于急性中毒剂量，但高于食品卫生标准）摄入，则会产生慢性危害，人体对部分元素的食品卫生标准见表 7－1。

表 7－1 部分元素的食品卫生标准

元素	卫生标准/（mg/kg）
镉	肉、鱼≤0.1；蛋≤0.05
铜	乳粉、炼乳、奶油≤4.0；肉类罐头≤10.0
锡	淡炼乳≤50.0；甜炼乳≤10.0；肉类罐头≤200
锌	蜂蜜≤25

7.1.2 汞

汞俗称水银，是典型的有害元素，呈银白色，是室温下唯一的液体金属。汞可以溶解一些金属，如金、银、锡、镉、铅等，形成合金，称为汞齐。汞在室温下有挥发性，汞蒸气被人体吸入后会引起中毒，空气中汞蒸气的最大允许浓度为0.1mg/m³。汞不溶于冷的稀硫酸和盐酸，可溶于氢碘酸、硝酸和热硫酸。各种碱性溶液一般不与汞发生作用。汞的化学性质较稳定，不易与氧作用，但易与硫作用生成硫化汞，与氯作用生成氯化汞（升汞）及氯化亚汞（甘汞）。与烷基化合物可以形成甲基汞、乙基汞、丙基汞等，这些化合物具有很大毒性，有机汞的毒性比无机汞大。

7.1.2.1　汞对食品的污染

食品中的汞以无机汞和有机汞（二价汞和烷基汞）两种形式存在。汞对食品的污染主要是通过环境引起的，日本的“水俣病”就是由于汞污染鱼贝类造成。环境中的微生物可以使毒性低的无机汞转变成毒性高的甲基汞，鱼类吸收甲基汞的速度很快，通过食用链引起生物富集。在体内蓄积不易排出，相对而言植物不易富集汞，甲基汞的含量相对也低。我国1990年的全膳食研究结果发现，膳食中汞相当一部分来自水产品，而豆类和蛋类个别食品的汞含量超过了国家食品卫生允许量标准，最高含量达到0.094mg/kg。。

一般地表水中的汞浓度不高，且大部分结合于悬浮颗粒上。但由于生物的富集和放大作用，它是汞进入食物链的主要途径。作为食物链的初始环节，水生植物、藻类对水中汞的富集近年来受到极大关注。淡水藻类汞含量一般高于海藻类。据日本报道，22个水域中，淡水藻汞含量为0.005mg/kg～0.34mg/kg，且污染河流大于正常水域。海藻类一般小于0.005mg/kg，水产品中汞含量较高，另外水中所含的无机汞可通过微生物作用转化为毒性较大的甲基汞化合物，并可在鱼类体中产生蓄积，引起人类汞中毒。

饮用水中的汞主要是以无机物形式存在，即使水受到了严重污染，汞的含量一般也不会超过0.03mg/L。

7.1.2.2　食品中汞的毒性与危害

对大多数人来说，因为食物而引起汞中毒的危险是非常小的。人类通过食品摄入的汞主要来自鱼类食品，且所吸收的大部分的汞属于毒性较大的甲基汞。

（1）急性毒性

有机汞化合物的毒性比无机汞化合物大。由汞引起的急性毒性，小鼠经口的LD_{50}：氯化汞10mg/kg～69.7mg/kg体重，氯化甲基汞为38mg/kg体重，氯化乙基汞为59mg/kg体重。食入0.1g氯化汞即可引起严重中毒，0.5g～1g可引起死亡。

由无机汞引起的急性中毒，主要可导致肾组织坏死，发生尿毒症，严重时可引起死亡。有机汞引起的急性中毒，早期主要可造成肠胃系统的损害，引起肠道黏膜发炎，剧烈腹痛、腹泻和呕吐，甚至导致虚脱而死亡。经食物摄入甲基汞引起的中毒，已有不少报道。如1969年在伊拉克，用经过甲基汞处理过的麦种做面包，引起中毒，致使多人死亡，多人残废。从食物中摄入的甲基汞能被人体肠道有效地吸收进入血液，与血浆蛋白质结合后，被运送到身体的其他部位。

（2）亚慢性及慢性毒性

长期摄入被汞污染的食品，可引起慢性汞中毒的一系列不可逆的神经系统中毒症状。也能在肝脏、肾脏中产生蓄积，并透过血脑屏障在脑组织中产生蓄积。中毒后可使大脑皮质神经细胞出现不同程度的变性坏死，表现为细胞核固缩或溶解消失。由于局部汞的高浓度积累，造成器官营养障碍，蛋白质合成下降，导致功能衰竭。

(3) 致畸性和致突变性

甲基汞对生物体还具有致畸性和生育毒性。母体摄入的汞可通过胎盘进入胎儿体内，使胎儿发生中毒。严重者可造成流产、死产或使初生幼儿患先天性水俣病，表现为发育不良，智力减退，甚至发生脑麻痹而死亡。另外，无机汞可能还是精子的诱变剂，可导致畸形精子的比例增高，影响男性的性功能和生育力。

7.1.2.3 食品中汞的限量标准

1973 年 WHO 规定成人每周摄入总汞量不得超过 0.3mg，其中甲基汞摄入量每周不得超过 0.2mg。根据食品安全国家标准 GB 2762—2012《食品中污染物限量》规定，我国各类食品中汞允许量标准见表 7-2：

表 7-2 我国各类食品中汞限量指标

食品类别（名称）	限量（以 Hg 计）/(mg/kg)	
	总汞	甲基汞[a]
水产动物及其制品（肉食性鱼类及其制品除外）	—	0.5
肉食性鱼类及其制品	—	1.0
谷物及其制品		
稻谷[b]、稻米、大米、玉米、玉米面（渣、片）、小麦、小麦粉	0.02	—
蔬菜及其制品		
新鲜蔬菜	0.01	—
食用菌及其制品	0.1	—
肉及肉制品		
肉类	0.05	—
乳及乳制品		
生乳、巴氏杀菌乳、灭菌乳、调制乳、发酵乳	0.01	—
蛋及蛋制品		
鲜蛋	0.05	—
调味品		
食用盐	0.1	—
饮料类		
矿泉水	0.001mg/L	—
特殊膳食用食品		
婴幼儿罐装辅助食品	0.02	—

[a] 水产动物及其制品可先测定总汞，当总汞水平不超过甲基汞限量值时，不必测定甲基汞；否则，需再测定甲基汞。

[b] 稻谷以糙米计。

7.1.2.4　食品中总汞的检测方法（GB/T 5009.17—2003）

本方法适用于各类食品中总汞的测定。

原子荧光光谱分析法的检出限为 0.15μg/kg，标准曲线最佳线性范围 0μg/L ~ 60μg/L；冷原子吸收法的检出限：压力消解法为 0.4μg/kg，其他消解法为 10μg/kg；比色法为 25μg/kg。

7.1.2.4.1　原子荧光光谱分析法［第一法］

（1）原理

试样经酸加热消解后，在酸性介质中，试样中汞被硼氢化钾（KBH_4）或硼氢化钠（$NaBH_4$）还原成原子态汞，由载气（氩气）带入原子化器中，在特制汞空心阴极灯照射下，基态汞原子被激发至高能态，在去活化回到基态时，发射出特征波长的荧光，其荧光强度与汞含量成正比，与标准系列比较定量。

（2）试剂

① 硝酸（优级纯）。

② 过氧化氢（30%）。

③ 硫酸（优级纯）。

④ 硫酸 + 硝酸 + 水（1 + 1 + 8）：量取 10mL 硝酸和 10mL 硫酸，缓缓倒入 80mL 水中，冷却后小心混匀。

⑤ 硝酸溶液（1 + 9）：量取 50mL 硝酸，缓缓倒入 450mL 水中，混匀。

⑥ 氢氧化钾溶液（5g/L）：称取 5.0g 氢氧化钾，溶于水中，稀释至 1 000mL，混匀。

⑦ 硼氢化钾溶液（5g/L）：称取 5.0g 硼氢化钾，溶于 5.0g/L 的氢氧化钾溶液中，并稀释至 1 000mL，混匀，现用现配。

⑧ 汞标准储备溶液：精密称取 0.135 4g 于干燥过的二氯化汞，加硫酸 + 硝酸 + 水混合酸（1 + 1 + 8）溶解后移入 100mL 容量瓶中，并稀释至刻度，混匀，此溶液每毫升相当于 1mg 汞。

⑨ 汞标准使用溶液：用移液管吸取汞标准储备液（1mg/mL）1mL 于 100mL 容量瓶中，用硝酸溶液（1 + 9）稀释至刻度，混匀，此溶液浓度为 10μg/mL。在分别吸取 10μg/mL 汞标准溶液 1mL 和 5mL 于 2 个 100mL。容量瓶中，用硝酸溶液（1 + 9）稀释至刻度，混匀，溶液浓度分别为 100ng/mL，和 500ng/mL，分别用于测定低浓度试样和高浓度试样，制作标准曲线。

（3）仪器

① 双道原子荧光光度计。

② 高压消解罐（100mL 容量）。

③ 微波消解炉。

（4）分析步骤

① 试样消解

a. 高压消解法

本方法适用于粮食、豆类、蔬菜、水果、瘦肉类、鱼类、蛋类及乳与乳制品类食品中总汞的测定。

i. 粮食及豆类等干样：称取经粉碎混匀过 40 目筛的干样 0.2g ~ 1.00g，置于聚四氟乙烯塑料内罐中，加5mL硝酸，混匀后放置过夜，再加7mL过氧化氢，盖上内盖放入不锈钢外套中，旋紧密封。然后将消解器放入普通干燥箱（烘箱）中加热，升温至120℃后保持恒温2h～3h，至消解完全，自然冷至室温。将消解液用硝酸溶液（1+9）定量转移并定容至25mL，摇匀。同时作试剂空白试验。待测。

ii. 蔬菜、瘦肉、鱼类、蛋类水分含量高的鲜样用捣碎机打成匀浆，称取匀浆1.00g～5.00g，置于聚四氟乙烯塑料内罐中，加盖留缝放于65℃鼓风干燥烤箱或一般烤箱中烘至近干，取出，以下按i中自“加5mL硝酸……”起依法操作。

b. 微波消解法

称取0.10g～0.50g试样于消解罐中加入1mL～5mL硝酸，1mL～2mL过氧化氢，盖好安全阀后，将消解罐放入微波炉消解系统中，根据不同种类的试样设置微波炉消解系统的最佳分析条件（见表7-3和表7-4），至消解完全，冷却后用硝酸溶液（1+9）定量转移并定容至25mL（低含量试样可定容至10mL），混匀待测。

表7-3 粮食、蔬菜、鱼肉类试样微波分析条件

步　骤	1	2	3
功率/%	50	75	90
压力/kPa	343	686	1096
升压时间/min	30	30	30
保压时间/min	5	7	5
排风量/%	100	100	100

表7-4 油脂、糖类试样微波分析条件

步　骤	1	2	3	4	5
功率/%	50	70	80	100	100
压力/kPa	343	514	686	959	1234
升压时间/min	30	30	30	30	30
保压时间/min	5	5	5	7	5
排风量/%	100	100	100	100	100

② 标准系列配制

a. 低浓度标准系列：分别吸取100ng/mL汞标准使用液0.25mL、0.50mL、1.00mL、2.00mL和2.50mL于25mL容量瓶中，用硝酸溶液（1+9）稀释至刻度，混匀。各自相当于汞浓度1.00ng/mL、2.00ng/mL、4.00ng/mL、8.00ng/mL和10.00ng/mL。此标准系列适用于一般试样测定。

b. 高浓度标准系列：分别吸取500ng/mL汞标准使用液0.25mL、0.50mL、1.00mL、1.50mL和2.00mL于25mL容量瓶中，用硝酸溶液（1+9）稀释至刻度，混匀。各自相当于汞浓度5.00ng/mL、10.00ng/mL、20.00ng/mL、30.00ng/mL和40.00ng/mL。此标准系列适用于鱼及含汞量偏高的试样测定。

③ 测定

a. 仪器参考条件：光电倍增管负高压：240V；汞空心阴极灯电流：30mA；原子化器：温度：300℃，高度8.0mm；氩气流速：载气500mL/min，屏蔽气1 000mL/min；测量方式：标准曲线法；读数方式：峰面积，读数延迟时间：1.0s；读数时间：10.0s；硼氢化钾溶液加液时间：8.0s；标液或样液加液体积：2mL。

注：AFs系列原子荧光仪如：230、230a、2202、2202a、2201 等仪器属于全自动或断序流动的仪器，都附有本仪器的操作软件，仪器分析条件应设置本仪器所提示的分析条件，仪器稳定后，测标准系列，至标准曲线的相关系数 $r>0.999$ 后测试样。试样前处理可适用任何型号的原子荧光仪。

b. 测定方法：根据情况任选以下一种方法。

i. 浓度测定方式测量：设定好仪器最佳条件，逐步将炉温升至所需温度后，稳定10min～20min后开始测量。连续用硝酸溶液（1+9）进样，待读数稳定之后，转入标准系列测量，绘制标准曲线。转入试样测量，先用硝酸溶液（1+9）进样，使读数基本回0，再分别测定试样空白和试样消化液，每测不同的试样前都应清洗进样器。试样测定结果按式（7-1）计算。

ii. 仪器自动计算结果方式测量：设定好仪器最佳条件，在试样参数画面输入以下参数，试样质量（g或mL），稀释体积（mL），并选择结果的浓度单位，逐步将炉温升至所需温度，稳定后测量。连续用硝酸溶液（1+9）进样，待读数稳定之后，转入标准系列测量，绘制标准曲线。在转入试样测定之前，再进入空白值测量状态，用试样空白消化液进样，让仪器取其均值作为扣底的空白值。随后即可依法测定试样。测定完毕后，选择“打印报告”即可将测定结果自动打印。

（5）结果计算

试样中汞的含量按式（7-1）进行计算。

$$X=\frac{(c-c_0)\times V\times 1\,000}{m\times 1\,000\times 1\,000} \qquad (7-1)$$

式中：X——试样中汞的含量，mg/kg或mg/L；

c——试样消化液中汞的含量，ng/mL；

c_0——试剂空白液中汞的含量，ng/mL；

V——试样消化液总体积，mL；

m——试样质量或体积，g或mL。

计算结果保留三位有效数字。

（6）精密度

在重复性条件下获得的两次独立测定结果的绝对差值不得超过算术平均值的10%。

7.1.2.4.2　冷原子吸收光谱法［第二法］

（1）原理

汞蒸气对波长253.7nm的共振线具有强烈的吸收作用。试样经过酸消解或催化酸消解使汞转为离子状态，在强酸性介质中以氯化亚锡还原成元素汞，以氮气或干燥空气作为载体，将元素汞吹入汞测定仪，进行冷原子吸收测定，在一定浓度范围内，其吸收值与汞含量成正比，与标准系列比较定量。

（2）试剂

① 硝酸。

② 盐酸。

③ 过氧化氢（30%）。

④ 硝酸（0.5 +99.5）：取 0.5mL 硝酸慢慢加入 50mL 水中，然后加水稀释至 100mL。

⑤ 高锰酸钾溶液（50g/L）：称取 5.0g 高锰酸钾置于 100mL 棕色瓶中，以水溶解稀释至 100mL。

⑥ 硝酸 - 重铬酸钾溶液：称取 0.05g 重铬酸钾溶于水中，加入 5mL 硝酸，用水稀释至 100mL。

⑦ 氯化亚锡溶液（100g/L）：称取 10g 氯化亚锡溶于 20mL 盐酸中，以水稀释至 100mL，临用时现配。

⑧ 无水氯化钙。

⑨ 汞标准储备液：准确称取 0.1354g 经干燥器干燥过的二氧化汞溶于硝酸 - 重铬酸钾溶液中，移入 100mL 容量瓶中，以硝酸 - 重铬酸钾溶液稀释至刻度，混匀。此溶液每毫升含 1.0mg 汞。

⑩ 汞标准使用液：由 1.0mg/mL 汞标准储备液经硝酸 - 重铬酸钾溶液稀释成 2.0ng/mL、4.0ng/mL、6.0ng/mL、8.0ng/mL 和 10.0ng/mL 的汞标准使用液。临用时现配。

（3）仪器

所用玻璃仪器均需以硝酸（1 +5）浸泡过夜，用水反复冲洗，最后用去离子水冲洗干净。

① 双光束测汞仪（附气体循环泵、气体干燥装置、汞蒸气发生装置及汞蒸气吸收瓶）。

② 恒温干燥箱。

③ 压力消解器、压力消解罐或压力溶弹。

（4）分析步骤

① 试样预处理

在采样和制备过程中，应注意不使试样污染。粮食、豆类去杂质后，磨碎，过 20 目筛，储于塑料瓶中，保存备用；蔬菜、水果、鱼类、肉类及蛋类等水分含量高的鲜样，用食品加工机或匀浆机打成匀浆，储于塑料瓶中，保存备用。

② 试样消解

压力消解罐消解法：称取 1.00g ~ 3.00g 试样（干样、含脂肪高的试样少于 1.00g，鲜样少于 3.00g，或按压力消解罐使用说明称取试样）于聚四氟乙烯内罐，加硝酸 2mL ~ 4mL 浸泡过夜。再加过氧化氢（30%）2mL ~ 3mL（总量不能超过罐容积 1/3）。盖好内盖，旋紧不锈钢外套，放入恒温干燥箱，120℃ ~ 140℃ 保持 3h ~ 4h，在箱内自然冷却至室温，用滴管将消化液洗入或过滤入（视消化后试样的盐分而定）10.0mL 容量瓶中，用水少量多次洗涤罐，洗液合并于容量瓶中并定容至刻度，混匀备用；同时作试剂空白。

注：除以上介绍的压力消解法外，常用的还有回流消解法和五氧化二钒消化法两种样品前处理的消解方法。后两种消解方法在本章中不作介绍。

③ 测定

a. 仪器条件。打开测汞仪，预热 1h ~ 2h，并将仪器性能调至最佳状态。测汞仪中的光道管、气路管道均要保持干燥、光亮、无水气凝集，否则应分段拆下，用无汞水煮，再烘干备用。测定时应注意水汽的干扰。从汞蒸气发生器产生的汞原子蒸气，通常带有水汽，进仪器前如不经干燥，会被带进光道管，产生汞吸附，降低检测灵敏度。因此通常汞原子蒸气必须先经干燥管吸水后再进入仪器检测。

b. 标准曲线绘制。吸取汞标准溶液 2.0ng/mL、4.0ng/mL、6.0ng/mL、8.0ng/mL 和 10.0ng/mL 各 5.0mL（相当于 10.0ng、20.0ng、30.0ng、40.0ng 和 50.0ng 汞），置于测汞仪的汞蒸气发生器的还原瓶中，分别加入 1.0mL 还原剂氯化亚锡（100g/L），迅速盖紧瓶塞，随后有气泡产生，从仪器读数显示的最高点测得其吸收值，然后，打开吸收瓶上的三通阀将产生的汞蒸气吸收于高锰酸钾溶液（50g/L）中，待测汞仪上的读数达到零点时进行下一次测定。并求得吸光值与汞质量关系的一元线性回归方程。

c. 试样测定。分别吸取样液和试剂空白液各 5.0mL，置于测汞仪的汞蒸气发生器的还原瓶中，按照测定汞标准使用液相同的方法测得试样液和试剂空白液的吸收值。代入标准系列的一元线性回归方程中求得样液中汞含量。

（5）结果计算

试样中汞含量按式（7-2）进行计算。

$$X = \frac{(A_1 - A_2) \times (V_1/V_2) \times 1\,000}{m \times 1\,000} \tag{7-2}$$

式中：X——试样中汞含量，μg/kg 或 μg/L；

A_1——测定试样消化液中汞质量，ng；

A_2——试剂空白液中汞质量 ng；

V_1——试样消化液总体积，mL；

V_2——测定用试样消化液体积，mL；

m——试样质量或体积，g/或 mL。

计算结果保留两位有效数字

（6）精密度

在重复性条件下获得的两次独立测定结果的绝对值不得超过算术平均值的 20%。

7.1.2.4.3 二硫腙比色法［第三法］

（1）原理

试样经消化后，汞离子在酸性溶液中可与二硫腙生成橙红色络合物，溶于三氯甲烷，与标准系列比较定量。

（2）试剂

① 硝酸。

② 硫酸。

③ 氨水。

④ 三氯甲烷：不应含有氧化物。

⑤ 硫酸（1+35）：量取 5mL 硫酸，缓缓倒入 150mL 水中，冷后加水至 180mL。

⑥ 硫酸（1+19）：量取 5mL 硫酸，缓缓倒入水中，冷后加水至 100mL。

⑦ 盐酸羟氨溶液（200g/L）：吹清洁空气，除去溶液中含有的微量汞。

⑧ 溴麝香草酚蓝-乙醇指示液（1g/L）。

⑨ 二硫腙-三氯甲烷溶液（0.5g/L），保存冰箱中，必要时用下述方法纯化：称取 0.5g 研细的二硫腙，溶于 50mL 三氯甲烷中，如不全溶，可用滤纸过滤于 250mL 分液漏斗中，用氨水（1+99）提取 3 次，每次 100mL，将提取液用棉花过滤至 500mL 分液漏斗中，用盐酸（1+1）调至酸性，将沉淀出的二硫腙用三氯甲烷提取 2~3 次，每次 20mL，合并三氯甲烷层，用等量水洗涤 2 次，弃去洗涤液，在 50℃ 水浴上蒸去三氯甲烷。精制的二硫

腙置硫酸干燥器中，干燥备用，将沉淀出的二硫腙用 200mL、200mL 和 100mL 三氯甲烷提取 3 次，合并三氯甲烷层为二硫腙溶液。

⑩ 二硫腙使用液：吸取 1.0mL 二硫腙溶液，加三氯甲烷至 10mL，混匀。用 1cm 比色杯，以三氯甲烷调节零点，于波长 510nm 处测吸光度（A）用式（7－3）算出配制 100mL 二硫腙使用液（70% 透光率）所需二硫腙溶液的毫升数（V）。

$$V=\frac{10(2-\lg 70)}{A}=\frac{1.55}{A} \tag{7-3}$$

⑪ 汞标准溶液：准确称取 0.135 4g 经干燥器干燥过的二氯化汞，加硫酸（1＋35）使其溶解后，移入 100mL 容量瓶中，并稀释至刻度，此溶液每毫升相当于 1.0mg 汞。

⑫ 汞标准使用液：吸取 1.0mL 汞标准溶液，置于 100mL 容量瓶中，加硫酸（1＋35）稀释此溶液每毫升相当于 10.0μg 汞。再吸取此液 5.0mL 于 50mL 容量瓶中，加硫酸（1＋35）稀释至刻度，此溶液每毫升相当于 1.0μg 汞。

（3）仪器

消化装置、可见分光光度计。

（4）分析步骤

① 试样消化

a. 粮食或水分少的食品：称取 20.00g 试样，置于消化装置锥形瓶中，加玻璃珠数粒及 80mL 硝酸、15mL 硫酸，转动锥形瓶，防止局部炭化。装上冷凝管后，小火加热，待开始发泡即停止加热，停止后加热回流 2h。如加热过程中溶液变棕色，再加 5mL 硝酸，继续回流 2h，放冷，用适量水洗涤冷凝管，洗液并入消化液中，取下锥形瓶，加水至总体积为 150mL。按同一方法做试剂空白试验。

b. 植物油及动物油脂：称取 10.00g 试样，置于消化装置锥形瓶中，加玻璃珠数粒及 15mL 硫酸，小心混匀至溶液变棕色，然后加入 45mL 硝酸，装上冷凝管后，以下按 a 自“小火加热……”起依法操作。

c. 蔬菜、水果、薯类、豆制品：称取 50.00g 捣碎、混匀的试样（豆制品直接取样，其他试样取可食部分洗净、晾干），置于消化装置锥形瓶中，加玻璃珠数粒及 45mL 硝酸、15mL 硫酸，转动锥形瓶，防止局部炭化。装上冷凝管后，以下按 a 自“小火加热……”起依法操作。

d. 肉、蛋、水产品：称取 20.00g 捣碎混匀试样，置于消化装置锥形瓶中，加玻璃珠数粒及 45mL 硝酸、15mL 硫酸，装上冷凝管后，以下按 a 自“小火加热……”起依法操作。

e. 牛乳及乳制品：称取 50.00g 牛乳、酸牛乳，或相当于 50.00g 牛乳的乳制品（6g 全脂乳粉，20g 甜炼乳，12.5g 淡炼乳），置于消化装置锥形瓶中，加玻璃珠数粒及 45mL 硝酸，牛乳、酸牛乳加 15mL 硫酸，乳制品加 10mL 硫酸，装上冷凝管，以下按 a 自“小火加热……”起依法操作。

② 测定

a. 取试样①中的 a～e 消化液（全量），加 20mL 水，在电炉上煮沸 10min，除去二氧化氮等，放冷。

b. 于试样消化液及试剂空白液中各加高锰酸钾溶液（50g/L）至溶液呈紫色，然后再加盐酸羟胺溶液（200g/L）使紫色褪去，加 2 滴麝香草酚蓝指示液，用氨水调节 pH，使橙红色变为橙黄色（pH 1～2）。定量转移至 125mL 分液漏斗中。

c. 吸取0μL、0.5μL、1.0μL、2.0μL、3.0μL、4.0μL、5.0μL和6.0μL汞标准使用液（相当于0μg、0.5μg、1.0μg、2.0μg、3.0μg、4.0μg、5.0μg和6.0μg汞），分别置于125mL分液漏斗中，加10mL硫酸（1+19），再加水至40mL，混匀。再各加1mL盐酸羟胺溶液（200g/L），放置20min，并时时振摇。

d. 于试样消化液、试剂空白液及标准液振摇放冷后的分液漏斗中加5.0mL二硫腙使用液，剧烈振摇2min，静置分层后，经脱脂棉将三氯甲烷层滤入1cm比色杯中，以三氯甲烷调节零点，在波长490nm处测吸光度，标准管吸光度减去零管吸光度，绘制标准曲线。

（5）结果计算

试样中汞的含量按式（7-4）进行计算。

$$X=\frac{(A_1-A_2)\times 1\,000}{m\times 1\,000} \tag{7-4}$$

式中：X——试样中汞的含量，mg/kg；

A_1——试样消化液中汞的质量，μg；

A_2——试剂空白液中汞的质量，μg；

m——试样质量，g。

计算结果保留两位有效数字。

（6）精密度

在重复性条件下获得的两次独立测定结果的绝对差值不得超过算术平均值的10%。

7.1.2.4.4　其他方法

目前最常用的检测方法仍为原子吸收分光光谱（AAS），包括不同灵敏度的检测形式，如在石英管产生冷蒸气的冷蒸气原子吸收分光光谱（CVAAS）和在石墨炉产生电热蒸气的电热原子吸收分光光谱（ETAAS）。AAS的主要缺点是灵敏度和特异度不高，可通过汞的提纯来提高其检测灵敏度。ETAAS是AAS体系中较独特的一种方法，ETAAS有极低的检出极限和较高选择性，但其不连续操作的特性使之更适合于非色谱分离的离线过程，即利用非色谱的方法将有机汞从无机汞中分离出来的过程。

汞原子的吸收和荧光发生均在紫外区域的同一波长（254nm）下，因此无须使汞原子化即可由原子荧光光谱（AFS）检测，AFS是灵敏度和选择性最高的汞原子检测方法之一。

等离子分析体系可以充分发挥元素特异性检测仪的分析潜能，很接近原子检测仪的理想状态，因此色谱与电感耦合等离子体质谱（ICP-MS）、电感耦合等离子体发射光谱（ICP-AES）和微波等离子体发射光谱（MIPES）的偶联技术目前备受人们关注，但由于仪器价格昂贵、操作技术性高限制了其应用的广泛性。

7.1.3　铅

铅是一种有代表性的重金属，在自然界里以化合物状态存在，分布很广。纯净的铅是较软的、强度不高的金属，新切开的铅表面有金属光泽，但很快变成暗灰色，这是受空气中氧、水和二氧化碳的作用，表面迅速生成一层致密的碱式碳酸盐保护层的缘故。铅的化合物在水中溶解性不同，铅的氧化物不溶于水。而PbO（黄色，亦名密陀僧）易溶于硝酸，难溶于碱；PbO_2（棕色）稍溶于碱而难溶于硝酸。$PbCl_2$在冷水中溶解度较小，易溶于热水。醋酸铅、砷酸铅、硝酸铅可溶于水。硫酸铅、铬酸铅、硫化铅不溶于水，但部分可溶于酸性胃液中，所以口服有毒性。四乙基铅为无色油状略有水果香的液体，易挥发且易溶于有机溶剂和脂肪类物质，可经呼吸道、消化道和皮肤吸收进入体内。

7.1.3.1　铅对食品的污染

食品中铅的来源很多，包括动植物原料、食品添加剂、接触食品的管道、容器、包装材料、器具和涂料等，如铅合金、锡酒壶、锡箔、劣质陶瓷搪瓷、马口铁罐或导管镀锡和焊锡不纯、在一定条件下均会使铅进入食品。特别是酸性食品溶入量更高。另外，很多行业如采矿、冶炼、蓄电池、交通运输、印刷、塑料、涂料、焊接、陶瓷、橡胶等都使用铅及其化合物，交通岗亭、印刷厂、钢铁厂、炼油厂、铸造厂、蓄电池行业和矿山等都是铅污染重灾区。使用含铅农药，如砷酸铅可使水果和粮食上铅残留量达1mg/kg。全世界每年铅消耗量约为400万吨，其中约有40%用于制造蓄电池，约25%以烷基铅的形式加入到汽油中作为防爆剂，其他主要用于建筑材料、电缆外套、制造弹药等方面。这些铅约1/4被重新回收利用，其余大部分以各种形式（如含铅汽油的汽车尾气）排放到环境中造成污染，也引起食品的铅污染，即铅粉尘，含铅废气、废水对食品的污染。

由于铅广泛存在于环境中，人体摄入铅的途径很多，主要包括食品、饮水、吸烟、大气等，但人体所摄入的铅主要来自于食品。Kehoe计算平均每个美国人每天从食品中摄入的铅量约0.3mg，从水中和其他饮料以及污染的大气中摄入的铅约0.1mg。铅的摄入量取决于食物的摄入量和污染食物中铅的含量。

（1）饮水中的铅

大多数天然水中约含铅5μg/L。WHO建议饮水中的最大允许限量为50μg/L。饮水中铅的来源可能来自河流、井、岩石、土壤、大气沉降和被工业污染的含铅废水，而最多的还是由含铅管道系统污染的。据估计，来自含铅金属水管的自来水中铅的含量可高达50μg/L。

大气中的铅经雨水以及城市街道径流都可污染地面水，从而污染饮用水。另外，含铅的废水、废渣等的排放以及含铅农药的使用，均能严重污染局部地面水或地下水。

（2）食品中的铅污染

食物中的铅，主要来源于某些饮料、劣质食品、中草药等。植物性食品的铅含量受土壤、肥料、农药及灌溉用水含铅量的影响。动物性食品铅含量受饲料、牧草、空气和饮用水含铅量的影响。如啤酒厂和酒厂所使用的铅管和其他含铅设备常会引起酒中铅污染。在酒桶和酒罐上使用青铜龙头也会引起酒中铅污染。水果汁在陶器罐中贮藏3d，铅含量可达到1300mg/L。肉、鱼和其他动物性食品中由于环境污染也不同程度含有铅。某些罐装食品，由于用铅焊接缝而导致食物含铅量增加；含铅量高的食品主要有用含铅量高的容器加工制成的爆米花，加入黄丹粉（氧化铅）以加快其成熟的松花蛋，大街小巷叫卖的“白馒头”也有一部分是用含铅等杂质的硫磺熏蒸而成。

7.1.3.2　食品中铅的毒性与危害

摄入含铅的食品后，约有5%~10%主要在十二指肠被吸收。经过肝脏后，部分随胆汁再次排入肠道中。进入体内的铅可产生多种毒性和危害。

（1）急性毒性

铅的毒性与其化合物的性质及其他因素影响有关。一般认为软组织中的铅能直接引起有害作用，而硬组织内的铅则具有潜在的毒作用。摄取5mg/kg体重的铅即可引起人的急性中毒。对大鼠经口的LD_{50}，砷酸铅为1 005mg/kg体重，四乙基铅为355mg/kg体重。

铅中毒可引起多个系统症状，但最主要的症状为食欲不振、口有金属味、流涎、失眠、头痛、头昏、肌肉关节酸痛、腹痛便秘或腹泻、贫血等，严重时出现痉挛、抽搐、瘫痪、循环衰竭。

（2）亚慢性和慢性毒性

铅的毒性主要是由于其在人体的长期蓄积所造成的神经毒性和血液毒性。当长期摄入含铅食品后，可在体内造成积累而产生蓄积毒性。铅的吸收与毒性与许多因素的影响有关。

摄入的铅在消化道吸收后，可在人体内蓄积，90% 的铅以不溶性磷酸三铅的形式存在于骨骼中，少量蓄积在肝、脑、肾和血液中，生物半衰期一般为 4 ~5 个月，在骨骼中时间更长。蓄积在体内的铅，根据其数量、侵害部位、时间长短及机体的敏感性不同而表现出各种危害。

① 造血系统的损害

铅对造血系统的毒性主要表现为贫血和溶血，是人体铅中毒的一种早期特征。这种作用不仅与血红蛋白合成减少有关，而且铅对成熟红细胞有直接溶血作用。这可能是由于铅与红细胞有高度亲和力，使红细胞膜的完整性受损所导致的。铅引起贫血的作用，儿童比成人更敏感。

② 肾脏毒性

在急性和慢性铅中毒时，肾脏的排泄机制多半受到影响。长期摄入铅后，可引起慢性铅中毒性肾病，表现为肾小管上皮细胞出现核包涵体，肾小球萎缩，肾小管渐进性萎缩及纤维化等。大量铅进入人体，干扰肾小球旁器，刺激肾素分泌，激发肾素、血管紧张素、醛固酮升压系统，可引发高血压。

③ 神经性毒性

过量的铅摄入可使中枢神经系统与周围神经系统受损，引起脑病与周围神经病。铅性脑病是铅中毒最严重的表现，其特征是迅速发生大脑水肿，相继出现惊厥、麻痹、昏迷，甚至引起心、肺衰竭而死亡。在这些严重表现发生之前，中毒者常出现狂躁、头痛、记忆力丧失、幻觉、嗜睡、倦怠等。儿童对铅有其特殊的易感性，儿童铅中毒表现为生长迟缓、视力发育迟缓、学习低能、精神呆滞、癫痫、脑性瘫痪和神经萎缩等。

（3）生殖毒性、致癌性、致突变性

① 生殖毒性

铅可抑制受精卵着床。给大鼠和小鼠饮用含铅水，结果使妊娠率、受精卵着床率明显降低，平均每窝胎仔数也减少。铅可抑制子宫的类固醇激素受体，使激素分泌减少。微量的铅即可对精子的形成产生一定影响，还可引起人类死胎和流产，并可通过胎盘屏障进入胎儿体内，对胎儿产生危害。

② 致癌性

试验动物显示，高剂量的铅具有致癌性。用每千克含 100 或 1 000mg 碱性醋酸铅的饲料喂养瑞士种小鼠和大鼠，可诱发良性和恶性肾脏肿瘤；用每千克含有 1 000mg 醋酸铅的饲料喂养大鼠，也观察到类似的结果。但是，流行病学的研究指出，关于铅对人的致癌性，至今还不能提供决定性的证据。

③ 致突变性

铅与其他金属相比，诱发染色体突变的能力是比较弱的，甚至不能做出肯定结论，因为迄今为止，实验结果不尽相同。有报告指出，无机铅可引起果蝇的基因突变。Muro 等分别用醋酸铅经口给大鼠和小鼠，采取血和骨髓细胞进行培养，各试验组均观察到染色体断裂与裂隙增加。接触铅的工人有染色体畸变的淋巴细胞数比对照组明显增加。但也有一些相反的试验结果。

7.1.3.3 食品中铅的限量标准

根据 GB 2762—2012《食品中污染物限量》规定，我国各类食品中铅的允许量标准见表 7－5。

表 7－5 我国各类食品中铅允许量标准

食品类别（名称）	限量（以 Pb 计）/(mg/kg)
谷物及其制品[a]［麦片、面筋、八宝粥罐头、带馅（料）面米制品除外］	0.2
麦片、面筋、八宝粥罐头、带馅（料）面米制品	0.5
蔬菜及其制品	
新鲜蔬菜（芸薹类蔬菜、叶菜蔬菜、豆类蔬菜、薯类除外）	0.1
芸薹类蔬菜、叶菜蔬菜	0.3
豆类蔬菜、薯类	0.2
蔬菜制品	1.0
水果及其制品	
新鲜水果（浆果和其他小粒水果除外）	0.1
浆果和其他小粒水果	0.2
水果制品	1.0
食用菌及其制品	1.0
豆类及其制品	
豆类	0.2
豆类制品（豆浆除外）	0.5
豆浆	0.05
藻类及其制品（螺旋藻及其制品除外）	1.0（干重计）
坚果及籽类（咖啡豆除外）	0.2
咖啡豆	0.5
肉及肉制品	
肉类（畜禽内脏除外）	0.2
畜禽内脏	0.5
肉制品	0.5
水产动物及其制品	
鲜、冻水产动物（鱼类、甲壳类、双壳类除外）	1.0（去除内脏）
鱼类、甲壳类	0.5
双壳类	1.5
水产制品（海蜇制品除外）	1.0
海蜇制品	2.0
乳及乳制品	
生乳、巴氏杀菌乳、灭菌乳、发酵乳、调制乳	0.05
乳粉、非脱盐乳清粉	0.5
其他乳制品	0.3

续表

食品类别（名称）	限量（以 Pb 计）/(mg/kg)
蛋及蛋制品（皮蛋、皮蛋肠除外）	0.2
皮蛋、皮蛋肠	0.5
油脂及其制品	0.1
调味品（食用盐、香辛料类除外）	1.0
食用盐	2.0
香辛料类	3.0
食糖及淀粉糖	0.5
淀粉及淀粉制品	
食用淀粉	0.2
淀粉制品	0.5
焙烤食品	0.5
饮料类	
包装饮用水	0.01mg/L
果蔬汁类（浓缩果蔬汁（浆）除外）	0.05mg/L
浓缩果蔬汁（浆）	0.5mg/L
蛋白饮料类（含乳饮料除外）	0.3mg/L
含乳饮料	0.05mg/L
碳酸饮料类、茶饮料类	0.3mg/L
固体饮料类	1.0mg/L
其他饮料类	0.3mg/L
酒类（蒸馏酒、黄酒除外）	0.2
蒸馏酒、黄酒	0.5
可可制品、巧克力和巧克力制品以及糖果	0.5
冷冻饮品	0.3
特殊膳食用食品	
婴幼儿配方食品（液态产品除外）	0.15（以粉状产品计）
液态产品	0.02（以即食状态计）
婴幼儿辅助食品	
婴幼儿谷类辅助食品（添加鱼类、肝类、蔬菜类的产品除外）	0.2
添加鱼类、肝类、蔬菜类的产品	0.3
婴幼儿罐装辅助食品（以水产及动物肝脏为原料的产品除外）	0.25
以水产及动物肝脏为原料的产品	0.3
其他类	
果冻	0.5
膨化食品	0.5
茶叶	5.0
干菊花	5.0
苦丁茶	2.0
蜂产品	
蜂蜜	1.0
花粉	0.5

[a] 稻谷以糙米计。

7.1.3.4 食品中铅的检验方法（GB 5009.12—2010）

7.1.3.4.1 石墨炉原子吸收光谱法［第一法］

（1）原理

试样经灰化或酸消解后，注入原子吸收分光光度计石墨炉中，电热原子化后吸收283.3nm共振线，在一定浓度范围，其吸收值与铅含量成正比，与标准系列比较定量。

（2）试剂和材料

除非另有规定，本方法所使用试剂均为分析纯，水为GB/T 6682规定的一级水。

① 硝酸：优级纯。

② 过硫酸铵。

③ 过氧化氢（30%）。

④ 高氯酸：优级纯。

⑤ 硝酸（1+1）：取50mL硝酸慢慢加入50mL水中。

⑥ 硝酸（0.5mol/L）：取3.2mL硝酸加入50mL水中，稀释至100mL。

⑦ 硝酸（1mol/L）：取6.4mL硝酸加入50mL水中，稀释至100mL。

⑧ 磷酸二氢铵溶液（20g/L）：称取2.0g磷酸二氢铵，以水溶解稀释至100mL。

⑨ 混合酸：硝酸+高氯酸（9+1）。取9份硝酸与1份高氯酸混合。

⑩ 铅标准储备液：准确称取1.000g金属铅（99.99%），分次加少量硝酸（1+1），加热溶解，总量不超过37mL，移入1 000mL容量瓶，加水至刻度。混匀。此溶液每毫升含1.0mg铅。

⑪ 铅标准使用液：每次吸取铅标准储备液1.0mL于100mL容量瓶中，加硝酸（0.5mol/L）至刻度。如此经多次稀释成每毫升含10.0ng、20.0ng、40.0ng、60.0ng和80.0ng铅的标准使用液。

（3）仪器和设备

① 原子吸收光谱仪，附石墨炉及铅空心阴极灯。

② 马弗炉。

③ 天平：分度值为1mg。

④ 干燥恒温箱。

⑤ 瓷坩埚。

⑥ 压力消解器、压力消解罐或压力溶弹。

⑦ 可调式电热板、可调式电炉。

（4）分析步骤

① 试样预处理

a. 在采样和制备过程中，应注意不使试样污染。

b. 粮食、豆类去杂物后，磨碎，过20目筛，储于塑料瓶中，保存备用。

c. 蔬菜、水果、鱼类、肉类及蛋类等水分含量高的鲜样，用食品加工机或匀浆机打成匀浆，储于塑料瓶中，保存备用。

② 试样消解（可根据实验室条件选用以下任何一种方法消解）

a. 压力消解罐消解法：称取1g~2g试样（精确到0.001g，干样、含脂肪高的试样<1g，鲜样<2g或按压力消解罐使用说明书称取试样）于聚四氟乙烯内罐，加硝酸（优级纯）

2mL ~ 4mL 浸泡过夜。再加过氧化氢（30%）2mL ~ 3mL（总量不能超过罐容积的 1/3）。盖好内盖，旋紧不锈钢外套，放入恒温干燥箱，120℃ ~ 140℃保持 3h ~ 4h，在箱内自然冷却至室温，用滴管将消化液洗入或过滤入（视消化后试样的盐分而定）10mL ~ 25mL 容量瓶中，用水少量多次洗涤罐，洗液合并于容量瓶中并定容至刻度，混匀备用；同时作试剂空白。

b. 干法灰化：称取 1g ~ 5g 试样（精确到 0.001g，根据铅含量而定）于瓷坩埚中，先小火在可调式电热板上炭化至无烟，移入马弗炉（500 ± 25）℃灰化 6h ~ 8h，冷却。若个别试样灰化不彻底，则加 1mL 混合酸在可调式电炉上小火加热，反复多次直到消化完全，放冷，用硝酸（0.5mol/L）将灰分溶解，用滴管将试样消化液洗入或过滤入（视消化后试样的盐分而定）10mL ~ 25mL 容量瓶中，用水少量多次洗涤瓷坩埚，洗液合并于容量瓶中并定容至刻度，混匀备用；同时作试剂空白。

c. 过硫酸铵灰化法：称取 1g ~ 5g 试样（精确到 0.001g）于瓷坩埚中，加 2mL ~ 4mL 硝酸（优级纯）浸泡 1h 以上，先小火炭化，冷却后加 2.00g ~ 3.00g 过硫酸铵盖于上面，继续炭化至不冒烟，转入马弗炉，（500 ± 25）℃恒温 2h，再升至 800℃，保持 20min，冷却，加 2mL ~ 3mL 硝酸（1mol/L），用滴管将试样消化液洗入或过滤入（视消化后试样的盐分而定）10mL ~ 25mL 容量瓶中，用水少量多次洗涤瓷坩埚，洗液合并于容量瓶中并定容至刻度，混匀备用；同时作试剂空白。

d. 湿式消解法：称取试样 1g ~ 5g（精确到 0.001g）于锥形瓶或高脚烧杯中，放数粒玻璃珠，加 10mL 混合酸，加盖浸泡过夜，加一小漏斗于电炉上消解，若变棕黑色，再加混合酸，直至冒白烟，消化液呈无色透明或略带黄色，放冷，用滴管将试样消化液洗入或过滤入（视消化后试样的盐分而定）10mL ~ 25mL 容量瓶中，用水少量多次洗涤锥形瓶或高脚烧杯，洗液合并于容量瓶中并定容至刻度，混匀备用。同时作试剂空白。

③ 测定

a. 仪器条件：根据各自仪器性能调至最佳状态。参考条件为波长 283.3nm，狭缝 0.2nm ~ 1.0nm，灯电流 5mA ~ 7mA，干燥温度 120℃，20s；灰化温度 450℃，持续 15s ~ 20s，原子化温度：1 700℃ ~ 2 300℃，持续 4s ~ 5s，背景校正为氘灯或塞曼效应。

b. 标准曲线绘制：吸取上面配制的铅标准使用液 10.0ng/mL（或 μg/L）、20.0ng/mL（或 μg/L）、40.0ng/mL（或 μg/L）、60.0ng/mL（或 μg/L）和 80.0ng/mL（或 μg/L）各 10μL，注入石墨炉，测得其吸光值并求得吸光值与浓度关系的一元线性回归方程。

c. 试样测定：分别吸取样液和试剂空白液各 10μL，注入石墨炉，测得其吸光值，代入标准系列的一元线性回归方程中求得样液中铅含量。

d. 基体改进剂的使用：对有干扰试样，则注入适量的基体改进剂磷酸二氢铵溶液（20g/L）（一般为 5μL 或与试样同量）消除干扰。绘制铅标准曲线时也要加入与试样测定时等量的基体改进剂磷酸二氢铵溶液。

（5）分析结果的表述

试样中铅含量按式（7 - 5）进行计算。

$$X = \frac{(c_1 - c_0) \times V \times 1\,000}{m \times 1\,000 \times 1\,000} \qquad (7-5)$$

式中：X——试样中铅含量，mg/kg 或 mg/L；

c_1——测定样液中铅含量，ng/mL；

c_0——空白液中铅含量，ng/mL；

V——试样消化液定量总体积，mL；

m——试样质量或体积，g 或 mL。

以重复性条件下获得的两次独立测定结果的算术平均值表示，结果保留两位有效数字。

（6）精密度

在重复性条件下获得的两次独立测定结果的绝对差值不得超过算术平均值的 20%。

7.1.3.4.2　氢化物原子荧光光谱法［第二法］

（1）原理

试样经酸热消化后，在酸性介质中，试样中的铅与硼氢化钠（$NaBH_4$）或硼氢化钾（KBH_4）反应生成挥发性铅的氢化物（PbH_4）。以氩气为载气，将氢化物导入电热石英原子化器中原子化，在特制铅空心阴极灯照射下，基态铅原子被激发至高能态；在去活化回到基态时，发射出特征波长的荧光，其荧光强度与铅含量成正比，根据标准系列进行定量。

（2）试剂和材料

① 硝酸 + 高氯酸混合酸（9 + 1）：分别量取硝酸 900mL，高氯酸 100mL，混匀。

② 盐酸（1 + 1）：量取 250mL 盐酸倒入 250mL 水中，混匀。

③ 草酸溶液（10g/L）：称取 1.0g 草酸，加入溶解至 100mL，混匀。

④ 铁氰化钾［$K_3Fe(CN)_6$］溶液（100g/L）：称取 10.0g 铁氰化钾，加水溶解并稀释至 100mL，混匀。

⑤ 氢氧化钠溶液（2g/L）：称取 2.0g 氢氧化钠，溶于 1L 水中，混匀。

⑥ 硼氢化钠（$NaBH_4$）溶液（10g/L）：称取 5.0g 硼氢化钠溶于 500mL 氢氧化钠溶液（2g/L）中，混匀，临用前配制。

⑦ 铅标准储备液（1.0mg/mL）。

⑧ 铅标准使用液（1.0μg/mL）：精确吸取铅标准储备液，逐级稀释至 1.0μg/mL。

（3）仪器和设备

① 原子荧光光度计。

② 铅空心阴极灯。

③ 电热板。

④ 天平：分度值为 1mg。

（4）分析步骤

① 试样消化

湿消解：称取固体试样 0.2g ~ 2g 或液体试样 2.00g（或 mL）~ 10.00g（或 mL）（均精确到 0.001g），置于 50mL ~ 100mL 消化容器中（锥形瓶），然后加入硝酸 + 高氯酸混合酸 5mL ~ 10mL 摇匀浸泡，放置过夜。次日置于电热板上加热消解，至消化液呈淡黄色或无色（如消解过程色泽较深，稍冷补加少量硝酸，继续消解），稍冷加入 20mL 水再继续加热赶酸，至消解液 0.5mL ~ 1.0mL 止，冷却后用少量水转入 25mL 容量瓶中，并加入盐酸（1 + 1）0.5mL，草酸溶液（10g/L）0.5mL，摇匀，再加入铁氰化钾溶液（100g/L）1.00mL，用水准确稀释定容至 25mL，摇匀，放置 30min 后测定。同时作试剂空白。

② 标准系列制备

在 25mL 容量瓶中，依次准确加入铅标准使用液 0.00mL、0.125mL、0.25mL、0.50mL、0.75mL、1.00mL 和 1.25mL（各相当于铅浓度 0.0ng/mL、5.0ng/mL、10.0ng/mL、20.0ng/

mL、30.0ng/mL、40.0ng/mL 和 50.0ng/mL），用少量水稀释后，加入 0.5mL 盐酸和 0.5mL 草酸溶液摇匀，再加入铁氰化钾溶液 1.0mL，用水稀释至该度，摇匀。放置 30min 后待测。

③ 仪器参考条件

负高压：323V；铅空心阴极灯灯电流：75mA；原子化器：炉温 750℃ ~ 800℃，炉高 8mm；氩气流速：载气 800mL/min；屏蔽气：1 000mL/min；加还原剂时间：7.0s；读数时间：15.0s；延迟时间：0.0s；测量方式：标准曲线法；读数方式：峰面积；进样体积：2.0mL。

④ 测量方式

设定好仪器的最佳条件，逐步将炉温升至所需温度，稳定 10min ~ 20min 后开始测量：连续用标准系列的零管进样，待读数稳定之后，转入标准系列的测量，绘制标准曲线，转入试样测量，分别测定试样空白和试样消化液，试样测定结果按式（7-6）计算。

（5）分析结果的表述

试样中铅含量按式（7-6）进行计算。

$$X = \frac{(c_1 - c_0) \times V \times 1\,000}{m \times 1\,000 \times 1\,000} \tag{7-6}$$

式中：X——试样中铅含量，mg/kg 或 mg/L；

c_1——试样消化液测定浓度，ng/mL；

c_0——试剂空白液测定浓度，ng/mL；

V——试样消化液定量总体积，mL；

m——试样质量或体积，g 或 mL。

以重复性条件下获得的两次独立测定结果的算术平均值表示，结果保留两位有效数字。

（6）精密度

在重复性条件下获得的两次独立测定结果的绝对差值不得超过算术平均值的 10%。

7.1.3.4.3　火焰原子吸收光谱法［第三法］

（1）原理

试样经处理后，铅离子在一定 pH 条件下与二乙基二硫代氨基甲酸钠（DDTC）形成络合物，经 4-甲基-2-戊酮萃取分离，导入原子吸收光谱仪中，火焰原子化后，吸收 283.3nm 共振线，其吸收量与铅含量成正比，与标准系列比较定量。

（2）试剂和材料

① 混合酸：硝酸 + 高氯酸（9+1）。

② 硫酸铵溶液（300g/L）：称取 30g 硫酸铵［$(NH_4)_2SO_4$］，用水溶解并稀释至 100mL。

③ 柠檬酸铵溶液（250g/L）：称取 25g 柠檬酸铵，用水溶解并稀释至 100mL。

④ 溴百里酚蓝水溶液（1g/L）。

⑤ 二乙基二硫代氨基甲酸钠（DDTC）溶液（50g/L）：称取 5g 二乙基二硫代氨基甲酸钠，用水溶解并加水至 100mL。

⑥ 氨水（1+1）。

⑦ 4-甲基-2-戊酮（MIBK）。

铅标准溶液：操作同 7.1.3.4.2 中（2）的⑦和⑧。配制铅标准使用液为 10μg/mL。

盐酸（1+11）：取 10mL 盐酸加入 110mL 水中，混匀。

磷酸溶液（1+10）：取 10mL 磷酸加入 100mL 水中，混匀。

（3）仪器和设备

原子吸收光谱仪火焰原子化器，其余同 7.1.3.4.1 的（3）。

（4）分析步骤

① 试样处理

a. 饮品及酒类：取均匀试样 10g～20g（精确到 0.01g）于烧杯中（酒类应先在水浴上蒸去酒精），于电热板上先蒸发至一定体积后，加入混合酸消化完全后，转移、定容于 50mL 容量瓶中。

b. 包装材料浸泡液可直接吸取测定。

c. 谷类：去除其中杂物及尘土，必要时除去外壳，碾碎，过 30 目筛，混匀。称取 5g～10g 试样（精确到 0.01g），置于 50mL 瓷坩埚中，小火炭化，然后移入马弗炉中，500℃以下灰化 16h 后，取出坩埚，放冷后再加少量混合酸，小火加热，不使干涸，必要时再加少许混合酸，如此反复处理，直至残渣中无炭粒，待坩埚稍冷，加 10mL 盐酸，溶解残渣并移入 50mL 容量瓶中，再用水反复洗涤坩埚，洗液并入容量瓶中，并稀释至刻度，混匀备用。取与试样相同量的混合酸和盐酸，按同一操作方法作试剂空白试验。

d. 蔬菜、瓜果及豆类：取可食部分洗净晾干，充分切碎混匀。称取 10g～20g（精确到 0.01g）于瓷坩埚中，加 1mL 磷酸溶液，小火炭化，以下按 c 自"然后移入马弗炉中……"起依法操作。

e. 禽、蛋、水产及乳制品：取可食部分充分混匀。称取 5g～10g（精确到 0.01g）于瓷坩埚中，小火炭化，以下按 c 自"然后移入马弗炉中……"起依法操作。

乳类经混匀后，量取 50.0mL，置于瓷坩埚中，加磷酸，在水浴上蒸干，再加小火炭化，以下按 c 自"然后移入马弗炉中……"起依法操作。

② 萃取分离

视试样情况，吸取 25.0mL～50.0mL 上述制备的样液及试剂空白液，分别置于 125mL 分液漏斗中，补加水至 60mL。加 2mL 柠檬酸铵溶液，溴百里酚蓝水溶液 3～5 滴，用氨水调 pH 至溶液由黄变蓝，加硫酸铵溶液 10.0mL，DDTC 溶液 10mL，摇匀。放置 5min 左右，加入 10.0mL MIBK，剧烈振摇提取 1min，静置分层后，弃去水层，将 MIBK 层放入 10mL 带塞刻度管中，备用。分别吸取铅标准使用液 0.00mL、0.25mL、0.50mL、1.00mL、1.50mL 和 2.00mL（相当 0.0μg、2.5μg、5.0μg、10.0μg、15.0μg 和 20.0μg 铅）于 125mL 分液漏斗中。与试样相同方法萃取。

③ 测定

a. 饮品、酒类及包装材料浸泡液可经萃取直接进样测定。

b. 萃取液进样，可适当减小乙炔气的流量。

c. 仪器参考条件：空心阴极灯电流 8mA；共振线 283.3nm；狭缝 0.4nm；空气流量 8L/min；燃烧器高度 6mm。

（5）分析结果的表述

试样中铅含量按式（7－7）进行计算。

$$X = \frac{(c_1 - c_0) \times V_1 \times 1\,000}{m \times V_3 / V_2 \times 1\,000} \tag{7-7}$$

式中：X——试样中铅的含量，mg/kg 或 mg/L；

c_1——测定用试样中铅的含量，μg/mL；

c_0——试剂空白液中铅的含量，μg/mL；

m——试样质量或体积，g 或 mL；

V_1——试样萃取液体积，mL；

V_2——试样处理液的总体积，mL；

V_3——测定用试样处理液的总体积，mL。

以重复性条件下获得的两次独立测定结果的算术平均值表示，结果保留两位有效数字。

（6）精密度

在重复性条件下获得的两次独立测定结果的绝对差值不得超过算术平均值的20%。

7.1.3.4.4　二硫腙比色法［第四法］

（1）原理

试样经消化后，在pH 8.5～9.0时，铅离子与二硫腙生成红色络合物，溶于三氯甲烷。加入柠檬酸铵、氰化钾和盐酸羟胺等，防止铁、铜、锌等离子干扰，与标准系列比较定量。

（2）试剂和材料

① 氨水（1+1）。

② 盐酸（1+1）：量取100mL盐酸，加入100mL水中。

③ 酚红指示液（1g/L）：称取0.10g酚红，用少量多次乙醇溶解后移入100mL容量瓶中并定容至刻度。

④ 盐酸羟胺溶液（200g/L）：称取20.0g盐酸羟胺，加水溶解至50mL，加2滴酚红指示液，加氨水（1+1），调pH至8.5～9.0（由黄变红，再多加2滴），用二硫腙-三氯甲烷溶液提取至三氯甲烷层绿色不变为止，再用三氯甲烷洗二次，弃去三氯甲烷层，水层加盐酸（1+1）至呈酸性，加水至100mL。

⑤ 柠檬酸铵溶液（200g/L）：称取50g柠檬酸铵，溶于100mL水中，加2滴酚红指示液，加氨水，调pH至8.5～9.0，用二硫腙-三氯甲烷溶液提取数次，每次10mL～20mL，至三氯甲烷层绿色不变为止，弃去三氯甲烷层，再用三氯甲烷洗二次，每次5mL，弃去三氯甲烷层，加水稀释至250mL。

⑥ 氰化钾溶液（100g/L）：称取10.0g氰化钾，用水溶解后稀释至100mL。

⑦ 三氯甲烷：不应含氧化物。

a. 检查方法：量取10mL三氯甲烷，加25mL新煮沸过的水，振摇3min，静置分层后，取10mL水溶液，加数滴碘化钾溶液（150g/L）及淀粉指示液，振摇后应不显蓝色。

b. 处理方法：于三氯甲烷中加入1/10～1/20体积的硫代硫酸钠溶液（200g/L）洗涤，再用水洗后加入少量无水氯化钙脱水后进行蒸馏，弃去最初及最后的十分之一馏出液，收集中间馏出液备用。

⑧ 淀粉指示液：称取0.5g可溶性淀粉，加5mL水搅匀后，慢慢倒入100mL沸水中，边倒边搅拌，煮沸，放冷备用，临用时配制。

⑨ 硝酸（1+99）：量取1mL硝酸，加入99mL水中。

⑩ 二硫腙-三氯甲烷溶液（0.5g/L）：保存冰箱中，必要时用下述方法纯化。

称取0.5g研细的二硫腙，溶于50mL三氯甲烷中，如不全溶，可用滤纸过滤于250mL分液漏斗中，用氨水（1+99）提取三次，每次100mL，将提取液用棉花过滤至500mL分液漏斗中，用盐酸（1+1）调至酸性，将沉淀出的二硫腙用三氯甲烷提取2～3次，每次20mL，合并三氯甲烷层，用等量水洗涤2次，弃去洗涤液，在50℃水浴上蒸去三氯甲烷。

精制的二硫腙置硫酸干燥器中，干燥备用。或将沉淀出的二硫腙用200mL、200mL和100mL三氯甲烷提取3次，合并三氯甲烷层为二硫腙溶液。

⑪ 二硫腙使用液：吸取1.0mL二硫腙溶液，加三氯甲烷至10mL，混匀。用1cm比色杯，以三氯甲烷调节零点，于波长510nm处测吸光度（A），用式（7－8）算出配制100mL二硫腙使用液（70%透光率）所需二硫腙溶液的毫升数（V）。

$$V=\frac{10\times(2-\lg 70)}{A}=\frac{1.55}{A} \tag{7-8}$$

⑫ 硝酸－硫酸混合液（4＋1）。

⑬ 铅标准溶液（1.0mg/mL）：准确称取0.1598g硝酸铅，加10mL硝酸（1＋99），全部溶解后，移入100mL容量瓶中，加水稀释至刻度。

⑭ 铅标准使用液（10.0μg/mL）：吸取1.0mL铅标准溶液，置于100mL容量瓶中，加水稀释至刻度。

（3）仪器和设备

① 分光光度计。

② 天平：分度值为1mg。

（4）分析步骤

① 试样预处理

同7.1.3.4.1的（4）中①的操作。

② 试样消化

a. 硝酸－硫酸法

i. 粮食、粉丝、粉条、豆干制品、糕点、茶叶等及其他含水分少的固体食品：称取5g或10g的粉碎样品（精确到0.01g），置于250mL～500mL定氮瓶中，先加水少许使湿润，加数粒玻璃珠、10mL～15mL硝酸，放置片刻，小火缓缓加热，待作用缓和，放冷。沿瓶壁加入5mL或10mL硫酸，再加热，至瓶中液体开始变成棕色时，不断沿瓶壁滴加硝酸至有机质分解完全。加大火力，至产生白烟，待瓶口白烟冒净后，瓶内液体再产生白烟为消化完全，该溶液应澄清无色或微带黄色，放冷（在操作过程中应注意防止爆沸或爆炸）。加20mL水煮沸，除去残余的硝酸至产生白烟为止，如此处理2次，放冷。将冷后的溶液移入50mL或100mL容量瓶中，用水洗涤定氮瓶，洗液并入容量瓶中，放冷，加水至刻度，混匀。定容后的溶液每10mL相当于1g样品，相当加入硫酸量1mL。取与消化试样相同量的硝酸和硫酸，按同一方法做试剂空白试验。

ii. 蔬菜、水果：称取25.00g或50.00g洗净打成匀浆的试样（精确到0.01g），置于250mL～500mL定氮瓶中，加数粒玻璃珠、10mL～15mL硝酸，以下按i自“放置片刻……”起依法操作，但定容后的溶液每10mL相当于5g样品，相当加入硫酸1mL。

iii. 酱、酱油、醋、冷饮、豆腐、腐乳、酱腌菜等：称取10g或20g试样（精确到0.01g）或吸取10.0mL或20.0mL液体样品，置于250mL～500mL定氮瓶中，加数粒玻璃珠、5mL～15mL硝酸。以下按i自“放置片刻……”起依法操作，但定容后的溶液每10mL相当于2g或2mL试样。

iv. 含酒精性饮料或含二氧化碳饮料：吸取10.00mL或20.00mL试样，置于250mL～500mL定氮瓶中加数粒玻璃珠，先用小火加热除去乙醇或二氧化碳，再加5mL～10mL硝酸，混匀后，以下按i自“放置片刻……”起依法操作，但定容后的溶液每10mL相当于2mL

试样。

v. 含糖量高的食品：称取5g或10g试样（精确至0.01g），置于250mL~500mL定氮瓶中，先加少许水使湿润，加数粒玻璃珠、5mL~10mL硝酸，摇匀。缓缓加入5mL或10mL硫酸，待作用缓和停止起泡沫后，先用小火缓缓加热（糖分易炭化），不断沿瓶壁补加硝酸，待泡沫全部消失后，再加大火力，至有机质分解完全，发生白烟，溶液应澄清无色或微带黄色，放冷。以下按i自“加20mL水煮沸……”起依法操作。

vi. 水产品：取可食部分样品捣成匀浆，称取5g或10g试样（精确至0.01g，海产藻类、贝类可适当减少取样量），置于250mL~500mL定氮瓶中，加数粒玻璃珠，5mL~10mL硝酸，混匀后，以下按i自“沿瓶壁加入5mL或10mL硫酸……”起依法操作。

b. 灰化法

i. 粮食及其他含水分少的食品：称取5g试样（精确至0.01g），置于石英或瓷坩埚中，加热至炭化，然后移入马弗炉中，500℃灰化3h，放冷，取出坩埚，加硝酸（1+1），润湿灰分，用小火蒸干，在500℃烧1h，放冷。取出坩埚。加1mL硝酸（1+1），加热，使灰分溶解，移入50mL容量瓶中，用水洗涤坩埚，洗液并入容量瓶中，加水至刻度，混匀备用。

ii. 含水分多的食品或液体试样：称取5.0g或吸取5.00mL试样，置于蒸发皿中，先在水浴上蒸干，再按i自“加热至炭化……”起依法操作。

③ 测定

a. 吸取10.0mL消化后的定容溶液和同量的试剂空白液，分别置于125mL分液漏斗中，各加水至20mL。

b. 吸取0mL、0.10mL、0.20mL、0.30mL、0.40mL和0.50mL铅标准使用液（相当0.0μg、1.0μg、2.0μg、3.0μg、4.0μg和5.0μg铅），分别置于125mL分液漏斗中，各加硝酸（1+99）至20mL。于试样消化液、试剂空白液和铅标准液中各加2.0mL柠檬酸铵溶液（200g/L），1.0mL盐酸羟胺溶液（200g/L）和2滴酚红指示液，用氨水（1+1）调至红色，再各加2.0mL氰化钾溶液（100g/L），混匀。各加5.0mL二硫腙使用液，剧烈振摇1min，静置分层后，三氯甲烷层经脱脂棉滤入1cm比色杯中，以三氯甲烷调节零点于波长510nm处测吸光度，各点减去零管吸收值后，绘制标准曲线或计算一元回归方程，试样与曲线比较。

（5）分析结果的表述

试样中铅含量按式（7-9）进行计算。

$$X = \frac{(m_1 - m_2) \times 1\,000}{m_3 \times V_2 / V_1 \times 1\,000} \qquad (7-9)$$

式中：X——试样中铅的含量，mg/kg或mg/L；

m_1——测定用试样液中铅的质量，μg；

m_2——试剂空白液中铅的质量，μg；

m_3——试样质量或体积，g或mL；

V_1——试样处理液的总体积，mL；

V_2——测定用试样处理液的总体积，mL。

以重复性条件下获得的两次独立测定结果的算术平均值表示，结果保留两位有效数字。

（6）精密度

在重复性条件下获得的两次独立测定结果的绝对差值不得超过算术平均值的10%。

7.1.3.4.5 单扫描极谱法［第五法］

(1) 原理

试样经消解后，铅以离子形式存在。在酸性介质中，Pb^{2+} 与 I^- 形成的 PbI_4^{2-} 络离子具有电活性，在滴汞电极上产生还原电流。峰电流与铅含量呈线性关系，以标准系列比较定量。

(2) 试剂和材料

① 底液：称取 5.0g 碘化钾，8.0g 酒石酸钾钠，0.5g 抗坏血酸于 500mL 烧杯中，加入 300mL 水溶解后，再加入 10mL 盐酸，移入 500mL 容量瓶中，加水至刻度。(在冰箱中可保存 2 个月)

② 铅标准贮备溶液 (1.0mg/mL)：准确称取 0.100 0g 金属铅 (含量 99.99%) 于烧杯中加 2mL (1+1) 硝酸溶液，加热溶解，冷却后定量移入 100mL 容量瓶并加水至刻度，混匀。

③ 铅标准使用溶液 (10.0μg/mL)：临用时，吸取铅标准贮备溶液 1.00mL 于 100mL 容量瓶中，加水至刻度，混匀。

④ 混合酸：硝酸 - 高氯酸 (4+1)，量取 80mL 硝酸，加入 20mL 高氯酸，混匀。

(3) 仪器和设备

① 极谱分析仪。

② 带电子调节器万用电炉。

③ 天平：分度值为 1mg。

(4) 分析步骤

① 极谱分析参考条件

单扫描极谱法 (SSP 法)。选择起始电位为 -350mV，终止电位 -850mV，扫描速度 300mV/s，三电极，二次导数，静止时间 5s 及适当量程。于峰电位 (Ep) -470mV 处，记录铅的峰电流。

② 标准曲线绘制

准确吸取铅标准使用溶液 0mL、0.05mL、0.10mL、0.20mL、0.30mL 和 0.40mL (相当于含 0μg、0.5μg、1.0μg、2.0μg、3.0μg 和 4.0μg 铅) 于 10mL 比色管中，加底液至 10.0mL，混匀。将各管溶液依次移入电解池，置于三电极系统。按上述极谱分析参考条件测定，分别记录铅的峰电流。以含量为横坐标，其对应的峰电流为纵坐标，绘制标准曲线。

③ 试样处理

粮食、豆类等水分含量低的试样，去杂物后磨碎过 20 目筛；蔬菜、水果、鱼类、肉类等水分含量高的新鲜试样，用均浆机均浆，储于塑料瓶。

a. 试样处理 (除食盐、白糖外，如粮食、豆类、糕点、茶叶、肉类等)：称取 1g ~ 2g 试样 (精确至 0.1g) 于 50mL 三角瓶中，加入 10mL ~ 20mL 混合酸，加盖浸泡过夜。置带电子调节器万用电炉上的低档位加热。若消解液颜色逐渐加深，呈现棕黑色时，移开万用电炉，冷却，补加适量硝酸，继续加热消解。待溶液颜色不再加深，呈无色透明或略带黄色，并冒白烟，可高档位驱赶剩余酸液，至近干，在低档位加热得白色残渣，待测。同时作一试剂空白。

b. 食盐、白糖：称取试样 2.0g 于烧杯中，待测。

c. 液体试样：称取 2g 试样 (精确至 0.1g) 于 50mL 三角瓶中 (含乙醇、二氧化碳的试样应置于80℃水浴上驱赶）。加入1mL～10mL混合酸，于带电子调节器万用电炉上的低档位加热，以下步骤按a“试样处理”项下操作，待测。

④ 试样测定

于上述待测试样及试剂空白瓶中加入10.0mL底液，溶解残渣并移入电解池。以下按“②标准曲线绘制”项下操作。分别记录试样及试剂空白的峰电流，用标准曲线法计算试样中铅含量。

（5）分析结果的表述

试样中铅含量按式（7－10）进行计算。

$$X=\frac{(A-A_0)\times 1\,000}{m\times 1\,000} \tag{7-10}$$

式中：X——试样中铅的含量，mg/kg或mg/L；

A——由标准曲线上查得测定样液中铅的质量，μg；

A_0——由标准曲线上查得试剂空白液中铅质量，μg；

m——试样质量或体积，g或mL。

以重复性条件下获得的两次独立测定结果的算术平均值表示，结果保留两位有效数字。

（6）精密度

在重复性条件下获得的两次独立测定结果的绝对差值不得超过算术平均值的5.0%。

（7）其他

本方法检出限：石墨炉原子吸收光谱法为0.005mg/kg；氢化物原子荧光光谱法固体试样为0.005mg/kg，液体试样为0.001mg/kg；火焰原子吸收光谱法为0.1mg/kg；比色法为0.25mg/kg。单扫描极谱法为0.085mg/kg。

7.1.4　砷

砷的化合物广泛存在于岩石、土壤和水中。在自然界里砷主要以硫化物矿存在，例如雄黄（As_4S_4）、雌黄（As_2S_3）、砷硫铁矿等。砷有灰色、黄色和黑色3种同素异形体。砷在常温下与水和空气不发生作用，也不和稀酸作用，但能和强氧化性酸反应。砷的化合物有无机砷和有机砷化合物。有机砷主要为＋5价，常见的有机砷化合物有对氨基苯砷酸、甲砷酸等。无机砷多为＋3价和＋5价化合物，常见的有砷化氢、硫化砷、三氧化二砷等。

砷化氢是一种无色、具有大蒜味的剧毒气体。金属砷化物的水解、或用强还原剂还原砷的氧化物可产生砷化氢。砷化氢在常温下可分解生成二乙砷［$As(C_2H_5)_2$］，在空气中可自燃生成三氧化二砷（As_2O_3）（砒霜）。三氧化二砷是一个较强的还原剂，特别是在碱性的条件下可以定量地被碘氧化成砷酸。

硫化砷可认为无毒，如雄黄和雌黄，不溶于水，难溶于酸。在加热的条件下硫化砷可以与氧作用生成三氧化二砷和二氧化硫。另外硫化砷可溶于碱，在氧化剂的作用下也可以变成可溶性和挥发性的有毒物质。

7.1.4.1　砷对食品的污染

砷广泛分布于自然环境中，几乎所有的土壤中都存在砷。含砷化合物被广泛应用于农业中作为除草剂、杀虫剂、杀菌剂、杀鼠剂和各种防腐剂。最重要的农用化学制剂包括砷酸铅、砷酸铜、砷酸钠、乙酰砷酸铜和二甲砷酸，因大量使用，造成了农作物的严重污染，导致食品中砷含量增高。据报道一般稻谷砷含量低于 1mg/kg，受药害稻谷砷残留量可达 3mg/kg ~ 10mg/kg。动物组织中砷含量较少，水生生物，特别是海洋生物对砷有强浓集能力，某些生物的浓集系数高达 3 300 倍。但主要是低毒的有机砷，剧毒的无机砷含量较低。

自然界中可溶性砷化物可使地下水中砷含量增高，我国内蒙古、新疆一些地区的地下水含砷量可达 0. 8mg/L，长期饮用这种地下水可引起慢性砷中毒。含砷工业废水、废渣和含砷农药的使用也会对水环境产生污染。我国规定饮水中砷的含量不能大于 0. 05mg/L。

7. 1. 4. 2　食品中砷的毒性与危害

砷可以通过食道、呼吸道和皮肤黏膜进入机体。正常人一般每天摄入的砷不超过 0. 02mg。无机砷进人消化道后，其吸收程度取决于溶解度和溶解状态，以可溶性砷化物的形式在胃肠道中被迅速吸收。有机砷化合物的吸收主要通过肠壁的扩散来进行。+5 价砷比 +3 价砷容易被机体吸收。吸收进入血液后，95% 以上的砷与血红蛋白中的球蛋白结合，然后随着血液分布到机体的各个器官之中。砷在体内有较强的蓄积性，皮肤、骨骼、肌肉、肝、肾、肺是体内砷的主要贮存场所。元素砷基本无毒，砷的化合物具有不同的毒性，+3 价砷的毒性比 +5 价砷大。砷能引起人体急性和慢性中毒，不同形态砷的毒性差异较大，其毒性大小顺序为：AsH_3 > 亚砷酸（AsIII）> 砒霜（As_2O_3）> 砷酸盐（AsV）> 一甲基砷酸（MMA）> 二甲基砷酸（DMA）> 砷甜菜碱（AsB）、砷胆碱（AsC）。砷具有较强的毒性，并且存在致癌或致畸效应，严重威胁着人类的健康。

（1）急性毒性

因误食砷污染的食品，或饮水而引起。首先是对消化道的直接腐蚀作用，引起消化道的糜烂、溃疡、出血，表现为口渴、流涎，上腹部烧灼感，及胃肠炎症状，如恶心、呕吐、腹痛、腹泻，严重者有米泔样大便，发展到血性腹泻。摄入量大时，可出现中枢神经系统麻痹，四肢疼痛性痉挛，意识丧失而死亡。三氧化二砷对大鼠经口的 LD_{50} 为 3 217mg/kg 体重，对人的中毒量为 10mg ~ 50mg，对人的致死量为 100mg ~ 300mg。

（2）慢性毒性

长期少量经口摄入受污染的食品可导致慢性中毒。表现为神经衰弱症候群，如皮肤色素沉着、过度角化，多发性神经炎、肢体血管痉挛而坏疽。某些地区居民由于长期饮用含砷过高的水而导致一种地方病称黑脚病，为慢性中毒，主要表现为末梢神经炎、皮肤色素沉着、手掌和脚趾皮肤高度角化以及皮肤癌。日本一个生产砒霜 50 年的矿，其附近地区受到严重污染，表层土壤含砷量为对照区的 50 ~ 140 倍，稻谷中含砷 729mg/kg，该地区居民寿命较短，儿童体弱、胸疼、鼻衄，皮肤色素沉着，称之为第四公害病。我国某地井水的砷含量为 1. 0mg/L ~ 2. 5mg/L，自 1930 ~ 1961 年发生过多起慢性砷中毒事件，症状均表现为开始皮肤出现白斑后逐渐变黑，角化增厚呈橡皮状，出现龟裂性溃疡。

（3）致癌性

经世界卫生组织 1982 年研究确认，无机砷为致癌物。曾对从事含砷农药生产的工人和含砷金属的冶炼工人进行了调查，发现肺癌高发与砷的接触明显相关，而且有正的量 - 效关系。我国云南锡业公司（云锡）坑下作业人群中，肺癌发病率与接触矿物中砷含量呈正相关，肺癌病人的肺组织中砷含量高出非肺癌者的 20 多倍。以不同方式接触不同形式的砷，还可诱发多种肿瘤，如皮癌、肺癌、乳腺癌，泌尿系统癌，大肠恶性肿瘤，消化系统、腹膜、生殖器官的癌肿，淋巴肉瘤，血管肉瘤，口腔、结肠癌和胰腺癌，骨癌，脑癌和肝癌等。

(4) 致畸和致突变性

据报道，砷还是生殖毒物之一，而且其生殖和发育毒性很强。用三氧化二砷的水溶液给大鼠染毒，在3个月左右发现大鼠的精子畸形率明显高于对照组，且畸形率随染毒量增加而增加。在研究亚砷酸钠的毒性时发现，亚砷酸钠可以诱发基因发生突变，突变率随砷的浓度增加而升高。无机砷如亚砷酸钠和砷酸钠对小鼠早期器官发育的胚胎有毒性作用，亚砷酸钠比砷酸钠致畸作用要强，可造成多种器官的发育障碍以至产生畸胎。

砷为一种原浆毒，对体内蛋白质和多种氨基酸具有很强的亲和力。侵入体内的砷与多种含巯基的酶，如6-磷酸葡萄糖脱氢酶、细胞色素氧化酶、6-氨基酸氧化酶、磷酸氧化酶、胆碱氧化酶、氨基转移酶，特别是丙酮酸氧化酶相结合，使酶丧失活性。6-磷酸葡萄糖脱氢酶、乳酸脱氢酶、细胞色素氧化酶与细胞的代谢有关，它们被抑制后，可使细胞的呼吸和氧化过程发生障碍。磷酸酯酶被抑制后，细胞的分裂可发生紊乱。此外，砷酸和亚砷酸在许多生化反应过程中尚能取代磷酸，生成一种不稳定的产物，极易水解。砷酸进入线粒体与磷酸竞争，可使氧化磷酸化过程解偶联，不能形成高能磷酸键，从而干扰了细胞的能量代谢。砷作用于肝细胞的线粒体，可引起肝损害。砷可直接损害毛细血管，同时也作用于血管舒缩中枢，使血管壁平滑肌麻痹、毛细血管扩张，从而使血管通透性增加，血容量降低。

7.1.4.3　食品中砷的限量标准

1988年FAO/WHO暂定砷的每日允许最大摄入量为0.05mg/kg体重，对无机砷每周允许摄入量建议为0.015mg/kg体重。根据GB 2762—2012《食品中污染物限量》规定，我国对食品中砷的允许量标准见表7-6。

表7-6　我国各类食品中总砷允许量标准

食品类别（名称）	限量（以As计）/(mg/kg)	
	总砷	无机砷
谷物及其制品		
谷物（稻谷[a]除外）	0.5	—
谷物碾磨加工品（糙米、大米除外）	0.5	—
稻谷[a]、糙米、大米	—	0.2
水产动物及其制品（鱼类及其制品除外）	—	0.5
鱼类及其制品	—	0.1
蔬菜及其制品		
新鲜蔬菜	0.5	—
食用菌及其制品	0.5	—
肉及肉制品	0.5	—
乳及乳制品		
生乳、巴氏杀菌乳、灭菌乳、调制乳、发酵乳	0.1	—
乳粉	0.5	—
油脂及其制品	0.1	—

续表

食品类别（名称）	限量（以 As 计）/(mg/kg)	
	总砷	无机砷
调味品（水产调味品、藻类调味品和香辛料类除外）	0.5	—
水产调味品（鱼类调味品除外）	—	0.5
鱼类调味品	—	0.1
食糖及淀粉糖	0.5	—
饮料类		
包装饮用水	0.01mg/L	—
可可制品、巧克力和巧克力制品以及糖果		
可可制品、巧克力和巧克力制品	0.5	—
特殊膳食用食品		
婴幼儿谷类辅助食品（添加藻类的产品除外）	—	0.2
添加藻类的产品	—	0.3
婴幼儿罐装辅助食品（以水产及动物肝脏为原料的产品除外）	—	0.1
以水产及动物肝脏为原料的产品	—	0.3

[a] 稻谷以糙米计。

7.1.4.4 食品总砷的测定方法（GB/T 5009.11—2003）

本方法适用于各类食品中总砷的测定。

本方法检出限：氢化物原子荧光光度法：0.01mg/kg，线性范围为 0～200ng/mL；银盐法：0.2mg/kg；砷斑法：0.25mg/kg；硼氢化物还原比色法：0.05mg/kg。

7.1.4.4.1 氢化物原子荧光光度法［第一法］

（1）原理

食品试样经湿消解或干灰化后，加入硫脲使 +5 价砷预还原为 +3 价砷，再加入硼氢化钠或硼氢化钾使还原生成砷化氢，由氩气载入石英原子化器中分解为原子态砷，在特制砷空心阴极灯的发射光激发下产生原子荧光，其荧光强度在固定条件下与被测液中的砷浓度成正比，与标准系列比较定量。

（2）试剂

① 氢氧化钠溶液（2g/L）。

② 硼氢化钠（$NaBH_4$）溶液（10g/L）：称取硼氢化钠 10.0g，溶于 2g/L 氢氧化钠溶液 1 000mL 中，混匀。此液于冰箱可保存 10 天，取出后应当日使用（也可称取 14g 硼氢化钾代替 10g 硼氢化钠）。

③ 硫脲溶液（50g/L）。

④ 硫酸溶液（1 +9）：量取硫酸 100mL，小心倒入水 900mL 中，混匀。

⑤ 氢氧化钠溶液（100g/L）（供配制砷标准溶液用，少量即够）。

⑥ 砷标准溶液

a. 砷标准储备液：含砷 0.1mg/mL。精确称取于 100℃干燥 2h 以上的三氧化二砷（As_2

O_3)0.132 0g，加100g/L氢氧化钠10mL溶解，用适量水转入1 000mL容量瓶中，加（1+9）硫酸25mL，用水定容至刻度。

b. 砷使用标准液：含砷1μg/mL。吸取1.00mL砷标准储备液于100mL容量瓶中，用水稀释至刻度。此液应当日配制适用。

⑦ 湿消解试剂：硝酸、硫酸、高氯酸。

⑧ 干灰化试剂：六水硝酸镁（150g/L）、氯化镁、盐酸（1+1）。

（3）仪器

原子荧光光度计。

（4）分析步骤

① 试样消解

a. 湿消解：固体试样称样1g～2.5g，液体试样称样5g～10g（或mL）（精确至小数点后第二位），置入50mL～100mL。锥形瓶中，同时做2份试剂空白。加硝酸20mL～40mL，硫酸1.25mL，摇匀后放置过夜，置于电热板上加热消解。若消解液处理至10mL左右时仍有未分解物质或色泽变深，取下放冷，补加硝酸5mL～10mL，再消解至10mL左右观察，如此反复2～3次，注意避免炭化。如仍不能消解完全，则加入高氯酸1mL～2mL，继续加热至消解完全后，再持续蒸发至高氯酸的白烟散尽，硫酸的白烟开始冒出。冷却，加水25mL，再蒸发至冒硫酸白烟。冷却，用水将内容物转入25mL容量瓶或比色管中，加入50g/L硫脲2.5mL，补水至刻度并混匀，备测。

b. 干灰化：一般应用于固体试样。称取1g～2.5g（精确至小数点后第二位）于50mL～100mL坩埚中，同时做2份试剂空白。加150g/L硝酸镁10mL混匀，低热蒸干，将氧化镁1g仔细覆盖在干渣上，于电炉上炭化至无黑烟，移入550℃高温炉灰化4h。取出放冷，小心加入（1+1）盐酸10mL以中和氧化镁并溶解灰分，转入25mL容量瓶或比色管中，向容量瓶或比色管中加入50g/L硫脲2.5mL，另用（1+9）硫酸分次涮洗坩埚后转出合并，直至25mL刻度，混匀备测。

② 标准系列制备

取25mL容量瓶或比色管6支，依次准确加入1μg/mL砷使用标准液0mL、0.05mL、0.2mL、0.5mL、2.0mL和5.0mL（各相当于砷浓度0ng/mL、2.0ng/mL、8.0ng/mL、20.0ng/mL、80.0ng/mL和200.0ng/mL）各加（1+9）硫酸12.5mL，50g/L硫脲2.5mL，补加水至刻度，混匀备测。

③ 测定

a. 仪器参考条件：光电倍增管电压400V；砷空心阴极灯电流35mA；原子化器，温度820℃～850℃；高度7mm；氩气流速，载气600mL/min；测量方式，荧光强度或浓度直读；读数方式，峰面积；读数延迟时间1s；读数时间15s；硼氢化钠溶液加入时间5s；标液或样液加入体积2mL。

b. 浓度方式测量：如直接测荧光强度，则在开机并设定好仪器条件后，预热稳定约20min。按“B”键进入空白值测量状态，连续用标准系列的“0”管进样，待读数稳定后，按空档键记录下空白值（即让仪器自动扣底）即可开始测量。先依次测标准系列（可不再测“0”管）。标准系列测完后应仔细清洗进样器（或更换一支），并再用“0”管测试使读数基本回零后，才能测试剂空白和试样，每测不同的试样前都应清洗进样器，记录（或打印）下测量数据。

c. 仪器自动方式：利用仪器提供的软件功能可进行浓度直读测定，为此在开机、设定条件和预热后，还需输入必要的参数，即试样量（g 或 mL）；稀释体积（mL）；进样体积（mL）；结果的浓度单位；标准系列各点的重复测量次数；标准系列的点数（不计零点），及各点的浓度值。首先进入空白值测量状态，连续用标准系列的"0"管进样以获得稳定的空白值并执行自动扣底后，再依次测标准系列（此时"0"管需再测一次）在测样液前，需再进入空白值测量状态，先用标准系列"0"管测试使读数复原并稳定后，两个试剂空白各进一次样，让仪器取其均值作为扣底的空白值，随后即可依次测试样。测定完毕后退回主菜单，选择"打印报告"即可将测定结果打出。

（5）结果计算

如果采用荧光强度测量方式，则需先对标准系列的结果进行回归运算（由于测量时"0"管强制为0，故零点值应该输入以占据一个点位），然后根据回归方程求出试剂空白液和试样被测液的砷浓度，再按式（7-11）计算试样的砷含量。

$$X=\frac{c_1-c_0}{m}\times\frac{25}{1\,000} \tag{7-11}$$

式中：X——试样的砷含量，mg/kg 或 mg/L；

c_1——试样被测液的浓度，ng/mL；

c_0——试剂空白液的浓度，ng/mL；

m——试样的质量或体积，g 或 mL。

计算结果保留两位有效数字。

（6）精密度

湿消解法在重复性条件下获得的两次独立测定结果的绝对差值不得超过算术平均值的10%。干灰化法在重复性条件下获得的两次独立测定结果的绝对差值不得超过算术平均值的15%。

（7）准确度

湿消解法测定的回收率为90%～105%；干灰化法测定的回收率为85%～100%。

7.1.4.4.2　银盐法［第二法］

（1）原理

试样经消化后，以碘化钾、氯化亚锡将高价砷还原为+3价砷，然后与锌粒和酸产生的新生态氢生成砷化氢，经银盐溶液吸收后，形成红色胶态物，与标准系列比较定量。

（2）试剂

① 硝酸。

② 硫酸。

③ 盐酸。

④ 氧化镁。

⑤ 无砷锌粒。

⑥ 硝酸-高氯酸混合溶液（4+1）：量取80mL硝酸，20mL高氯酸，混匀。

⑦ 硝酸镁溶液（150g/L）：称取15g硝酸镁［$Mg(NO_3)_2\cdot 6H_2O$］溶于水中，并稀释至100mL。

⑧ 碘化钾溶液（150g/L）：贮存于棕色瓶中。

⑨ 酸性氯化亚锡溶液：称取40g氯化亚锡（$SnCl_2\cdot 2H_2O$），加盐酸溶解并稀释至

100mL，加入数颗金属锡粒。

⑩ 盐酸（1+1）：量取50mL盐酸加水稀释至100mL。

⑪ 乙酸铅溶液（100g/L）。

⑫ 乙酸铅棉花：用乙酸铅溶液（100g/L）浸透脱脂棉后，压除多余溶液，并使疏松，在100℃以下干燥后，贮存于玻璃瓶中。

⑬ 氢氧化钠溶液（200g/L）。

⑭ 硫酸（6+94）：量取6.0mL。硫酸加于80mL水中，冷后再加水稀释至100mL。

⑮ 二乙基二硫代氨基甲酸银－三乙醇胺－三氯甲烷溶液：称取0.25g二乙基二硫代氨基甲酸银［$(C_2H_5)_2NCS_2Ag$］置于乳钵中，加少量三氯甲烷研磨，移入100mL量筒中，加入1.8mL三乙醇胺，再用三氯甲烷分次洗涤乳钵，洗液一并移入量筒中，再用三氯甲烷稀释至100mL，放置过夜。滤入棕色瓶中贮存。

⑯ 砷标准储备液：准确称取0.132 0g在硫酸干燥器中干燥过的或在100℃干燥2h的三氧化二砷，加5mL氢氧化钠溶液（200g/L），溶解后加25mL硫酸（6+94），移入1 000mL容量瓶中，加新煮沸冷却的水稀释至刻度，贮存于棕色玻塞瓶中。此溶液每毫升相当于0.10mg砷。

⑰ 砷标准使用液：吸取1.0mL砷标准储备液，置于100mL容量瓶中，加1mL硫（6+94），加水稀释至刻度，此溶液每毫升相当于1.0μg砷。

（3）仪器

分光光度计。测砷装置见图7－1。

（4）试样处理

① 硝酸－高氯酸－硫酸法

a. 粮食、粉丝、粉条、豆干制品、糕点、茶叶等及其他含水分少的固体食品：称取5.00g或10.00g的粉碎试样，置于250mL～500mL定氮瓶中，先加水少许使湿润，加数粒玻璃珠、10mL～15mL硝酸－高氯酸混合液，放置片刻，小火缓缓加热，待作用缓和，放冷。沿瓶壁加入5mL或10mL硫酸，再加热，至瓶中液体开始变成棕色时，不断沿瓶壁滴加硝酸－高氯酸混合液至有机质分解完全。加大火力，至产生白烟，待瓶口白烟冒净后，瓶内液体再产生白烟为消化完全，该溶液应澄明无色或微带黄色，放冷。（在操作过程中应注意防止爆沸或爆炸）加20mL水煮沸，除去残余的硝酸至产生白烟为止，如此处理2次，放冷。将冷后的溶液移入50mL或100mL容量瓶中，用水洗涤定氮瓶，洗液并入容量瓶中，放冷，加水至刻度，混匀。定容后的溶液每10mL相当于1g试样，相当加入硫酸量1mL。取与消化试样相同量的硝酸高氯酸混合液和硫酸，按同一方法做试剂空白试验。

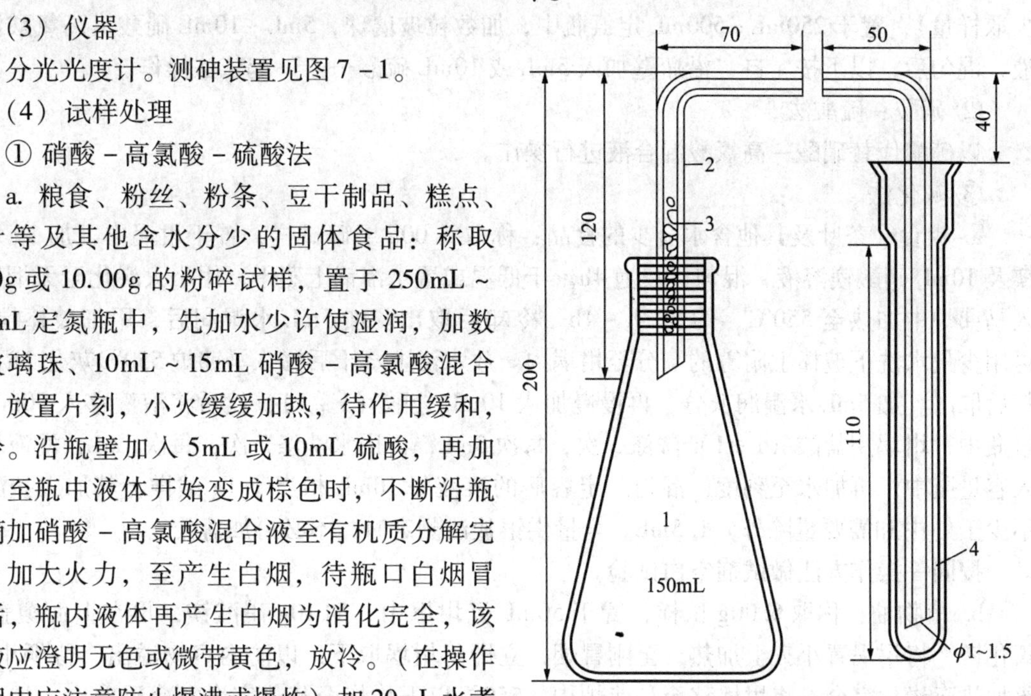

图7－1　测砷装置

1—150mL锥形瓶；2—导气管；3—乙酸铅棉花；4—10mL刻度离心管

b. 蔬菜、水果：称取25.00g或50.00g洗净打成匀浆的试样，置于250mL~500mL定氮瓶中，加数粒玻璃珠、10mL~15mL硝酸-高氯酸混合液，以下按a自“放置片刻……”起依法操作，但定容后的溶液每10mL相当于5g试样，相当加入硫酸1mL。

c. 酱、酱油、醋、冷饮、豆腐、腐乳、酱腌菜等：称取10.00g或20.00g试样（或吸取10.0mL或20.0mL液体试样），置于250mL~500mL定氮瓶中，加数粒玻璃珠、5mL~15mL硝酸-高氯酸混合液。以下按a自“放置片刻……”起依法操作，但定容后的溶液每10mL相当于2g或2mL试样。

d. 含酒精性饮料或含二氧化碳饮料：吸取10.00mL或20.00mL试样，置于250mL~500mL定氮瓶中，加数粒玻璃珠，先用小火加热除去乙醇或二氧化碳，再加5mL~10mL硝酸-高氯酸混合液，混匀后，以下按a自“放置片刻……”起依法操作，但定容后的溶液每10mL相当于2mL试样。

e. 含糖量高的食品：称取5.00g或10.0g试样，置于250mL~500mL定氮瓶中，先加少许水使湿润，加数粒玻璃珠，5mL~10mL硝酸-高氯酸混合后，摇匀。缓缓加入5mL或10mL硫酸，待作用缓和停止起泡沫后，先用小火缓缓加热（糖分易炭化），不断沿瓶壁补加硝酸-高氯酸混合液，待泡沫全部消失后，再加大火力，至有机质分解完全，发生白烟，溶液应澄明无色或微带黄色，放冷。以下按a自“加20mL水煮沸……”起依法操作。

f. 水产品：取可食部分试样捣成匀浆，称取5.00g或10.0g（海产藻类、贝类可适当减少取样量），置于250mL~500mL定氮瓶中，加数粒玻璃珠，5mL~10mL硝酸-高氯酸混合液，混匀后，以下按a自“沿瓶壁加入5mL或10mL硫酸……”起依法操作。

② 硝酸-硫酸法

以硝酸代替硝酸-高氯酸混合液进行操作。

③ 灰化法

a. 粮食、茶叶及其他含水分少的食品：称取5.00g磨碎试样，置于坩埚中，加1g氧化镁及10mL硝酸镁溶液，混匀，浸泡4h。于低温或置水浴锅上蒸干，用小火炭化至无烟后移入马弗炉中加热至550℃，灼烧3h~4h，冷却后取出。加5mL水湿润后，用细玻棒搅拌，再用少量水洗下玻棒上附着的灰分至坩埚内。放水浴上蒸干后移入马弗炉550℃灰化2h，冷却后取出。加5mL水湿润灰分，再慢慢加入10mL盐酸（1+1），然后将溶液移入50mL容量瓶中，坩埚用盐酸（1+1）洗涤3次，每次5mL，再用水洗涤3次，每次5mL，洗液均并入容量瓶中，再加水至刻度，混匀。定容后的溶液每10mL相当于1g试样，其加入盐酸量不少于（中和需要量除外）1.5mL。全量供银盐法测定时，不必再加盐酸。

按同一操作方法做试剂空白试验。

b. 植物油：称取5.00g试样，置于50mL瓷坩埚中，加10g硝酸镁，再在上面覆盖2g氧化镁，将坩埚置小火上加热，至刚冒烟，立即将坩埚取下，以防内容物溢出，待烟小后，再加热至炭化完全。将坩埚移至马弗炉中，550℃以下灼烧至灰化完全，冷后取出。加5mL水湿润灰分，再缓缓加入15mL盐酸（1+1），然后将溶液移入50mL容量瓶中，坩埚用盐酸（1+1）洗涤5次，每次5mL，洗液均并入容量瓶中，加盐酸（1+1）至刻度，混匀。定容后的溶液每10mL相当于1g试样，相当于加入盐酸量（中和需要量除外）1.5mL。按同一操作方法做试剂空白试验。

c. 水产品：取可食部分试样捣成匀浆，称取5.00g，置于坩埚中，加1g氧化镁及10mL硝酸镁溶液，混匀，浸泡4h。以下按a自“于低温或置水浴锅上蒸干……”起依法操作。

(5) 分析步骤

吸取一定量的消化后的定容溶液（相当于5g试样）及同量的试剂空白液，分别置于150mL锥形瓶中，补加硫酸至总量为5mL，加水至50mL~55mL。

① 标准曲线的绘制

吸取0mL、2.0mL、4.0mL、6.0mL、8.0mL和10.0mL砷标准使用液（相当0μg、2.0μg、4.0μg、6.0μg、8.0μg和10.0μg），分别置于150mL锥形瓶中，加水至40mL，再加10mL硫酸（1+1）。

② 用湿法消化液

于试样消化液、试剂空白液及砷标准溶液中各加3mL碘化钾溶液（150g/L）、0.5mL酸性氯化亚锡溶液，混匀，静置15min。各加入3g锌粒，立即分别塞上装有乙酸铅棉花的导气管，并使管尖端插入盛有4mL银盐溶液的离心管中的液面下，在常温下反应45min后，取下离心管，加三氯甲烷补足4mL。用1cm比色杯，以零管调节零点，于波长520nm处测吸光度，绘制标准曲线。

③ 用灰化法消化液

取灰化法消化液及试剂空白液分别置于150mL锥形瓶中。吸取0mL、2.0mL、4.0mL、6.0mL、8.0mL和10.0mL砷标准使用液（相当0μg、2.0μg、4.0μg、6.0μg、8.0μg和10.0μg砷），分别置于150mL锥形瓶中，加水至43.5mL，再加6.5mL盐酸。以下按②自"于试样消化液……"起依法操作。

(6) 结果计算

试样中砷的含量按式（7-12）进行计算。

$$X=\frac{(A_1-A_2)\times 1\,000}{m\times\frac{V_2}{V_1}\times 1\,000} \tag{7-12}$$

式中：X——试样中砷的含量，mg/kg或mg/L；

A_1——测定用试样消化液中砷的质量，μg；

A_2——试剂空白液中砷的质量，μg；

m——试样质量或体积，g或mL；

V_1——试样消化液的总体积，mL；

V_2——测定用试样消化液的体积，mL。

计算结果保留两位有效数字。

(7) 精密度

在重复性条件下获得的两次独立测定结果的绝对差值不得超过算术平均值的10%。

7.1.4.4.3 砷斑法［第三法］

(1) 原理

试样经消化后，以碘化钾、氯化亚锡将高价砷还原为三价砷，然后与锌粒和酸产生的新生态氢生成砷化氢，再与溴化汞试纸生成黄色至橙色的色斑，与标准砷斑比较定量。

(2) 试剂

① 同银盐法①~⑭、⑯和⑰。

② 溴化汞-乙醇溶液（50g/L）：称取25g溴化汞用少量乙醇溶解后，再定容至500mL。

③ 溴化汞试纸：将剪成直径2cm的圆形滤纸片，在溴化汞乙醇溶液（50g/L）中浸渍

1h以上，保存于冰箱中，临用前取出置暗处阴干备用。

（3）仪器

测砷装置见图7－2。

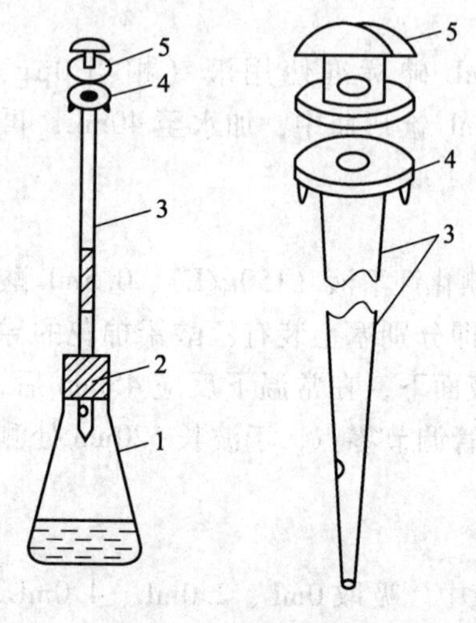

图7－2　测砷装置

1—锥形瓶；2—橡皮塞；3—测砷管；4—管口；5—玻璃帽

① 100mL锥形瓶。

② 橡皮塞：中间有一孔。

③ 玻璃测砷管：全长18cm，上粗下细，自管口向下至14cm一段的内径为6.5mm，自此以下逐渐狭细，末端内径约为1mm～3mm，近末端1cm处有一孔，直径2mm，狭细部分紧密插入橡皮塞中，使下部伸出至小孔恰在橡皮塞下面。上部较粗部分装放乙酸铅棉花，长5cm～6cm，上端至管口处至少3cm，测砷管顶端为圆形扁平的管口上面磨平，下面两侧各有一钩，为固定玻璃帽用。

④ 玻璃帽：下面磨平，上面有弯月形凹槽，中央有圆孔，直径6.5mm。使用时将玻璃帽盖在测砷管的管口，使圆孔互相吻合，中间夹一溴化汞试纸光面向下．用橡皮圈或其他适宜的方法将玻璃帽与测砷管固定。

（4）试样消化

同7.1.4.4.2中的（4）。

（5）分析步骤

吸取一定量试样消化后定容的溶液（相当于2g粮食，4g蔬菜、水果，4mL冷饮，5g植物油，其他试样参照此量）及同量的试剂空白液分别置于测砷瓶中，加5mL碘化钾溶液（150g/L）、5滴酸性氯化亚锡溶液及5mL盐酸（试样如用硝酸－高氯酸－硫酸或硝酸－硫酸消化液，则要减去试样中硫酸毫升数；如用灰化法消化液，则要减去试样中盐酸毫升数），再加适量水至35mL（植物油不再加水）。吸取0mL、0.5mL、1.0mL和2.0mL砷标准使用液（相当0μg、0.5μg、1.0μg和2.0μg砷），分别置于测砷瓶中，各加5mL碘化钾溶液（150g/L）、5滴酸性氯化亚锡溶液及5mL盐酸，各加水至35mL（测定植物油时加水至60mL）。于盛试样消化液、试剂空白液及砷标准溶液的测砷瓶中各加3g锌粒，立即塞上预先装有乙酸铅棉花及溴化汞试纸的测砷管，于25℃放置1h，取出试样及试剂空白的溴化汞试纸与标准砷斑比较。

（6）结果计算

同7.1.4.4.2中的（6）。

（7）精密度

在重复性条件下获得的两次独立测定结果的绝对差值不得超过算术平均值的20%。

7.1.4.4.4　硼氢化物还原比色法［第四法］

（1）原理

试样经消化，其中砷以+5价形式存在。当溶液氢离子浓度大于1.0moL/L时，加入碘化钾－硫脲并结合加热，能将+5价砷还原为+3价砷。在酸性条件下，硼氢化钾将+3价砷还原为－3价，形成砷化氢气体，导入吸收液中呈黄色，黄色深浅与溶液中砷含量成正比。与标准系列比较定量。

（2）试剂

① 碘化钾（500g/L）+硫脲溶液（50g/L）（1+1）。

② 氢氧化钠（400g/L）和氢氧化钠溶液（100g/L）。

③ 硫酸（1+1）。

④ 吸收液

a. 硝酸银溶液（8g/L）：称取 4.0g 硝酸银于 500mL 烧杯中，加入适量水溶解后加入 30mL 硝酸，加水至 500mL，贮于棕色瓶中。

b. 聚乙烯醇溶液（4g/L）：称取 0.4g 聚乙烯醇（聚合度 1 500～1 800）于小烧杯中，加入 100mL 水，沸水浴中加热，搅拌至溶解，保温 10min，取出放冷备用。

c. 吸收液：取 a 和 b 各 1 份，加入 2 份体积的乙醇（95%），混匀作为吸收液。使用时现配。

⑤ 硼氢化钾片：将硼氢化钾与氯化钠按 1∶4 质量比混合磨细，充分混匀后在压片机上制成直径 10mm，厚 4mm 的片剂，每片为 0.5g。避免在潮湿天气时压片。

⑥ 乙酸铅（100g/L）棉花：将脱脂棉泡于乙酸铅溶液（100g/L）中，数分钟后挤去多余溶液，摊开棉花，80℃烘干后贮于广口玻璃瓶中。

⑦ 柠檬酸（1.0moL/L）－柠檬酸铵（1.0moL/L）：称取 192g 柠檬酸、243g 柠檬酸铵，加水溶解后稀释至 1 000mL。

⑧ 砷标准储备液：称取经 105℃干燥 1h 并置干燥器中冷却至室温的三氧化二砷（As_2O_3）0.132 0g 于 100mL 烧杯中，加入 10mL 氢氧化钠溶液（2.5moL/L），待溶解后加入 5mL 高氯酸、5mL 硫酸，置电热板上加热至冒白烟，冷却后，转入 1 000mL 容量瓶中，并用水稀释定容至刻度。此溶液每毫升含砷（+5 价）0.100mg。

⑨ 砷标准应用液：吸取 1.00mL 砷标准储备液于 100mL 容量瓶中，加水稀释至刻度。此溶液每毫升含砷（+5 价）1.00μg。

⑩ 甲基红指示剂（2g/L）：称取 0.1g 甲基红溶解于 50mL 乙醇（95%）中。

（3）仪器

分光光度计。砷化氢发生装置，如图 7－1 所示。

（4）分析步骤

① 试样处理

a. 粮食类食品：称取 5.00g 试样于 250mL 三角烧瓶中，加入 5.0mL 高氯酸、20mL 硝酸、2.5mL 硫酸（1+1），放置数小时后（或过夜），置电热板上加热，若溶液变为棕色，应补加硝酸使有机物分解完全，取下放冷，加 15mL 水，再加热至冒白烟，取下，以 20mL 水分数次将消化液定量转入 100mL 砷化氢发生瓶中。同时作试剂空白。

b. 蔬菜、水果类：称取 10.00g～20.00g 试样于 250mL 三角烧瓶中，加入 3mL 高氯酸、20mL 硝酸、2.5mL 硫酸（1+1）。以下按 a 操作。

c. 动物性食品（海产品除外）：称取 5.00g～10.00g 试样于 250mL 三角烧瓶中，以下按 a 操作。

d. 海产品：称取 0.100g～1.00g 试样于 250mL 三角烧瓶中，加入 2mL 高氯酸、10mL 硝酸、2.5mL 硫酸（1+1），以下按 a 操作。

e. 含乙醇或二氧化碳的饮料：吸取 10.0mL 试样于 250mL 三角烧瓶中，低温加热除去乙醇或二氧化碳后加入 2mL 高氯酸、10mL 硝酸、2.5mL 硫酸（1+1），以下按 a 操作。

f. 酱油类食品：吸取 5.0mL～10.0mL 代表性试样于 250mL 三角烧瓶中，加入 5mL 高氯酸、20mL 硝酸、2.5mL 硫酸（1+1），以下按 a 操作。

② 标准系列的制备

于6 支 100mL 砷化氢发生瓶中，依次加入砷标准应用液 0mL、0.25mL、0.5mL、1.0mL、2.0mL 和3.0mL（相当于砷0μg、0.25μg、0.5μg、1.0μg、2.0μg 和3.0μg），分别加水至3mL，再加2.0mL 硫酸（1+1）。

③ 试样及标准的测定

于试样及标准砷化氢发生瓶中，分别加入 0.1g 抗坏血酸，2.0mL 碘化钾（500g/L）-硫脲溶液（50g/L），置沸水浴中加热5min（此时瓶内温度不得超过 80℃），取出放冷，加入甲基红指示剂（2g/L）1 滴，加入约 3.5mL 氢氧化钠溶液（400g/L），以氢氧化钠溶液（100g/L）调至溶液刚呈黄色，加入 1.5mL 柠檬酸（1.0mol/L）-柠檬酸铵溶液（1.0mol/L），加水至40mL，加入一粒硼氢化钾片剂，立即通过塞有乙酸铅棉花的导管与盛有 4.0mL 吸收液的吸收管相连接，不时摇动砷化氢发生瓶，反应 5min 后再加入 1 粒硼氢化钾片剂，继续反应5min。取下吸收管，用1cm 比色杯，在400nm 波长，以标准管零管调吸光度为零，测定各管吸光度。将标准系列各管砷含量对吸光度绘制标准曲线或计算回归方程。

（5）结果计算

试样中砷的含量按式（7-13）进行计算。

$$X = \frac{A \times 1\,000}{m \times 1\,000} \qquad (7-13)$$

式中：X——试样中砷的含量，mg/kg 或 mg/L；

A——测定用消化液从标准曲线查得的质量，μg；

m——试样质量或体积，g 或 mL。

计算结果保留两位有效数字。

（6）精密度

在重复性条件下获得的两次独立测定结果的绝对差值不得超过算术平均值的 15%。

7.1.4.4.5　其他方法

对于食品中砷的检测有氢化物发生原子荧光法、硼氢化物还原比色法、极谱催化波法、流动注射-氢化物发生-ICP-光谱法、氢化物发生电感耦合等离子体原子发射光谱法及砷斑法等，这些方法有其一定优点，但是多数需要贵重的仪器设备。原子吸收光谱法（AAS）依据不同的原子化方法可分为火焰原子吸收光谱（FAAS）、石墨炉原子吸收光谱（GFAAS）和氢化物原子吸收光谱（HGAAS）。近年来利用电化学形态分析技术测定痕量砷的伏安法、极谱法、电位法等电化学法。电感耦合等离子体质谱法（ICP-MS）是近 10 年发展最快的无极超痕量分析方法，它能一次完成从 $1 \times 10^{-12} \sim 1 \times 10^{-6}$ 的几十种元素的分析，并能同时检测同位素，是目前元素分析中灵敏度高、检测限低的方法之一。

7.1.5　其他有害元素的检验

试样的前处理，目的在于除去干扰因素，完整保留被测组分，或使被测组分浓缩。农产品中的蔬菜等应该来说比较好处理，但是对于含蛋白质较高的食品，它们的成分复杂，既含有大分子有机物，也含有各种无机元素，要将其全部消化则比较棘手。传统的方法主要有湿法消化和干法灰化，湿法消化是在适量的食品试样中加入硝酸、高氯酸、硫酸等氧化性强酸，结合加热来破坏有机物，在消化过程中易产生大量的有害气体，危险性较大，且试剂用量也较多，空白值偏高；干法灰化是在高温灼烧下，使有机物氧化分解，剩余无机物供测定，此法消化周期长，耗电多，被测成分易挥发损失，坩埚材料有时对被测成分也有吸留作用，致使回收率降低。因此，又有很多改进了的干法与湿法处理过程。

国家标准中铅（铬）的检测方法的前处理方法有干法灰化、过硫酸铵灰化、湿式消解、压力消解罐消解四种方法。近来又有用改进剂的方法。在消解过程中，加入不同的改进剂或辅助消解物质，可提高消解的速度和完全程度。如采用硝酸镍作为石墨炉原子吸收法测定食品中痕量铅时的助灰剂和基体改良剂，能很好的增加铅的稳定性，是试样干法灰化预处理的过程简单。

20 世纪 70 年代中期，国内外有人利用微波技术促进试样的湿法消解。如郝林华等人采用微波消解测定水产品、饲料中的微量镉等。

分光光度法主要是通过加入某种能够使体系显色的物质，显色后，与标准系列比较定量。它操作简单，定量性好，适于在实验室中使用。根据所加入的物质使显色剂显色程度的不同，与标准系列比较定量。电化学法是近年来发展较快的一种方法，它以经典极谱法为依托，在此基础上又衍生出示波极谱、阳极溶出伏安法等。电化学法的检测限较低，测试灵敏度较高。原子吸收法包括石墨炉原子吸收法，火焰原子吸收法，以及其他一些不同前处理条件下使用原子吸收分光光计的方法，是目前在食品测定中应用最为广泛的方法。原子荧光法应用 AFS－2201 型双道原子荧光光谱仪进行了氢化物发生原子荧光法测定食品和饲料中的铅。方法中采用高氯酸做介质，检出限为 0.3μg/L，线性范围为 1.00μg/L～500μg/L，回收率为 87%～98%。用标准物精密度和准确度好，线性范围宽，检出限低，所用试剂无毒性，且仪器性能稳定，价格低廉。

除以上所列的几大类方法外，还有气相色谱法，电感耦合等离子体质谱法等。应用 X－射线荧光光谱法、中子活化法、示波极谱法、ICP－MS 和其他技术连用等等有害元素的检测技术。现将除前面介绍的汞、铅、砷以外的其他有害元素的前处理及检验方法列于表 7－7 中。

表 7－7　有害元素的前处理及检验方法

有害元素种类	前处理	检测方法
镉	干灰化法 湿式消解法 微波消解	石墨炉原子吸收法 火焰原子吸收光谱法 单道扫描光谱仪测定 能定性或半定量检测食品中镉的检测试纸
铜	马弗炉炭化、灰化法 干灰化法 湿式消解法 微波消解法	火焰原子吸收法 电位溶出测定法 催化光度法 阻抑动力学光度法
锡	干灰化法 湿式消解法 微波消解	苯酮比色法电位溶出分析法、塞曼石墨炉原子吸收法原子吸收光谱法、氢化物发生－原子吸收光谱法、极谱法、X－射线荧光光谱法、中子活化法、分光光度法以及氢化物原子荧光光谱法
锌	干法灰化 湿法消解 微波消解	微电位溶出分析法 微分脉冲溶出伏安法 原子吸收光谱法 CCD 阵列检测－激光诱导荧光光度法

续表

有害元素种类	前处理	检测方法
铬	干法灰化 过硫酸铵灰化 湿式消解 压力消解罐消解	分光光度法 电化学法 原子吸收法（石墨炉原子吸收法，火焰原子吸收法） 原子荧光法 示波极谱法 气相色谱法 电感耦合等离子体质谱法

7.2 农药残留量的检验

7.2.1 概述

7.2.1.1 农药与农药残留

根据我国国务院《农药管理条例》（2001）的定义，农药是指用于预防、消灭或者控制危害农业、林业的病、虫、草和其他有害生物以及有目的地调节植物、昆虫生长的药物的通称。目前，全世界实际生产和使用的农药品种有上千种，其中绝大部分为化学合成药物，另外的可能是来源于生物或其他天然物质的一种或者几种物质的混合物及其制剂。农药是以其毒性作用来消灭或控制昆虫生长的。

农药根据不同的分类方法可分为不同类别：按用途可分为杀虫剂、杀菌剂、除草剂、杀螨剂、植物生长调节剂、昆虫不育剂和杀鼠药等；按农药的来源可分为化学农药、植物农药、微生物农药；按化学组成和结构可分为无机农药和有机农药（包括元素有机化合物，如有机磷、有机砷、有机氯、有机硅、有机氟等；还有金属有机化合物，如有机汞、有机锡等）；按药剂的作用方式可分为触杀剂、胃毒剂、熏蒸剂、内吸剂、引诱剂、驱避剂、拒食剂、不育剂等；按其毒性可分为高毒、中毒、低毒三类；按杀虫效率可分为高效、中效、低效三类；按农药在植物体内残留时间的长短可分为高残留、中残留和低残留三类。

根据 GB 2763—2014《食品中农药最大残留限量》可知，残留物（Residue Definition）是由于使用农药而在食品、农产品和动物饲料中出现的任何特定物质，包括被认为具有毒理学意义的农药衍生物，如农药转化物、代谢物、反应产物及杂质等。最大残留限量（Maximum Residue Limit，MRL）是在食品或农产品内部或表面法定允许的农药最大浓度，以每千克食品或农产品中农药残留的毫克数表示（mg/kg）。再残留限量（Extraneous Maximum Residue Limit，EMRL）是一些持久性农药虽已禁用，但还长期存在环境中，从而再次在食品中形成残留，为控制这类农药残留物对食品的污染而制定其在食品中的残留限量，以每千克食品或农产品中农药残留的毫克数表示（mg/kg）。每日允许摄入量（Acceptable Daily Intake，ADI）是人类终生每日摄入某物质，而不产生可检测到的危害健康的估计量，以每千克体重可摄入的量表示（mg/kg）。

农药的毒性作用具有两面性：一方面，可以有效控制或消灭农业、林业的病、虫及杂草的危害，提高农产品的产量和质量。另一方面，使用农药也带来环境污染，危害有益昆虫和鸟类，导致生态平衡失调。同时也造成了食品农药残留，对人类健康产生危害。因此，应该正确看待农药使用带来的利与弊，更好地了解农药残留的发生规律及其对人体的危害，控制农药对食品及环境的污染，对保护人类健康十分重要。

我国是世界上农药生产和消费大国，近年生产的高毒杀虫剂主要有甲胺磷、甲基对硫磷氧乐果、久效磷、对硫磷、甲拌磷等，因而，这些农药目前在农作物中残留最严重。

7.2.1.2 农药污染食品的途径及食品中农药残留的主要来源

农药除了可造成人体的急性中毒外，绝大多数会对人体产生慢性危害，并且都是通过污染食品的形式造成。几种常用的、容易对食品造成污染的农药品种有有机氯农药、有机磷农药、有机汞农药、氨基甲酸酯类农药等。

农药污染食品的途径及农药残留的来源主要有以下几种：

(1) 为防治农作物病虫害使用农药，喷洒作物而直接污染食用作物

给农作物直接施用农药制剂后，渗透性农药主要黏附在蔬菜、水果等作物表面，大部分可以洗去，因此作物外表的农药浓度高于内部；内吸性农药可进入作物体内，使作物内部农药残留量高于作物体外。另外，作物中农药残留量大小也与施药次数、施药浓度、施药时间和施药方法以及植物的种类等有关。一般施药次数越多、间隔时间越短、施药浓度越大，作物中的药物残留量越大。

(2) 植物根部吸收

最容易从土壤中吸收农药的是胡萝卜、草莓、菠菜、萝卜、马铃薯、甘薯等，番茄、茄子、辣椒、卷心菜、白菜等吸收能力较小。熏蒸剂的使用也可导致粮食、水果、蔬菜中农药残留。

(3) 空中随雨水降落

农作物施用农药时，农药可残留在土壤中，有些性质稳定的农药，在土壤中可残留数十年。农药的微粒还可随空气飘移至很远地方，污染食品和水源。这些环境中残存的农药又会被作物吸收、富集，而造成食品间接污染。在间接污染中，一般通过大气和饮水进入人体的农药仅占10%左右，通过食物进入人体的农药可达到90%左右。种茶区在禁用滴滴涕、六六六多年后，在采收后的茶叶中仍可检出较高含量的滴滴涕及其分解产物和六六六。茶园中六六六的污染主要来自污染的空气及土壤中的残留农药。此外，水生植物体内农药的残留量往往比生长环境中的农药含量高出若干倍。

(4) 食物链和生物富集作用

农药残留被一些生物摄取或通过其他的方式吸入后累积于体内，造成农药的高浓度贮存，再通过食物链转移至另一生物，经过食物链的逐级富集后，若食用该类生物性食品，可使进入人体的农药残留量成千倍甚至上万倍的增加，从而严重影响人体健康。一般在肉、乳品中含有的残留农药主要是禽畜摄入被农药污染的饲料，造成体内蓄积，尤其在动物的脂肪、肝、肾等组织中残留量较高。动物体内的农药有些可随乳汁进入人体，有些则可转移至蛋中，产生富集作用。鱼虾等水生动物摄入水中污染的农药后，通过生物富集和食物链可使体内农药的残留浓集至数百至数万倍。

(5) 运输贮存中混放

运输及贮存中由于和农药混放，可造成食品污染。尤其是运输过程中包装不严或农药容器破损，会导致运输工具污染，这些被农药污染的运输工具，往往未经彻底清洗，又被用于装运粮食或其他食品，从而造成食品污染。另外，这些逸出的农药也会对环境造成严重污染，从而间接污染食品。印度博帕尔毒气灾害就是美资联合炭化公司一化工厂泄漏农药中间

体硫氰酸酯引起的。中毒者数以万计，同时造成大量孕妇流产和胎儿死亡。

7.2.1.3 食品中农药残留毒性与限量

由于大量使用有机农药，我国农药中毒人数越来越多，其中生产性中毒和非生产性中毒比例为1∶1，非生产性中毒除了误食农药外，大部分是由于食物农药残留而引起。食品中农药残留毒性对人体的危害是多方面的，与农药的种类、摄入量、摄入方式、作用时间等因素有关。

脂溶性大、持久性长的农药，如六六六（BHC）和滴滴涕（DDT）等，很容易经食物链产生生物富集。随着营养级提高，农药的浓度也逐级升高，从而导致最终受体生物的急性、慢性和神经中毒。一般来说人类处在食物链的最末端，受残留农药生物富集的危害最严重。有些农药在环境中稳定性好，降解的代谢物也具有与母体相似的毒性，这些农药往往引起整个食物链的生物中毒死亡；有些农药尽管毒性低，但性质很稳定，若摄入量很大，也可产生毒害作用。

7.2.1.3.1 残留农药的毒性与危害

农药对人、畜的毒性可分为急性毒性和慢性毒性。所谓急性毒性，是指一次口服、皮肤接触或通过呼吸道吸入等途径，接受一定剂量的农药，在短时间内能引起急性病理反应的毒性，如有机磷剧毒农药1605、甲胺磷等均可引起急性中毒。患者在出现各种组织、脏器的一些相应的毒性反应时，还常常发生严重的神经系统损害和功能紊乱，表现为急性神经毒性和迟发性神经毒性等一系列精神症状。慢性毒性包括遗传毒性、生殖毒性、致畸和致癌作用，是指低于急性中毒剂量的农药，被长时间连续使用，接触或吸入而进入人畜体内，引起慢性病理反应，如化学性质稳定的有机氯残留农药666、滴滴涕等。

长期或大剂量摄入农药残留的食品后，还可能对食用者产生遗传毒性、生殖毒性、致畸和致癌作用。据Daniels报道，儿童某些肿瘤（脑癌、白血病）与父母在围产期接触化学农药有一定相关性。怀孕母亲接触农药，其子女患脑癌危险度明显增加。有人报道用苯菌灵灌胃给药可引起动物致畸，而混饲则不致畸。因此，关于农药对机体的遗传毒性、生殖毒性、致畸和致癌性等作用还需要有进一步研究证实。

7.2.1.3.2 食品中农药残留限量标准

继FAO/WHO和世界其他国家对食品中农药的最大残留限量（MRL）做出规定之后，我国也相继出台了一系列标准，并于1994年正式颁发了农药残留限量标准7个，包括20种农药在各类食品中的MRL。2005年颁发近80个国家农药残留限量标准，农药在农副产品中的最高残留标准，2014年制定了食品安全国家标准GB 2763—2014，该标准代替GB 2763—2012。新标准中增加了胺鲜酯等65种农药名称；增加了1 357项农药最大残留限量标准；增加15项检测方法标准，删除1项检测方法标准；对资料性附录A进行了修订，细化了食品类别（见附录F）及测定部位，增加了小黑麦等66种食品名称。同时将以下标准作废，具体名单如下：GB 2763—2005《食品中农药最大残留限量》；GB 2763—2005《食品中农药最大残留限量》第1号修改单；GB 2715—2005《粮食卫生标准》中的4.3.3农药最大残留限量；GB 25193—2010《食品中百菌清等12种农药最大残留限量》；GB 26130—2010《食品中百草枯等54种农药最大残留限量》；GB 28260—2011《食品中阿维菌素等85种农药最大残留限量》；NY 660—2003《茶叶中甲萘威、丁硫克百威、多菌灵、残杀威和抗蚜威的最大残留限量》；NY 661—2003《茶叶中氟氯氰菊酯和氟氰戊菊酯的最大残留限量》；NY

662—2003《花生中甲草胺、克百威、百菌清、苯线磷及异丙甲草胺最大残留限量》；NY 773—2004《水果中啶虫脒最大残留限量》；NY 774—2004《叶菜中氯氰菊酯、氯氟氰菊酯、醚菊酯、甲氰菊酯、氟胺氰菊酯、氟氯氰菊酯、四聚乙醛、二甲戊乐灵、氟苯脲、阿维菌素、虫酰肼、氟虫腈、丁硫克百威最大残留限量》；NY 775—2004《玉米中烯唑醇、甲草胺、溴苯腈、氰草津、麦草畏、二甲戊乐灵、氟乐灵、克百威、顺式氰戊菊酯、噻吩磺隆、异丙甲草胺最大残留限量》；NY 831—2004《柑橘中苯螨特、噻嗪酮、氯氰菊酯、苯硫威、甲氰菊酯、唑螨酯、氟苯脲最大残留限量》；NY 1500—2007《农产品中农药最大残留限量》。

这些标准的制定对指导农业生产合理使用农药，减少食品中农药残留，维持生态平衡等起了重要作用。但是，随着科学技术的发展和人民生活水平的提高，人们对食品质量的要求也越来越高，以前没有完全认识的农药残留毒性现在已越来越清楚，再加上新的农药品种不断出现，使得过去的一些标准已不能完全适应于社会发展的需要，这就要求进一步制定或完善相关标准，不断加强对食品中农药残留量的监督管理工作，以维护和提高食品的安全性，保障人民身体健康。

7.2.1.4　控制食品中农药残留的措施

（1）健全和完善农药使用、监督管理的法规标准，减少管理漏洞

农业生产必须严格按照《农药安全使用标准》施药。在短期作物中禁止使用高毒高残留农药。减少农药使用量，对病虫害进行综合防治。

（2）禁止和限制高毒性、高残留农药的使用范围

有致癌性的农药应禁止使用。残效期长，有蓄积作用的农药，只能用于作物种子的处理。残留期长而无蓄积作用的农药，可用于果树。急性毒性大，分解快，无不良气味的农药可用于蔬菜、水果、茶叶等作物。

（3）研究制定施药与作物收获的安全间隔期

对每一种农药，要根据其特性，研究确定其残留期和半衰期，并规定最后一次施药至收获前的间隔期，减少或避免农药残留，以保证食品的安全性。

（4）建立健全农药在食品中的残留量标准

根据每一种农药的蓄积作用，稳定性，对动物的致死量、安全范围等特性，制定在食品中的残留量标准，为安全食品的生产提供参考。

（5）研究开发高效、无毒、无残留、无污染的无公害农药，逐渐淘汰传统农药，从根本上杜绝农药残留，保障食品的安全性。

（6）采用科学合理的加工食用方法

食品在食用前要去皮、充分洗涤、烹饪和加热处理。实验结果显示，加热处理可使粮食中的六六六减少34%～56%，滴滴涕减少13%～49%。各类食品在经过94℃～96℃加热处理后，六六六的去除率平均为40.9%，滴滴涕为30.7%。在碱性条件下加工食品，有利于有机磷农药的消除。

7.2.2　食品中有机磷农药残留与检验

有机磷农药属有机磷酸酯类化合物，是使用最多的杀虫剂。在其分子结构中含有多种有机官能团，根据R、R_1及X等基团不相同，可构成不同的有机磷农药。它的种类较多，包

括甲拌磷（3911）、内吸磷（1059）、对硫磷（1605）、特普、敌百虫、乐果、马拉松（4049）、甲基对硫磷（甲基1605）、二甲硫吸磷、敌敌畏、甲基内吸磷（甲基1059）、氧化乐果、久效磷等。

大多数的有机磷农药为无色或黄色的油状液体，不溶于水，易溶于有机溶剂及脂肪中，在环境中较为不稳定，残留时间短，在室温下的半衰期一般为7h～10h，低温分解缓慢，容易光解、碱解和水解等，也容易被生物体内有关酶系分解。有机磷农药加工成的剂型有乳剂、粉剂和悬乳剂等。

7.2.2.1 污染食品的途径与人体吸收代谢

由于有机磷农药在农业生产中的广泛应用，导致食品发生了不同程度的污染，粮谷、薯类、蔬果类均可发生此类农药残留。主要污染方式是直接施用农药或来自土壤的农药污染，一般残留时间较短，在根类、块茎类作物中相对比叶菜类、豆类作物中残留时间要长。对水域及水生生物的污染，大多是由于农药生产厂废水的排放及降水使得农药转移到水中而引起的。

有机磷农药随食物进入人体，被机体吸收后，可通过血液、淋巴液迅速分布到全身各个组织和器官，其中以肝脏分布最多，其次是肾脏、骨骼、肌肉和脑组织。有机磷农药主要在肝脏代谢，通过氧化还原、水解等反应；产生多种代谢产物。氧化还原后产生的代谢产物比原形药物的毒性有所增强。水解后的产物毒性降低。有机磷农药的代谢产物一般可在24h～48h内经尿排出体外。也有一小部分随大便排出。另外，很少一部分代谢产物还可通过汗液和乳汁液排出体外。有机磷酸酯经过代谢和排出，一般不会或很少在体内蓄积。

7.2.2.2 残留毒性与危害

有机磷农药的生产和应用也经历了由高效高毒型（如对硫磷、甲胺磷、内吸磷等）转变为高效低毒低残留型（如乐果、敌百虫、马拉硫磷等）的发展过程。有机磷农药化学性质不稳定，分解快，在作物中残留时间短。有机磷农药对食品的污染主要表现在植物性食物中。水果、蔬菜等含有芳香物质的植物最易吸收有机磷，且残留量高。有机磷农药的毒性随种类不同而有所差异。

有机磷农药是一类比其他种类农药更能引起严重中毒事故的农药，其导致中毒的原因是体内乙酰胆碱酯酶受抑制，导致神经传导递质乙酰胆碱的积累，影响人体内神经冲动的传递。这类化合物可能滞留在肠道或体脂中，再缓慢地吸收或释放出来。因此中毒症状的发作可能延缓，或者在治疗过程中症状有反复。12h～24h之间表现为一系列的中毒症状：开始为感觉不适，恶心，头痛，全身软弱和疲乏。随后发展为流口水（唾液分泌过多），并大量出汗，呕吐，腹部阵挛，腹泻瞳孔缩小，视觉模糊，肌肉抽搐、自发性收缩，手震颤，呼吸时伴有泡沫，病人可能阵发痉挛并进入昏迷。严重的可能导致死亡；轻的在一个月内恢复，一般无后遗症，有时可能有继发性缺氧情况发生。

7.2.2.3 防止食品中有机磷农药中毒的措施

（1）加强农药管理，严禁与食品混放。防止运输、贮存过程发生农药污染事件。用于家庭卫生杀虫时，应注意食品防护，防止食品污染。

（2）农业生产中，要严格按照《农药安全使用标准》规范使用，易残留的有机磷农药避免在短期蔬菜、粮食、茶叶等作物中施用。

(3) 对于水果和蔬菜表面的微量残留农药，可用洗涤灵或大量清水冲洗、去皮等方法处理。粮食、蔬菜等食品经过烹调加热处理后可清除大部分残留的有机磷农药。

7.2.2.4 食品中有机磷农药残留量测定（GB/T 5009.20—2003）

7.2.2.4.1 第一法

本方法适用于水果、蔬菜、谷类中有机磷农药残留量分析。

(1) 原理

含有机磷的试样在富氢火焰上燃烧时，以 HPO 碎片的形式，放射出波长为 526nm 的特性光，这种光通过滤光片选择后，由光电倍增管接收，转换成电信号，经微电流放大器放大后被记录下来。试样的峰面积或峰高与标准品的峰面积或峰高进行比较定量。

(2) 试剂

① 丙酮。

② 二氯甲烷。

③ 氯化钠。

④ 无水硫酸钠。

⑤ 助滤剂 Celite545。

⑥ 农药标准品：敌敌畏（DDVP）：纯度≥99%；速灭磷（Mevinphos）：顺式纯度≥60%，反式纯度≥40%；久效磷（Monocrotophos）：纯度≥99%；甲拌磷（Phorate）：纯度≥98%；巴胺磷（Propetumphos）：纯度≥99%；二嗪磷（Diazinon）：纯度≥98%；乙嘧硫磷（Etrimfos）：纯度≥97%；甲基嘧啶硫磷（Pirimiphos - methyl）：纯度≥99%；甲基对硫磷（Parathion - methyl）：纯度≥99%；稻瘟净（Kitazine）：纯度≥99%；水胺硫磷（Isocarbophos）：纯度≥99%；氧化奎硫磷（Po - quinalphos）：纯度≥99%；稻丰散（Phenthoate）：纯度≥99.6%；甲喹硫磷（Methdathion）：纯度≥99.6%；克线磷（Phenamiphos）：纯度≥99.9%；乙硫磷（Ethion）：纯度≥95%；乐果（Dimethoate）：纯度≥99%；喹硫磷（Quinaphos）：纯度≥98.2%；对硫磷（Parathion）：纯度≥99%；杀螟硫磷（Fenitrothion）：纯度≥98.5%等。

⑦ 农药标准溶液的配制：分别准确称取上述标准品，用二氯甲烷为溶剂，分别配制成1.0mg/mL 的标准储备液，储于冰箱（4℃）中，使用时用根据各农药品种的仪器相应情况，吸取不同量的标准储备液，用二氯甲烷稀释成混合标准使用液。

(3) 仪器

组织捣碎机、粉碎机、旋转蒸发仪、气相色谱仪：附火焰光度监测器（FPD）。

(4) 试样的制备

取粮食试样经粉碎机粉碎，过 20 目筛制成粮食试样；水果、蔬菜试样去掉非可食部分后制成待分析试样。

(5) 分析步骤

① 提取

a. 水果、蔬菜：称取 50.00g 试样，置于 300mL 烧杯中，加 50mL 水和 100mL 丙酮，用组织捣碎机提取 1min ~ 2min。匀浆液经铺有两层滤纸和约 10g Celite545 的布氏漏斗减压抽滤。从滤液中分取 100mL 移至 500mL 分液漏斗中。

b. 谷物：称取25.00g置于300mL烧杯中，加50mL水和100mL丙酮。其他操作同a。

② 净化

向a或b的滤液中加入10g～15g氯化钠，使溶液处于饱和状态。猛烈振摇2min～3min，静置10min，使丙酮从水相中盐析出来，水相用50mL二氯甲烷振摇2min，再静置分层。

将丙酮与二氯甲烷提取液合并，经装有20g～30g无水硫酸钠的玻璃漏斗脱水滤入250mL圆底烧瓶中，再以约40mL二氯甲烷分数次洗涤容器和无水硫酸钠，将洗涤液也并入烧瓶中，然后用旋转蒸发器浓缩至2mL，将浓缩液定量转移至5mL～25mL容量瓶中，加二氯甲烷定容至刻度。

③ 色谱分析条件

a. 色谱柱

i. 玻璃柱3mm×2.6m（i.d），填装涂有4.5%（质量分数）DC－200＋2.5%（质量分数）OV－17的ChromosorbWAWDMCS（80～100目）的担体；

ii. 玻璃柱3mm×2.6m（i.d）填装涂有1.5%（质量分数）DCOE－1的Chromosorb-WAWDMCS（60～80目）的担体。

b. 气体速度：氮气（N_2）50mL/min；空气50mL/min；氢气100mL/min。

c. 温度：汽化室260℃；检测器270℃；柱箱240℃。

④ 测定

吸取2μL～5μL混合标准液及试样处理液注入气相色谱仪中，以保留时间定性。以试样的峰高或峰面积与标准比较定量。

（6）结果计算

n组分有机磷农药的含量按式（7－14）进行计算。

$$X_n = \frac{A_n \times V_1 \times V_3 \times E_{sn} \times 1\,000}{A_{sn} \times V_2 \times V_4 m \times 1\,000} \tag{7-14}$$

式中：X_n——n组分有机磷农药的含量，mg/kg；

A_n——试样中i组分的峰面积，积分单位；

A_{sn}——混合标准液中n组分的峰面积，积分单位；

V_1——试样提取液的总体积，mL；

V_2——处理液的总体积，mL；

V_3——浓缩后的定容体积，mL；

V_4——进样体积，mL；

m——试样质量，g；

E_{sn}——注入色谱仪中的i标准组分的质量，ng。

（7）精密度

在重复性条件下获得的两次独立测定结果的绝对差值不得超过算术平均值的15%。

（8）其他

① 16种有机磷农药（标准溶液）的色谱图，见图7－3。

② 13种有机磷农药的色谱图，见图7－4。

7.2.2.4.2 第二法

本方法适用于粮食、蔬菜、食用油等食品中敌敌畏、乐果、马拉硫磷、对硫磷、甲拌

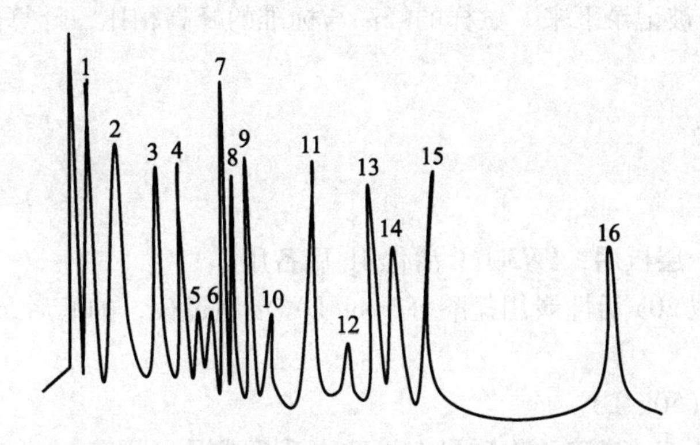

图 7-3　16 种有机磷农药（标准溶液）的色谱图

1—敌敌畏最低检测浓度 0.005mg/kg；2—速灭磷最低检测浓度 0.004mg/kg；
3—久效磷最低检测浓度 0.014mg/kg；4—甲拌磷最低检测浓度 0.004mg/kg；
5—巴胺磷最低检测浓度 0.011mg/kg；6—二嗪磷最低检测浓度 0.003mg/kg；
7—乙嘧硫磷最低检测浓度 0.003mg/kg；8—甲基嘧啶硫磷最低检测浓度 0.004mg/kg；
9—甲基对硫磷最低检测浓度 0.004mg/kg；10—稻瘟净最低检测浓度 0.004mg/kg；
11—水胺硫磷最低检测浓度 0.005mg/kg；12—氧化喹硫磷最低检测浓度 0.025mg/kg；
13—稻丰散最低检测浓度 0.017mg/kg；14—甲喹硫磷最低检测浓度 0.014mg/kg；
15—克线磷最低检测浓度 0.009mg/kg；16—乙硫磷最低检测浓度 0.014mg/kg

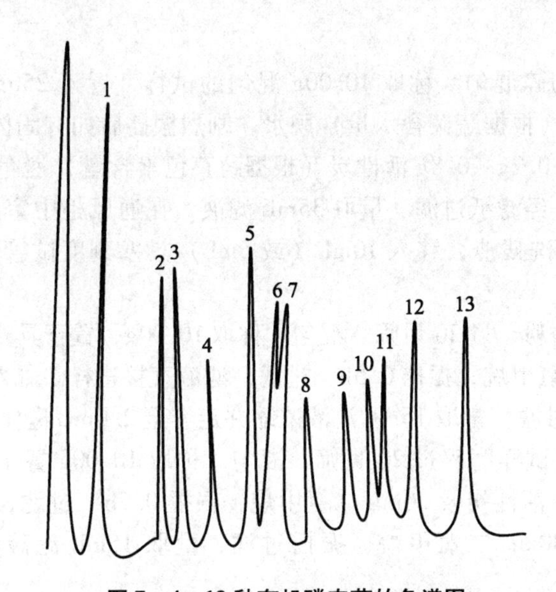

图 7-4　13 种有机磷农药的色谱图

1—敌敌畏；2—甲拌磷；3—二嗪磷；4—乙嘧硫磷；5—巴胺磷；
6—甲基嘧啶硫磷；7—异稻瘟净；8—乐果；9—喹硫磷；
10—甲基对硫磷；11—杀螟硫磷；12—对硫磷；13—乙硫磷

磷、稻瘟净、杀螟硫磷、倍硫磷、虫螨磷的测定方法。

（1）原理

试样中有机磷农药经提取、分离净化后在富氢焰上燃烧，以 HPO 碎片的形式，放射出波长 526nm 光，这种特征光通过滤光片选择后，由光电倍增管接收，转换成电信号，经微电流放大器放大后，被记录下来。试样的峰高与标准的峰高相比，计算出试样相当的含量。

（2）试剂

① 二氯甲烷。

② 无水硫酸钠。

③ 丙酮。

④ 中性氧化铝：层析用，经300℃活化4h后备用。

⑤ 活性炭：称取20g活性炭用盐酸（3mol/L）浸泡过夜，抽滤后，用水洗至无氯离子，在120℃烘干备用。

⑥ 硫酸钠溶液（50g/L）。

⑦ 农药标准储备液：准确称取适量有机磷农药标准品，用苯（或三氯甲烷）先配制储备液，放在冰箱中保存。

⑧ 农药标准使用液：临用时用二氯甲烷稀释为使用液，使其浓度为敌敌畏、乐果、马拉硫磷、对硫磷和甲拌磷每毫升各相当于1.0μg，稻瘟净、倍硫磷、杀螟螟硫磷和虫螨磷每毫升各相当于2.0μg。

（3）仪器

① 气相色谱仪：具有火焰光度检测器。

② 电动振荡器。

（4）分析步骤

① 提取净化

a. 蔬菜：将蔬菜切碎混匀。称取10.00g混匀的试样，置于250mL具塞锥形瓶中，加30g～100g无水硫酸钠（根据蔬菜含水量）脱水，剧烈振摇后如有固体硫酸钠存在，说明所加无水硫酸钠已够。加0.2g～0.8g活性炭（根据蔬菜色素含量）脱色。加70mL二氯甲烷，在振荡器上振摇0.5h，经滤纸过滤。量取35mL滤液，在通风柜中室温下自然挥发至近干，用二氯甲烷少量多次研洗残渣，移入10mL（或5mL）具塞刻度试管中，并定容至2.0mL，备用。

b. 稻谷：脱壳、磨粉、过20目筛、混匀。称取10.00g，置于具塞锥形瓶中，加入0.5g中性氧化铝及20mL二氯甲烷，振摇0.5h，过滤，滤液直接进样。如农药残留量过低，则加30mL二氯甲烷，振摇过滤，量取15mL滤液浓缩并定容至2.0mL进样。

c. 小麦、玉米：将试样磨碎过20目筛、混匀。称取10.00g置于具塞锥形瓶中，加入0.5g中性氧化铝、0.2g活性炭及20mL二氯甲烷，振摇0.5h，过滤，滤液直接进样。如农药残留量过低，则加30mL二氯甲烷，振摇过滤，量取15mL滤液浓缩，并定容至2mL进样。

d. 植物油：称取5.0g混匀的试样，用50mL丙酮分次溶解并洗入分液漏斗中，摇匀后，加10mL水，轻轻旋转振摇1min，静置1h以上，弃去下面析出的油层，上层溶液自分液漏斗上口倾入另一分液漏斗中，当心尽量不使剩余的油滴倒入（如乳化严重，分层不清，则放入50mL离心管中，以2 500r/min离心0.5h，用滴管吸出上层溶液）。加30mL二氯甲烷，100mL硫酸钠溶液（50g/L），振摇1min。静置分层后，将二氯甲烷提取液移至蒸发皿中。丙酮水溶液再用10mL二氯甲烷提取一次，分层后，合并至蒸发皿中。自然挥发后，如无水，可用二氯甲烷少量多次研洗蒸发皿中残液移入具塞量筒中，并定容至5mL。加2g无水硫酸钠振摇脱水，再加1g中性氧化铝、0.2g活性炭（毛油可加0.5g）振摇脱油和脱色，过滤，滤液直接进样。二氯甲烷提取液自然挥发后如有少量水，可用5mL二氯甲烷分次将挥发后的残液洗入小分液漏斗内，提取1min，静置分层后将二氯甲烷层移入具塞量筒内，再以5mL二氯甲烷提取1次，合并入具塞量筒内，定容至10mL，加5g无水硫酸钠，振摇脱水，再加1g中性氧化铝、0.2g活性炭，振摇脱油和脱色，过滤，滤液直接进样。或将二氯甲烷和水一起倒入具塞量筒中，用二氯甲烷少量多次研洗蒸发皿，洗液并入具塞量筒中，以二氯甲烷层为准定容至5mL，加3g无水硫酸钠，然后如上加中性氧化铝和活性炭依法操作。

② 色谱条件

a. 色谱柱：玻璃柱，内径3mm，长1.5m～2.0m。

i. 分离测定敌敌畏、乐果、马拉硫磷和对硫磷的色谱柱。

i）内装涂以2.5% SE－30和3% QF－1混合固定液的60～80目Chromosorb W AW DMCS；

ii）内装涂以1.5% OV－17和2% QF－1混合固定液的60～80目Chromosorb W AW DMCS；

iii）内装涂以2% OV－101和2% QF－1混合固定液的60～80目Chromosorb W AW DMCS；

ii. 分离、测定甲拌磷、虫螨磷、稻瘟净、倍硫磷和杀螟硫磷的色谱柱。

i）内装涂以3% PEGA和5% QF－1混合固定液的60～80目Chromosorb W AW DMCS；

ii）内装涂以2% NPGA和3% QF－1混合固定液的60～80目Chromosorb W AW DMCS；

b. 气流速度：载气为氮气80mL/min；空气50mL/min；氢气180mL/min；（氮气、空气和氢气之比按各仪器型号不同选择各自的最佳比例条件）。

c. 温度：进样口220℃；检测器240℃；柱温180℃；但测定敌敌畏为130℃。

（5）测定

将（2）中⑧所述的混合标准使用液2μL～5μL分别注入气相色谱仪中，可测得不同浓度有机磷标准溶液的峰高，分别绘制有机磷标准曲线。同时取试样溶液2μL～5μL分别注入气相色谱仪中，测得的峰高从标准曲线图中查出相应的含量。

（6）计算

试样中有机磷农药的含量按式（7－15）进行计算

$$X=\frac{A\times 1\,000}{m\times 1\,000\times 1\,000} \tag{7-15}$$

式中：X——试样中有机磷农药的含量，mg/kg；

A——进样体积中的有机磷农药的质量，ng；

m——进样体积（μL）相当于试样的质量，g。

计算结果保留两位有效数字。

（7）精密度

敌敌畏、甲拌磷、倍硫磷、杀螟硫磷在重复性条件下获得的两次独立测定结果的绝对差值不得超过算术平均值的10%。

乐果、马拉硫磷、对硫磷、稻瘟净在重复性条件下获得的两次独立测定结果的绝对差值不得超过算术平均值的15%。

(8) 其他

其他有机磷农药的气相色谱图，见图 7－5～图 7－8。

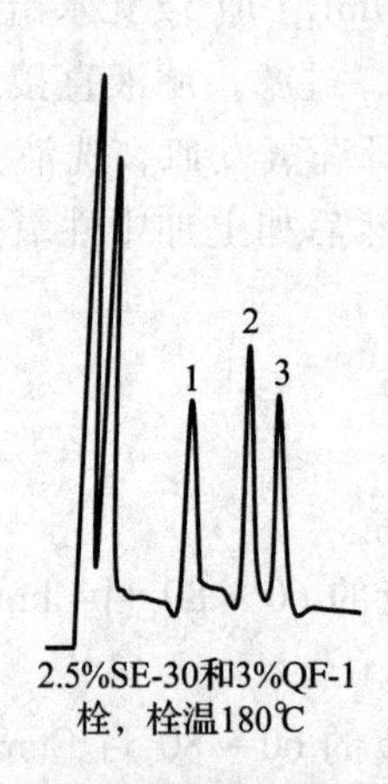

图 7－5　3 种有机磷农药的气相色谱图

1—乐果；2—马拉硫磷；3—对硫磷

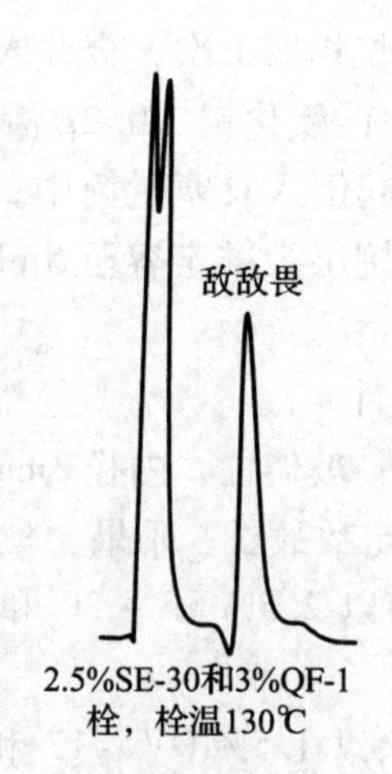

图 7－6　敌敌畏农药的气相色谱图

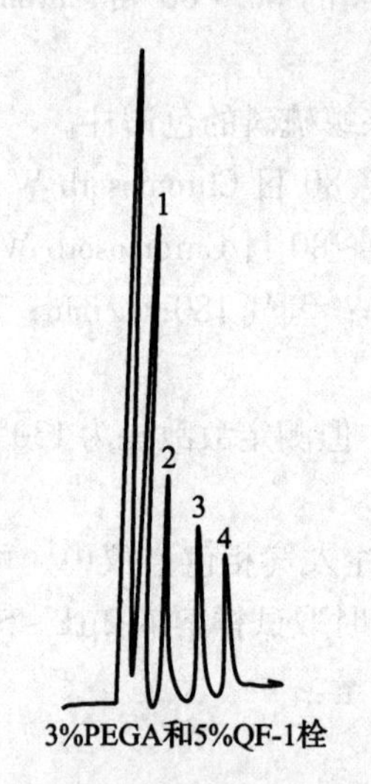

图 7－7　4 种有机磷农药的气相色谱图

1—甲拌磷；2—稻瘟净；3—倍硫磷；
4—杀螟硫酸

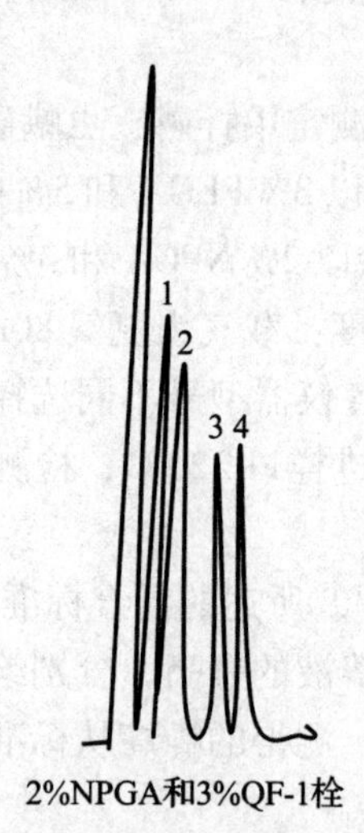

图 7－8　4 种有机磷农药的气相色谱图

1—甲拌磷；2—稻瘟净；3—倍硫磷；
4—杀螟硫磷

7.2.2.4.3　第三法

本方法适用于肉类、鱼类中敌敌畏、乐果、马拉硫磷、对硫磷农药的残留分析。

(1) 原理

同 7.2.2.4.2。

(2) 试剂

① 丙酮。

② 二氯甲烷。

③ 无水硫酸钠：在 700℃灼烧 4h 后备用。

④ 中性氧化铝：在 550℃灼烧 4h。

⑤ 硫酸钠溶液（20g/L）。

⑥ 农药标准溶液：准确称取敌敌畏、乐果、马拉硫磷、对硫磷标准品各 10.0mg，用丙酮溶解至 100mL，混匀，每毫升相当农药 0.10mg，作为储备液，保存于冰箱中。

⑦ 农药标准使用液：临用时用丙酮稀释至每毫升相当 2.0μg。

（3）仪器

① 气相色谱仪：附火焰光度检测器（FPD）。

② 电动振摇器。

（4）分析步骤

① 提取净化

将有代表性的肉、鱼试样切碎混匀，称取 20.00g 于 250mL 具塞锥瓶中，加 60mL 丙酮，于振荡器上振摇 0.5h，经滤纸过滤，取滤液 30mL 于 125mL 分液漏斗中，加 60mL 硫酸钠溶液（20g/L）和 30mL 二氯甲烷，振摇提取 2min 后，静置分层，将下层提取液放入另一个 125mL 分液漏斗中，再用 20mL 二氯甲烷于丙酮水溶液中同样提取后，合并 2 次提取液，在二氯甲烷提取液中加 1g 中性氧化铝（如为鱼肉加 5.5g），轻摇数次，加 20g 无水硫酸钠。振摇脱水，过滤于蒸发皿中，用 20mL 二氯甲烷分 2 次洗涤分液漏斗，倒入蒸发皿中，在 55℃ 水浴上蒸发浓缩至 1mL 左右，用丙酮少量多次将残液洗入具塞刻度小试管中，定容至 2mL ~ 5mL，如溶液含少量水，可在蒸发皿中加少量无水硫酸钠后，再用丙酮洗入具塞刻度小试管中，定容。

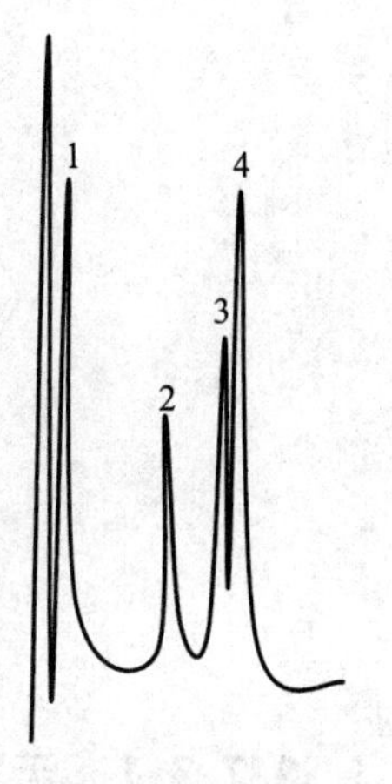

图 7－9　4 种有机磷农药的色谱图

1—敌敌畏；2—乐果；3—马拉硫磷；4—对硫磷

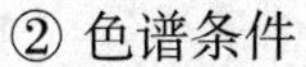

② 色谱条件

a. 色谱柱：内径 3.2mm，长 1.6m 的玻璃柱，内装涂以 1.5% OV－17 和 2% QF－1 混合固定液 80 ~ 100 目 Chromosorb W AW DMCS。

b. 流量：氮气 60mL/min；氢气 0.7kg/cm^2；空气 0.5kg/min^2。

c. 温度：检测器 250℃，进样口 250℃，柱温 220℃（测定敌敌畏时为 190℃）。如同时测定 4 种农药可用程序升温。

d. 4 种有机磷农药的色谱图，见图 7－9。

③ 测定

将标准使用液或试样液进样 1μL ~ 3μL，以保留时间定性；测量峰高，与标准比较定量。

7.2.3　食品中有机氯农药残留与检验

有机氯农药是一种杀虫广谱、毒性较低、残效期长的化学杀虫剂，具有高度的物理、化学、生物学稳定性，在自然界不易分解，属高残留品种，具有广谱、高效、残效期长、价廉、急性毒性小等特点。有机氯农药有两大类：一类是氯苯类，包括六六六、滴滴涕等，这类农药现在很少用或禁用；另一类是氯化脂环类，包括狄氏剂、毒杀芬、氮丹七氮等。有机氯农药脂溶性很强，不溶或微溶于水。在生物体内的蓄积具有高度选择性，多贮存于机体脂肪组织或脂肪多的部位。在碱性环境中易分解失效。我国早已停止生产和使用有机氯农药，但由于其性质稳定，在水域、土壤中仍有残留，并会在相当长时间内继续影响食品的安全性，危害人类健康。几种有机氯农药的化学结构如图 7－10 所示。

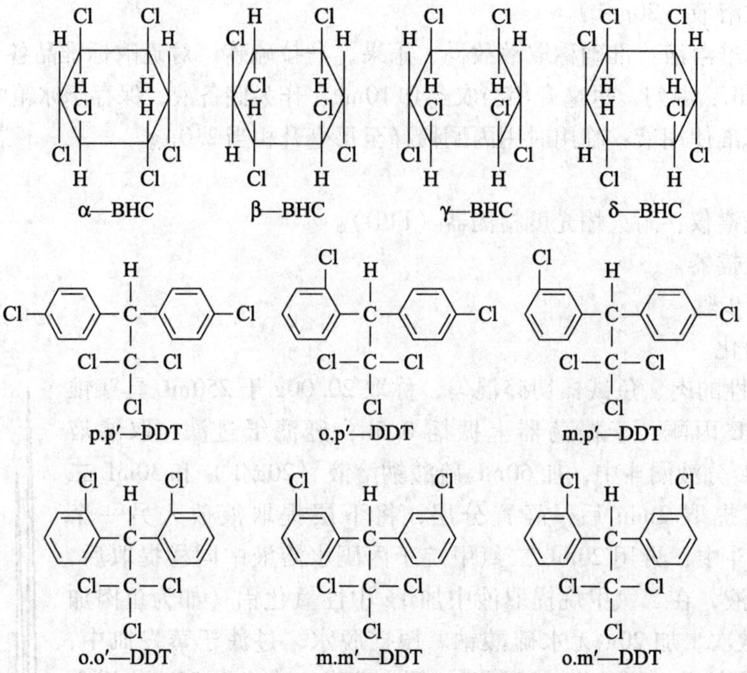

图 7－10　几种有机氯农药的结构

7.2.3.1　污染食品的途径与人体吸收代谢

有机氯农药是一类较早使用的农药，对食物污染与残留极普遍，特别是在动物性食品中（如蛋、禽畜肉、鱼及水产品、乳制品）残留量较高。此外，粮谷类、薯类、菜果类、豆类等，也有不同程度的有机氯农药残留。乳制品、禽肉、蛋类中有机氯农药污染主要来源于饲料中的农药残留，鱼及水产品中有机氯农药残留主要来源于水域污染和生物富集作用。粮谷类及果蔬类有机氯农药污染主要源于土壤污染或直接施用农药。动物性食品中滴滴涕（DDT）和六六六（BHC）残留量普遍高于植物性食品。动物性食品中滴滴涕（DDT）和六六六（BHC）残留量顺序一般为：蛋类 > 肉类 > 鱼类。植物性食品中滴滴涕（DDT）和六六六（BHC）残留量顺序一般为：植物油 > 粮食 > 蔬菜、水果。

近年来，代替 DDT、BHC 等有机氯农药的杀虫脒在我国棉花种植中被大量使用，也造成了油料、蜂蜜等食品和环境的污染，对我国蜂蜜的出口带来了很大困难。

有机氯农药随食品进入机体后，由于其脂溶性很高，主要分布在脂肪组织以及含脂肪较多的组织器官，并在这些部位蓄积而发挥毒性作用。有机氯农药大多可以诱导肝细胞微粒体氧化酶类，从而改变体内某些生化反应过程。同时，对其他酶类也可产生影响。如滴滴涕可对 ATP 酶产生抑制作用，艾氏剂可使大鼠的谷－丙转氨酶及醛缩酶活性增高等。有机氯农药在体内代谢转化后，可经过肾脏随尿液、经过肠道随粪便排出体外。另外，还有一少部分体内蓄积的有机氯农药可随乳汁排出。

7.2.3.2　残留毒性与危害

有机氯农药中毒比较少见，因为大部分有较明显危害的有机氯农药已经于多年前被禁止销售了，但是食品中残留的有机氯农药，不会因贮藏、加工、烹调而减少，因此，长期摄入含高残留量有机氯农药的食物，可使体内农药蓄积量增加而产生毒性作用。有机氯农药中毒是由于这类农药刺激中枢神经系统所引起的。

随食物摄入人体内的有机氯农药，对人体的损害主要在肝、肾等实质脏器和中枢神经系统，当人体摄入量达到10mg/kg体重时，即可出现中毒症状。中毒者中枢神经应激性显著增加，开始的症状表现为头痛和眩晕，出现忧虑烦恼、恐惧感，并可能情绪激动。以后可能有呕吐、四肢软弱无力，双手震颤、癫痫样发作，病人可能失去时间和空间的定向，随后可能有阵发痉挛。严重者可造成心肌损伤、肝脏、肾脏和神经细胞的变性，常伴有不同程度的贫血、白细胞增多、淋巴细胞减少等病变，有些中毒者可出现昏迷、发热、甚至呼吸衰竭而死亡。有机氯农药还具有致畸、致癌、致突变作用。

7.2.3.3　防止食品中有机氯农药中毒的措施

（1）农药的防治对象、施药方法、适用作物等应遵照国家有关GB/T 8321.9—2009《农药合理使用准则》的规定。

（2）对目前仍可使用的有机氯农药，一定要加强管理，规范化的合理施用，并做好个人防护和环境保护工作，防止食品污染。

（3）去除食品中残留的有机氯农药。通过加工处理去除谷物的外壳。水果要清洗、去皮。一般食品要经过加热处理后再食用。

（4）经食物而发生中毒者，可用2%碳酸氢钠洗胃或催吐，给予硫酸镁导泻，并尽快到附近医院救治。

7.2.3.4　食品中六六六、滴滴涕残留量测定（GB/T 5009.19—2008）

7.2.3.4.1　毛细管柱气相色谱—电子捕获检测器法［第一法］

（1）原理

试样中有机氯农药组分经有机溶剂提取、凝胶色谱层析净化，用毛细管柱气相色谱分离，电子捕获检测器检测，以保留时间定性，外标法定量。

（2）试剂

① 丙酮（CH_3COCH_3）：分析纯，重蒸。

② 石油醚：沸程30℃～60℃，分析纯，重蒸。

③ 乙酸乙酯（$CH_3COOC_2H_5$）：分析纯，重蒸。

④ 环己烷（C_6H_{12}）：分析纯，重蒸。

⑤ 正己烷（$n-C_6H_{14}$）：分析纯，重蒸。

⑥ 氯化钠（NaCl）：分析纯。

⑦ 无水硫酸钠（Na_2SO_4）：分析纯，将无水硫酸钠置干燥箱中，于120℃干燥4h，冷却后，密闭保存。

⑧ 聚苯乙烯凝胶（Bio－BeadsS－X3）：200～400目，或同类产品。

⑨ 农药标准品：α－六六六（α－HCH）、六氯苯（HCB）、β－六六六（β－HCH）、γ－六六六（γ－HCH）、五氯硝基苯（PCNB）、δ－六六六（δ－HCH）、五氯苯胺（PCA）、七氯（Heptachlor）、五氯苯基硫醚（PCPs）、艾氏剂（Aldrin）、氧氯丹（Oxychlordane）、环氧七氯（Heptachlor Epoxide）、反氯丹（Trans－chlordane）、α－硫丹（α－Endosulfan）、顺

氯丹（Cis—chlordane）、p，p′－滴滴伊（p，p′－DDE）、狄氏剂（Dieldrin）、异狄氏剂（Endrin）、β－硫丹（β－Endosulfan）、p，p′－滴滴滴（p，p′－DDD）、o，p′－滴滴涕（o，p′－DDT）、异狄氏剂醛（Endrin Aldehyde）、硫丹硫酸盐（Endosulfan Sulfate）、p，p′－滴滴涕（p，p′－DDT）、异狄氏剂酮（Endrin Ketone）、灭蚁灵（Mirex），纯度均应不低于98%。

⑩ 标准溶液的配制：分别准确称取或量取上述农药标准品适量，用少量苯溶解，再用正己烷稀释成一定浓度的标准储备溶液。量取适量标准储备溶液，用正己烷稀释为系列混合标准溶液。

（3）仪器

① 气相色谱仪（GC）：配有电子捕获检测器（ECD）。

② 凝胶净化柱：长30cm，内径2.3cm～2.5cm具活塞玻璃层析柱，柱底垫少许玻璃棉。用洗脱剂乙酸乙酯－环己烷（1+1）浸泡的凝胶，以湿法装入柱中，柱床高约26cm，凝胶始终保持在洗脱剂中。

③ 全自动凝胶色谱系统：带有固定波长（254nm）紫外检测器，供选择使用。

④ 旋转蒸发仪。

⑤ 组织匀浆器。

⑥ 振荡器。

⑦ 氮气浓缩器。

（4）分析步骤

① 试样制备

蛋品去壳，制成匀浆；肉品去筋后，切成小块，制成肉糜；乳品混匀待用。

② 提取与分配

a. 蛋类：称取试样20g（精确到0.01g）于200mL具塞三角瓶中，加水5mL（视试样水分含量加水，使总水量约为20g。通常鲜蛋水分含量约75%，加水5mL即可），再加入40mL丙酮，振摇30min后，加入氯化钠6g，充分摇匀，再加入30mL石油醚，振摇30min。静置分层后，将有机相全部转移至100mL具塞三角瓶中经无水硫酸钠干燥，并量取35mL于旋转蒸发瓶中，浓缩至约1mL，加入2mL乙酸乙酯－环己烷（1+1）溶液再浓缩，如此重复3次，浓缩至约1mL，供凝胶色谱层析净化使用，或将浓缩液转移至全自动凝胶渗透色谱系统配套的进样试管中，用乙酸乙酯－环己烷（1+1）溶液洗涤旋转蒸发瓶数次，将洗涤液合并至试管中，定容至10mL。

b. 肉类：称取试样20g（精确到0.01g），加水15mL（视试样水分含量加水，使总水量约20g）。加40mL丙酮，振摇30min，以下按照a蛋类试样的提取、分配步骤处理。

c. 乳类：称取试样20g（精确到0.01g），鲜乳不需加水，直接加丙酮提取。以下按照a蛋类试样的提取、分配步骤处理。

d. 大豆油：称取试样1g（精确到0.01g），直接加入30mL石油醚，振摇30min后，将有机相全部转移至旋转蒸发瓶中，浓缩至约1mL，加2mL乙酸乙酯－环己烷（1+1）溶液再浓缩，如此重复3次，浓缩至约1mL，供凝胶色谱层析净化使用，或将浓缩液转移至全自动凝胶渗透色谱系统配套的进样试管中，用乙酸乙酯－环己烷（1+1）溶液洗涤旋转蒸发瓶数次，将洗涤液合并至试管中，定容至10mL。

e. 植物类：称取试样匀浆20g，加水5mL（视其水分含量加水，使总水量约20mL），加丙酮40mL，振荡30min，加氯化钠6g，摇匀。加石油醚30mL，再振荡30min，以下按照a蛋类试样的提取、分配步骤处理。

（3）净化

选择手动或全自动净化方法的任何一种进行。

a. 手动凝胶色谱柱净化：将试样浓缩液经凝胶柱以乙酸乙酯-环己烷（1+1）溶液洗脱，弃去0mL~35mL流分，收集35mL~70mL流分。将其旋转蒸发浓缩至约1mL，再经凝胶柱净化收集35mL~70mL流分，蒸发浓缩，用氮气吹除溶剂，用正己烷定容至1mL，留待GC分析。

b. 全自动凝胶渗透色谱系统净化：试样由5mL试样环注入凝胶渗透色谱（GPC）柱，泵流速5.0mL/min，以乙酸乙酯-环己烷（1+1）溶液洗脱，弃去0min~7.5min流分，收集7.5min~15min流分，15min~20min冲洗GPC柱。将收集的流分旋转蒸发浓缩至约1mL，用氮气吹至近干，用正己烷定容至1mL，留待GC分析。

（4）测定

a. 气相色谱参考条件

色谱柱：DM-5石英弹性毛细管柱，长30m、内径0.32mm、膜厚0.25μm；或等效柱。

柱温：程序升温

$$90℃(1\min)\xrightarrow{40℃/\min}170℃\xrightarrow{2.3℃/\min}230℃(17\min)\xrightarrow{40℃/\min}280℃(5\min)$$

进样口温度：280℃。不分流进样，进样量1μL。

检测器：电子捕获检测器（ECD），温度300℃。

载气流速：氮气（N_2），流速1mL/min；尾吹，25mL/min。

柱前压：0.5MPa。

b. 色谱分析

分别吸取1μL混合标准液及试样净化液注入气相色谱仪中，记录色谱图，以保留时间定性，以试样和标准的峰高或峰面积比较定量。

c. 色谱图

色谱图略。出峰顺序为：α-六六六、六氯苯、β-六六六、γ-六六六、五氯硝基苯、δ-六六六、五氯苯胺、七氯、五氯苯基硫醚、艾氏剂、氧氯丹、环氧七氯、反氯丹、α-硫丹、顺氯丹、p，p′-滴滴伊、狄氏剂、异狄氏剂、β-硫丹、p，p′-滴滴滴、o，p′-滴滴涕、异狄氏剂醛、硫丹硫酸盐、p，p′-滴滴涕、异狄氏剂酮、灭蚁灵。

（5）结果计算

试样中各农药的含量按式（7-16）进行计算。

$$X=\frac{m_1\times V_1\times f\times 1\,000}{m\times V_2\times 1\,000} \tag{7-16}$$

式中：X——试样中各农药的含量，mg/kg；

m_1——被测样液中各农药的含量，ng；

m——试样质量，g；

f——稀释因子；

V_1——样液进样体积，μL；

V_2——样液最后定容体积，mL。

计算结果保留两位有效数字。

（6）精密度

在重复性条件下获得的两次独立测定结果的绝对差值不得超过算术平均值的 20%。

7.2.3.4.2　填充柱气相色谱—电子捕获检测器法［第二法］

（1）原理

试样中六六六、滴滴涕经提取、净化后用气相色谱法测定，与标准比较定量。电子捕获检测器对于负电极强的化合物具有极高的灵敏度，利用这一特点，可分别测出痕量的六六六、滴滴涕。不同异构体和代谢物可同时分别测定。

出峰顺序：α－HCH、γ－HCH、β－HCH、δ－HCH、p，p′－DDE、o，p′－DDT、p，p′－DDD、p，p′－DDT。

（2）试剂

① 丙酮（CH_3COCH_3）：分析纯，重蒸。

② 正己烷（$n-C_6H_{14}$）：分析纯，重蒸。

③ 石油醚：沸程 30℃～60℃，分析纯，重蒸。

④ 苯（C_6H_6）：分析纯。

⑤ 硫酸（H_2SO_4）：优级纯。

⑥ 无水硫酸钠（Na_2SO_4）：分析纯。

⑦ 硫酸钠溶液（20g/L）。

⑧ 农药标准品：六六六（α－HCH、β－HCH、γ－HCH 和 δ－HCH）纯度＞99%，滴滴涕（p，p′－DDE、o，p′－DDT、p，p′－DDD 和 p，p′－DDT）纯度＞99%。

⑨ 农药标准储备液：精密称取 α－HCH、γ－HCH、β－HCH、δ－HCH、p，p′－DDE、o，p′－DDT、p，p′－DDD、p，p′－DDT 各 10mg，溶于苯中，分别移于 100mL 容量瓶中，以苯稀释至刻度，混匀，浓度为 100mg/L，贮存于冰箱中。

⑩ 农药混合标准工作液：分别量取上述各标准储备液于同一容量瓶中，以正己烷稀释至刻度。α－HCH、γ－HCH 和 δ－HCH 的浓度为 0.005mg/L，β－HCH 和 p，p′－DDE 浓度为 0.01mg/L，o，p′－DDT 浓度为 0.05mg/L，p，p′－DDD 浓度为 0.02mg/L，p，p′－DDT 浓度为 0.1mg/L。

（3）仪器

① 气相色谱仪：具电子捕获检测器。

② 旋转蒸发器。

③ 氮气浓缩器。

④ 匀浆机。

⑤ 调速多用振荡器。

⑥ 离心机。

⑦ 植物样本粉碎机。

（4）分析步骤

① 试样制备

谷类制成粉末，其制品制成匀浆；蔬菜、水果及其制品制成匀浆；蛋品去壳制成匀浆；肉品去皮、筋后，切成小块，制成肉糜；鲜乳混匀待用；食用油混匀待用。

② 提取

a. 称取具有代表性的各类食品样品匀浆 20g，加水 5mL（视样品水分含量加水，使总水量约 20mL），加丙酮 40mL，振荡 30min，加氯化钠 6g，摇匀。加石油醚 30mL，再振荡 30min，静置分层。取上清液 35mL 经无水硫酸钠脱水，于旋转蒸发器中浓缩至近干，以石油醚定容至 5mL，加浓硫酸 0.5mL 净化，振摇 0.5min，于 3 000r/min 离心 15mm。取上清液进行 GC 分析。

b. 称取具有代表性的 2g 粉末样品，加石油醚 20mL，振荡 30min，过滤，浓缩，定容至 5mL，加 0.5mL 浓硫酸净化，振摇 0.5min，于 3 000r/min 离心 15min。取上清液进行 GC 分析。

c. 称取具有代表性的食用油试样 0.5g，以石油醚溶解于 10mL 刻度试管中，定容至刻度。加 1.0mL 浓硫酸净化，振摇 0.5min，于 3 000r/min 离心 15min。取上清液进行 GC 分析。

③ 气相色谱测定

填充柱气相色谱条件：色谱柱：内径 3mm，长 2m 的玻璃柱，内装涂以 1.5% OV－17 和 2% QF－1 混合固定液的 80～100 目硅藻土；载气：高纯氮，流速 110mL/min；柱温：185℃；检测器温度：225℃；进样口温度：195℃。进样量为 1μL～10μL。外标法定量。

④ 色谱图

8 种农药的色谱图见图 7－11。

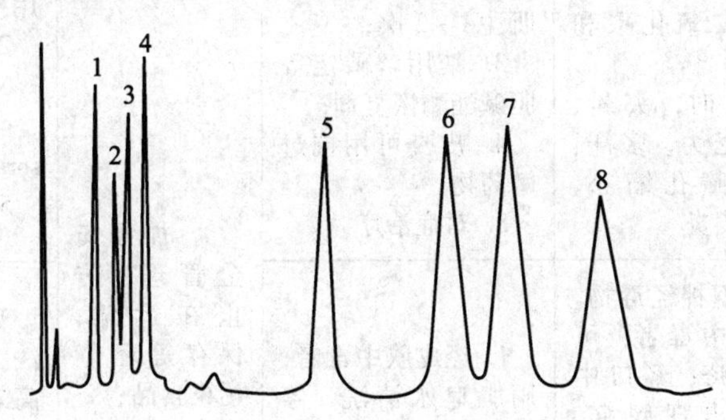

图 7－11　8 种农药的色谱图

出峰顺序：1、2、3、4 为 α－HCH、β－HCH、γ－HCH、δ－HCH；
5、6、7、8 为 p，p′－DDE、o，p′－DDT、p，p′－DDD、p，p′－DDT

（5）结果计算

试样中六六六、滴滴涕及其异构体或代谢物的单一含量按式（7－17）进行计算。

$$X = \frac{A_1}{A_2} \times \frac{m_1}{m_2} \times \frac{V_1}{V_2} \times \frac{1\,000}{1\,000} \qquad (7-17)$$

式中：X——试样中六六六、滴滴涕及其异构体或代谢物的单一含量，mg/kg；

A_1——被测定试样各组分的峰值（峰高或面积）；

A_2——各农药组分标准的峰值（峰高或面积）；

m_1——单一农药标准溶液的含量，ng；

m_2——被测定试样的取样量，g；

V_1——被测定试样的稀释体积，mL；

V_2——被测定试样的进样体积，μL。

（6）精密度

在重复性条件下获得的两次独立测定结果的绝对差值不得超过算术平均值的15%。

7.2.4 食品中其他农药残留的检验

随着人们环保意识和健康意识的加强，农药残留危害性越来越受到重视，许多国家制定了食品中农药残留限量。加强了关键检测技术的研究和应用，传统的检测技术如气相色谱技术由于检测成本高，检测时间长，不能对蔬菜进行有效的产前、产中、产后监督管理。为了快速并有效地监督管理农药残留的直接危害，农药残留快速检测技术非常重要。近几年在各个领域展开了农药残留快速检测技术研究，快速检测技术突飞猛进，目前研究和应用较多的快速检测技术主要有活体检测法、化学检测法、酶抑制法、免疫分析法和仪器分析法等。现将农业中常用的在食品中可能残留的农药种类、对人体的危害和中毒症状、中毒的急救与治疗措施、防止中毒措施以及检测方法列一表格，见表7-8。

表7-8 食品中的其他常用农药残留中毒、防止及检测表

种类	中毒症状	急救与治疗	防止措施	常用检测方法
氨基甲酸酯类（包括甲萘威、克百威、速灭威、灭多威等）	在体内与胆碱酯酶结合，经氧化、水解、结合等方式代谢后形成酚类、酸类、二氧化碳和甲胺等。 中毒时，头晕、头痛、乏力、多汗、流涎、瞳孔缩小、接触性皮炎	1. 用20%小苏打洗胃； 2. 用阿托平0.5mg~1mg口服或肌注1~2次； 3. 禁用解磷定等胆碱酯酶恢复剂； 4. 皮炎可用抗过敏药物； 5. 对症治疗	1. 加强安全管理，防止在运输、保存等环节污染食品； 2. 合理施用，禁止作物收获前使用； 3. 误食污染食品时，迅速用清水洗胃、催吐等，送医院救治	1. 色谱法（GC法、HPLC法、直接光谱分析技术、液相色谱-质谱联用技术（HPLC/MS） 2. 超临界流体萃取 3. 毛细管电泳（CE） 4. 生物传感器（Biosensorand） 5. 免疫分析法（IA）
拟除虫菊酯类（包括氯氰菊酯、溴氰菊酯、氰戊菊酯、氟氯氰菊酯等）	为中枢神经毒物。经皮肤中毒者，可出现丘疹；经口中毒者，出现腹痛、恶心、呕吐，中毒严重的出现精神萎靡、嗜睡或烦躁不安、流涎、食欲不振、胸部或四肢肌肉跳动，严重时四肢抽搐、意识丧失、大小便失禁等	1. 经皮肤中毒者，用肥皂水清洗，停止接触药物，2~3天可恢复正常； 2. 经口中毒者，先用5%碳酸氢钠洗胃。有抽搐时由医生用安定或苯巴比妥钠等抗惊厥剂		1. 色谱法（薄层色谱法（TLC）、气相色谱法、高效液相色谱（HPLC）、GC-MS联用技术、HPLC-MS联用技术、固相萃取气相色谱联用技术（SPEGC）、凝胶渗透色谱（GPC）技术 2. 分光光度法 3. 免疫分析法（Immunoassay）
苯氧羧酸类及脲类除草剂（包括2,4-D、2甲4氯、2,4-滴丁酯、绿麦隆等）	中毒后2~3天症状逐渐加重。恶心、呕吐、食欲减退、极度疲乏、怕动、肌无力、四肢伸肌强直、收缩肢端麻木、掌关节肿痛、呼吸衰竭、昏迷	1. 催吐、洗胃； 2. 用10%硫酸亚铁溶液，每隔15min~30min口服10mL，连服3~4次； 3. 抽搐时，肌肉注射0.1g苯巴比妥钠，补充VB、VC等对症治疗		1. 色谱法(气相色谱法、高效液相色谱(HPLC)、气相色谱(GC)离子阱质谱仪(MS/MS)、高效液相色谱-紫外) 2. 酶联免疫法 3. 生测方法（包括水培生测法、土壤生测法、提取液 $Ca(OH)_2$ 生测法、细胞培养生测法）

续表

种　类	中毒症状	急救与治疗	防止措施	常用检测方法
熏蒸剂及灭鼠药（包括磷化铝、磷化锌等）	经口中毒时，口腔糜烂、恶心呕吐、腹痛腹泻、口渴、全身乏力、寒战、发烧、头痛、痉挛；吸入中毒时表现为咳嗽、咽干、胸闷、呼吸困难、肺水肿及心肌损害	1. 经口中毒者，用1%硫酸铜催吐或稀释5 000倍的高锰酸钾洗胃； 2. 心肌损害，用三磷酸腺苷及细胞色素C； 3. 禁用油类泻剂，禁食鸡蛋、牛奶、脂类食物，禁用解磷定类药物	1. 加强安全管理，防止在运输、保存等环节污染食品； 2. 合理施用，禁止作物收获前使用； 3. 误食污染食品时，迅速用清水洗胃、催吐等，送医院救治	1. 气相色谱法［电子捕获检测器（ECD）、火焰光度检测器（FPD）、氮磷检测器（NPD）等］ 2. 化学法
有机氮类杀虫剂（包括杀虫脒、杀螟丹、易卫杀等）	皮肤有烧灼感、头晕、乏力、恶心厌食、胸部不适、睁眼困难、思睡、尿频、尿急、尿痛等；经口中毒出现呼吸急促、青紫等	1. 用肥皂水清洗污染部位； 2. 用葡萄糖盐水、维生素C、中枢神经兴奋剂、利尿剂等对症治疗； 3. 经口中毒的重病人，静脉注射1%美蓝4mL～6mL或10%硫代硫酸钠10mL		色谱法（气相色谱法、液相色谱法）

7.3　兽药残留的检验

7.3.1　概述

7.3.1.1　兽药残留定义

兽药残留是“兽药在动物源食品中的残留”的简称，根据联合国粮农组织和世界卫生组织（FAO/WHO）食品中兽药残留联合立法委员会的定义，兽药残留是指动物产品的任何可食部分所含兽药的母体化合物及（或）其代谢物，以及与兽药有关的杂质。所以，兽药残留既包括原药，也包括药物在动物体内的代谢产物和兽药生产中所伴生的杂质。

目前，兽药残留可分为7类，分别是：抗生素类；驱肠虫药类；生长促进剂类；抗原虫药类；灭锥虫药类；镇静剂类；β－肾上腺素能受体阻断剂。

7.3.1.2　兽药残留产生的原因

7.3.1.2.1　来自饲料生产企业

饲料是畜禽养殖的基础，由于近年来养殖业的迅猛发展，饲料行业也得到空前发展，饲料生产企业受到经济利益的驱动，人为向饲料中添加畜禽违禁药物，如盐酸克伦特罗、绒毛膜促性腺激素、雌二醇等各种激素类添加剂还有人工合成化学药品。甚至有些饲料企业为了保密或逃避报批，在饲料标签上不表示或用饲料厂独有秘方来糊弄养殖户，这便造成了兽药在动物产品中的残留。

7.3.1.2.2　来自兽药生产企业

随着集约化饲养的普及，常用药物的抗药性日趋严重，开发新药相对滞后，因而在饲料中的药物添加量、治疗时药物的使用量越来越大，甚至比规定量高出3倍，一些兽药厂在经济利益的驱使下，在其产品中的添加药物量远远超过了其标示量。

7.3.1.2.3　来自养殖企业或养殖户

（1）滥用药物甚至非法使用违禁药物

在实际生产中，许多养殖户对控制兽药残留认识不足，而且现在疾病又多，形成了无药不能饲养的局面，必然会不科学地使用兽药。为了预防畜禽疾病，在没有确定病因的情况下，滥用青霉素、磺胺类和喹诺酮类抗菌药；为了缓解畜禽应激反应，大量使用金霉素或土霉素等药物；受到利益的驱使，使用国家明令禁止的药物如瘦肉精、雌性激素，造成了非常严重的后果。

（2）不规范使用兽药

现阶段我国养殖规模还是以小型为主，主要集中在城市郊区和农村，典型的小规模、大群体，畜禽设施简陋、通风不畅、饲料营养失调，这种生态环境和畜群结构极有利于动物传染病和寄生虫病的发生和流行。养殖户为了减轻疾病带来的损失，不得不大量投入抗菌药并长期使用驱虫药，这种长期、超量使用和不执行休药期规定，造成兽药成分在动物屠宰前也未能全部排出。

（3）使用人用抗生素

我国兽药研究开发还比较落后，但目前新病、怪病又层出不穷，养殖户买不到有效的兽药，就用人用药物来替代，人用抗生素一般在通过注射或口服后都能迅速地渗透到人体有关组织，起到抗感染作用，而相应的问题也随之而生，药物的渗透力越强，其残留问题越突出。人长期使用含有该药物残留的动物产品直接导致人对此药产生耐药性。

7.3.1.2.4　环境污染导致的药物残留

主要是指工业“三废”、农药和有害的城市生活垃圾，这些有害物质进入农田，不仅直接伤害农作物，导致减产、绝收，同时还会破坏水质，影响土壤。其中所含有害重金属、无机物、农药等经食物链进入动物和人体，引起多种疾病，如汞中毒、白肌病等。大多数植物饲料来源于植物，由于病虫害，长期使用农药，植物中的农药残留也很严重。

7.3.1.3　产生兽药残留的主要兽药

在动物源食品中较容易引起兽药残留量超标的兽药主要有抗生素类、磺胺类、呋喃类、抗寄生虫类和激素类药物。

7.3.1.3.1　抗生素类

大量、频繁地使用抗生素，可使动物机体中的耐药致病菌很容易感染人类；而且抗生素药物残留可使人体中细菌产生耐药性，扰乱人体微生态而产生各种毒副作用。目前，在畜产品中容易造成残留量超标的抗生素主要有氯霉素、四环素、土霉素、金霉素等。

7.3.1.3.2　磺胺类

磺胺类药物主要通过输液、口服、创伤外用等用药方式或作为饲料添加剂而残留在动物源食品中。在近15~20年，动物源食品中磺胺类药物残留量超标现象十分严重，多在猪、禽、牛等动物中发生。

7.3.1.3.3　激素和 β-兴奋剂类

在养殖业中常见使用的激素和 β-兴奋剂类主要有性激素类、皮质激素类和盐酸克仑特罗等。目前，许多研究已经表明盐酸克仑特罗、已烯雌酚等激素类药物在动物源食品中的残留超标可极大危害人类健康。其中，盐酸克仑特罗（瘦肉精）很容易在动物源食品中造成残留，健康人摄入盐酸克仑特罗超过 20μg 就有药效，5 倍 ~ 10 倍的摄入量则会导致中毒。

7.3.1.3.4　其他兽药

呋喃唑酮和硝呋烯腙常用于猪或鸡的饲料中来预防疾病，它们在动物源食品中应为零残留，即不得检出，是我国食品动物禁用兽药。苯并咪唑类能在机体各组织器官中蓄积，并在投药期，肉、蛋、奶中有较高残留。

7.3.1.4　兽药残留的危害

7.3.1.4.1　毒性反应

长期食用兽药残留超标的食品后，当体内蓄积的药物浓度达到一定量时会对人体产生多种急慢性中毒。目前，国内外已有多起有关人食用盐酸克仑特罗超标的猪肺脏而发生急性中毒事件的报道。此外，人体对氯霉素反应比动物更敏感，特别是婴幼儿的药物代谢功能尚不完善，氯霉素的超标可引起致命的“灰婴综合征”反应，严重时还会造成人的再生障碍性贫血。四环素类药物能够与骨骼中的钙结合，抑制骨骼和牙齿的发育。红霉素等大环内酯类可致急性肝毒性。氨基糖苷类的庆大霉素和卡那霉素能损害前庭和耳蜗神经，导致眩晕和听力减退。磺胺类药物能够破坏人体造血机能等。

7.3.1.4.2　耐药菌株的产生

动物机体长期反复接触某种抗菌药物后，其体内敏感菌株受到选择性的抑制，从而使耐药菌株大量繁殖；此外，抗药性 R 质粒在菌株间横向转移使很多细菌由单重耐药发展到多重耐药。耐药性细菌的产生使得一些常用药物的疗效下降甚至失去疗效，如青霉素、氯霉素、庆大霉素、磺胺类等药物在畜禽中已大量产生抗药性，临床效果越来越差。

7.3.1.4.3　“三致”作用

研究发现许多药物具有致癌、致畸、致突变作用。如丁苯咪唑、丙硫咪唑和苯硫苯氨酯具有致畸作用；雌激素、克球酚、砷制剂、喹恶啉类、硝基呋喃类等已被证明具有致癌作用；喹诺酮类药物的个别品种已在真核细胞内发现有致突变作用；磺胺二甲嘧啶等磺胺类药物在连续给药中能够诱发啮齿动物甲状腺增生，并具有致肿瘤倾向；链霉素具有潜在的致畸作用。这些药物的残留量超标无疑会对人类产生潜在的危害。

7.3.1.4.4　过敏反应

许多抗菌药物如青霉素、四环素类、磺胺类和氨基糖苷类等能使部分人群发生过敏反应甚至休克，并在短时间内出现血压下降、皮疹、喉头水肿、呼吸困难等严重症状。青霉素类药物具有很强的致敏作用，轻者表现为接触性皮炎和皮肤反应，重者表现为致死的过敏性休克。四环素药物可引起过敏和荨麻疹。磺胺类则表现为皮炎、白细胞减少、溶血性贫血和药热。喹诺酮类药物也可引起变态反应和光敏反应。

7.3.1.4.5　肠道菌群失调

近年来国外许多研究表明，有抗菌药物残留的动物源食品可对人类胃肠的正常菌群产生不良的影响，使一些非致病菌被抑制或死亡，造成人体内菌群的平衡失调，从而导致长期的腹泻或引起维生素的缺乏等反应。菌群失调还容易造成病原菌的交替感染，使得具有选择性作用的抗生素及其他化学药物失去疗效。

7.3.1.4.6　环境生态毒性

动物用药后，一些性质稳定的兽药及其代谢产物通过粪便、尿液等进入环境中后仍能稳定存在，从而造成环境中的药物残留，被环境中的生物富集，然后进入食物链，再次危害人类健康。如己烯雌酚、氯羟吡啶在环境中降解很慢，能在食物链中高度蓄积造成残留超标。

7.3.1.4.7　严重影响畜牧业发展

长期滥用药物严重制约着畜牧业的健康持续发展。如长期使用抗生素易造成畜禽机体免疫力下降，影响疫苗的接种效果；还可引起畜禽内源性感染和二重感染；使得以往较少发生的细菌病（大肠埃希菌、葡萄球菌、沙门氏菌）转变成为家禽的主要传染病。此外，耐药菌株的增加，使有效控制细菌疫病变得越来越困难。

7.3.2　蜂蜜中四环素族抗生素残留量的测定

7.3.2.1　概述

自20世纪60年代以来，我国南方各省蜂群陆续发生美洲幼虫腐臭病和欧洲幼虫腐臭病，且多在每年5~9月患病。为了防治这种细菌性疾病，养蜂者多以四环素、土霉素等四环素族抗生素作为饲料添加剂，混在饱和糖浆中饲喂蜜蜂，使用剂量为每次10万单位饲喂一群（1~2万只蜜蜂），3~4次为一疗程。抗生素的使用对蜜蜂防病起到了重要的作用，但含抗生素的糖浆容易混在蜂蜜中造成污染。我国农业畜牧部门要求养蜂者在流蜜期间尽量不使用抗生素，在流蜜期前20天左右停止使用，以减少抗生素对蜂蜜的污染，但养蜂者往往不按规定饲药甚至滥用，从而引起蜂蜜中四环素族抗生素的严重残留。

四环素族抗生素，包括金霉素、土霉素和四环素，是以萘并嗪环为基本母核的一类化合物，四环素族抗生素金霉素、土霉素和四环素的化学结构如下：

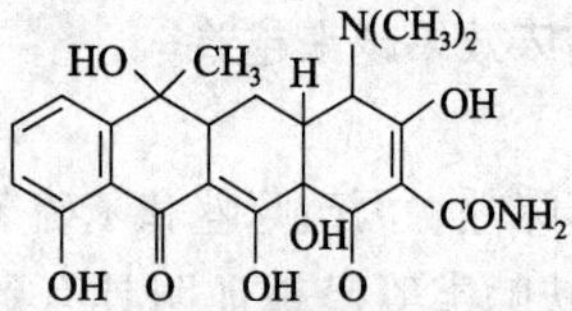

四环素tctracyclinc
(TC.MW:444)

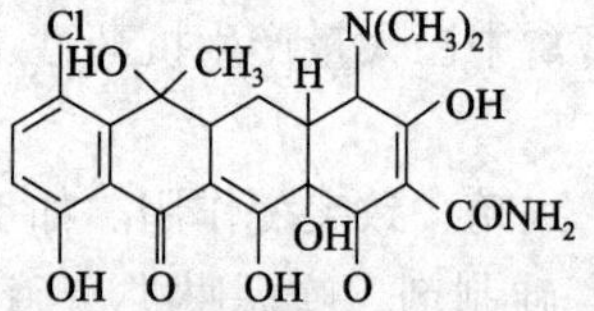

金霉素、氯四环素chlortelracycline
(CTC.MW:478)

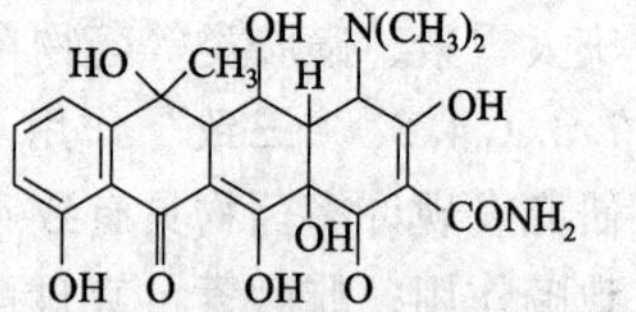

土霉素、氯四环素oxytetracycline
(OTC.MW:460)

一般来说，不同分子式的四环素类物质相对易溶于水和较低级的伯醇类，相对不溶于非极性的有机溶剂。它们在pH为3~8范围内离子化，pH约为3时以阳离子形式存在，pH为3.5~7.5时是两性离子，pH在7.5以上时为阴离子。在中性pH，其水溶液稳定；在酸性pH，其分子可稳定14~30天；在碱性pH，其水溶液相当不稳定。

四环素族抗生素系广谱抗生素，是临床上广泛使用的药物，给动物饲喂抗生素有可能促使细菌演化，对这些药物产生抗药性，而人们在制备或消费食品时就可能接触这些抗药性细菌，使人成为抗药菌疾病的宿主，给临床治疗带来不可估量的麻烦；同时还会造成人体肝损害、胃肠道不适以及影响儿童牙齿、骨骼发育等。

WTO于1969年对各国提出忠告，应对各种动物性食品中抗生素残留量提出允许标准。近年来，日本、澳大利亚等对蜂蜜中抗生素残留问题进行了大量的研究。日本食品卫生法第七条“食品和食品添加剂规格标准”中规定，“食品不得含有抗菌素”，日本厚生省要求进口蜂蜜中四环素族抗生素残留量不得超过 0.05mg/kg，日本国内已禁止将四环素、土霉素、金霉素用于蜜蜂疾病的防治。澳大利亚规定四环素、土霉素、金霉素总量不得大于 0.3mg/kg。加拿大规定限量为：土霉素 0.002mg/kg、四环素 0.003mg/kg、金霉素 0.004mg/kg。欧盟一律标准为 0.01mg/kg。我国重视对蜂蜜中四环素族抗生素的监测和控制，原我国农牧渔业部畜牧局主编的《蜂产品价值与用途》第三节“质量指标”中提出蜂蜜中抗生素含量不超过 0.05mg/kg。

7.3.2.2　蜂蜜中四环素族抗生素残留量的测定（GB/T 5009.95—2003）

（1）原理

试样中四环素族抗生素经 Mcllvaine 缓冲液提取后，用 SEP－PAKQ8 柱纯化。四环素族 3 种抗生素，四环素、土霉素及金霉素利用薄层层析生物检测法进行分离和定性；以蜡样芽胞杆菌为试验菌株，用微生物管碟法进行定量检测。

（2）试剂

① Mcllvaine 缓冲液（pH 4）：称取磷酸氢二钠（$Na_2HPO_4 \cdot 12H_2O$）27.6g、柠檬酸（$C_6H_8O_7 \cdot H_2O$）12.9g、乙二胺四乙酸二钠 37.2g，用水溶解后稀释并定容至 1 000mL。

② 0.1mol/L 磷酸盐缓冲液（pH 4.5）：称取磷酸氢二钾 13.6g，用水溶解后稀释并定容至 1 000mL。115℃灭菌 30min，置 4℃冰箱中保存。

③ 乙二胺四乙酸二钠水溶液（50g/L）。

④ WatersSEP－PAKC_{18} 柱（或国产 PT－C_{18} 柱）：用时先经 10mL 甲醇滤过活化，再用 10mL 蒸馏水置换，然后用 10mL50g/L 乙二胺四乙酸二钠流过。

⑤ 抗生素标准品：四环素、土霉素、金霉素标准品（由卫生部药品生物制品检定所提供）。

⑥ 抗生素标准溶液：

a. 抗生素标准原液的配制：准确称取四环素、土霉素、金霉素标准品适量（按效价进行换算），用 0.01mol/L 盐酸溶液并定容至 1 000μg/mL，置 4℃冰箱中（可使用 7d）。

b. 抗生素标准稀释液配制：临用前取上述原液按 1：0.8 剂距用 0.1mol/L 磷酸盐缓冲液逐步稀释配制成标准稀释液。制备四环素、土霉素标准曲线的标准浓度为 0.16μg/mL、0.21μg/mL、0.26μg/mL、0.32μg/mL、0.40μg/mL 和 0.50μg/mL，参考浓度为 0.25μg/mL；制备金霉素标准曲线的标准浓度为 0.033μg/mL、0.041μg/mL、0.051μg/mL、0.064μg/mL、0.080μg/mL 和 0.100μg/mL，参考浓度为 0.050μg/mL。定性试验用标准液浓度四环素、土霉素为 2μg/mL，金霉素为 1μg/mL。

⑦ 展开剂：正丁醇－乙酸－水（4＋1＋5）。

（3）仪器

① 隔水式恒温箱。

② 冰箱：0℃～4℃。

③ 恒温水浴。

④ 高压灭菌器。

⑤ 旋转式减压蒸馏器。

⑥ 离心机：2 000r/min

⑦ 天平：分度值 0.1mg。

⑧ 层析缸：内长 20cm、宽 15cm、高 30cm。

⑨ 长方形培养皿：1. 5cm × 8cm × 23cm。

⑩ 层析纸 7cm × 22cm，中速滤纸。

⑪ 微量注射器：10μL、50μL。

⑫ 电吹风机。

⑬ 游标卡尺。

⑭ 吸管：容量为 1mL 和 10mL，标有 0. 1mL 单位刻度。

⑮ 注射器：容量为 20mL。

⑯ 平皿：内径为 90mm，高 16mm ~ 17mm，底部平整光滑，具陶瓷盖。

⑰ 不锈钢小管（简称小管）：内径（6. 0 ± 0. 1）mm，外径（7. 8 ± 0. 1）mm，高度（10 ± 0. 1）mm。

（4）培养基

① 菌种培养基：

胰蛋白胨	10. 0g；
牛肉浸膏	5. 0g；
氯化钠	2. 5g；
琼脂	14g ~ 16g；
蒸馏水	1 000mL。

将上述各成分混合于蒸馏水中，搅拌加热至溶解，110℃灭菌 30min，最终 pH 为 7. 2 ~ 7. 4。

② 检定用培养基：

胰蛋白胨	5. 0g；
牛肉浸膏	3. 0g；
磷酸氢钾	3. 0g；
琼脂	14g ~ 16g；
蒸馏水	1 000mL。

将上述各成分混合于蒸馏水中，搅拌加热至溶解，110℃灭菌 30min，最终 pH 为 6. 5 ± 0. 1。

（5）试样处理

① 定量试验用样液制备：称取混匀的蜂蜜试样 10. 0g，加入 30mL pH4. 0 的 Mcllvaine 缓冲液，搅拌均匀，待溶解后进行过滤，滤液分数次置于注射器中，用经预处理的 SEP - PAKC_{18}柱滤过，用 50mL 水洗柱，再用 10mL 甲醇洗脱，洗脱液经 40℃减压浓缩蒸干后，准确加入 pH 4. 5 磷酸盐缓冲液 3mL ~ 4mL 溶解，备定量检测用。

② 定性试验用样液制备：称取蜂蜜试样 5g，按①步骤处理，甲醇洗脱液经 40℃减压浓缩蒸干后，用 0. 1mL 甲醇溶解，备定性试验用。

（6）菌液和检定用平板的制备

① 试验菌种：蜡样芽胞杆菌（Bacilluscereusvar. mycoides），菌号 63301，由卫生部药品生物制品检定所提供。

② 菌液的制备：将菌种移种于盛有菌种用培养基的克氏瓶内，于 37℃培养 7d，使镜检芽胞数达 85%，先用 10mL 灭菌水洗下菌苔，离心 20min，弃去上清液，重复操作 1 次，再

加10mL灭菌水于沉淀物中，混匀。然后，将此芽胞悬浮液置65℃恒温水浴中加热30min。从水浴中取出，于室温下放置24h，再于65℃恒温水浴中加热30min，待冷后置4℃冰箱保存。用时可取此芽胞悬液以灭菌水稀释10倍成稀菌液。

③ 芽胞悬液用量的测定：把不同量的稀菌液加入检定用培养基中，按本法进行操作，0.25μg/mL的四环素参考浓度可产生15mm以上的清晰、完整的抑菌圈，选择出最适宜的芽胞悬液用量。一般为每100mL检定用培养基加入0.2mL~0.5mL稀菌液。

④ 检定用平板的制备：试验用平皿内预先铺有20mL检定培养基作为底层，将适量稀菌液加到溶化后冷却至55℃~60℃的检定用培养基中，混匀后往上述平皿内加入5mL作为菌层。前后摇动平皿，使菌层均匀覆盖于底层表面，置水平位置上，盖上陶瓷盖，待凝固后，每个平板的培养基表面放置6个小管，使小管在半径2.3cm的圆面上成60°角的间距。所用平板应当天准备。

(7) 定量试验

① 标准曲线的制备：取3个检定用平板为一组，6个标准浓度需要六组，在该组每个检定用平板的3个间隔小管内注满一参考浓度液，在另3个小管内注满一标准浓度液，于(37±1)℃培养16h，然后测量参考浓度和标准浓度的抑菌圈直径，求得各自9个数值的平均值，并计算出各组内标准浓度与参考浓度抑菌圈直径平均值的差值F，以标准浓度c为纵坐标，以相应的F值为横坐标，在半对数坐标纸上绘制标准曲线。

② 测定：每份试样取3个检定用平板，在每个平板上3个间隔的小管内注满0.25μg/mL四环素参考浓度（或0.25μg/mL土霉素或0.05μg/mL金霉素，视所含抗生素种类而定），另3个小管内注满被检样液，于(37±1)℃培养16h，测量参考浓度和被检样液的抑菌圈直径，求得各自9个数值的平均值，并计算出被检样液与参考浓度抑菌圈直径平均值的差值F_t。

(8) 定性试验

取层析用滤纸（7cm×22cm）均匀喷上0.1mol/L磷酸盐缓冲液（pH4.5），于空气中晾干、备用。在距滤纸底边2.5cm起始线上，分别滴加10μL2μg/mL四环素、土霉素及1μg/mL金霉素标准稀释液与定性试验样液，将滤纸挂于盛有展开剂的层析缸中，以上行法展开，待溶剂前沿展至15cm处将滤纸取出，于空气中晾干，贴在事先加有60mL含有试验用菌菌层的长方形培养皿上，30min后移去滤纸，在(37±1)℃培养16h，由抑菌圈测得比移值，以确定被检试样中所含四环素族抗生素的种类。

(9) 结果计算

根据被检试样液与参考浓度抑菌圈直径平均值的差值F_t，从该种抗生素标准曲线上查出抗生素的浓度c_t（μg/mL），试样中若同时存在2种以上四环素族抗生素时，除了四环素、金霉素共存以金霉素表示结果外，其余情况均以土霉素表示结果。试样中四环素族抗生素残留量按式（7-18）计算。

$$X = \frac{c_t \times V \times 1\,000}{m \times 1\,000} \qquad (7-18)$$

式中：X——试样中四环素族抗生素残留量，mg/kg；

c_t——检定用样液中四环素族抗生素的浓度，μg/mL；

V——待检定样液的体积，mL；

m——试样质量，g。

（10）精密度

在重复性条件下获得的两次独立测定结果的绝对差值不得超过算术平均值的10%。

7.3.3 畜禽肉中的己烯雌酚

7.3.3.1 概述

己烯雌酚（Diethylstilbestrol，DES）是一种人工合成的非甾体雌激素，它也是第一个有活性的口服人工合成激素，在人造雌激素中是作用较强的一种。在医疗上主要用于治疗卵巢功能不全或垂体功能异常引起的各种疾病，如闭经、子宫发育不全、功能性子宫出血、绝经期综合症、老年性阴道炎及退乳等。主要作用有促使女性器官及副性征正常发育，促使子宫内膜增生和阴道上皮角质化，增强子宫收缩，提高子宫对催产素的敏感性。在兽医临床上主要用于发情不明显动物的催情，还可用于治疗子宫炎、胎衣不下，排出死胎等。己烯雌酚由于有增加蛋白质沉积和减少脂肪沉积的作用而被广泛应用于促生长、增加瘦肉率、提高料肉比等方面，一些不法商人为追求利益而造成己烯雌酚在动物饲养过程中的滥用。

7.3.3.2 畜禽肉中己烯雌酚的测定（GB/T 5009.108—2003）

（1）原理

试样匀浆后，经甲醇提取过滤，注入HPLC柱中，经紫外检测器鉴定。于波长230nm处测定吸光度，同条件下绘制工作曲线，己烯雌酚含量与吸光度值在一定浓度范围内成正比，试样与工作曲线比较定量。

（2）试剂

① 甲醇。

② 0.043mol/L磷酸二氢钠（$NaH_2PO_4 \cdot 2H_2O$）取1g磷酸二氢钠溶于水成500mL。

③ 磷酸。

④ 己烯雌酚（DES）标准溶液：精密称取100mg己烯雌酚（DES）溶于甲醇，移入100mL容量瓶中，加甲醇至刻度，混匀，每毫升含DES1.0mg，贮于冰箱中。

⑤ 己烯雌酚（DES）标准使用液：吸取10.00mLDES贮备液，移入100mL容量瓶中，加甲醇至刻度，混匀，每毫升含DES100μg。

（3）仪器

① 高效液相色谱仪：具紫外检测器。

② 小型绞肉机。

③ 小型粉碎机。

④ 电动振荡机。

⑤ 离心机。

（4）分析步骤

a. 提取及净化

称取（5±0.1）g绞碎（小于5mm）肉试样，放入50mL具塞离心管中，加10.00mL甲醇，充分搅拌，振荡20min，于3 000r/min离心10min，将上清液移出，残渣中再加10.00mL甲醇，混匀后振荡20min，于3 000r/min离心10min，合并上清液，此时若出现混浊，需再离心10min，取上清液过0.5μmFH滤膜，备用。

b. 色谱条件

i. 紫外检测器：检测波长 230nm。

ii. 灵敏度：0.04AUFS。

iii. 流动相：甲醇 +0.043mol/L 磷酸二氢钠（70 +30），用磷酸调 pH 5（其中 $NaH_2PO_4 \cdot 2H_2O$ 水溶液需过 0.45μm 滤膜）。

iv. 流速：1mL/min。

v. 进样量：20μL。

vi. 色谱柱：CLC – ODS – C_{18}（5μm）6.2mm ×150mm 不锈钢柱。

vii. 柱温：室温。

c. 标准曲线绘制

称取 5 份（每份 5.0g）绞碎的肉试样，放入 50mL 具塞离心管中，分别加入不同浓度的标准液（6.0μg/mL、12.0μg/mL、18.0μg/mL 和 24.0μg/mL）各 1.0mL 同时做空白。其中甲醇总量为 20.00mL，使其测定浓度为 0.00μg/mL、0.30μg/mL、0.60μg/mL、0.90μg/mL 和 1.20μg/mL，按 a 处理方法提取备用。

d. 测定

分别取样 20μL 注入 HPLC 柱中，可测得不同浓度 DES 标准溶液峰高，以 DES 浓度对峰高绘制工作曲线，同时取样液 20μL，注入 HPLC 柱中，测得的峰高从工作曲线图中查相应含量，R_t =8.235。

（5）计算

按式（7 – 19）计算。

$$X = \frac{A \times 1\,000}{m \times \frac{V_2}{V_1}} \times \frac{1\,000}{1\,000 \times 1\,000} \quad (7-19)$$

式中：X——试样中己烯雌酚含量，mg/kg；

A——进样体积中己烯雌酚含量，ng；

m——试样的质量，g；

V_2——进样体积，μL；

V_1——试样甲醇提取液总体积，mL。

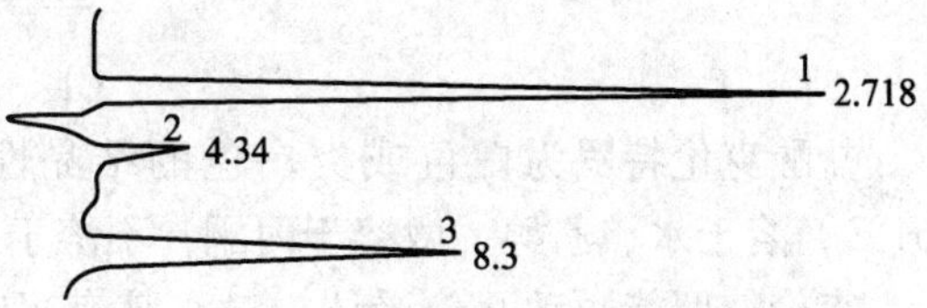

1 2.718
2 4.34
3 8.3

图 7 – 12　己烯雌酚色谱图

1—溶剂峰；2—杂质峰；3—己烯雌酚标准峰

（6）色谱图

色谱图如图 7 – 12 所示。

7.3.4　动物性食品中克伦特罗残留量

7.3.4.1　概述

克伦特罗（Clenbuterol）又名氨哮素、克喘素，为人工合成的肾上腺素 β_2 – 受体激动剂，有强而持久的松弛支气管平滑肌的作用。在医学上，克伦特罗用于扩张支气管和增加肺通气量，治疗人和动物的支气管哮喘、阻塞性肺炎、平滑肌痉挛等症以及用于松弛牛子宫和延缓其发育。克伦特罗主要作用于心脏 β_2 受体，可引起心率加速，特别是原有心律失常的病人更易发生心脏反应（可见心室早搏、ST 段与 T 波幅压低）；可激动骨骼肌 β_2 受体，引起四肢、面颈部骨骼肌震颤；还可引起代谢紊乱，血乳酸、丙酮酸升高，并可出现酮体，糖尿病人可引起酮中毒或酸中毒；此外，还可引起血钾降低，导致心律失常，对高血压、心脏病、甲亢、青光眼、前列腺肥大等疾患危害更大，可能会加重病情，导致意外。克伦特罗可促进动物（如牛、猪、羊、家禽等）生长，使体内脂肪分解代谢增强、蛋白质合成增加，能显著提高瘦肉率，所以20世纪80年代以来，克伦特罗被大量非法地添加于饲料中以促进家畜生长和提高瘦肉率，克伦特罗又俗称为“瘦肉精”。添加剂量一般超过5mg/kg，这成为导致畜禽中毒和食品残留的主要原因。克伦特罗在动物眼组织、肺组织、毛发中有显著蓄积。食用组织中以肝、肾中残留最高，肌肉脂肪中最低。当人体累计摄入剂量超过一定值或食入高残留（>100ng/g）的内脏组织（如肝、肾等）时，就会出现中毒症状，主要表现为肌肉震颤，其中四肢和面部肌肉震颤最明显，轻者感觉不适，重者行走不稳、无法握物；其他中毒症状包括心动过速、心律失常、腹痛、肌肉疼痛、恶心和眩晕等。20世纪90年代，克伦特罗曾作为科研成果以饲料添加剂引入并推广，从而造成一连串因食用含克伦特罗的食物而引起的中毒事件。1997年以来，我国有关行政部门多次明令禁止畜牧行业生产、销售和使用盐酸克伦特罗，但各地克伦特罗中毒事件仍然频繁发生。

盐酸克伦特罗（Clenbuterol Hydrochloride）化学式为 $C_{12}H_{18}Cl_2N_2O \cdot HCl$，相对分子质量为313.65，化学名称为4-氨基-［（叔丁基氨）甲基］-3,5-二氯苯基乙醇盐酸盐［4-amino-α-（tert-butylaminomethyl）-3，5-diclorobenzyl alcohol hydrochloride］，CA编号21898-19-1（克伦特罗的CA编号37148-27-9），结构式如下：

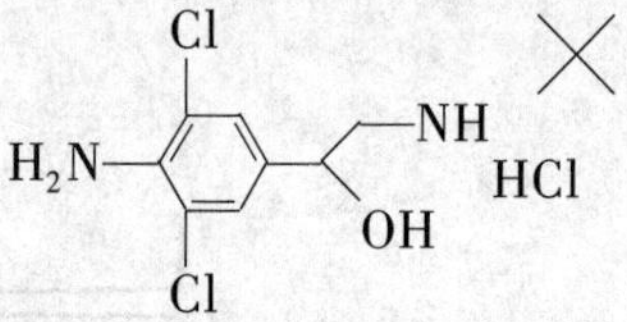

Cl
H_2N　NH　HCl
OH
Cl

盐酸克伦特罗为白色或类白色的结晶性粉末，无臭，味苦，其化学性质稳定，熔点161℃，溶于水、乙醇，微溶于丙酮，不溶于乙醚。

克伦特罗能激动 β_2-受体，对心脏有兴奋作用，对支气管平滑肌有较强而持久的扩张作用，口服后较易经胃肠道吸收，为期两年的致癌实验（染毒剂量为25mg/kg体重）未观察到致癌效应，但动物实验发现克伦特罗具有生殖内分泌毒性。人一次吸入用药10μg（相当于0.167μg/kg体重）就有支气管扩张效应，但此剂量没有引起心动过速。经口用药3d，每天5μg，对支气管张力、胸腔气体体积、心率和血压没有影响（即最大无作用剂量NOEL为0.08μg/kg体重）。对人的支气管解痉效应的研究发现，有阻塞性肺部疾病的病人，治疗剂量可达30μg，但最小治疗剂量为5μg，NOEL为2.5μg，相当于0.04μg/kg体重。JECFA以药效动力学获得的NOEL0.04μg/kg体重为基础，加上10倍的安全系数，建立的ADI为0μg/kg体重~0.004μg/kg体重，如以体重60kg计，最大可摄入0.24μg。有些体格健壮的运动员将克伦特罗作为肌肉增强剂或营养再分配剂滥用，经动物实验研究证明长期使用克伦特罗不但不能提高运动成绩，还会对使用者的心脏产生有害影响。目前，已有不少关于长期服用克伦特罗导致运动能力降低的机理方面的报道。无论是短期还是长期服用克伦特罗对人体都是有害的，对身体会产生各种损伤，如心脏过度肥大、性行为改变、应激性降低等。国际奥林匹克委员会医学委员会和有关国家体育组织已将克伦特罗列为禁止使用的兴奋剂。由于克伦特罗对赛马具有潜在的不公平性，也被赛马公会禁用。

目前，β_2受体激动剂与甾体激素被并列为对健康威胁最严重的同化激素。许多国家对饲料和食品中的β_2受体激动剂实施了严格监控。JECFA颁布的脂肪、肝、肾和牛奶中的克伦特罗的 MRL 分别为 0.1μg/kg、0.5μg/kg、0.5μg/kg 和 0.05μg/kg，我国农业部 1999 年颁布的标准与 JECFA 相同。我国及主要发达国家和欧盟国际组织都制定或推荐了相应的标准方法。

7.3.4.2　动物性食品中克伦特罗残留量的测定（GB/T 5009.192—2003）

7.3.4.2.1　气相色谱－质谱法（GC－MS）[第一法]

（1）原理

固体试样剪碎，用高氯酸溶液匀浆。液体试样加入高氯酸溶液，进行超声加热提取，用异丙醇＋乙酸乙酯（40＋60）萃取，有机相浓缩，经弱阳离子交换柱进行分离，用乙醇＋浓氨水（98＋2）溶液洗脱，洗脱液浓缩，经 N,O－双三甲基硅烷三氟乙酰胺（BSTFA）衍生后于气质联用仪上进行测定。以美托洛尔为内标，定量。

（2）试剂

① 克伦特罗（Clenbuterol Hydrochloride），纯度≥99.5%。

② 美托洛尔（Metoprol01），纯度≥99%。

③ 磷酸二氢钠。

④ 氢氧化钠。

⑤ 氯化钠。

⑥ 高氯酸。

⑦ 浓氨水。

⑧ 异丙醇。

⑨ 乙酸乙酯。

⑩ 甲醇：HPLC 级。

⑪ 甲苯：色谱纯。

⑫ 乙醇。

⑬ 衍生剂：N，O－双三甲基硅烷三氟乙酰胺（BSTFA）。

⑭ 高氯酸溶液（0.1mol/L）。

⑮ 氢氧化钠溶液（1mol/L）。

⑯ 磷酸二氢钠缓冲液（0.1mol/L，pH 6.0）。

⑰ 异丙醇＋乙酸乙酯（40＋60）。

⑱ 乙醇＋浓氨水（98＋2）。

⑲ 美托洛尔内标标准溶液：准确称取美托洛尔标准品，用甲醇溶解配成浓度为 240mg/L 的内标储备液，贮于冰箱中，使用时用甲醇稀释成 2.4mg/L 的内标使用液。

⑳ 克伦特罗标准溶液：准确称取克伦特罗标准品，用甲醇溶解配成浓度为 250mg/L 的标准储备液，贮于冰箱中，使用时用甲醇稀释成 0.5mg/L 的克伦特罗标准使用液。

㉑ 弱阳离子交换柱（LC－WCX）（3mL）。

㉒ 针筒式微孔过滤膜（0.45μm，水相）。

（3）仪器

① 气相色谱－质谱联用仪（GC/MS）。

② 磨口玻璃离心管：11.5cm（长）×3.5cm（内径），具塞。

③ 5mL 玻璃离心管。

④ 超声波清洗器。

⑤ 酸度计。

⑥ 离心机。

⑦ 振荡器。

⑧ 旋转蒸发器。

⑨ 涡旋式混合器。

⑩ 恒温加热器。

⑪ N_2－蒸发器。

⑫ 匀浆器。

（4）分析步骤

① 提取

a. 肌肉、肝脏、肾脏试样：称取肌肉、肝脏或肾脏试样 10g（精确到 0.01g），用 20mL 0.1mol/L 高氯酸溶液匀浆，置于磨口玻璃离心管中；然后置于超声波清洗器中超声 20min，取出置于 80℃水浴中加热 30min。取出冷却后离心（4 500r/min）15min。倾出上清液，沉淀用 5mL 0.1mol/L 高氯酸溶液洗涤，再离心，将 2 次的上清液合并。用 1mol/L 氢氧化钠溶液调 pH 至 9.5 ±0.1，若有沉淀产生，再离心（4 500r/min）10min，将上清液转移至磨口玻璃离心管中，加入 8g 氯化钠，混匀，加入 25mL 异丙醇 + 乙酸乙酯（40 +60），置于振荡器上振荡提取 20min。提取完毕，放置 5min（若有乳化层稍离心一下）。用吸管小心将上层有机相移至旋转蒸发瓶中，用 20mL 异丙醇 + 乙酸乙酯（40 +60）再重复萃取 1 次，合并有机相，于 60℃在旋转蒸发器上浓缩至近干。用 1mL 0.1mol/L 磷酸二氢钠缓冲液（pH 6.0）充分溶解残留物，经针筒式微孔过滤膜过滤，洗涤 3 次后完全转移至 5mL 玻璃离心管中，并用 0.1mol/L 磷酸二氢钠缓冲液（pH 6.0）定容至刻度。

b. 尿液试样：用移液管量取尿液 5mL，加入 20mL 0.1mol/L 高氯酸溶液，超声 20min 混匀。置于 80℃水浴中加热 30min。以下按 a 从“用 1mol/L 氢氧化钠溶液调 pH 至 9.5 ± 0.1”起开始操作。

c. 血液试样：将血液于 4 500r/min 离心，用移液管量取上层血清 1mL 置于 5mL 玻璃离心管中，加入 2mL 0.1mol/L 高氯酸溶液，混匀，置于超声波清洗器中超声 20min，取出置于 80℃水浴中加热 30min。取出冷却后离心（4 500r/min）15min。倾出上清液，沉淀用 1mL 0.1mol/L 高氯酸溶液洗涤，离心（4 500r/min）10min，合并上清液，再重复一遍洗涤步骤，合并上清液。向上清液中加入约 1g 氯化钠，加入 2mL 异丙醇 + 乙酸乙酯（40 +60），在涡旋式混合器上振荡萃取 5min，放置 5min（若有乳化层稍离心一下），小心移出有机相于 5mL 玻璃离心管中，按以上萃取步骤重复萃取 2 次，合并有机相。将有机相在 N_2－浓缩器上吹干。用 1mL 0.1mol/L 磷酸二氢钠缓冲液（pH 6.0）充分溶解残留物，经筒式微孔过滤膜过滤完全转移至 5mL 玻璃离心管中，并用 0.1mol/L 磷酸二氢钠缓冲液（pH 6.0）定容至刻度。

② 净化

依次用 10mL 乙醇、3mL 水、3mL0.1mol/L 磷酸二氢钠缓冲液（pH6.0），3mL 水冲洗弱阳离子交换柱，取适量①中 a、b、c 的提取液至弱阳离子交换柱上，弃去流出液，分别用 4mL 水和 4mL 乙醇冲洗柱子，弃去流出液，用 6mL 乙醇 + 浓氨水（98 +2）冲洗柱子，收集流出液。将流出液在 N_2－蒸发器上浓缩至干。

③ 衍生化

于净化、吹干的试样残渣中加入 100μL ~ 500μL 甲醇，50μL2.4mg/L 的内标工作液，在 N_2 - 蒸发器上浓缩至干，迅速加入 40μL 衍生剂（BSTFA），盖紧塞子，在涡旋式混合器上混匀 1min，置于 75℃的恒温加热器中衍生 90min。衍生反应完成后取出冷却至室温，在涡旋式混合器上混匀 30s，置于 N_2 - 蒸发器上浓缩至干。加入 200μL 甲苯，在涡旋式混合器上充分混匀，待气质联用仪进样。同时用克伦特罗标准使用液做系列同步衍生。

④ 气相色谱 - 质谱法测定

a. 气相色谱 - 质谱法测定参数设定

气相色谱柱：DB - 5MS 柱，30m × 0.25mm × 0.25μm。

载气：He，柱前压：8psi。

进样口温度：240℃。

进样量：1μL，不分流。

柱温程序：70℃保持 1min，以 18℃/min 速度升至 200℃，以 5℃/min 的速度再升至 245℃，再以 25℃/min 升至 280℃并保持 2min。

EI 源：

电子轰击能：70eV。

离子源温度：200℃。

接口温度：285℃。

溶剂延迟：12min。

EI 源检测特征质谱峰：克伦特罗：m/z 86、187、243、262；美托洛尔：m/z 72、223。

b. 测定

吸取 1μL 衍生的试样液或标准液注入气质联用仪中，以试样峰（m/z 86，187，243，262，264，277，333）与内标峰（m/z 72，223）的相对保留时间定性，要求试样峰中至少有 3 对选择离子相对强度（与基峰的比例）不超过标准相应选择离子相对强度平均值的 ±20% 或 3 倍标准差。以试样峰（m/z 86）与内标峰（m/z 72）的峰面积比单点或多点校准定量。

c. 克伦特罗标准与内标衍生后的选择性离子的总离子流图及质谱图

如图 7 - 13 ~ 图 7 - 15 所示。

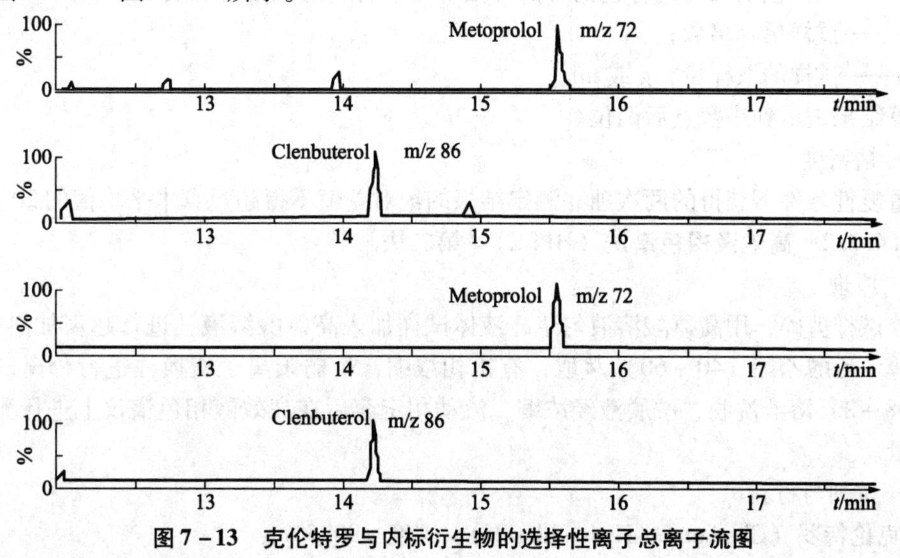

图 7 - 13　克伦特罗与内标衍生物的选择性离子总离子流图

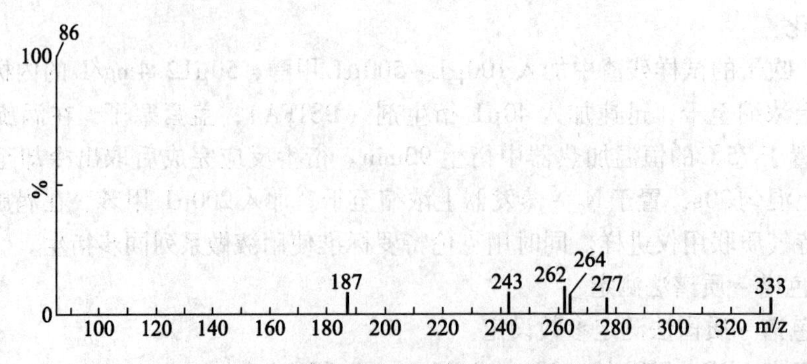

图 7-14 克伦特罗衍生物的选择离子质谱图

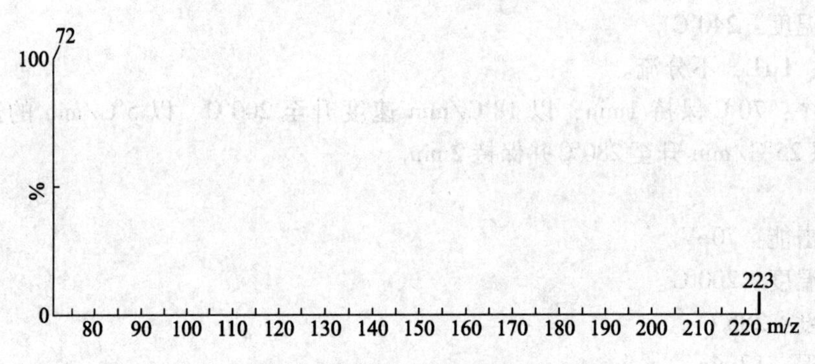

图 7-15 内标衍生物的选择离子质谱图

(5) 结果计算

按内标法单点或多点校准计算试样中克伦特罗的含量。

计算公式见式 (7-20)。

$$X = \frac{A \times f}{m} \tag{7-20}$$

式中：X——试样中克伦特罗的含量，μg/kg 或 μg/L；

A——试样色谱峰与内标色谱峰的峰面积比值对应的克伦特罗质量，ng；

f——试样稀释倍数；

m——试样的取样量，g 或 mL。

计算结果表示到小数点后两位。

(6) 精密度

在重复性条件下获得的两次独立测定结果的绝对差值不得超过算术平均值的 20%。

7.3.4.2.2 高效液相色谱法（HPLC）[第二法]

(1) 原理

固体试样剪碎，用高氯酸溶液匀浆，液体试样加入高氯酸溶液，进行超声加热提取后，用异丙醇 + 乙酸乙酯（40 + 60）萃取，有机相浓缩，经弱阳离子交换柱进行分离，用乙醇 + 氨（98 + 2）溶液洗脱，洗脱液经浓缩，流动相定容后在高效液相色谱仪上进行测定，外标法定量。

(2) 试剂与材料

① 克伦特罗（Clenbuterol Hydrochloride），纯度≥99.5%。

② 磷酸二氢钠。
③ 氢氧化钠。
④ 氯化钠。
⑤ 高氯酸。
⑥ 浓氨水。
⑦ 异丙醇。
⑧ 乙酸乙酯。
⑨ 甲醇：HPLC 级。
⑩ 乙醇。
⑪ 高氯酸溶液（0.1mol/L）。
⑫ 氢氧化钠溶液（1mol/L）。
⑬ 磷酸二氢钠缓冲液（0.1mol/L，pH 6.0）。
⑭ 异丙醇 + 乙酸乙酯（40 + 60）。
⑮ 乙醇 + 浓氨水（98 + 2）。
⑯ 甲醇 + 水（45 + 55）。
⑰ 克伦特罗标准溶液的配制：准确称取克伦特罗标准品用甲醇配成浓度为 250mg/L 的标准储备液，贮于冰箱中；使用时用甲醇稀释成 0.5mg/L 的克伦特罗标准使用液，进一步用甲醇 + 水（45 + 55）适当稀释。
⑱ 弱阳离子交换柱（LC - WCX）（3mL）。

(3) 仪器
① 水浴超声清洗器。
② 磨口玻璃离心管：11.5cm(长) ×3.5cm(内径)，具塞。
③ 5mL 玻璃离心管。
④ 酸度计。
⑤ 离心机。
⑥ 振荡器。
⑦ 旋转蒸发器。
⑧ 涡旋式混合器。
⑨ 针筒式微孔过滤膜（0.45μm，水相）。
⑩ N_2 - 蒸发器。
⑪ 匀浆器。
⑫ 高效液相色谱仪。

(4) 分析步骤
① 提取
a. 肌肉、肝脏、肾脏试样同 7.3.4.2.1 中（4）相应方法。
b. 尿液试样同 7.3.4.2.1 中（4）相应方法。
c. 血液试样同 7.3.4.2.1 中（4）相应方法。
② 净化
同 7.3.4.2.1 中（4）相应方法。
③ 试样测定前的准备

于净化、吹干的试样残渣中加入 100μL～500μL 流动相，在涡旋式混合器上充分振摇，使残渣溶解，液体浑浊时用 0.45μm 的针筒式微孔过滤膜过滤，上清液待进行液相色谱测定。

④ 测定

a. 液相色谱测定参考条件

色谱柱：BDS 或 ODS 柱，250mm×4.6mm，5μm。

流动相：甲醇+水(45+55)。

流速：1mL/min。

进样量：20μL～50μL。

柱箱温度：25℃。

紫外检测器：244nm。

b. 测定

吸取 20μL～50μL 标准校正溶液及试样液注入液相色谱仪，以保留时间定性，用外标法单点或多点校准法定量。

c. 克伦特罗标准的液相色谱图

见图 7-16。

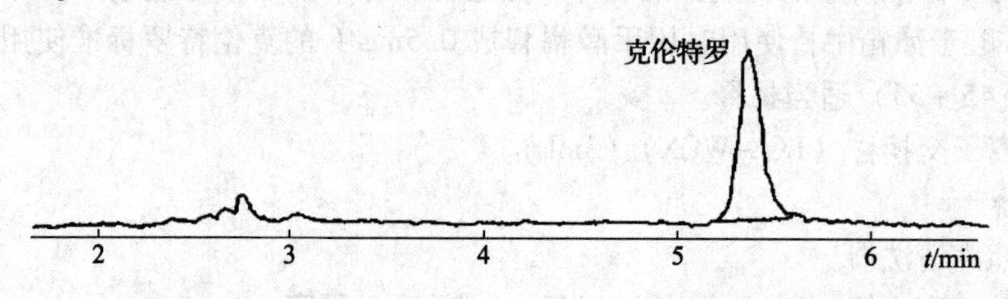

图 7-16 克伦特罗标准（100μg/L）的高效液相色谱图

(5) 结果计算

按外标法计算试样中克伦特罗的含量。

计算公式见式（7-21）。

$$X = \frac{A \times f}{m} \tag{7-21}$$

式中：X——试样中克伦特罗的含量，μg/kg 或 μg/L；

A——试样色谱峰与标准色谱峰的峰面积比值对应的克伦特罗的质量，ng；

f——试样稀释倍数；

m——试样的取样量，g 或 mL。

计算结果表示到小数点后两位。

(6) 精密度

在重复性条件下获得的两次独立测定结果的绝对差值不得超过算术平均值的 20%。

7.3.4.2.3 酶联免疫法（ELISA 筛选法）［第三法］

(1) 原理

基于抗原抗体反应进行竞争性抑制测定。微孔板包被有针对克伦特罗 IgG 的包被抗体。克伦特罗抗体被加入，经过孵育及洗涤步骤后，加入竞争性酶标记物、标准或试样溶液。克伦特罗与竞争性酶标记物竞争克伦特罗抗体，没有与抗体连接的克伦特罗标记酶在洗涤步骤中被除去。将底物（过氧化尿素）和发色剂（四甲基联苯胺）加入到孔中孵育，结合的标记酶将无色的发色剂转化为蓝色的产物。加入反应停止液后使颜色由蓝转变为黄色。在450nm处测量吸光度值，吸光度比值与克伦特罗浓度的自然对数成反比。

（2）试剂

① 磷酸二氢钠。

② 高氯酸。

③ 异丙醇。

④ 乙酸乙酯。

⑤ 高氯酸溶液（0.1mol/L）。

⑥ 氢氧化钠溶液（1mol/L）。

⑦ 磷酸二氢钠缓冲液（0.1mol/L，pH 6.0）。

⑧ 异丙醇+乙酸乙酯（40+60）。

⑨ 针筒式微孔过滤膜（0.45μm，水相）。

⑩ 克伦特罗酶联免疫试剂盒，包括：

96孔板（12条×8孔）包被有针对克伦特罗IgG的包被抗体。

克伦特罗系列标准液（至少有5个倍比稀释浓度水平，外加1个空白）。

过氧化物酶标记物（浓缩液）

克伦特罗抗体（浓缩液）。

酶底物：过氧化尿素。

发色剂：四甲基联苯胺。

反应停止液：1mol/L硫酸。

缓冲液：酶标记物及抗体浓缩液稀释用。

（3）仪器

① 超声波清洗器。

② 磨口玻璃离心管：11.5cm（长）×3.5cm（内径），具塞。

③ 酸度计。

④ 离心机。

⑤ 振荡器。

⑥ 旋转蒸发器。

⑦ 涡旋式混合器。

⑧ 匀浆器。

⑨ 酶标仪（配备450nm滤光片）。

⑩ 微量移液器：单道20μL、50μL、100μL和多道50μL~250μL可调。

（4）试样测定

① 提取

a. 肌肉、肝脏及肾脏试样：同7.3.4.2.1中（4）相应方法。

b. 尿液试样：若尿液浑浊先离心（3 000r/min）10min，将上清液适当稀释后上酶标板进行酶联免疫法筛选实验。

c. 血液试样：将血清或血浆离心（3 000r/min）10min，取血清适当稀释后上酶标板进行酶联免疫法筛选实验。

② 测定

a. 试剂的准备

i. 竞争酶标记物

提供的竞争酶标记物为浓缩液。由于稀释的酶标记物稳定性不好，仅稀释实际需用量的酶标记物。在吸取浓缩液之前，要仔细振摇。用缓冲液以 1∶10 的比例稀释酶标记物浓缩液（如 400μL 浓缩液 +4.0mL 缓冲液，足够 4 个微孔板条 32 孔用）。

ii. 克伦特罗抗体

提供的克伦特罗抗体为浓缩液，由于稀释的克伦特罗抗体稳定性变差，仅稀释实际需用量的克伦特罗抗体。在吸收浓缩液之前，要仔细振摇。用缓冲液以 1：10 的比例稀释抗体浓缩液（如 400μL 浓缩液 +4.0mL 缓冲液，足够 4 个微孔板条 32 孔用）。

iii. 包被有抗体的微孔板条

将锡箔袋沿横向边压皱外沿剪开，取出需用数量的微孔板及框架，将不用的微孔板放进原锡箔袋中并且与提供的干燥剂一起重新密封，保存于 2℃ ~8℃。

b. 试样准备

将 7.3.4.2.2（4）中①的提取物取 20μL 进行分析。高残留的试样用蒸馏水进一步稀释。

c. 测定

使用前将试剂盒在室温（19℃ ~25℃）下放置 1h ~2h。

i. 将标准和试样（至少按双平行实验计算）所用数量的孔条插入微孔架，记录标准和试样的位置。

ii. 加入 100μL 稀释后的抗体溶液到每一个微孔中。充分混合并在室温孵育 15min。

iii. 倒出孔中的液体，将微孔架倒置在吸水纸上拍打（每行拍打 3 次）以保证完全除去孔中的液体。用 250μL 蒸馏水充入孔中，再次倒掉微孔中液体，再重复操作 2 遍以上。

iv. 加入 20μL 的标准或处理好的试样到各自的微孔中。标准和试样至少做 2 个平行实验。

v. 加入 100μL 稀释的酶标记物，室温孵育 30min。

vi. 倒出孔中的液体，将微孔架倒置在吸水纸上拍打（每行拍打 3 次）以保证完全除去孔中的液体。用 250μL 蒸馏水充入孔中，再次倒掉微孔中液体，再重复操作两次以上。

vii. 加入 50μL 酶底物和 50μL 发色试剂到微孔中，充分混合并在室温暗处孵育 15min。

viii. 加入 100μL 反应停止液到微孔中。混合好尽快在 450nm 波长处测量吸光度值。

（5）结果计算

用所获得的标准溶液和试样溶液吸光度值与空白溶液的比值进行计算。计算公式见式（7 -22）。

$$\text{相对吸光度值}(\%) = B/B_0 \times 100 \qquad (7-22)$$

式中：B——标准（或试样）溶液的吸光度值；

B_0——空白（浓度为 0 的标准溶液）的吸光度值。

将计算的相对吸光度值（%）对应克伦特罗浓度（ng/L）的自然对数作半对数坐标系统曲线图，校正曲线在 0.004ng ~0.054ng（200ng/L ~2 000ng/L 范围内）呈线性，对应的试样浓度可从校正曲线算出。计算公式见式（7 -23）。

$$X = \frac{A \times f}{m \times 1\,000} \quad (7-23)$$

式中：X——试样中克伦特罗的含量，μg/kg 或 μg/L；

A——试样的相对吸光度值（%）对应的克伦特罗含量，ng/L；

f——试样稀释倍数；

m——试样的取样量，g 或 mL。

计算结果表示到小数点后两位。阳性结果需要经过第一法确证。

（6）精密度

在重复性条件下获得的两次独立测定结果的绝对差值不得超过算术平均值的20%。

本方法检出限：[第一法] 气相色谱-质谱法为0.5μg/kg；[第二法] 高效液相色谱法为0.5μg/kg；[第三法] 酶联免疫法为0.5μg/kg。线性范围：[第一法] 气相色谱-质谱法为0.025ng~2.5ng；[第二法] 高效液相色谱法为0.5ng~4ng；[第三法] 酶联免疫法为0.004ng~0.054ng。

7.4　有害污染物

有害污染物可定义为：进入环境后使环境的正常组成发生变化，直接或者间接损害于生物生长、发育和繁殖的物质。污染物的作用对象是包括人在内的所有生物。随着科学技术的发展和自然资源的大量开发使用，大量的有机化合物随化学工业进入人类环境，从而造成水源、大气、土壤和食物等广泛性的污染。食品的有害污染物在产品生产的任一阶段都有可能发生，包括食品原料的种植生长、食品的生产制造以及成品的消费。以下主要介绍食品中几种主要有害污染物的检测。

7.4.1　食品中N-亚硝胺类的测定（GB/T 5009.26—2003）

7.4.1.1　气相色谱-热能分析仪法 [第一法]

（1）原理

试样中N-亚硝胺经硅藻土吸附或真空低温蒸馏，用二氯甲烷提取、分离，气相色谱-热能分析仪（GC-TEA）测定。其原理如下：自气相色谱仪分离后的亚硝胺在热解室中经特异性催化裂解产生NO基团，后者与臭氧反应生成激发态NO*。当激发态NO*返回基态时发射出近红外区光线（600nm~2800nm）。产生的近红外区光线被光电倍增管检测（600nm~800nm）。由于特异性催化裂解与冷阱或CTR过滤器除去杂质，使热能分析仪仅仅能检测NO基团，而成为亚硝胺特异性检测器。

（2）试剂

① 二氯甲烷：每批取100mL在水浴上用K-D浓缩器浓缩至1mL，在热能分析仪上无阳性响应。如有阳性响应，则需经全玻璃装置重蒸后再试，直至阴性。

② 氢氧化钠溶液（1mol/L）：称取40g氢氧化钠（NaOH），用水溶解后定容至1L。

③ 硅藻土：Extrelut（Merck）。

④ 氮气。

⑤ 盐酸（0.1mol/L）。

⑥ 无水硫酸钠。

⑦ N－亚硝胺标准储备液（200mg/L）：吸取 N－亚硝胺标准溶液 10μL（约相当于10mg），置于已加入 5mL 无水乙醇并称重的 50mL 棕色容量瓶中，称量（准确到 0.000 1g）。用无水乙醇稀释定容，混匀。分别得到 N－亚硝基二甲胺、N－亚硝基二丙胺、N－亚硝基吗啉的储备液。此溶液用安瓿密封分装后避光冷藏（－30℃）保存，2 年有效。

⑧ N－亚硝胺标准工作液（200μg/L）：吸取上述 N－亚硝胺标准储备液 100μL，置于10mL 棕色容量瓶中，用无水乙醇稀释定容，混匀。此溶液用安瓿密封分装后避光冷藏（4℃）保存，3 个月有效。

（3）仪器

① 气相色谱仪。

② 热能分析仪。

③ 玻璃层析柱：带活塞，8mm 内径，400mm 长。

④ 减压蒸馏装置。

⑤ K－D 浓缩器。

⑥ 恒温水浴锅。

（4）分析步骤

① 提取

a. 甲法：硅藻土吸附

称取 20.00g 预先脱二氧化碳气的试样于 50mL 烧杯中，加 1mL 氢氧化钠溶液（1mol/L）和 1mLN－亚硝基二丙胺内标工作液（200μg/L），混匀后备用。将 12g Extrelut 干法填于层析柱中，用手敲实。将啤酒试样装于柱顶。平衡 10min～15min 后，用 6×5mL 二氯甲烷直接洗脱提取。

b. 乙法：真空低温蒸馏

i. 在双颈蒸馏瓶中加入 50.00g 预先脱二氧化碳气的试样和玻璃珠，4mL 氢氧化钠溶液（1mol/L），混匀后连接好蒸馏装置。在 53.3kPa 真空度低温蒸馏，待试样剩余 10mL 左右时，把真空度调节到 93.3kPa，直至试样蒸至近干为止。

ii. 把蒸馏液移入 250mL 分液漏斗，加 4mL 盐酸（0.1mol/L），用 20mL 二氯甲烷提取3 次，每次 3min，合并提取液。用 10g 无水硫酸钠脱水。

② 浓缩

将二氯甲烷提取液转移至 K－D 浓缩器中，于 55℃水浴上浓缩至 10mL 再以缓慢的氮气吹至 0.4mL～1.0mL，备用。

③ 试样测定

a. 气相色谱条件

i. 气化室温度：220℃。

ii. 色谱柱温度：175℃，或从 75℃以 5℃/min 速度升至 175℃后维持。

iii. 色谱柱：内径 2mm～3mm，长 2m～3m 玻璃柱或不锈钢柱，内装涂以固定液质量分数为 10% 的聚乙二醇 20mol/L 和氢氧化钾（10g/L）或质量分数为 13% 的 Carbowax 20M/TPA 于载体 Chromosorb WAW－DMCS（80～100 目）。

iv. 载气：氩气，流速 20mL/min～40mL/min。

b. 热能分析仪条件

接口温度：250℃。

热解室温度：500℃。

真空度：133Pa ~ 266Pa。

冷阱：用液氮调至 -150℃（可用 CTR 过滤器代替）。

④ 测定

分别注入试样浓缩液和 N-亚硝胺标准工作液 5μL ~ 10μL 利用保留时间定性，峰高或峰面积定量。

（5）计算

试样中 N-亚硝基二甲胺的含量按式（7-24）进行计算。

$$X = h_1 \times V_2 \times c \times V/(h_2 \times V_1 \times m) \tag{7-24}$$

式中：X——试样中 N-亚硝基二甲胺的含量，μg/kg；

h_1——试样浓缩液中 N-亚硝基二甲胺的峰高（mm）或峰面积；

h_2——标准工作液中 N-亚硝基二甲胺的峰高（mm）或峰面积；

c——标准工作液中 N-亚硝基二甲胺的浓度，μg/L；

V_1——试样浓缩液的进样体积，μL；

V_2——标准工作液的进样体积，μL；

V——试样浓缩液的浓缩体积，μL；

m——试样的质量，g。

计算结果表示到两位有效数字。

（6）精密度

在重复性条件下获得的两次独立测定结果的绝对差值不得超过 16%。

7.4.1.2　气相色谱-质谱仪法［第二法］

（1）原理

试样中的 N-亚硝胺类化合物经水蒸气蒸馏和有机溶剂萃取后，浓缩至一定量，采用气相色谱-质谱联用仪的高分辨峰匹配法进行确认和定量。

（2）试剂

① 二氯甲烷：应用全玻璃蒸馏装置重蒸

② 无水硫酸钠。

③ 氯化钠：优级纯。

④ 硫酸（1+3）。

⑤ 氢氧化钠溶液（120g/L）。

⑥ N-亚硝胺标准溶液：用二氯甲烷作溶剂，分别配制 N-亚硝基二甲胺、N-亚硝基二乙胺、N-亚硝基二丙胺、N-亚硝基吡咯烷的标准溶液，使每毫升分别相当于 0.5mg N-亚硝胺。

⑦ N-亚硝胺标准使用液：在 4 个 10mL 容量瓶中，加入适量二氯甲烷，用微量注射器各吸取 100μL N-亚硝胺标准溶液，分别置于上述 4 个容量瓶中，用二氯甲烷稀释至刻度。此溶液每毫升分别相当于 5μg N-亚硝胺。

⑧ 耐火砖颗粒：将耐火砖破碎，取直径为 1mm ~ 2mm 的颗粒，分别用乙醇、二氯甲烷清洗后，在马弗炉中（400℃）灼烧 1h，作助沸石使用。

(3) 仪器

① 水蒸气蒸馏装置：如图 7-17 所示。

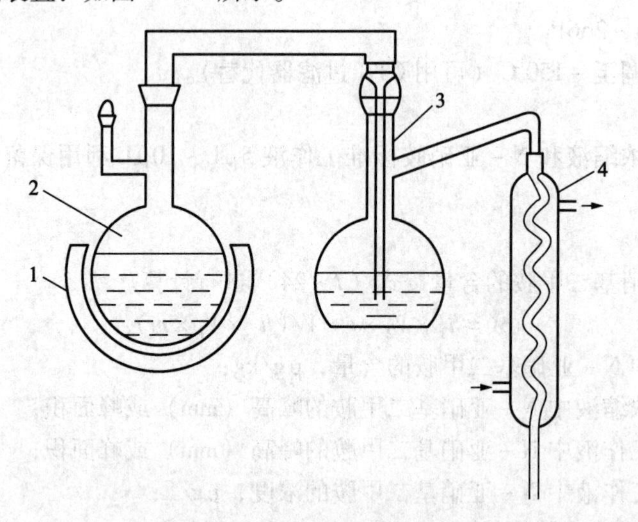

图 7-17　水蒸气蒸馏装置

1—加热器；2—2 000mL 水蒸气发生器；3—1 000mL 蒸馏瓶；4—冷凝器

② K-D 浓缩器。

③ 气相色谱-质谱联用仪。

(4) 分析步骤

① 水蒸气蒸馏

称取 200g 切碎（或绞碎、粉碎）后的试样，置于水蒸气蒸馏装置的蒸馏瓶中（液体试样直接量取 200mL），加入 100mL 水（液体试样不加水），摇匀。在蒸馏瓶中加入 120g 氯化钠，充分摇动，使氯化钠溶解。将蒸馏瓶与水蒸气发生器及冷凝器连接好，并在锥形接收瓶中加入 40mL 二氯甲烷及少量冰块，收集 400mL 馏出液。

② 萃取纯化

在锥形接收瓶中加入 80g 氯化钠和 3mL 的硫酸（1+3），搅拌使氯化钠完全溶解。然后转移到 500mL 分液漏斗中，振荡 5min，静止分层，将二氯甲烷层分至另一锥形瓶中，再用 120mL 二氯甲烷分 3 次提取水层，合并 4 次提取液，总体积为 160mL 对于含有较高浓度乙醇的试样，如蒸馏酒、配制酒等，应用 50mL 氢氧化钠溶液（120g/L）洗有机层 2 次，以除去乙醇的干扰。

③ 浓缩

将有机层用 10g 无水硫酸钠脱水后，转移至 K-D 浓缩器中，加入一粒耐火砖颗粒，于 50℃ 水浴上浓缩至 1mL。备用。

④ 气相色谱-质谱联用测定条件

a. 色谱条件

i. 气化室温度：190℃。

ii. 色谱柱温度：对 N-亚硝基二甲胺、N-亚硝基二乙胺、N-亚硝基二丙胺、N-亚硝基吡咯烷分别为 130℃、145℃、130℃、160℃。

iii. 色谱柱：内径 1.8mm~3.0mm，长 2m 的玻璃柱，内装涂以质量分数为 15% 的

MEG20M 固定液和氢氧化钾溶液（10g/L）的 80～100 目 ChromosorbWAWDWCS。

iv. 载气：氦气，流速为 40mL/min。

b. 质谱仪条件

分辨率：≥7 000。

离子化电压：70V。

离子化电流：300μA。

离子源温度：180℃。

离子源真空度：1.33×10^{-4}Pa。

界面温度：180℃。

c. 测定采用电子轰击源高分辨峰匹配法，用全氟煤油（MFK）的碎片离子（它们的质荷比为 68.995 27、99.993 6、130.992 0、99.993 6）分别监视 N－亚硝基二甲胺、N－亚硝基二乙胺、N－亚硝基二丙胺及 N－亚硝基吡咯烷的分子、离子（它们的质荷比为74.048 0、102.079 3、130.110 6、100.063 0），结合它们的保留时间来定性，以示波器上该分子、离子的峰高来定量。

（5）计算

试样中某一 N－亚硝胺化合物的含量按式（7－25）进行计算。

$$X = h_1/h_2 \times c \times V/m \times 1\,000 \quad (7-25)$$

式中：X——试样中某一 N－亚硝胺化合物的含量，mg/kg 或 μg/L；

h_1——浓缩液中该 N－亚硝胺化合物的峰高，mm；

h_2——标准使用液中该 N－亚硝胺化合物的峰高，mm；

c——标准使用液中该 N－亚硝胺化合物的浓度，μg/mL；

V——试样浓缩液的体积，mL；

m——试样质量或体积，g 或 mL。

计算结果表示到两位有效数字。

7.4.2　食品中苯并［a］芘的测定（GB/T 5009.27—2003）

7.4.2.1　荧光分光光度法［第一法］

（1）原理

试样先用有机溶剂提取，或经皂化后提取，再将提取液经液－液分配或色谱柱净化，然后在乙酰化滤纸上分离苯并［a］芘，因苯并［a］芘在紫外光照射下呈蓝紫色荧光斑点，将分离后有苯并［a］芘的滤纸部分剪下，用溶剂浸出后，用荧光分光光度计测荧光强度与标准比较定量。

（2）试剂

① 苯：重蒸馏。

② 环已烷（或石油醚，沸程 30℃～60℃）：重蒸馏或经氧化铝柱处理无荧光。

③ 二甲基甲酰胺或二甲基亚砜。

④ 无水乙醇：重蒸馏。

⑤ 乙醇（95%）。

⑥ 无水硫酸钠。

⑦ 氢氧化钾。

⑧ 丙酮：重蒸馏。

⑨ 展开剂：乙醇（95%）－二氯甲烷（2：1）。

⑩ 硅镁型吸附剂：将60～100目筛孔的硅镁吸附剂经水洗4次（每次用水量为吸附剂质量的4倍）于垂融漏斗上抽滤干后，再以等量的甲醇洗（甲醇与吸附剂量克数相等），抽滤干后，吸附剂铺于干净瓷盘上，在130℃干燥5h后，装瓶贮存于干燥器内，临用前加5%水减活，混匀并平衡4h以上，最好放置过夜。

⑪ 层析用氧化铝（中性）：120℃活化4h。

⑫ 乙酰化滤纸：将中速层析用滤纸裁成30cm×4cm的条状，逐条放入盛有乙酰化混合液（180mL苯、130mL乙酸酐、0.1mL硫酸）的500mL烧杯中，使滤纸充分地接触溶液，保持溶液温度在21℃以上，时时搅拌，反应6h，再放置过夜。取出滤纸条，在通风橱内吹干，再放入无水乙醇中浸泡4h，取出后放在垫有滤纸的干净白瓷盘上，在室温内风干压平备用，一次可处理滤纸15～18条。

⑬ 苯并［a］芘标准溶液：精密称取10.0mg苯并［a］芘，用苯溶解后移入100mL棕色容量瓶中，并稀释至刻度，此溶液每毫升相当于苯并［a］芘100μg。放置冰箱中保存。

⑭ 苯并［a］芘标准使用液：吸取1.00mL苯并［a］芘标准溶液置于10mL容量瓶中，用苯稀释至刻度，同法依次用苯稀释，最后配成每毫升相当于1.0及0.1μg苯并［a］芘2种标准使用液，放置冰箱中保存。

（3）仪器

① 脂肪提取器。

② 层析柱：内径10mm，长350mm，上端有内径25mm，长80mm～100mm内径漏斗，下端具有活塞。

③ 层析缸（筒）。

④ K－D全玻璃浓缩器。

⑤ 紫外光灯：带有波长为365nm或254nm的滤光片。

⑥ 回流皂化装置：锥形瓶磨口处连接冷凝管。

⑦ 组织捣碎机。

⑧ 荧光分光光度计。

（4）分析步骤

① 试样提取

a. 粮食或水分少的食品：称取40.0g～60.0g粉碎过筛的试样，装入滤纸筒内，用70mL环己烷润湿试样，接收瓶内装6g～8g氢氧化钾、100mL乙醇（95%）及60mL～80mL环己烷，然后将脂肪提取器接好，于90℃水浴上回流提取6h～8h，将皂化液趁热倒入500mL分液漏斗中，并将滤纸筒中的环己烷也从支管中倒入分液漏斗，用50mL乙醇（95%）分2次洗接收瓶，将洗液合并于分液漏斗。加入100mL水，振摇提取3min，静置分层（约需20mm），下层液放入第二分液漏斗，再用70mL环己烷振摇提取1次，待分层后弃去下层液，将环己烷层合并于第一分液漏斗中，并用6mL～8mL环己烷淋洗第二分液漏斗，洗液合并。

用水洗涤合并后的环己烷提取液3次，每次100mL，3次水洗液合并于原来的第二分液漏斗中，用环己烷提取2次，每次30mL，振摇0.5min，分层后弃去水层液，收集环己烷液并入第一分液漏斗中，于50℃～60℃水浴上，减压浓缩至40mL，加适量无水硫酸钠脱水。

b. 植物油：称取20.0g～25.0g的混匀油样，用100mL环己烷分次洗入250mL分液漏斗中，以环己烷饱和过的二甲基甲酰胺提取3次，每次40mL，振摇1min，合并二甲基甲酰胺提取液，用40mL经二甲基甲酰胺饱和过的环己烷提取1次，弃去环己烷液层。二甲基甲酰胺提取液合并于预先装有240mL硫酸钠溶液（20g/L）的500mL分液漏斗中，混匀，静置数分钟后，用环己烷提取2次，每次100mL，振摇3min，环己烷提取液合并于第一个500mL分液漏斗。也可用二甲基亚砜代替二甲基甲酰胺。

用40℃～50℃温水洗涤环己烷提取液2次，每次100mL振摇0.5min，分层后弃去水层液，收集环己烷层，于50℃～60℃水浴上减压浓缩至40mL，加适量无水硫酸钠脱水。

c. 鱼、肉及其制品：称取50.0g～60.0g切碎混匀的试样，再用无水硫酸钠搅拌（试样与无水硫酸钠的比例为1∶1或1∶2，如水分过多则需在60℃左右先将试样烘干），装入滤纸筒内，然后将脂肪提取器接好，加入100mL环己烷于90℃水浴上回流提取6h～8h，然后将提取液倒入250mL分液漏斗中，再用6mL～8mL环己烷淋洗滤纸筒，洗液合并于250mL分液漏斗中，以下按b自“以环己烷饱和过的二甲基甲酰胺提取3次……”起依法操作。

d. 蔬菜：称取100.0g洗净、晾干的可食部分的蔬菜，切碎放入组织捣碎机内，加150mL丙酮，捣碎2min。在小漏斗上加少许脱脂棉过滤，滤液移入500mL分液漏斗中，残渣用50mL丙酮分数次洗涤，洗液与滤液合并，加100mL水和100mL环己烷，振摇提取2min，静置分层，环己烷层转入另一500mL分液漏斗中，水层再用100mL环己烷分2次提取，环己烷提取液合并于第一个分液漏斗中，再用250mL水，分2次振摇、洗涤，收集环己烷于50℃～60℃水浴上减压浓缩至25mL，加适量无水硫酸钠脱水。

e. 饮料（如含二氧化碳先在温水浴上加温除去）：吸取50.0mL～100.0mL试样于500mL分液漏斗中，加2g氯化钠溶解，加50mL环己烷振摇1min，静置分层，水层分于第二个分液漏斗中，再用50mL环己烷提取1次，合并环己烷提取液，每次用100mL水振摇、洗涤2次，收集环己烷于50℃～60℃水浴上减压浓缩至25mL，加适量无水硫酸钠脱水。

f. 糕点类：称取50.0g～60.0g磨碎试样，装于滤纸筒内，以下按a自“用70mL环己烷湿润试样……”起依法操作。

在a、c～f各项操作中，均可用石油醚代替环己烷，但需将石油醚提取液蒸发至近干，残渣用25mL环己烷溶解。

② 净化

a. 于层析柱下端填入少许玻璃棉，先装入5cm～6cm的氧化铝，轻轻敲管壁使氧化铝层填实、无空隙，顶面平齐，再同样装入5cm～6cm的硅镁型吸附剂，上面再装入5cm～6cm无水硫酸钠，用30mL环己烷淋洗装好的层析柱，待环己烷液面流下至无水硫酸钠层时关闭活塞。

b. 将试样环己烷提取液倒入层析柱中，打开活塞，调节流速为每分钟1mL，必要时可用适当方法加压，待环己烷液面下降至无水硫酸钠层时，用30mL苯洗脱，此时应在紫外光灯下观察，以蓝紫色荧光物质完全从氧化铝层洗下为止，如30mL苯不足时，可适当增加苯量。收集苯液于50℃～60℃水浴上减压浓缩至0.1mL～0.5mL（可根据试样中苯并［a］芘含量而定，应注意不可蒸干）。

③ 分离

a. 在乙酰化滤纸条上的一端5cm处，用铅笔划一横线为起始线，吸取一定量净化后的浓缩液，点于滤纸条上，用电吹风从纸条背面吹冷风，使溶剂挥散，同时点20μL苯并［a］芘的标准使用液（1μg/mL），点样时斑点的直径不超过3mm，层析缸（筒）内盛有展开剂，滤纸条下端浸入展开剂约1cm，待溶剂前沿至约20cm时取出阴干。

b. 在365nm或254nm紫外光灯下观察展开后的滤纸条用铅笔划出标准苯并［a］芘及与其同一位置的试样的蓝紫色斑点，剪下此斑点分别放入小比色管中，各加4mL苯加盖，插入50℃～60℃水浴中不时振摇，浸泡15min。

④ 测定

a. 将试样及标准斑点的苯浸出液移入荧光分光光度计的石英杯中，以365nm为激发光波长，以365nm～460nm波长进行荧光扫描，所得荧光光谱与标准苯并［a］芘的荧光光谱比较定性。

b. 与试样分析的同时做试剂空白，包括处理试样所用的全部试剂同样操作，分别读取试样、标准及试剂空白于波长406nm、（406+5）nm、（406-5）nm处的荧光强度，按基线法由式（7-26）计算所得的数值，为定量计算的荧光强度。

$$F = F_{406} - (F_{401} + F_{411})/2 \qquad (7-26)$$

（5）结果计算

试样中苯并［a］芘的含量按式（7-27）进行计算。

$$X = [S/F \times (F_1 - F_2) \times 1\,000]/(m \times V_2/V_1) \qquad (7-27)$$

式中：X——试样中苯并［a］芘的含量，μg/kg；

S——苯并［a］芘标准斑点的质量，μg；

F——标准的斑点浸出液荧光强度，mm；

F_1——试样斑点浸出液荧光强度，mm；

F_2——试剂空白浸出液荧光强度，mm；

V_1——试样浓缩液体积，mL；

V_2——点样体积，mL；

m——试样质量，g。

计算结果表示到一位小数。

（6）精密度

在重复性条件下获得的两次独立测定结果的绝对差值不得超过算术平均值的20%。

7.4.2.2 目测比色法［第二法］

（1）原理

试样经提取、净化后于乙酰化滤纸上层析分离苯并［a］芘，分离出的苯并［a］芘斑点，在波长365nm的紫外灯下观察，与标准斑点进行目测比色概略定量。

（2）试剂

同7.4.2.1中（2）的①～⑭。

（3）仪器

同7.4.2.1中（3）的①～⑧。

（4）分析步骤

① 试样提取

按7.4.2.1中（4）的①方法操作。

② 净化

按7.4.4.1中（4）的②方法操作。

③ 测定

吸取5μL、10μL、15μL、20μL或50μL试样浓缩液（可根据试样中苯并［a］芘含量而定）及10μL、20μL苯并［a］芘标准使用液（0.1μg/mL），点于同一条乙酰化滤纸上，按7.4.2.1中（4）的③展开，取出阴干。

于暗室紫外灯下目测比较，找出相当于标准斑点荧光强度的试样浓缩液体积，如试样含量太高，可稀释后再重点，尽量使试样浓度在两个标准斑点之间。

（5）结果计算

试样中苯并［a］芘的含量按式（7－28）进行计算。

$$X = (m_2 \times 1\,000)/(m_1 \times V_2/V_1) \tag{7-28}$$

式中：X——试样中苯并［a］芘的含量，μg/kg；

V_1——试样浓缩总体积，mL；

V_2——点样体积，mL；

m_1——试样质量，g；

m_2——试样斑点相当苯并［a］芘的质量，μg。

7.4.3　食品中指示性多氯联苯含量的测定（GB/T 5009.190—2014）

7.4.3.1　稳定性同位素稀释的气相色谱－质谱法［第一法］

（1）原理

应用稳定性同位素稀释技术，在试样中加入$^{13}C_{12}$标记的多氯联苯（polychlorinated biphenyls，PCBs）作为定量标准，索氏提取18h～24h，提取后的试样溶液经柱色谱层析净化、分离，浓缩后加入回收率内标，使用气相色谱－低分辨质谱联用仪，以四极杆质谱选择离子监测（SIM）或离子阱串联质谱多反应监测（MRM）模式进行分析，内标法定量。

（2）试剂和材料

① 溶剂和柱填料

正己烷，农残级。

二氯甲烷，农残级。

丙酮，农残级。

甲醇，农残级。

异辛烷，农残级。

无水硫酸钠，优级纯。将市售无水硫酸钠装入玻璃色谱柱，依次用正己烷和二氯甲烷淋洗2次，每次使用的溶剂体积约为无水硫酸钠体积的2倍。淋洗后，将无水硫酸钠转移至烧瓶中在50℃下烘烤至干，然后在225℃烘烤8h～12h，冷却后干燥器中保存。

浓硫酸，优级纯。

氢氧化钠，优级纯。

硝酸银，优级纯。

色谱用硅胶（100～200目）。将市售硅胶装入玻璃色谱柱中，依次用正己烷和二氯甲烷淋洗 2 次，每次使用的溶剂体积约为硅胶体积的 2 倍。淋洗后，将硅胶转移到烧瓶中，以铝箔盖住瓶口置于烘箱中 50℃烘烤至干，然后升温至 180℃烘烤 8h ~ 12h，冷却后装入磨口试剂瓶中，干燥器中保存。

44% 酸化硅胶：称取活化好的硅胶 100g，逐滴加入 78.6g 浓硫酸，振摇至无块状物后，装入磨口试剂瓶中，干燥器中保存。

33% 碱性硅胶：称取活化好的硅胶 100g，逐滴加入 49.2g1mol/L 的氢氧化钠溶液，振摇至无块状物后，装入磨口试剂瓶中，干燥器中保存。

10% 硝酸银硅胶：将 5.6g 硝酸银溶解在 21.5mL 去离子水中，逐滴加入 50g 活化硅胶中，振摇至无块状物后，装入棕色磨口试剂瓶中，干燥器中保存。

碱性氧化铝：色谱层析用碱性氧化铝，660℃烘烤 6h 后，装入磨口试剂瓶中，干燥器中保存。

② 标准溶液

时间窗口确定标准溶液。

定量内标标准溶液。

回收率内标标准溶液。

校正标准溶液。

精密度和准确度实验标准溶液。

（3）仪器

① 气相色谱 - 质谱联用仪（GC - MS）或气相色谱 - 离子阱串联质谱联用仪（GC - MS/MS）。

② 色谱柱：DB - 5ms 柱，30m × 0.25mm × 0.25μm，或等效色谱柱。

③ 组织匀浆器。

④ 绞肉机。

⑤ 旋转蒸发仪。

⑥ 氮气浓缩器。

⑦ 超声波清洗器。

⑧ 振荡器。

⑨ 分析天平。

⑩ 玻璃器皿：所有需重复使用的玻璃器皿应在使用后尽快认真清洗，推荐的清洗过程如下：

a. 用该器皿最后接触的溶剂洗涤；

b. 依次用已烷和丙酮洗涤；

c. 用含碱性洗涤剂的热水清洗；

d. 依次用热水和去离子水冲洗；

c. 依次用丙酮、已烷和二氯甲烷洗涤。

采用超声波清洗设备，加入碱性洗涤剂的热水有很好的清洗效果。如果使用刷子清洗，需特别注意不要划损玻璃器皿的表面。

（4）试样制备

① 预处理

a. 用避光材料如铝箔、棕色玻璃瓶等包装现场采集的试样，并放入小型冷冻箱中运输到实验室，-10℃以下低温冰箱保存。

b. 固体试样如鱼、肉等可使用冷冻干燥或无水硫酸钠干燥并充分混匀。油脂类可直接溶于正己烷中进行净化处理。

② 提取

a. 提取前，将一空纤维素或玻璃纤维提取套筒装入索氏提取器中，以正己烷：二氯甲烷（1∶1，体积比）为提取溶剂，预提取8h后取出晾干。

b. 将预处理试样装入a处理的提取套筒中，加入$^{13}C_{12}$标记的定量内标，用玻璃棉盖柱试样，平衡30min后装入索氏提取器，以适量正己烷：二氯甲烷（1∶1，体积比）为提取溶剂，提取18h~24h，回流速度控制在每小时3~4次。

c. 提取完成后，将提取液转移到茄形瓶中，旋转蒸发浓缩至近干。如分析结果以脂肪计则需要测定试样的脂肪含量。

d. 脂肪含量的测定：浓缩前准确称重茄形瓶，将溶剂浓缩至干后准确称重茄形瓶，2次称重结果的差值为试样的脂肪含量。测定脂肪含量后，加入少量正己烷溶解瓶中残渣。

③ 净化

a. 酸性硅胶柱净化

净化柱装填：玻璃柱底端用玻璃棉封堵后依次填入4g活化硅胶、10g酸化硅胶、2g活化硅胶、4g无水硫酸钠，然后用100mL正己烷预淋洗。

净化：将浓缩的提取液全部转移至柱上，用约5mL正己烷冲洗茄形瓶3~4次，洗液转移至柱上。待液面降至无水硫酸钠层时加入180mL正己烷洗脱，洗脱液浓缩至约1mL。

如果酸化硅胶层全部变色，表明试样中脂肪量超过了柱子的负载极限。洗脱液浓缩后，制备一根新的酸性硅胶净化柱，重复上述操作，直至硫酸硅胶层不再全部变色。

b. 复合硅胶柱净化

净化柱装填：玻璃柱底端用玻璃棉封堵后依次填入1.5g硝酸银硅胶、1g活化硅胶、2g碱性硅胶、1g活化硅胶、4g酸化硅胶、2g活化硅胶、2g无水硫酸钠。然后用30mL正己烷：二氯甲烷（97∶3，体积比）预淋洗。

净化：将经过a净化后浓缩洗脱液全部转移至柱上用约5mL正己烷冲洗茄形瓶3~4次，洗液转移至柱上。待液面降至无水硫酸钠层时加入50mL正己烷：二氯甲烷（97∶3，体积比）洗脱，洗脱液浓缩至约1mL。

c. 碱性氧化铝柱净化

净化柱装填：玻璃柱底端用玻璃棉封堵后依次填入2.5g活化碱性氧化铝、2g无水硫酸钠。15mL正己烷预淋洗。

净化：将经过b净化后浓缩洗脱液全部转移至柱上，用约5mL正己烷冲洗茄形瓶3~4次，洗液转移至柱上。当液面降至无水硫酸钠层时加入30mL正己烷（2×15mL）洗脱柱子，待液面降至无水硫酸钠层时加入25mL二氯甲烷：正己烷（5∶95，体积比）洗脱。洗脱液浓缩至近干。

④ 上机分析前的处理

将净化后的试样溶液转移至进样小管中，在氮气流下浓缩，用少量正己烷洗涤茄形瓶3~4次，洗涤液也转移至进样小管中，氮气浓缩至约50μL，加入适量回收率内标，然后封盖待上机分析。

（5）测定

a. 色谱条件

i. 色谱柱：以30m的DB-5（或相当于DB-5的其他类型）石英毛细管柱进行色谱分

离，膜厚为 0.25μm，内径为 0.25mm。

ii. 不分流方式进样，进样口温度为 300℃。

iii. 色谱柱升温程序如下：开始温度为 100℃，保持 2min；15℃/min 升温至 180℃；3℃/min 升温至 240℃；10℃/min 升温至 285℃并保持 10min。

iv. 使用高纯氦气（纯度 >99.999%）作为载气。

b. 质谱参数

i. 四极杆质谱仪

离子化方式为电子轰击（EI），能量为 70eV。

离子检测方式：选择离子监测（SIM）检测 PCBs 时选择的特征离子为分子离子。

离子源温度为 250℃，传输线温度为 280℃，溶剂延迟时间为 10min。

ii. 离子阱质谱仪

电离模式：电子轰击源（EI），能量为 70eV。

离子检测方式：多反应监测（MRM），检测 PCBs 时选择的母离子为分子离子（M+2 或 M+4），子离子为分子离子丢掉两个氯原子后形成的碎片离子（M-2Cl）。

离子阱温度：220℃；传输线温度 280℃，歧盒（Manifold）温度 40℃。

c. 灵敏度检查

进样 1μL(20pg) CS1 溶液，检查 GC-MS 灵敏度。要求 3 至 7 氯取代的各化合物检测离子的信噪比必须达到 3 以上；否则，必须重新进行仪器调谐，直至符合规定。

d. PCBs 的定性和定量

i. PCBs 色谱峰的确认要求：所检测的色谱峰信噪比必须在 3 以上。

ii. 监测的 2 个特征离子的丰度比必须在理论范围之内。

iii. 检查色谱峰对应的质谱图，当浓度足够大时，必须存在丢掉 2 个氯原子的碎片离子（M-70）。

iv. 检查色谱峰对应的质谱图，对于三氯联苯至七氯联苯色谱峰中，不能存在分子离子加两个氯原子的碎片离子（M+70）。

v. 被确认的 PCBs 保留时间必须处在通过分析窗口确定标准溶液预先确定的时间窗口内。时间窗口确定标准溶液由各种 PCBs 在 DB5 色谱柱上第一个出峰和最后一个出峰的同族化合物组成。使用确定的色谱条件、采用全扫描质谱采集模式对窗口确定标准溶液进行分析(1μL)，根据各族 PCBs 所在的保留时间段确定时间窗口。由于在 DB5 色谱柱上存在三族 PCBs 的保留时间段重叠的现象，因此在单一时间窗口内需要对不同族 PCBs 的特征离子进行检测。为保证分析的选择性和灵敏度要求，在确定时间窗口时使一个窗口中检测的特征离子尽可能少。

e. 定量

本方法中对于 PCB28、PCB52、PCB118、PCBl53、PCBl80、PCB206、PCB209 使用同位素稀释技术进行定量，对其他 PCBs 采用内标法定量；对于定量内标的回收率计算使用内标法。本方法所测定的 20 种目标化合物包括了 PCBs 工业产品中的大部分种类。从三氯联苯到八氯联苯每族 3 个化合物，九氯联苯和十氯联苯各 1 个。每族使用一个 $^{13}C_{12}$ 标记化合物作为定量内标。计算定量内标回收率的回收率内标为 2 个。在计算定量内标的回收率时，$^{13}C_{12}$-PCB101 为 $^{13}C_{12}$-PCB28、$^{13}C_{12}$-PCB52、$^{13}C_{12}$-PCB118 和 $^{13}C_{12}$-PCB153 的回收率内标，$^{13}C_{12}$-PCB194 为 $^{13}C_{12}$-PCBl80、$^{13}C_{12}$-PCB202、$^{13}C_{12}$-PCB206 和 $^{13}C_{12}$-PCB209 的回收率内标。

i. 相对响应因子（*RRF*）

本方法采用 *RRF* 进行定量计算，使用校正标准溶液计算 *RRF* 值，计算公式见式（7－29）和式（7－30）。

$$RRF_{n}=\frac{A_{n}\times C_{s}}{A_{s}\times C_{n}} \tag{7-29}$$

$$RRF_{r}=\frac{A_{s}\times C_{s}}{A_{r}\times C_{s}} \tag{7-30}$$

式中：RRF_n——目标化合物对定量内标的相对响应因子；

A_n——目标化合物的峰面积；

C_s——定量内标的浓度，μg/L；

A_s——定量内标的峰面积；

C_n——目标化合物的浓度，μg/L；

RRF_r——定量内标对回收率内标的相对响应因子；

C_r——回收率内标的浓度，μg/L；

A_r——回收率内标的峰面积。

各化合物5个浓度水平的 *RRF* 值的相对标准偏差（*RSD*）应小于20%。达到这个标准后，使用平均 RRF_n 和平均 RRF_r。进行定量计算。

ii. 含量计算

试样中PCBs含量的计算公式见式（7－31）。

$$C_{n}=\frac{A_{n}\times M_{s}}{A_{s}\times RRF_{n}\times M} \tag{7-31}$$

式中：C_n——试样中PCBs的含量，μg/kg；

A_n——目标化合物的峰面积；

M_s——试样中加入定量内标的量，ng；

A_s——定量内标的峰面积；

RRF_n——目标化合物对定量内标的相对响应因子；

M——取样量，g。

iii. 定量内标回收率计算

按式（7－32）计算定量内标回收率（*R*），其数值以%表示。

$$R=\frac{A_{s}\times M_{r}}{A_{r}\times RRF_{r}\times M_{s}} \tag{7-32}$$

式中：R——定量内标回收率，%；

A_s——定量内标的峰面积；

M_r——试样中加入回收率内标的量，ng；

A_r——回收率内标的峰面积；

RRF_r——定量内标对回收率内标的相对响应因子；

M_s——试样中加入定量内标的量，ng。

定量结果保留小数点后两位数字。

iv. 检测限

本方法的试样检测限规定为当信噪比为3时，同位素丰度比符合要求的响应所对应的试样浓度。检测限的计算公式见式（7－33）。

$$DL = \frac{3 \times N \times M_s}{H \times RRF_n \times M} \tag{7-33}$$

式中：DL——检测限，μg/kg；

N——噪声峰高；

M_s——加入定量内标的量，ng；

H——定量内标的峰高；

M——试样量，g；

RRF_n——目标化合物对定量内标的相对响应因子。

试样基质、取样量、进样量、定量内标的回收率、色谱分离状况、电噪声水平以及仪器灵敏度均可能对试样检测限造成影响，因此噪声水平必须从实际试样谱图中获取。当某目标化合物的结果报告未检出时必须同时报告试样检测限。

（6）质量控制和质量保证

① 精密度和准确度试验

在分析实际试样前实验实必须达到可接受的精密度和准确度水平。通过对加标试样的分析，验证分析方法的可靠性。

取不少于3份基质与实际试样相似的空白试样，分别加入精密度准确度实验标准溶液，再分别加入定量内标标准溶液。将制备好的加标试样按与实际试样相同的方法进行分析，计算目标化合物的回收率和定量内标的回收率。每份试样的目标PCBs的测定值应在加入量的75%～120%范围之内，RSD＜30%。定量内标的平均回收率应在50%～120%之间，并且单个试样的定量内标回收率在30%～130%之间。

在进行实际试样分析之前，必须达到上述标准。当试样的提取、净化方法进行修改后以及更换分析操作人员后，必须重复上述试验并直至达到上述标准。实验室每6个月应进行上述试验并直至达到上述标准要求。

如果可以获得与试样具有相似基质的标准参考物，则可以用标准参考物代替加标试样进行精密度和准确度试验。

② 定量内标回收率

试样提取前加入定量内标以校正试样提取、净化过程中目标化合物的损失。定量内标的回收率应在30%～130%之间，如果试样分析结果的定量内标回收率没有达到上述要求则该试样必须重新进行提取、净化和上机分析。

③ 方法空白

每个批次最多每15个试样后，需做1次方法空白试验。

④ 质控样品

每个批次最多每15个试样后，需带1个质控样品。质控样品可以是标准参考物也可以是已知浓度的加标样品。目标化合物的测定值应在标准值的75%～125%之间。

⑤ 保留时间窗口

每周进行时间窗口确定标准溶液的分析，确定保留时间窗口的正确。当更换色谱柱、切割色谱柱或改变色谱参数后均必须使用时间窗口确定标准溶液对保留时间窗口进行校准。

⑥ 校准标准溶液

初始校准使用 5 个浓度水平的校准标准溶液。*RRF* 的 *RSD* 小于 20% 表明校准成功。在分析过程中，每 12h 必须进行 1 次确证试验。使用校正标准溶液中的 CS3 上机分析，分析结果必须在其定值的 ±20% 范围之内，定量内标的回收率应在 75% ~125% 之间。

7.4.3.2　气相色谱法［第二法］

（1）原理

以 PCB198 为定量内标，在试样中加入 PCB198，水浴加热振荡提取后，经硫酸处理、色谱柱层析净化，采用气相色谱 – 电子捕获检测器法测定，以保留时间定性，内标法定量。

（2）试剂与材料

① 正己烷，农残级。

② 二氯甲烷，农残级

③ 丙酮，农残级。

④ 无水硫酸钠，优级纯。将市售无水硫酸钠装入玻璃色谱柱，依次用正己烷和二氯甲烷淋洗 2 次，每次使用的溶剂体积约为无水硫酸钠体积的两倍。淋洗后，将无水硫酸钠转移至烧瓶中，在 50℃ 下烘烤至干，并在 225℃ 烘烤过夜，冷却后干燥器中保存。

⑤ 浓硫酸，优级纯。

⑥ 碱性氧化铝，色谱层析用碱性氧化铝。将市售色谱填料在 660℃ 中烘烤 6h，冷却后于干燥器中保存。

⑦ 指示性多氯联苯的系列标准溶液。

（3）仪器

① 气相色谱仪，配电子捕获检测器（ECD）。

② 色谱柱：DB – 5ms 柱，30m × 0.25mm × 0.25μm 或等效色谱柱。

③ 组织匀浆器。

④ 绞肉机。

⑤ 旋转蒸发仪。

⑥ 氮气浓缩器。

⑦ 超声波清洗器。

⑧ 漩涡振荡器。

⑨ 分析天平。

⑩ 水浴振荡器。

⑪ 离心机。

⑫ 层析柱。

（4）分析步骤

① 试样提取

a. 固体试样：称取试样 5.00g ~ 10.00g，置具塞锥形瓶中，加入定量内标 PCB198 后，以适量正己烷：二氯甲烷（1：1，体积比）为提取溶液，于水浴振荡器上提取 2h，水浴温度为 40℃，振荡速度为 200r/min。

b. 液体试样（不包括油脂类样品）：称取试样 10.00g，置具塞离心管中，加入定量内标 PCBl98 和草酸钠 0.5g，加甲醇 10mL 摇匀，加 20mL 乙醚：正己烷（1：3，体积比）振荡提取 20min，以 3 000r/min 离心 5min，取上清液过装有 5g 无水硫酸钠的玻璃柱；残渣加

20mL 乙醚：正己烷（1∶3，体积比）重复以上过程，合并提取液。

c. 将提取液转移到茄形瓶中，旋转蒸发浓缩至近干。如分析结果以脂肪计，则需要测定试样脂肪含量。

d. 试样脂肪的测定：浓缩前准确称取茄形瓶质量，将溶剂浓缩至干后，再次准确称取茄形瓶及残渣质量，2 次称重结果的差值即为试样的脂肪含量。

② 净化

a. 硫酸净化

净浓缩的提取液转移至 5mL 试管中，用正己烷洗涤茄形瓶 3 ~ 4 次，洗液并入浓缩液中，用正己烷定容至刻度，并加入 0.5mL 浓硫酸，振摇 1min，以 3 000r/min 的转速离心 5min，使硫酸层和有机层分离。如果上层溶液仍然有颜色，表明脂肪未完全除去，再加入 0.5mL 浓硫酸，重复操作，直至上层溶液呈无色。

b. 碱性氧化铝柱净化

净化柱装填：玻璃柱底端加入少量玻璃棉后，从底部开始，依此装入 2.5g 活化碱性氧化铝、2g 无水硫酸钠，用 15mL 正己烷预淋洗。

净化：将 a 的浓缩液转移至层析柱上，用约 5mL 正己烷洗涤茄形瓶 3 ~ 4 次，洗液一并转移至层析柱小。当液面降至尢水硫酸钠层时，加入 30mL 正己烷（2 × 15mL）洗脱；当液面降至无水硫酸钠层时，用 25mL 二氯甲烷：正己烷（5∶95，体积比）洗脱。洗脱液旋转蒸发浓缩至近干。

③ 试样溶液浓缩

将 7.4.3.1 中（4）的②b 试样溶液转移至进样瓶中，用少量正己烷洗茄形瓶 3 ~ 4 次，洗液并入进样瓶中，在氮气流下浓缩至 1mL，待 GC 分析。

（5）测定

① 色谱条件

色谱柱：DB－5 柱，30m × 0.25mm × 0.25μm 或等效色谱柱。

进样口温度：290℃。

升温程序：开始温度 90℃，保持 0.5min；以 15℃/min 升温至 200℃，保持 5min；以 2.5℃/min 升温至 250℃，保持 20min；以 20℃/min 升温至 265℃，保持 5min。

载气：高纯氮气（纯度 >99.999%），柱前压 67kPa，相当于 10psi。

进样量：不分流进样 1μL。

色谱分析：以保留时间定性，以试样和标准的峰高或峰面积比较定量。

② PCBs 的定性分析

以保留时间或相对保留时间进行定性分析，要求 PCBs 色谱峰信噪比（S/N）大于 3。

③ PCBs 的定量测定

采用内标法，以相对响应因子（*RRF*）进行定量计算。

a. *RRF*

以校正标准溶液进样，按式（7－34）计算 *RRF* 值。

$$RRF = \frac{A_n \times C_s}{A_s \times C_n} \qquad (7-34)$$

式中：*RRF*——目标化合物对定量内标的相对响应因子；

A_n——目标化合物的峰面积；

C_s——定量内标的浓度，μg/L；

A_s——定量内标的峰面积；

C_n——目标化合物的浓度，μg/L。

在系列标准溶液中，各目标化合物的 *RRF* 值相对标准偏差（*RSD*）应小于20%。

b. 含量计算

按式（7-35）计算试样中PCBs的含量。

$$X_n = \frac{A_n \times M_s}{A_s \times RRF \times M} \tag{7-35}$$

式中：X_n——目标化合物的含量，μg/kg；

A_n——目标化合物的峰面积；

M_s——试样中加入定量内标的量，ng；

A_s——定量内标的峰面积；

RRF——目标化合物对定量内标的相对响应因子；

M——取样量，g。

c. 检测限（*DL*）

本方法的检测限规定为具有3倍信噪比、相对保留时间符合要求的响应所对应的试样浓度。计算公式见式（7-36）。

$$DL = \frac{3 \times N \times M_s}{H \times RRF \times M} \tag{7-36}$$

式中：*DL*——检测限，μg/kg；

N——噪声峰高；

M_s——加入定量内标的量，ng；

H——定量内标的峰高；

RRF——目标化合物对定量内标的相对应因子；

M——试样量，g。

试样基质、取样量、进样量、色谱分离状况、电噪声水平以及仪器灵敏度均可能对试样检测限造成影响，因此噪声水平必须从实际试样谱图中获取。当某目标化合物的结果报告未检出时必须同时报告试样检测限。

（6）精密度

在重复性条件下获得的两次独立测定结果绝对差值不得超过算术平均值的20%。

7.4.4　食品中氯丙醇含量的测定（GB/T 5009.191—2006）

7.4.4.1　食品中3-氯-1,2丙二醇含量的测定［第一法］

（1）原理

本方法采用同位素稀释技术，以d_5-3-氯-1，2-丙二醇（d_5-3-MCPD）为内标定量。试样中加入内标溶液，以硅藻土（Extrelut™20）为吸附剂，采用柱层析分离，用正己烷-乙醚（9+1）洗脱样品中非极性的脂质组分，用乙醚洗脱样品中的3-MCPD，用七氟丁酰基咪唑（HFBI）溶液为衍生化试剂。采用选择离子监测（SIM）的质谱扫描模式进行定量分析，内标法定量。

（2）试剂和材料

除非另有说明，在分析中仅使用确定为分析纯的试剂和蒸馏水或相当纯度的水。

① 2,2,4 - 三甲基戊烷。

② 乙醚。

③ 正己烷。

④ 氯化钠。

⑤ 无水硫酸钠。

⑥ Extrelut™20，或相当的硅藻土。

⑦ 七氟丁酰基咪唑。

⑧ 3 - 氯 - 1,2 - 丙二醇标准品（3 - MCPD），纯度 >98%。

⑨ d_5 - 3 - 氯 - 1,2 - 丙二醇（d_5 - 3 - MCPD），纯度 >98%。

⑩ 饱和氯化钠溶液（5mol/L）：称取氯化钠 290g，加水溶解并稀释至 1 000mL。

⑪ 正己烷 - 乙醚（9 + 1）：量取乙醚 100mL，加正己烷 900mL，混匀。

⑫ 3 - MCPD 标准储备液（1 000mg/L）：称取 3 - MCPD 25mg（精确至 0. 01mg），置 25mL 量瓶中，加正己烷溶解，并稀释至刻度。

⑬ 3 - MCPD 中间溶液（100mg/L）：准确移取 3 - MCPD 储备液 10mL，置 100mL 量瓶中，加正己烷稀释至刻度。

⑭ 3 - MCPD 系列溶液：准确移取 3 - MCPD 中间溶液适量，置 25mL 量瓶中，加正己烷稀释至刻度（浓度为 0. 00mg/L、0. 05mg/L、0. 10mg/L、0. 50mg/L、1. 00mg/L、2. 00mg/L 和 6. 00mg/L）。

⑮ d_5 - 3 - MCPD 储备液（1 000mg/L）：称取 d_5 - 3 - MCPD 25mg（精确至 0. 01μg），置 25mL 量瓶中，加乙酸乙酯溶解，并稀释至刻度。

⑯ d_5 - 3 - MCPD 内标溶液（10mg/L）：准确移取 d_5 - 3 - MCPD 储备液 1mL，置 100mL 量瓶中，加乙酸乙酯稀释至刻度。

（3）仪器

① 气相色谱 - 质谱联用仪（GC - MS）。

② 色谱柱：DB - 5ms 柱，30m × 0. 25mm × 0. 25μm，或等效毛细管色谱柱。

③ 玻璃层析柱：柱长 40cm，柱内径 2cm。

④ 旋转蒸发器。

⑤ 氮气蒸发器。

⑥ 恒温箱或其他恒温加热器。

⑦ 涡漩混合器。

⑧ 气密针，1mL。

（4）分析步骤

① 试样制备

a. 液状试样：称取试样 4. 00g，置 100mL 烧杯中，加 d_5 - 3 - MCPD 内标溶液（10mg/L）50μL，加饱和氯化钠溶液 6g，超声 15min。

b. 汤料或固体与半固体植物水解蛋白：称取试样 4. 00g，置 100mL 烧杯中，加 d_5 - 3 - MCPD 内标溶液（10mg/L）50μL，加饱和氯化钠溶液 6g，超声 15min。

c. 香肠或奶酪：称取试样 10. 00g，置 100mL 烧杯中，加 d_5 - 3 - MCPD 内标溶液（10mg/

L)50μL，加饱和氯化钠溶液30g，混和均匀，离心(3 500r/min)20min，取上清液10g。

d. 面粉或淀粉或谷物或面包：称取试样5.00g，置100mL烧杯中，加d_5－3－MCPD内标溶液（10mg/L）50μL，加饱和氯化钠溶液15g，放置过夜。

② 试样提取

将一袋Extrelut™20柱填料分为2份，取其中1份加到试样溶液中，混匀；将另1份柱填料装入层析柱中（层析柱下端填以玻璃棉）。将试样与吸附剂的混合物装入层析柱中，上层加1cm高度的无水硫酸钠。放置15min后，用正己烷－乙醚（9+1）80mL洗脱非极性成分，并弃取。用乙醚250mL洗脱3－MCPD（流速约为8mL/min）。在收集的乙醚中加无水硫酸钠15g，放置10min后过滤。滤液于35℃温度下旋转蒸发至约2mL，定量转移至5mL具塞试管中，用乙醚稀释至4mL。在乙醚中加少量无水硫酸钠，振摇，放置15min以上。

③ 衍生化

移取试样溶液lmL，置5mL具塞试管中，并在室温下用氮气蒸发器吹至近干，立即加入2，2,4－三甲基戊烷1mL。用气密针加入七氟丁酰基咪唑0.05mL，立即密塞。涡漩混合后，于70℃保温20min。取出后，放至室温，加饱和氯化钠溶液3mL；涡漩混合30s，使两相分离。取有机相加无水硫酸钠约为0.3g干燥。将溶液转移至自动进样的样品瓶中，供GC－MS测定。

④ 空白试样制备

称取饱和氯化钠溶液（5mol/L）10mL，置于100mL烧杯中，加d_5－3－MCPD内标溶液（10mg/L）50μL，超声15min。以下步骤与试样提取及衍生化方法相同（②和③）。

⑤ 标准系列溶液的制备

吸取标准系列溶液行0.1mL，加d_5－3－MCPD内标溶液（10mg/L）10μL，加2,2,4－三甲基戊烷0.9mL，用气密针加入七氟丁酰基咪唑0.05mL，立即密塞。以下步骤与试样的衍生化方法相同（③）。

（5）测定

a. 色谱条件

色谱柱：DB－5 ms柱，30m×0.25mm×0.25μm。

进样口温度：230℃。

传输线温度：250℃。

程序温度：50℃保持1min，以2℃/min速度升至90℃，再以40℃/min的速度升至250℃，并保持5min。

载气：氦气，柱前压为41.4kPa，相当于6psi。

不分流进样体积1μL。

b. 质谱参数

电离模式：电子轰击源（EI），能量为70eV。

离子源温度为200℃。

分析器（电子倍增器）电压为450V。

溶剂延迟为12min，质谱采集时间为12min～18min。

扫描方式：采用选择离子扫描（SIM）采集，3－MCPD的特征离子为m/z 253、275、289、291和453，d_5－3－MCPD的特征离子为m/z 257、294、296和456。选择不同的离子通道，以m/z 253作为3－MCPD定量离子，m/z 257作为d_5－3－MCPD的定量离子，以m/

z 253、275、289、291 和 453 作为 3 - MCPD 定性鉴别离子，考察各碎片离子与 m/z 453 离子的强度比，要求：4 个离子（m/z 253、275、289 和 291）中至少 2 个离子的强度比不得超过标准溶液的相同离子强度比的 ±20%。

c. 测定

量取试样溶液 1μL 进样。3 - MCPD 和 d_5 - 3 - MCPD 的保留时间约为 16min。记录 3 - MCPD 和 d_5 - 3 - MCPD 的峰面积。计算 3 - MCPD（m/z 253）和 d_5 - 3 - MCPD（m/z 257）的峰面积比，以各系列标准溶液的进样量（ng）与对应的 3 - MCPD（m/z 235）和 d_5 - 3 - MCPD（m/z 257）的峰面积比绘制标准曲线。

（6）结果计算

按内标法计算样品中 3 - 氯 - 1,2 - 丙二醇的含量。计算公式见式（7 - 37）。

$$X = \frac{A \times f}{m} \tag{7-37}$$

式中：X——试样中 3 - 氯 - 1,2 - 丙二醇含量，μg/kg 或 μg/L；

A——试样色谱峰与内标色谱峰的峰面积比值对应的 3 - 氯 - 1,2 - 丙二醇质量，ng；

f——试样溶液的稀释倍数；

m——试样的取样量，g 或 mL。

计算结果表示到三位有效数位。

（7）精密度

在重复性条件下获得的两次独立测定结果的绝对差值不得超过算术平均值的 20%。

（8）其他

图 7 - 18 为全扫描总离子流图，图 7 - 19 为质谱图，图 7 - 20 为选择性离子扫描质量色谱图，图 7 - 21 为选择离子扫描质谱图。

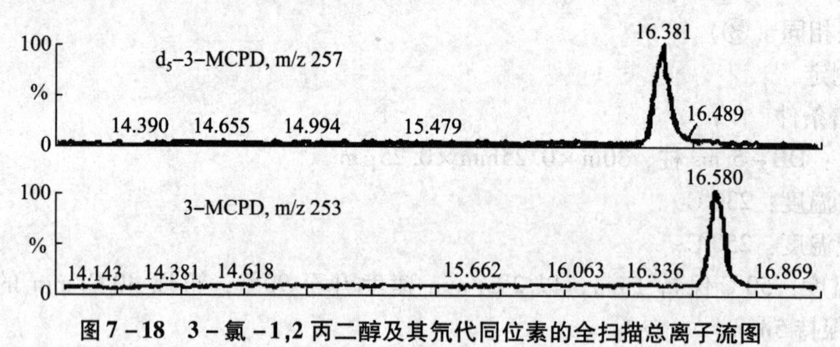

图 7 - 18　3 - 氯 - 1,2 丙二醇及其氘代同位素的全扫描总离子流图

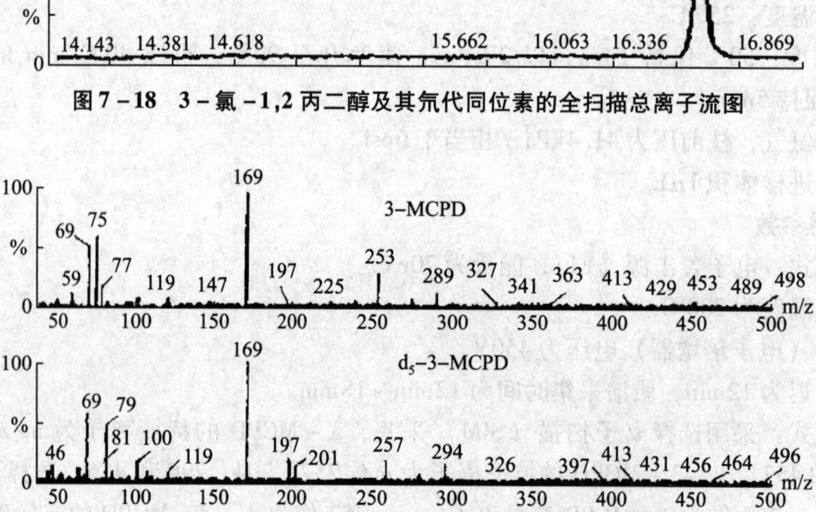

图 7 - 19　3 - 氯 - 1,2 丙二醇及其氘代同位素的质谱图

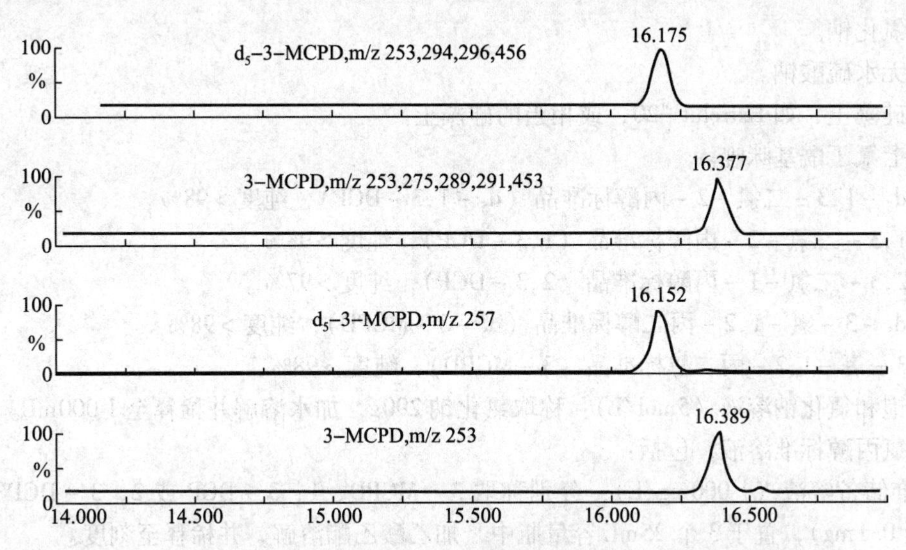

图 7-20　3-氯-1,2 丙二醇及其氘代同位素的选择性离子扫描质量色谱图

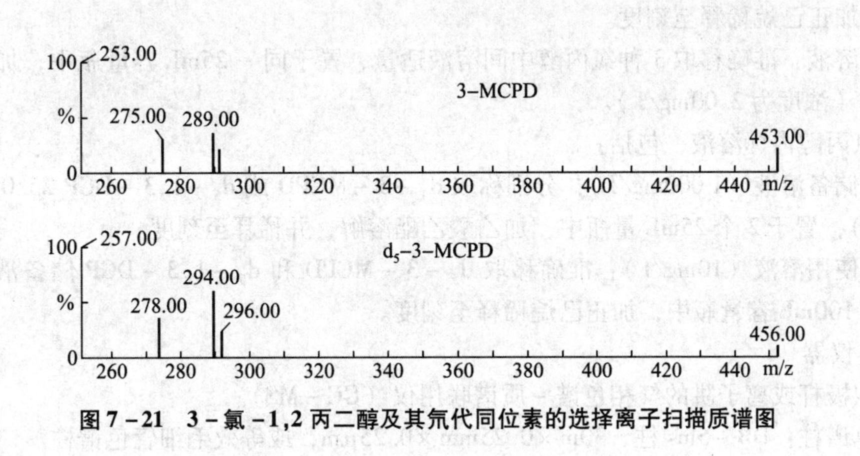

图 7-21　3-氯-1,2 丙二醇及其氘代同位素的选择离子扫描质谱图

7.4.4.2　基质固相分散萃取的气相色谱-质谱法［第二法］

（1）原理

采用稳定性同位素稀释技术，在试样中加入五氘代-1,3-二氯-2-丙醇（d_5-1,3-DCP）和五氘代-3-氯-1,2-丙二醇（d_5-3-MCPD）内标溶液，以硅藻土为吸附剂进行基质固相分散萃取分离，用正己烷洗脱试样中非极性的脂质组分，用乙醚洗脱试样中氯丙醇，用七氟丁酰基咪唑（HFBI）溶液为衍生化试剂，采用四极杆质谱仪的选择离子监测（SIM）或离子阱质谱仪的选择离子存储（SIS）质谱扫描模式进行分析，内标法定量。

（2）试剂和材料

除非另有说明，所用试剂均为分析纯，水为蒸馏水。

① 2,2,4-三甲基戊烷，可用正己烷替代。

② 乙醚：经重蒸后使用。

③ 正己烷：经重蒸后使用。

④ 氯化钠。

⑤ 无水硫酸钠。

⑥ 硅藻土，如 Extrelut™20，或相当的硅藻土。

⑦ 七氟丁酰基咪唑。

⑧ d_5 -1,3-二氯-2-丙醇标准品（d_5 -1,3-DCP），纯度 >98%。

⑨ 1,3-二氯-2-丙醇标准品（1,3-DCP），纯度 >98%。

⑩ 2,3-二氯-1-丙醇标准品（2,3-DCP），纯度 >97%。

⑪ d_5 -3-氯-1,2-丙二醇标准品（d_5 -3-MCPD），纯度 >98%。

⑫ 3-氯-1,2-丙二醇标准品（3-MCPD），纯度 >98%。

⑬ 饱和氯化钠溶液（5mol/L）：称取氯化钠 290g，加水溶解并稀释至 1 000mL。

⑭ 氯丙醇标准溶液，包括：

标准储备溶液（1 000mg/L）：分别称取 3-MCPD、1，3-DCP 或 2，3-DCP 25.0mg（精确至 0.1mg），置于 3 个 25mL 容量瓶中，加乙酸乙酯溶解，并稀释至刻度。

中间溶液（100mg/L）：分别准确移取 3 种氯丙醇储备溶液 1.00mL，置于 3 支 10mL 容量瓶中，加正己烷稀释至刻度。

使用溶液：准确移取 3 种氯丙醇中间溶液适量，置于同一 25mL 容量瓶中，加正己烷稀释至刻度（浓度为 2.00mg/L）。

⑮ 氯丙醇内标溶液，包括：

内标储备溶液（1 000mg/L）：分别称取 d_5 -3-MCPD 或 d_5 -1,3-DCP 25.0mg（精确至 0.1mg），置于 2 个 25mL 量瓶中，加乙酸乙酯溶解，并稀释至刻度。

内标使用溶液（10mg/L）：准确移取 d_5 -3-MCPD 和 d_5 -1,3-DCP 储备液 1.00mL，置于同一 100mL 容量瓶中，加正己烷稀释至刻度。

（3）仪器

① 四极杆或离子阱的气相色谱-质谱联用仪（GC-MS）。

② 色谱柱：DB-5ms 柱，30m×0.25mm×0.25μm，或等效毛细管色谱柱。

③ 玻璃层析柱：柱长 40cm，柱内径 2cm。

④ 旋转蒸发器。

⑤ 氮气浓缩器。

⑥ 恒温箱或其他恒稳加热器。

⑦ 涡漩混合器。

⑧ 气密针，1.0mL。

（4）分析步骤

① 试样提取

a. 酱油等液状试样

称取试样 4.00g，置 100mL 烧杯中，加 10mg/L 内标使用液 20μL，加饱和氯化钠溶液至 10g，超声 15min。

b. 香肠等食物试样

称取匀浆试样 2.00g～5.00g，置离心管中，加 10mg/L 内标使用液 20μL，加饱和氯化钠溶液至 10g，超声 15min 后，离心（3500r/min）20min，取上清液。

c. 酸水解蛋白粉、固体汤料等粉末试样

称取试样1.00g~2.00g，置100mL烧杯中，加10mg/L内标使用液20μL，加饱和氯化钠溶液至10g，超声15min。

② 试样净化

称取10gExtrelut™20硅藻土柱填料2份，取其中1份加到试样溶液中，搅拌均匀；将另1份柱填料装入层析柱中（层析柱下端填以玻璃棉）。将试样与吸附剂的混合物装入层析柱中，上层加1cm高度的无水硫酸钠。放置15min后，用正己烷40mL洗脱非极性成分，并弃取正己烷淋洗液。用乙醚150mL洗脱（流速约为8mL/min），收集乙醚洗脱液。在收集的乙醚中加无水硫酸钠15g，振摇，放置10min后，过滤，滤液于35℃温度下旋转蒸发至约0.5mL，转移至5mL具塞试管中，用正己烷洗涤旋转蒸发瓶，合并洗涤液至试管中，并用正己烷稀释至刻度，此为试样提取液。

③ 衍生化

将试样提取液②在室温下用氮气浓缩至1.0mL。用气密针迅速加入七氟丁酰基咪唑衍生剂50μL，立即密塞。涡旋充分混合后，于75℃下保温30min。取出后，放至室温，加饱和氯化钠溶液3mL；旋涡混合0.5min，静置使两相分离。取上层正己烷加无水硫酸钠约0.3g干燥，静置2min~5min。将正己烷溶液转移至试样瓶中，供GC-MS测定。

④ 空白试样制备

称取饱和氯化钠溶液（5mol/L）10g，置于100mL烧杯中，加10mg/L内标使用溶液20μL，超声15min。以下步骤与试样净化、衍生化方法相同②和③。

⑤ 标准系列溶液的制备

在预先准备的5个带塞试管中分别加入0.5mL正己烷和10μL、30μL、80μL、150μL和250μL标准系列溶液，然后分别加入10mg/L氯丙醇内标使用溶液20μL，以正己烷稀释至1.0mL。用气密针加入七氟丁酰基咪唑50μL，立即密塞，振匀。以下步骤与试样的衍生化方法相同③。

（5）测定

① 色谱条件

色谱柱：DB-5ms柱，30m×0.25mm×0.25μm

进样口温度：230℃。

色谱柱升温程序：50℃保持1min，以2℃/min速度升至90℃，再以40℃/min的速度升至250℃并保持5min。

载气：氦气，柱前压为41.4kPa，相当于6psi。

不分流进样体积：1μL。

② 质谱参数

a. 四极杆质谱仪

电离模式：电子轰击源（EI），能量为70eV。

传输线温度：250℃。

离子源温度：200℃。

分析器（电子倍增器）电压：450V。

溶剂延迟：5min，质谱采集时间：5min~12min。

扫描方式：采用选择离子监测（SIM）采集，各氯丙醇及其内标的定性和定量离子见表7-9。

表 7－9 监测的氯丙醇及内标特征离子

检测要求	d_5－1,3－DCP	1,3－DCP	2,3－DCP	d_5－3－MCPD	3－MCPD	2－MCPD
定性离子，m/z	278、280、79、81	75、77、275、277	253、75、77、169	257、278、280、294、296、456	253、275、277、289、291、453	253、289、291
定量离子，m/z	278＋280	275＋277	75＋77	257	253	253
定性要求	不作规定	75 为基峰，275 与 277 丰度比不得大于标准溶液相同离子丰度比的±20%	不作规定	不作规定	监测离子中至少 2 个离子丰度比不得超过标准溶液的相同离子强度比的±20%	253 为基峰，289 和 291 丰度比不得超过理论强度比的±20%；没有 453 离子

b. 离子阱质谱仪

离子化方式：EI、电子倍增器增益＋150V、灯丝电流：50μA。

阱温度：220℃；传输线温度：250℃；歧盒（Menifold）温度：48℃。

溶剂延迟：10min；采用选择离子存储（SIS）采集，氯丙醇及其内标的定性、定量离子见表 7－9。

质谱采集条件如下：

	扫描时间段	质量数范围	扫描速率
片断 1（d_5－1,3－DCP、1,3－DCP）：	10min～12min	m/z 70～285	0.53s/次
片断 2（2,3－DCP）：	12min～13min	m/z 70～260	0.51s/次
片断 3（d_5－3－MCPD、3－MCPD、2－MCPD）	13min～15min	m/z 250～460	0.53s/次

选择性离子监测（SIM）或者选择性离子储存（SIS）监测定性质谱图和质量色谱图分别参见附录 G 中的图 G.1～图 G.4。

c. 测定

吸取标准溶液和试样溶液 1μL 进样，记录总离子流图以及氯丙醇及其内标的峰面积。

（6）结果计算

3－MCPD：计算 3－MCPD 与 d_5－3－MCPD 的峰面积比，以各标准系列溶液中 3－MCPD 进样量与对应的 3－MCPD 与 d_5－3－MCPD 的峰面积比作线性回归，由回归方程计算 3－MCPD 的质量，按式（7－38）计算试样中 3－MCPD 和 2－MCPD 含量，且 2－MCPD 以 3－MCPD 为参考标准进行计算。

1,3－DCP 和 2,3－DCP：计算 1,3－DCP 或 2,3－DCP 与 d_5－1,3－DCP 的峰面积比，以各标准系列溶液的 1,3－DCP 或 2,3－DCP 进样量与对应的 1,3－DCP 或 2,3－DCP 与 d_5－1,3－DCP 的峰面积比作线性回归，由回归方程计算 1,3－DCP 和 2,3－DCP 的质量，按式（7－38）计算试样中 1,3－DCP 和 2,3－DCP 的含量。

$$X = \frac{A \times f}{m} \tag{7-38}$$

式中：X——试样中目标氯丙醇组分的含量，mg/kg 或 μg/L；

A——试样色谱峰与内标色谱峰的峰面积比值对应的目标氯丙醇组分的质量，ng；

f——试样溶液的稀释倍数；

m——加入内标时的取样量，g 或 mL。

计算结果表示到三位有效数字。

（7）精密度

在重复性条件下获得的两次独立测定结果绝对差值不得超过算术平均值的 20%。

7.4.4.3　顶空固相微萃取的气相色谱 - 质谱法［第三法］

（1）原理

采用同位素稀释技术，试样中加入五氘代 - 1,3 - 二氯 - 2 - 丙醇（d_5 - 1,3 - DCP）、五氘代 - 3 - 氯 - 1,2 - 丙二醇（d_5 - 3 - MCPD）内标溶液，在对甲苯磺酸存在下，以丙酮进行 3 - MCPD 衍生后，以顶空固相微萃取富集后，采用选择离子监测（SIM）的质谱分析，以内标法定量。

（2）试剂和材料

除非另有说明，所用试剂均为分析纯，水为超纯水。

① 对甲苯磺酸（TSA）。

② 丙酮（重蒸）。

③ 正己烷（重蒸）。

④ 氯化钠。

⑤ 氢氧化钠。

⑥ 盐酸。

⑦ 衍生试剂：取一定量对甲苯磺酸，以丙酮配制成 0.5g/mL 的溶液，新鲜制备。

⑧ d_5 - 1,3 - 二氯 - 2 - 丙醇标准品（d_5 - 1,3 - DCP），纯度 >98%。

⑨ 1,3 - 二氯 - 2 - 丙醇标准品（1,3 - DCP），纯度 >98%。

⑩ 2,3 - 二氯 - 1 - 丙醇标准品（2,3 - DCP），纯度 >97%。

⑪ d_5 - 3 - 氯 - 1，2 - 丙二醇标准品（d_5 - 3 - MCPD），纯度 >98%。

⑫ 3 - 氯 - 1，2 - 丙二醇标准品（3 - MCPD），纯度 >98%。

⑬ 20% 氯化钠溶液：称取氯化钠 200g，加水溶解并稀释至 1 000mL。

⑭ 氯丙醇标准溶液，包括：

标准储备溶液（1 000mg/L）：分别称取 3 - MCPD、1，3 - DCP、2，3 - DCP 25.0mg（精确至 0.1mg），置于 3 个 25mL 容量瓶中，加超纯水溶解，并稀释至刻度。

中间溶液（100mg/L）：分别准确移取 3 种氯丙醇储备液 1.00mL，置于 3 个 10mL 容量瓶中，加超纯水稀释至刻度。

使用溶液：准确移取 3 种氯丙醇中间溶液适量，置于同一个 25mL 容量瓶中，加超纯水稀释至刻度，浓度为 2.00mg/L。

⑮ 氯丙醇内标溶液，包括：

内标储备液（1 000mg/L）：分别称取 d_5 - 3 - MCPD、d_5 - 1,3 - DCP 25.0mg（精确至 0.1mg），置于 2 个 25mL 容量瓶中，加超纯水溶解，并稀释至刻度。

内标使用溶液（10mg/L）：准确移取 d_5 - 3 - MCPD、d_5 - 1,3 - DCP 储备液 1.00mL，置于同一个 100mL 容量瓶中，加超纯水稀释至刻度。

（3）仪器

① 四极杆或离子阱气相色谱－质谱联用仪（GC－MS）。

② 色谱柱：CP－52 Carbowax 柱，30m×0.25mm×0.25μm，或等效毛细管色谱柱。

③ SPME 萃取设备：SPME 手柄及 CAR/PDMS（75μm）萃取纤维，15mL 顶空萃取瓶，磁力搅拌和加热装置。

④ 恒温箱或其他恒温加热器。

⑤ 涡漩混合器。

（4）分析步骤

① 标准系列制备

标准和内标的加入：备好 5 支 20mL 压盖试样瓶，先加入 20% 氯化钠（NaCl）溶液 4mL，再分别准确加入氯丙醇混合标准溶液）20μL、40μL、80μL、160μL 和 300μL 和 10mg/L 内标使用液 20μL，再补加 20% NaCl 溶液 4mL，轻轻振摇，使溶液充分混匀。

衍生化：在上述标准溶液中，分别加入 0.5g/mL TSA－丙酮溶液 1.3mL，涡旋混合 30s 后，于 50℃保温箱中衍生 60min，取出、冷却至室温，备用。

SPME 萃取、解吸：用 10mol/mL 和 0.5mol/mL 氢氧化钠（NaOH）溶液将衍生后溶液 pH 调节至 8.2～8.4 之间，加入 2g NaCl，混匀后，放入磁力搅拌子，压紧带有聚四氟乙烯垫的瓶盖，插入萃取头，将萃取头纤维暴露在试样瓶顶部适当高度，以溶液不溅入萃取纤维为宜，磁力搅拌器转速调至适当，在 70℃恒温水浴下顶空吸附 45min 后，取出萃取头，插入气相色谱仪进样口，在 240℃下解吸 5min，进行质谱分析。

② 试样制备

a. 液体试样

试样的准备和内标的加入：称取试样 8.00g，置于 20mL 试管中，准确加入 10mg/L 内标使用液 40μL，再补加 8g 试样，用手轻轻振荡，使溶液充分混匀。

衍生化：在试样管中，加入 0.5g/mL TSA－丙酮溶液 2.6mL，涡旋充分混合 30s，于 50℃保温箱中衍生 60min，取出、冷却至室温，备用。

SPME 萃取、解吸：取出 1/2 的衍生溶液于 15mL 顶空瓶中，并以 10mol/mL 氢氧化钠（NaOH）溶液调节 pH 至 8.2～8.4 之间，以下同①中 SPME 萃取、解吸步骤。对于较为黏稠的试样，测定前先用 20% 氯化钠（NaCl）稀释。

b. 固体试样

试样提取和内标加入：称取 6.00g 固体试样，置于 200mL 试管中，加入 10mL 20% NaCl 溶解，准确加入 10mg/L 内标使用液 40μL，摇匀，放置 2h，中途振摇 2～3 次，以进行氯丙醇的提取。在 3 500r/min 下离心 5min，取上清液用于衍生。

衍生化和 SPME 萃取、解吸操作同液体试样。

③ 空白试样

称取饱和氯化钠溶液（5mol/L）8g，置于 20mL 试管中，仅加入 10mg/L 内标使用液 40μL。以下步骤与液体试样 a 操作步骤相同。

（5）测定

① 色谱条件

色谱柱：CP－52 Carbowax 柱，30m×0.25mm×0.25μm。

进样口温度：240℃。

色谱柱升温程序：65℃保持 1min，以 10℃/min 速度升至 170℃，再以 40℃/min 的速度升至 235℃，并保持 5min。

载气：氦气，柱前压为 55.2kPa，相当于 8psi。

不分流进样。

② 质谱参数

电离模式：电子轰击源（EI），能量为 70eV。

传输线温度：250℃。

离子源温度：250℃。

分析器（电子倍增器）电压：450V。

溶剂延迟时间：3.5min。

质谱采集时间：3.5min～12min。

扫描方式：采用选择离子监测（SIM）方式采集，各氯丙醇及其内标的特征离子和定量离子见表 7－10。

选择性离子监测（SIM）定性质谱图和质量色谱图分别参见附录 G 中的图 G.5、图 G.6。

③ 测定

以顶空固相微萃取（HS－SPME）方式萃取，GC－MS 测定，记录各氯丙醇及其内标的峰面积。

表 7－10　氯丙醇及内标的定性和定量离子

检测要求	d_5－3－MCPD	3－MCPD	d_5－1,3－DCP	1,3－DCP	2,3－DCP
定性离子 /(m/z)	79、81、140、142	75、77、135、137	82、84	79、81	62、64
定量离子 /(m/z)	140	135	84	79	62
定性要求	140 为基峰，140 与 142 丰度比低于标准溶液相同离子丰度比的 ±20%	135 为基峰，135 与 137 丰度比低于标准溶液相同离子丰度比的 ±20%	82 为基峰，82 与 84 丰度比低于标准溶液相同离子丰度比的 ±30%	79 为基峰，79 与 81 丰度比接近 3，且低于标准溶液相同离子丰度比的 ±30%	62 为基峰，62 与 64 丰度低于标准溶液相同离子丰度比的 ±30%

（6）结果计算

3－MCPD：计算 3－MCPD 与 d_5－3－MCPD 的峰面积比，以各标准系列溶液的浓度（μg/kg）与对应的 3－MCPD 与 d_5－3－MCPD 的峰面积比作线性回归，由回归方程计算 3－MCPD 浓度，按式（7－39）计算试样含量。

1,3－DCP 和 2,3－DCP：计算 1,3－DCP 或 2，3－DCP 与 d_5－1,3－DCP 的峰面积比，以各标准系列溶液的进样量与对应的 1,3－DCP、2,3－DCP 与 d_5－1,3－DCP 的峰面积比作线性回归，由回归方程计算 1,3－DCP 和 2,3－DCP 的质量，按式（7－39）计算试样含量。

$$X = \frac{(A - A_0) \times f}{m} \tag{7-39}$$

式中：X——试样中氯丙醇的含量，μg/kg；

A——试样色谱峰与内标色谱峰的峰面积比值对应的目标氯丙醇组分的质量，ng；

A_0——空白试样中氯丙醇的质量，ng；

f——稀释倍数；

m——加入内标时的取样量，g。

计算结果表示到三位有效数位。

(7) 精密度

在重复性条件下获得的两次独立测定结果绝对差值不得超过算术平均值的20%。

附录A　常用酸碱浓度表

A.1　常用酸碱浓度表（市售商品）见表A.1

A.1　常用酸碱浓度表（市售商品）

试剂名称	分子量	含量/%（质量分数）	相对密度	浓度/(mol/L)
冰乙酸	60.05	99.5	1.05（约）	17（CH_3COOH）
乙酸	60.05	36	1.04	6.3（CH_3COOH）
甲酸	46.02	90	1.20	23（HCOOH）
盐酸	36.5	36~38	1.18（约）	23（HCl）
硝酸	63.02	65~68	1.4	16（HNO_3）
高氯酸	100.5	70	1.67	15（$HClO_4$）
磷酸	98.0	85	1.70	15（H_3PO_4）
硫酸	98.1	96~98	1.84（约）	18（H_2SO_4）
氨水	17.0	25~28	0.8~8（约）	15（$NH_3 \cdot H_2O$）

A.2　常用洗涤液的配制和使用方法

A.2.1　重铬酸钾-浓硫酸溶液（100g/L）（洗液）：称取化学纯重铬酸钾100g于烧杯中，加入100mL水，微加热，使其溶解。把烧杯放于水盆中冷却后，慢慢加入化学纯硫酸，边加边用玻璃棒搅动，防止硫酸溅出，开始有沉淀析出，硫酸加到一定量沉淀可溶解，加硫酸至溶液总体积为1 000mL。

该洗液是强氧化剂，但氧化作用比较慢，直接接触器皿数分钟至数小时才有作用，取出后要用自来水充分冲洗7~10次，最后用纯水淋洗3次。

A.2.2　肥皂洗涤液、碱洗涤液、合成洗涤剂洗涤液：配制一定浓度，主要用于油脂和有机物的洗涤。

A.2.3　氧氧化钾-乙醇洗涤液（100g/L）：取100g氢氧化钾，用50mL水溶解后，加工业乙醇至1L，它适用洗涤油垢、树脂等。

A.2.4　酸性草酸或酸性羟胺洗涤液：称取10g草酸或1g盐酸羟胺，溶于10mL盐酸（1+4）中，该洗液洗涤氧化性物质。对沾污在器皿上的氧化剂，酸性草酸作用较慢，羟胺作用快且易洗净。

A. 2. 5　硝酸洗涤液：常用浓度（1 +9）或（1 +4），主要用于浸泡清洗测定金属离子时的器皿。一般浸泡过夜，取出用自来水冲洗，再用去离子水或亚沸水冲洗。洗涤后玻璃仪器应防止二次污染。

附录 B　标准滴定溶液

检验方法中某些标准滴定溶液的配制及标定应按 F 列规定进行，应符合 GB/T 601 的要求。

B.1　盐酸标准滴定溶液

B.1.1　配制

B.1.1.1　盐酸标准滴定溶液[c(HCl) = 1mol/L]：量取 90mL 盐酸，加适量水并稀释至 1 000mL。

B.1.1.2　盐酸标准滴定溶液[c(HCl) = 0.5mol/L]：量取 45mL 盐酸，加适量水并稀释至 1 000mL。

B.1.1.3　盐酸标准滴定溶液[c(HCl) = 0.1moL/L]：量取 9mL 盐酸，加适量水并稀释至 1 000mL。

B.1.1.4　溴甲酚绿—甲基红混合指示液：量取 30mL 溴甲酚绿乙醇溶液（2g/L），加入 20mL 甲基红乙醇溶液（1g/L），混匀。

B.1.2　标定

B.1.2.1　盐酸标准滴定溶液[c(HCl) = 1mol/L]：准确称取约 1.5g 在 270℃ ~ 300℃ 干燥至恒量的基准无水碳酸钠，加 50mL 水使之溶解，加 10 滴溴甲酚绿—甲基红混合指示液，用本溶液滴定至溶液由绿色转变为紫红色，煮沸 2min，冷却至室温，继续滴定至溶液由绿色变为暗紫色。

B.1.2.2　盐酸标准溶液[c(HCl) = 0.5mol/L]：按 B.1.2.1 操作，但基准无水碳酸钠量改为约 0.8g。

B.1.2.3　盐酸标准溶液[c(HCl) = 0.1mol/L]：按 B.1.2.1 操作，但基准无水碳酸钠量改为约 0.15g。

B.1.2.4　同时做试剂空白试验。

B.1.3　计算

盐酸标准滴定溶液的浓度按式（B.1）计算。

$$c_1 = \frac{m}{(V_2 - V_2) \times 0.053\,0} \tag{B.1}$$

式中：c_1——盐酸标准滴定溶液的实际浓度，mol/L；

m——基准无水碳酸钠的质量，g；

V_1——盐酸标准溶液用量，mL；

V_2——试剂空白试验中盐酸标准溶液用量，mL；

0.053 0——与 1.00mL 盐酸标准滴定溶液［c(HCl) = 1mol/L］相当的基准无水碳酸钠的质量，g。

B.2 盐酸标准滴定溶液[$c(HCl)=0.02mol/L$、$c(HCl)=0.01mol/L$]

临用前取盐酸标准溶液［$c(HCl)=0.1mol/L$］（B.1.1.3）加水稀释制成。必要时重新标定浓度。

B.3 硫酸标准滴定溶液

B.3.1 配制

B.3.1.1 硫酸标准滴定溶液［$c(1/2\ H_2SO_4)=1mol/L$］：量取30mL硫酸，缓缓注入适量水中，冷却至室温后用水稀释至1 000ml，混匀。

B.3.1.2 硫酸标准滴定溶液［$c(1/2\ H_2SO_4)=0.5mol/L$］：按B.3.1.1操作，但硫酸量改为15mL。

B.3.1.3 硫酸标准滴定溶液［$c(1/2\ H_2SO_4)=0.1mol/$］：按B.3.1.1操作，但硫酸量改为3mL。

B.3.2 标定

B.3.2.1 硫酸标准滴定溶液［$c(1/2\ H_2SO_4)=1.0mol/L$］：按B.1.2.1操作。

B.3.2.2 硫酸标准滴定溶液［$c(1/2\ H_2SO_4)=0.5mol/L$］：按B.1.2.2操作。

B.3.2.3 硫酸标准滴定溶液［$c(1/2\ H_2SO_4)=0.1mol/L$］：按B.1.2.3操作。

B.3.3 计算

硫酸标准滴定溶液浓度按式（B.2）计算。

$$c_2=\frac{m}{(V_1-V_2)\times 0.0530} \qquad (B.2)$$

式中：c_2——硫酸标准滴定溶液的实际浓度，mol/L；

m——基准无水碳酸钠的克数，g；

V_1——硫酸标准溶液用量，mL；

V_2——试剂空白试验中硫酸标准溶液用量，mL；

0.053 0——与1.00mL硫酸标准溶液［$c(1/2\ H_2SO_4)=1mol/L$］相当的基准无水碳酸钠的质量，g。

B.4 氢氧化钠标准滴定溶液

B.4.1 配制

B.4.1.1 氢氧化钠饱和溶液：称取120g氢氧化钠，加100mL水，振摇使之溶解成饱和溶液，冷却后置于聚乙烯塑料瓶中，密塞，放置数日，澄清后备用。

B.4.1.2 氢氧化钠标准溶液［$c(NaOH)=1mol/L$］：吸取56mL澄清的氢氧化钠饱和溶液，加适量新煮沸过的冷水至1 000mL，摇匀。

B.4.1.3 氢氧化钠标准溶液［$c(NaOH)=0.5mol/L$］：按B.4.1.2操作，但吸取澄清的氢氧化钠饱和溶液改为28mL。

B.4.1.4 氢氧化钠标准溶液［$c(NaOH)=0.1mol/L$］：按B.4.1.2操作，但吸取澄清的氢氧化钠饱和溶液改为5.6mL。

B.4.1.5 酚酞指示液：称取酚酞1g溶于适量乙醇中再稀释至100mL。

B.4.2 标定

B. 4. 2. 1 氢氧化钠标准溶液［c(NaOH)＝1mol/L］：准确称取约 6g 在 105℃～110℃干燥至恒量的基准邻苯二甲酸氢钾，加 80ml 新煮沸过的冷水，使之尽量溶解，加 2 滴酚酞指示液，用本溶液滴定至溶液呈粉红色，0. 5min 不褪色。

B. 4. 2. 2 氢氧化钠标准溶液［c(NaOH)＝0. 5mol/L］：按 B. 4. 2. 1 操作，但基准邻苯二甲酸氢钾量改为约 3g。

B. 4. 2. 3 氢氧化钠标准溶液［c(NaOH)＝0. 1mol/L］：按 B. 4. 2. 1 操作，但基准邻苯二甲酸氢钾量改为约 0. 6g。

B. 4. 2. 4 同时做空白试验。

B. 4. 3 计算

氢氧化钠标准浦定溶液的浓度按式（B. 3）计算。

$$c_2 = \frac{m}{(V_1 - V_2) \times 0.2042} \tag{B. 3}$$

式中：c_3——氢氧化钠标准滴定溶液的实际浓度，mol/L；

m——基准邻苯二甲酸氢钾的质量，g；

V_1——氢氧化钠标准溶液用量，mL；

V_2——空白试验中氢氧化钠标准溶液用量，mL；

0. 204 2——与 1. 00mL 氢氧化钠标准滴定溶液［c(NaOH)＝1mol/L］相当的基准邻苯二甲酸氢钾的质量，g。

B. 5 氢氧化钠标准滴定溶液［c(NaOH)＝0. 02mol/L、c(NaOH)＝0. 01mol/L］

临用前取氢氧化钠标准溶液［c(NaOH)＝0. 1mol/L］，加新煮沸过的冷水稀释制成。必要时用盐酸标准滴定溶液［c(HCl)＝0. 02. mol/L、c(HCl)＝0. 01mol/L］标定浓度。

B. 6 氢氧化钾标准滴定溶液［c(KOH)＝0. 1mol/L］

B. 6. 1 配制

称取 6g 氢氧化钾，加入新煮沸过的冷水溶解，并稀释至 1 000ml，混匀。

B. 6. 2 标定

按 B. 4. 2. 3 和 B. 4. 2. 4 操作。

B. 6. 3 计算

按 B. 4. 3 中式（B. 3）计算。

B. 7 高锰酸钾标准滴定溶液［c(1/5 $KMnO_4$)＝0. 1mol/L］

B. 7. 1 配制

称取约 3. 3g 高锰酸钾，加 1 000mL 水。煮沸 15min。加塞静置 2d 以上，用垂融漏斗过滤，置于具玻璃塞的棕色瓶中密塞保存。

B. 7. 2 标定

准确称取约 0. 2g 在 110℃干燥至恒量的基准草酸钠。加入 250mL 新煮沸过的冷水、10mL 硫酸，搅拌使之溶解。迅速加入约 25mL 高锰酸钾溶液，待褪色后，加热至 65℃，继续用高锰酸钾溶液滴定至溶液呈微红色，保持 0. 5min 不褪色。在滴定终了时，溶液温度应不低于 55℃。同时做空白试验。

B. 7. 3　计算

高锰酸钾标准滴定溶液的浓度按式（B. 4）计算。

$$c_4 = \frac{m}{(V_1 - V_2) \times 0.0670} \qquad (B.4)$$

式中：c_4——高锰酸钾标准滴定溶液的实际浓度，mol/L；

m——基准草酸钠的质量，g；

V_1——高锰酸钾标准溶液用量，mL；

V_2——试剂空白试验中高锰酸钾标准溶液用量，mL；

0. 067 0——与 1. 00mL 高锰酸钾标准滴定溶液［$c(1/5\ KMnO_4) = 1mol/L$］相当的基准草酸钠的质量，g。

B. 8　高锰酸钾标准滴定溶液［$c(1/5\ KMnO_4) = 0.01mol/L$］

临用前取高锰酸钾标准溶液［$c(1/5\ KMnO_4) = 0.1mol/L$］稀释制成，必要时重新标定浓度。

B. 9　草酸标准滴定溶液［$c(1/2\ H_2C_2O_4 \cdot 2H_2O) = 0.1mol/L$］

B. 9. 1　配制

称取约 6. 4g 草酸，加适量的水使之溶解并稀释至 1 000mL，混匀。

B. 9. 2　标定

吸取 25. 00mL 草酸标准溶液，按 B. 7. 2 自“加入 250mL 新煮沸过的冷水……”操作。

B. 9. 3　计算

草酸标准滴定溶液的浓度按式（B. 5）计算。

$$c_5 = \frac{(V_1 - V_2) \times c}{V} \qquad (B.5)$$

式中：c_5——草酸标准滴定溶液的实际浓度，mol/L；

V_1——高锰酸钾标准溶液用量，mL；

V_2——试剂空白试验中高锰酸钾标准溶液用量，mL；

c——高锰酸钾标准滴定溶液的浓度，mol/L；

V——草酸标准溶液用量，mL。

B. 10　草酸标准滴定溶液［$c(1/2\ H_2C_2O_4 \cdot 2H_2O) = 0.01mol/L$］

临用前取草酸标准滴定溶液［$c(1/2\ H_2C_2O_4 \cdot 2H_2O) = 0.1mol/L$］稀释制成。

B. 11　硝酸银标准滴定溶液［$c(AgNO_3) = 0.1mol/L$］

B. 11. 1　配制

B. 11. 1. 1　称取 17. 5g 硝酸银，加入适量水使之溶解，并稀释至 1 000mL，混匀，避光保存。

B. 11. 1. 2　需用少量硝酸银标准溶液时，可准确称取约 4. 3g 在硫酸干燥器中干燥至恒重的硝酸银（优级纯），加水使之溶解，移至 250mL 容量瓶中，并稀释至刻度，混匀，避光保存。

B.11.1.3　淀粉指示液：称取0.5g可溶性淀粉，加入约5mL水，搅匀后缓缓倾入100ml沸水中，随加随搅拌，煮沸2min，放冷，备用。此指示液应临用时配制。

B.11.1.4　荧光黄指示液：称取0.5g荧光黄，用乙醇溶解并稀释至100mL。

B.11.2　标定

B.11.2.1　采用B.11.1.1配制的硝酸银标准溶液的标定：准确称取约0.2g在270℃干燥至恒量的基准氯化钠，加入50mL水使之溶解。加入5mL淀粉指示液，边摇动边用硝酸银标准溶液避光滴定，近终点时，加入3滴荧光黄指示液，继续滴定混浊液由黄色变为粉红色。

B.11.2.2　采用B.11.1.2配制的硝酸银标准溶液不需要标定。

B.11.3　计算

B.11.3.1　由B.11.1.1配制的硝酸银标准滴定溶液的浓度按式（B.6）计算。

$$c_6=\frac{m}{V\times 0.058\,44} \tag{B.6}$$

式中：c_6——硝酸银标准清定溶液的实际浓度，mol/L；

m——基准氯化钠的质量，g；

V——硝酸银标准溶液用量，mL；

0.058 44——与1.00mL硝酸银标准滴定溶液［$c(AgNO_3)=1mol/L$］相当的基准氯化钠的质量，g。

B.11.3.2　由B.11.1.2配制的硝酸银标准滴定溶液的浓度按式（B.7）计算。

$$c_7=\frac{m}{V\times 0.169\,9} \tag{B.7}$$

式中：c_7——硝酸银标准滴定溶液的实际浓度，mol/L；

m——硝酸银（优级纯）的质量，g；

V——配制成的硝酸银标准溶液的体积，mL；

0.1699——与1.00mL硝酸银标准滴定溶液［$c(AgNO_3)=0.100\,0mol/L$］相当的硝酸银的质量，g。

B.12　硝酸银标准滴定溶液［$c(AgNO_3)=0.02mol/L$、$c(AgNO_3)=0.01mol/L$］

临用前取硝酸银标准滴定溶液［$c(AgNO_3)=0.1mol/L$］稀释制成。

B.13　碘标准滴定溶液［$c(1/2\ I_2)=0.1mol/L$］

B.13.1　配制

B.13.1.1　称取13.5g碘，加36g碘化钾、50mL水，溶解后加入3滴盐酸及适量水稀释至1 000mL。用垂融漏斗过滤，置于阴凉处，密闭，避光保存。

B.13.1.2　酚酞指示液：称取1g酚酞用乙醇溶解并稀释至100mL。

B.13.1.3　淀粉指示液：同B.11.1.3。

B.13.2　标定

准确称取约0.15g在105℃干燥1h的基准三氧化二砷，加入10mL氢氧化钠溶液（40g/L），微热使之溶解。加入20mL水及2滴酚酞指示液，加入适量硫酸（1+35）至红色消失，再加2g碳酸氢钠、50mL水及2mL淀粉指示液。用碘标准溶液滴定至溶液显浅蓝色。

B. 13. 3　计算

碘标准滴定溶液浓度按式（B. 8）计算。

$$c_8 = \frac{m}{V \times 0.04946} \tag{B. 8}$$

式中：c_8——碘标准滴定溶液的实际浓度，mol/L；

m——基准三氧化二砷的质量，g；

V——碘标准溶液用量，mL；

0. 049 46——与 0. 100mL 碘标准滴定溶液［$c(1/2\ I_2) = 1.000$mol/L］相当的三氧化砷的质量，g。

B. 14　碘标准滴定溶液［$c(1/2\ I_2)$；0. 02mol/L］

临用前取碘标准滴定溶液［$c(1/2\ I_2) = 0.1$mol/L］稀释制成。

B. 15　硫代硫酸钠标准滴定溶液［$c(Na_2S_2O_3 \cdot 5H_2O) = 0.100$mol/L］

B. 15. 1　配制

B. 15. 1. 1　称取 26g 硫代硫酸钠及 0. 2g 碳酸钠，加入适量新煮沸过的冷水使之溶解，并稀释至 1 000mL，混匀，放置一个月后过滤备用。

B. 15. 1. 2　淀粉指示液：同 B. 11. 1. 3。

B. 15. 1. 3　硫酸（1 +8）：吸取 10mL 硫酸，慢慢倒入 80mL 水中。

B. 15. 2　标定

B. 15. 2. 1　准确称取约 0. 15g 在 120℃ 干燥至恒量的基准重铬酸钾，置于 500mL 碘量瓶中，加入 50mL 水使之溶解。加入 2g 碘化钾，轻轻振摇使之溶解。再加入 20mL 硫酸（1 + 8），密塞，摇匀，放置暗处 10min 后用 250mL 水稀释。用硫代硫酸钠标准溶液滴至溶液呈浅黄绿色，再加入 3mL 淀粉指示液，继续滴定至蓝色消失而显亮绿色。反应液及稀释用水的温度不应高于 20℃。

B. 15. 2. 2　同时做试剂空白试验。

B. 15. 3　计算

硫代硫酸钠标准滴定溶液的浓度按式（B. 9）计算。

$$c_9 = \frac{m}{(V_1 - V_2) \times 0.04903} \tag{B. 9}$$

式中：c_9——硫代硫酸钠标准滴定溶液的实际浓度，mol/L；

m——基准重铬酸钾的质量，g；

V_1——硫代硫酸钠标准溶液用量，mL；

V_2——试剂空白试验中硫代硫酸钠标准溶液用量，mL；

0. 049 03——与 1. 00mL 硫代硫酸钠标准滴定溶液［$c(Na_2S_2O_3 \cdot 5H_2O) = 1.000$mol/L］相当的重铬酸钾的质量，g。

B. 16　硫代硫酸钠标准溶液［$c(Na_2S_2O_3 \cdot 5H_2O) = 0.02$mol/L、$c(Na_2S_2O_3 \cdot 5H_2O) = 0.01$mol/L］

临用前取 0. 10mol/L 硫代硫酸钠标准溶液，加新煮沸过的冷水稀释制成。

B.17　乙二胺四乙酸二钠标准滴定溶液（$C_{10}H_{14}N_2O_8Na_2 \cdot 2H_2O$）

B.17.1　配制

B.17.1.1　乙二胺四乙酸二钠标准滴定溶液［$c(C_{10}H_{14}N_2O_8Na_2 \cdot 2H_2O)=0.05mol/L$］：称取20g乙二胺四乙酸二钠（$C_{10}H_{14}N_2O_8Na_2 \cdot 2H_2O$），加入1 000ml水，加热使之溶解，冷却后摇匀。置于玻璃瓶中，避免与橡皮塞、橡皮管接触。

B.17.1.2　乙二胺四乙酸二钠标准滴定溶液［$c(C_{10}H_{14}N_2O_8Na_2 \cdot 2H_2O)=0.02mol/L$］：按B.17.1.1操作，但乙二胺四乙酸二钠量改为8g。

B.17.1.3　乙二胺四乙酸二钠标准滴定溶液［$c(C_{10}H_{14}N_2O_8Na_2 \cdot 2H_2O)=0.01mol/L$］：按B.17.1.1操作，但乙二胺四乙酸二钠量改为4g。

B.17.1.4　氨水－氯化铵缓冲液（pH 10）：称取5.4g氯化铵，加适量水溶解后，加入35mL氨水，再加水稀释至100mL。

B.17.1.5　氨水（4→10）：量取40mL氨水，加水稀释至100mL。

B.17.1.6　铬黑T指示剂：称取0.1g铬黑T［6－硝基－1－(1－萘酚－4－偶氮)－2－萘酚－4－磺酸钠］，加入10g氯化钠，研磨混合。

B.17.2　标定

B.17.2.1　乙二胺四乙酸二钠标准滴定溶液［$c(C_{10}H_{14}N_2O_8Na_2 \cdot 2H_2O)=0.05mol/L$］：准确称取约0.4g在800℃灼烧至恒量的基准氧化锌，置于小烧杯中，加入1mL盐酸，溶解后移入100mL容量瓶，加水稀释至刻度，混匀。吸取30.00mL～35.00mL此溶液，加入70mL水，用氨水（4→10）中和pH至7～8，再加10mL氨水－氯化铵缓冲液（pH 10），用乙二胺四乙酸二钠标准溶液滴定，接近终点时加入少许铬黑T指示剂，继续滴定至溶液自紫色转变为纯蓝色。

B.17.2.2　乙二胺四乙酸二钠标准滴定溶液［$c(C_{10}H_{14}N_2O_8Na_2 \cdot 2H_2O)=0.02mol/L$］：按B.17.2.1操作，但基准氧化锌量改为0.16g；盐酸量改为0.4mL。

B.17.2.3　乙二胺四乙酸二钠标准滴定溶液［$c(C_{10}H_{14}N_2O_8Na_2 \cdot 2H_2O)=0.02mol/L$］：按B.17.2.2操作，但容量瓶改为200mL。

B.17.2.4　同时做试剂空白试验。

B.17.3　计算

乙二胺四乙酸二钠标准滴定溶液浓度按式（B.10）计算。

$$c_{10}=\frac{m}{(V_1-V_2)\times 0.081\,38} \qquad (B.10)$$

式中：c_{10}——乙二胺四乙酸二钠标准滴定溶液的实际浓度，mol/L；

m——用于滴定的基准氧化锌的质量，mg；

V_1——乙二胺四乙酸二钠标准溶液用量，mL；

V_2——试剂空白试验中乙二胺四乙酸二钠标准溶液用量，mL；

0.081 38——与1.00mL乙二胺四乙酸二钠标准滴定溶液［$c(C_{10}H_{14}N_2O_8Na_2 \cdot 2H_2O)=1.000mol/L$］相当的基准氧化锌的质量，g。

附录 C 检验方法中技术参数和数据处理

C.1 灵敏度的规定

把标准曲线回归方程中的斜率（b）作为方法灵敏度，即单位物理量的响应值。

C.2 检出限

把3倍空白值的标准偏差（测定次数 $n \geqslant 20$）相对应的质量或浓度称为检出限。

C.2.1 色谱法（GC. HPLC）

设：色谱仪最低响应值为 $S = 3N$（N 为仪器噪音水平），则检出限按式（C.1）进行计算。

$$\text{检出限} = \frac{\text{最低相应值}}{b} = \frac{S}{b} \tag{C.1}$$

式中：b——标准曲线回归方程中的斜率，响应值/μg 或/ng；

S——仪器能辨认的最小的物质信号，为仪器噪音的3倍。

C.2.2 吸光法和荧光法

按国际理论与应用化学家联合（IUPAC）规定。

C.2.2.1 全试剂空白响应值

全试剂空白响应值按式（C.2）进行计算。

$$X_L = \overline{X}_i + K \cdot s \tag{C.2}$$

式中：X_L——全试剂空白响应值（按 GB/T 5009 系列中“检验方法的一般要求”中“空白试验”操作以溶剂调节零点）；

$\overline{X}_i$——测定 n 次空白溶液的平均值（$n \geqslant 20$）；

s——n 次空白值的标准偏差；

K——根据一定置信度确定的系数。

C.2.2.2 检出限

检出限按式（C.3）进行计算。

$$L = \frac{X_L - \overline{X}_i}{b} = \frac{K_s}{b} \tag{C.3}$$

式中：L——检出限；

X_L、X_i、K、s、b——同式（C.2）注释；

K——一般为3。

C.3 精密度

同一样品的各测定值的符合程度为精密度。

C.3.1 测定

在某一实验室，使用同一操作方法，测定同一稳定样品时，允许变化的因素有操作者、时间、试剂、仪器等，测定值之间的相对偏差即为该方法在实验室内的精度。

C.3.2 表示

C.3.2.1 相对偏差

相对偏差按式（C.4）进行计算。

$$相对偏差(\%) = \frac{X_i - \overline{X}}{\overline{X}} \times 100 \tag{C.4}$$

式中：X_i——某一次的测定值5；

$\overline{X}$——测定值的平均值。

平行样相对误差按式（C.5）进行计算。

$$平行样相对误差(\%) = \frac{|X_1 - X_2|}{\frac{X_1 + X_2}{2}} \times 100 \tag{C.5}$$

C.3.2.2 标准偏差

C.3.2.2.1 算术平均值：多次测定值的算术平均值可按式（C.6）计算。

$$\overline{X} = \frac{X_1 + X_2 + \cdots + X_n}{n} = \frac{\sum_{i=1}^{n} X_i}{n} \tag{C.6}$$

式中；$\overline{X}$——n 次重复测定结果的算术平均值；

n——重复测定次数；

X_i——n 次测定中第 i 个测定值。

C.3.2.2.2 标准偏差：它反映随机误差的大小，用标准差（S）表示，按式（C.7）进行计算。

$$s = \sqrt{\frac{\sum_{i=1}^{n}(X_i - \overline{X})^2}{n-1}} = \sqrt{\frac{\sum_{i=1}^{n} X_i^2 - (\sum_{i=1}^{n} X_i)^2/n}{n-1}} \tag{C.7}$$

式中：s——标准差；

$\overline{X}$——n 次重复测定结果的算术平均值；

n——重复测定次数；

X_i——n 次测定中第 i 个测定值。

C.3.2.3 相对标准偏差

相对标准偏差按式（C.8）进行计算。

$$RSD = \frac{s}{\overline{X}} \times 100 \tag{C.8}$$

式中：RSD——相对标准偏差；

s、$\overline{X}$——同C.3.2.2.2。

C.4 准确度

测定的平均值与真值相符的程度。

C.4.1 测定

某一稳定样品中加入不同水平已知量的标准物质（将标准物质的量作为真值）称加标样品；同时测定样品和加标样品；加标样品扣除样品值后与标准物质的误差即为该方法的准确度。

C. 4. 2　用回收率表示方法的准确度

加入的标准物质的回收率按式（C. 9）进行计算。

$$P = \frac{X_1 - X_0}{m} \times 100\% \tag{C. 9}$$

式中：P——加入的标准物质的回收率 F；

m——加入的标准物质的量；

X_1——加标试样的测定值；

X_0——未加标试样的测定值。

C. 5　直线回归方程的计算

在绘制标准曲线时，可用直线回归方程式计算，然后根据计算结果绘制。用最小二乘法计算直线回归方程的公式见式（C. 10）~式（C. 13）。

$$y = a + bX \tag{C. 10}$$

$$a = \frac{\sum X^2(\sum Y) - (\sum X)(\sum XY)}{n\sum X^2 - (\sum X)^2} \tag{C. 11}$$

$$b = \frac{n(\sum XY) - (\sum X)(\sum XY)}{n\sum X^2 - (\sum X)^2} \tag{C. 12}$$

$$r = \frac{n(\sum XY) - (\sum X)(\sum XY)}{\sqrt{[n\sum X^2 - (\sum X)^2][n\sum Y^2 - (\sum Y)^2]}} \tag{C. 13}$$

式中：X——自变量，为横坐标上的值；

Y——应变量，为纵坐标上的值；

a——直线在 Y 轴上的截距；

b——直线的斜率；

n——测定值；

r——回归直线的相关系数。

C. 6　有效数字

食品理化检验中直接或间接测定的量，一般都用数字表示，但它与数学中的“数”不同，而仅仅表示量度的近似值。在测定值中只保留一位可疑数字，如 0. 0123 与 1. 23 都为三位有效数字。当数字末端的“0”不作为有效数字时，要改写成用乘以 10^n 来表示。如 24 600 取3 位有效数字，应写作 2.46×10^4。

C. 6. 1　运算规则

C. 6. 1. 1　除有特殊规定外，一般可疑数表示末位 1 个单位的误差。

C. 6. 1. 2　复杂运算时，其中间过程多保留一位有效数，最后结果须取应有的位数。

C. 6. 1. 3　加减法计算的结果，其小数点以后保留的位数，应与参加运算各数中小数点后位数最少的相同。

C. 6. 1. 4　乘除法计算的结果，其有效数字保留的位数，应与参加运算各数中有效数字位数最少的相同。

C.6.2　方法测定中按其仪器准确度确定了有效数的位数后，先进行运算，运算后的数值再修约。

C.7　数字修约规则

C.7.1　在拟舍弃的数字中，若左边第一个数字小于5（不包括5）时，则舍去，即所拟保留的末位数字不变。

例如：将14.243 2修约到保留一位小数。

修约前	修约后
14.243 2	14.2

C.7.2　在拟舍弃的数字中，若左边第一个数字大于5（不包括5）则进一，即所拟保留的末位数字加一。

例如：将26.484 3修约到只保留一位小数。

修约前	修约后
26.484 3	26.5

C.7.3　在拟舍弃的数字中，若左边第一位数字等于5，其右边的数字并非全部为0时，则进一，即所拟保留的末位数字加一。

例如：将1.050 1修约到只保留一位小数。

修约前	修约后
1.050 1	1.1

C.7.4　在拟舍弃的数字中，若左边第一个数字等于5，其右边的数字皆为0时，所拟保留的末位数字若为奇数则进一，若为偶数（包括“0”）则不进。

例如：将下列数字修约到只保留一位小数。

修约前	修约后
0.350 0	0.4
0.450 0	0.4
1.050 0	1.0

C.7.5　所拟舍弃的数字，若为两位以上数字时，不得连续进行多次修约，应根据所拟舍弃数字中左边第一个数字的大小，按上述规定一次修约出结果。

例如：将15.454 6修约成整数。

正确的做法是：

修约前	修约后
15.454 6	15

不正确的做法是：

修约前	一次修约	二次修约	三次修约	四次修约（结果）
15.454 6	15.454 5	15.46	15.5	16

附录 D　色谱法常用词汇

活化：Activation
调整保留时间：Adjusted Retention Time
吸附：Adsorption
吸附色谱法：Adsorption Chromatography
亲和色谱法：Affinity Chromatography
安培检测器：Ampere Detector，AD
上行法展开：Ascending Development
化学键合相色谱法：Bonded Phase Chromatography，BPC
毛细管柱：Capillary Column
化学键合相：Chemically Bonded Phase
化学键合相色谱法：Chemically Bonded - phase Chromatography
手性色谱法：Chiral Chromatography，CC
手性固定相：Chiral Stationary Phase，CSP
色谱法（层析法）：Chromatography
柱色谱法：Column Chromatography
脱活性：Deactivation
死时间：Dead Time
交联度：Degree Of Cross Linking
下行法展开：Descending Development
展开剂：Developing Solvent，Developer
分配系数：Distribution Coefficient
漂移：Drift，D
电子捕获检测器：Electron Capture Detector，ECD
封尾、封顶、遮盖：End Capping
交换容量：Exchange Capacity
外标法：External Standardization
蒸发光散射检测器：Evaporative Light Scattering Detector，ELSD
荧光检测器：Fluorophotomeric Detector，FD
气相色谱法：Gas Chromatography，GC
凝胶色谱法：Gel Chromatography
凝胶过滤色谱法：Gel Filtration Chromatography，GFC
凝胶渗透色谱法：Gel Permeation Chromatography，GPC
梯度洗脱：Gradient Elution

高效液相色谱法：High Performance Liquid Chromatography，HPLC
理论塔板高度：Height Equivalent To Theoretical Plate
氢焰离子化检测器：Hydrogen Flame Ionization Detector，FID
离子色谱法：Ion Chromatography，IC
离子交换色谱法：Ion Exchange Chromatography，IEC
离子抑制色谱法：Ion Suppression Chromatography，ISC
等温线：Isotherm
前延峰：Leading Peak
液相色谱法：Liquid Chromatography，LC
胶束色谱法：Micellar Chromatography，MC
胶束电动毛细管色谱：Micellar Electrokinetic Capillary Chromatography，MECC
淌度：Mobility
流动相：Mobile Phase
噪声：Noise，N
归一化法：Normalization Method
正相：Normal Phase，NP
十八烷基：Octadecylselyl，ODS
填充柱：Packed Column
离子对色谱法：Paired Ion Chromatography，PIC
纸色谱法：Paper Chromatography
分配色谱法：Partition Chromatography
峰宽：Peak Width，W
半峰宽：Peak Width At Half Height，W1/2 or Y1/2
渗透系数：Permeation Coefficien，Kp
平板色谱法：Plane Chromatography
相对比移值：Relative R_f，Rr
分离度：Resolution，R
保留时间：Retention Time
保留体积：Retention Volume
反相：Reversed Phase，RP
灵敏度：Sensitivity
分离数：Separation Number，SN
筛分：Sieving
固定相：Stationary Phase
空间排阻色谱法：Steric Exclusion Chromatography，SEC
超临界流体色谱法：Supercritical Fluid Chromatography，SFC
载体涂层毛细管柱：Supprot Coated Open Tubular Column，SCOT
对称因子：Symmetry Factor
拖尾峰：Tailing Peak
热导检测器：Thermal Conductivity Detector，TCD

薄膜色谱法：Thin Film Chromatography，TFC
薄层色谱法：Thin Layer Chromatography，TLC
薄层板：Thin Layer Plate
双向展开：Two Dimensional Development
涂壁毛细管柱：Wall Coated Open Tubular Column，WCOT
紫外检测器：Ultraviolet Detector，UVD

附录E　淀粉酶、蛋白酶、淀粉葡萄糖苷酶的活性要求、测定方法及判定标准（规范性附录）

E.1　活性要求及测定方法

E.1.1　酶活性测定

E.1.1.1　淀粉酶活性测定

淀粉为底物，以 Nelson/Somogyi 还原糖测试淀粉酶活性（U/mL）：10 000 + 1 000（1 个酶活力单位定义为：40℃，pH 6.5 时，每分钟释放 1μmol 还原糖所需要的酶量）。

以对硝基苯基麦芽糖为底物测试淀粉酶活性（Ceralpha）（U/mL）：3 000 + 300（1 个酶活力单位定义为：40℃，pH 6.5 时，每分钟释放 1μmol 对硝基苯基所需要的酶量）。

E.1.1.2　蛋白酶活性测定

酪蛋白测试蛋白酶活性：300U/mL ~ 400U/mL［1 个酶活力单位定义为：40℃，pH 8.0 时，每分钟从可溶性酪蛋白中水解出（并溶于三氯乙酸）1μmol 酪氨酸所需要的酶量］；或 7U/mg ~ 15U/mg［1 个酶活力单位定义为：37℃，pH 7.5 时，每分钟从酪蛋白中水解得到一定量的酪氨酸（相当于 1.0μmol）酪氨酸在显色反应中所引起的颜色变化，显色用 Folin - Ciocalteau 试剂）时所需要的酶量］。

偶氮 - 酪蛋白测试蛋白酶活性：300U/mL ~ 400U/mL［1 内肽酶活力单位定义为：40℃，pH 8.0 时，每分钟从可溶性酪蛋白中水解出（并溶于三氯乙酸）1μmol 酪氨酸所需要的酶量］。

E.1.1.3　淀粉葡萄糖苷酶活性测定

淀粉/葡萄糖氧化酶 - 过氧化物酶法测试淀粉葡萄糖苷酶活性：2 000U/mL ~ 3 300U/mL［1 个酶活力单位定义为：40℃，pH 4.5 时，每分钟释放 1μmol 葡萄糖所需要的酶量］。

对 - 硝基苯基 - β - 麦芽糖苷（PNPBM）法测试淀粉葡萄糖苷酶活性：130U/mL ~ 200U/mL［1 个酶活力单位定义（1PNP 单位）为：40℃时，有过量的 β - 葡萄糖苷酶存在下，每分钟从对 - 硝基苯基 - β - 麦芽糖苷释放 1μmol 对 - 硝基苯基所需要的酶量］。

E.1.2　干扰酶

市售热稳定 α - 淀粉酶、蛋白酶一般不易受到其他酶的干扰，蛋白酶制备时可能会混入极低含量的 β - 葡聚糖酶，但不会影响总膳食纤维测定。本法中淀粉葡萄糖苷酶易受污染，是活性易受干扰的酶。淀粉葡萄糖苷酶的主要污染物为内纤维素酶，能够导致燕麦或大麦中 β - 葡聚糖内部混合键解聚。淀粉葡萄糖苷酶是否受内纤维素酶的污染很容易检测。

E.2　判定标准

当酶的生产批次改变或最长使用间隔超过 6 个月时，应按表 E.1 所列标准物进行校准，以确保所使用的酶达到预期的活性，不受其他酶的干扰。

表 E.1　酶活性测定标准

标准	测试活性	标准质量/g	预期回收率/%
柑橘果胶	果胶酶	0.1～0.2	95～100
阿拉伯半乳聚糖	半纤维素酶	0.1～0.2	95～100
β－葡聚糖	β－葡聚糖酶	0.1～0.2	95～100
小麦淀粉	α－淀粉酶＋淀粉葡萄糖苷酶	1.0	0～1
玉米淀粉	α－淀粉酶＋淀粉葡萄糖苷酶	1.0	0～1
酪蛋白	蛋白酶	0.3	0～1

附录 F　食品类别（名称说明）

水果及其制品	新鲜水果（未经加工的、经表面处理的、去皮或预切的、冷冻的水果） 　　浆果和其他小粒水果 　　其他新鲜水果（包括甘蔗） 水果制品 　　水果罐头 　　水果干类 　　醋、油或盐渍水果 　　果酱（泥） 　　蜜饯凉果（包括果丹皮） 　　发酵的水果制品 　　煮熟的或油炸的水果 　　水果甜品 　　其他水果制品
蔬菜及其制品（包括薯类，不包括食用菌）	新鲜蔬菜（未经加工的、经表面处理的、去皮或预切的、冷冻的蔬菜） 　　芸薹类蔬菜 　　叶菜蔬菜（包括芸薹类叶菜） 　　豆类蔬菜 　　块根和块茎蔬菜（例如，薯类、胡萝卜、萝卜、生姜等） 　　茎类蔬菜（包括豆芽菜） 　　其他新鲜蔬菜（包括瓜果类、鳞茎类和水生类、芽菜类及竹笋等多年生蔬菜） 蔬菜制品 　　蔬菜罐头 　　干制蔬菜 　　腌渍蔬菜（例如，酱渍、盐渍、糖醋渍蔬菜等） 　　蔬菜泥（酱） 　　发酵蔬菜制品 　　经水煮或油炸的蔬菜 　　其他蔬菜制品
食用菌及其制品	新鲜食用菌（未经加工的、经表面处理的、预切的、冷冻的食用菌） 　　香菇 　　姬松茸 　　其他新鲜食用菌 食用菌制品 　　食用菌罐头 　　干制食用菌 　　腌渍食用菌（例如，酱渍、盐渍、糖醋渍食用菌等） 　　经水煮或油炸食用菌 　　其他食用菌制品

续表

谷物及其制品（不包括焙烤制品）	谷物 　　稻谷 　　玉米 　　小麦 　　大麦 其他谷物［例如，粟（谷子）、高粱、黑麦、燕麦、荞麦等］ 谷物碾磨加工品 　　糙米 　　大米 　　小麦粉 　　玉米面（渣、片） 　　麦片 　　其他去壳谷物（例如，小米、高粱米、大麦米、黍米等） 谷物制品 　　大米制品（例如，米粉、汤圆粉及其他制品等） 　　小麦粉制品 　　　　生湿面制品（例如，面条、饺子皮、馄饨皮、烧麦皮等） 　　　　生干面制品 　　　　发酵面制品 　　　　面糊（例如，用于鱼和禽肉的拖面糊）、裹粉、煎炸粉 　　　　面筋 　　　　其他小麦粉制品 　　玉米制品 　　其他谷物制品（例如，带馅（料）面米制品，八宝粥罐头等）
豆类及其制品	豆类（干豆、以干豆磨成的粉） 豆类制品 　　非发酵豆制品（例如，豆浆、豆腐类、豆干类、腐竹类、熟制豆类、大豆蛋白膨化食品、大豆素肉等） 　　发酵豆制品（例如，腐乳类、纳豆、豆豉，豆豉制品等） 　　豆类罐头
藻类及其制品	新鲜藻类（未经加工的、经表面处理的、预切的、冷冻的藻类） 　　螺旋藻 　　其他新鲜藻类 藻类制品 　　藻类罐头 　　干制藻类 　　经水煮或油炸的藻类 　　其他藻类制品
坚果及籽类	新鲜坚果及籽类 　　木本坚果（树果） 　　油料（不包括谷物种子和豆类） 　　饮料及甜味种子（例如，可可豆、咖啡豆等）

续表

<table>
<tr><td>坚果及籽类</td><td>坚果及籽类制品
　　熟制坚果及籽类（带壳、脱壳）
　　包衣的坚果及籽类
　　坚果及籽类罐头
　　坚果及籽类的泥（酱），包括花生酱等
　　其他坚果及籽类制品（例如，腌渍的果仁等）</td></tr>
<tr><td>肉及肉制品</td><td>肉类（生鲜，冷却、冷冻肉等）
　　畜禽肉
　　畜禽内脏（例如，肝、肾、肺、肠等）
肉制品（包括内脏制品）
　　预制肉制品
　　　　调理肉制品（生肉添加调理料）
　　　　腌腊肉制品类（例如，咸肉、腊肉，板鸭、中式火腿、腊肠等）
　　熟肉制品
　　　　肉类罐头
　　　　酱卤肉制品类
　　　　熏、烧、烤肉类
　　　　油炸肉类
　　　　西式火腿（熏烤、烟熏、蒸煮火腿）类
　　　　肉灌肠类
　　　　发酵肉制品类
　　　　熟肉干制品（例如，肉松、肉干，肉脯等）
　　　　其他熟肉制品</td></tr>
<tr><td>水产动物及其制品</td><td>鲜、冻水产动物
　　鱼类
　　　　非肉食性鱼类
　　　　肉食性鱼类（例如，鲨鱼、金枪鱼等）
　　甲壳类
　　软体动物
　　　　头足类
　　　　双壳类
　　　　棘皮类
　　　　腹足类
　　　　其他软体动物
　　其他鲜、凉水产动物
水产制品
　　水产品罐头
　　鱼糜制品（包括鱼丸等）
　　腌制水产品
　　鱼子制品
　　干制水产品（风干、烘干、压干等）
　　熏、烤水产品
　　发酵水产品
　　其他水产制品</td></tr>
</table>

续表

乳及乳制品	生乳 巴氏杀菌乳 灭菌乳 调制乳 发酵乳 炼乳 乳粉 乳清粉和乳清蛋白粉（包括非脱盐乳清粉） 干酪 再制干酪 其他乳制品
蛋及蛋制品	鲜蛋 蛋制品 　　卤蛋 　　糟蛋 　　皮蛋 　　咸蛋 　　脱水蛋制品（例如，蛋白粉、蛋黄粉、蛋白片等） 　　热凝固蛋制品（例如，蛋黄酪、皮蛋肠等） 　　冷冻蛋制品（例如，冰蛋等） 　　其他蛋制品
油脂及其制品	植物油脂 动物油脂（例如，猪油、牛油、鱼油、稀奶油、奶油、无水奶油等） 油脂制品 　　氢化植物油及以氢化植物油为主的产品（例如，人造奶油、起酥油等） 　　调和油 　　其他油脂制品
调味品	食用盐 鲜味剂和助鲜剂 醋 酱油 酱及酱制品 调味料酒 香辛料类 　　香辛料及粉 　　香辛料油 　　香辛料酱（例如，芥末酱、青芥酱等） 　　其他香辛料加工品 水产调味品 　　鱼类调味品（例如，鱼露等）　　其他水产调味品（例如，蚝油、虾油等） 复合调味料（例如，固体汤料、鸡精、鸡粉、蛋黄酱、沙拉酱、调味清汁等） 其他调味品

续表

饮料类	包装饮用水 　　矿泉水 　　纯净水 　　其他包装饮用水 果蔬汁类（例如，苹果汁、苹果醋、山楂汁、山楂醋等） 　　果蔬汁（浆） 　　浓缩果蔬汁（浆） 　　其他果蔬汁（肉）饮料（包括发酵型产品） 蛋白饮料类 　　含乳饮料（发酵型含乳饮料、配制型含乳饮料、乳酸菌饮料） 　　植物蛋白饮料 　　复合蛋白饮料 碳酸饮料类 茶饮料类 咖啡饮料类 植物饮料类 风味饮料类 特殊用途饮料类（例如，运动饮料、营养素饮料等） 固体饮料类（包括速溶咖啡） 其他饮料类
酒类	蒸馏酒（例如，白酒、白兰地、威士忌、伏特加、朗姆酒等） 配制酒 发酵酒（例如，葡萄酒、黄酒、果酒、啤酒等）
食糖及淀粉糖	食糖 　　白糖及白糖制品（例如，白砂糖、绵白糖、冰糖、方糖等） 　　其他糖和糖浆（例如，红糖、赤砂糖，冰片糖、原糖、糖蜜、部分转化糖、槭树糖浆等） 淀粉糖（例如，果糖，葡萄糖、饴糖、部分转化糖等）
淀粉及淀粉制品（包括谷物、豆类和块根植物提取的淀粉）	食用淀粉 淀粉制品 　　粉丝、粉条 　　藕粉 　　其他淀粉制品（例如、虾味片）

续表

焙烤食品	面包 糕点（包括月饼） 饼干（例如，夹心饼干、威化饼干，蛋卷等） 其他焙烤食品
可可制品、巧克力和巧克力制品以及糖果	可可制品、巧克力和巧克力制品（包括代可可脂巧克力及制品） 糖果（包含胶基糖果）
冷冻饮品	冰淇淋、雪糕类 风味冰、冰棍类 食用冰 其他冷冻饮品
特殊膳食用食品	婴幼儿配方食品 　　婴儿配方食品 　　较大婴儿和幼儿配方食品 　　特殊医学用途婴儿配方食品 婴幼儿辅助食品 　　婴幼儿谷类辅助食品 　　婴幼儿罐装辅助食品 其他特殊膳食用食品
其他类（除上述食品以外的食品）	果冻 膨化食品 蜂产品（例如，蜂蜜、花粉等） 茶叶 干菊花 苦丁茶

附录G　检测的质谱图和质量色谱图

在本标准推荐色谱—质谱条件下检测氯丙醇的质谱图和质量色谱图。图G.1为采用四极杆质谱仪测定的氯丙醇及其内标HFBI衍生物SIM质谱图、图G.2和图G.3为标准和样品溶液中氯丙醇及其内标HFBI衍生物SIM质量色谱图、图G.4为采用离子阱质谱仪测定的氯丙醇及其内标HFBI衍生物的选择离子储存（SIS）色谱图、图G.5为采用HS-SPME-GC/MS测定的标准溶液和加标酱油中氯丙醇及其内标的SIM质谱图、图G.6为采用HS-SPME-GC/MS测定的试样加标后氯丙醇的SIM色谱图。

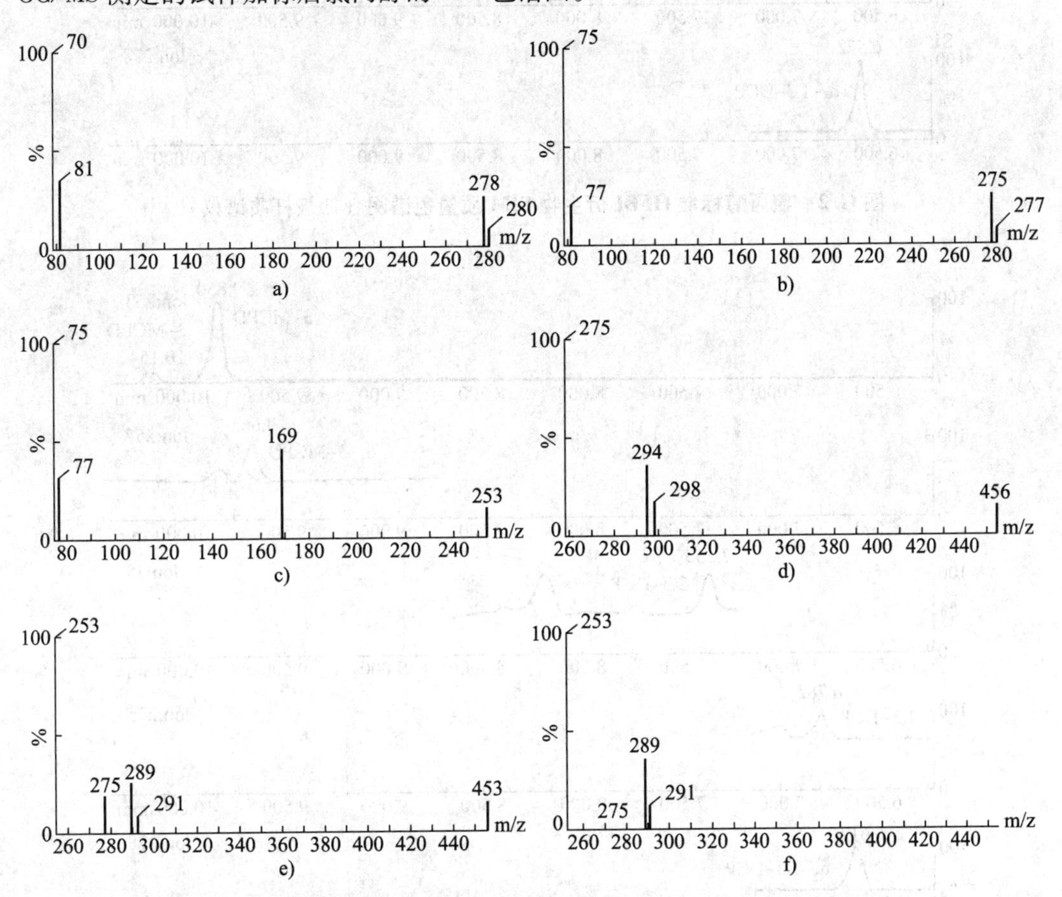

图G.1　四极杆质谱仪分析的氯丙醇及其内标HFBI衍生物SIM质谱图

a）—d_5-1,3-DCP；b）—1,3 DCP；c）—2,3 DCP；

d）—d_5-3-MCPD；e）—3 MCPD；f）—2-MCPD

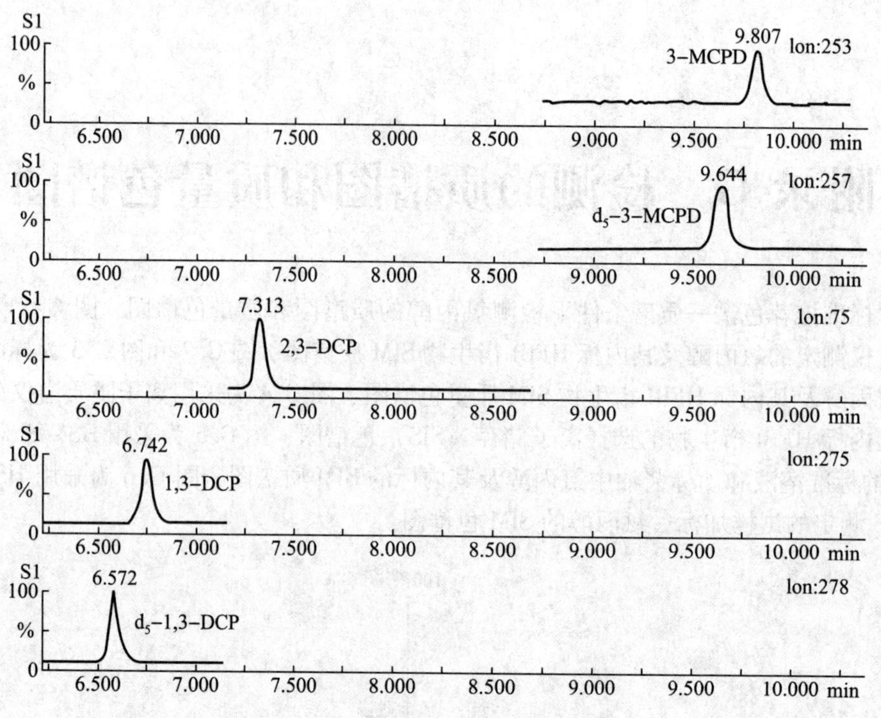

图 G. 2　氯丙醇标准 HFBI 衍生物 SIM 质量色谱图（四极杆质谱仪）

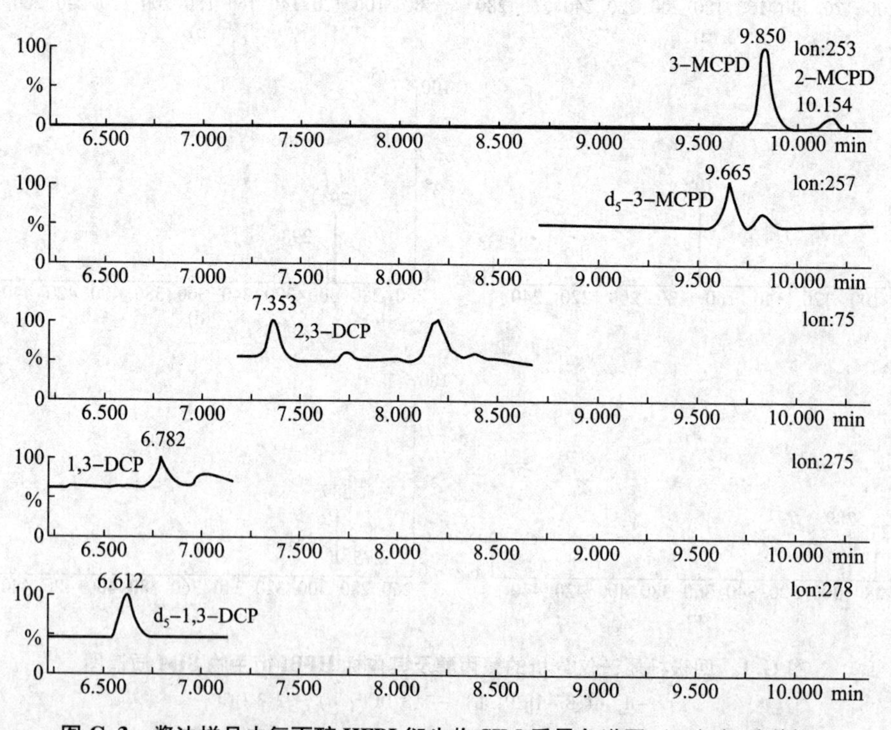

图 G. 3　酱油样品中氯丙醇 HFBI 衍生物 SIM 质量色谱图（四极杆质谱仪）

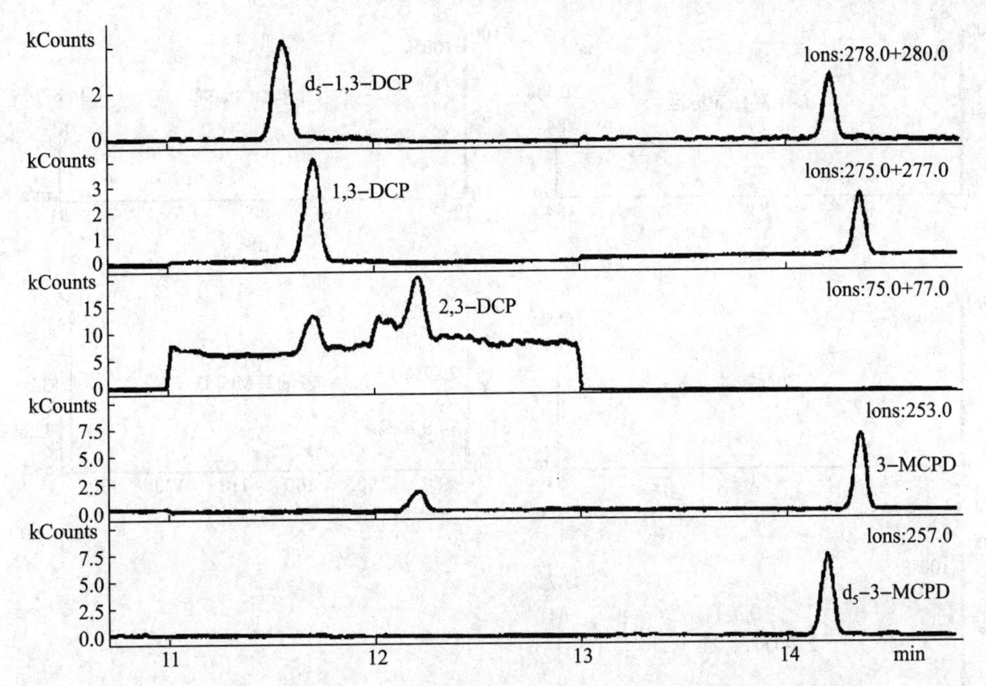

图 G. 4　氯丙醇标准 HFBI 衍生物选择离子储存（SIS）色谱图（离子阱质谱仪）

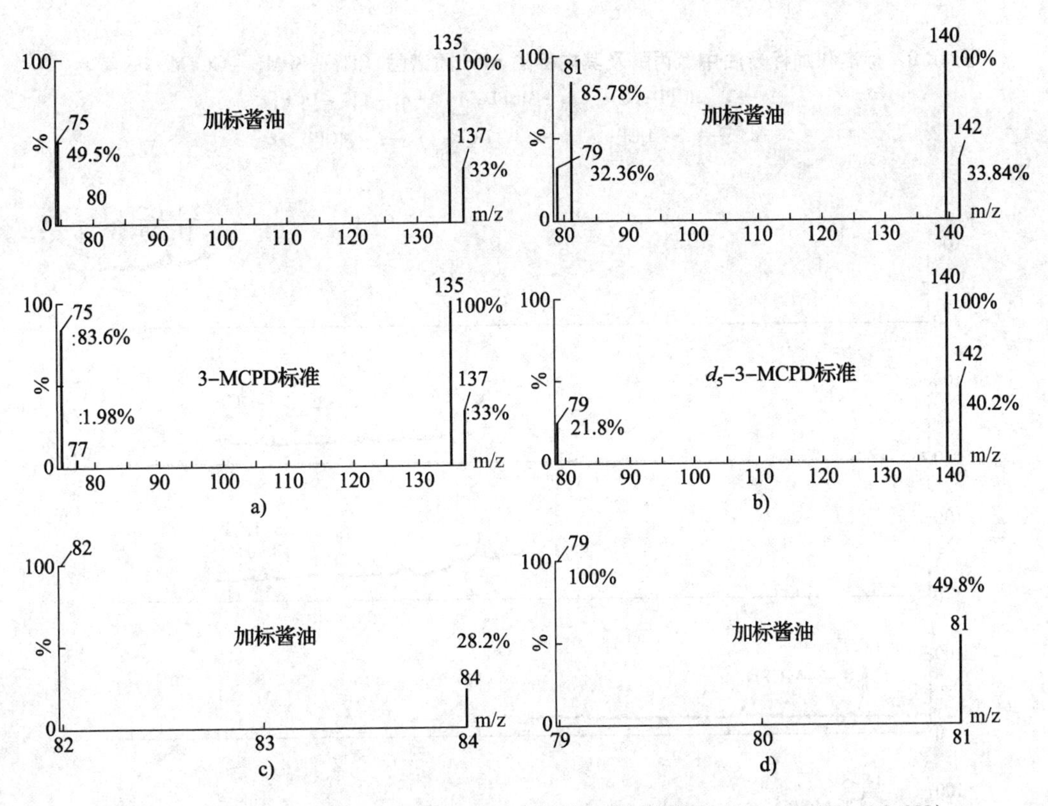

图 G. 5　标准和加标酱油中氯丙醇及其内标的 SIM 质谱图（HS－SPME－GC/MS）

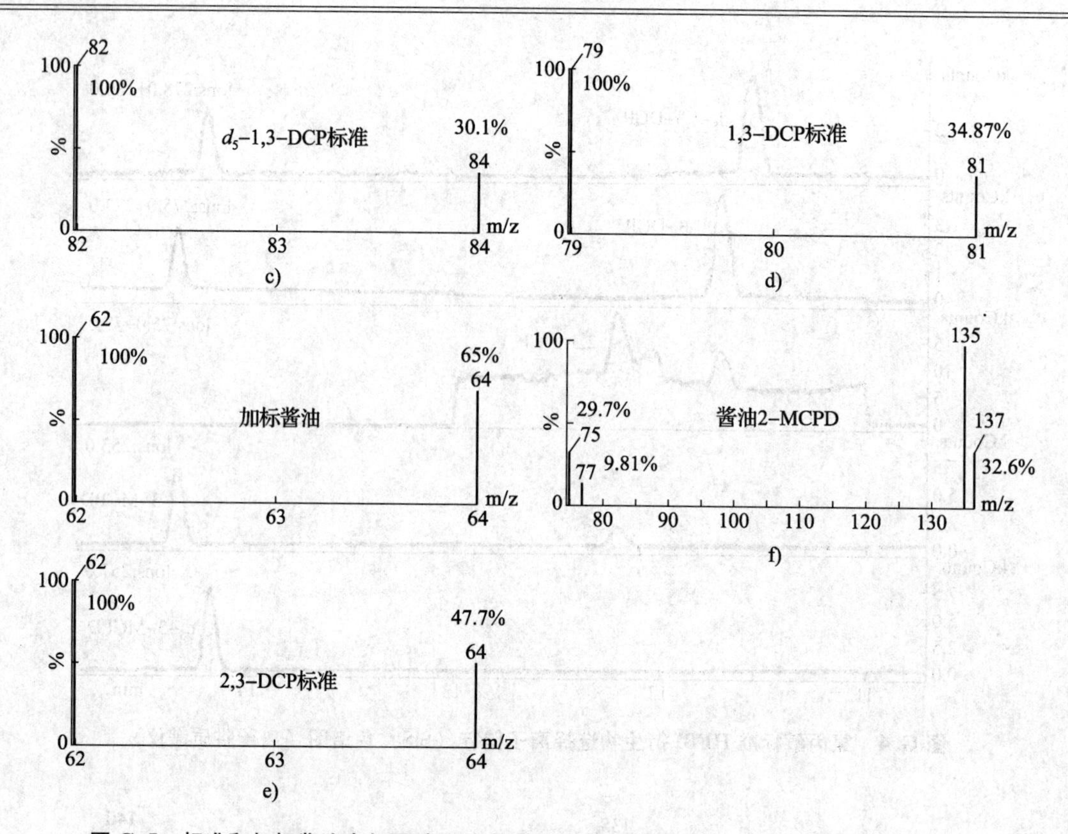

图 G.5　标准和加标酱油中氯丙醇及其内标的 SIM 质谱图（HS－SPME－GC/MS）（续）

a）—3－MCPD；b）—d_5－MCPD；c）—d_5－1,3－DCP；

d）—1,3－DCP；e）—2,3－DCP；f）—2－MCPD

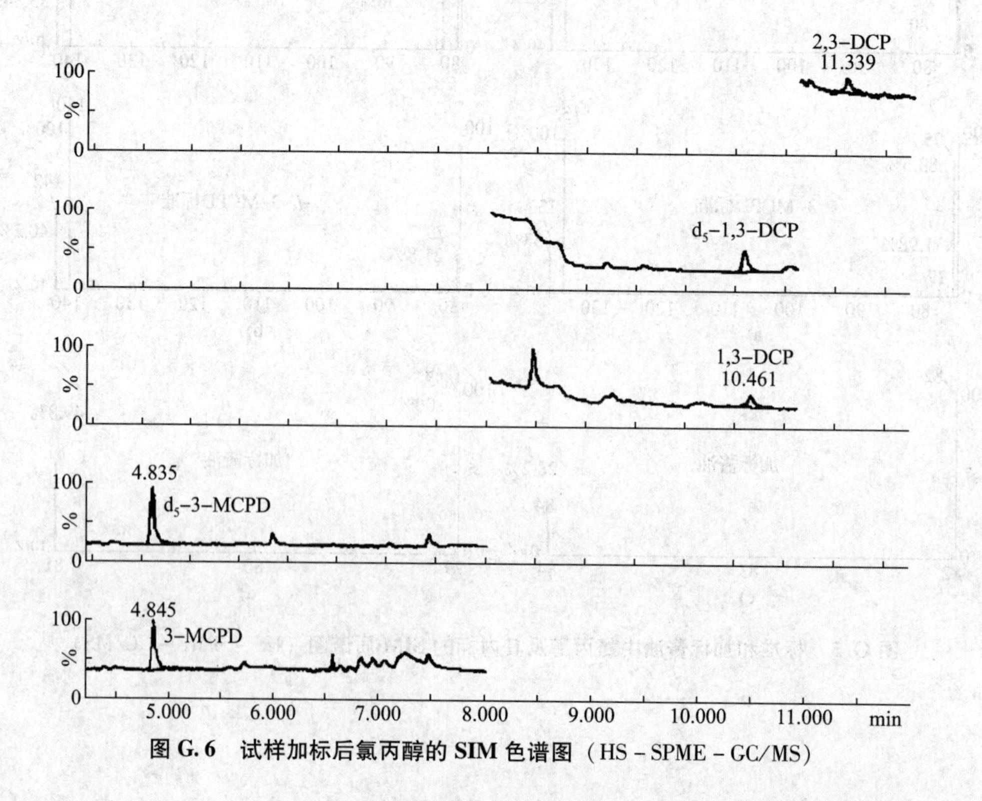

图 G.6　试样加标后氯丙醇的 SIM 色谱图（HS－SPME－GC/MS）

参 考 文 献

[1] 王喜波，张英华．食品检测与分析实验［M］．北京：化学工业出版社，2013.

[2] 王利兵．食品添加剂安全与检测［M］．北京：科学出版社有限责任公司，2011.

[3] 于志伟，袁静宇，云雅光，边瑞玲．食品营养分析与检测［M］．北京：海洋出版社，2014.

[4] 李五聚，崔惠玲．食品理化检测技术［M］．北京：化学工业出版社，2012.

[5] 马双成，魏锋．保健食品安全性检测［M］．北京：人民卫生出版社，2011.

[6] 张妍．食品安全检测技术［M］．北京：中国农业大学出版社，2013.

[7] 中华人民共和国卫生部，中国国家标准化管理委员会．中华人民共和国国家标准食品卫生检验方法　理化部分［M］．北京：中国标准出版社出版，2004.

[8] 张意静．食品分析技术［M］．北京：中国轻工业出版社，2001.

[9] 焦新萍，曾金红，郑云峰，等．仪器分析技术在黄酒感官评价中的应用研究进展［J］．酿酒科技，2013（6）：94－96.

[10] 李赞忠，乔子荣．现代仪器分析技术的新进展［J］．内蒙古石油化工，2010（23）：69－70.

[11] 王倩，张立芹，叶能胜，等．基于现代仪器分析技术实现茶叶产地鉴别的研究进展［J］．现代仪器，2011，17（6）：1－4.

[12] 戎志梅．生物化工新产品与新技术开发指南［M］．北京：化学工业出版社，2004.

[13] 顾小红，任璐，陈尚卫，等．核磁共振技术在食品研究中的应用［J］．食品工业科技，2005，26（9）：189－192.

[14] 舒惠国，上官新晨．食品质量与安全［M］．北京：中国人事出版社，2005.

[15] 宋治军，赵锁劳．食品营养与安全分析测试技术［M］．陕西：西北农林科技大学出版社，2005.

[16] 陈家华，方晓明，朱坚，等．现代食品分析新技术［M］．北京：化学工业出版社，2005.

[17] S Nielsen. Food analysis［M］. Gaithersburg，MD：Aspen Publishers，1998（2nd ed）.

[18] A. O Scott，Royal Society of Chemistry（Great Britain），Food Chemistry Group. Biosensors for food analysis［M］. Cambridge：RoyalSocietyofChemistry，1998.

[19] 张水华．食品分析［M］．北京：中国轻工业出版社，2004.

[20] 钟耀广．食品安全学［M］．北京：化学工业出版社，2005.

[21] 邵继勇．食品安全与国际贸易［M］．北京：化学工业出版社，2006.

[22] 王竹天．食品卫生检验方法理化部分（第一版）［M］．北京：中国标准出版社，2008.

[23] 食品伙伴网 http：//www. foodmate. net.

[24] 白鸿．保健食品功效成分检测方法［M］．北京：中国中医药出版社，2011.

[25] 马双成，魏锋．保健食品功效成分检测技术与方法［M］．北京：人民卫生出版社，2009.
[26] 范青生，龙洲雄．保健食品功效成分与标志性成分［M］．北京：中国医药科技出版社，2007.
[27] 邓碧玉，袁勤生，李文杰．改良的连苯三酚自氧化测定超氧化物歧化酶活性的方法［J］．生物化学与生物物理进展．1991，18（2）：163.
[28] S Nielsen. Food analysis laboratory manual［J］．New York ：Kluwer Academic/ Plenum Publishers，2003.
[29] Leo M. L. Nollet，Fidel Toldra. Food analysis by HPLC［J］．Boca Raton，Fla.：CRC；London：Taylor & Francis distributor，2012.
[30] 邹国林，桂兴芬，钟晓凌，朱汝璠．一种SOD的测活方法——邻苯三酚自氧化法的改进［J］．生物化学与生物物理进展．1986（4）：71－73.
[31] 王光亚．保健食品功效成分检测方法［M］．北京：中国轻工业出版社，2002.
[32] 王光亚，白鸿．保健食品功效成分检测方法［M］．北京：中国中医药出版社，2011.
[33] 何照范，张迪清．保健食品化学及其检测技术［M］．北京：中国轻工业出版社，1998.
[34] 王世平．食品安全检测技术［M］．北京：中国农业大学出版社，2009.
[35] 徐艳秋．食品检验技术［M］．北京：中国质检出版社，2013.
[36] 穆华荣，周光理．食品分析与检验技术（第2版）［M］．北京：化学工业出版社，2010.
[37] 翟海燕，林征．食品检验人员培训教材：食品质量检验［M］．中国质检出版社，2013.
[38] 金文进．食品理化检验技术［M］．哈尔滨：哈尔滨工程大学出版社，2013.
[39] 陈宗道，刘金福，陈绍军．食品质量与安全管理［M］．北京：中国农业大学出版社，2011.
[40] 师邱毅，纪其雄，许莉勇．食品安全快速检测技术及应用［M］．北京：化学工业出版社，2010.
[41] 许牡丹，毛跟年．食品安全性与分析检测［M］．北京：化学工业出版社，2003.
[42] 靳敏，夏玉宇．食品检验技术［M］．北京：化学工业出版社，2003.
[43] 王晶，王林，黄晓蓉．食品安全快速检测技术［M］．北京：化学工业出版社，2002.
[44] 杨祖英．食品检验［M］．北京：化学工业出版社，2001.
[45] 王叔淳．食品卫生检验技术手册（第三版）［M］．北京：化学工业出版社，2002.
[46] 陈福生，高志贤，王建华．食品安全检测与现代生物技术［M］．北京：化学工业出版社，2004.